高等职业学校"十四五"规划智能制造专业群特色教材

U0641568

工业机器人离线编程与仿真

（第二版）

主　编　潘　懿　朱旭义　王　伟
副主编　杨秀文　卢青波　沈　玲　刘泽祥　金　鸣

华中科技大学出版社
中国·武汉

内 容 简 介

本书主要内容包括：认识、安装工业机器人仿真软件，RobotStudio 仿真技术知识储备，工业机器人运动程序的编制，机器人 Smart 组件的应用，带导轨和变位机的机器人系统的创建与应用，RobotStudio 离线仿真在典型工作站构建中的应用，ScreenMaker 示教器用户自定义界面，RobotStudio 的在线功能。

本书可作为高等职业院校工业机器人相关专业、电气自动化技术、机电一体化技术和工业过程自动化技术等专业的教材，也可供相关工程技术人员使用。

图书在版编目(CIP)数据

工业机器人离线编程与仿真 / 潘懿，朱旭义，王伟主编. -- 2 版. -- 武汉 ：华中科技大学出版社，2025. 1. -- ISBN 978-7-5772-1465-8

Ⅰ. TP242.2

中国国家版本馆 CIP 数据核字第 2025Z47B65 号

工业机器人离线编程与仿真(第二版)   潘　懿　朱旭义　王　伟　主编

Gongye Jiqiren Lixian Biancheng yu Fangzhen(Di-er Ban)

策划编辑：王　勇

责任编辑：罗　雪

封面设计：廖亚萍

责任监印：朱　玢

出版发行：华中科技大学出版社(中国·武汉)　　　电话：(027)81321913

　　　　　武汉市东湖新技术开发区华工科技园　　　邮编：430223

录　　排：武汉三月禾文化传播有限公司

印　　刷：武汉市洪林印务有限公司

开　　本：787mm×1092mm　1/16

印　　张：22

字　　数：563 千字

版　　次：2025 年 1 月第 2 版第 1 次印刷

定　　价：59.80 元

第二版前言

目前,工业机器人在各行各业应用得越来越广泛,各企业对工业机器人技术人才的需求不断增加,这就要求高职高专院校培养熟悉并掌握工业机器人编程技术的高技能应用型人才,从而满足企业对生产现场的控制需要。

本书以 ABB 工业机器人为对象,使用 ABB 公司的机器人仿真软件 RobotStudio 进行工业机器人的基本操作、功能设置、二次开发、在线监控与编程、方案设计和验证的讲解。本书主要内容包括:认识、安装工业机器人仿真软件,RobotStudio 仿真技术知识储备,工业机器人运动程序的编制,机器人 Smart 组件的应用,带导轨和变位机的机器人系统的创建与应用,RobotStudio 离线仿真在典型工作站构建中的应用,ScreenMaker 示教器用户自定义界面,RobotStudio 的在线功能。

全书分为 8 个模块。模块 1 由武汉船舶职业技术学院王伟编写,模块 2 和模块 6 由武汉船舶职业技术学院潘懿编写,模块 3 由泰州职业技术学院刘泽祥编写,模块 4 由广东机电职业技术学院朱旭义编写,模块 5 由广东松山职业技术学院杨秀文编写,模块 7 由河南应用技术职业学院卢青波编写,模块 8 由湖北工业职业技术学院沈玲编写。此外,北京华航唯实机器人科技股份有限公司研发中心华中区技术经理金鸣作为企业方代表,负责本书各个实践项目案例的选用、审核和校对工作。

本书在编写时考虑到课程涉及的知识点多、内容广等特点,以及高职高专学生的学习特点,结合生产实际,以简单的案例围绕知识点开展教学,以点带面,注重培养学生解决实际问题的能力。本书部分模块配有二维码,扫描后可观看与该模块内容相关的学习视频。本书适合高等职业院校工业机器人相关专业、电气自动化技术、机电一体化技术和工业过程自动化技术等专业的学生使用,也可作为从事工业机器人应用开发、调试与现场维护的工程师,特别是使用 ABB 工业机器人的工程技术人员的培训教材。

由于编者水平有限,书中难免有不妥或疏漏之处,欢迎广大读者和同行专家批评指正。

编 者
2024 年 12 月

目　　录

模块1 认识、安装工业机器人仿真软件

模块介绍

本模块主要讲解工业机器人离线编程与仿真的基础知识。通过该模块的学习,学生将了解市场上占有率高的工业机器人仿真软件,学会安装 ABB 公司的 RobotStudio 软件,并熟悉 RobotStudio 软件的工作界面及基本操作方法。此外,学生还将学习如何查找资料,利用查到的资料解决软件安装过程中遇到的安装难题,并了解我国工业机器人仿真软件领域的发展与现状。

学习目标

素养目标:

(1) 具备通过图书、产品样本、网络等媒介查找资源的能力;

(2) 具备和同学一起交流,通过团队合作解决问题的能力;

(3) 具备大胆上讲台展示自己,以及展示团队成果的能力;

(4) 具备 5S(整理、整顿、清扫、清洁、素养)现场管理能力;

(5) 具备发愤图强的精神,努力为国家工业化、绿色化、智能化以及高质量发展贡献力量。

知识目标:

(1) 知道工业机器人仿真技术的应用场合;

(2) 知道如何安装 RobotStudio 软件;

(3) 知道 RobotStudio 软件与 RobotWare 软件的区别;

(4) 知道 RobotStudio 软件的授权操作方法;

(5) 认识 RobotStudio 软件的操作界面。

能力目标:

(1) 能够独立安装 RobotStudio 软件;

(2) 能够获得 RobotStudio 软件的授权;

(3) 能够建立空工作站,并对空工作站的底板进行旋转、缩放、平移操作;

(4) 能够对国产的工业机器人离线仿真软件有所了解。

任务1.1 相关品牌机器人仿真软件介绍

1.1.1 任务描述

在刚开始进入工业机器人离线编程与仿真的课程学习时,初学者会遇到很多专业术语。各个厂家都有自己的机器人离线仿真软件,同学们可以通过本任务的学习,了解在现有企业

中使用量较大的主流机器人品牌的离线仿真软件,以及国产离线编程软件的发展历程和发展现状。同时,我们将以 ABB 公司的 RobotStudio 软件为例,为大家介绍相关术语和概念,为同学们的后续学习奠定基础。

1.1.2 任务知识点

在学习本任务内容时,希望同学们能够注意以下知识点:
(1)市场上现有的机器人离线仿真软件;
(2)RobotStudio 软件与 RobotWare 软件;
(3)坐标系:大地坐标系、基坐标系、工具坐标系、工件坐标系;
(4)机器人轴的配置;
(5)导入其他软件生成的几何体。

1.1.3 内容实施

1.1.3.1 相关品牌机器人离线仿真软件

工业机器人自动化的市场竞争压力日益加剧,客户在生产中要求更高的效率,以降低价格,提高质量。如今,在新产品生产之时花费时间检测或者试运行机器人程序是行不通的,因为这意味着要停止现有的生产,对新的或修改的部件进行编程。没有事先验证到达距离及工作区域,而冒险制造刀具和固定装置已经不再是首选方法,现代化的生产厂家在设计阶段就会对新部件的可制造性进行验证,在为机器人编程时,离线编程可与建立机器人应用系统同时进行。

在产品制造的同时对机器人系统进行编程,可提早开始生产,缩短产品上市时间。离线编程在机器人安装前,通过可视化以及可确认的解决方案来布局以降低风险,并通过创建更加精确的路径来获得更高质量的部件。

国内外各品牌工业机器人所用离线仿真软件名称及部分下载地址如表 1-1 所示。

表 1-1 国内外各品牌工业机器人所用离线仿真软件名称及部分下载地址

序号	工业机器人品牌	离线仿真软件名称	下载地址
1	ABB	RobotStudio	http://new.abb.com/products/robotics/robotstudio/downloads
2	KUKA	KUKA Sim Pro	http://www.kuka-robotics.com/zh/downloads/search/？type＝current&sc_META_02＝Software&rs_Language＝zh&rs_Language＝en
3	FANUC	Roboguide	—
4	MOTOMAN	RobotmotosimEG	—
5	Staubli	Val3language	—
6	COMAU	RoboSim Pro	—
7	Kawasaki	K-Roset	—
8	Nachi	FD on desk	—
9	华航唯实	PQArt	https://art.pq1959.com/
10	越擎科技	iRobotCAM	https://www.irobotcam.com/
11	埃夫特	ER-Factory	https://www.efort.com.cn/index.php/service/downpak/54.html

1.1.3.2　什么是 RobotStudio

RobotStudio 是一款计算机软件，用于机器人单元的建模、离线创建和仿真。

RobotStudio 允许使用离线控制器，即在计算机本地运行的虚拟 IRC5 控制器。这种离线控制器也被称为虚拟控制器（VC）。RobotStudio 还允许使用真实的物理 IRC5 控制器（简称为真实控制器）。

当 RobotStudio 随真实控制器一起使用时，我们称它处于在线模式。当 RobotStudio 未连接真实控制器或在连接虚拟控制器的情况下使用时，我们称它处于离线模式。

RobotStudio 提供以下安装选项：

① 完整安装；

② 自定义安装，允许用户自定义安装路径并选择安装内容；

③ 最小化安装，仅允许用户以在线模式运行 RobotStudio。

1.1.3.3　RobotStudio 涉及的术语和概念

1. 标准硬件

表 1-2 列出了 IRC5 机器人单元内的标准硬件。

表 1-2　IRC5 机器人单元内的标准硬件

标准硬件	说　明
机器人操纵器	ABB 工业机器人
控制模块	包含控制操纵器动作的主要计算机。其中，包括 RAPID 的执行和信号处理。1 个控制模块可以连接 1～4 个驱动模块
驱动模块	包含电子设备的模块，这些电子设备可为操纵器的电动机供电。驱动模块最多可以包含 9 个驱动单元，每个驱动单元控制 1 个操纵器关节。标准机器人操纵器有 6 个关节，因此，每个机器人操纵器通常使用 1 个驱动模块
FlexController	IRC5 机器人的控制器机柜。它包含供系统中每个机器人操纵器使用的 1 个控制模块和 1 个驱动模块
FlexPendant	示教器，与控制模块相连的编程操纵台。在示教器上编程就是在线编程
工具	执行特定任务，如抓取、切削或焊接的设备。通常安装在机器人操纵器上，也可作为固定工具

2. 可选硬件

表 1-3 列出了 IRC5 机器人单元内的可选硬件。

表 1-3　IRC5 机器人单元内的可选硬件

可选硬件	说　明
跟踪操纵器	用于放置机器人的移动平台，为其提供更大的工作空间。如果控制模块可以控制定位操纵器的动作，则该操纵器被称为外轴
定位操纵器	通常用来放置工件或固定装置的移动平台。如果控制模块可以控制跟踪操纵器的动作，则该操纵器被称为跟踪外轴
FlexPositioner	用作定位操纵器的第二个机器人操纵器。与定位操纵器一样，该操纵器也受控制模块的控制
固定工具	通常指处于固定位置的设备。机器人操纵器选取工件，然后将其放到固定工具上执行特定任务，比如黏合、研磨或焊接
工件	通常指被加工的产品
固定装置	通常指一种构件，用于在特定位置放置工件，以便重复生产

3. RobotWare

表 1-4 列出了使用 RobotStudio 时可能用到的 RobotWare 相关概念及其说明。

表 1-4　RobotWare 相关概念及其说明

概　念	说　明
RobotWare	从概念上讲,RobotWare 是指用于创建 RobotWare 系统的软件和 RobotWare 系统本身
RobotWare 安装	安装 RobotStudio 时,只安装一个 RobotWare 版本。要仿真特定的 RobotWare 系统,必须在计算机(PC)上安装用于此特定 RobotWare 系统的 RobotWare 版本。 RobotWare 5 使用标准 PC 安装程序,安装到 PC 存放程序文件的文件夹中。RobotWare 6 使用 RobotStudio 的"Complete"(完整安装)选项自动安装。此外,使用 RobotApps 页面的"Add-Ins"(加载)选项卡也可以安装 RobotWare 6
RobotWare 许可密钥	在新建 RobotWare 系统或升级现有系统时使用。RobotWare 许可密钥可以解除包含在系统中的 RobotWare 选项的锁定,还可以确定构建 RobotWare 系统要使用的 RobotWare 密钥。 在 IRC5 系统中,存在三种类型的 RobotWare 密钥: ① 控制器密钥,用于指定控制器和软件选项。 ② 驱动密钥,用于指定系统中的机器人。系统为所使用的每个机器人分配了一个驱动密钥。 ③ 插件指定附加选项,比如变位机外轴。 使用虚拟许可密钥可以选择任何 RobotWare 选项,但使用虚拟许可密钥创建的 RobotWare 系统只能用于虚拟系统,如 RobotStudio
RobotWare 系统	一组软件文件,加载到控制器之后,这些文件可以启用控制机器人系统的所有功能、配置、数据和程序。 RobotWare 系统由 RobotStudio 创建。在计算机和控制模块上都可以保存和存储这些系统。 RobotWare 系统可以使用 RobotStudio 或示教器进行编辑
RobotWare 版本	每个 RobotWare 版本都有一个主版本号和一个次版本号,两个版本号之间使用一个点进行分隔。支持 IRC5 的 RobotWare 版本是 6.××,其中"××"表示次版本号。 每当 ABB 发布新型机器人时,会发布新的 RobotWare 版本为新型机器人提供支持
媒体库	对于 RobotWare 5,媒体库是 PC 上的一个文件夹。每个 RobotWare 版本都存储在各自相应的文件夹中。媒体库文件用于创建和实现各种不同的 RobotWare 选项。因此,创建 RobotWare 系统或在虚拟控制器上运行这些系统时,必须在媒体库中安装正确的 RobotWare 版本
RobotWare 插件	RobotWare 插件是一种独立数据包,可以扩展机器人系统的功能。RobotWare 插件在 RobotWare 6 中等同于 RobotWare 5 的附加选项
产品	在 RobotWare 6 中,产品既可以是 RobotWare 版本,也可以是 RobotWare 插件。产品可以是免费的,也可以是许可型的
许可	许可会解锁计算机系统中可以使用的选项,例如机器人和 RobotWare 选项。 如果希望从 RobotWare 5.15 或更低版本升级,则必须更换控制器主计算机并获取 RobotWare 6 许可,请联系 ABB 机器人服务代表,网址是 www.abb.com/contacts
发行包	发行包可以包含 RobotWare 和 RobotWare 加载项。RobotWare 6 发行包还包含用于变位机和 TrackMotion 的 RobotWare 加载项

4. RAPID 术语

表 1-5 列出了使用 RobotStudio 时可能遇到的 RAPID（ABB 机器人所使用的编程语言）术语。

表 1-5　RAPID 术语

RAPID 术语	说　　明
数据声明	用于创建变量或数据类型的实例，如数值或工具数据
指令	执行操作的实际代码命令，例如将数据设置为特定值或机器人动作。指令只能在例行程序内创建
移动指令	创建机器人动作。包含对数据声明中指定的目标点的引用，以及用来设置动作和过程行为的参数。如果使用内嵌目标，将在移动指令中声明位置
动作指令	用于执行其他操作而非移动机器人的指令，比如设置数据或同步属性
例行程序	通常是一个数据声明集，后面紧跟一个实施任务的指令集。例行程序可分为三类：程序、功能和陷阱
程序	不返回值的指令集
功能	返回值的指令集
陷阱	中断时触发的指令集
模块	后面紧跟例行程序集的数据声明集。模块可以作为文件进行保存、加载和复制。模块分为程序模块和系统模块
程序模块（.mod）	可在执行期间加载和卸载
系统模块（.sys）	主要用于常见系统特有的数据和例行程序，例如所有弧焊机器人通用的弧焊件系统模块
程序文件（.pgf）	在 IRC5 中，RAPID 程序是程序模块文件（.mod）和参考所有程序模块文件的程序文件（.pgf）的集合。加载程序文件时，所有旧的程序模块将被".pgf"文件中参考的程序模块所替换。系统模块不受程序加载的影响

5. 编程概念

表 1-6 列出了机器人编程中所用的概念。

表 1-6　机器人编程中的概念

概　　念	说　　明
在线编程	是指与真实控制器相连时的编程，也指使用机器人创建位置和运动
离线编程	是指未与机器人或真实控制器连接时的编程
真正离线编程	是指 ABB Robotics 中关于将仿真环境与虚拟控制器相连的概念。它不仅支持程序创建，而且支持程序测试和离线优化
虚拟控制器	一种仿真 FlexController 的软件，可使控制机器人的同一软件（RobotWare 系统）在计算机上运行。该软件可使机器人在离线和在线时的行为相同
MultiMove	使用同一个控制模块运行多个机器人操纵器
坐标系	用于定义位置和方向。对机器人进行编程时，可以利用不同坐标系更加轻松地确定对象之间的相对位置
Frame	坐标系，框架
工作对象校准	如果所有目标点都定义为工作对象在坐标系中的相对位置，则只需在部署离线程序时进行工作对象校准

6. 目标点、路径与指令

在 RobotStudio 中对机器人动作进行编程时,需要使用目标点(位置)和路径(向目标点移动的指令序列)。将 RobotStudio 工作站同步到虚拟控制器时,路径将转换为相应的 RAPID 程序。

(1) 目标点。目标点是机器人要到达的坐标。它包含的信息如表 1-7 所示。

表 1-7　目标点包含的信息

目标点包含的信息	描　　　述
位置	目标点在工件坐标系中的相对位置。详情请参阅"7. 坐标系"
方向	目标点的方向,以工件坐标系的方向为参照。当机器人到达目标点时,它会将 TCP(工具中心点)的方向对准目标点的方向。详情请参阅"7. 坐标系"
Configuration	用于指定机器人到达目标点的配置值。详细信息请参阅"8. 机器人轴配置"

目标点的相关信息同步到虚拟控制器后,将转换为数据类型为 RobTarget 的实例。

(2) 路径。路径指的是向目标点移动的指令序列。机器人将按路径中定义的目标点顺序移动。路径信息同步到虚拟控制器后,将转换为例行程序。

(3) 指令。指令可分为移动指令和动作指令。

移动指令:移动指令包括参考目标点、动作数据(例如动作类型、速度和区域)、参考工具数据、参考工作对象。

动作指令:动作指令是用于设置和更改参数的 RAPID 字符串。动作指令可插入路径中的指令目标之前、之后或之间。

7. 坐标系

在 RobotStudio 中,可以使用坐标系进行元素和对象的相互关联。各坐标系之间在层级上相互关联。每个坐标系的原点都被定义为其上层坐标系之一中的某个位置。常用的坐标系如下。

(1) 工具中心点坐标系(也称为 TCP 坐标系)。所有的机器人在其工具安装点处都有一个被称为 tool0 的预定义 TCP。当程序运行时,机器人将该 TCP 移动至编程的位置。用户可以为机器人定义不同的 TCP。

(2) RobotStudio 大地坐标系。RobotStudio 大地坐标系用于表示整个工作站或机器人单元,处于坐标系层级的顶部。当使用 RobotStudio 大地坐标系时,所有其他坐标系均与其相关。

(3) 基础坐标系。基础坐标系也被称为基座(BF)。在 RobotStudio 和现实中,工作站中的每个机器人都拥有一个始终位于其底部的基础坐标系。

在 RobotStudio 中,任务框(TF)表示机器人控制器大地坐标系。图 1-1 说明了基座与任务框之间的差异。在图 1-1(a)中,任务框与基座位于同一位置;在图 1-1(b)中,任务框移动至另一位置处。

图 1-2 说明了如何将 RobotStudio 中的任务框映射到现实中的机器人控制器坐标系,例如,映射到车间中。

在图 1-1 和图 1-2 中:RS-WCS 为 RobotStudio 大地坐标系;RC-WCS 为在机器人控制

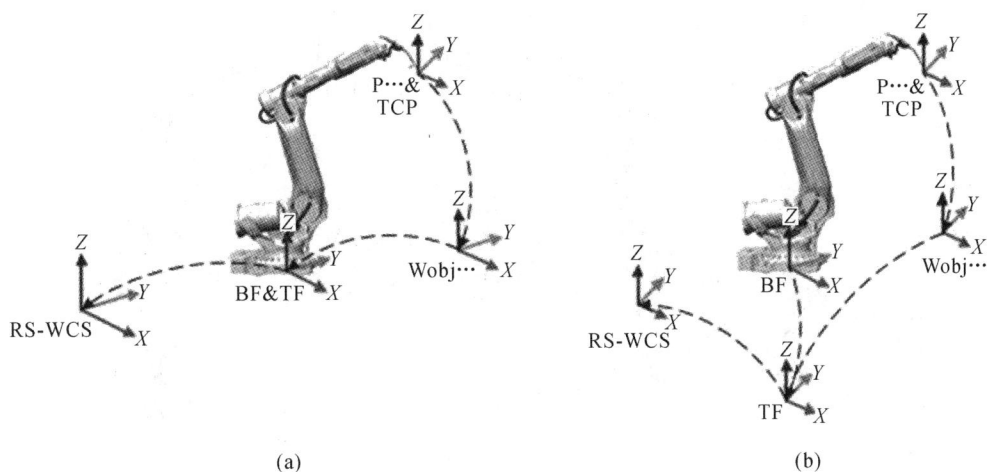

(a)　　　　　　　　　　　　　　　　(b)

图 1-1

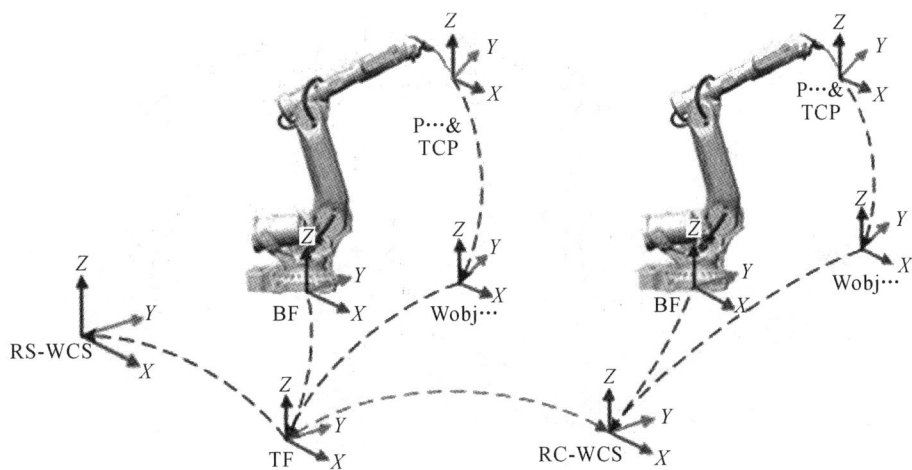

图 1-2

器中定义的大地坐标系,它与 RobotStudio 中的任务框相对应;BF 为机器人基座;TCP 为工具中心点;P…为机器人目标;TF 为任务框;Wobj…为工件坐标系。

① 具有多个机器人系统的工作站。

对于单机器人系统,RobotStudio 的任务框与机器人控制器大地坐标系相对应。如工作站中有多个控制器,则任务框允许所连接的机器人在不同的坐标系中工作,即可以通过为每个机器人定义不同的任务框使这些机器人的位置彼此独立,如图 1-3 所示。

图 1-3 中:TCP(R1)为机器人 1 的工具中心点;TCP(R2)为机器人 2 的工具中心点;BF(R1)为机器人 1 的基座;BF(R2)为机器人 2 的基座;P1 为机器人 1 的目标 1;P2 为机器人 2 的目标 2;TF1 为机器人 1 的任务框;TF2 为机器人 2 的任务框;Wobj…为工件坐标系。

② MultiMove Coordinated。

MultiMove 功能可帮助我们创建并优化 MultiMove 系统的程序,使一个机器人或定位器夹持住工件,由其他机器人对其进行操作。当对机器人系统使用 RobotWare 选项 MultiMove Coordinated 时,这些机器人必须在同一坐标系中工作,如图 1-4 所示。同样, RobotStudio 禁止隔离控制器的任务框。

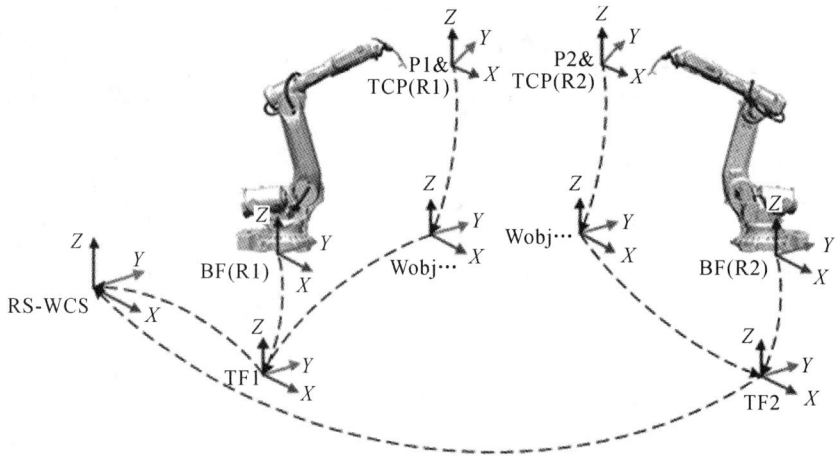

图 1-3

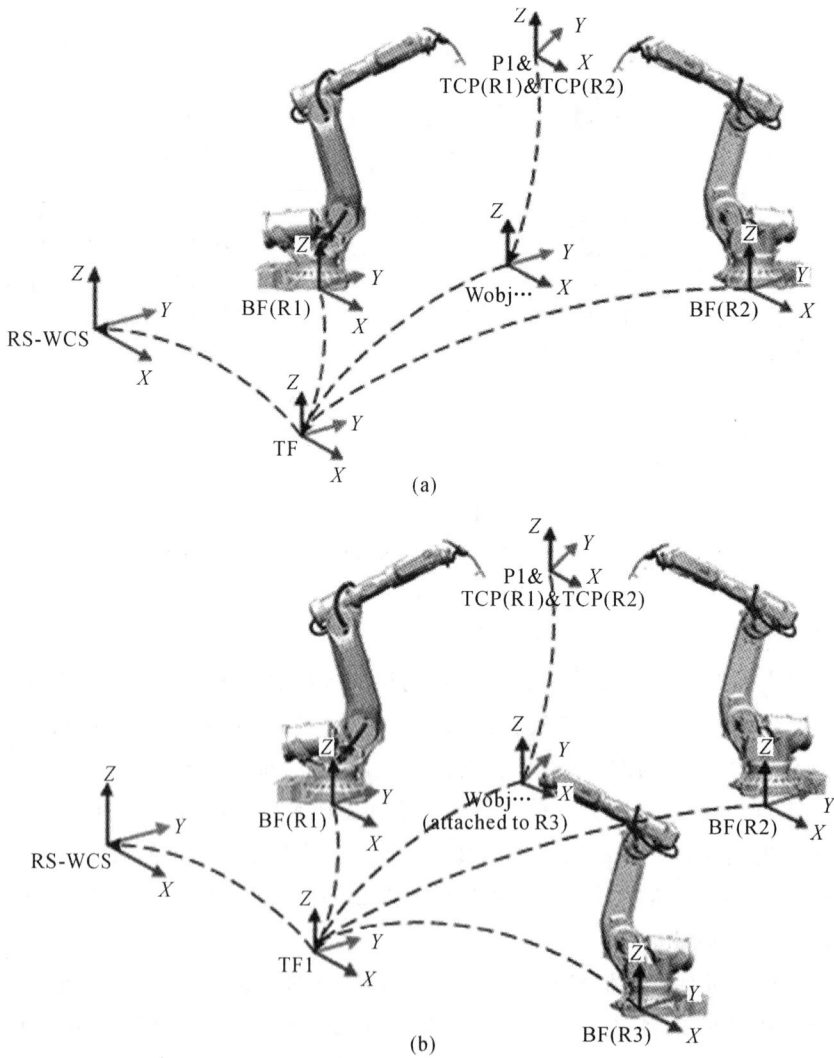

(a)

(b)

图 1-4

图 1-4 中:RS-WCS 为 RobotStudio 大地坐标系;TCP(R1)为机器人 1 的工具中心点;TCP(R2)为机器人 2 的工具中心点;BF(R1)为机器人 1 的基座;BF(R2)为机器人 2 的基座;BF(R3)为机器人 3 的基座;P1 为机器人 1 的目标 1;TF 为任务框;Wobj…为工件坐标系。

③ MultiMove Independent。

对机器人系统使用 RobotWare 选项 MultiMove Independent 时,多个机器人可在一个控制器的控制下同时进行独立的操作。即使只有一个机器人控制器大地坐标系,机器人也通常在单独的多个坐标系中工作。要在 RobotStudio 中实现此设置,必须将机器人的任务框隔离开来并彼此独立地定位,如图 1-5 所示。

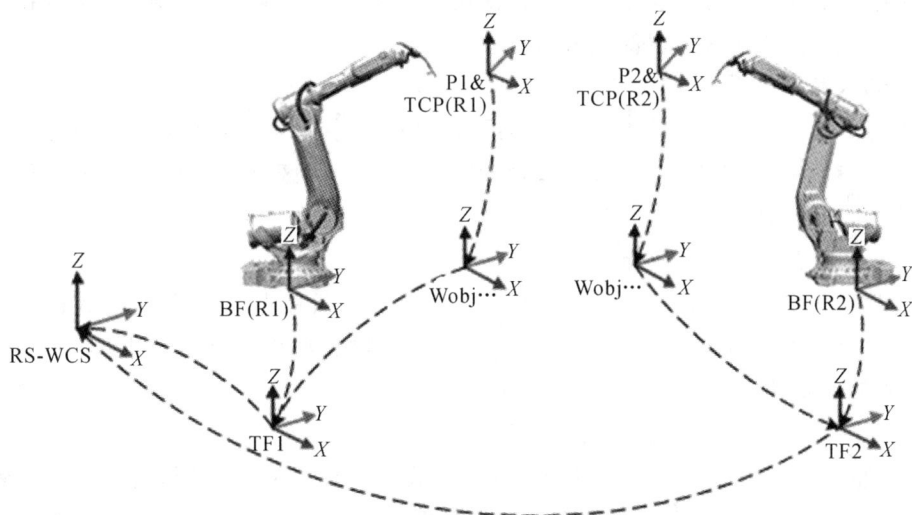

图 1-5

图 1-5 中:RS-WCS 为 RobotStudio 大地坐标系;TCP(R1)为机器人 1 的工具中心点;TCP(R2)为机器人 2 的工具中心点;BF(R1)为机器人 1 的基座;BF(R2)为机器人 2 的基座;P1 为机器人 1 的目标 1;P2 为机器人 2 的目标 2;TF1 为任务框 1;TF2 为任务框 2;Wobj…为工件坐标系。

(4) 工件坐标系。

工件坐标系通常表示实际工件的坐标。它由两个坐标系组成:用户框架和对象框架。其中,后者是前者的子框架。对机器人进行编程时,所有目标点(位置)都与工作对象的对象框架相关。如果未指定其他工作对象,目标点将与默认的工件坐标系 Wobj0 关联,而 Wobj0 始终与机器人的基座保持一致。

如果工件的位置已发生更改,可利用工件坐标系轻松地调整发生偏移的机器人程序。因此,工件坐标系可用于校准离线程序。如果固定装置或工件的位置相对于实际工作站中的机器人与离线工作站中的位置无法完全匹配,则只需调整工件坐标系的位置即可。

工件坐标系还可用于调整动作。如果工件固定某个机械单元上(同时系统使用了该选项调整动作),当该机械单元移动该工件时,机器人将在工件坐标系上找到目标。

在图 1-6 中,灰色的坐标系为 RobotStudio 大地坐标系,黑色部分为工件坐标系的用户框架和对象框架。这里的用户框架定位在工作台或固定装置上,对象框架定位在工件上。

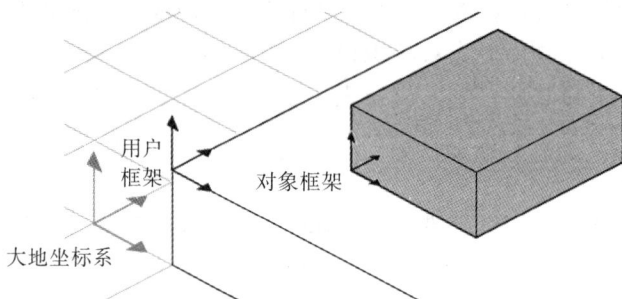

图 1-6

（5）用户坐标系。用户坐标系用于根据用户的选择创建参照点。例如，可以在工件上的策略点处创建用户坐标系以简化编程。

8. 机器人轴配置

轴配置目标点定义并存储为工件坐标系内的坐标。控制器计算出机器人到达目标点时轴的位置，一般会找到多个配置机器人轴的解决方案。为了区分不同配置，所有目标点都有一个配置值，用于指定每个轴的四元数。

（1）在目标点中存储轴配置。

对于那些将机器人微动调整到所需位置之后示教的目标点，所使用的配置值将存储在目标点中。凡是通过指定或计算位置和方位创建的目标，都会获得一个默认的配置值（0，0，0，0），该值可能对机器人到达目标点无效。

（2）与机器人轴配置有关的常见问题。

在多数情况下，如果创建目标点的方法不是微动控制，则无法获得这些目标的默认配置。即便路径中的所有目标都已验证配置，如果机器人无法在设定的配置之间移动，运行该路径时还是可能会遇到问题。如果轴在线性移动期间移位幅度超过90°，则可能会出现无法获得默认配置的情况。

重新定位的目标点会保留其配置，但是这些配置不再经过验证。因此，机器人移动到目标点时，可能会出现上述问题。

（3）配置问题的常用解决方案。

要解决上述问题，可以为每个目标点指定一个有效配置，并确定机器人可沿各个路径移动。此外，可以关闭配置监控，也就是忽略存储的配置，使机器人在运行时找到有效配置。如果操作不当，则可能无法获得预期结果。

在某些情况下，可能不存在有效配置。为此，可行的解决方案是重新定位工件，重新定位目标点（如果过程接受），或者添加外轴以移动工件或机器人，从而提高可到达性。

（4）机器人轴配置的表示方法。

机器人的轴配置用四个整数表示，用来指定整转式有效轴所在的象限。象限的编号从0开始为正旋转（逆时针），从−1开始为负旋转（顺时针）。

对于线性轴，整数可以指定距轴所在的中心位置的范围（以 m 为单位）。如：六轴工业机器人（如 IRB 140）的轴配置可表示为（0，−1，2，1）。

第一个整数（0）指定轴 1 的位置：位于第一个正象限内（介于 0°～90°的旋转）。

第二个整数（−1）指定轴 4 的位置：位于第一个负象限内（介于 0°～90°的旋转）。

第三个整数(2)指定轴 6 的位置:位于第三个正象限内(介于 $180°\sim270°$ 的旋转)。

第四个整数(1)指定轴 x 的位置,这是用于指定与其他轴关联的机器人手腕中心的虚拟轴。

(5) 配置监控。

执行机器人程序时,可以选择是否监控配置值。如果关闭配置监控,将忽略使用目标点存储的配置值,机器人将使用最接近其当前配置的配置值移动到目标点。如果打开配置监控,则机器人只使用指定的配置值。

可以分别关闭或打开关节和线性移动的配置监控,并由 ConfJ 和 ConfL 动作指令控制。

① 关闭配置监控。

如果在不使用配置监控的情况下运行程序,那么程序每执行一个周期,得到的配置可能会有所不同。因为机器人在一个周期后返回起始位置时,可以选择与原始配置不同的配置。

对于使用线性移动指令的程序,可能会出现机器人逐步接近关节限值,但是最终无法到达目标点的情况。对于使用关节移动指令的程序,可能会出现完全无法预测的移动。

② 打开配置监控。

如果在使用配置监控的情况下运行程序,则机器人将被强制使用目标点中存储的配置。这样,循环和运动便可以预测。但是,在某些情况下,比如机器人从未知位置移动到目标点时,如果打开配置监控,可能会限制机器人的可到达性。

离线编程时,如果执行程序时要打开配置监控,则必须为每个目标指定一个配置值。

9. 程序库、几何体和 CAD 文件

如果在 RobotStudio 中编程或仿真,需要使用工件和设备的模型。一些标准设备的模型作为程序库或几何体随 RobotStudio 一起安装。如果拥有工件和自定义设备的 CAD 模型,也可以将其作为几何体导入 RobotStudio。如果没有设备的 CAD 模型,可以在 RobotStudio 中创建该设备的模型。

(1) 几何体和程序库之间的区别。

导入 RobotStudio 工作站的对象可以是几何体,也可以是程序库文件。从根本上讲,几何体就是 CAD 文件。这些文件在导入后可以复制到 RobotStudio 工作站。程序库文件是指在 RobotStudio 中已另存为外部文件的对象。导入程序库时,将会创建 RobotStudio 工作站至程序库文件的连接。因此,RobotStudio 工作站中的文件不会像导入几何体时一样增加。此外,除几何数据外,程序库文件可以包含 RobotStudio 特有的数据。例如,如果将工具另存为程序库文件,那么工具数据将与 CAD 数据保存在一起。

(2) 构建几何体的方法。

导入的几何体显示为对象浏览器中的一个部件。如果选择 RobotStudio 的"建模"功能选项卡,可以看到该几何体的组件。

几何体的顶部节点称为部件(part)。部件包含物体(bodies),物体的类型可以是立体、表面或曲线。

立体(solid)是 3D 对象,包含各种面(faces)。真正的立体可看作包含多个面的一个体。

表面(surface)是只有一个面的 2D 对象。如果一个部件包含多个体,而每个体包含一个创建自 2D 表面的面,这些面共同构成一个 3D 对象,则该部件不是真正的立体。如果未正确创建这些部件,可能会导致显示和图形编程问题。

曲线(curve)仅由"Modeling"(建模)浏览器中的体节点表示,不包含任何子节点。

使用 RobotStudio 中的"建模"功能选项卡时,可以通过添加、移动、重新排列或删除物体来编辑部件。这样,便可通过删除不必要的物体来优化现有的部件,还可通过组合多个物体来新建部件。

(3) 导入及转换 CAD 文件。

可以使用 RobotStudio 的导入功能将 CAD 文件导入为几何体。

如果要将 CAD 文件转换为其他格式或者默认转换设置,再行导入,则可以使用导入之前通过 RobotStudio 安装的 CAD 转换器。

(4) 支持的 3D 格式。

RobotStudio 的原生 3D 格式是 ACIS。RobotStudio 中包含的 ACIS R25SP1 支持 CAD 格式的更新版本。RobotStudio 还支持其他格式(需要选择)。表 1-8 列出了 RobotStudio 支持的格式和相应选件。

表 1-8　RobotStudio 支持的格式和相应选件

格　　式	文件扩展名	所 需 选 件	默认目标格式
ACIS,可读版本 R1～R24,可写版本 R18～R25	sat	—	IGES,STEP,VDA-FS
IGES,读取最高版本为版本 5.3,写入版本 5.3	igs,iges	IGES	ACIS,STEP,VDA-FS
STEP,读取版本 AP203 和 AP214(仅支持几何体),写入版本 AP214	stp,step,p21	STEP	ACIS,IGES,VDA-FS
VDA-FS,读取版本 1.0 和 2.0,写入版本 2.0	vda,vdafs	VDA-FS	ACIS,IGES,STEP
CATIA V4,读取版本 4.1.9～4.2.4	model,exp	CATIA V4	ACIS,IGES,STEP,VDA-FS
CATIA V5,可读版本 R8～R24（V5-6R2014）	CATPart,CATProduct	CATIA V5	ACIS,IGES,STEP,VDA-FS
Pro/E 或 Creo,可读版本 16-Creo 3.0	prt,asm	Pro/ENGINEER	ACIS,IGES,STEP,VDA-FS
Inventor,可读版本 V6-V2015	ipt	Inventor	ACIS,IGES,STEP,VDA-FS
VRML,可读版本 VRML2(不支持 VRML1)	wrl,vrml,vrml2	—	RsGfx
STL,支持 ASCII STL(不支持二进制 STL)	stl	—	RsGfx
3DStudio	3ds	—	RsGfx
COLLADA 1.4.1	dae	—	RsGfx
OBJ	obj	—	RsGfx

要将这些文件导入 RobotStudio 中,请使用"Import Geometry"(导入几何体)功能。

要将文件转换为 VDA-FS、STEP 和 IGES 格式,请使用单独的 CAD 转换器工具。如果要将文件转换为其他格式,请使用 RobotStudio 中的"Export Geometry"(导出几何体)功能。在转换文件时,需要选择目标格式和源格式的选项。

(5)数学式表达与几何体。

CAD 文件中的几何体通过数学式表达。当几何体导入 RobotStudio 时,数学式表达转化为显示在图形窗口中的图形化表达,表示为图形窗口中的部件。

对于这种表达式,可以设置详情等级,进而减小大模型的文件大小,缩短渲染时间,并改善可能要放大的小模型的可视化显示效果。详情等级只影响可视化显示,模型创建的路径和曲线将准确反映其粗细设置。

当导入仅有简单图形表达而没有数学式表达的文件时,RobotStudio 的一些功能,如捕捉模式、由图形创建曲线等将不适用于此种类型的文件。

1.1.4　任务考核与评价

任务考核与评价包括学生自评、学生互评、教师评价三个维度(见表1-9)。

表 1-9　"认识、安装工业机器人仿真软件"考核与评价(一)

	序　号	评价内容	学生自评	学生互评	教师评价
基本素养 (30分)	1	操作规范(5分)			
	2	参与和协作能力(7分)			
	3	课堂纪律(8分)			
	4	做好自己工位的5S管理(10分)			
知识目标 (30分)	5	知道至少一款国内及国外主流的机器人仿真软件(10分)			
	6	知道各个坐标系在机器人上的位置(10分)			
	7	知道机器人轴配置的含义(10分)			
技能操作 (40分)	8	能够从 ABB 官方网站找到 IRB1410 型机器人的产品手册(15分)			
	9	能够从华航唯实官方网站找到一个虚拟仿真的案例(15分)			
	10	能够在小组内部或班上展示从官网查找资料的过程(10分)			

总评得分:

教师签名:　　　　　　学生 A 签名:　　　　　　学生 B 签名:

考核评价时间:

注:总评得分=学生自评×30%+学生互评×30%+教师评价×40%(后同)。

1.1.5　任务练习

(1)在网站上查找西门子仿真软件"Siemens Tecnomatix",了解该软件的功能及特性。

（2）从 ABB 官方网站上查找 RobotWare 软件。

任务 1.2　下载安装工业机器人仿真软件 RobotStudio

1.2.1　任务描述

RobotStudio 是使用较广泛的机器人离线编程和仿真软件。凭借一流的虚拟控制器技术，RobotStudio 产品组合能够将在屏幕上模拟的机器人动作准确地还原到现实中。这种独特的技术使我们能够在虚拟环境中构建、测试和优化机器人系统，从而大大加快调试机器人的过程并提高生产力。

在了解了 RobotStudio 软件的基本功能后，我们只要在电脑上安装 RobotStudio 软件，并获得授权，就可以正常使用 RobotStudio 软件了。下面我们一起在电脑上安装 RobotStudio 软件吧。

1.2.2　任务知识点

在学习本任务内容时，希望同学们能够注意以下知识点：

（1）下载 RobotStudio 软件；

（2）安装 RobotStudio 软件；

（3）获得 RobotStudio 软件授权。

1.2.3　任务实施

1.2.3.1　下载 RobotStudio

ABB 公司提供了 RobotStudio 的下载网址：http://new. abb. com/products/robotics/robotstudio/downloads。搜索并访问该网址，点击"↓"（见图 1-7），选择存储目录，即可下载。其中 RobotStudio 2024.1.1 是 RobotStudio 的版本号（ABB 公司官方网站上提供的是最新的版本号，本书编写时最新的版本号为 2024.1.1）。

RobotStudio

Release date: Mar 21, 2024, Size: 1.3 GB
RobotStudio 2024.1.1
RobotWare can be installed from RobotApps within RobotStudio. Register to download it now

Are you looking for OPC Server and RobotStudio SDK, FlexPendant SDK and PC SDK?
Visit our Developer Center

PDF
RobotStudio Subscription Model
RobotStudio Subscription Model to understand the contents of a RobotStudio purchase.

图 1-7

1.2.3.2   安装 RobotStudio

安装 RobotStudio 时,需要在计算机上拥有管理员权限。RobotStudio 提供以下安装选项。

(1)最小化安装。仅安装为了设置、配置和监控通过以太网相连的真实控制器所需的功能。

(2)完整安装。安装运行完整的 RobotStudio 所需的所有功能。选择此安装选项,可以使用基本版和高级版的所有功能。

(3)自定义安装。安装用户自定义的功能。选择此安装选项,可以选择不安装不需要的机器人库文件和 CAD 转换器。

注意:在 64 位操作系统的计算机上,若选择完整安装选项,将同时安装 RobotStudio 的 32 位和 64 位版本。64 位版本比 32 位版本的内存寻址能力更强,所以 64 位版本可以导入更大的 CAD 模型。

但 64 位版本也存在以下限制:① 不支持 ScreenMaker、SafeMove Configurator 和 EPS Wizard;② 计算机名称不能为中文,只能为纯英文;③ 不支持含有中文的安装路径,仅支持纯英文安装路径;④ 加载项将从 C:\Program Files (x86)\ABB Industrial IT\Robotics IT\RobotStudio 6.0\Bin64\Addins 加载。

安装 RobotWare 时将会安装对应 RobotStudio 版本的 RobotWare,也可以在连接互联网时通过 RobotStudio 下载和安装其他 RobotWare 版本。在插件选项卡,单击 RobotApps 即可。RobotWare 部分显示了可供下载的 RobotWare 版本。

安装完成后,需要激活 RobotStudio。RobotStudio 分为以下两种版本。

(1)Basic,基本版。提供所选的 RobotStudio 功能,如配置、编程和运行虚拟控制器,还可以通过以太网对真实控制器进行编程、配置和监控等在线操作。

(2)Premium,高级版。提供完整的 RobotStudio 功能,可实现离线编程和多机器人仿真。Premium 版本包括 Basic 版本的功能,并需要激活。若要购买 Premium 版本的许可,请联系 ABB 机器人技术销售代表:www.abb.com/contacts。

表 1-10 列出了 Basic 和 Premium 版本提供的功能。

表 1-10   Basic 和 Premium 版本提供的功能

功　　能	Basic	Premium
真实或虚拟机器人调试的必要功能,例如: ● 系统生成器 ● 事件日志查看器 ● 配置编辑器 ● RAPID 编辑器 ● 备份/恢复 ● I/O 窗口	是	是

功　　能	Basic	Premium
生产功能,例如: ● RAPID 数据编辑器 ● RAPID 比较 ● 调整 RobTarget ● RAPID Watch ● RAPID 断点 ● 信号分析器 ● MultiMove 工具 ● ScreenMaker 1.2 ● 作业	—	是
基本离线功能,例如: ● 打开工作站 ● Unpack and Work(解压并工作) ● 运行仿真 ● 转为离线 ● 机器人微动控制工具 ● 齿轮箱热量预测 ● ABB 机器人库	是	是
高级离线功能,例如: ● 图形编程 ● 保存工作站 ● Pack and Go(打包带走) ● 导入/导出几何体 ● 导入模型库 ● 创建工作站查看器和影片 ● 传输 ● 自动路径 ● 3D 操作	—	是
加载项	—	是

注意:① 要求机器人真实控制器系统安装 RobotWare 选件(PC 接口)以允许局域网(LAN)通信。通过服务端口连接或虚拟控制器通信不需此选件。② 要求机器人控制器系统安装 RobotWare 选件(FlexPendant 接口)

1.2.3.3　RobotStudio **软件的授权管理**

独立许可是通过"激活向导…"激活的。如果计算机连接了互联网,RobotStudio 会自动激活,否则需要手动激活。

使用下列步骤启动"激活向导…"。

(1) 单击"文件(F)"功能选项卡,然后单击"帮助",如图 1-8 所示。

(2) 在"支持"下单击"管理授权"。此时会打开"选项"对话框,并显示授权选项,如图 1-9 所示。

(3) 单击"激活向导…"可查看 RobotStudio 许可选项,如图 1-10 所示。

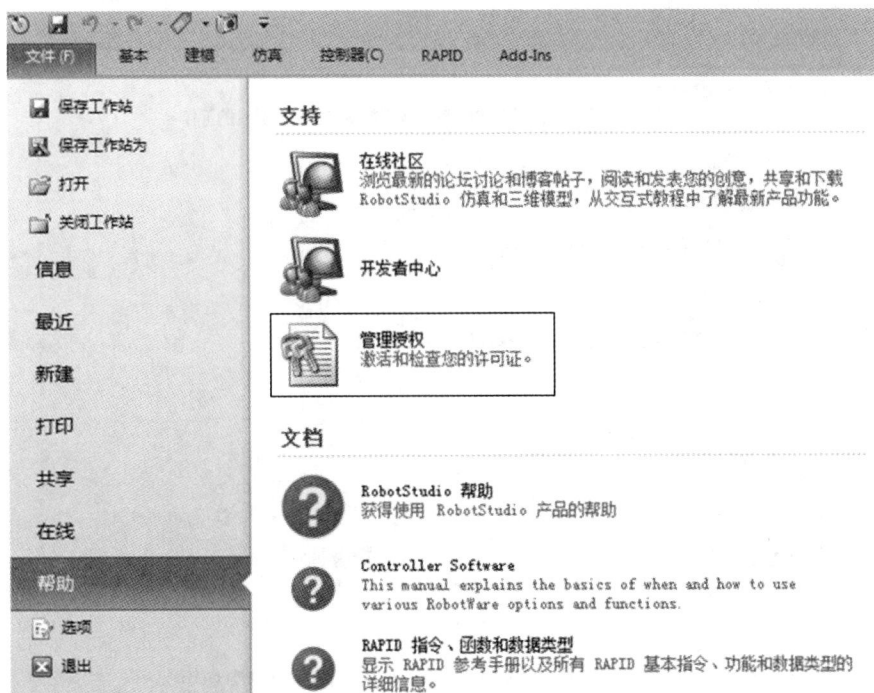

图 1-8

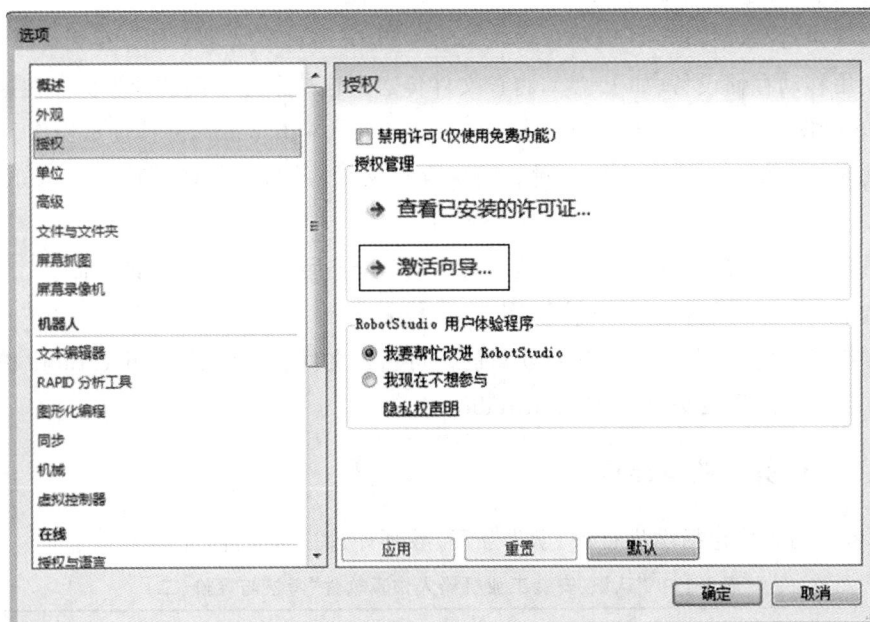

图 1-9

注意：要解决激活中遇到的问题，请按 www. abb. com/contacts 提供的电子邮件地址或电话号码联系 ABB 客户支持代表，或者发送电子邮件到 softwarefactory_support@se. abb. com 并附上激活密钥。

如果计算机连接了互联网，则"激活向导…"会自动将您的激活请求发送到 ABB 许可服

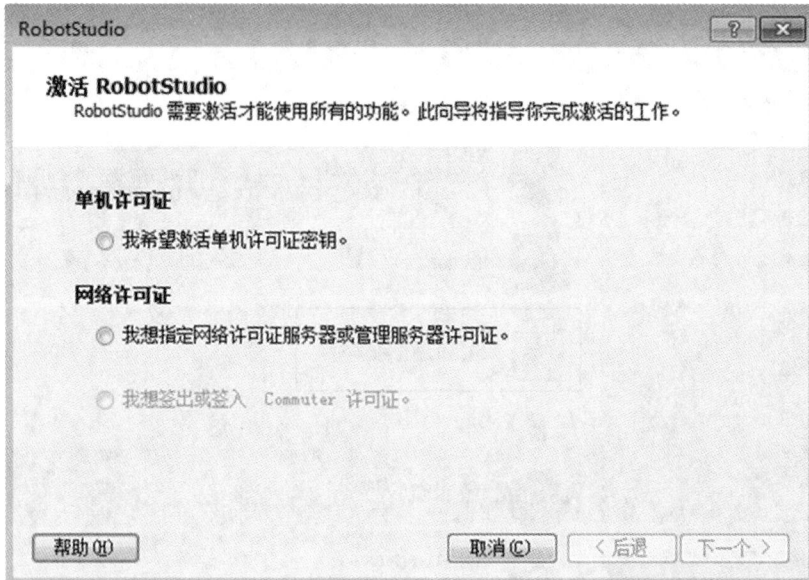

图 1-10

务器,许可自动安装后产品即可使用。激活后,必须重启 RobotStudio。

如果计算机没有连接互联网,则必须进行手动激活,步骤如下。

① 通过点击图 1-8 中的"新建",创建一个许可请求文件。

② 继续执行"激活向导..."步骤,输入激活密钥,并将许可请求文件保存到计算机中。

③ 使用移动存储设备(如 U 盘),将该文件传送到连接了互联网的计算机。在这台计算机上,打开网络浏览器,访问 http://manualactivation.e.abb.com/,并按提示操作。

④ 此时将获得一个许可密钥文件。请保存此文件,并将它传回等待激活 RobotStudio 的计算机上。

⑤ 重新启动"激活向导...",按照提示操作,直至到达激活单机许可证页面。

⑥ 选择"我希望激活单机许可证密钥"。

⑦ 继续执行"激活向导...",选择获得的许可密钥文件。完成后,RobotStudio 被激活并可开始使用。激活后,必须重启 RobotStudio。

1.2.4 任务考核与评价

任务考核与评价包括学生自评、学生互评、教师评价三个维度(见表 1-11)。

表 1-11 "认识、安装工业机器人仿真软件"考核与评价(二)

	序 号	评价内容	学生自评	学生互评	教师评价
基本素养 (30分)	1	操作规范(5分)			
	2	参与和协作能力(7分)			
	3	课堂纪律(8分)			
	4	做好自己工位的5S管理(10分)			

续表

	序　号	评价内容	学生自评	学生互评	教师评价
知识目标 （30分）	5	知道 RobotStudio 软件对电脑的配置要求（10分）			
	6	知道 RobotStudio 软件安装前电脑的命名规则（10分）			
	7	知道 RobotStudio 安装时的安装文件保存路径配置规则（10分）			
技能操作 （40分）	8	能够从 ABB 官方网站下载最新版的 RobotStudio 软件（10分）			
	9	能够独立安装 RobotStudio 软件（10分）			
	10	能够获得安装后的软件授权（10分）			
	11	能够通过自己查找资料或者团队合作解决安装过程中出现的各种问题（10分）			

总评得分：

教师签名：　　　　　学生 A 签名：　　　　　学生 B 签名：

考核评价时间：

1.2.5　任务练习

（1）在自己的电脑上安装 RobotStudio 软件，并获得授权。

（2）将安装过程中碰到的问题截图保存，以小组为单位汇总，做成 PPT（演示文稿），在班上汇报解决问题的办法。

任务 1.3　RobotStudio 软件界面

1.3.1　任务描述

在安装完 RobotStudio 软件后，我们需要尽快熟悉 RobotStudio 软件界面和基本功能选项卡，了解各个选项卡的基本功能，从而更方便地操作软件。因为选项卡较多，所以一开始我们无法深入了解所有功能，在后续的学习中，用到某模块后，我们会逐步掌握该模块的使用方法。在本任务中，大家只需要熟悉相关界面，知道各功能的大致区域即可。下面我们一起来熟悉一下相关界面。

1.3.2　任务知识点

在学习本任务内容时，希望同学们能够注意以下知识点：

（1）各功能区的选项卡；

（2）软件界面中各个图标所代表的含义；

(3) 旋转、平移、缩放等基本操作。

1.3.3　任务实施

1.3.3.1　功能区、选项卡和组

(1)"文件(F)"功能选项卡,如图 1-11 所示,包含创建新工作站、创建机器人系统、连接到控制器、保存工作站等。

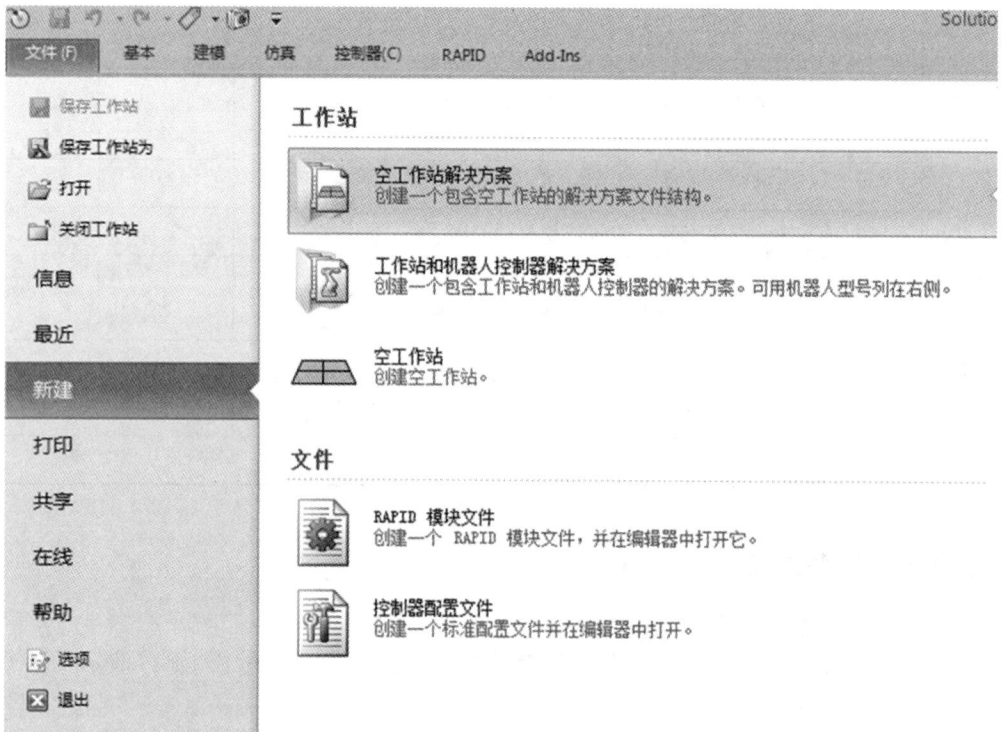

图 1-11

(2)"基本"功能选项卡,如图 1-12 所示,包含建立工作站、路径编程和摆放物体所需的控件。

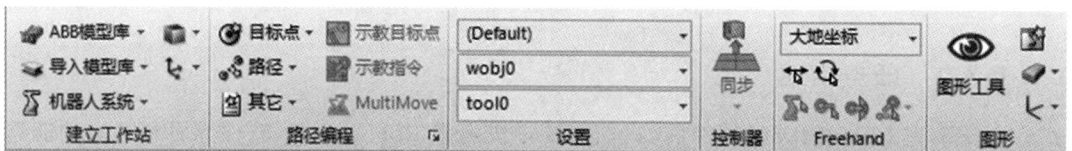

图 1-12

(3)"建模"功能选项卡,如图 1-13 所示,包含创建和分组、工作站组件、创建实体、测量以及其他 CAD 操作所需的控件。

(4)"仿真"功能选项卡,如图 1-14 所示,包含创建、控制、监控和记录仿真所需的控件。

(5)"控制器(C)"功能选项卡,如图 1-15 所示,包含用于虚拟控制器的同步、配置和分配任务的控制措施,还包含用于管理真实控制器的控制措施。

(6)"RAPID"功能选项卡,如图 1-16 所示,包含集成的 RAPID 编辑器,用于编辑除机

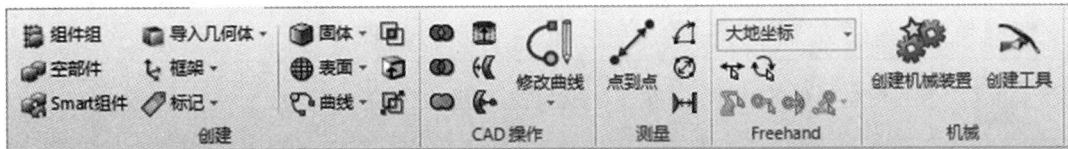

图 1-13

图 1-14

图 1-15

图 1-16

器人运动之外的其他所有机器人任务。

（7）"Add-Ins"功能选项卡，如图 1-17 所示，包含 PowerPacs 控件等。

图 1-17

1.3.3.2 布局浏览器

布局浏览器中分层显示工作站中的项目，如机器人和工具等，各图标及其描述如表 1-12 所示。

表 1-12 布局浏览器中各图标及其描述

图 标	节 点	描 述
	Robot	工作站中的机器人
	工具	工具

图 标	节 点	描 述
	链接集合	包含对象的所有链接
	链接	关节连接的实际对象。每个链接由一个或多个部件组成
	框架集合	包含对象的所有框架
	组件组	部件或其他组装件的分组,每组都有各自的坐标系。它用来构建工作站
	部件	RobotStudio 中的实际对象。包含几何信息的部件由一个或多个 2D 或 3D 实体组成,不包含几何信息的部件(例如,导入的".jt"文件)为空
	碰撞集	包含所有的碰撞。每个碰撞集包含两组对象
	对象组	包含接受碰撞检测的对象的参考信息
	碰撞集机械装置	碰撞集中的对象
	框架	工作站内的框架

1.3.3.3 路径和目标点浏览器

路径和目标点浏览器中各图标及其描述如表 1-13 所示。

表 1-13 路径和目标点浏览器中各图标及其描述

图 标	节 点	描 述
	工作站	RobotStudio 中的工作站
	虚拟控制器	用来控制机器人的系统,例如 IRC5 控制器
	任务	包含工作站内的所有逻辑元素,例如目标、路径、工作对象、工具数据和指令
	工具数据集合	包含所有工具数据
	工具数据	用于机器人或任务的工具数据
	工件坐标与目标点	包含用于任务或机器人的所有工件坐标和目标点
	接点目标集合与接点目标	机器人轴的指定位置

图 标	节 点	描 述
	工件坐标集合和工件坐标	工件坐标集合节点和该节点中包含的工件坐标
	目标点	定义的机器人位置。目标点相当于 RAPID 程序中的 RobTarget
	不带指定配置的目标点	尚未指定轴配置的目标点,例如,重新定位的目标点或通过微动控制之外的方式创建的新目标点
	不带已找到配置的目标点	无法伸展到的目标点,即尚未找到该目标点的轴配置
	路径集合	包含工作站内的所有路径
	路径	包含机器人的移动指令
	线性移动指令	到目标点的线性 TCP 运动。如果尚未指定目标的有效配置,移动指令就会得到与目标点相同的警告符号
	关节移动指令	目标点的关节动作。如果尚未指定目标的有效配置,移动指令就会得到与目标点相同的警告符号
	动作指令	定义机器人的动作,并在路径中的指定位置执行

1.3.3.4　建模浏览器

建模浏览器显示了所有可编辑对象及其构成部件,各图标及其描述如表 1-14 所示。

表 1-14　建模浏览器中各图标及其描述

图 标	节 点	描 述
	部件	与布局浏览器中的对象对应的几何物体
	物体	包含各种部件的几何构成块。3D 物体包含多个表面,2D 物体包含一个表面,而曲线物体不包含表面
	表面	物体的表面

1.3.3.5　文件浏览器

通过"RAPID"功能选项卡中的文件浏览器,可以管理 RAPID 文件和系统备份。使用文件浏览器,可以访问未驻留在控制器内存中的独立 RAPID 模块和系统参数文件,并接着进行编辑。文件浏览器中各图标及其描述如表 1-15 所示。

表 1-15　文件浏览器中各图标及其描述

图 标	节 点	描 述
	文件	管理 RAPID 文件
	备份	管理系统备份

1.3.3.6　加载项浏览器

加载项浏览器中各图标及其描述如表 1-16 所示。

表 1-16　加载项浏览器中各图标及其描述

图　　标	节　　点	描　　　　述
(蓝色)	加载项	表示加载到系统中的可用加载项
	被禁用的加载项	表示被禁用的加载项
(灰色)	未加载的加载项	表示从系统中卸载的加载项

1.3.3.7　控制器浏览器

控制器浏览器用分层方式显示,可在"控制器(C)"功能选项卡视图中看到控制器和配置元素,各图标及其描述如表 1-17 所示。

表 1-17　控制器浏览器中各图标及其描述

图　　标	节　　点	描　　　　述
	控制器	包含连接至当前机器人监控窗口(robot view)的控制器
	已连接控制器	表示已经连接至当前网络的控制器
	正在连接的控制器	表示一个正在连接的控制器
	已断开的控制器	表示断开连接的控制器。该控制器可能被关闭或从当前网络断开
	拒绝登录	表示无法登录的控制器。无法访问的原因可能是: ● 用户缺少必要的访问权限 ● 太多客户端连接至当前控制器 ● 在控制器上运行的系统的 RobotWare 版本比 RobotStudio 的版本新
	配置	包含配置主题
	主题	每个节点表示一个主题: ● 连接 ● Controller ● I/O ● 人机连接 ● 动作
	事件日志	通过事件日志,可以查看或保存控制器事件信息

续表

图　标	节　点	描　　　述
	I/O 系统	控制器 I/O 系统,由工业网络和设备组成
	工业网络	工业网络是一个或多个设备的连接介质
	设备	拥有端口的电路板、面板或任何其他设备,可以用来发送 I/O 信号
	RAPID 任务	包括控制器上活动状态的任务(程序)
	任务	任务即机器人程序,可以单独执行也可以和其他程序一起执行。程序由一组模块组成
	程序模块	包含一组针对特定任务的数据声明和例行程序,包含特定于当前任务的数据
	Nostepin 模块	在逐步执行时不能进入的模块。也就是说,在程序逐步执行时,该模块中的所有指令被当作一条指令
	只查看和只读程序模块	只查看或只读程序模块
	只查看和只读系统模块	只查看或只读系统模块
	程序	不返回值的例行程序。过程用作子程序
	功能	返回特定类型值的例行程序
	陷阱(中断)	对中断做出反应的例行程序

1.3.4　任务考核与评价

任务考核与评价包括学生自评、学生互评、教师评价三个维度(见表 1-18)。

表 1-18　"认识、安装工业机器人仿真软件"考核与评价(三)

	序　号	评 价 内 容	学 生 自 评	学 生 互 评	教 师 评 价
基本素养 (30 分)	1	操作规范(5 分)			
	2	参与和协作能力(7 分)			
	3	课堂纪律(8 分)			
	4	做好自己工位的 5S 管理(10 分)			
知识目标 (30 分)	5	初步了解各功能区下有哪些选项卡(10 分)			
	6	知道在软件中的哪个选项卡调用 ABB 各型号机器人(10 分)			
	7	知道在软件中的哪个选项卡为机器人创建系统(10 分)			

	序 号	评 价 内 容	学生自评	学生互评	教师评价
技能操作 (40分)	8	能够新建一个机器人场景,并插入IRB1410型机器人(10分)			
	9	能够创建一个机器人系统(10分)			
	10	能够从其他三维软件导入一个数模到RobotStudio软件(10分)			
	11	能够实现界面的旋转、平移、缩放等基本操作(10分)			

总评得分:

教师签名:　　　　　学生 A 签名:　　　　　学生 B 签名:

考核评价时间:

1.3.5　任务练习

(1) 在已学过的其他三维软件(如 AutoCAD、Core、NX、CATIA 等)中画一个三维实体,并将其导入 RobotStudio 软件。

(2) 完成旋转、平移、缩放等基本操作。

模 块 总 结

本模块介绍了各种工业机器人离线编程与仿真软件的功能及部分下载网址,并重点介绍了 RobotStudio 的安装、授权及其软件界面。通过本模块的思维导图,同学们可以梳理本模块任务布局以及每个任务需要重点掌握的知识及技术要点,有针对性地进行练习。

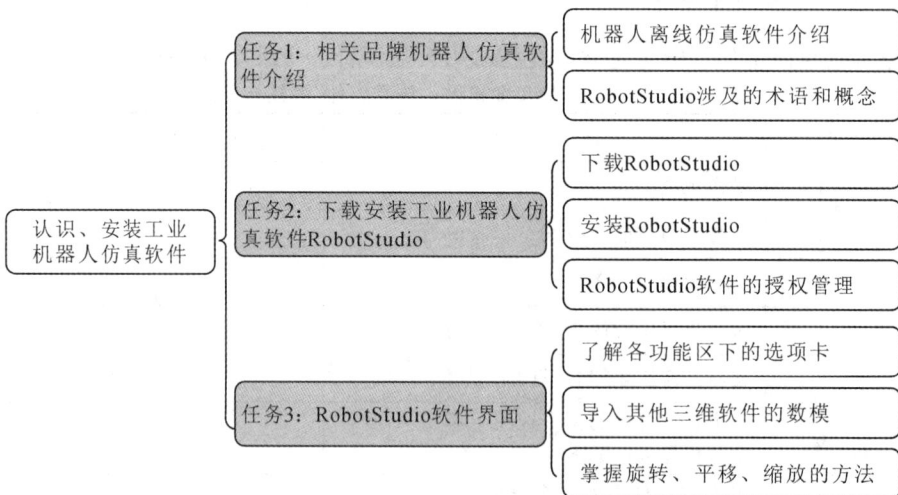

认识、安装工业机器人仿真软件

任务1:相关品牌机器人仿真软件介绍
- 机器人离线仿真软件介绍
- RobotStudio涉及的术语和概念

任务2:下载安装工业机器人仿真软件RobotStudio
- 下载RobotStudio
- 安装RobotStudio
- RobotStudio软件的授权管理

任务3:RobotStudio软件界面
- 了解各功能区下的选项卡
- 导入其他三维软件的数模
- 掌握旋转、平移、缩放的方法

机器人小讲堂
——华航唯实机器人仿真软件的发展

华航唯实的机器人仿真软件发展历程源远流长,其起点可以追溯至华航唯实自主研发的工业机器人离线编程软件PQArt(原名RobotArt)。2013年,为了满足军工项目中机器人仿真国产化的需求,华航唯实与北京航空航天大学合作,开启了工业机器人离线编程软件的研发与应用。在此过程中,华航唯实逐渐掌握了多项核心技术,如3D平台构建、几何拓扑分析、特征驱动技术、自适应求解算法、开放后置、碰撞检测以及代码仿真等。

PQArt的功能覆盖了机器人集成应用完整的生命周期,包括方案设计、设备选型、集成调试及产品改型。迄今为止,已有10万多人使用PQArt进行学习或工作,大量的在校学生以PQArt虚拟仿真与离线编程功能为入口,开始了他们的机器人学习与从业生涯。同时,PQArt也为教育部主办的中职、高职机器人相关赛事提供技术支持,为众多参赛者提供了展示才华的平台。

此外,华航唯实还推出了另一款重要的工业应用软件PQFactory。这是一款全新的智能产线设计与虚拟调试软件,可以实现生产线的设计仿真和生产线逻辑的虚拟调试,能够让机器人编程和PLC编程等调试人员在没有硬件设备的情况下提前"进场"调试,从而有效规避设计缺陷、缩短交付周期,并极大地提高设计效率。

华航唯实的PQArt发展史是一段不断创新、不断突破的奋斗史。凭借强大的技术实力和广泛的应用领域,PQArt为我国工业机器人及智能制造领域的发展做出了重要贡献。未来,随着技术的不断进步和应用领域的不断拓展,PQArt将继续保持开发投入,为我国工业机器人的发展贡献更多力量。

模块 2　RobotStudio 仿真技术知识储备

模块介绍

本模块介绍了工业机器人离线编程与仿真软件 RobotStudio 的基础知识与操作,旨在帮助学生构建对工业机器人的系统、软件窗口、几何体建模及导入、手动操作、工具加载、机械装置创建、工件坐标系建立等的了解与认知,具备离线仿真软件的基础操作能力。

模块 2 学习视频

学习目标

素养目标:

(1)具有基本的工程科学运用及系统思维能力;

(2)能够熟练运用相关工具、技术与理论解决工程问题;

(3)具备团队合作精神,注重质量和效率;

(4)具有良好的职业道德和职业素质。

知识目标:

(1)建立工业机器人系统;

(2)操作软件窗口;

(3)建模及导入几何体;

(4)手动操作工业机器人;

(5)加载机器人工具;

(6)创建机械装置及建立工作站信号与机器人坐标系。

技能要求:

(1)能完成工业机器人系统的创建;

(2)能熟练进行软件窗口操作;

(3)能完成几何体的建模及导入;

(4)掌握工业机器人的离线手动操作;

(5)能完成机器人工具的加载;

(6)能完成机械装置的创建,以及工作站信号和工件坐标系的建立。

任务 2.1　建立工业机器人系统

2.1.1　任务描述

要想使用 RobotStudio 仿真软件练习基本的机器人操作,必须先添加机器人,创建机器人系统,使机器人动起来。同样地,在完成机器人工作站的布局以后,还要为机器人建立系统,创建虚拟的控制器,使其具有电气特性,才能够完成相关的仿真操作。接下来,我们学习两种建立工业机器人系统的方法:从布局创建系统和从备份创建系统。

2.1.2　任务知识点

本任务介绍了如何创建系统至虚拟控制器(VC),系统规定了要使用的机器人型号和 RobotWare 选项,还保存有机器人配置和程序。

创建系统需满足如下条件:

(1) 必须在计算机上安装 RobotWare 媒体池。

(2) 若需创建在真实控制器上运行的系统,必须拥有 RobotWare 许可证。RobotWare 许可密钥规定了哪个机器人和哪些 RobotWare 选项可以在控制器上运行。许可密钥随控制器一起交付。

(3) 若需创建仅在虚拟环境运行的系统,可以使用虚拟许可密钥。虚拟许可密钥由系统生成器向导生成。在使用虚拟许可密钥时,需要在向导的"修改选项"页面选择要使用的机器人型号和 RobotWare 选项。

(4) 若要将系统加载至真实控制器,应首先将计算机连接至控制器的以太网端口或服务端口。

2.1.3　任务实施

2.1.3.1　从布局创建系统

RobotStudio 提供在计算机上进行 ABB 机器人示教器操作练习的功能,下面介绍如何在 RobotStudio 中从布局建立练习用的系统。

(1) 首先打开"文件(F)"功能选项卡,选择"新建",选择"空工作站",创建一个空工作站,如图 2-1、图 2-2 所示。

(2) 然后在"基本"功能选项卡中单击"ABB 模型库",可以从相应的列表中选择所需的机器人、变位机和导轨。我们以 IRB1410 为例。在"ABB 模型库"下拉菜单中选择"IRB1410"机器人本体数模,如图 2-3 所示。

(3) 在"基本"功能选项卡中单击"机器人系统",在"机器人系统"下拉菜单中点击"从布局…",如图 2-4 所示。

(4) 在"从布局创建系统"对话框中,在"名称"处可以输入新创建的系统的名称,这里我们输入"SystemTEST";"RobotWare"选择框中是已安装的所有 RobotWare 媒体池,这里我们选择使用 6.03 版本创建系统,如图 2-5 所示。

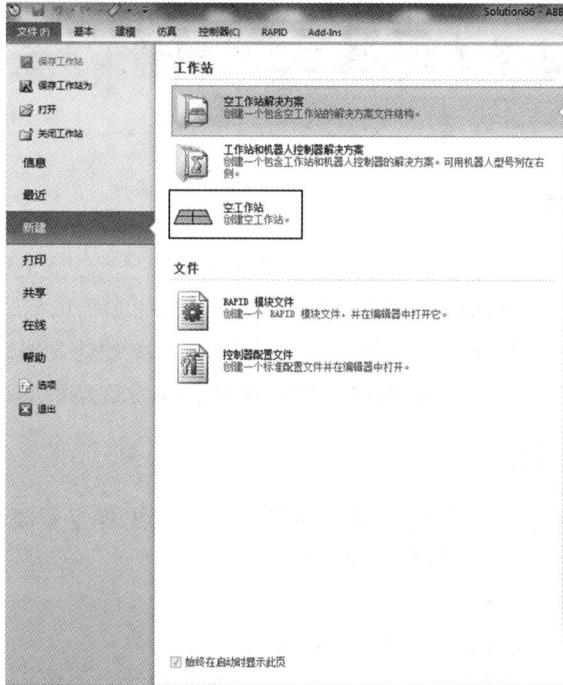

图 2-1

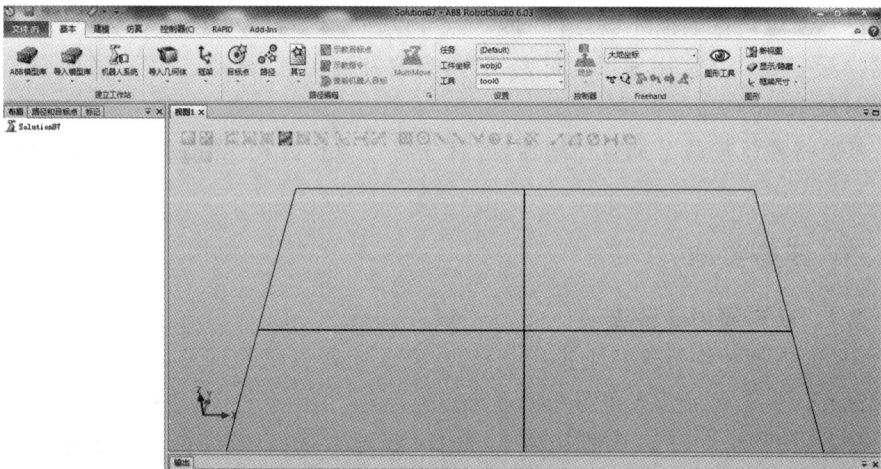

图 2-2

点击"下一个"进入"选择系统的机械装置"对话框,如图 2-6 所示,因为未使用变位机和导轨等机械装置,确认勾选系统中存在的机械装置"IRB1410_5_144_01"后,点击"下一个"。

(5)配置系统参数。单击"选项..."进入修改页面。首先我们修改默认语言,在更改选项类别中点击"Default Language",在选项"Chinese"前打钩,如图 2-7 所示。要注意的是,在选项中只能选择一种语言,打钩前请先取消勾选"English",否则无法勾选"Chinese"。

在更改选项类别中点击" Industrial Networks",在选项"709-1 DeviceNet Master/Slave"前打钩,如图 2-8 所示。

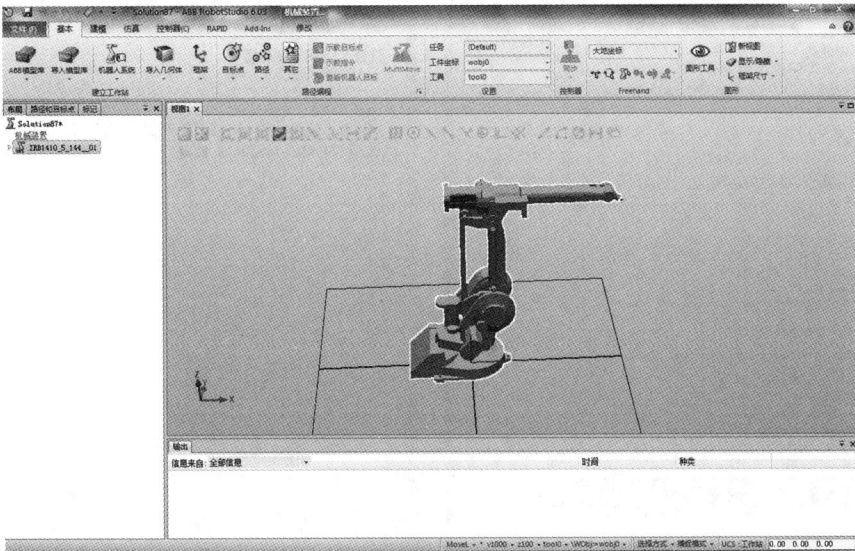

图 2-3

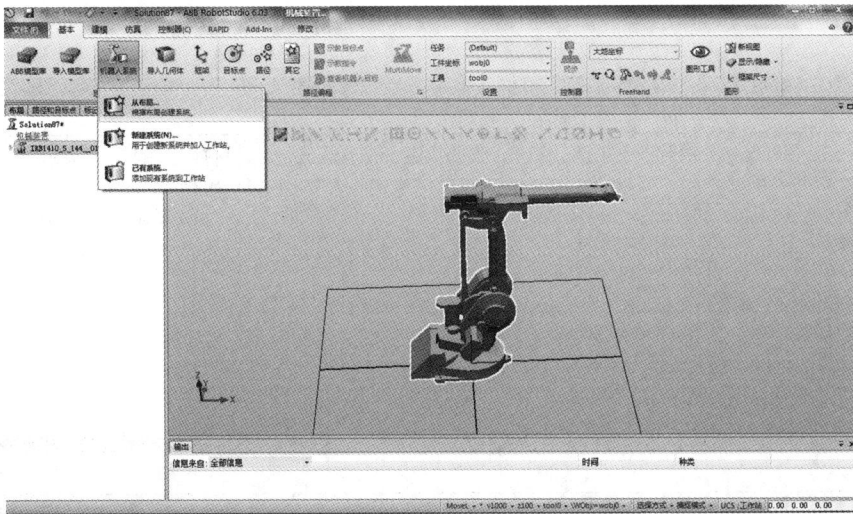

图 2-4

在更改选项类别中点击"Anybus Adapters"，在选项"840-2 PROFIBUS Anybus Device"前打钩，如图 2-9 所示。

将三个选项勾选完成后，点击右下方的"关闭"。

弹出如图 2-10 所示的对话框时，请核对左侧系统配置中是否显示"Chinese""709-1 DeviceNet Master/Slave""840-2 PROFIBUS Anybus Device"三个选项，如未显示请重新点击"选项…"，重复上述步骤重新设置。之后点击"完成(F)"。

（6）系统进入启动状态，如图 2-11 所示。右下角控制器状态由红色变为黄色，最后变为绿色，表示系统已经启动完成且无异常。

在"控制器(C)"功能选项卡中点击"示教器"右侧的三角形，在下拉菜单中点击"虚拟示教器"，结果如图 2-12 所示。

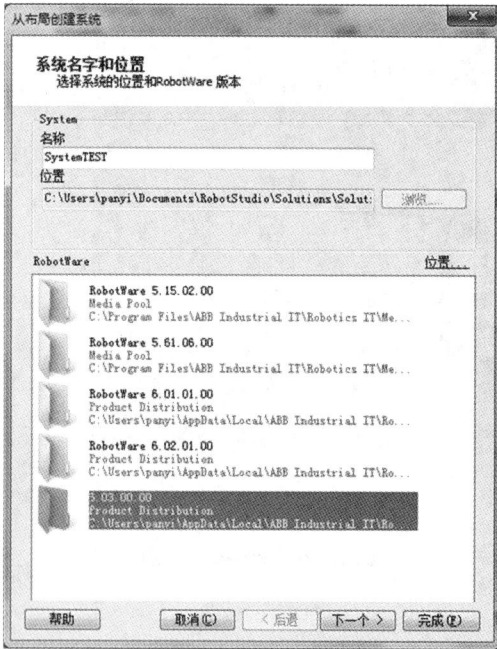

图 2-5

图 2-6

图 2-7

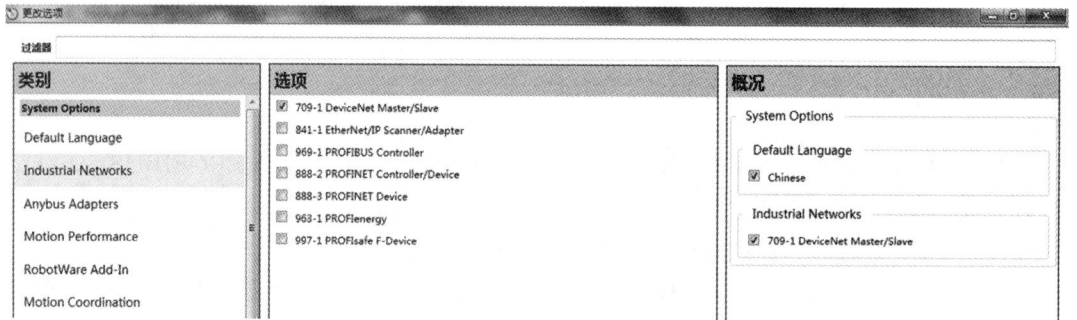

图 2-8

点击示教器拨杆左边的"Control panel",在弹出页面中,将机器人运行模式钥匙调至手动状态(点击钥匙对应的单选框),结果如图 2-13 所示。

随后我们即可使用"Enable"按钮代替真实示教器的使能按钮来操作机器人,如图 2-14所示。

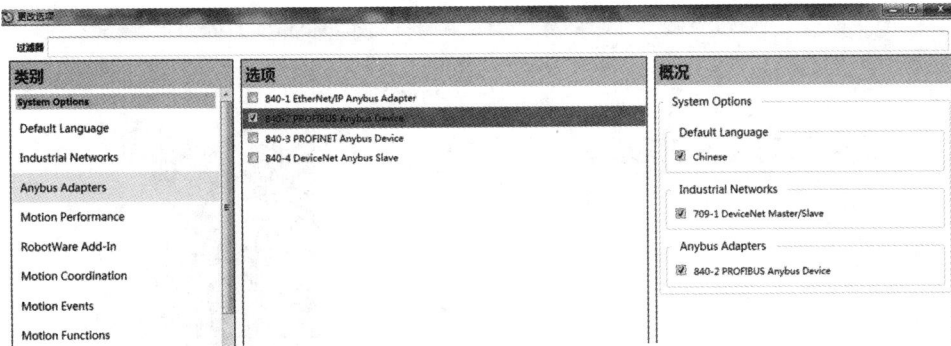

图 2-9

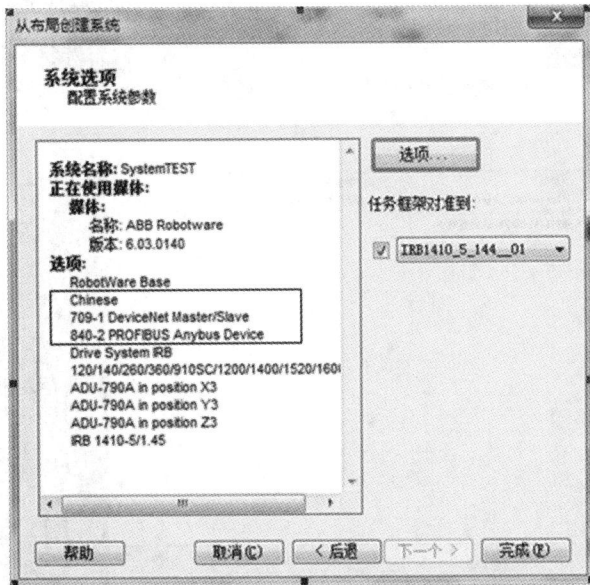

图 2-10

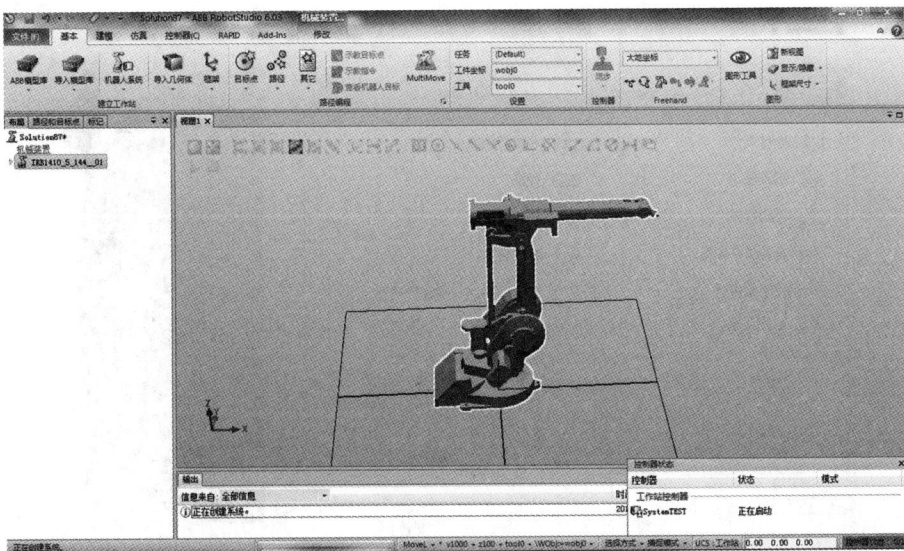

图 2-11

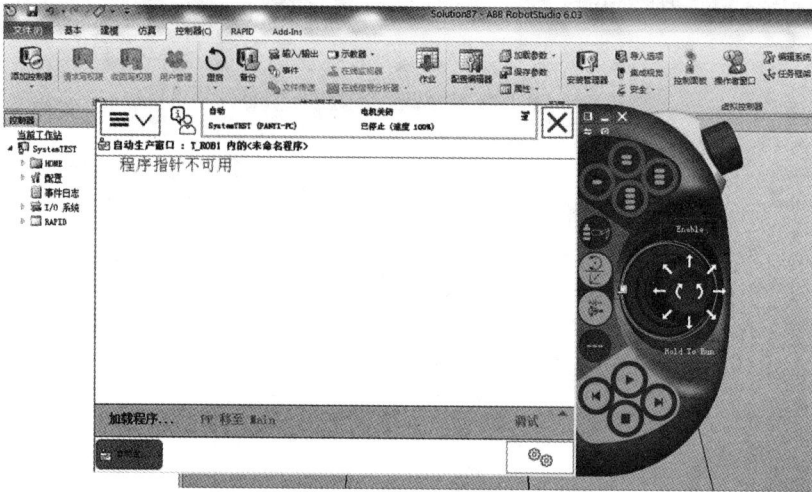

图 2-12

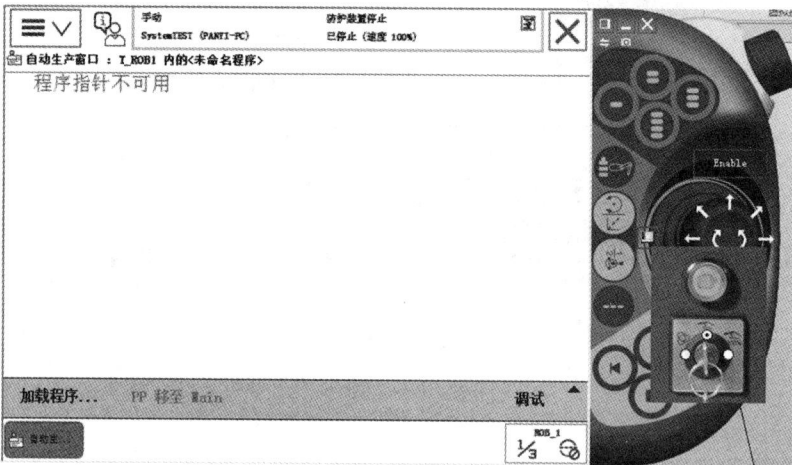

图 2-13

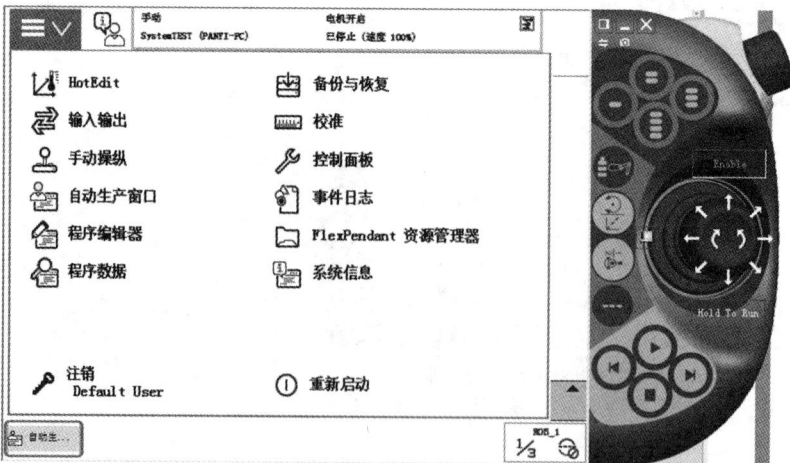

图 2-14

2.1.3.2　从备份创建系统

使用系统生成器可以启动从备份创建系统向导,使用该向导可从控制器系统备份创建新系统。此外还可以修改程序版本和选项。要启动向导,请执行下列操作:

(1)如图 2-15 所示,选择"安装管理器",再选择"机器人系统生成器"菜单,在弹出的对话框中点击"从备份创建系统 B...",如图 2-16 所示,进入从备份创建系统向导。

图 2-15

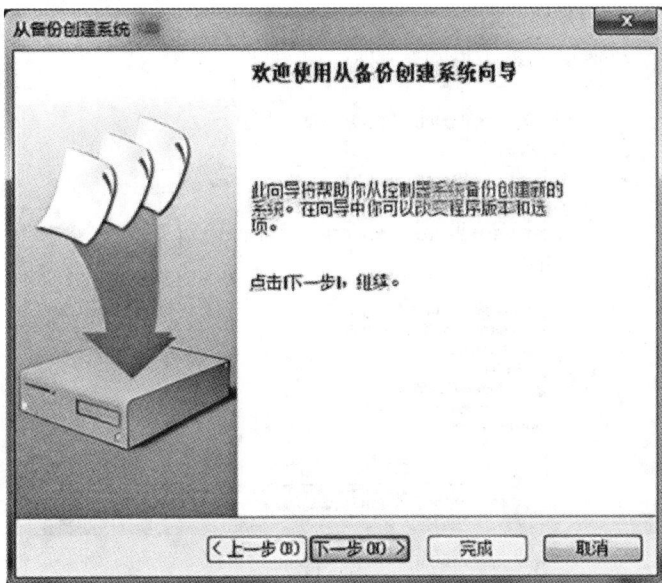

图 2-16

(2)如图 2-17 所示,在名称框中输入所创建系统的名称"SystemTESTⅠ"。在路径框中,输入系统保存的路径。也可以单击浏览图标"..."查看并选择系统目录。完成后单击"下一步"。注意:路径一般为默认路径,如空白请选择如图 2-17 所示的路径。

(3)在备份目录框中,输入备份所在文件夹的路径。或单击浏览图标"..."查看并选择该文件夹,如图 2-18 所示。在机器人系统库框中,输入包含相应 RobotWare 程序的库路径,有效文件就会自动生成备份信息并显示在向导中。完成后单击"下一步(N)"。

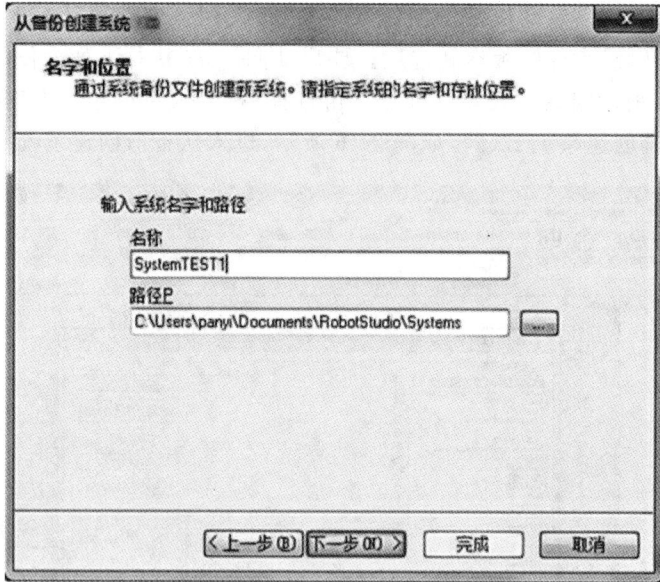

图 2-17

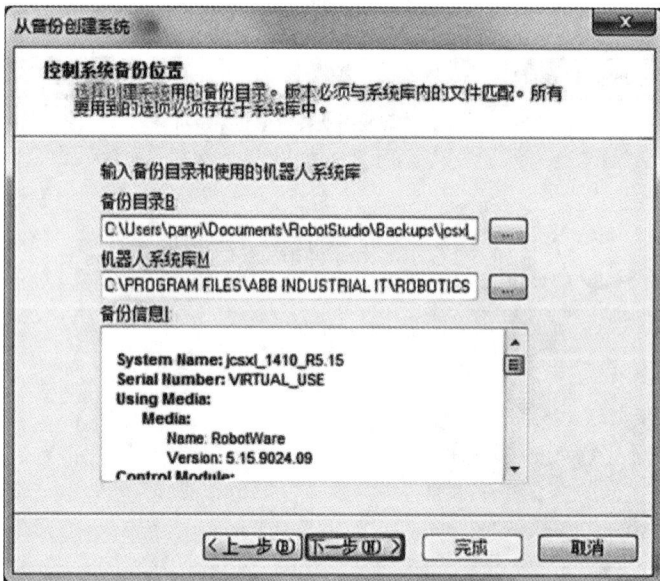

图 2-18

（4）此时由备份创建的系统已经完成,点击"完成"退出向导,如图 2-19 所示。随后,点击"关闭",关闭系统生成器。

（5）如需打开从备份创建的系统,请参考步骤（1）打开系统生成器,从"已生成系统目录"中选择所创建的系统即可,如图 2-20 所示。

2.1.4 任务考核与评价

任务考核与评价包括学生自评、学生互评、教师评价三个维度(见表 2-1)。

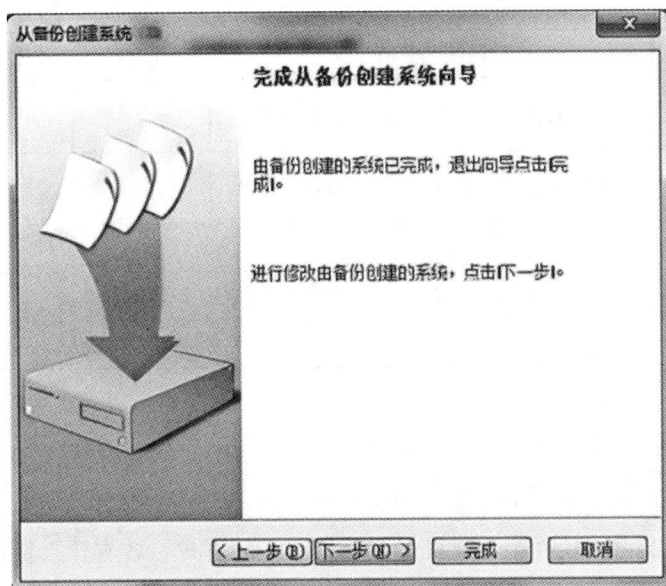

图 2-19

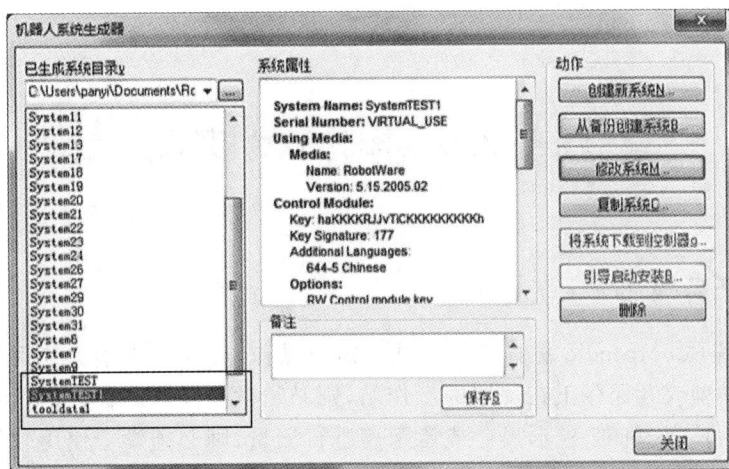

图 2-20

表 2-1 "RobotStudio 仿真技术知识储备"考核与评价(一)

	序 号	评 价 内 容	学 生 自 评	学 生 互 评	教 师 评 价
基本素养 (30 分)	1	操作规范(10 分)			
	2	参与和协作能力(10 分)			
	3	课堂纪律(10 分)			
知识目标 (30 分)	4	了解工业机器人系统的定义与创建机器人系统的必要条件(10 分)			
	5	了解从布局创建机器人系统的步骤及操作事项(10 分)			
	6	了解从备份创建机器人系统的步骤及操作事项(10 分)			

	序　号	评价内容	学生自评	学生互评	教师评价
技能操作 (40分)	7	独立完成从布局创建机器人系统(20分)			
	8	独立完成从备份创建机器人系统(20分)			

总评得分：

教师签名：　　　　　　学生 A 签名：　　　　　　学生 B 签名：

考核评价时间：

2.1.5　任务练习

(1)简述工业机器人系统的定义与创建机器人系统的必要条件。

(2)在 RobotStudio 软件中创建机器人系统有几种方式？各有什么特点？

(3)以 IRB1410 为例，完成从布局创建系统的过程。

(4)使用系统生成器启动从备份创建系统向导，使用该向导完成从控制器系统备份创建新系统的过程。

任务 2.2　操作软件窗口

2.2.1　任务描述

要熟练掌握 RobotStudio 仿真软件的基本窗口操作，必须首先学会使用快捷键。要使用已有的数学模型或者保存正在使用的工作站，则必须学会文件的保存、打包和解包方法。要对工作站中的长度、角度、外形尺寸或者距离进行测量，则必须学会使用软件窗口中的测量工具。

2.2.2　任务知识点

(1)使用鼠标导航图形窗口；

(2)掌握 RobotStudio 中的常用键盘快捷键；

(3)创建一个包括虚拟控制器、库和附加选项的活动工作站包，解包"Pack and Go"文件，启动恢复虚拟控制器并打开工作站；

(4)当操作窗口意外关闭，导致无法找到对应的操作对象和查看相关的信息时，恢复默认 RobotStudio 界面。

2.2.3　任务实施

2.2.3.1　软件快捷键的使用

表 2-2 介绍了如何使用鼠标和快捷键导航图形窗口。

表 2-2　使用鼠标和快捷键导航图形窗口

功　能	使用键盘/鼠标组合	描　述
选择项目		只需单击要选择的项目即可。若要选择多个项目,请按 CTRL 键的同时单击新项目
旋转工作站	CTRL＋SHIFT＋	按 CTRL＋SHIFT＋鼠标左键,拖动鼠标对工作站进行旋转
平移工作站	CTRL＋	按 CTRL＋鼠标左键,拖动鼠标对工作站进行平移
缩放工作站	CTRL＋	按 CTRL＋鼠标右键,将鼠标拖至左侧可以缩小,将鼠标拖至右侧可以放大
使用窗口缩放	SHIFT＋	按 SHIFT＋鼠标右键,将鼠标拖过要放大的区域
使用窗口选择	SHIFT＋	按 SHIFT＋鼠标左键,将鼠标拖过对应区域,以便选择与当前选择层级匹配的所有项目

2.2.3.2　文件保存、打包和解包

1. 文件保存

如图 2-21 所示,点击软件窗口左上角保存工作站图标(快捷键为 Ctrl＋S),或在"文件(F)"下拉菜单中选择"保存工作站",即可保存文件。注意,只有当存在未保存的工作站时,才可直接执行保存操作。若要选择保存类型,可在"文件(F)"下拉菜单中选择"保存工作站为",如图 2-22 所示,在弹出的对话框中输入文件名"TEST001"。要注意的是,选择存放路径时,存放的路径文件不允许含有中文字符。点击"保存(S)",完成工作站的保存操作。

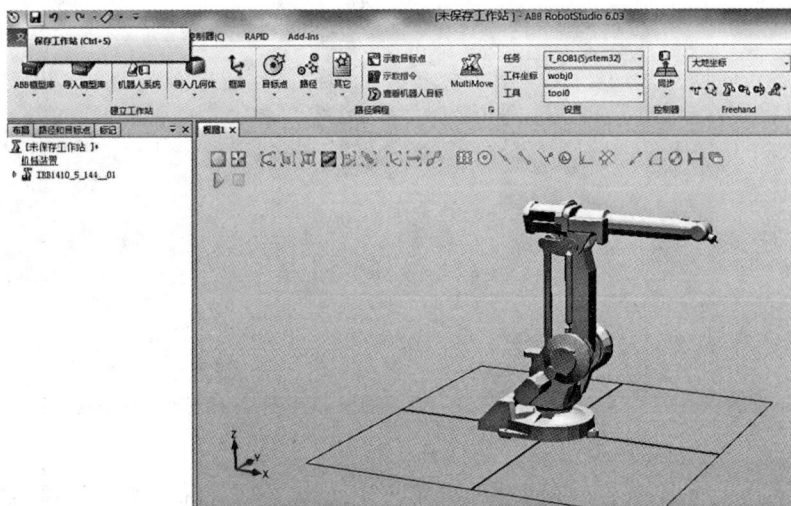

图 2-21

2. 文件打包

RobotStudio 提供了创建一个包含虚拟控制器、库和附加选项的活动工作站包的功能,具体操作步骤如下。

图 2-22

（1）如图 2-23 所示，确认文件已保存为工作站文件。要注意的是，若无已保存的工作站文件，打包图标为灰色，无法进行打包文件操作。

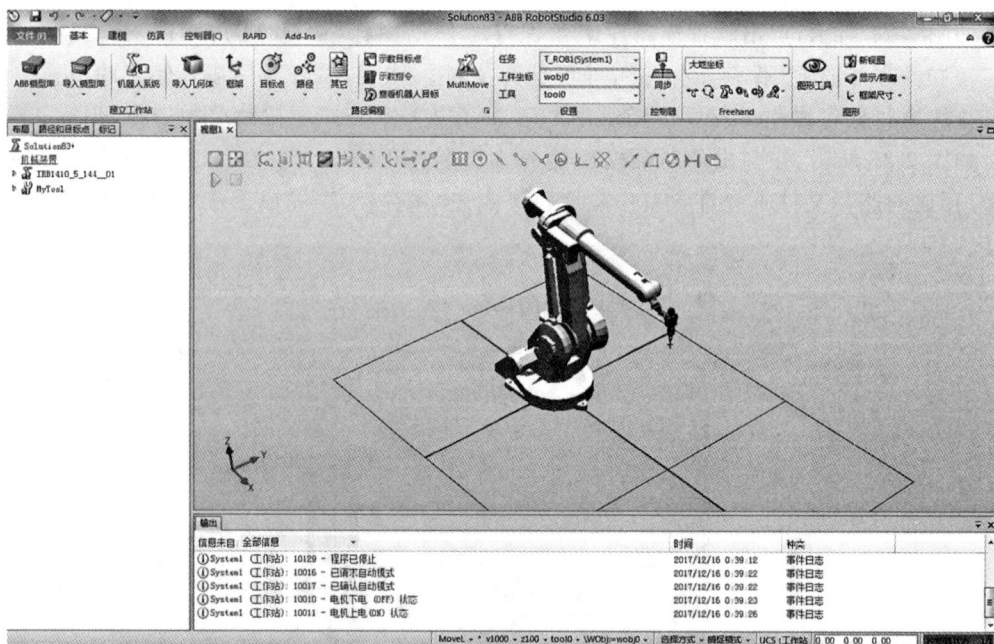

图 2-23

（2）如图 2-24 所示，在"文件（F）"下拉菜单中点击"共享"，在"共享"的菜单中点击"打包"。

（3）如图 2-25 所示，通过"浏览"选择或者直接输入打包的名字和位置（不能含中文字符）。如需文件加密，可勾选"用密码保护数据包"选项。

（4）单击"确定"，完成打包。信息输出栏将显示文件打包状态，如图 2-26 所示。

图 2-24

图 2-25

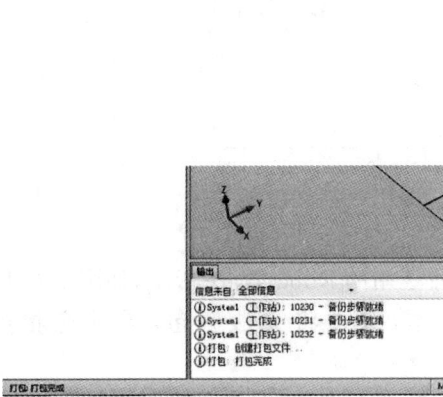

图 2-26

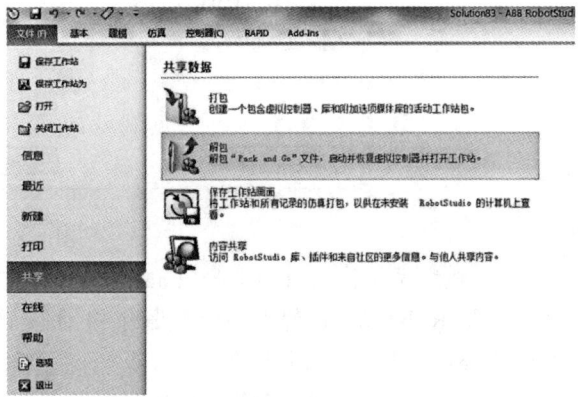

图 2-27

3. 文件解包

打包形成的"Pack and Go"文件后缀名为 . rspag。利用 RobotStudio 的解包功能可打开 "Pack and Go"文件,启动恢复虚拟控制器并打开工作站,操作步骤如下。

(1) 如图 2-27 所示,在"文件(F)"的下拉菜单中点击"共享",在"共享"的菜单中选择"解包"。

（2）如图 2-28 所示，进入解包向导后点击"下一个"，弹出图 2-29 所示"解包"对话框。点击上方的浏览图标选择要解包的打包文件，点击下方的浏览图标选择目标文件夹，这里我们预先在桌面上创建了一个 test 文件夹作为目标文件夹。

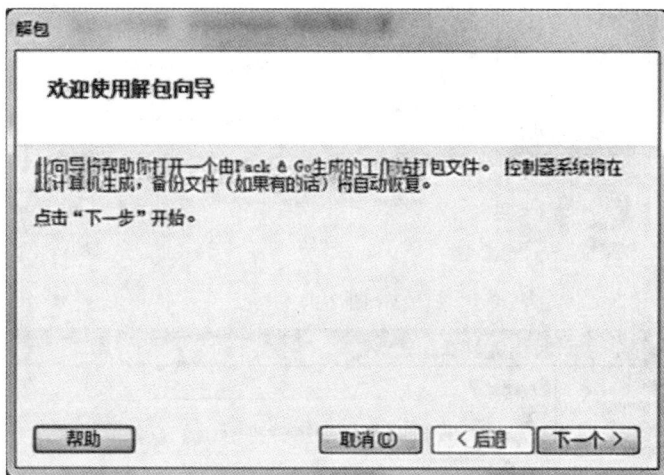

图 2-28

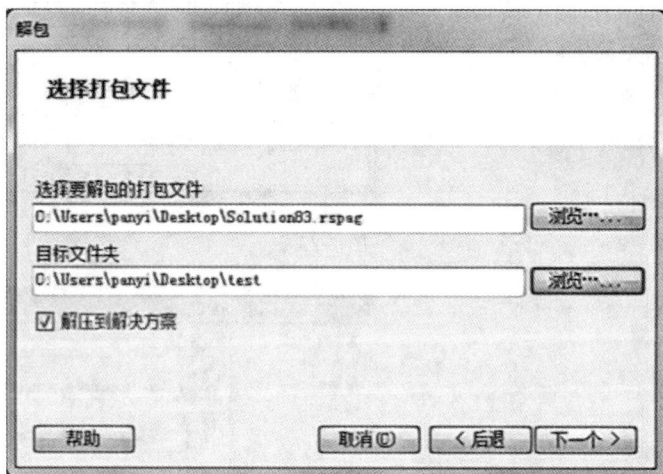

图 2-29

（3）随后系统将会自动选择"Pack and Go"文件所选用的 RobotWare 版本，如图 2-30 所示。如果 RobotWare 媒体池中没有相对应的版本，文件将无法解包，需补充相应 RobotWare 版本后再进行解包。

（4）如图 2-31 所示，点击"完成(F)"，开始解包和打开工作站，该过程需要 2 min 左右。完成后，点击"关闭"退出向导，如图 2-32 所示。

解包过程会出现的问题：

① 如果解包文件包含库文件，当目标库的路径与解包文件库路径不同时，则解包失败；

② 解包文件不能生成在根目录下。

2.2.3.3　恢复默认 RobotStudio 界面的操作

刚开始操作 RobotStudio 时，常常会遇到操作窗口意外关闭的情况，导致无法找到对应的操作对象和查看相关的信息。如图 2-33 所示，所有操作窗口均关闭。

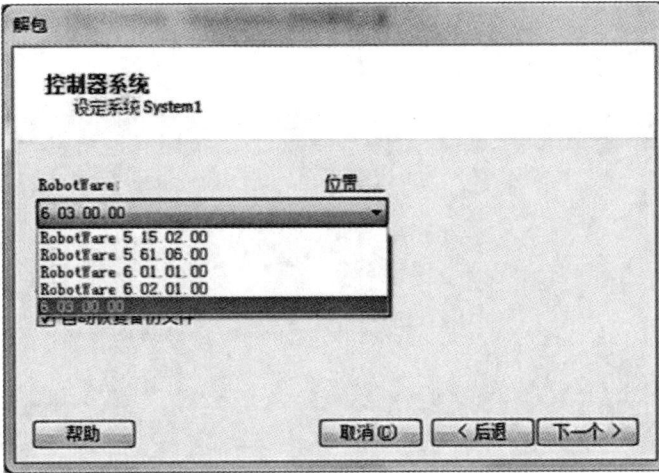

图 2-30

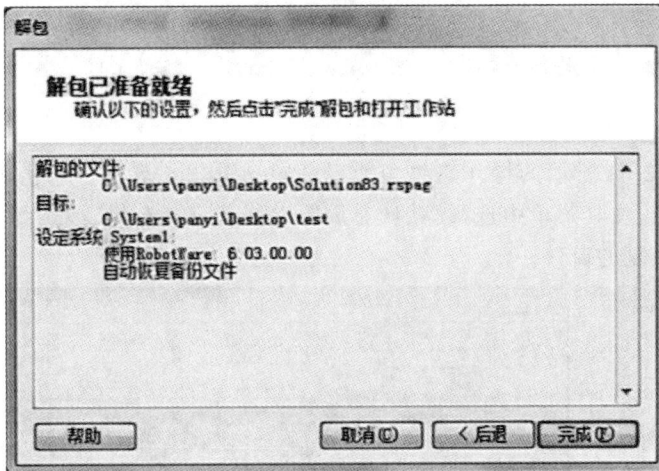

图 2-31

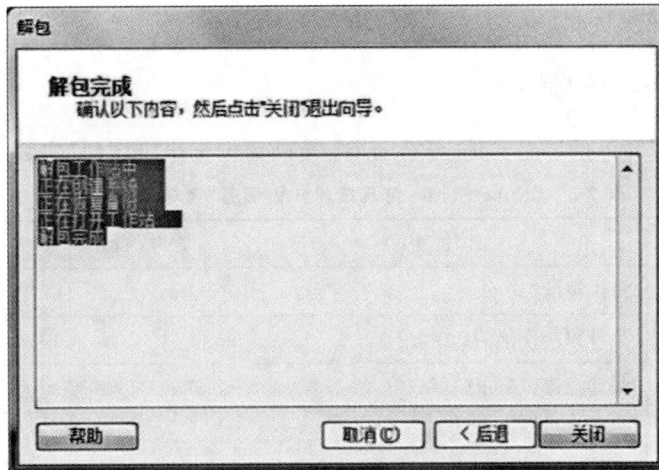

图 2-32

图 2-33

此时,可按图 2-34 所示的操作来恢复默认 RobotStudio 界面。单击 RobotStudio 界面左上角的下拉按钮,在其菜单中选择"默认布局",以恢复窗口布局,或选择"窗口",在弹出的菜单中勾选需要恢复的窗口。

图 2-34

2.2.4　任务考核与评价

任务考核与评价包括学生自评、学生互评、教师评价三个维度(见表 2-3)。

表 2-3　"RobotStudio 仿真技术知识储备"考核与评价(二)

	序　号	评价内容	学生自评	学生互评	教师评价
基本素养 (30 分)	1	操作规范(10 分)			
	2	参与和协作能力(10 分)			
	3	课堂纪律(10 分)			
知识目标 (30 分)	4	软件快捷键的使用(10 分)			
	5	文件的打包与解包(10 分)			
	6	恢复默认 RobotStudio 界面(10 分)			

续表

技能操作 （40 分）	序　号	评 价 内 容	学 生 自 评	学 生 互 评	教 师 评 价
	7	独立完成从布局创建机器人系统并完成 文件的打包与解包（40 分）			

总评得分：

教师签名：　　　学生 A 签名：　　　　学生 B 签名：

考核评价时间：

2.2.5　任务练习

（1）根据已有数学模型，使用带滚轮的鼠标完成放大、缩小、平移、旋转等操作。

（2）以 IRB1410 为例，完成从布局创建系统，完成工作站保存以及打包操作。

（3）对已有打包文件，完成解包操作。

（4）关闭或者调整操作窗口并恢复默认布局。

任务 2.3　建模及导入几何体

2.3.1　任务描述

要熟练使用 RobotStudio 仿真软件进行仿真练习，必须学会使用数学模型，既可以使用已有的数学模型，也可以在工作站中自行创建数学模型。在必要时，还需要对工作站中数学模型的长度、角度、外形尺寸或者距离等进行测量，因此学会使用窗口中的测量工具至关重要。

2.3.2　任务知识点

（1）使用 RobotStudio 建模功能进行 3D 模型的创建；

（2）通过第三方建模软件建模，并将"＊.sat"格式的模型导入 RobotStudio 中来完成建模布局工作；

（3）通过测量工具栏启用或停用测量功能。

2.3.3　任务实施

2.3.3.1　使用 RobotStudio 建模功能创建 3D 模型

当使用 RobotStudio 进行机器人的仿真验证时，如验证节拍、到达能力等，如果对周边模型不要求非常细致的表述，则可以用简单的等同实际大小的基本模型进行代替，从而节约仿真验证的时间，如图 2-35 所示。如果需要精细的 3D 模型，可以使用第三方建模软件建模，并将模型以"＊.sat"格式导入 RobotStudio 中来完成建模布局工作。

1. 功能说明

（1）固体建模功能说明如表 2-4 所示。

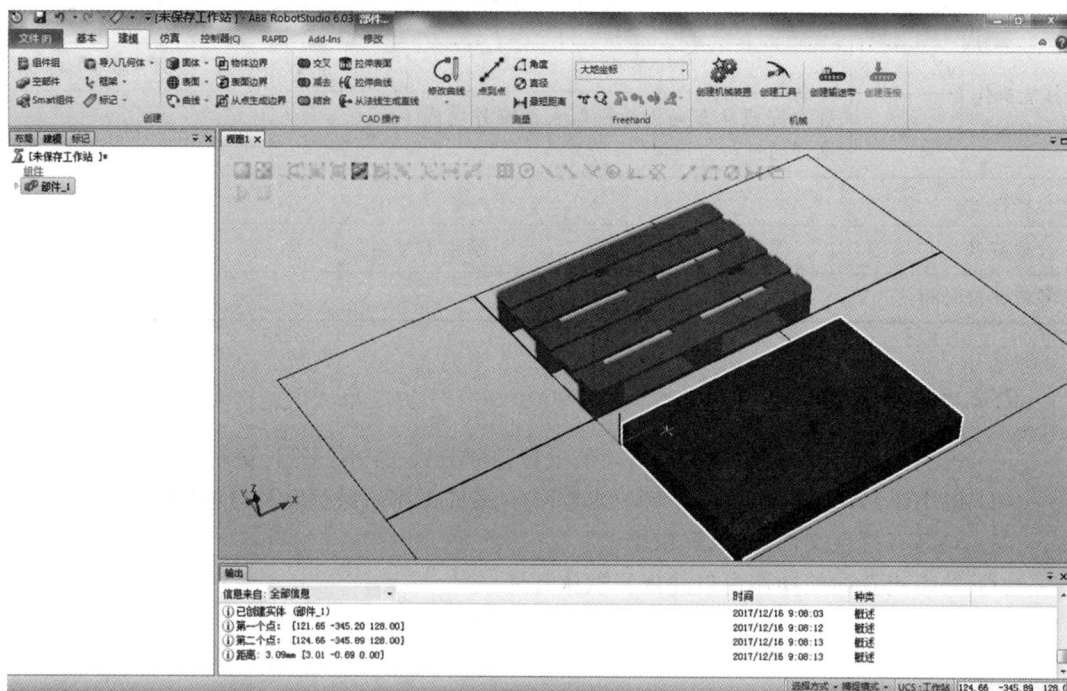

图 2-35

表 2-4　固体建模功能说明

序　号	软件图标	示　意　图	说　　明
1	创建矩形体		参考:选择要与所有位置或点关联的参考坐标系 角点(A):单击这些框之一,然后在图形窗口中单击相应的角点,将这些值传送至角点框,或者直接输入相应的位置坐标。该角点将成为矩形体的本地原点 方向:如果对象需要根据参照坐标系旋转,请指定方向 长度(B):指定该矩形体沿 X 轴的尺寸 宽度(C):指定该矩形体沿 Y 轴的尺寸 高度(D):指定该矩形体沿 Z 轴的尺寸
2	创建立方体 (三点)		参考:选择要与所有位置或点关联的参考坐标系 角点(A):单击这些框之一,然后在图形窗口中单击相应的角点,将这些值传送至角点框,或者直接输入相应的位置坐标。该角点将成为立方体的本地原点 XY 平面图对角线上的点(B):此点是本地原点的斜对角点。它与本地原点确定了本地坐标系的 X 轴和 Y 轴方向,以及该立方体沿这些轴的尺寸。直接输入相应的位置坐标,或在其中一个框中单击,然后在图形窗口中选择相应的点 Z 轴指示点(C):此点是本地原点上方的角点,它确定了本地坐标系的 Z 轴方向,以及立方体沿 Z 轴的尺寸。直接输入相应的位置坐标,或在其中一个框中单击,然后在图形窗口中选择相应的点

序 号	软 件 图 标	示 意 图	说 明
3	创建圆锥体		参考:选择要与所有位置或点关联的参考坐标系 基座中心点(A):单击这些框之一,然后在图形窗口中单击相应的中心点,将这些值传送至基座中心点框,或者直接输入相应的位置坐标。该中心点将成为圆锥体的本地原点 方向:如果对象需要根据参照坐标系旋转,请指定方向 半径(B):指定圆锥体半径 直径:指定圆锥体直径 高度(C):指定圆锥体高度
4	创建圆柱体		参考:选择要与所有位置或点关联的参考坐标系 基座中心点(A):单击这些框之一,然后在图形窗口中单击相应的中心点,将这些值传送至基座中心点框,或者直接输入相应的位置坐标。该中心点将成为圆柱体的本地原点 方向:如果对象需要根据参照坐标系旋转,请指定方向 半径(B):指定圆柱体半径 直径:指定圆柱体直径 高度(C):指定圆柱体高度
5	创建锥体		参考:选择要与所有位置或点关联的参考坐标系 基座中心点(A):单击这些框之一,然后在图形窗口中单击相应的中心点,将这些值传送至基座中心点框,或者直接输入相应的位置坐标。该中心点将成为锥体的本地原点 方向:如果对象需要根据参照坐标系旋转,请指定方向 角点(B):直接输入相应的位置坐标,或在该框中单击,然后在图形窗口中选择相应的点 高度(C):指定锥体的高度 面数:指定锥体的面数,最大为 50
6	创建球体		参考:选择要与所有位置或点关联的参考坐标系 中心点(A):单击这些框之一,然后在图形窗口中单击相应的点,将这些值传送到中心点框,或者直接输入相应的位置坐标。该中心点将成为球体的本地原点 半径(B):指定球体的半径 直径:指定球体的直径

(2)表面建模功能说明如表 2-5 所示。

表 2-5　表面建模功能说明

序　号	软件图标	示　意　图	说　明
1	创建表面圆		参考:选择要与所有位置或点关联的参考坐标系 中心点(A):单击这些框之一,然后在图形窗口中单击相应的点,将这些值传送到中心点框,或者直接输入相应的位置坐标。该中心点将成为圆形表面的本地原点 方向:如果对象需要根据参照坐标系旋转,请指定方向 半径(B):指定圆形的半径 直径:指定圆形的直径
2	创建表面矩形		参考:选择要与所有位置或点关联的参考坐标系 起点(A):单击这些框之一,然后在图形窗口中单击相应的点,将这些值传送到起点框,或者直接输入相应的位置坐标。该起点将成为矩形表面的本地原点 方向:如果对象需要根据参照坐标系旋转,请指定方向 长度(B):指定矩形的长度 宽度(C):指定矩形的宽度
3	创建表面多边形		参考:选择要与所有位置或点关联的参考坐标系 中心点(A):单击这些框之一,然后在图形窗口中单击相应的点,将这些值传送到中心点框,或者直接输入相应的位置坐标。该中心点将成为多边形表面的本地原点 第一个顶点:直接输入相应的位置坐标,或在其中一个框中单击,然后在图形窗口中选择相应的点 顶点:指定多边形的顶点数,最大为 50
4	从曲线创建表面	—	从图形中选择曲线:在图形窗口中单击选择曲线

（3）曲线建模功能说明如表 2-6 所示。

表 2-6　曲线建模功能说明

序　号	软件图标	示　意　图	说　明
1	创建直线		参考:选择要与所有位置或点关联的参考坐标系 起点(A):单击这些框之一,然后在图形窗口中单击相应的起点,将这些值传送至起点框 端点(B):单击这些框之一,然后在图形窗口中单击端点,将这些值传送至端点框

续表

序　号	软件图标	示　意　图	说　明
2	创建圆		参考:选择要与所有位置或点关联的参考坐标系 中心点(A):单击这些框之一,然后在图形窗口中单击相应的中心点,将这些值传送至中心点框 方向:指定圆形的坐标方向 半径(AB):指定圆形的半径 直径:指定圆形的直径
3	三点创建圆		参考:选择要与所有位置或点关联的参考坐标系 第一个点(A):单击这些框之一,然后在图形窗口中单击第一个点,将这些值传送至第一个点框 第二个点(B):单击这些框之一,然后在图形窗口中单击第二个点,将这些值传送至第二个点框 第三个点(C):单击这些框之一,然后在图形窗口中单击第三个点,将这些值传送至第三个点框
4	创建弧形		参考:选择要与所有位置或点关联的参考坐标系 起点(A):将单击这些框之一,然后在图形窗口中单击相应的起点,将这些值传送至起点框 中点(B):单击这些框之一,然后在图形窗口中单击中点,将这些值传送至中点框 终点(C):单击这些框之一,然后在图形窗口中单击终点,将这些值传送至终点框
5	创建椭圆弧		参考:选择要与所有位置或点关联的参考坐标系 中心点(A):单击这些框之一,然后在图形窗口中单击相应的中心点,将这些值传送至中心点框 长轴端点(B):单击这些框之一,然后在图形窗口中单击椭圆长轴的端点,将这些值传送至长轴端点框 短轴端点(C):单击这些框之一,然后在图形窗口中单击椭圆短轴的端点,将这些值传送至短轴端点框 起始角度(α):指定弧的起始角度,从长轴测量 终止角度(β):指定弧的终止角度,从长轴测量
6	创建椭圆		参考:选择要与所有位置或点关联的参考坐标系 中心点(A):单击这些框之一,然后在图形窗口中单击相应的中心点,将这些值传送至中心点框 长轴端点(B):单击这些框之一,然后在图形窗口中单击椭圆长轴的端点,将这些值传送至长轴端点框 次半径(C):指定椭圆短轴长度。创建短轴,与长轴垂直

序 号	软件图标	示 意 图	说 明
7	创建矩形		参考：选择要与所有位置或点关联的参考坐标系 起点(A)：单击这些框之一，然后在图形窗口中单击相应的起点，将这些值传送至起点框。将以正坐标方向创建矩形 方向：指定矩形的方向坐标 长度(B)：指定矩形沿 X 轴方向的长度 宽度(C)：指定矩形沿 Y 轴方向的长度
8	创建多边形		参考：选择要与所有位置或点关联的参考坐标系 中心点(A)：单击这些框之一，然后在图形窗口中单击相应的中心点，将这些值传送至中心点框 第一个顶点(B)：单击这些框之一，然后在图形窗口中单击第一个顶点，将这些值传送至第一个顶点框。中心点与第一个顶点之间的距离将用于所有顶点 顶点：指定创建多边形时要用的顶点数，最大为 50
9	创建多段线		参考：选择要与所有位置或点关联的参考坐标系 点坐标：在此处指定多段线的每个节点，一次指定一个，具体方法是直接输入所需的位置坐标，或者单击这些框之一，然后在图形窗口中选择相应的点，以传送其坐标 Add：向列表中添加点及其坐标 修改：在列表中选择已经定义的点并输入新位置坐标，可以修改该点 列表：多段线的节点。要添加多个节点，请单击"Add New"（添加一个新的），并在图形窗口中单击所需的点，然后单击"Add"（添加）
10	创建样条曲线		参考：选择要与所有位置或点关联的参考坐标系 点坐标：在此处指定样条曲线的每个节点，一次指定一个，具体方法是直接输入所需的位置坐标，或者单击这些框之一，然后在图形窗口中选择相应的点，以传送其坐标 Add：向列表中添加点及其坐标 列表：样条曲线的节点。要添加多个节点，请单击"Add New"，并在图形窗口中单击所需的点，然后单击"Add"

（4）边界建模功能说明如表 2-7 所示。

表 2-7　边界建模功能说明

序　号	软件图标	示　意　图	说　　明
1	物体边界		要使用在物体间创建边界命令,当前工作站必须至少存在两个物体 第一个物体:单击此框,然后在图形框中选择第一个物体 第二个物体:单击此框,然后在图形框中选择第二个物体
2	表面边界		要使用在表面周围创建边界命令,当前工作站必须至少包含一个带图形演示的对象 选择表面:单击此框,然后在图形框中选择表面
3	从点生成边界		要使用从点生成边界命令,当前工作站必须至少包含一个对象 选择物体:单击此框,然后在图形窗口中选择一个对象 点坐标:在此处指定定义边界的点,一次指定一个,具体方法是直接输入所需的位置坐标,或者单击这些框之一,然后在图形窗口中选择相应的点,以传送其坐标 Add:向列表中添加点及其坐标 修改:在列表中选择已经定义的点并输入新位置坐标,可以修改该点 列表:定义边界的点。要添加多个点,请单击"Add New",并在图形窗口中单击所需的点,然后单击"Add"

（5）交叉、减去、结合建模功能说明如表 2-8 所示。

表 2-8　交叉、减去、结合建模功能说明

序　号	软件图标	示　意　图	说　　明
1	交叉		保留初始位置:选择此复选框,以便在创建新物体时保留原始物体 交叉…(A):在图形窗口中单击选择要建立交叉的物体 A …和(B):在图形窗口中单击选择要建立交叉的物体 B 新物体将会根据选定的物体 A 和 B 之间的公共区域创建
2	减去		保留初始位置:选择此复选框,以便在创建新物体时保留原始物体 减去…(A):在图形窗口中单击选择要减去的物体 A …与(B):在图形窗口中单击选择要减去的物体 B 新物体将会根据物体 A 减去物体 A 和 B 的公共体积后的区域创建

序　号	软件图标	示　意　图	说　　明
3	结合	A　　　B	保留初始位置:选择此复选框,以便在创建新物体时保留原始物体 结合…(A):在图形窗口中单击选择要结合的物体A …和(B):在图形窗口中单击选择要结合的物体B 新物体将会根据选定的物体A和B之间的区域创建

(6)拉伸表面或曲线建模功能说明如表2-9所示。

表2-9　拉伸表面或曲线建模功能说明

拉伸表面或曲线建模功能	步　　骤
沿表面或曲线拉伸 表面或曲线: ● 沿矢量拉伸 起点(mm) 0.00　0.00　0.00 终点(mm) 0.00　0.00　0.00 ○ 沿曲线拉伸 曲线 ☑ 制作实体 清除　创建　关闭	① 在"选择层"工具栏中,选择表面(Surface)或曲线(Curve) ② 在图形窗口中选择要进行拉伸的表面或曲线,单击"拉伸表面"或"拉伸曲线"。此时,"拉伸曲面或曲线"对话框会在建模浏览器的下方打开 ③ 若沿矢量拉伸,请输入相应的值。若沿曲线拉伸,请选择"沿曲线拉伸"选项。然后单击"曲线"框,并在"图形"窗口中选择曲线 ④ 如果要显示为表面模式,请取消勾选"制作实体"复选框 ⑤ 单击"创建"
表面或曲线	表示要进行拉伸的表面或曲线。要选择表面或曲线,请先在该框中单击,然后在图形窗口中选择曲线或表面
沿矢量拉伸	沿指定矢量进行拉伸
起点	矢量起点
终点	矢量终点
沿曲线拉伸	沿指定曲线进行拉伸
曲线	表示用作搜索路径的曲线 要选择曲线,首先在该框中单击,然后在"图形"窗口中选择曲线
制作实体	勾选此复选框,可将拉伸形状转换为实体

（7）从法线创建直线建模功能说明如表 2-10 所示。

表 2-10　从法线创建直线建模功能说明

从法线创建直线建模功能	步　　骤
	① 点击"选择表面"框 ② 点击"直线到法线"以打开对话框 ③ 在"选择表面"框中点击选择一个面 ④ 在"长度"框中，指定直线长度 ⑤ 如有需要，勾选"转换法线"复选框反转直线方向 ⑥ 单击"创建"

2. 操作案例

（1）如图 2-36 所示，单击"新建"菜单中的"空工作站"，创建一个新的空工作站。

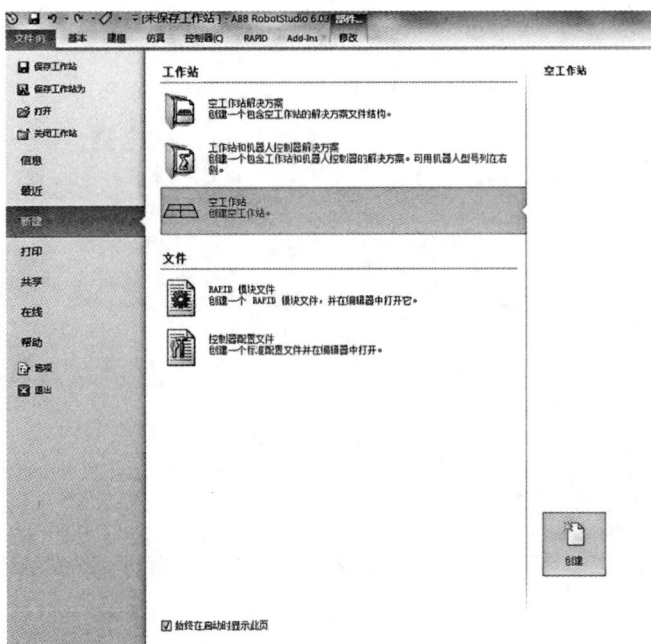

图 2-36

（2）如图 2-37 所示，在"建模"功能选项卡中，单击"创建"组中的"固体"，在菜单中选择"矩形体"。

（3）如图 2-38 所示，按照垛板的数据输入参数，长度为 1200 mm，宽度为 800 mm，高度为 120 mm，然后单击"创建"。

（4）选中建模窗口中的新建部件，单击鼠标右键，选择"重命名"可更改部件名称。也可选中刚创建的对象，单击鼠标右键，在弹出的快捷菜单中修改颜色、移动对象、显示对象等，如图 2-39 所示。

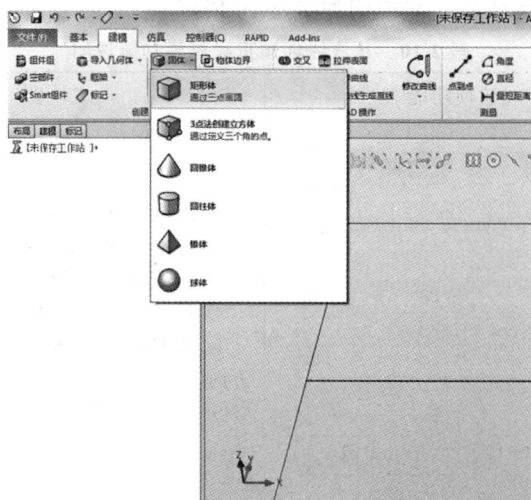

图 2-37

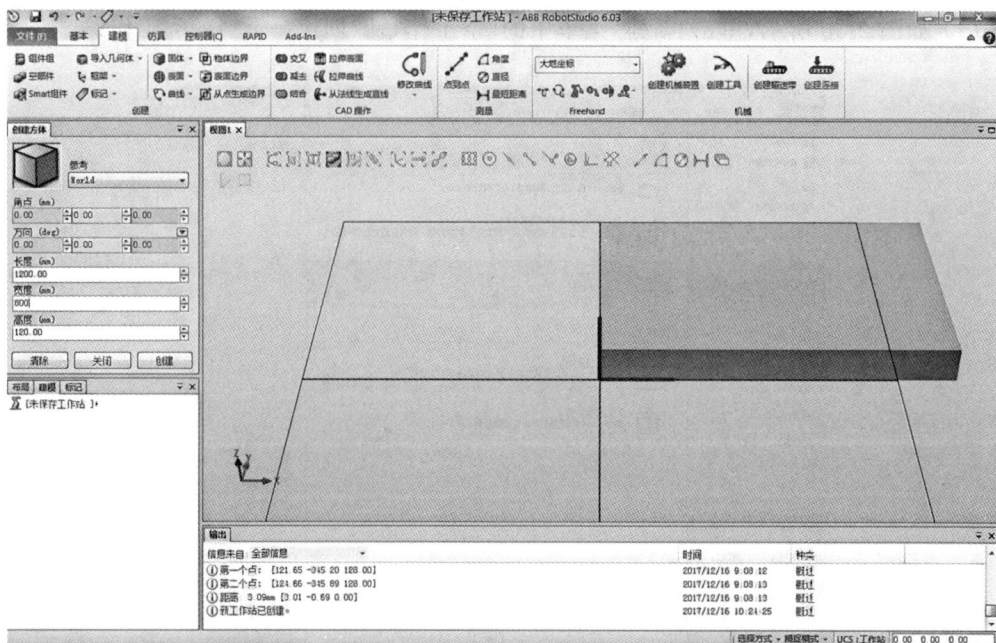

图 2-38

2.3.3.2 导入几何体

1.导入模型库

操作步骤如下。

(1) 导入 ABB 机器人模型库文件。选择"基本"功能选项卡,选择"ABB 模型库",如图 2-40 所示。

(2) 导入 ABB 专用设备库。选择"基本"功能选项卡,选择"导入模型库",选择"设备",如图 2-41 所示。

(3) 导入用户模型库。选择"基本"功能选项卡,选择"导入模型库",选择"用户库",如图 2-42 所示。

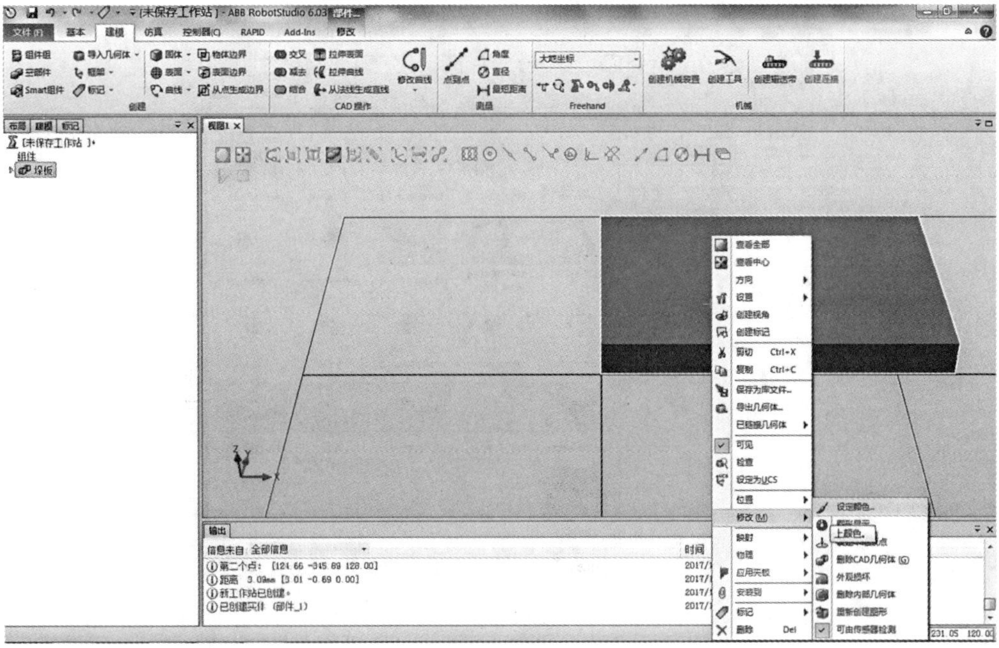

图 2-39

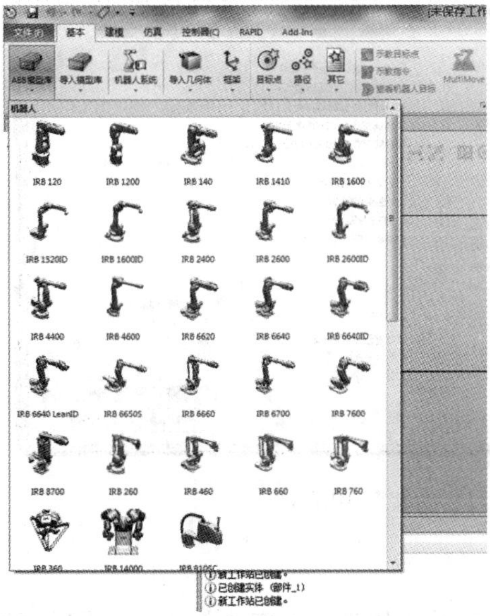

图 2-40

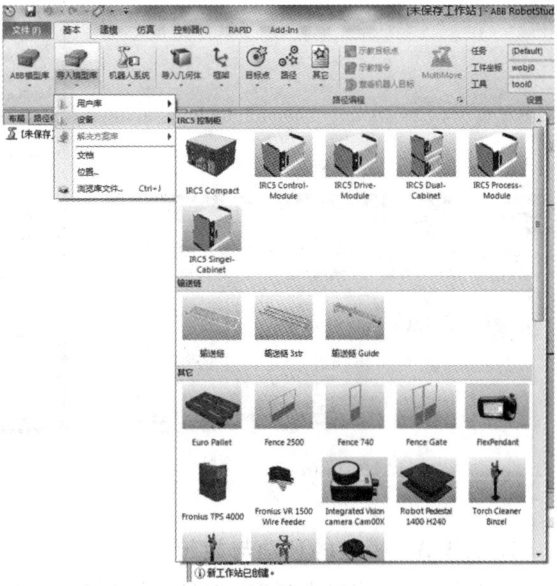

图 2-41

2.导入 SAT 格式的几何体

操作步骤如下。

（1）选择"基本"功能选项卡，选择"导入几何体"，选择"浏览几何体…"，如图 2-43
所示。

（2）选择预先转成 SAT 格式的文件，点击"打开(O)"，如图 2-44、图 2-45 所示。

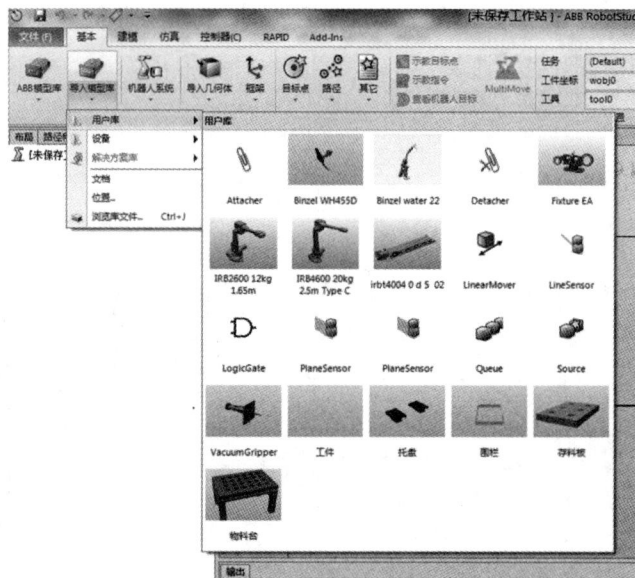

图 2-42

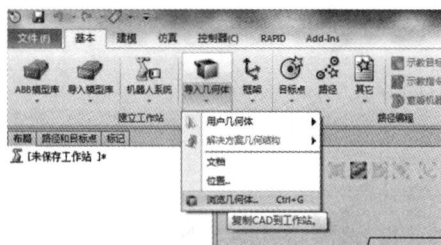

图 2-43

图 2-44

2.3.3.3　模型的移动与旋转

在"Freehand"中选择"大地坐标",通过移动、旋转几何体进行工作站布局。也可以通过调整几何体本地原点来实现工作站布局。

(1) 如图 2-46 所示,在"Freehand"中选择"大地坐标",再选中移动图标,点击布局中的几何体"1410 底座(带轮子)",视图中出现移动坐标轴,可参照大地坐标系,选中坐标轴不放,在工作站中沿 X、Y、Z 正负方向移动几何体。

(2) 如图 2-47 所示,在"Freehand"中选择旋转图标,点击布局中的几何体"1410 底座(带轮子)",选中坐标轴进行旋转操作。

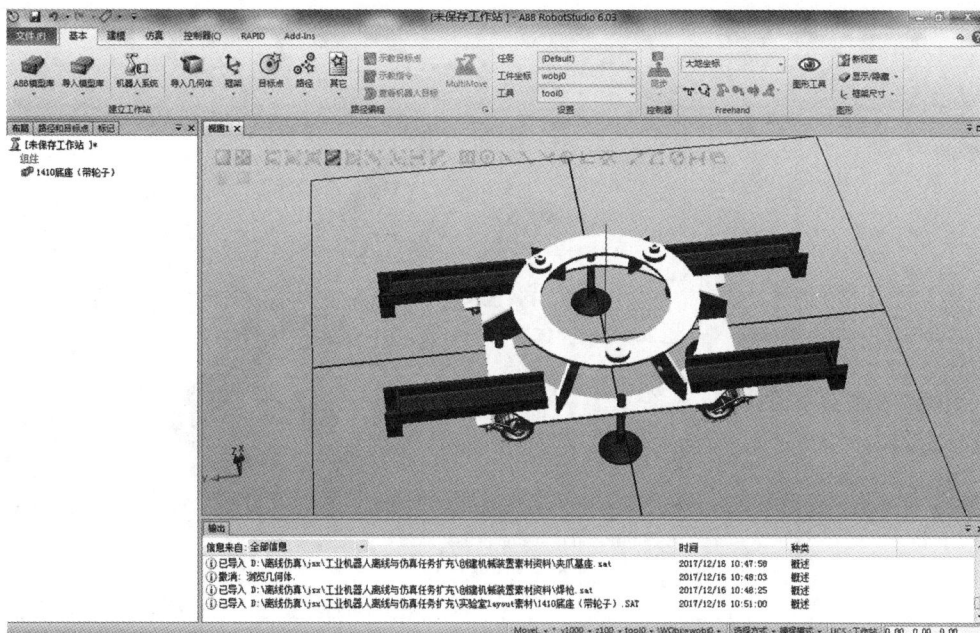

图 2-45

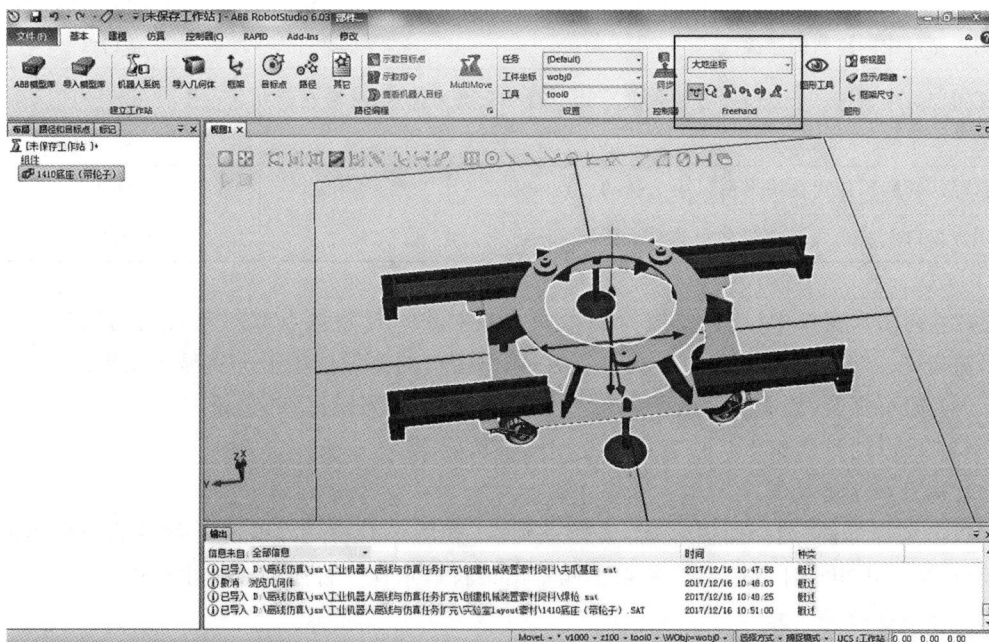

图 2-46

2.3.3.4　测量工具的使用

在测量前,请确保选择了正确的捕捉模式和层级。

(1) 单击选择所要使用的测量内容,如表 2-11 所示。

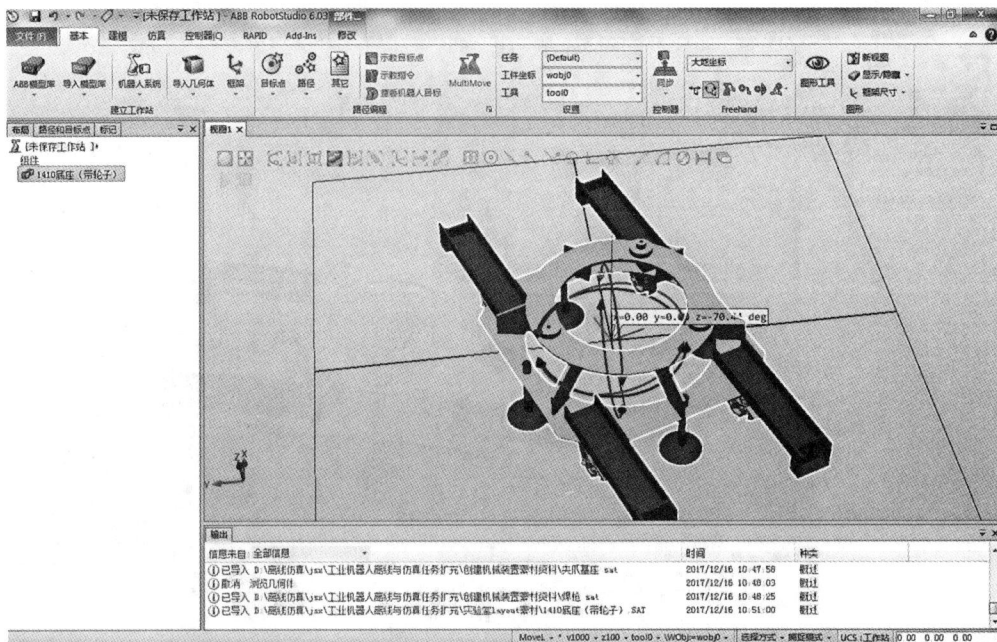

图 2-47

表 2-11　测量内容

测 量 内 容	所选坐标系
图形窗口中两点间的距离	点到点
图形窗口中所选三个点所确定的角度。其中第一个点为聚点,然后在每行选择一个点	角度
直径。其圆周使用在图形窗口中选择的三点来定义	直径
图形窗口中所选两个对象之间的最短距离	最短距离

(2) 在图形窗口中,选择要进行测量的点或对象。与测量点或对象有关的信息显示在输出窗口中。当选择了所有的点或对象后,输出窗口的测量选项卡上将显示结果。

(3) 如有需要,请重复执行步骤(2),对同一测量内容进行新的测量。

(4) 可以通过测量工具栏启用或停用测量功能。

1.测量矩形体的长度

单击选择部件,选择捕捉末端,选择点到点,如图 2-48 所示,单击要测量的矩形体的一个角点,再单击矩形体的另一个角点。测量结果将显示在主视图或者输出栏中。

2.测量锥体的角度

单击选择部件,选择捕捉末端,选择角度,如图 2-49 所示,依次单击要测量的锥体角度的三个角点。测量结果将显示在主视图或者输出栏中。

3.测量圆柱体的直径

单击选择部件,选择捕捉边缘,选择直径,如图 2-50 所示,依次单击要测量的圆柱体上表面的任意三个点。测量结果将显示在主视图或者输出栏中。

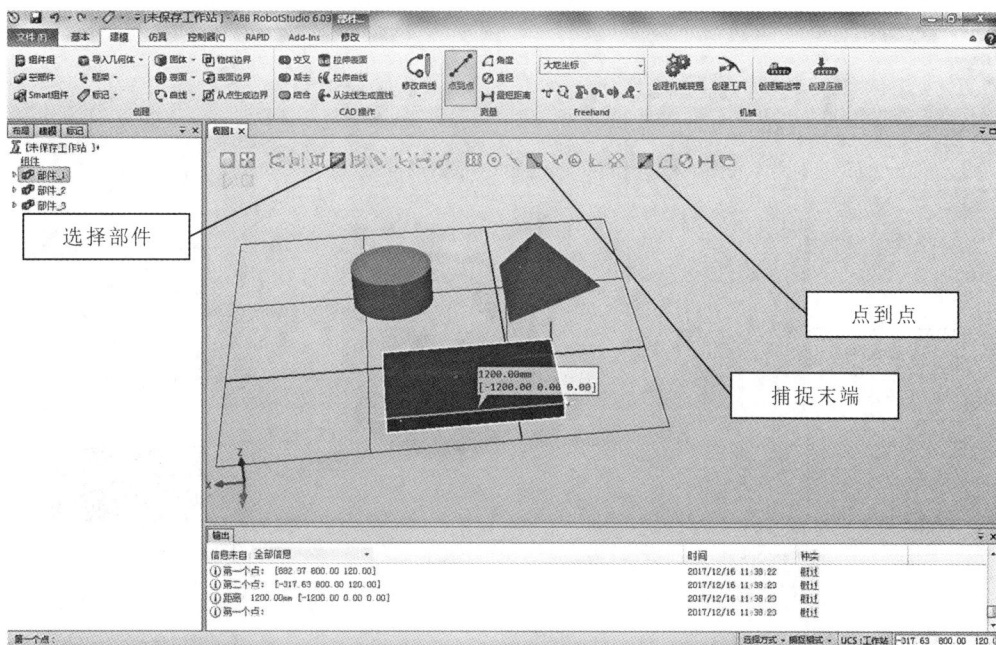

图 2-48

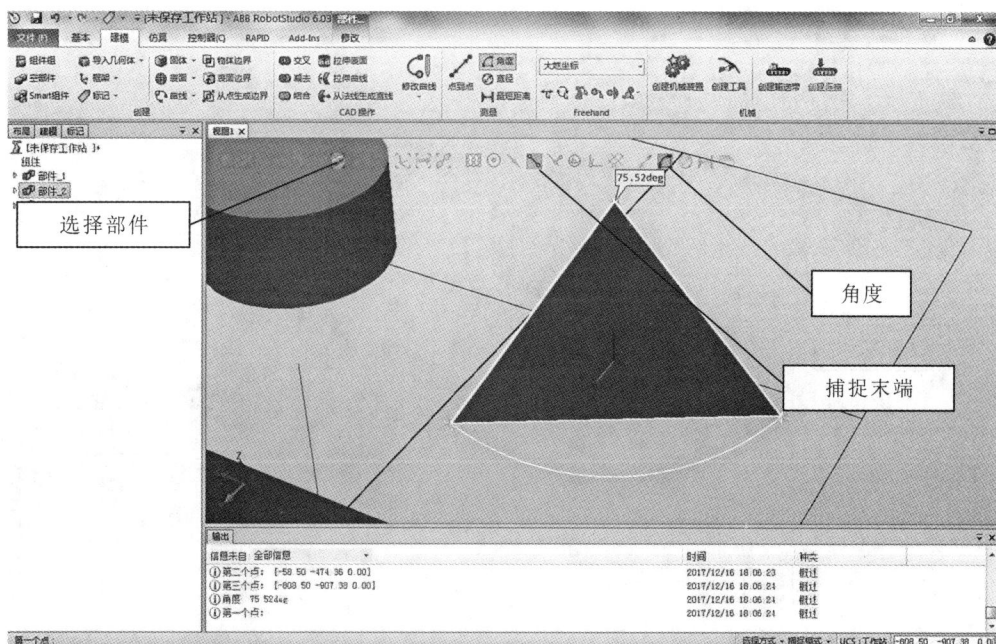

图 2-49

4.测量两个物体间的最短距离

单击选择部件,选择捕捉边缘,选择最短距离,如图 2-51 所示,依次单击要测量的两个物体表面上的任意两个点。测量结果将显示在主视图或者输出栏中。

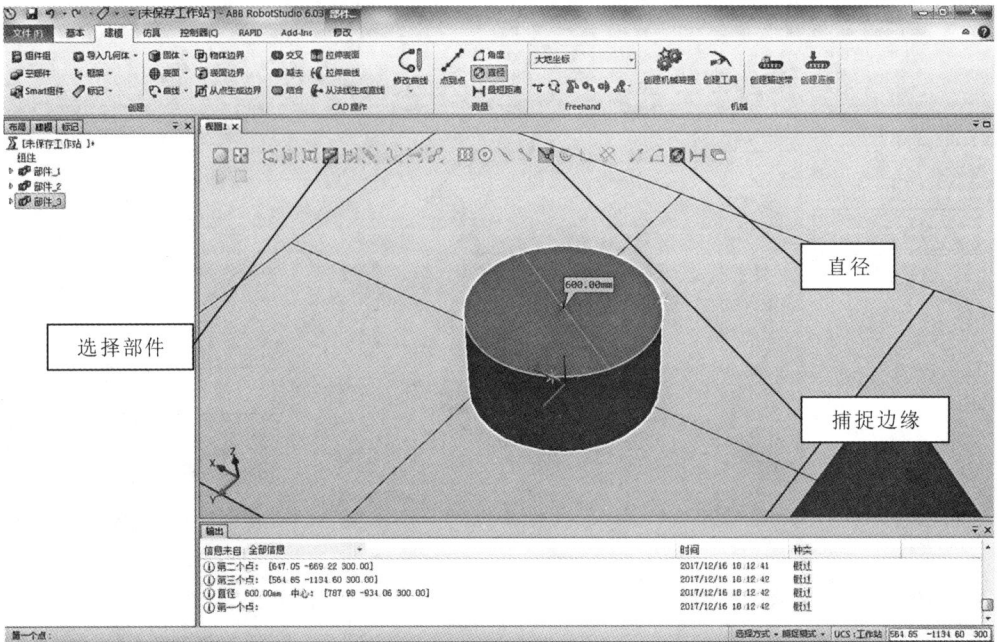

图 2-50

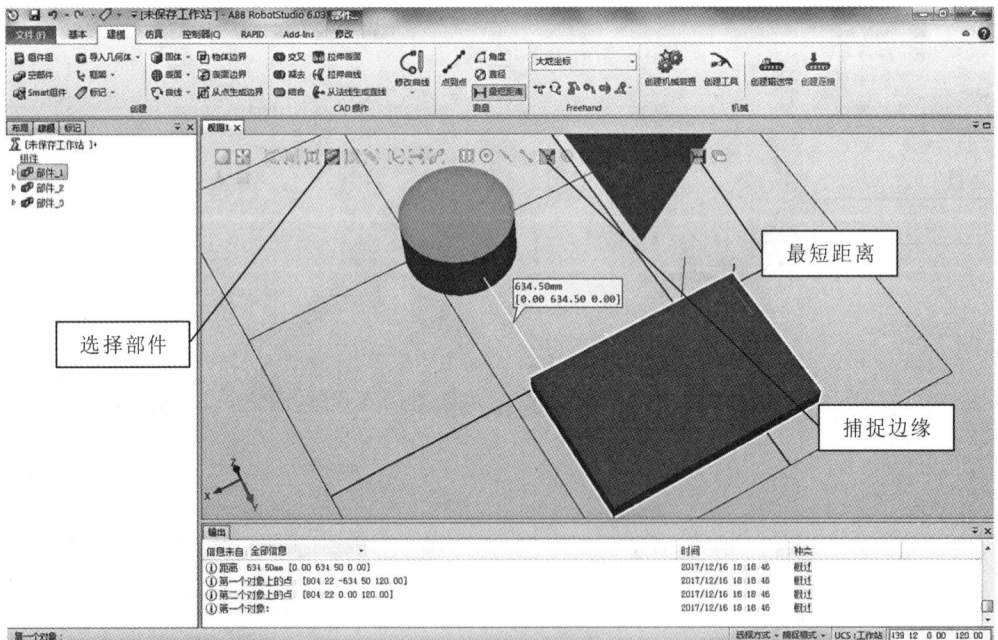

图 2-51

2.3.4 任务考核与评价

任务考核与评价包括学生自评、学生互评、教师评价三个维度(见表 2-12)。

表 2-12　"RobotStudio 仿真技术知识储备"考核与评价(三)

	序　号	评 价 内 容	学 生 自 评	学 生 互 评	教 师 评 价
基本素养 (30 分)	1	操作规范(10 分)			
	2	参与和协作能力(10 分)			
	3	课堂纪律(10 分)			
知识目标 (30 分)	4	使用 RobotStudio 建模功能进行 3D 模型的创建(10 分)			
	5	将"＊.sat"格式的模型导入 RobotStudio 中,完成建模布局的工作(10 分)			
	6	测量工具的使用(10 分)			
技能操作 (40 分)	7	独立完成简单数学模型的创建和导入(20 分)			
	8	独立完成测量(20 分)			

总评得分:

教师签名:　　　　　　学生 A 签名:　　　　　　　学生 B 签名:

考核评价时间:

2.3.5　任务练习

(1) 使用 RobotStudio 建模功能创建 3D 模型,包括矩形体、圆柱体和锥体。

(2) 导入 ABB 机器人模型库文件,包括 IRB1410 机器人本体、设备 myTool 以及 propeller。

(3) 根据给定的数学模型几何体"1410 底座(带轮子)"进行移动和旋转操作。

(4) 使用测量工具测量几何体的长度、角度以及半径。

任务 2.4　手动操作工业机器人

2.4.1　任务描述

在 RobotStudio 仿真软件中进行 ABB 工业机器人手动操作与进行 ABB 工业机器人在线手动操作的方法不同。本任务要求熟练掌握 ABB 工业机器人的离线手动操作方法,包括 ABB 工业机器人的单轴运动操作、线性运动操作以及重定位运动操作。

2.4.2　任务知识点

(1) 在 RobotStudio 软件界面中进行 ABB 工业机器人的单轴运动操作;

(2) 在 RobotStudio 软件界面中进行 ABB 工业机器人的线性运动操作;

(3) 在 RobotStudio 软件界面中进行 ABB 工业机器人的重定位运动操作;

(4) 在 RobotStudio 软件界面中进行 ABB 工业机器人的精确手动操作。

2.4.3　任务实施

2.4.3.1　手动操作

在 RobotStudio 中,可以使用手动操作让机器人运动到所需要的位置。手动操作共有三种方式:手动关节、手动线性和手动重定位。我们可以通过直接拖动和精确手动两种控制方式来实现。

1.直接拖动

解包文件"Task2-1",打开工作站,然后按照以下提示操作。

(1)手动关节。

首先在"布局"中选择想要移动的机器人,然后单击"手动关节",最后单击选择想要移动的关节并将其拖至所需的位置,如图 2-52 所示。

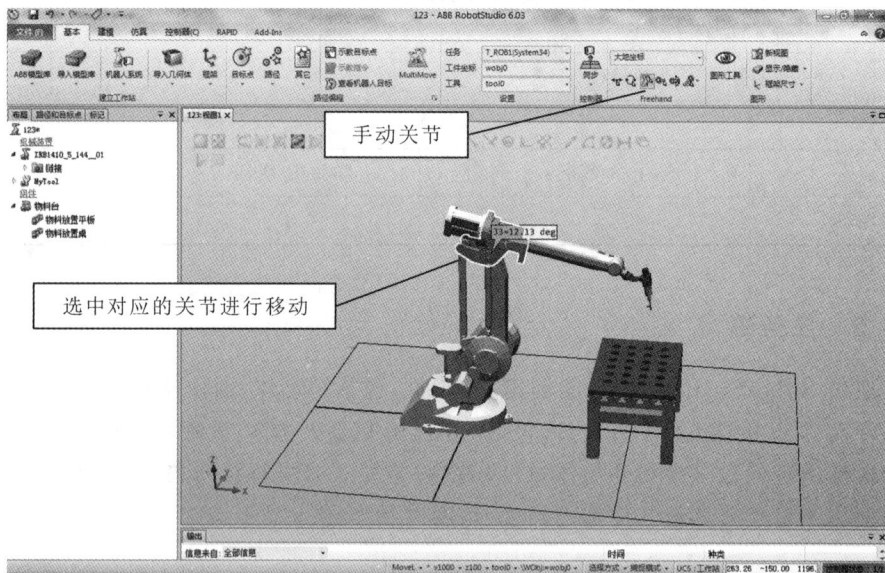

图 2-52

注意:如果按住"Alt"键同时拖动机器人,机器人每次移动 10°;如果按住"F"键同时拖动机器人,机器人每次移动 0.1°。

(2)手动线性。

首先在"布局"中选择想要移动的机器人,将工具栏的工具项设定为"MyTool",如图 2-53 所示。

然后选择"手动线性",一个坐标系将显示在机器人 TCP 处,如图 2-54 所示。最后单击选择想要移动的关节,并将机器人 TCP 拖至首选位置。如果按住"F"键同时拖动机器人,机器人将以较小步幅移动。

(3)手动重定位。

首先在"布局"中选择想要移动的机器人,将工具栏的工具项设定为"MyTool"。然后选择"手动重定位",TCP 周围将显示一个定位环,如图 2-55 所示。单击该定位环,然后拖动机器人将 TCP 旋转至所需的位置。

X、Y 和 Z 方向均显示单位。对不同的参考坐标系(大地、本地、用户定义、活动工件、活动工具坐标系等),定向行为也有所差异。

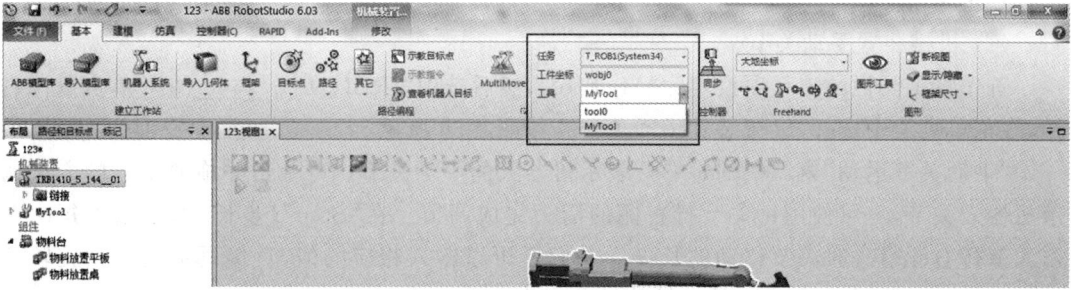

图 2-53

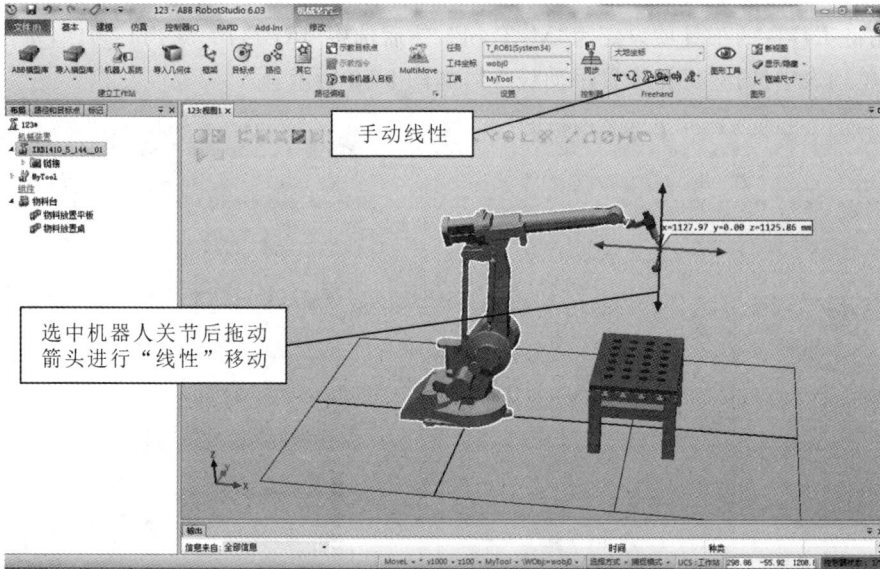

图 2-54

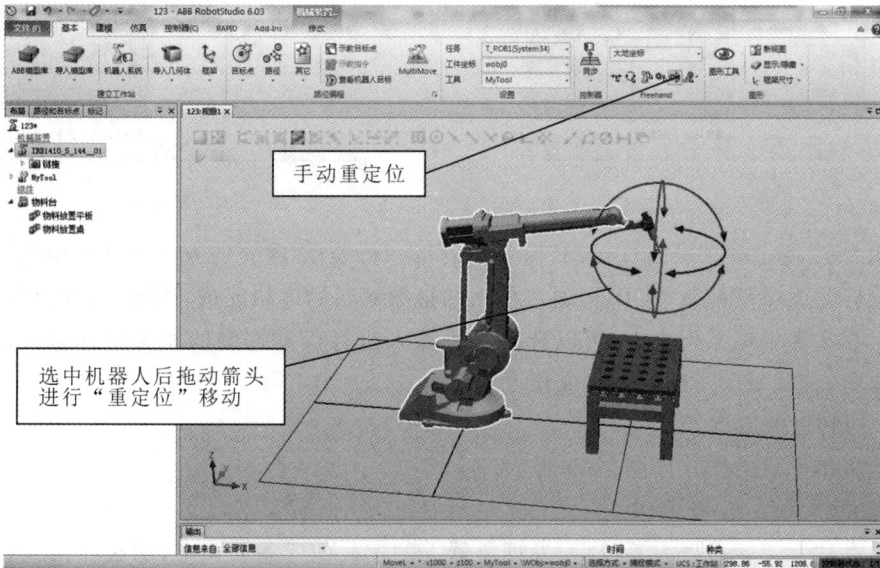

图 2-55

2.精确手动

(1)机械装置手动关节。

首先将工具栏的工具项设定为"MyTool",然后选中"IRB1410_5_144_01",单击鼠标右键,在菜单列表中选择"机械装置手动关节",如图 2-56 所示。

"手动关节运动"窗口中的每一行表示机器人的一个关节。可单击并拖放每行的方块调节机器人关节,也可使用每关节行右侧的箭头完成调节。在"Step"(步长)框中输入每次单击关节行右侧箭头时关节移动的长度。我们还可以输入相应的值,直接设定关节轴旋转角度,如图 2-57 所示,我们设定第五轴旋转角度为 45°。

(2)机械装置手动线性。

首先将工具栏的工具项设定为"MyTool",然后选中"IRB1410_5_144_01",单击鼠标右键,在菜单列表中选择"机械装置手动线性",如图 2-58 所示。

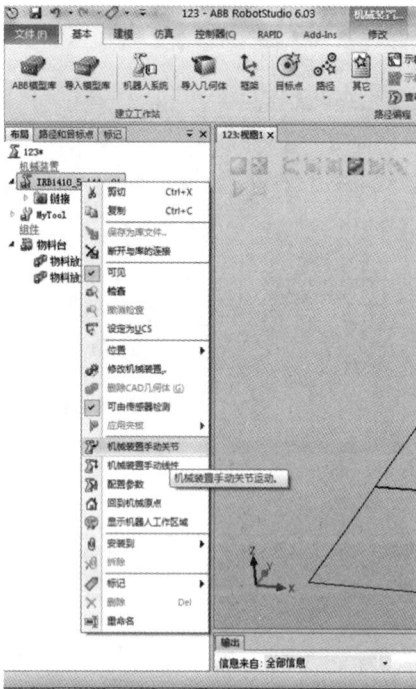

图 2-56

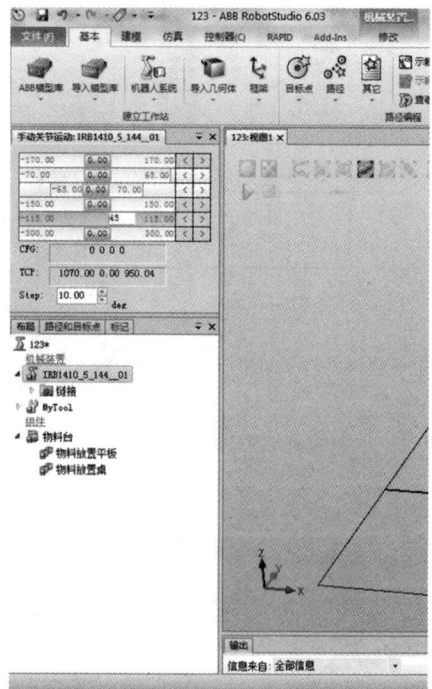

图 2-57

如图 2-59 所示,"手动线性运动"窗口中的每一行表示 TCP 的方向和旋转角度。沿最佳方向或旋转角度微动控制 TCP,可通过单击并拖放每行的方块完成,也可使用每行右侧的箭头完成。在参考坐标系列表中,可以选择对机器人进行微动控制的相关坐标系。在"Step"(步长)框中,选择每次步进的长度或角度。

(3)回到机械原点。

回到机械原点的操作如图 2-60 所示。

2.4.3.2 Freehand 操作

如果在建立工业机器人系统后,发现机器人的摆放位置需要调整,那么在移动机器人到新位置后,必须重新确定机器人在整个工作站中的坐标位置。具体操作如图 2-61 所示,在Freehand 工具栏中选择移动或旋转图标,在"布局"中选择"IRB1410_5_144_01"机器人,此时机器人的基坐标系中出现移动箭头，拖动箭头到合适的位置。选择"是"移动任务框架，如图 2-62 所示，即可将机器人移动到所需位置。

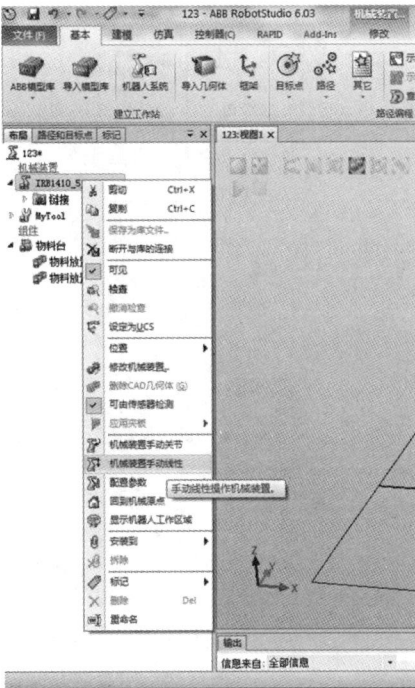

图 2-58

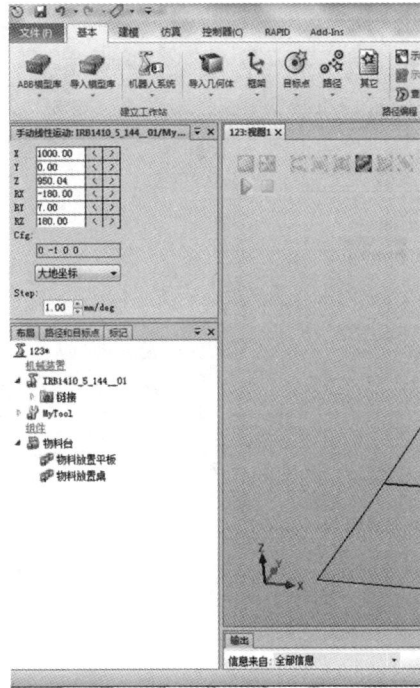

图 2-59

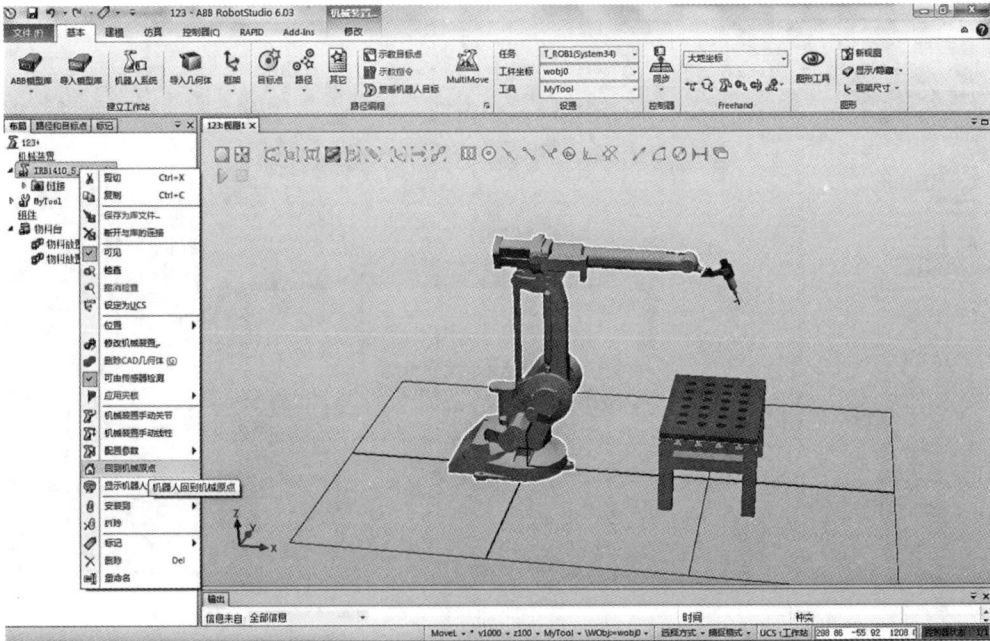

图 2-60

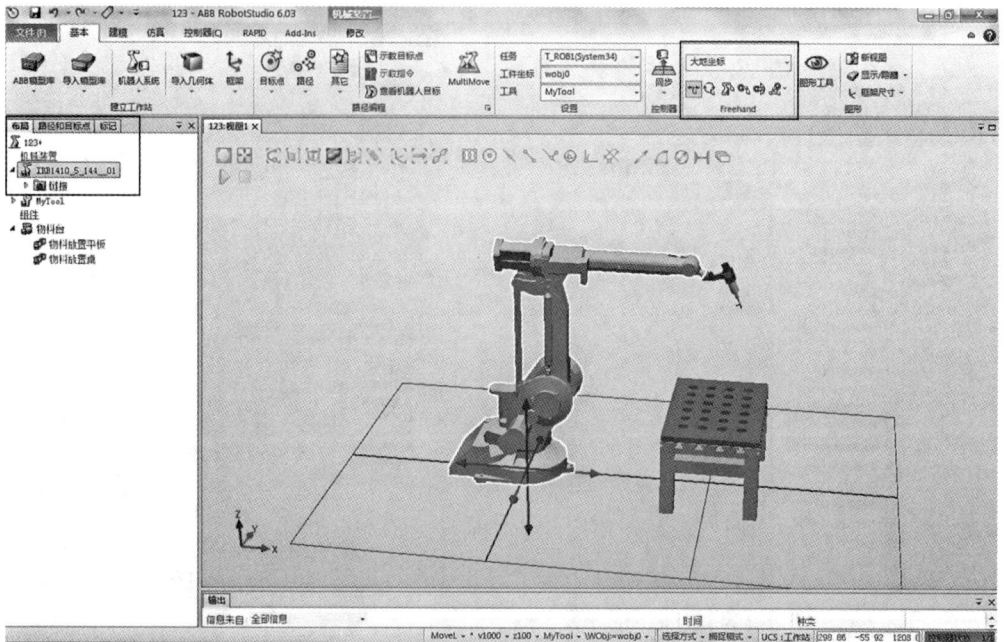

图 2-61

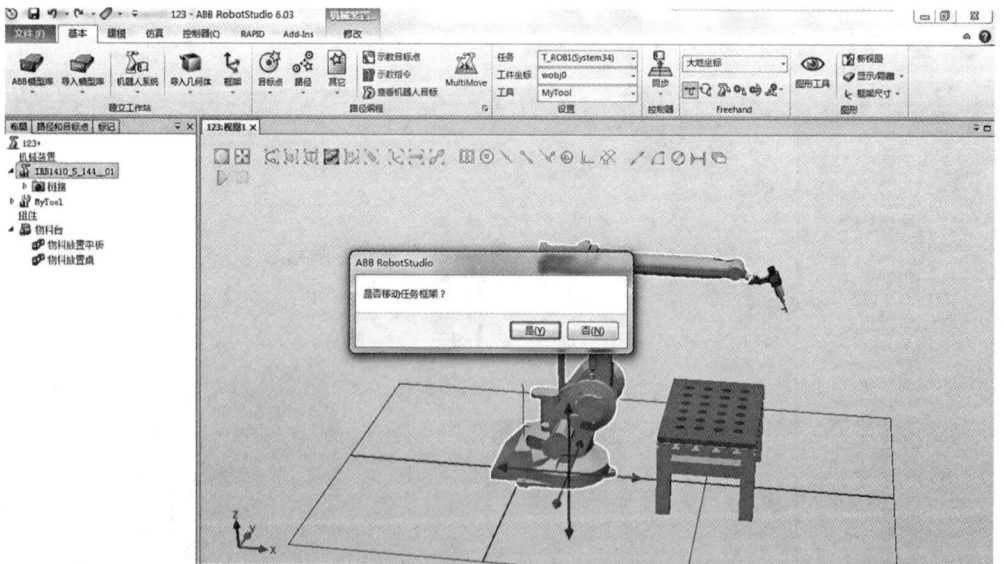

图 2-62

2.4.4 任务考核与评价

任务考核与评价包括学生自评、学生互评、教师评价三个维度(见表 2-13)。

表 2-13 "RobotStudio 仿真技术知识储备"考核与评价(四)

	序 号	评 价 内 容	学生自评	学生互评	教师评价
基本素养 (30 分)	1	操作规范(10 分)			
	2	参与和协作能力(10 分)			
	3	课堂纪律(10 分)			
知识目标 (30 分)	4	在 RobotStudio 软件界面中使用精确手动方式进行 ABB 工业机器人的单轴运动操作(10 分)			
	5	在 RobotStudio 软件界面中进行 ABB 工业机器人的线性运动操作(10 分)			
	6	在 RobotStudio 软件界面中进行 ABB 工业机器人的重定位运动操作(10 分)			
技能操作 (40 分)	7	独立完成精确手动操作达成机器人的既定姿态(20 分)			
	8	独立完成线性运动操作,完成机器人的点位示教(20 分)			

总评得分:

教师签名: 学生 A 签名: 学生 B 签名:

考核评价时间:

2.4.5 任务练习

(1)使用系统生成器从布局创建系统,并完成工业机器人的手动操作,包括精确调整轴角度,达成既定姿态。

(2)使用上述工作站,配合捕捉功能完成点位示教动作。

任务 2.5 加载机器人的工具

2.5.1 任务描述

在创建各种类型的机器人虚拟工作站时,我们常常需要处理各种类型的机器人工具。这些工具可能源自系统库文件,也可能源于由第三方建模软件创建的数字模型。在本任务中,我们将学习如何加载这些机器人工具。

2.5.2 任务知识点

(1)使用 RobotStudio 系统库文件加载工具;

（2）通过第三方建模软件创建的数字模型，创建并加载机器人工具。

2.5.3 任务实施

2.5.3.1 系统库文件工具加载

（1）新建一个空工作站。在"基本"功能选项卡中，选择"ABB 模型库"，选择 IRB1410 机器人，如图 2-63 所示。

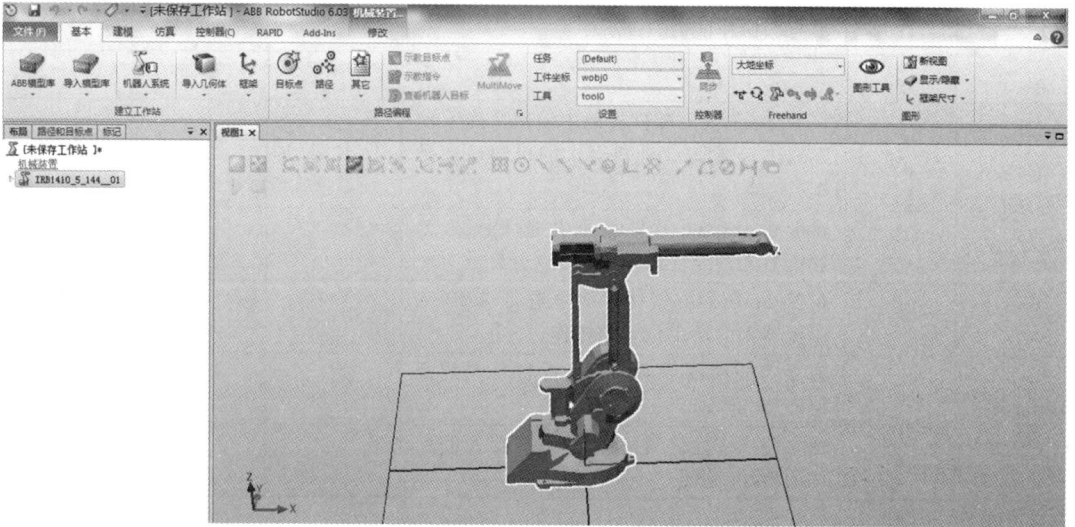

图 2-63

（2）在"基本"功能选项卡中，选择"导入模型库"，选择"设备"，在菜单中通过右侧滚条向下拉，选择"myTool"，如图 2-64 所示。

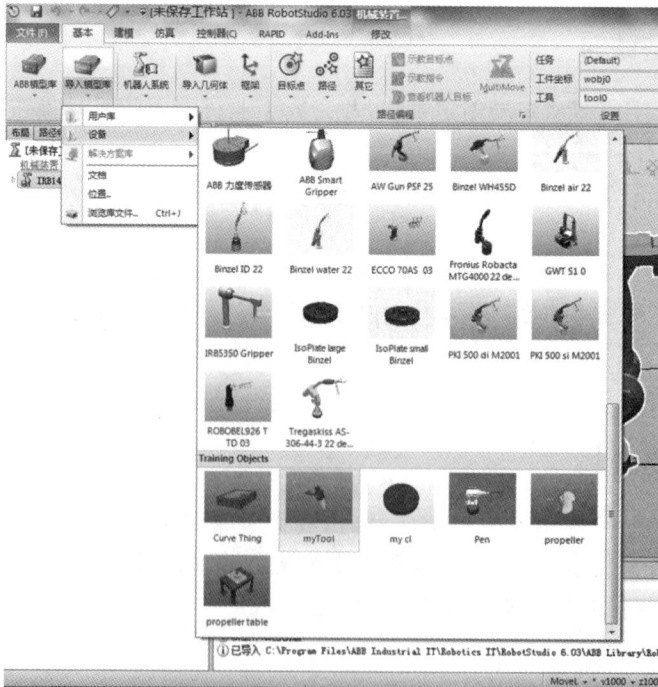

图 2-64

（3）在左侧"布局"窗口中，用鼠标左键选中"MyTool"并按住鼠标左键，向上拖到"IRB1410_5_144__01"后松开鼠标左键。在这里需要更新"MyTool"的位置，选择"是（Y）"，如图 2-65 所示。

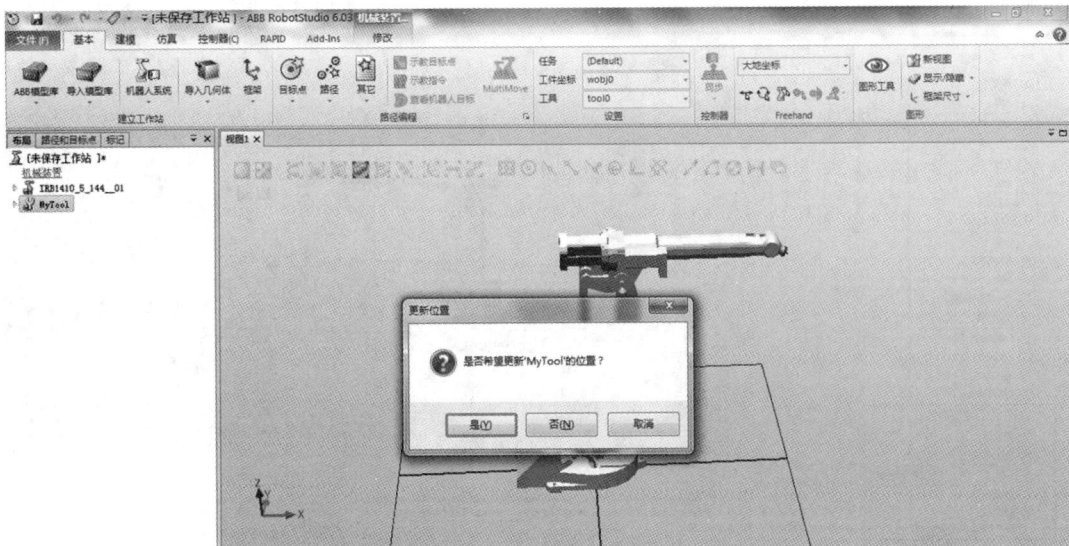

图 2-65

（4）此时，"MyTool"工具已安装到机器人法兰盘上了，如图 2-66 所示。

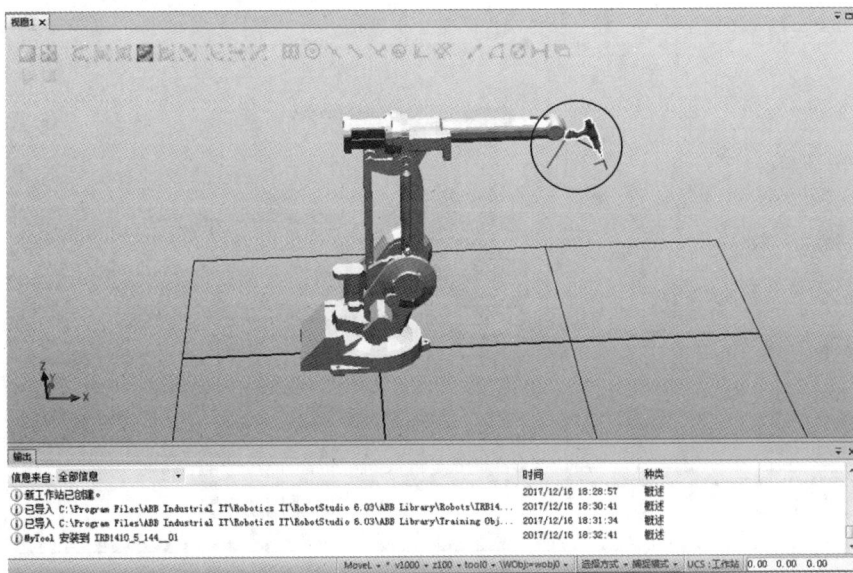

图 2-66

（5）如果想将工具从机器人法兰盘上拆下，则可以选中"MyTool"后单击鼠标右键，选择"拆除"，如图 2-67 所示。在这里同样需要更新"MyTool"的位置，选择"是（Y）"。MyTool 工具将回到初始导入位置，如图 2-68 所示。

2.5.3.2　创建机器人用工具

在工业机器人工作站布局时，我们经常会用到用户自定义的工具，这时就要求将用户自定义工具安装到机器人法兰盘末端。我们希望用户自定义的工具能够像 RobotStudio 模型

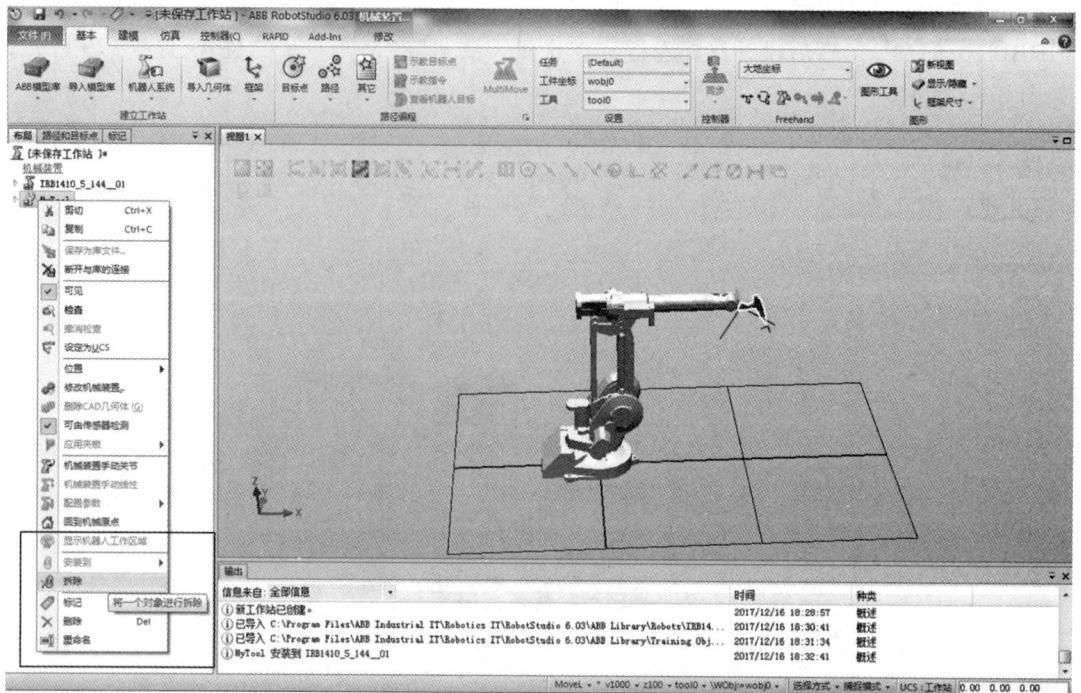

图 2-67

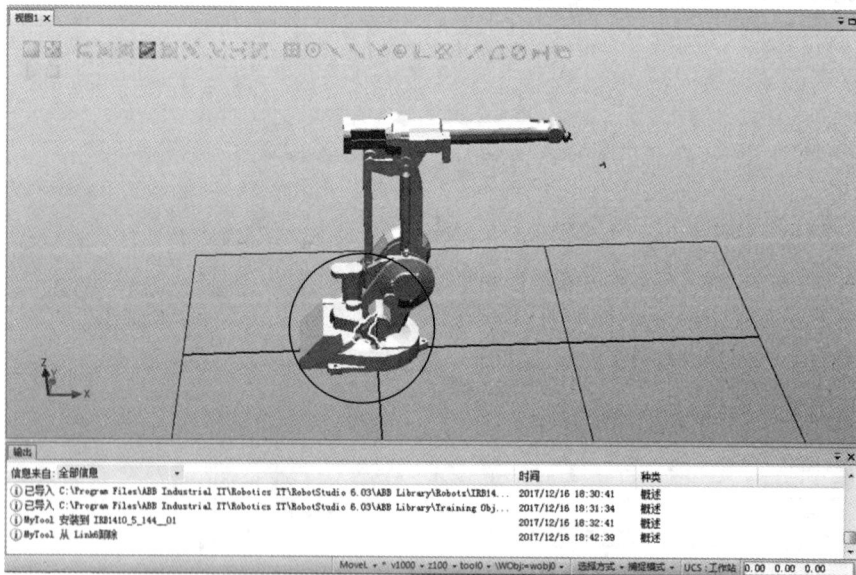

图 2-68

库中的工具一样,能够自动安装到机器人法兰盘末端并保证坐标方向一致,并且能够在工具的末端生成工具坐标系,从而避免工具方面的仿真误差。这里我们就来学习一下如何将导入的 3D 工具模型创建成具有机器人工作特性的工具。

1.设定工具的本地坐标原点

由于用户自定义的 3D 模型由不同的 3D 绘图软件绘制而成,并转换成特定的文件格式(一般为".sat"格式),导入 RobotStudio 中后会出现图形特征丢失的情况,在 RobotStudio

中进行图形处理时某些关键特征无法处理。但是在多数情况下我们都可以采用变向的方式来实现同样的处理效果,这里我们特意选取了一个缺失图形特征的工具模型作为示例来介绍针对此类问题的解决方法。设定工具的本地坐标原点的具体步骤如下。

(1)新建一个空工作站,选择"基本"功能选项卡中的"导入几何体",导入我们特意选取的工具模型,模型名称为"tGlueGun.sat"。

(2)在图形处理过程中,为了避免工作地面特征影响视线及捕捉特征点,我们先将工作地面隐藏。在主视图空白处单击鼠标右键,选择"设置",取消勾选"显示地面"即可,如图 2-69 所示。

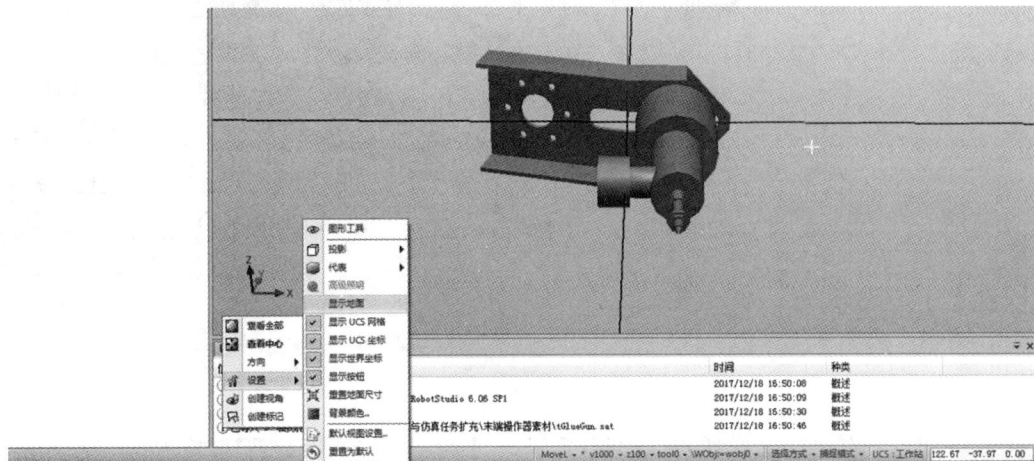

图 2-69

(3)我们观察一下该工具模型。单击选择部件,选择捕捉本地原点,如图 2-70 中所示的小白点即为该模型的本地原点位置。

工具安装原理:工具模型的本地坐标系与机器人法兰盘坐标系 Tool0 重合,且安装之后符合所需的工具朝向,工具末端的工具坐标系即为用户定义的工具坐标系。而该工具模型的本地原点不处于机器人法兰盘中心位置,所以我们需要对该模型进行以下两步图形处理:

① 在工具的法兰端创建本地坐标系框架;

② 在工具末端(工具执行中心点)创建坐标框架。

(4)放置工具模型,使其法兰盘所在平面与大地坐标系正交,以便于处理坐标系的方向。我们使用三点法来放置工具模型,使工具法兰盘所在平面与工作站的 XY 平面重合。

① 在"布局"窗口中选中"tGlueGun",单击鼠标右键,选择"位置—放置—三点法",如图 2-71 所示。

② 选择合适的捕捉工具,在工具模型法兰盘安装面上选择作为"主点-从""X 轴上的点-从"和"Y 轴上的点-从"的三个坐标位置,如图 2-72 所示。将"主点-到"设为(0,0,0),"X 轴上的点-到"设为(10,0,0),"Y 轴上的点-到"设为(0,10,0),使工具模型法兰盘安装面与大地平面重合且符合我们选定的方向,单击"应用",然后单击"关闭"。

③ 将工具法兰盘圆孔中心作为该模型的本地坐标系的原点。选中"tGlueGun",单击鼠标右键,选择"修改(M)",选择"设定本地原点",如图 2-73 所示。

④ 捕捉特征设定为"圆心",捕捉到工具模型法兰盘安装面的圆心,如图 2-74 所示。

⑤ 如图 2-75 所示,将"方向"所有数据设定为 0,即保持与大地坐标系同方向,然后单击

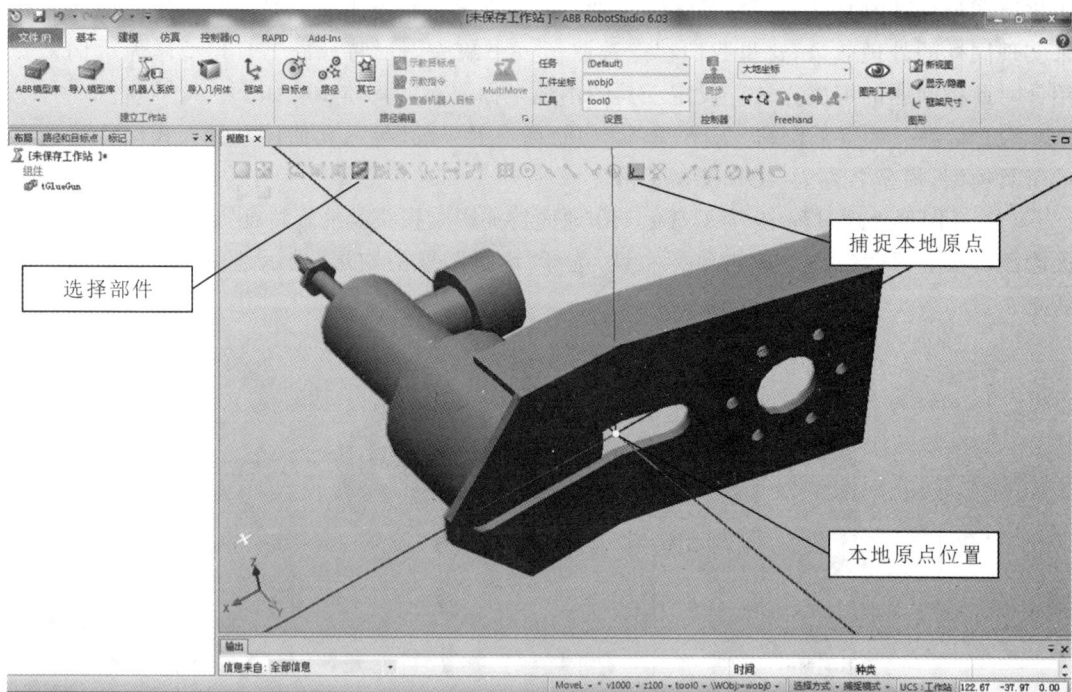

图 2-70

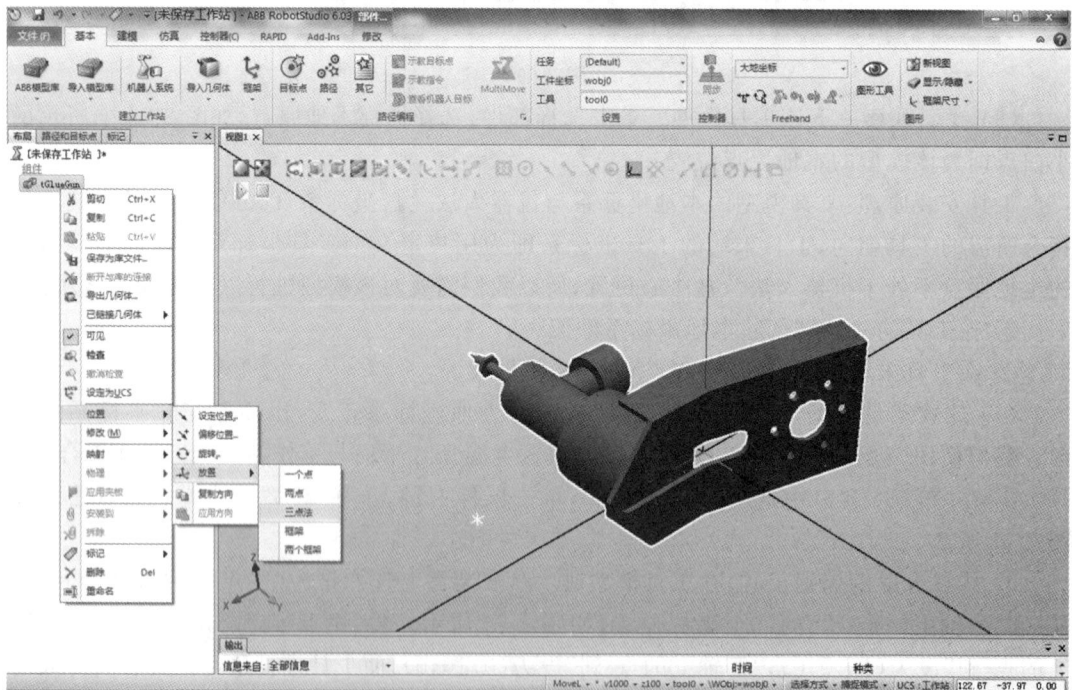

图 2-71

"应用"。此时,我们可观察到已经将本地坐标系原点移动到工具模型法兰盘安装面的圆心,且坐标系方向与大地坐标系同向,如图 2-76 所示。

⑥ 选中"tGlueGun",单击鼠标右键,选中"位置—设定位置",如图 2-77 所示。

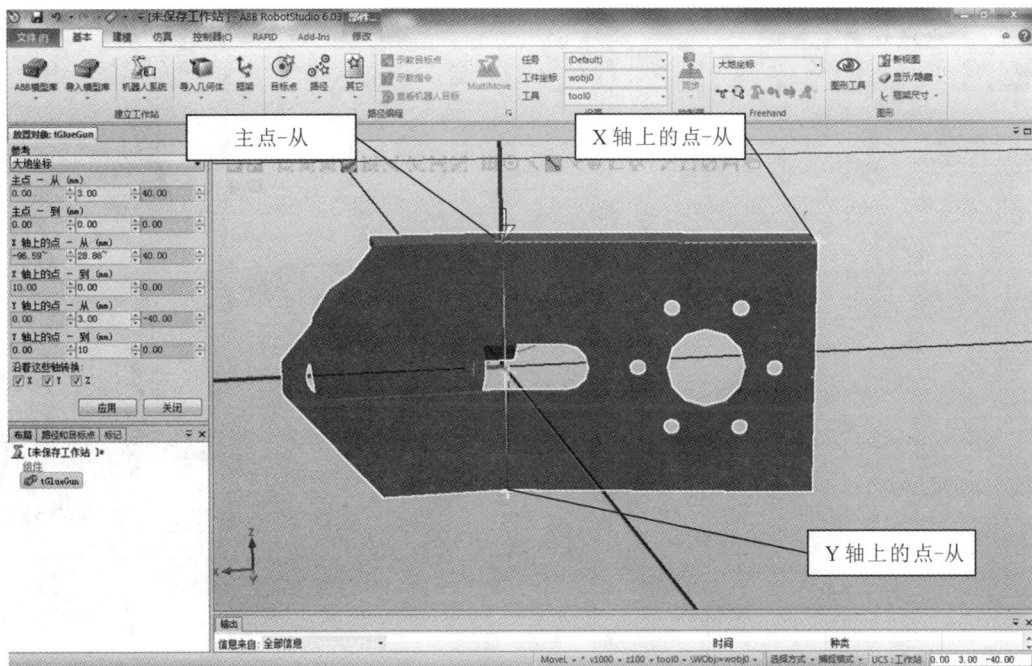

图 2-72

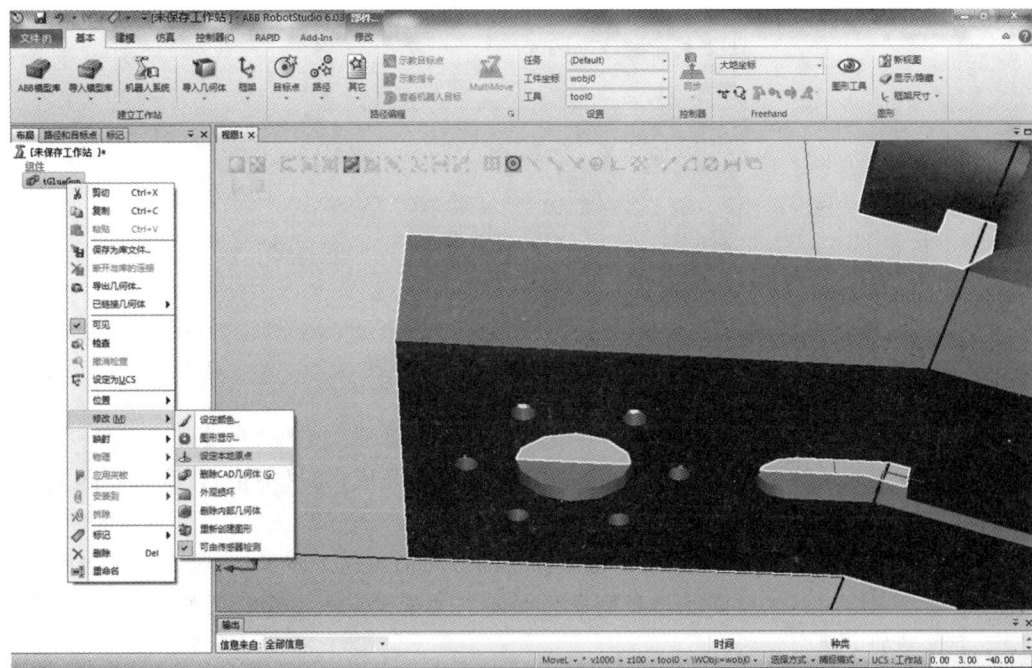

图 2-73

⑦ 将"位置 X、Y、Z"框中的所有数值设定为 0,即把工具模型移动到工作站大地坐标系的原点处,单击"应用",然后单击"关闭",如图 2-78 所示。

如图 2-79 所示,从 ABB 模型库中导入机器人 IRB2600,尝试安装该用户工具模型,验证法兰盘安装位置和安装到机器人法兰盘末端时的工具姿态是否正确。如果正确,那么该工

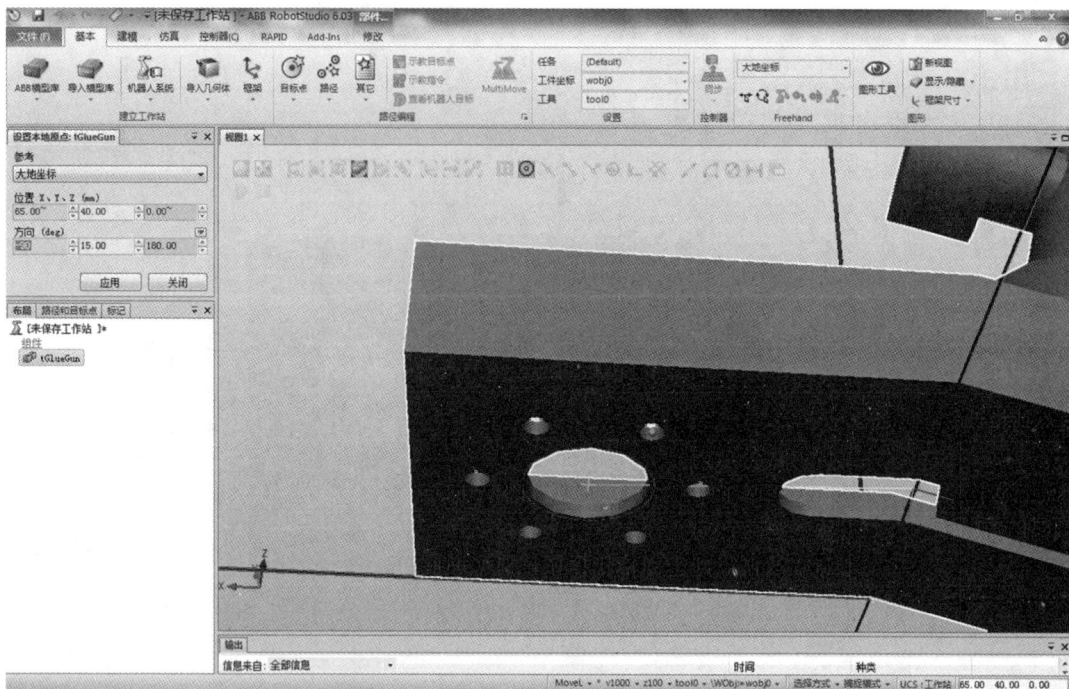

图 2-74

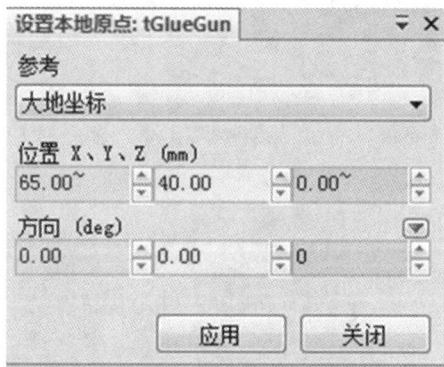

图 2-75

具模型的本地坐标系的原点以及坐标系方向就全部设定完成;如果不正确,就需要拆下该工具,继续调整本地坐标系的方向。

对于其他用户自定义工具,如果本地坐标系的方向仍需进一步设定,则需保证当安装到机器人法兰盘末端时其工具姿态是我们所想要的。关于设定本地坐标系的方向,在大多数情况下可参考如下设定经验:

① 工具的法兰盘表面与大地水平面重合;

② 工具的末端位于大地坐标系 X 轴负方向;

③ 工具本地坐标系与大地坐标系方向相同。

2.创建辅助坐标框架

将用户自定义工具正确安装到机器人法兰盘之后,我们需要继续定义工具坐标系。首先,拆下安装好的用户工具,恢复原位置,然后需要在如图 2-80 所示的虚线框位置创建一个

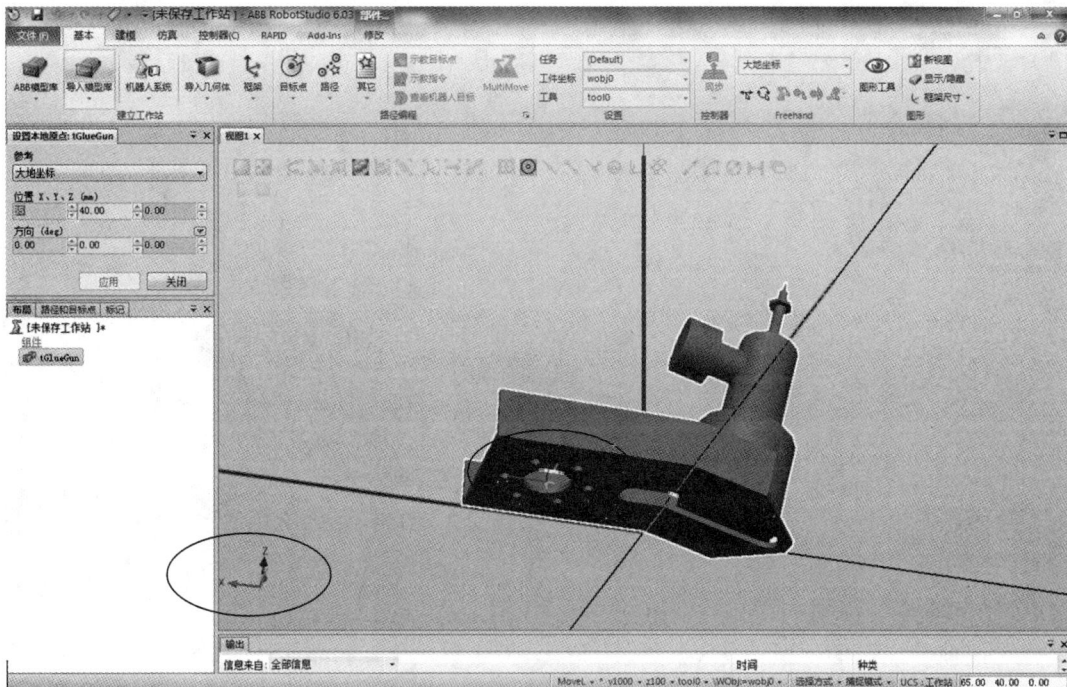

图 2-76

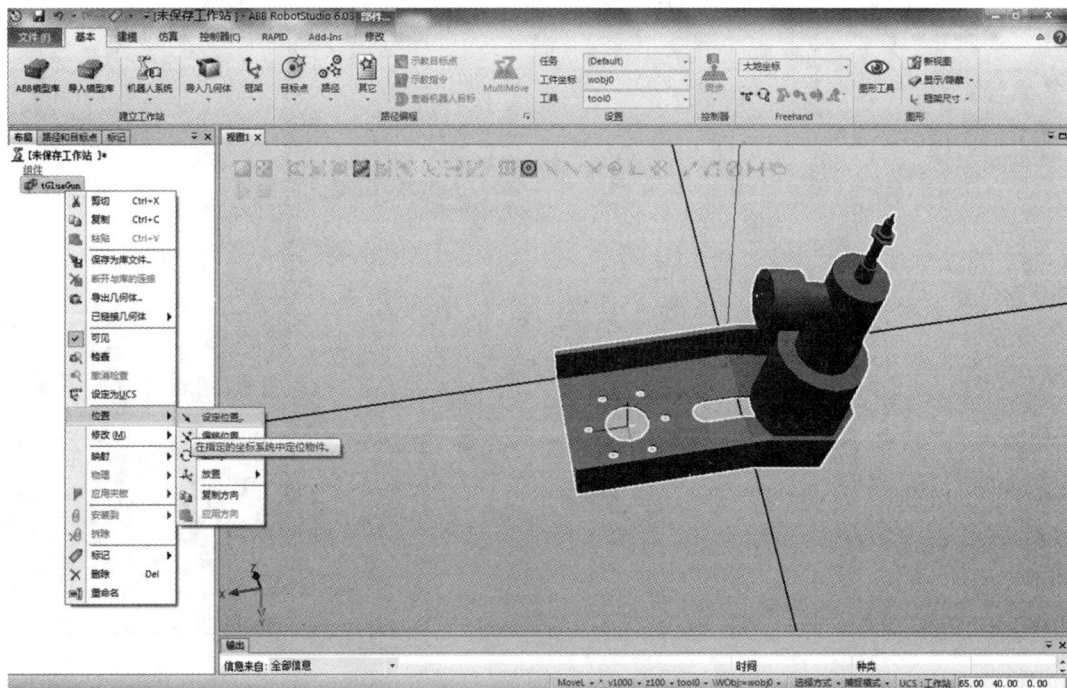

图 2-77

辅助坐标框架。在之后的操作中,将此框架作为工具坐标系框架创建出工具坐标系,最后再删除辅助坐标框架即可。

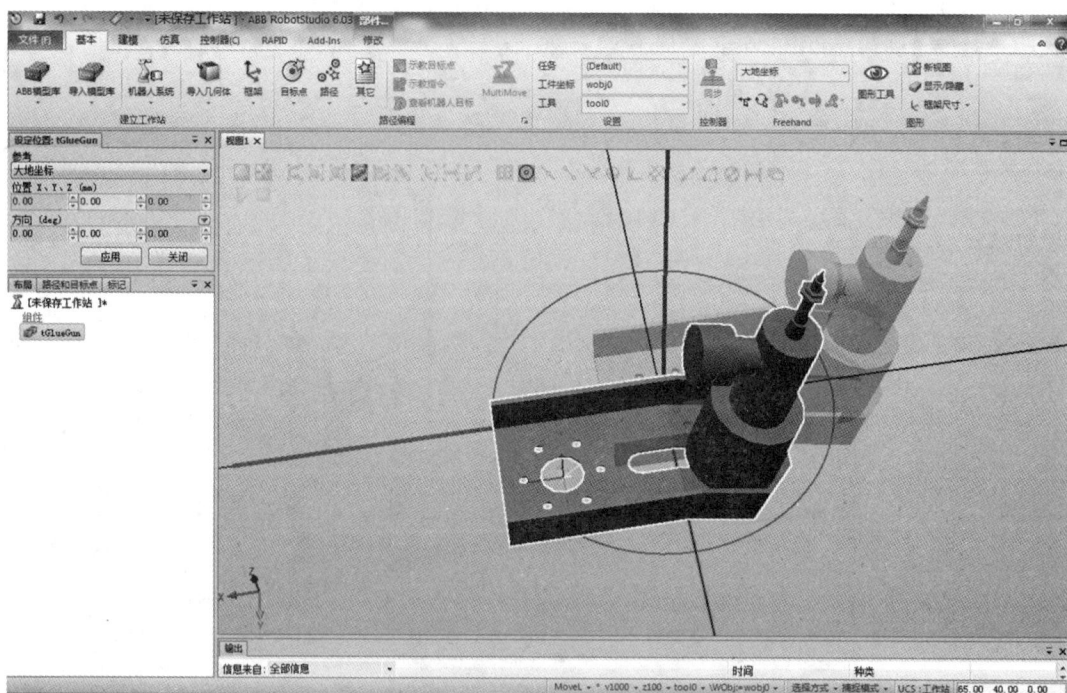

图 2-78

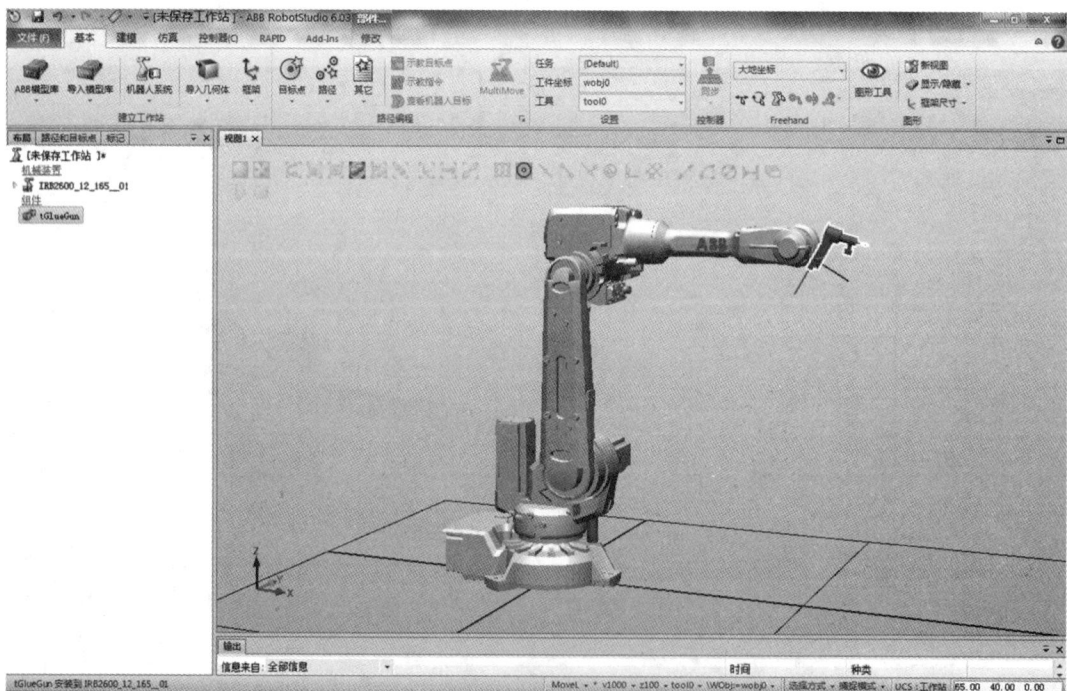

图 2-79

（1）在"基本"功能选项卡中单击"框架"下拉菜单的"创建框架"，捕捉用户工具末端面圆心作为辅助坐标框架的原点，单击"创建"，如图 2-81 所示。

框架各项设置如表 2-14 所示。

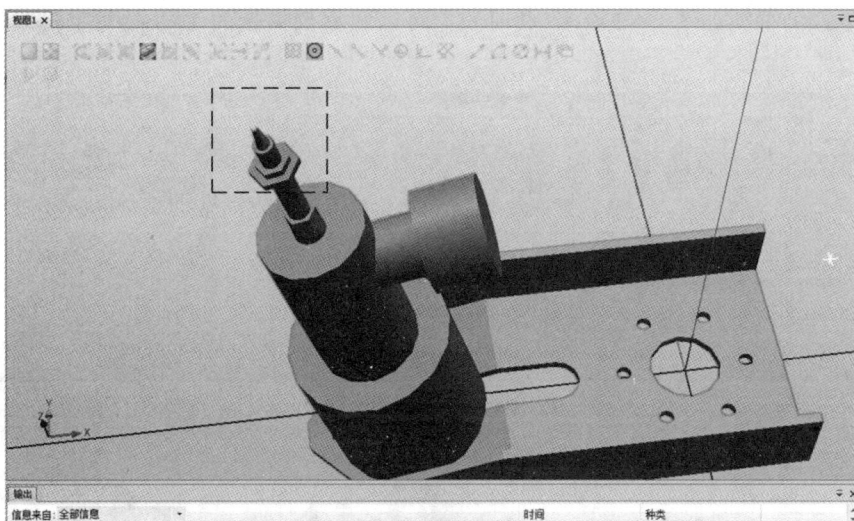

图 2-80

图 2-81

表 2-14　框架各项设置

框 架 设 置	说　　明
参考	选择要与所有位置或点关联的参考(reference)坐标系
框架位置	单击这些框之一,然后在图形窗口中单击相应的框架位置,将这些值传送至框架位置框
框架方向	指定框架方向的坐标
设定为 UCS	勾选此复选框可将创建的框架设置为用户坐标系

（2）生成的框架如图 2-82 所示，此时我们可以观察到框架的 Z 方向与工具末端面成一定角度。

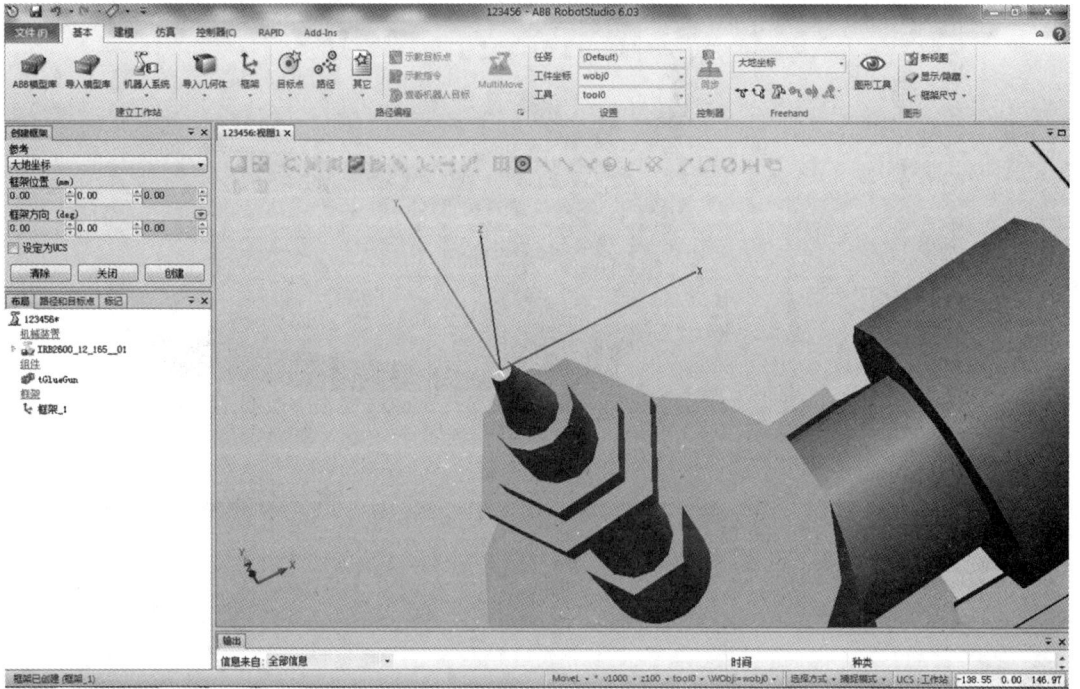

图 2-82

（3）接着设定坐标系的方向，一般希望坐标系的 Z 轴与工具末端面垂直。选中"框架_1"，单击鼠标右键，选择"设定为表面的法线方向"，如图 2-83 所示。

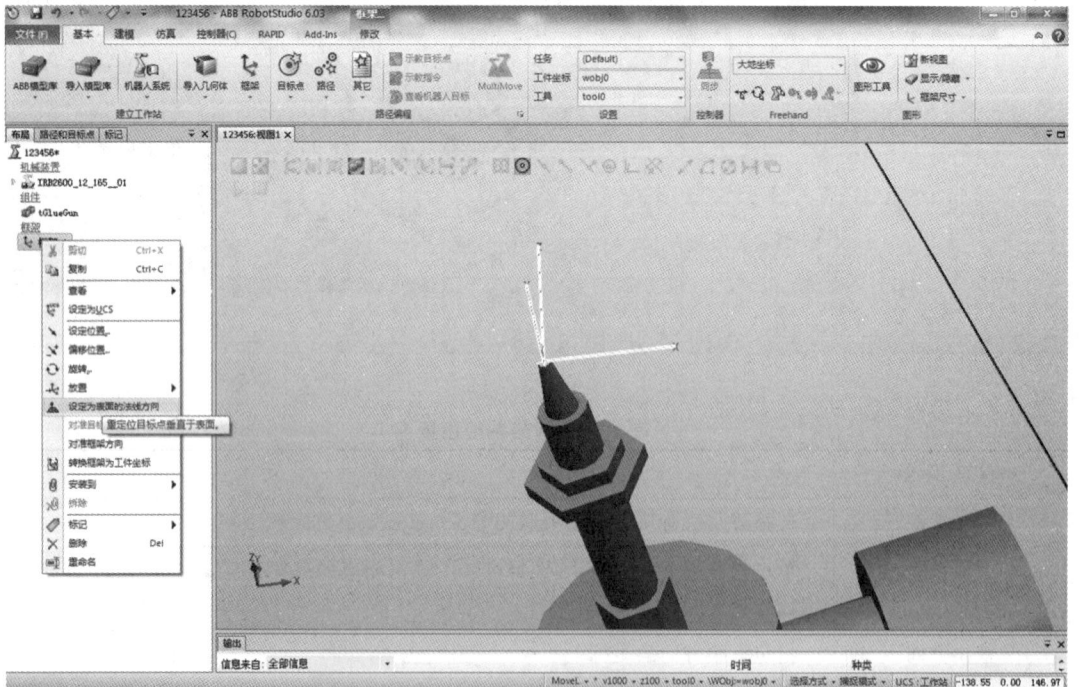

图 2-83

（4）由于该工具的末端表面丢失，因此捕捉不到，但是可以选择如图 2-84 所示的表面，因为此表面与捕捉的末端面平行。选择"表面"捕捉此面，设定"接近方向"为"Z"，单击"应用"。

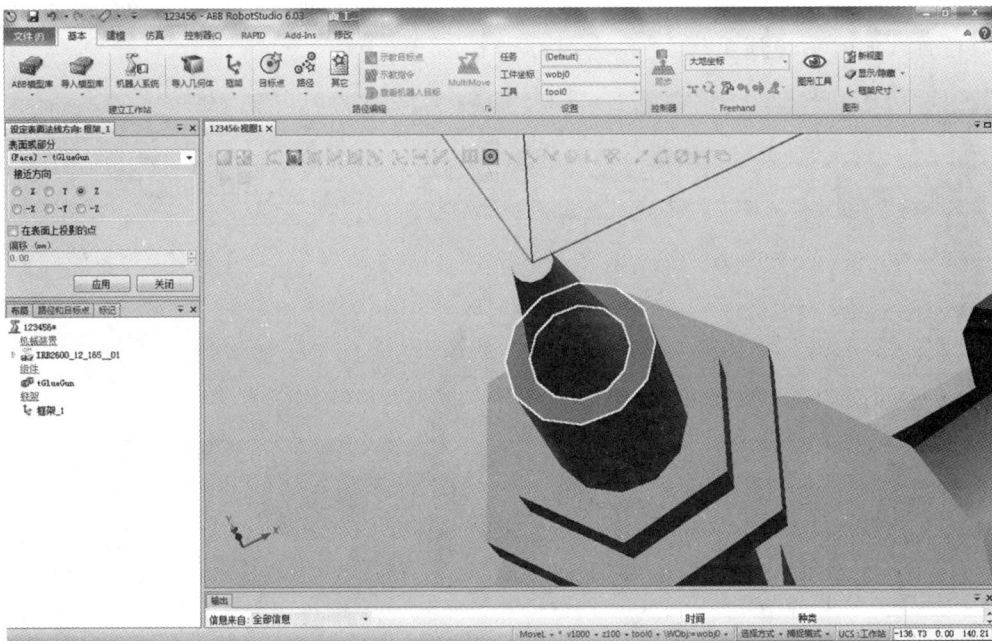

图 2-84

（5）这样就完成了该框架 Z 轴方向的设定，至于 X 轴和 Y 轴的方向，一般按照经验设定，只要保证前面设定的模型本地坐标系是正确的，X 轴、Y 轴采用默认的方向即可。创建的框架如图 2-85 所示。

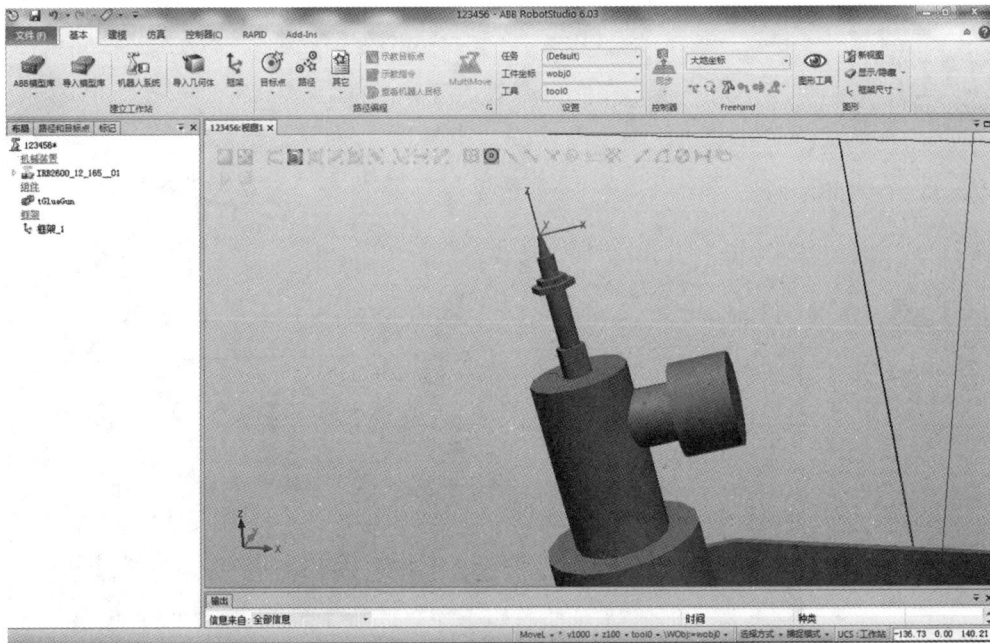

图 2-85

（6）在实际应用过程中，工具坐标系的原点一般与工具的末端有一段距离，例如焊枪中焊丝伸出的距离，或者激光切割焊枪、涂胶枪需要与加工面保持的距离。只需将此框架沿其本身的 Z 轴正方向移动一定距离就能满足实际需求。选中"框架_1"，单击鼠标右键，单击"偏移位置"，如图 2-86 所示。

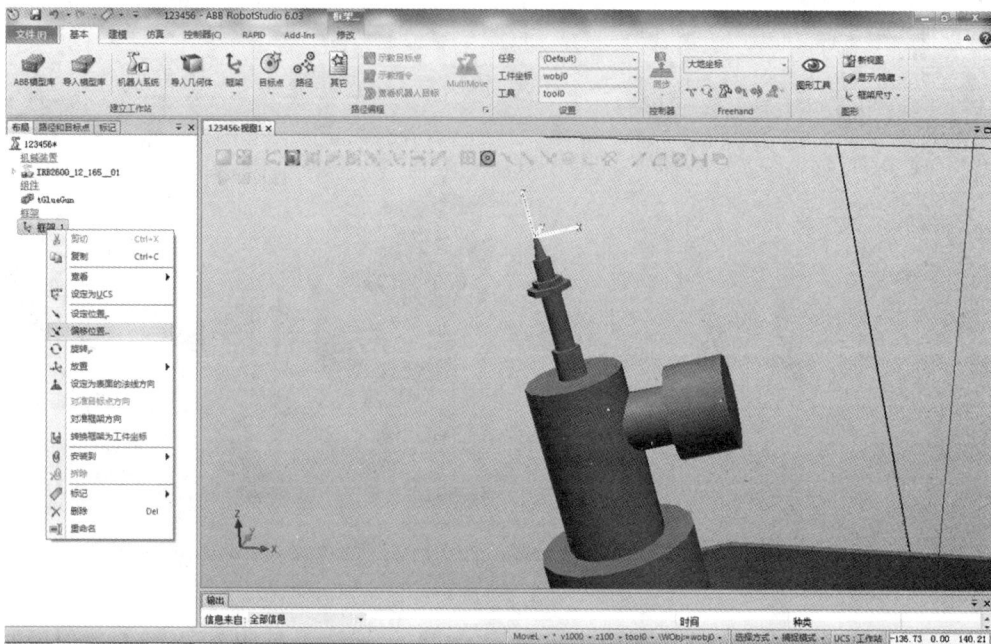

图 2-86

（7）"参考"选择"本地"，偏移距离（Translation）设为 5 mm，单击"应用"，如图 2-87 所示。

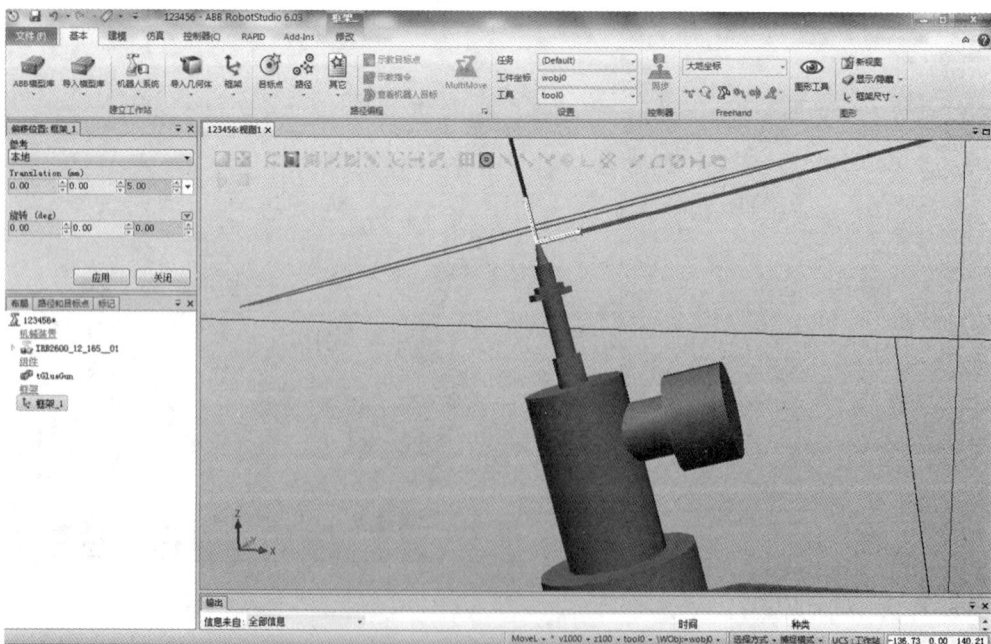

图 2-87

（8）框架设定完成之后的视图如图 2-88 所示，框架沿 Z 方向向外偏移了 5 mm。

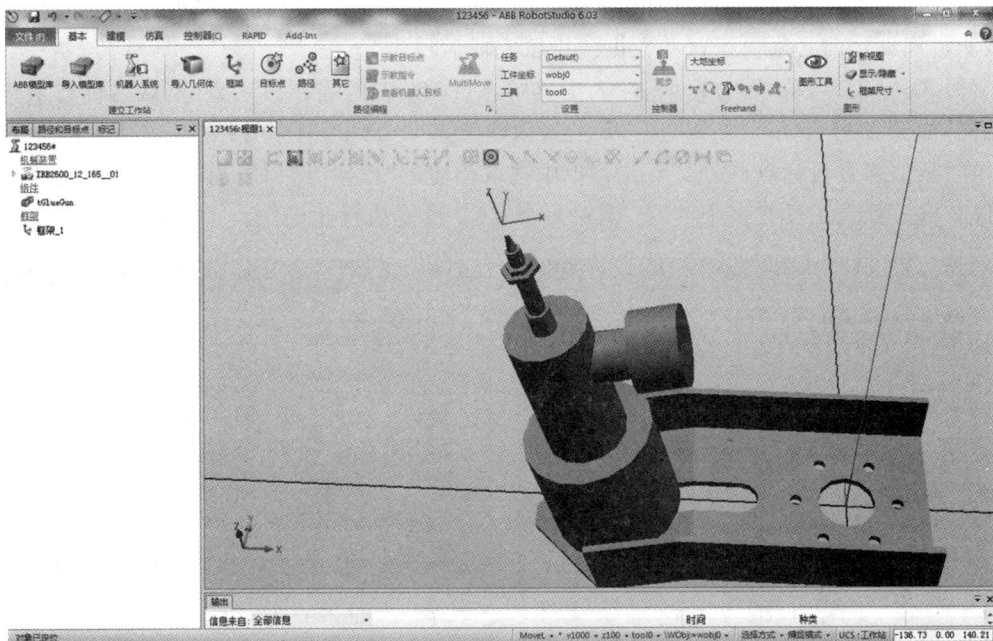

图 2-88

3.创建工具及工具坐标系

在用户工具末端创建出符合要求的辅助坐标框架之后，我们利用此框架作为工具坐标系框架创建出工具及工具坐标系。操作步骤如下。

（1）使用创建工具向导创建机器人握住的工具。在"建模"功能选项卡中单击"创建工具"，弹出"创建工具"对话框，如图 2-89 所示。

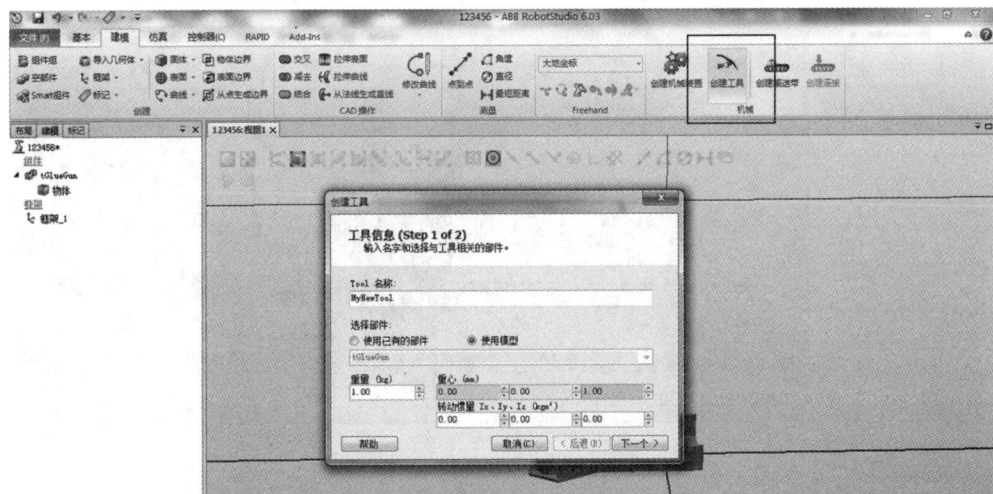

图 2-89

（2）在"Tool 名称"下方框中输入"tGlueGun"，选取"使用已有的部件"，如图 2-90 所示。

注意:使用现有部件来创建工具,所选部件必须是单个部件,不能选择带有附件的部件。继续输入工具的"重量""重心"和"转动惯量"(如果这些值已知)。注意:如果不知道这些参数值,保持为默认值即可,我们仍可以使用此工具进行运动编程,但在真实机器人上运行此程序或测量周期之前必须更正这些数据。设置完成后单击"下一个"。

(3) 在"TCP 名称"下方框内,输入工具中心点(TCP)的名称。注意:默认名称与工具名称相同,如图 2-91 所示。如果为一个工具创建了多个 TCP,每个 TCP 必须使用唯一的名称。在"数值来自目标点/框架"下拉菜单中选取创建的"框架_1"。单击右箭头">"将值传送至 TCP 框。如果工具有多个 TCP,请对每个 TCP 重复执行此操作。

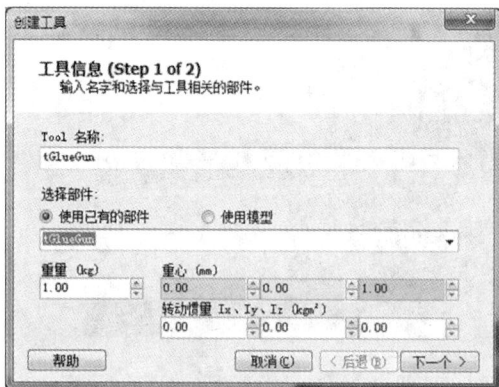

图 2-90

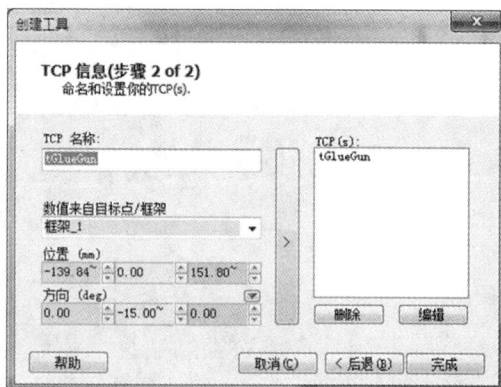

图 2-91

(4) 单击"完成",工具随即被创建,并显示在布局浏览器和图形窗口中,如图 2-92 所示。

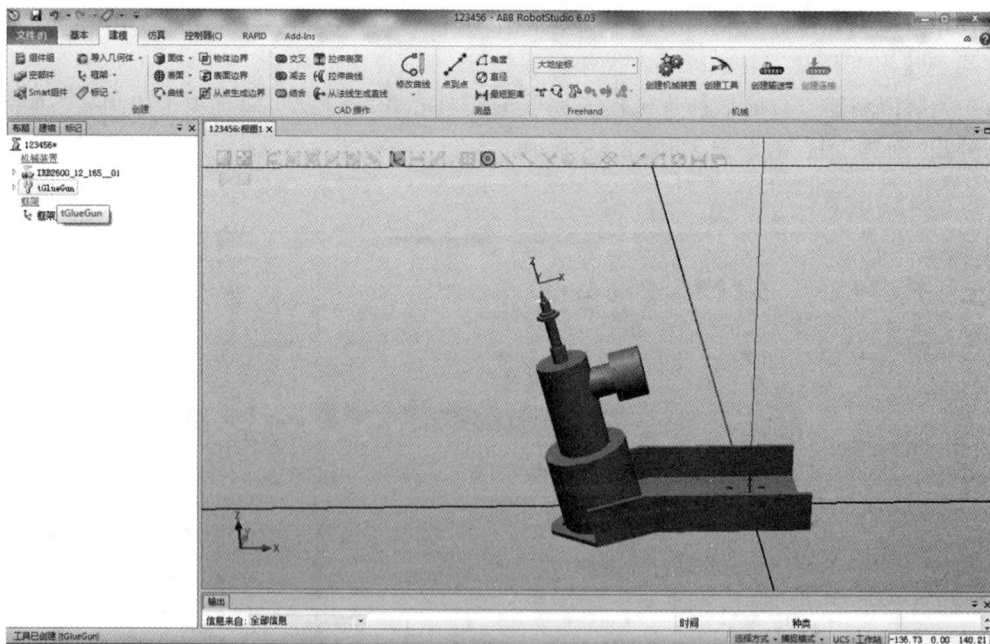

图 2-92

(5) 把之前所创建的辅助框架"框架_1"删除,如图 2-93 所示。

(6) 我们可以观察到"tGlueGun"已变成工具图标,同时,在工具末端已生成工具坐标系,如图 2-94 所示。

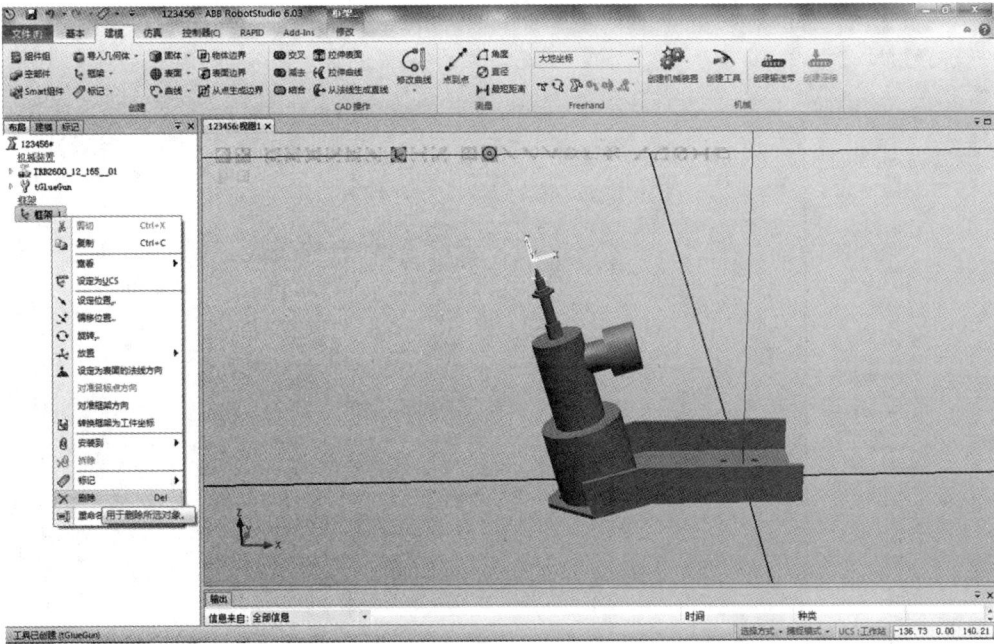

图 2-93

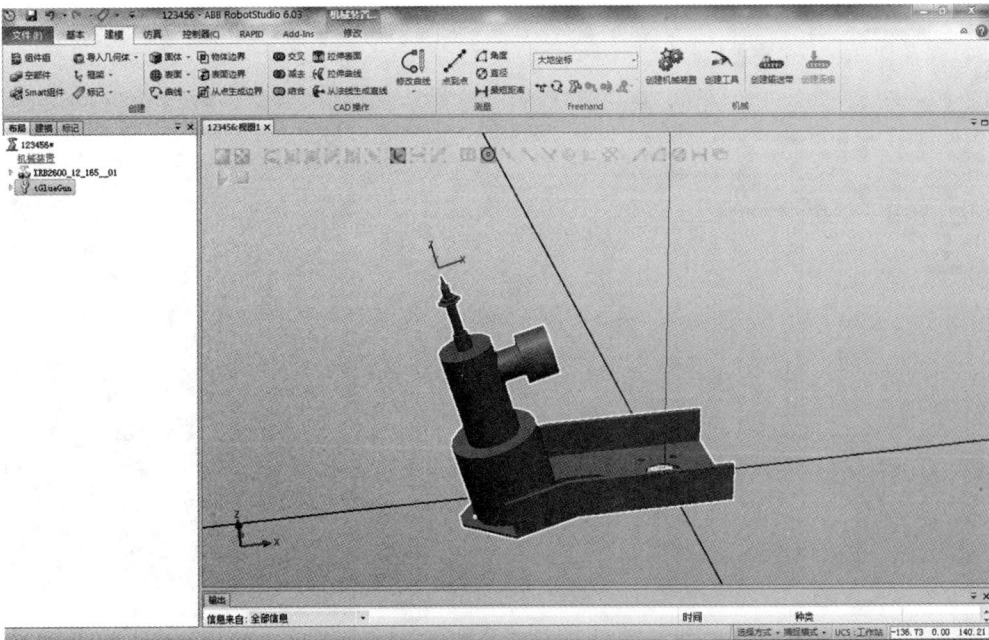

图 2-94

（7）将工具安装到机器人末端，来验证创建的工具是否能够满足需要。选中机器人"IRB2600_12_165_01"，单击鼠标右键，选择"可见"，如图 2-95 所示。

（8）用鼠标左键选中工具"tGlueGun"，点住不松开，将其拖放到机器人"IRB2600_12_

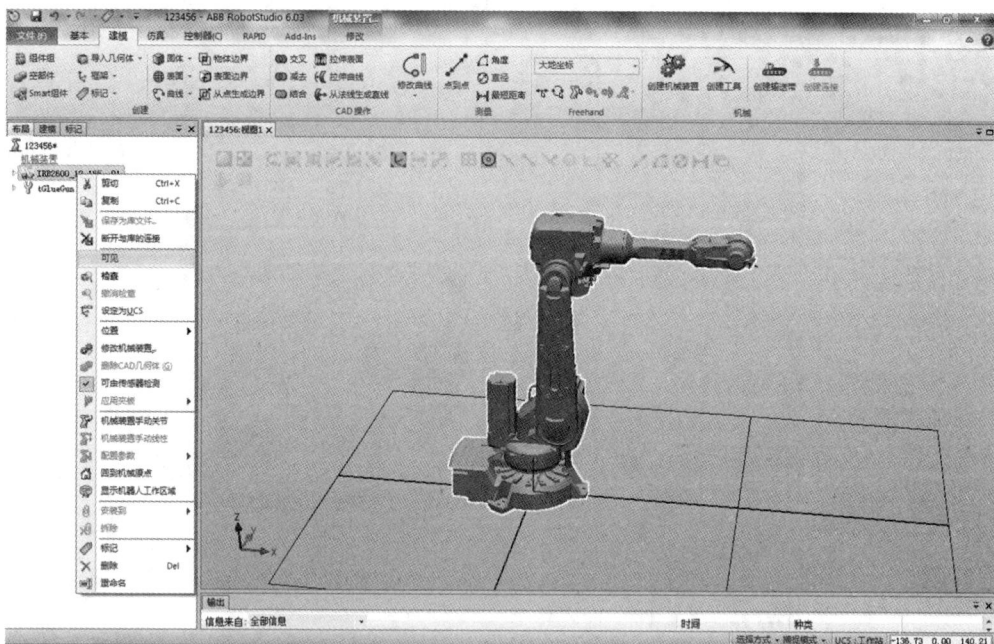

图 2-95

165_01"处,弹出"更新位置"对话框时松开左键,选择"是(Y)"更新 tGlueGun 的位置,如图 2-96 所示。

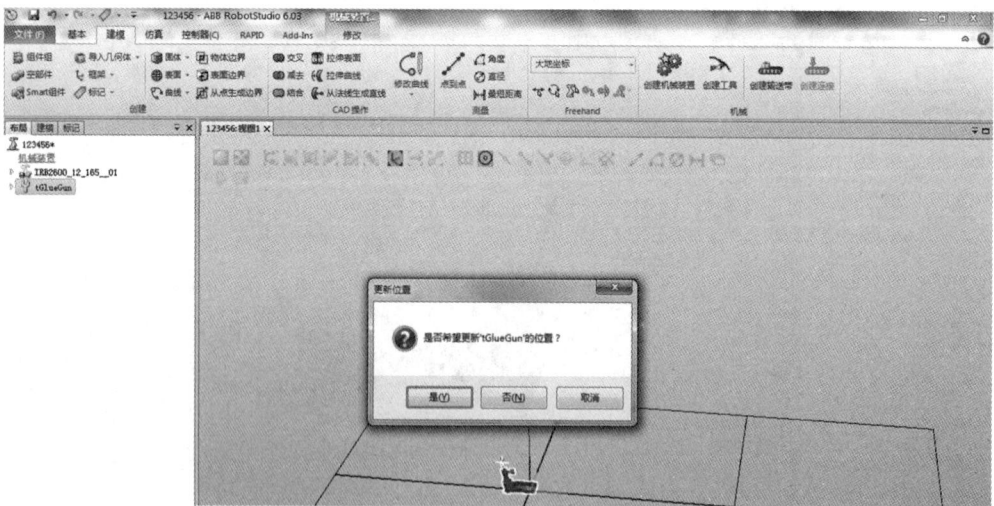

图 2-96

(9) 由图 2-97 我们可以确认该工具已经正确安装到机器人法兰盘上,安装的位置和姿态也是我们预期的,至此工具的创建完成。

2.5.4　任务考核与评价

任务考核与评价包括学生自评、学生互评、教师评价三个维度(见表 2-15)。

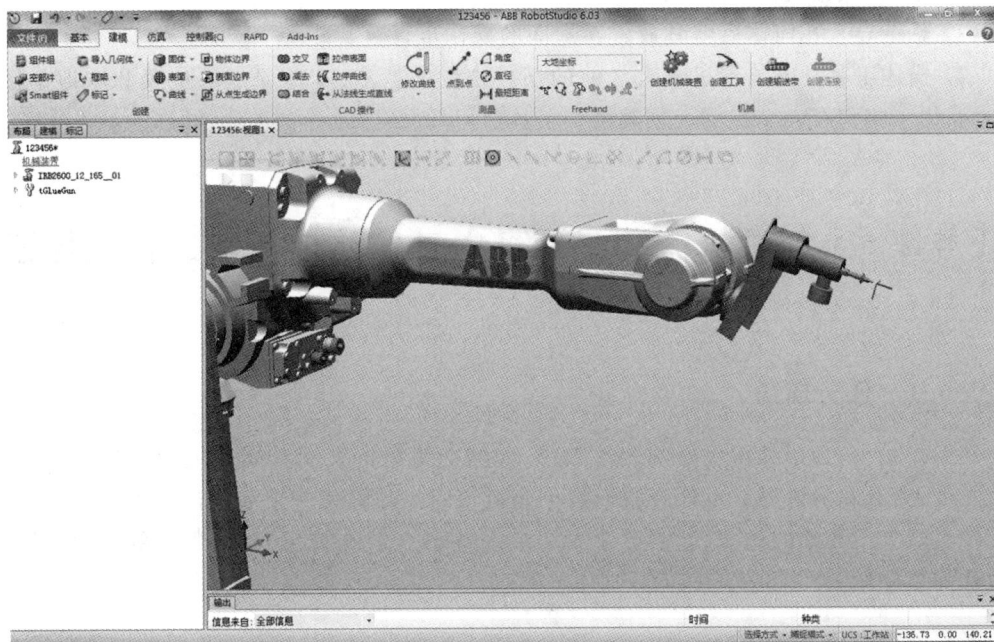

图 2-97

表 2-15 "RobotStudio 仿真技术知识储备"考核与评价(五)

	序　号	评价内容	学生自评	学生互评	教师评价
基本素养 (30 分)	1	操作规范(10 分)			
	2	参与和协作能力(10 分)			
	3	课堂纪律(10 分)			
知识目标 (30 分)	4	熟练使用 RobotStudio 系统库文件加载工具(10 分)			
	5	给定由第三方建模软件创建的模型,设定工具的本地原点并正确安装(10 分)			
	6	给定由第三方建模软件创建的模型,创建工具坐标系框架并正确创建工具及工具坐标系(10 分)			
技能操作 (40 分)	7	独立完成 RobotStudio 系统库文件 myTool 工具的加载(20 分)			
	8	独立完成给定模型的系统工具创建(20 分)			

总评得分:

教师签名:　　　　　学生 A 签名:　　　　　　学生 B 签名:

考核评价时间:

2.5.5　任务练习

(1) 在系统库文件中选择其他类型工具并选择合适的机器人加载该工具。

（2）完成其他给定模型的系统工具的创建。

（3）总结导入几何体后将其放置在地面的操作步骤。

（4）描述工具在安装到机器人之前的摆放位置的特点、本地原点的位置和本地坐标系的方向；思考如何在一个工具上创建两个工具坐标系。

任务 2.6　创建机械装置及建立工作站信号与工件坐标系

2.6.1　任务描述

在工作站中，为了获得更好的表达效果，我们会为机器人及其周边模型制作动画效果，如传送带、夹具和滑台等。本任务我们以创建机床门的动画为例来演示设计方法。此外，完成一个机器人工作站的仿真，还需要建立工作站信号、工件坐标系、工具数据等流程，对此我们也作简要介绍。

2.6.2　任务知识点

（1）创建机械装置的流程；

（2）建立工作站信号的方法及日志管理；

（3）创建工件坐标系的流程；

（4）创建工具数据的流程。

2.6.3　任务实施

2.6.3.1　创建机械装置

创建机械装置的关键在于构建树形结构中的主要节点。四个主要节点分别是链接、关节（接点）、框架/工具数据、校准，它们最初标为红色。每个节点都配置有足够的子节点，节点有效时，标记变成绿色。一旦所有节点都变得有效，即可将机械装置视作可以进行编译，因而可以进行创建。主要节点及其有效性标准参见表 2-16。

表 2-16　主要节点及其有效性标准

节　点	有效性标准
链接	① 包含多个子节点 ② BaseLink 已设置 ③ 所有的链接部件都仍在工作站内
关节（接点）	必须至少有一个关节处于活动状态且有效
框架/工具数据	① 至少存在一个框架/工具数据 ② 设备不需要框架
校准	① 对于机器人，只需一项校准 ② 对于外轴，每个关节需要一项校准 ③ 对于工具或设备，接受校准，但不必须

解包文件"Task 2-2"，然后进行后续操作。

（1）观察发现机床的上半身摆放位置位于地面以下，如图 2-98 所示。我们首先需应用旋转和放置功能实现机床的摆放。

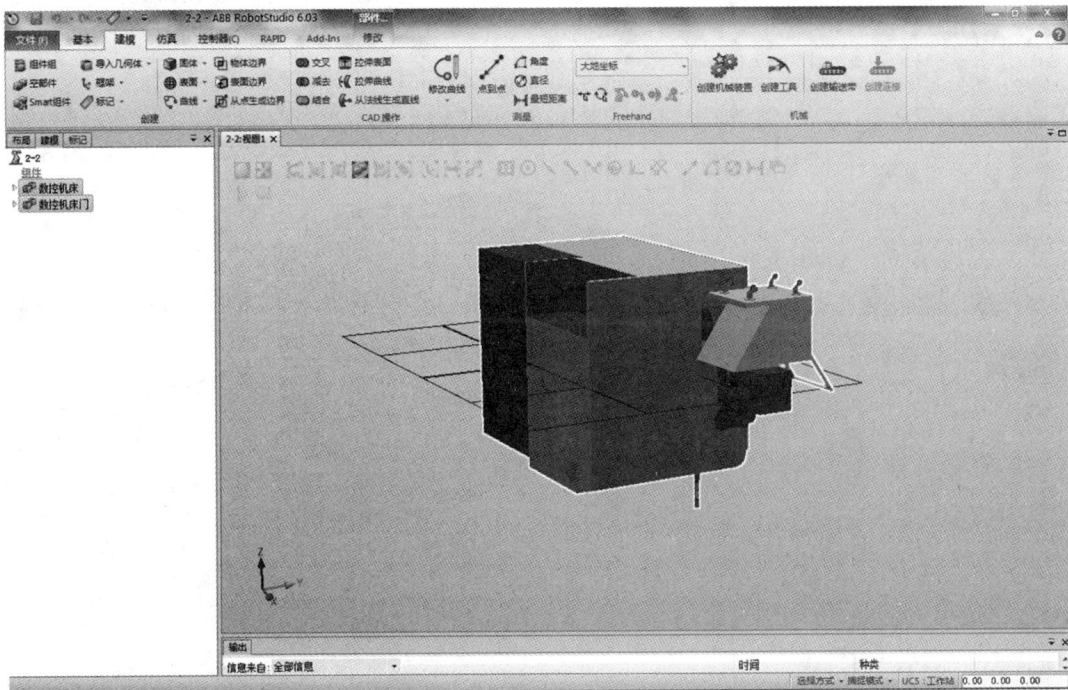

图 2-98

（2）按住"Ctrl"键同时选择"数控机床"和"数控机床门"两个部件，然后单击鼠标右键，在弹出的菜单列表中选择"位置—旋转"，如图 2-99 所示。

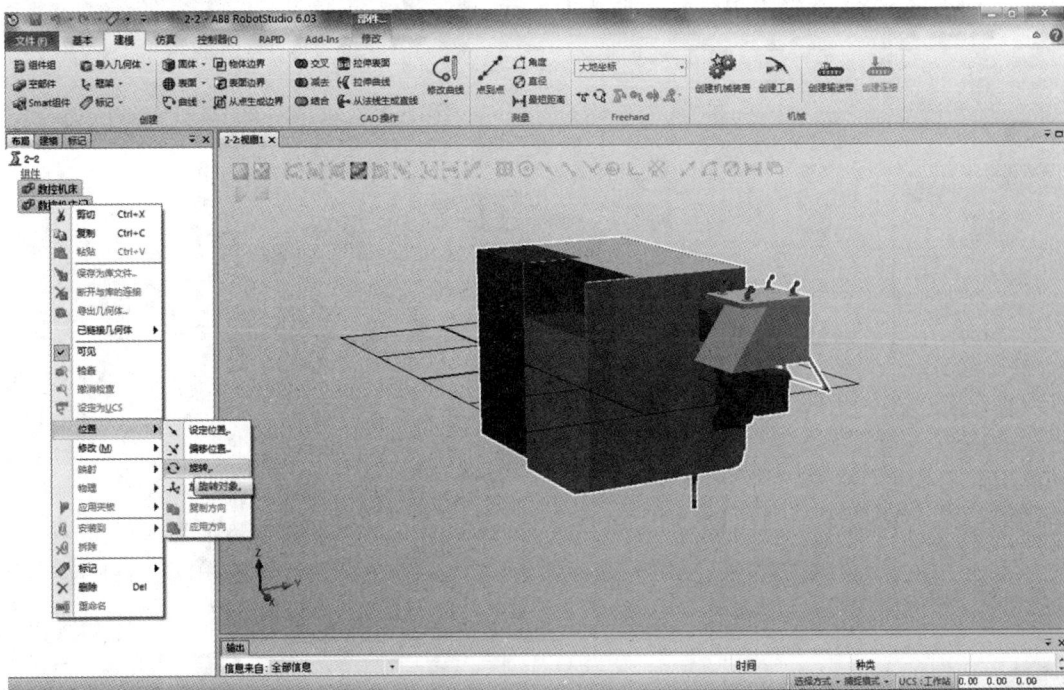

图 2-99

（3）在"旋转"窗口中："参考"选择"本地"，旋转角度输入"180"，旋转轴选择"X"，单击"应用"。旋转后的效果如图 2-100 所示。

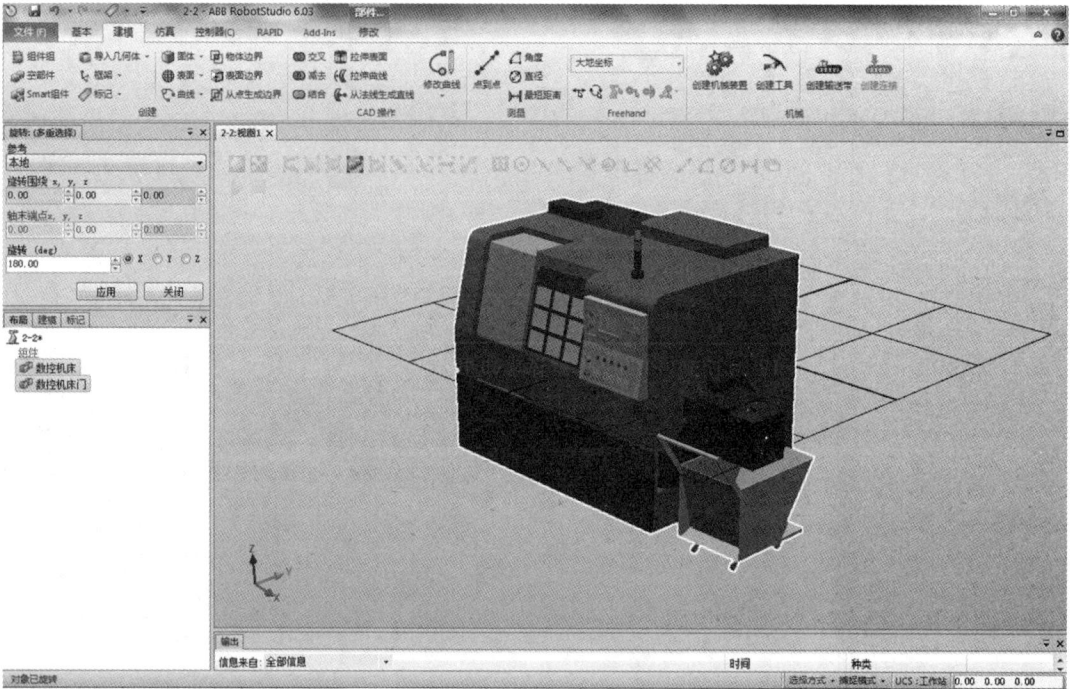

图 2-100

（4）同时选中"数控机床"和"数控机床门"两个部件，单击鼠标右键，在弹出的菜单列表中选择"位置—放置——一个点"（因为数控机床模型的底面和地面是平行的），如图 2-101 所示。

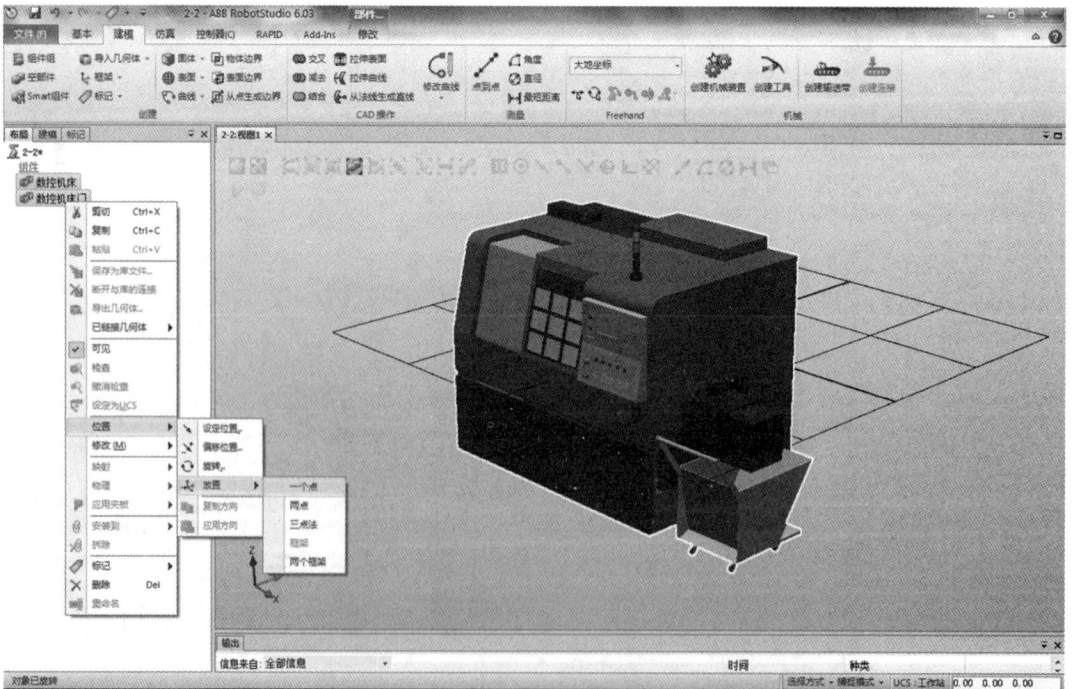

图 2-101

（5）选择"捕捉末端"模式,选择数控机床的一个角点为"主点-从","主点-到"的坐标值设为(0,0,0),如图 2-102 所示。

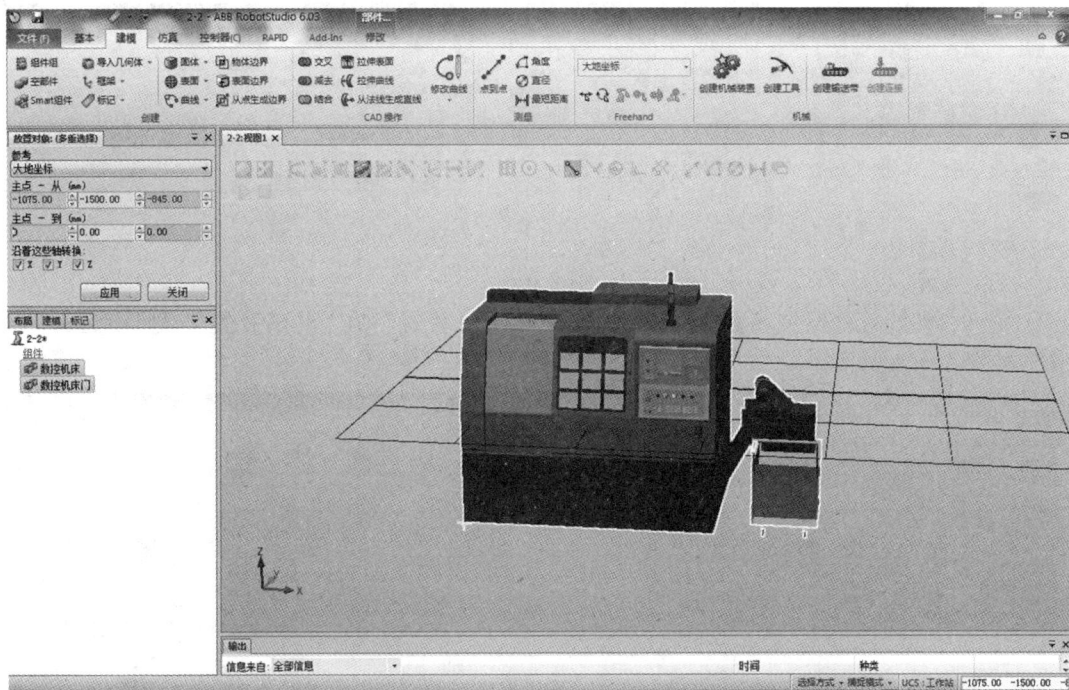

图 2-102

（6）单击"应用"后,数控机床模型被正确放置于地面上,如图 2-103 所示。

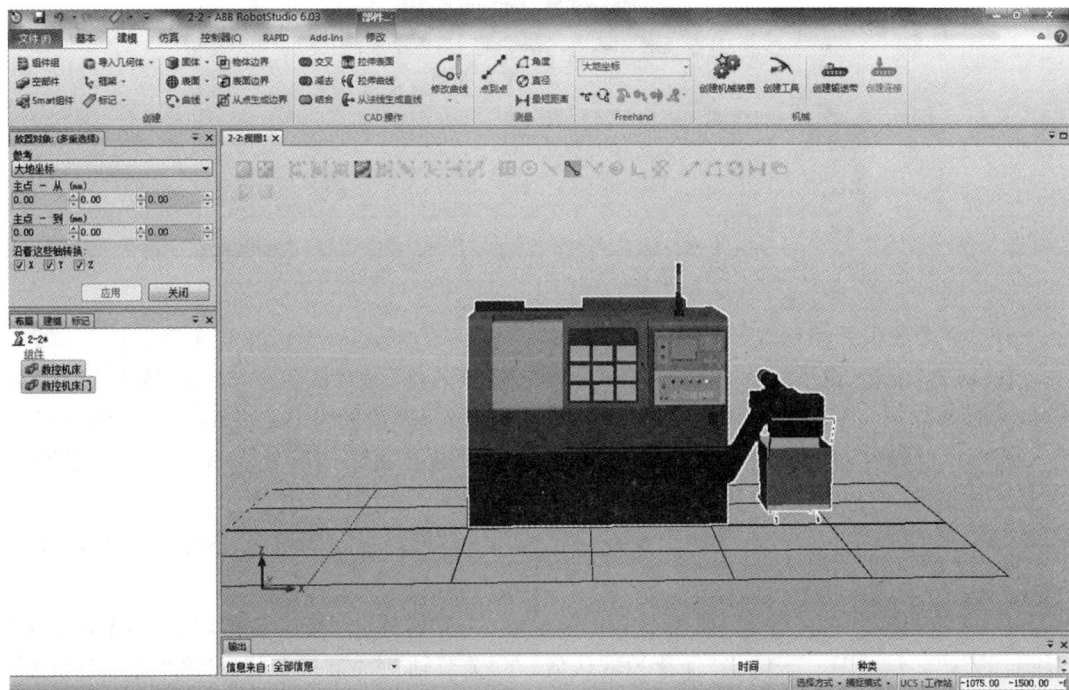

图 2-103

（7）下面我们开始利用放置正确的数控机床模型创建机械装置。

① 在"建模"功能选项卡中单击"创建机械装置"，如图 2-104 所示。

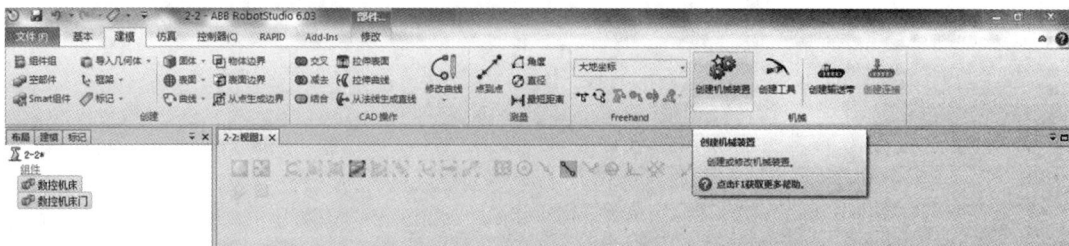

图 2-104

② 在"机械装置模型名称"中输入"数控机床门装置"，在"机械装置类型"中选择"设备"，如图 2-105 所示。

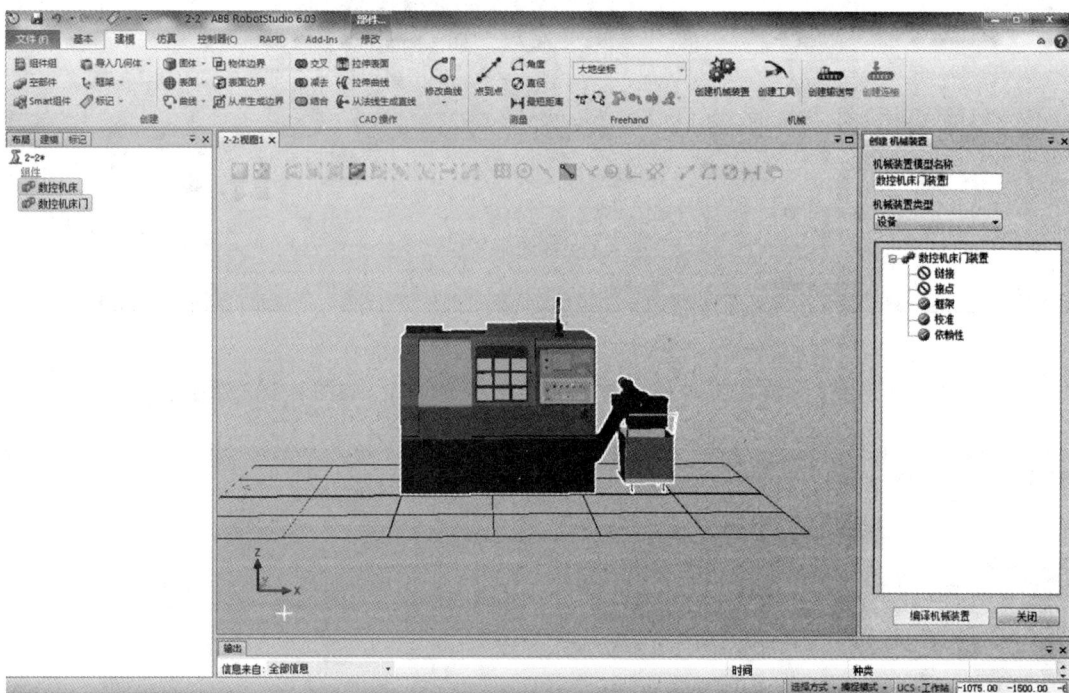

图 2-105

（8）下面我们开始修改链接和接点。

① 双击"链接"进入设置，如图 2-106 所示，"链接名称"为默认名称，"所选部件"选择"数控机床"，并点击右侧箭头添加至右侧选择框内，同时勾选"设置为 BaseLink"，单击"应用"。

② 将"链接名称"更改为"L2"，"所选部件"选择"数控机床门"，并点击右侧箭头添加至右侧选择框内，取消勾选"设置为 BaseLink"，单击"确定"，如图 2-107 所示。

③ 我们可以在右侧树形结构中观察到此时"链接"已经显示为绿色，表示"链接"已被正确设置完成，如图 2-108 所示。

④ 双击"接点"进入设置，如图 2-109 所示。"关节名称"为默认名称，"关节类型"选择"往复的"，"父链接"和"子链接"保持为默认值，在"关节轴"中"第一个位置"和"第二个位置"分别选中数控机床门的两个角点，同时在"关节限值"中将"最小限值"设为"－580"（测量开门的位置），将"最大限值"设为"0"。

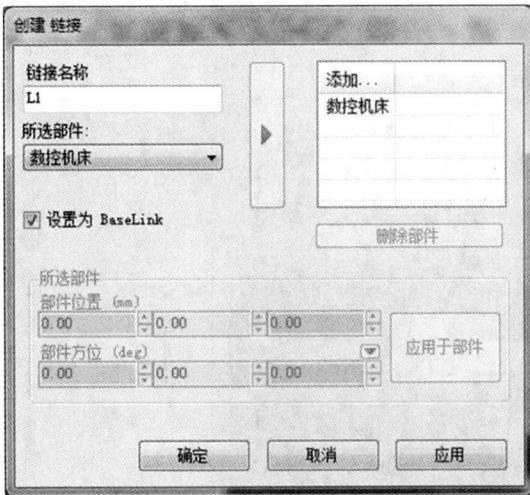

图 2-106

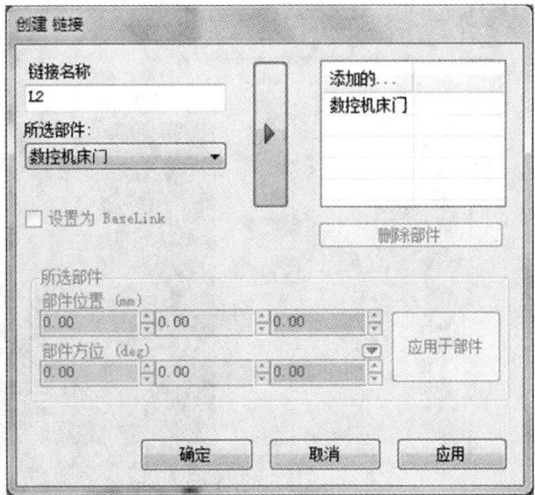

图 2-107

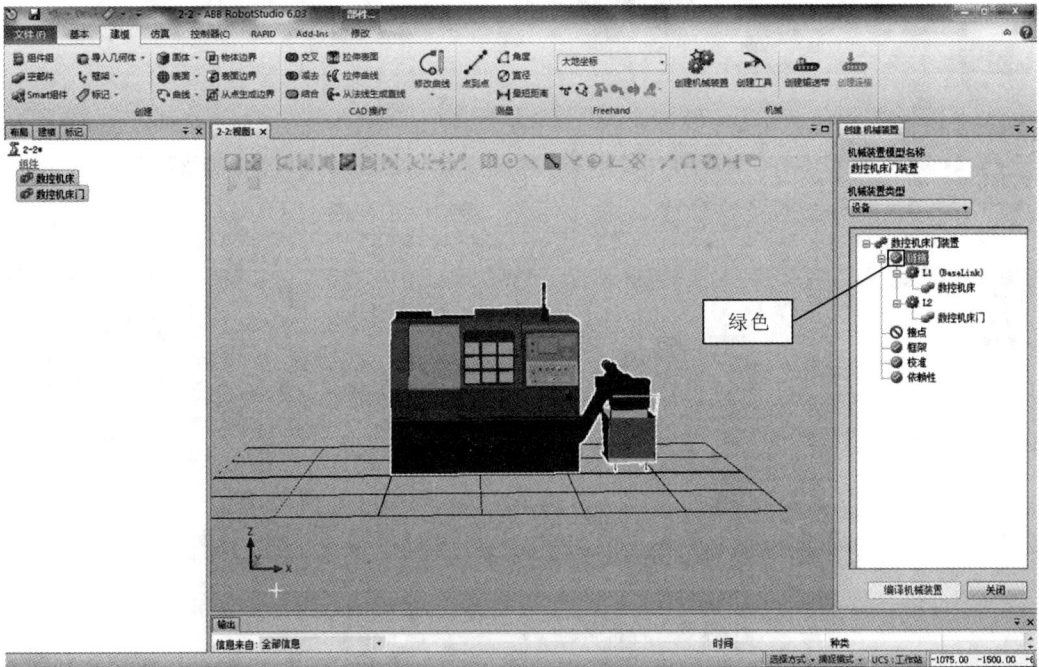

图 2-108

⑤ 单击"确定"后，我们可以在右侧树形结构中观察到此时"接点"已经显示为绿色，表示"接点"已被正确设置完成，如图 2-110 所示。

⑥ 当"链接""接点""框架""校准""依赖性"都是绿色打钩状态时，如图 2-111 所示，即可编译机械装置。

（9）单击"添加"，添加机床关门位置数据，如图 2-112 所示。设定机床关门位置数据为"0"，单击"应用"。

（10）单击"添加"，添加机床开门位置数据，如图 2-113 所示。设定机床开门位置数据为"582"（双击滑块设定），单击"确定"。

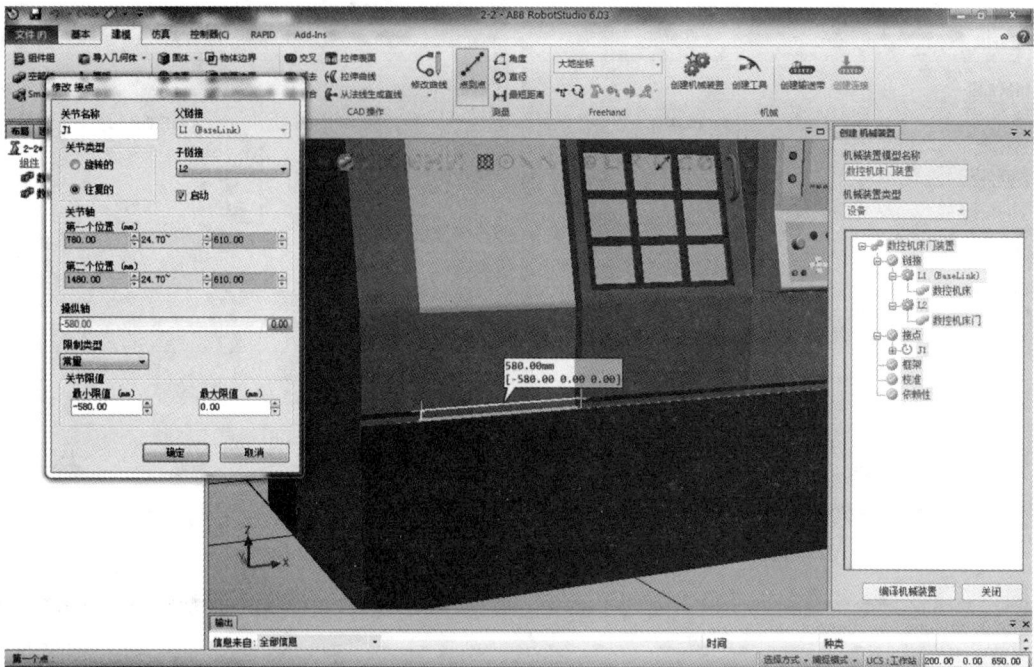

图 2-109

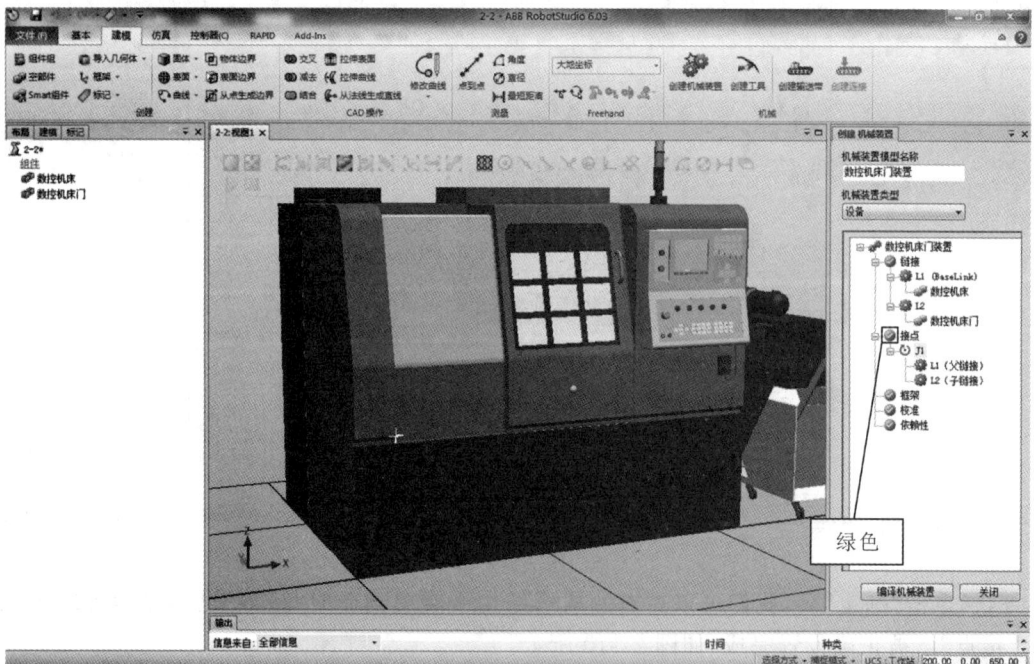

图 2-110

（11）单击"关闭"完成机械装置创建，在"Freehand"中选择手动关节，用鼠标拖动数控机床门就可以实现开关门了，如图 2-114 所示。

2.6.3.2 建立工作站信号

1.建立工作站信号

使用配置编辑器，可以查看或编辑控制器特定主题的系统参数。实例编辑器附加的编

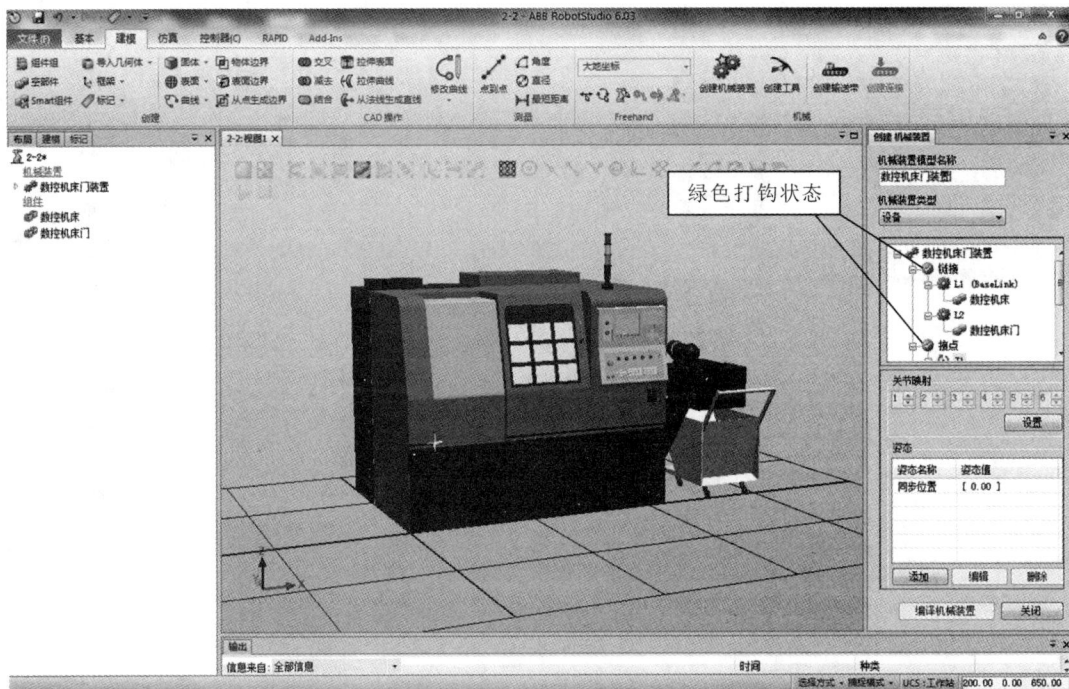

图 2-111

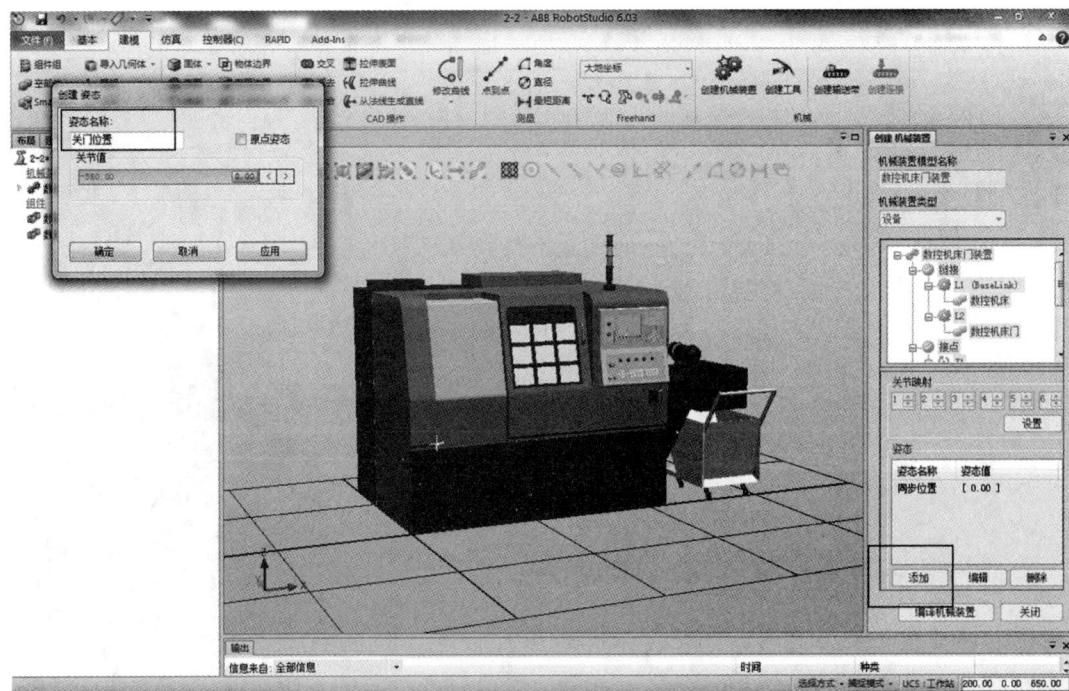

图 2-112

辑器可供编辑类型、实例的详细信息(配置编辑器中的实例列表中的每一行)。配置编辑器可以和控制器直接通信,也就是说在修改完成后可以即刻将结果应用到控制器。使用配置编辑器及实例编辑器可以实现以下功能:

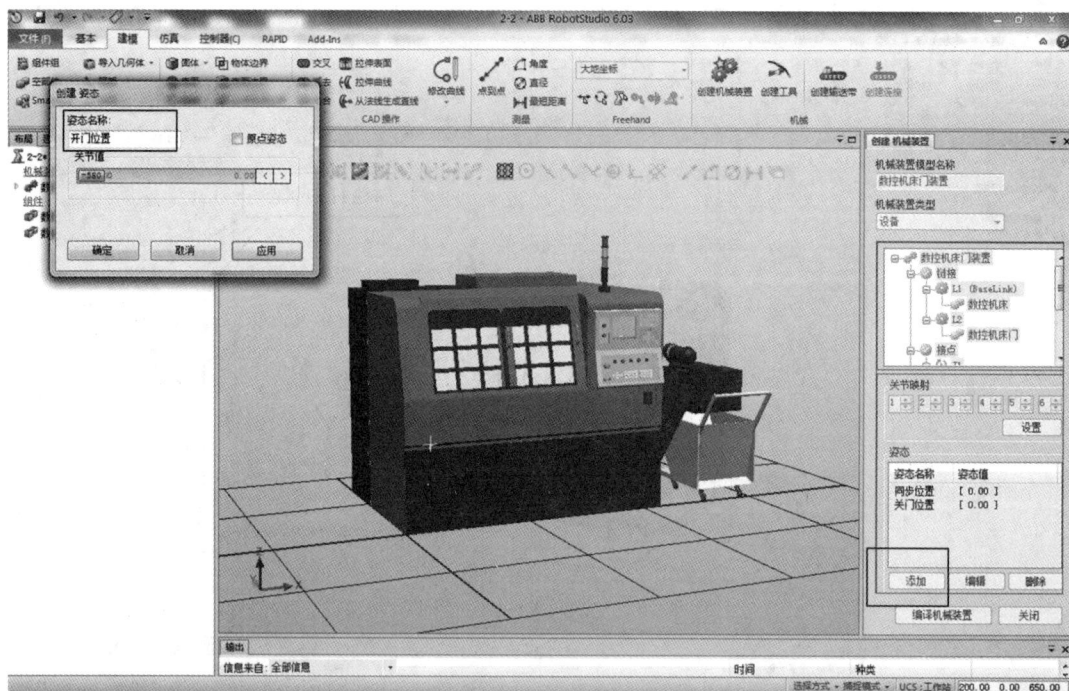

图 2-113

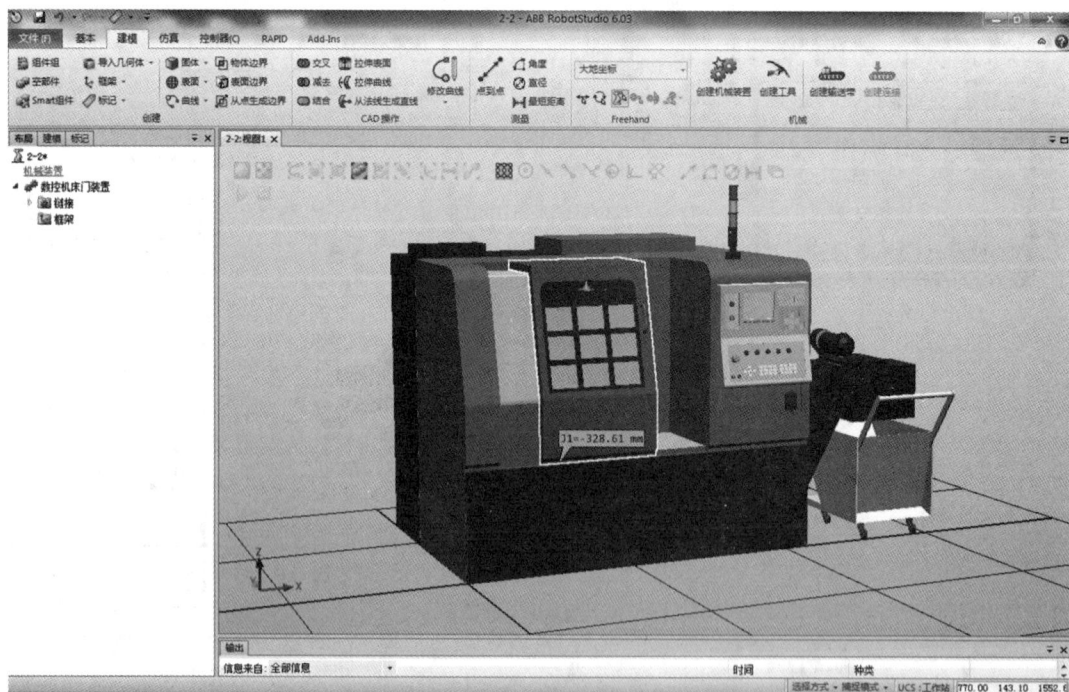

图 2-114

① 查看类型、实例和参数；

② 编辑实例和参数；

③ 在主题内复制和粘贴实例；

④ 添加或删除实例。

配置编辑器可以对 Communication（连接）、Controller、I/O System、Man-machine communication（人机连接）、Motion（动作）、添加信号等内容进行设置。以 RobotWare 6.03 版为例，建立工作站信号的步骤如下。

（1）利用前述从布局创建系统的方法，采用 IRB1410 创建一个机器人系统，在"控制器（C）"功能选项卡中单击"配置编辑器"，在下拉菜单中选择"I/O System"，如图 2-115 所示。

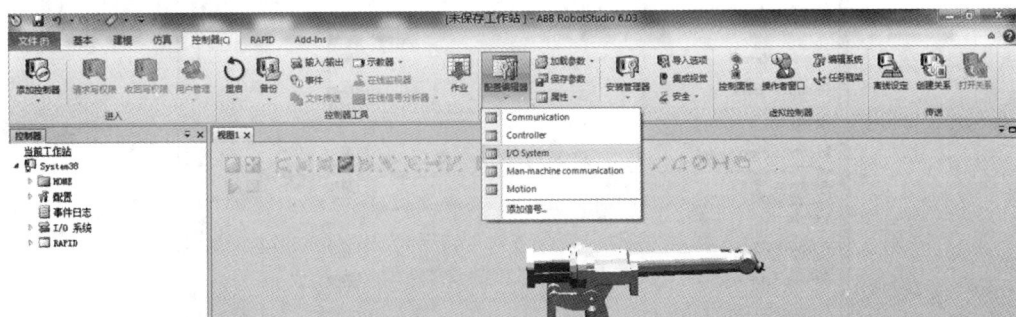

图 2-115

（2）在建立工作站信号之前必须先创建 I/O 板，选中"类型"下的"DeviceNet Device"，单击鼠标右键，选择"新建 DeviceNet Device…"，如图 2-116 所示。

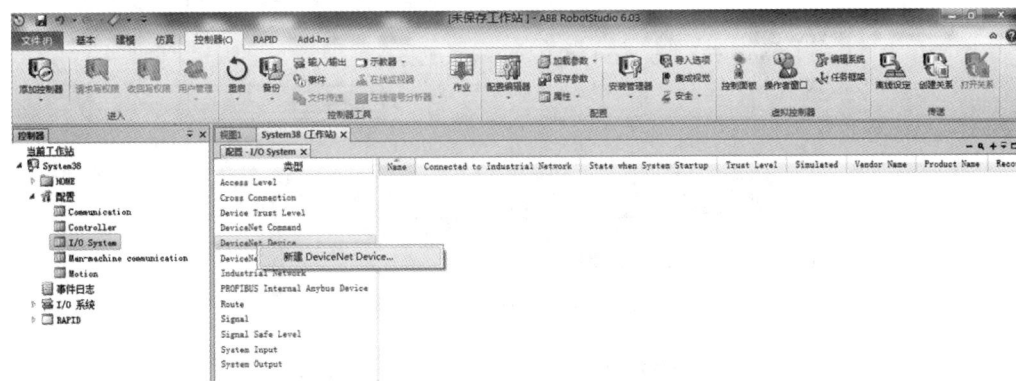

图 2-116

（3）"使用来自模板的值"选择 I/O 板类型为"DSQC 652 24 VDC I/O Device"，I/O 板名字设为"board10"，I/O 板地址设为"10"，如图 2-117 所示，然后单击"确定"。

（4）注意：创建新 I/O 板后，需要重启控制器 I/O 板才可生效，这里我们先选择"确定"，如图 2-118 所示。

（5）选中"类型"下的"Signal"，单击鼠标右键，选择"新建 Signal…"，如图 2-119 所示。

（6）接下来创建一个数字量输入信号 Di1。信号名字为"Di1"，信号的类型选择"Digital Input"，信号的从属 I/O 板选择"board10"，信号在所从属 I/O 板的地址设为"0"，如图 2-120 所示，然后单击"确定"。

（7）确认在"Signal"下级目录中，存在"Di1"这个新建的输入信号，然后在"控制器（C）"功能选项卡中单击"重启"，选择"重启动（热启动）"，如图 2-121 所示。这样，前面创建的 I/O 板和 I/O 信号才会生效。

2.工作站信号监控操作

在"当前工作站"目录下的"I/O 系统"菜单中可以监控系统中存在的总线。总线类型有

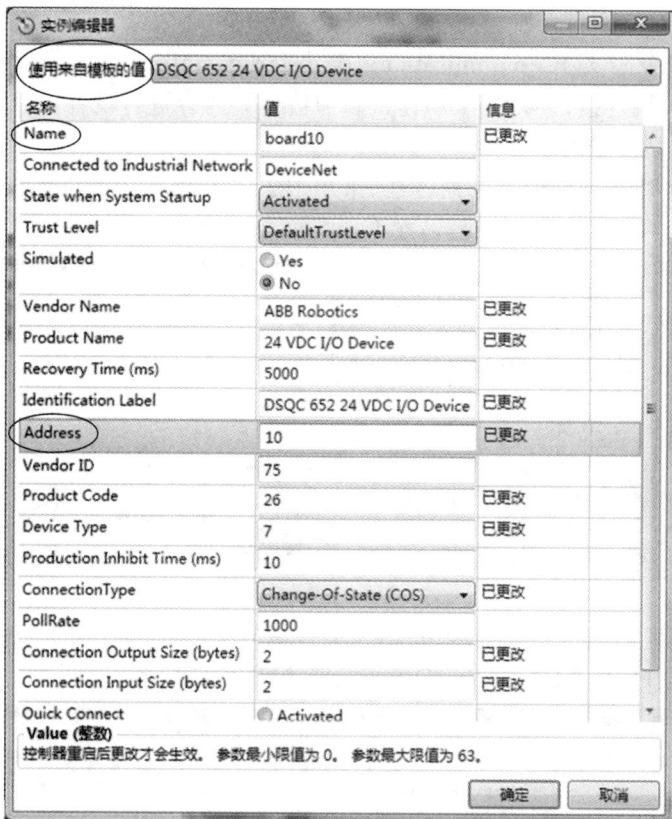

图 2-117

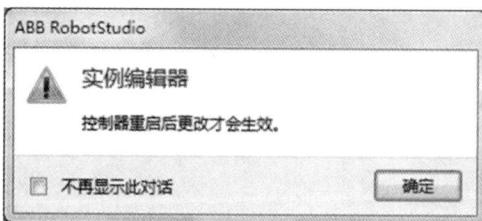

图 2-118

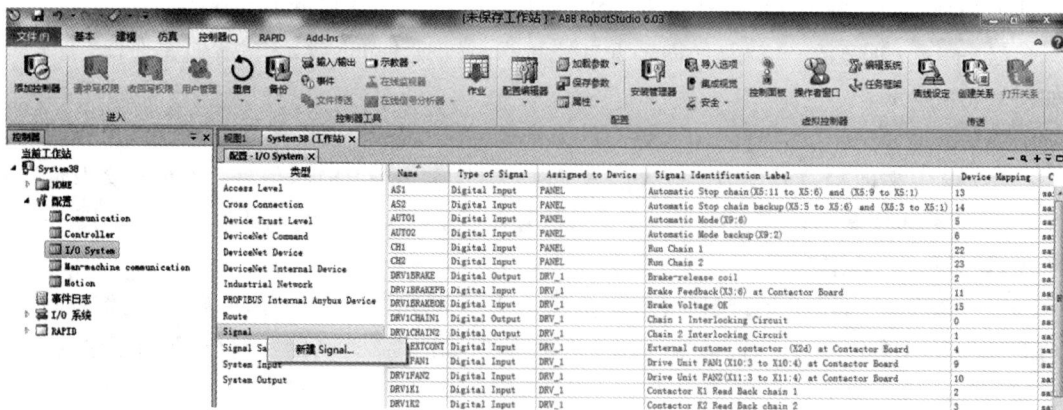

图 2-119

图 2-120

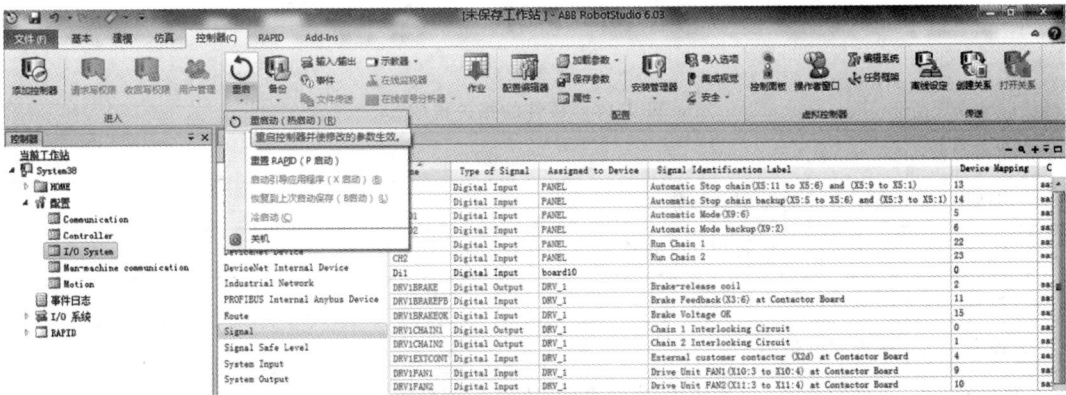

图 2-121

"DeviceNet""Local""PROFIBUS_AnyBus"等。用户可以根据监控的不同需求选择监控总线下的用户信号和系统信号。

选择"DeviceNet"总线，双击 I/O 板"board10"，选中"Di1"，单击鼠标右键，可以对此信号进行设置，如图 2-122 所示。

2.6.3.3　日志管理

事件是反映机器人系统所发生状况的信息，如操作模式的变化或错误信息，以便用户及时做出反应。如果某事件需要用户进行操作，事件信息中将会有相关的提示说明。事件日志可以帮助用户随时了解系统状态，并允许用户：① 查看控制器事件；② 筛选事件；③ 分类事件；④ 查看事件的详细信息；⑤ 将事件日志保存至 PC；⑥ 清除事件记录。

在"控制器(C)"功能选项卡中单击"事件"即可打开日志管理界面，如图 2-123 所示。事

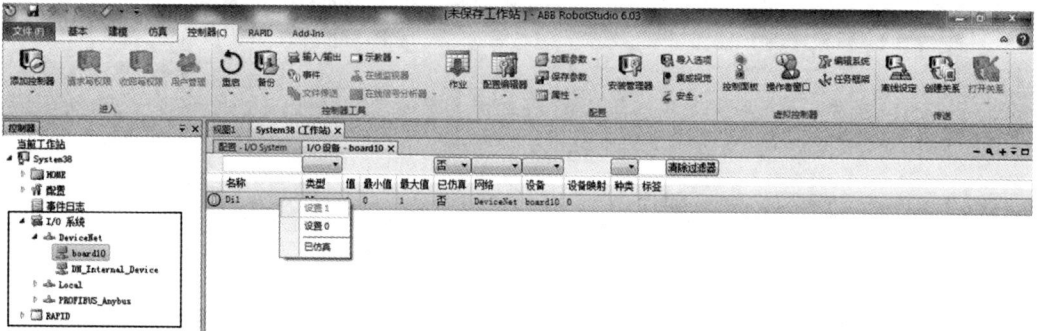

图 2-122

件的相关说明如表 2-17 所示。

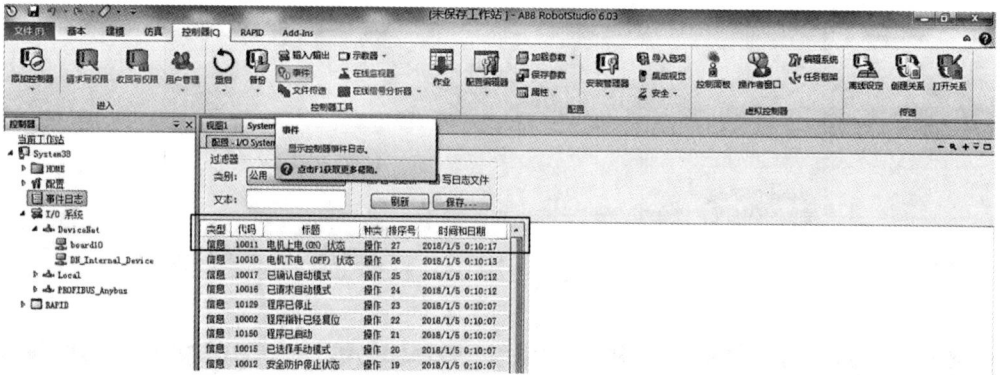

图 2-123

表 2-17　事件的相关说明

事 件 日 志	说　　　明
类型	指示事件的类型和级别
代码	表示事件信息的数字。每个事件的代码是唯一的
标题	对事件的简单描述
种类	事件源的指示
排序号	事件的顺序。序号越大,表明事件的发生时间越接近当前时间
事件描述	在列表中选择一个事件,在窗格右侧将会显示事件的详细描述,包括事件描述、结果、原因和解决该问题的建议

我们还可以对事件进行分类、筛选、清除事件日志。单击"刷新"不会影响机器人控制器中的事件日志。当控制器的硬盘空间不够时,系统会清除最早的事件记录。为了避免丢失事件记录,建议在清除前将事件日志保存至日志文件中。要将所有事件保存至计算机上的一个文件中,须勾选"记录到文件"复选框。勾选后,当前在一般事件日志中的所有事件都将保存到一个日志文件中,该日志文件将随着新事件的发生而不断更新。

2.6.3.4　创建工件坐标系和工具数据

工件坐标系通常表示实际工件的坐标。它由两个坐标系组成:用户框架和对象框架。其中,后者是前者的子框架。对机器人进行编程时,所有目标点(位置)都与工作对象的对象框架相关。如果未指定其他工作对象,目标点将与默认的 Wobj0 关联,Wobj0 始终与机器人的基坐标保持一致。

　　如果工件的位置已发生更改,可利用工件坐标系轻松地调整发生偏移的机器人程序。因此,工件坐标系可用于校准离线程序。如果固定装置或工件的位置相对于实际工作站中的机器人与离线工作站中的位置无法完全匹配,则只需调整工件坐标系的位置即可。

　　如图 2-124 所示,灰色的坐标系为大地坐标系,黑色部分为工件坐标系的用户框架和对象框架。这里的用户框架定位在工作台或固定装置上,对象框架定位在工件上。

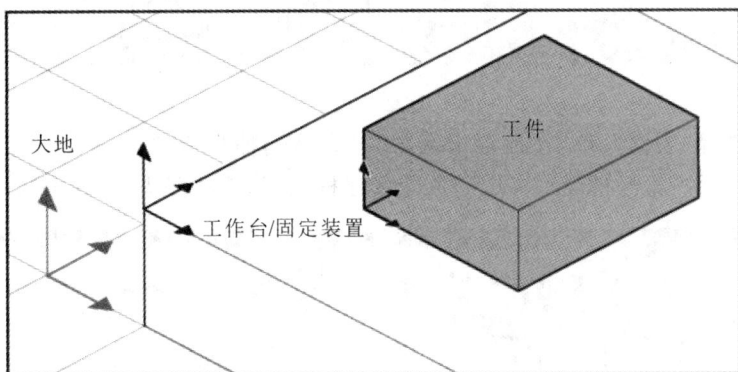

图 2-124

1. 创建工件坐标系

具体操作步骤如下。

(1) 打开任务包"Task 2-3",如图 2-125 所示。

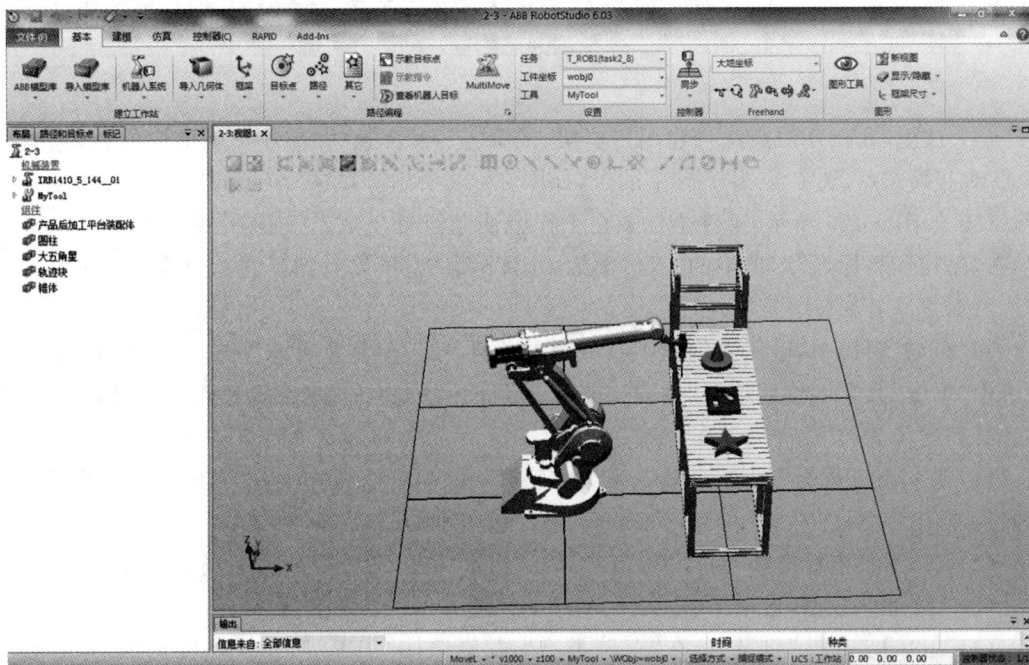

图 2-125

(2) 在"基本"功能选项卡中,单击"其它",然后单击"创建工件坐标",如图 2-126 所示。

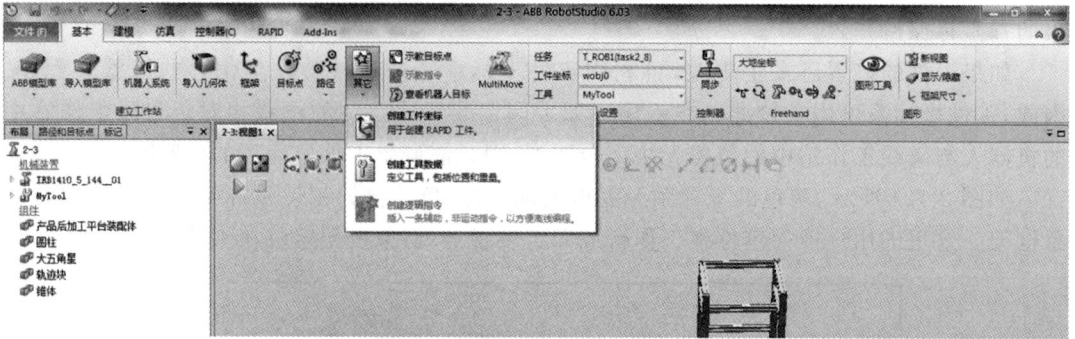

图 2-126

（3）单击选择"表面"，单击"捕捉末端"选择合适的捕捉方法。设定工件坐标系名称为"Wobj1"，单击"用户坐标框架"目录下"取点创建框架"的下拉箭头，如图 2-127 所示。

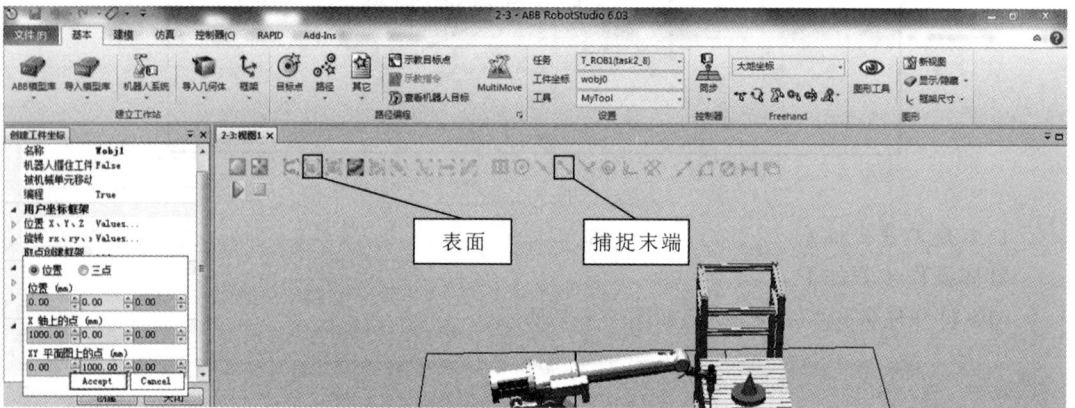

图 2-127

（4）这里，我们用三点法创建用户框架，选中"三点"。选 A 点为 X 轴上第一点，选 B 点为 X 轴上第二点，选 C 点为 Y 轴上的点，如图 2-128 所示。单击"Accept"，再单击"创建"。

（5）如图 2-129 所示，工件坐标系在工作台面角点处生成，方向与大地坐标系相同。同时，在"路径和目标点"窗口中的"工件坐标 & 目标点"下可以看到工件坐标系"Wobj1"。

2. 创建工具数据

在"布局"窗口中，确保要创建工具数据的机器人已设置为活动任务。在"基本"功能选项卡中，单击"其它"，然后单击"创建工具数据"打开"创建工具数据"对话框，如图 2-130 所示。其创建步骤如下。

（1）在"Misc 数据"目录下：输入工具"名称"；在"机器人握住工具"右侧选择工具是否由机器人握住。

（2）在"工具坐标框架"目录下：定义工具"位置 X、Y、Z"；定义工具"旋转 rx、ry、rz"。

（3）在"加载数据"目录下：输入工具"重量""重心 x、y、z""惯性"。

（4）在"同步属性"目录下：在"存储类型"右侧选择"PERS"或"TASK PERS"（若想在 MultiMove 模式下使用该工具数据，则选择"TASK PERS"）；在"模块名称"右侧选择要声明工具数据的模块。

（5）单击"创建"。

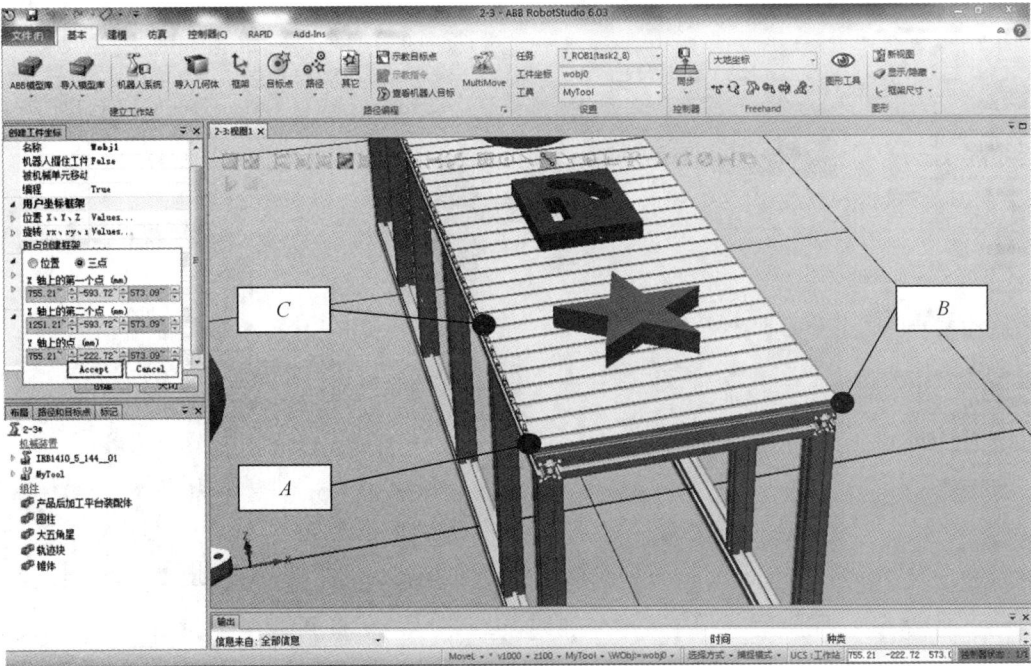

图 2-128

图 2-129

2.6.4　任务考核与评价

任务考核与评价包括学生自评、学生互评、教师评价三个维度(见表 2-18)。

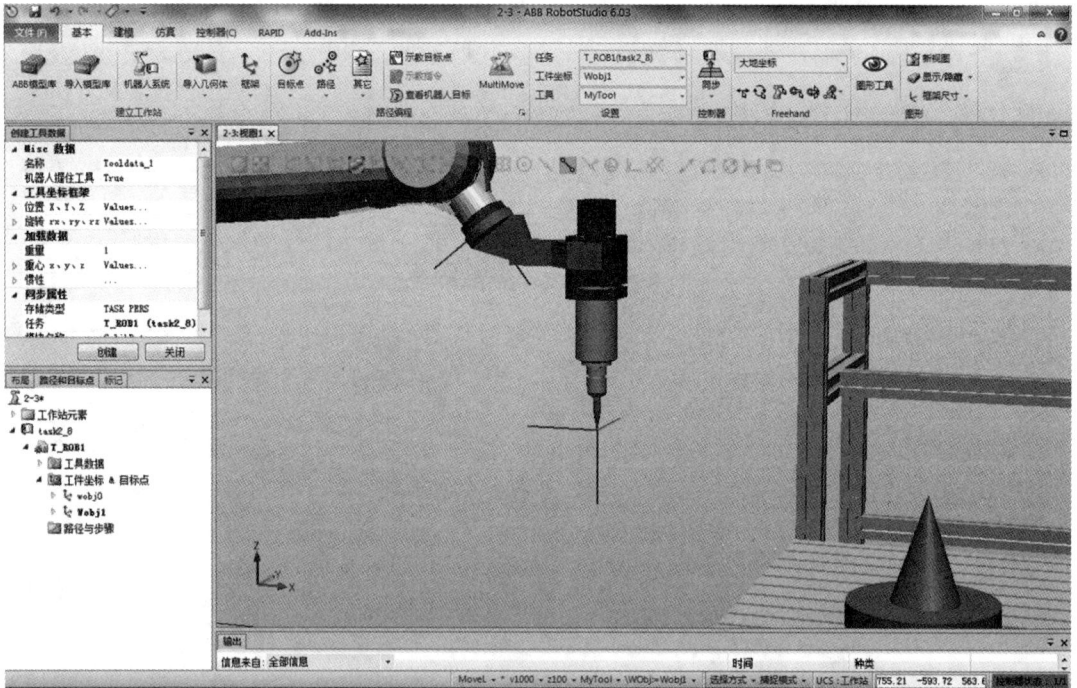

图 2-130

表 2-18 "RobotStudio 仿真技术知识储备"考核与评价(六)

	序 号	评 价 内 容	学生自评	学生互评	教师评价
基本素养 (30分)	1	操作规范(10分)			
	2	参与和协作能力(10分)			
	3	课堂纪律(10分)			
知识目标 (30分)	4	创建机械装置(8分)			
	5	建立工作站信号及日志管理(8分)			
	6	创建工件坐标系的流程(8分)			
	7	创建工具数据的流程(6分)			
技能操作 (40分)	8	独立完成机床开关门机械装置的创建(10分)			
	9	独立完成 DSQC651 的工作站信号创建(10分)			
	10	独立完成给定工作站中工件坐标系的创建(10分)			
	11	独立完成给定工作站文件中工具数据的创建(10分)			

总评得分：

教师签名：　　　　　　学生 A 签名：　　　　　　　　学生 B 签名：

考核评价时间：

2.6.5　任务练习

（1）思考机械装置创建中创建工具的流程，并完成相关工具模型的创建。

（2）完成其他给定工具模型的工件坐标系的创建。

（3）完成 DSQC651 的工作站信号的创建。

模 块 总 结

本模块介绍了工业机器人离线编程与仿真软件 RobotStudio 的基础知识与操作。通过本模块的思维导图，同学们可以梳理本模块任务布局以及每个任务需要重点掌握的知识及技术要点，有针对性地进行练习。

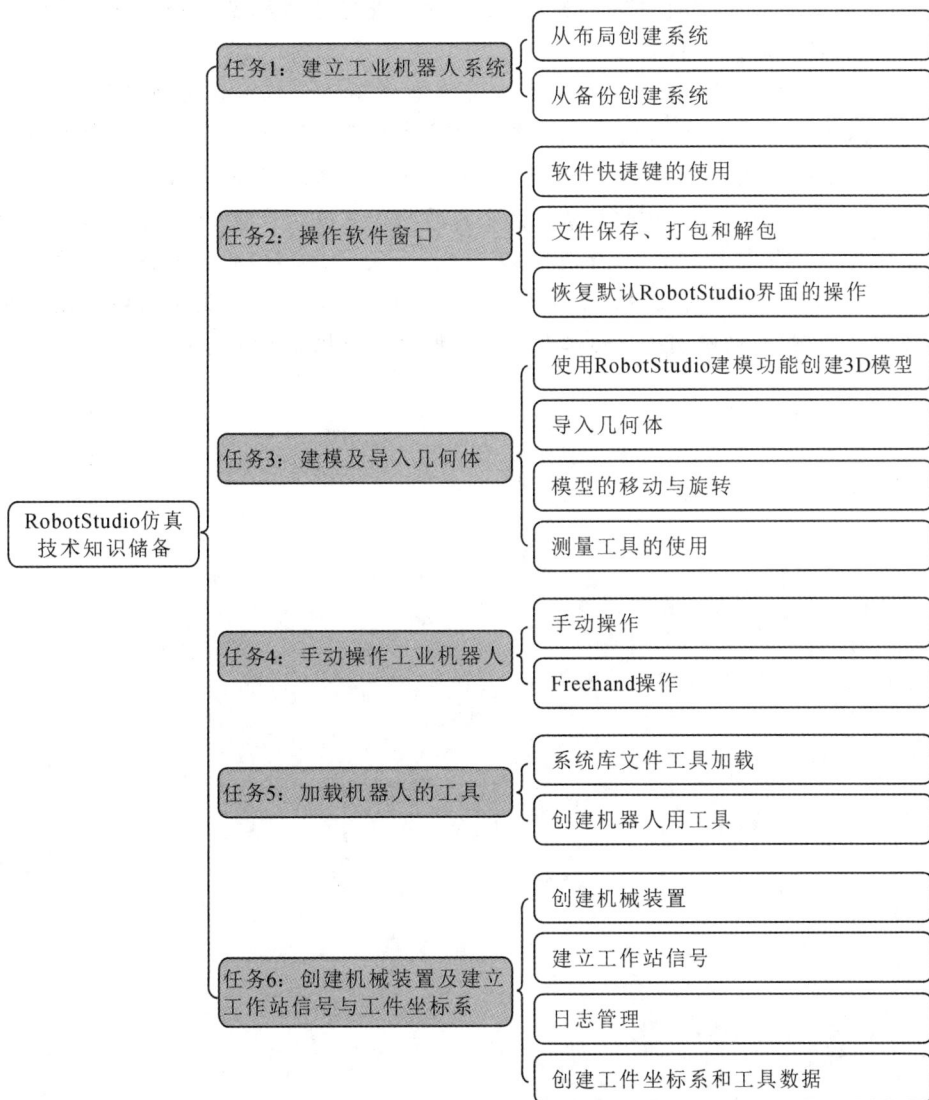

```
RobotStudio仿真技术知识储备
  任务1：建立工业机器人系统
    从布局创建系统
    从备份创建系统
  任务2：操作软件窗口
    软件快捷键的使用
    文件保存、打包和解包
    恢复默认RobotStudio界面的操作
  任务3：建模及导入几何体
    使用RobotStudio建模功能创建3D模型
    导入几何体
    模型的移动与旋转
    测量工具的使用
  任务4：手动操作工业机器人
    手动操作
    Freehand操作
  任务5：加载机器人的工具
    系统库文件工具加载
    创建机器人用工具
  任务6：创建机械装置及建立工作站信号与工件坐标系
    创建机械装置
    建立工作站信号
    日志管理
    创建工件坐标系和工具数据
```

机器人小讲堂
——工业机器人的重要应用

习近平总书记在党的二十大报告中强调,建设现代化产业体系,坚持把发展经济的着力点放在实体经济上,推进新型工业化,加快建设制造强国、质量强国、航天强国、交通强国、网络强国、数字中国。制造业是实体经济的基础,也是国家经济命脉所系,是"立国之本、强国之基"。当前,新一代科技革命和产业变革加速演进,加快发展智能制造,既有助于巩固实体经济根基,又对我国制造业在全球的未来地位有重要影响。

《中国制造2025》强调了工业机器人在工业制造领域的核心作用,并指出随着工业智能化的推进,我国对工业机器人的需求日益增长。与此同时,工业机器人的市场规模逐年增大。我国正加速推进制造业智能化升级与数字化转型,为机器人产业蓬勃发展带来新机遇。机器人产业是我国十大千亿级产业集群和关键产业链之一。通过与人工智能、互联网、大数据、3D、新材料等技术的不断融合,机器人正向高性能、智能化方向演进,应用领域不断拓宽,向生产生活的各个领域渗透,应用前景非常广阔。《中国机器人产业发展报告(2022年)》显示,我国机器人市场规模持续快速增长,已经初步形成完整的机器人产业链,同时"机器人十"应用领域正在不断拓展和深化。

工业机器人可安装不同的末端执行器以完成各种不同形状和状态的工件搬运工作,从而大大降低人力成本。目前,搬运工业机器人被广泛应用于机床上下料、冲压机自动化生产线、自动装配流水线、码垛搬运、集装箱的自动搬运等。在物流领域,无论是应急物资出入库及配送,还是医疗器材、药品、防护用品生产企业的物料拣选和产线搬运,搬运工业机器人都发挥着重要作用。各大电商平台(如美团、京东、亚马逊、天猫等)的物流公司都推出了无人配送方案。全球投入使用的搬运工业机器人逾10万台。部分发达国家已经制定了人工搬运的最大重量限制,超过限制的搬运工作必须由搬运工业机器人来完成。

模块 3 工业机器人运动程序的编制

模块介绍

本模块主要介绍在 RobotStudio 软件中编制工业机器人程序的方法，主要包括示教编程和自动路径。这两种方法与实际工业机器人程序编制方法类似，可以通过对比来加以理解。

通过本模块的学习，学生应掌握工业机器人程序路径规划、工件坐标系的创建、示教编程、自动路径编程、程序的完善与调试、程序碰撞监控以及仿真与视频录制等功能，结合现场编程实践，加深对工业机器人编程的理解。

模块 3 学习视频

学习目标

素质目标：

（1）具有基本的工程科学运用及系统思维能力；

（2）能够熟练运用相关工具、技术与理论解决工程问题；

（3）具备团队合作精神，注重质量和效率；

（4）具有良好的职业道德和职业素质。

知识目标：

（1）软件窗口的操作与使用；

（2）工业机器人工件坐标系的创建；

（3）采用示教方式编制机器人程序；

（4）采用自动路径编制机器人程序；

（5）调整工具姿态；

（6）程序的完善与调试；

（7）设置程序碰撞监控；

（8）工作站的仿真与视频录制。

技能要求：

（1）能完成工业机器人工件坐标系的创建；

（2）能熟练进行软件操作；

（3）掌握工业机器人路径规划；

（4）掌握工业机器人示教编程；

（5）掌握工业机器人自动路径编程；

（6）掌握工具姿态的调整；

（7）掌握机器人程序修改与调试；

（8）能进行机器人系统碰撞监测；

（9）能进行工作站的仿真与视频录制。

任务 3.1 采用示教方式创建工业机器人运动轨迹

3.1.1 任务描述

在 RobotStudio 软件中,可通过指定点并记录该点的位置信息来完成机器人运动轨迹的创建,这种方式类似于实际应用中工业机器人在线示教编程方式。本任务主要介绍如何采用示教方式来创建工业机器人的运动轨迹,使机器人沿着工件的边缘移动一圈,如图 3-1 所示。要求学生完成程序的编制,并进行仿真运行,最终生成视频文件。

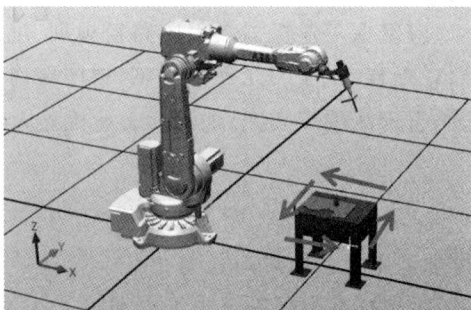

图 3-1

采用示教方式来创建机器人运动轨迹之前,必须先创建工作站,生成系统,然后在此基础上开始任务。

3.1.2 任务知识点

3.1.2.1 工件坐标系

在工业机器人编程的初始阶段,首先需要设定工件坐标系,这是程序编写的基础。如图 3-2 所示,灰色的坐标系为大地坐标系,黑色部分为工件坐标系的用户框架和对象框架。对机器人进行编程时,所有目标点(位置)都与工作对象(工件)的对象框架相关。如果未指定其他工作对象,目标点将与默认的工件坐标系 Wobj0 关联,而 Wobj0 始终与机器人的基坐标保持一致。

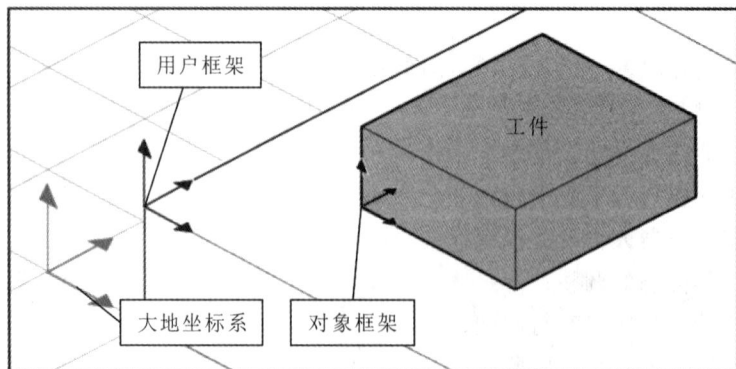

图 3-2

对机器人进行编程,无论是在线示教还是离线编程,其目的都是在工件坐标系中创建目标点和程序。正确使用工件坐标系,将会使机器人的操作应用更加便捷:

(1) 如果工作站中工件的位置已发生改变,重新定义工作站中的工件坐标系,所有相关路径将随之更新,这时新建的工件坐标系可以看作对原坐标系进行了简单的平移。

(2) 如果工作站中工件的姿态发生改变,重新定义工作站中的工件坐标系,所有相关路径将随之更新,这时新建的工件坐标系可以看作对原坐标系进行了旋转,改变了原坐标系的姿态。

(3) 工件随外轴或者传输导轨移动时,建立工件坐标系,并将其安装到外轴或者传输导轨上,这样工件坐标系将连同路径一起移动。

(4) 如果固定装置或工件的位置与实际工作站中的机器人位置或虚拟仿真建立的工作站位置无法完全匹配,那么只需要调整工件坐标系的位置即可实现匹配。

3.1.2.2　机器人路径规划

在对机器人进行编程时,需要根据工作任务要求,对机器人的运动路径进行规划。在编写程序之前,就应该考虑机器人运动路径的问题。通常而言,机器从安全点出发,到达目标点,其运动范围大,而机器人的运动是匀加速－匀速－匀减速的过程,这意味着机器人在运动过程中有一定的加/减速度,具备一定的惯性力。速度过大,则在相等时间里,其惯性力较大;速度过小,则机器人运动的时间变长,达不到高效的目的。因此,在规划运动路径的同时,需要兼顾机器人的效率,机器人在运动路径中的速度有大有小:机器人从安全点至过渡点时速度比较大,从过渡点到目标点时速度比较小,如图 3-3 所示。这样的处理方式使得机器人兼顾了安全性、使用寿命与效率。

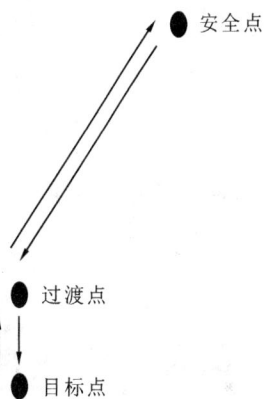

图 3-3

3.1.2.3　配置

目标点定义并存储为当前工件坐标系内的坐标。控制器计算出机器人到达目标点时轴的位置时,一般会给出多个配置机器人轴的解决方案。为了区分不同配置,每个目标点都有一个配置值,该值用于指定每个轴所在的四元数。

在机器人示教过程中,目标点本身并不包含轴配置信息,因此,它不具备运动的条件。要解决上述问题,可以为每个目标点指定一个有效配置,并确保机器人可沿各个路径移动。

3.1.2.4　示教编程

目标点是工业机器人所需到达的位置点,路径则是使机器人向目标点移动的指令顺序。通过操作活动 TCP,可以微动控制机器人并示教目标点。采用示教编程方式进行工业机器人编程的思路如下:

(1) 手动线性移动机器人至目标点,并示教目标点;

(2) 创建空路径;

(3) 将目标点添加至路径;

(4) 完善机器人路径;

(5) 自动配置目标点位置;

(6) 完善程序指令,并调试运行。

3.1.3 任务实施

3.1.3.1 工件坐标系的创建

常用的工件坐标系的创建方法有"三点法"等,因此,本任务以"三点法"为例来说明工件坐标系的创建方法,如图 3-4 至图 3-9 所示。

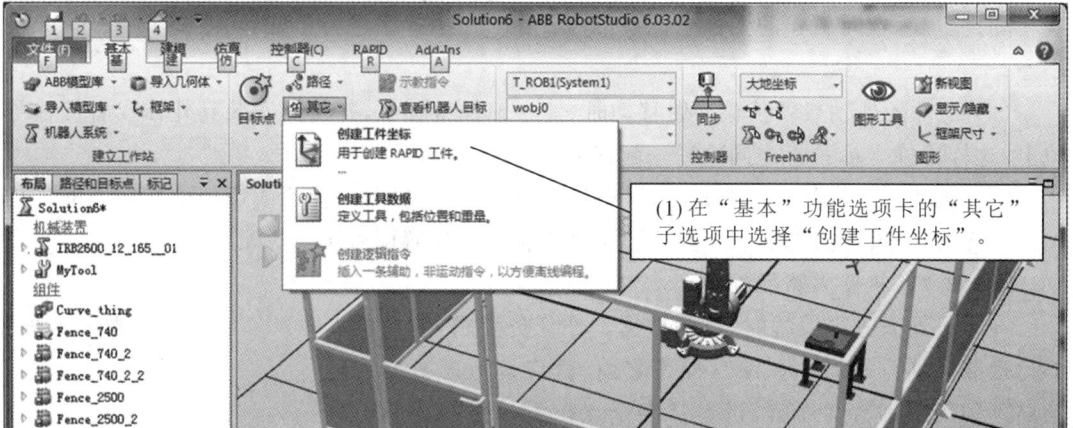

图 3-4

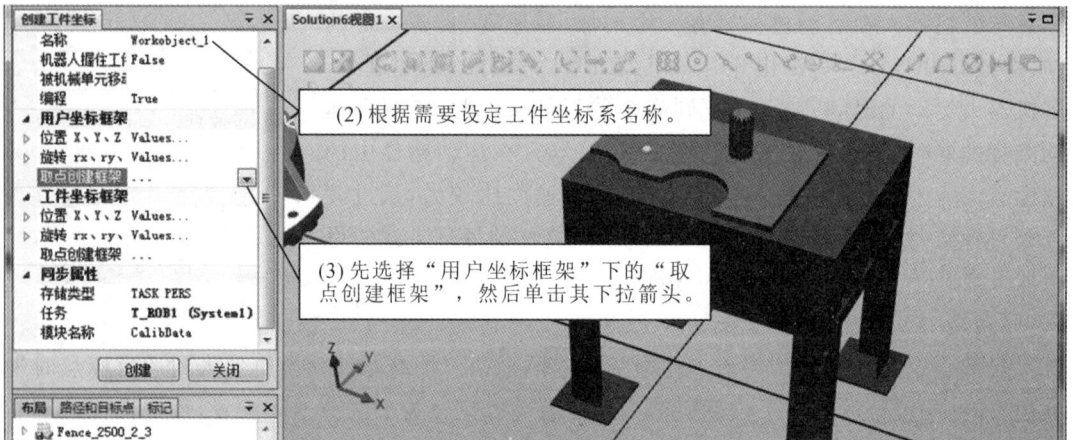

图 3-5

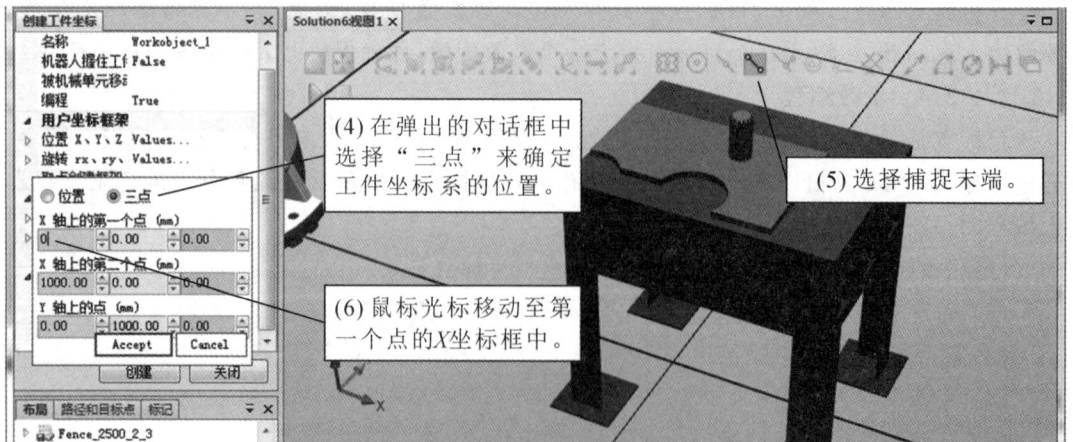

图 3-6

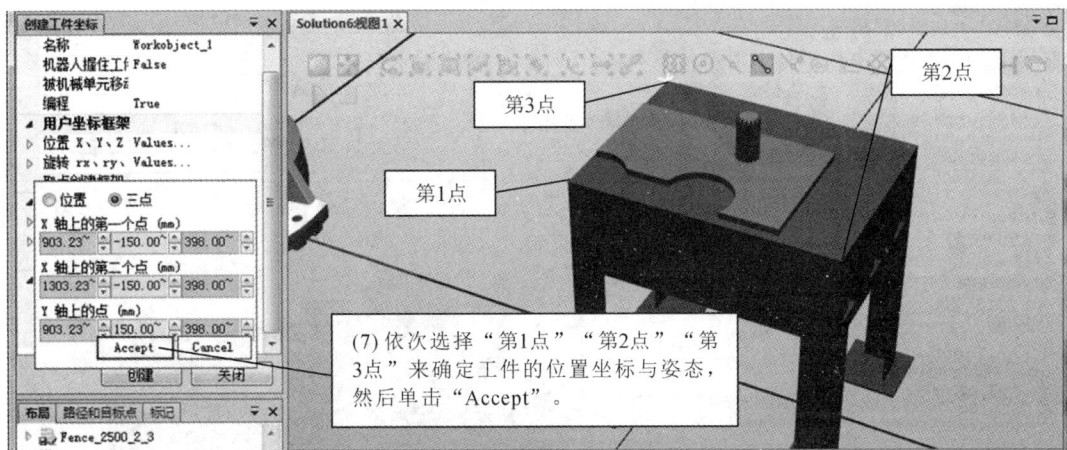

图 3-7

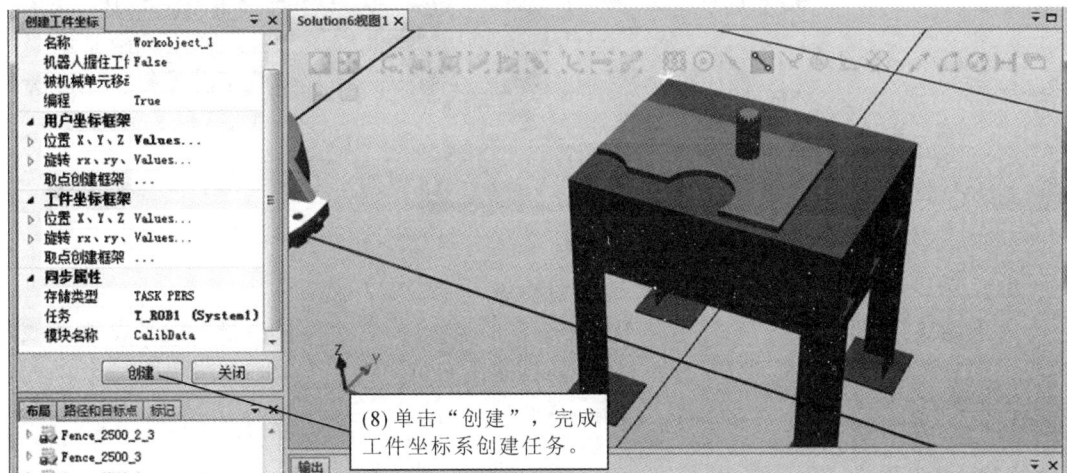

图 3-8

对"创建工件坐标"对话框下各子选项的说明如下。

"机器人握住工件"选项：表明机器人是否握住工件。如果选择"True"，机器人将握住工件。

"被机械单元移动"选项：选择移动工件的机械单元。只有在"编程"被设为"False"时，此选项才可用。

"编程"选项：如果工件坐标系用作固定坐标系，请选择"True"；如果工件坐标系用作移动坐标系（即外轴），则选择"False"。

"位置 X、Y、Z"与"旋转 rx、ry、rz"选项：通过直接输入工件坐标系的位置以及旋转角度来确定工件坐标系。

"取点创建框架"选项：通过取点的方式来确定工件坐标系的位置。

在建立工件坐标系时，根据需要来确定工件坐标系的位置与姿态，其中："第 1 点"为 X 轴上的第一个点；"第 2 点"为 X 轴上的第二个点，通过该点，可以确定 X 轴的正方向；"第 3 点"为 Y 轴上的点，通过该点可以确定 Y 轴的正方向。由第 1 点和第 2 点的连线确定 X 轴的位置与方向，由于 X 轴与 Y 轴是相互垂直的，因此通过第 3 点向 X 轴引垂线，其交点便是工件坐标系的原点。

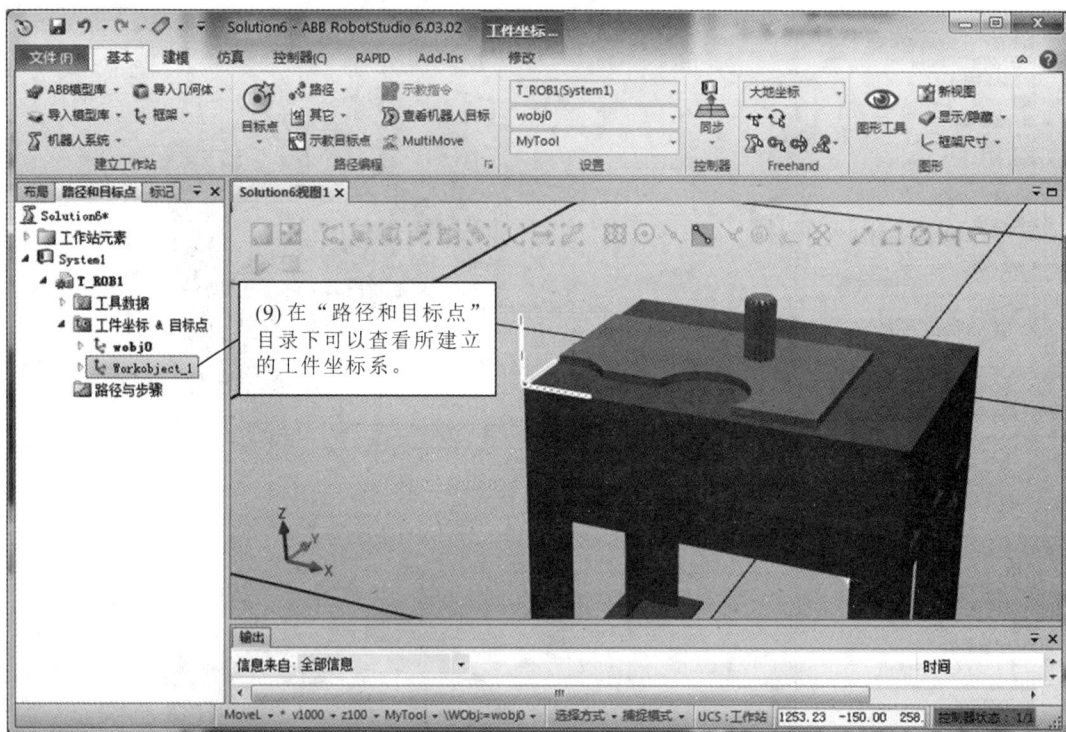

图 3-9

3.1.3.2 创建工业机器人运动轨迹的目标点

首先确定任务所参考的坐标系是不是所指定的坐标系,更改模板中指令的各参数,使之满足大部分程序指令要求,然后开始任务。其具体操作如图 3-10 至图 3-16 所示。

图 3-10

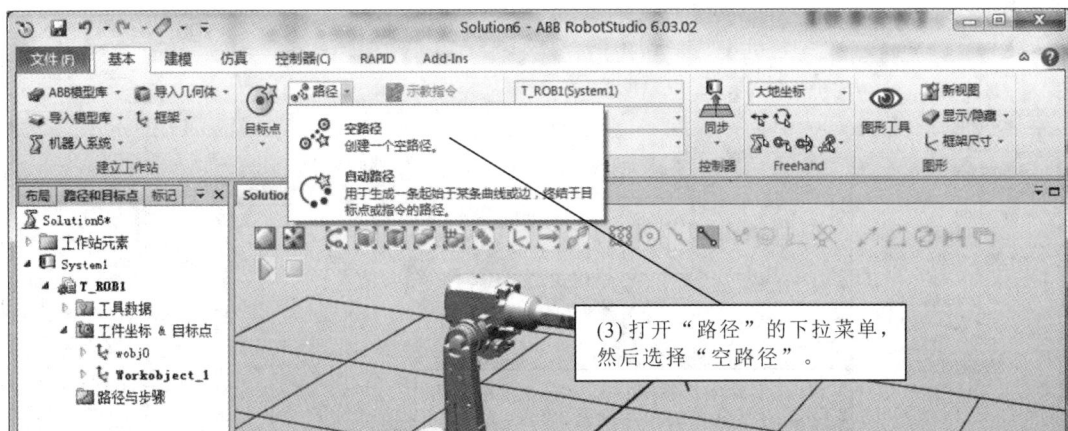

图 3-11

(3) 打开"路径"的下拉菜单，然后选择"空路径"。

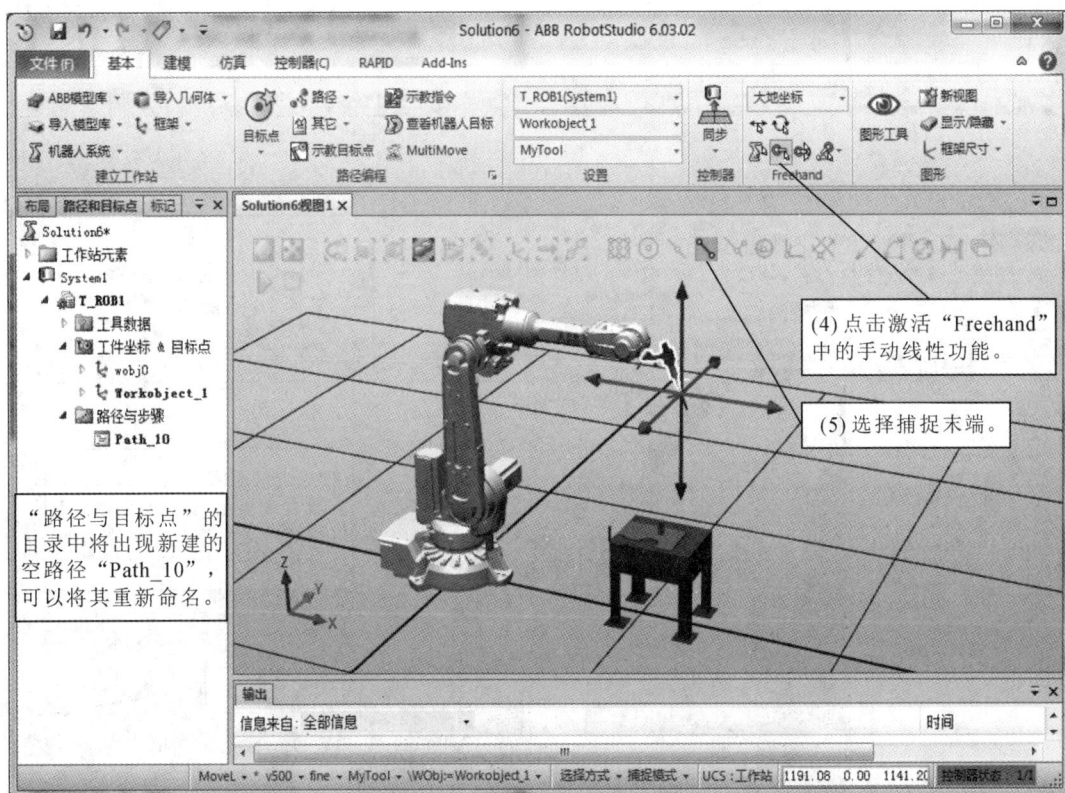

"路径与目标点"的目录中将出现新建的空路径"Path_10"，可以将其重新命名。

(4) 点击激活"Freehand"中的手动线性功能。

(5) 选择捕捉末端。

图 3-12

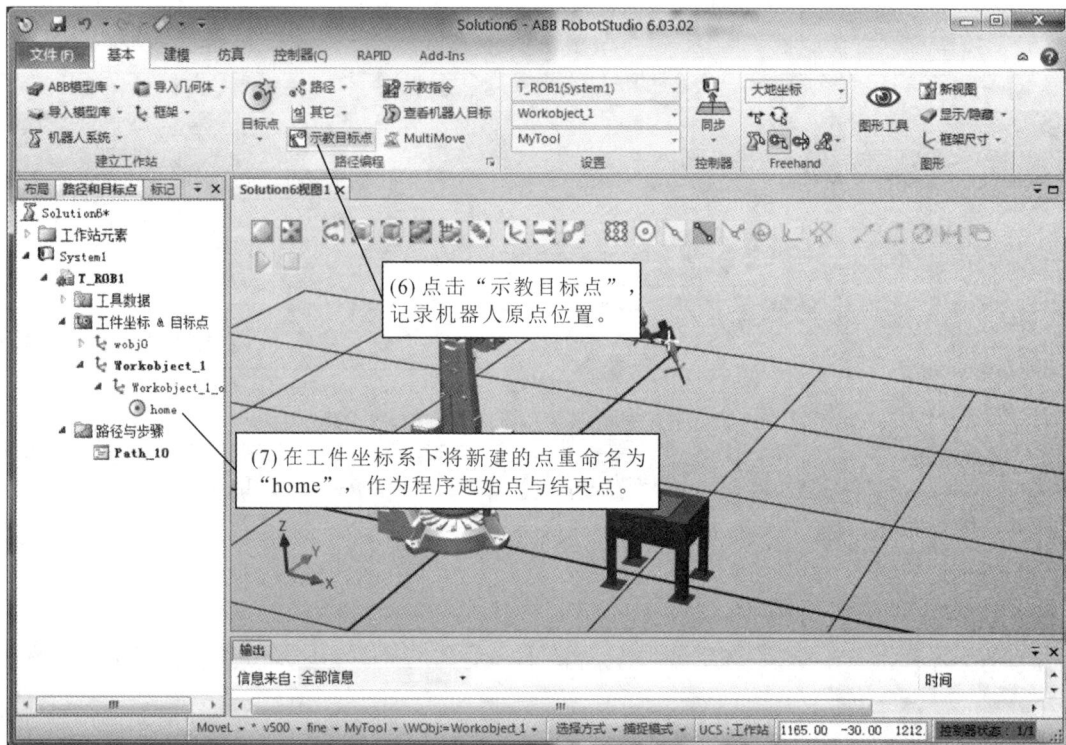

图 3-13

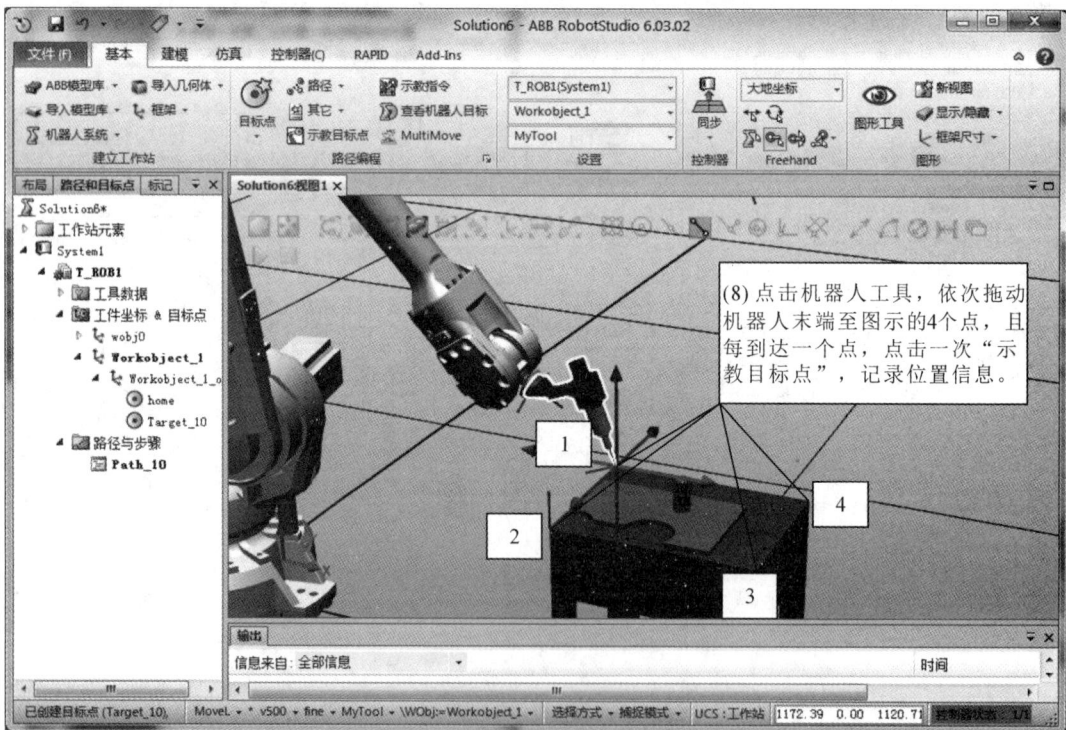

图 3-14

到现在为止,已经获取了 5 个点的位置信息。在实际编程中,机器人在靠近对象以及离开对象时速度都比较慢,因此从点 home 到对象的第一个点以及从对象的最后一个点回到点 home 时,中间都必须有一个过渡点,可以分别称为"逼近点"与"规避点"。本任务中,第一个点与最后一个点实质上是同一个点,因此只需要一个过渡点即可。

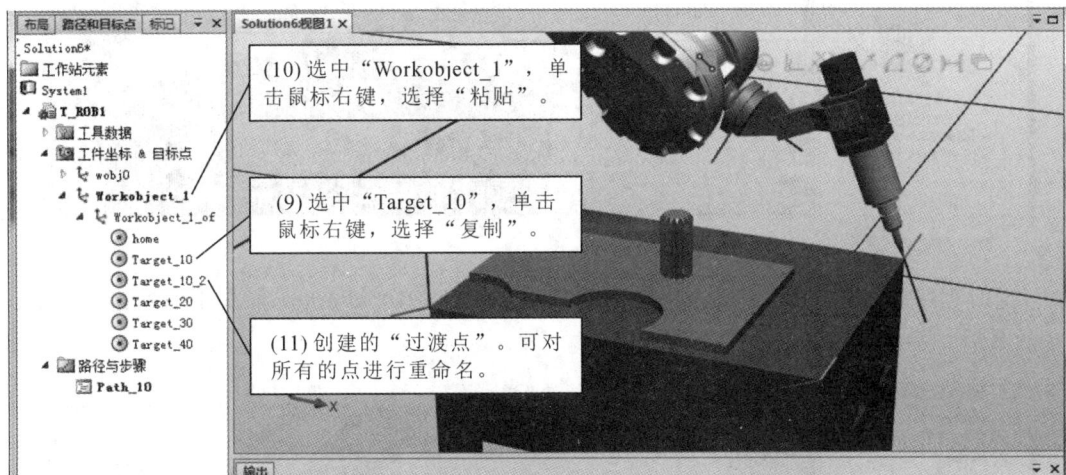

图 3-15

在对目标点进行重命名时,可以根据需要来设置目标点的前缀,但目标点的后缀通常采用 10 的整数倍来依次设置。然后对过渡点的位置进行修改。

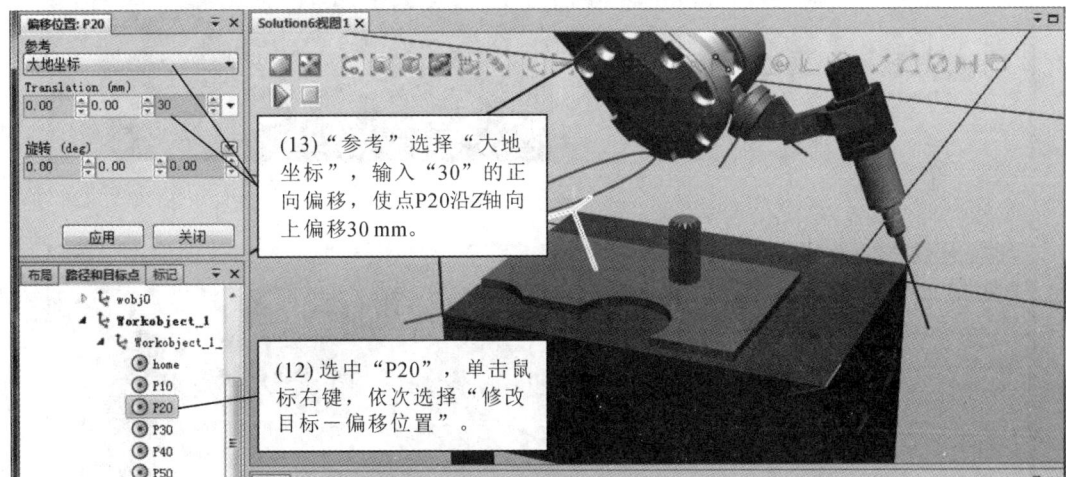

图 3-16

如果"参考"选择"本地",那么其偏移量参考的是工具坐标系,这时 Z 方向是向下的,但并不是垂直向下,所以沿 Z 轴偏移应输入负值,更改位置后的点 P20 也不在点 P10 的正下方。

3.1.3.3　创建工业机器人运动轨迹

在生成机器人运动路径时,可以将所选的点添加到路径中,而所生成的程序参数,都基于之前设置好的程序模板,如图 3-17 至图 3-20 所示。

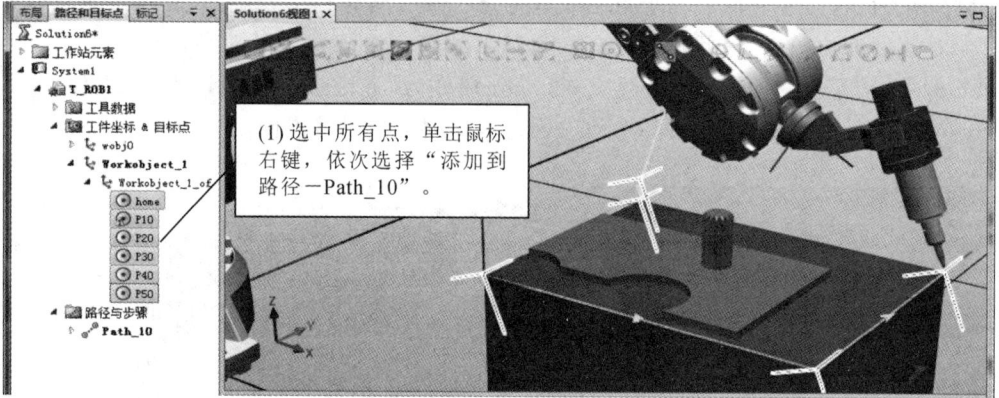

图 3-17

这时程序路径还不是一个完整路径,可以将点 P20、P10 和 home 依次添加到路径 Path_10 的最后。

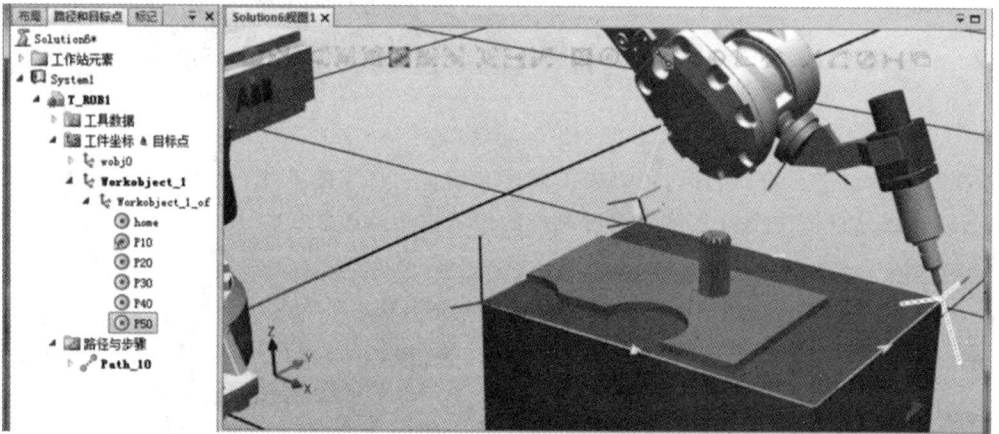

图 3-18

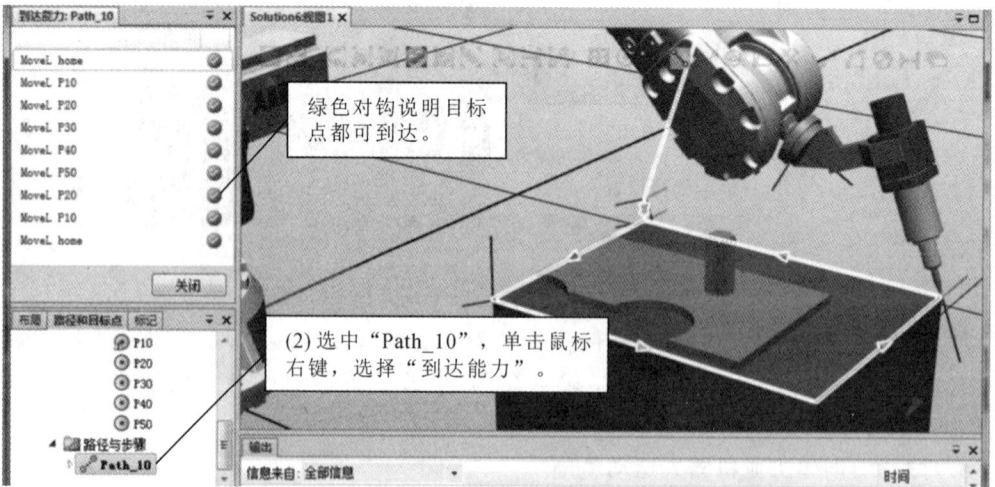

图 3-19

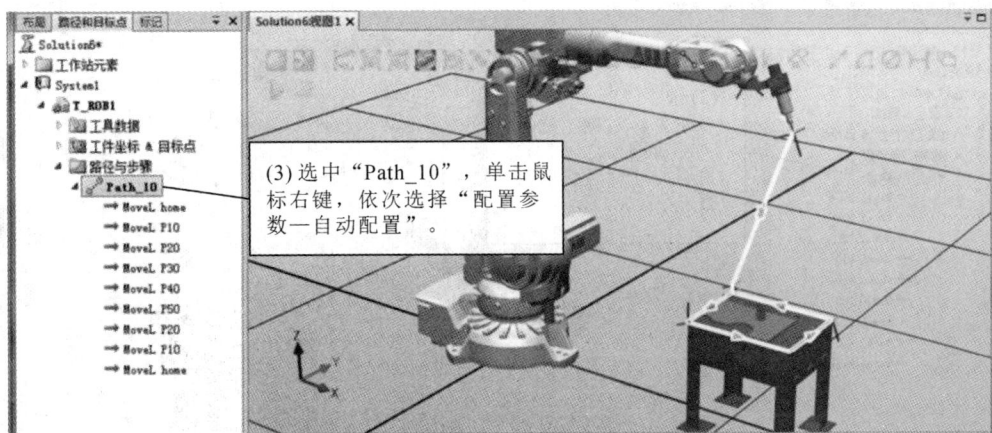

图 3-20

3.1.3.4　调试工业机器人运动程序

可以选择对部分程序指令进行修改。特别是在机器人未作业时,可以选择较大的运行速度,比如本任务中点 home 以及点 P10 的指令速度。而对于精度要求不高的路径,可以选择用运动指令"MoveJ"代替"MoveL",这样可以避免机器人轴位置限位情况的出现。同时,为了增强运动轨迹的连贯性,可以对一些程序设置转弯半径。其操作如图 3-21、图 3-22 所示。

图 3-21

采用示教方式创建机器人运动轨迹时,经常会出现机器人不能跳转到指定的程序点的情况,这是由于机器人某个运动轴的位置达到了极限,可以进行以下调整:

(1) 调整工件的位置,使之处于机器人工作区域之内,再进行示教,因此机器人的正确选型是程序能够顺利执行的前提;

(2) 调整机器人的姿态,然后再拖动机器人进行示教;

(3) 在程序中插入一个过渡点;

(4) 能够进行示教,但在程序执行时不能执行到指定的程序点,这时可以考虑用

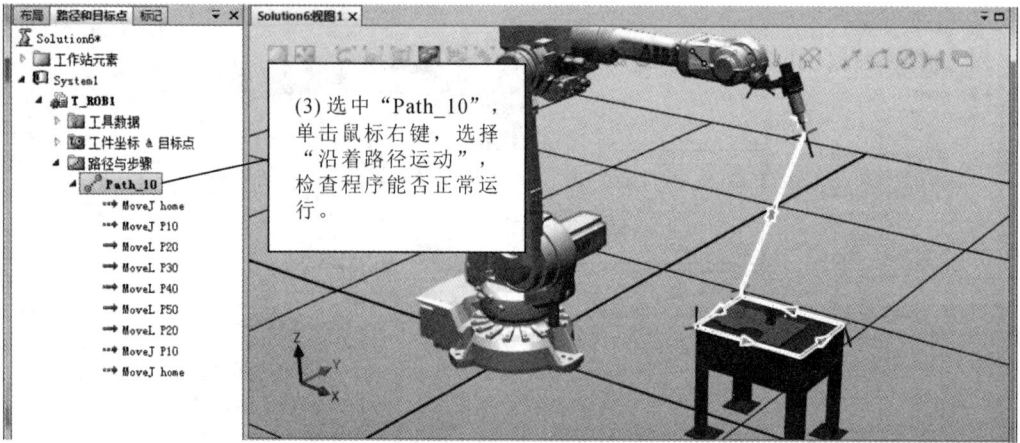

图 3-22

"MoveJ"指令替代"MoveL"指令,"MoveJ"指令可以避免运动轴位置限位情况的出现。

3.1.3.5 视频的录制

在 RobotStudio 中,要记录工作站内机器人执行运动指令情况,有视频和视图两种形式。前者是在没有安装 RobotStudio 虚拟仿真软件的情况下生成的视频文件,可以通过视频播放器打开;后者是在安装了 RobotStudio 虚拟仿真软件的情况下生成的".exe"可执行文件,可直接用软件打开。

1. 生成视频文件

在录制视频之前,可以对视频录制的参数进行设置。

生成视频文件的步骤如图 3-23 至图 3-28 所示。

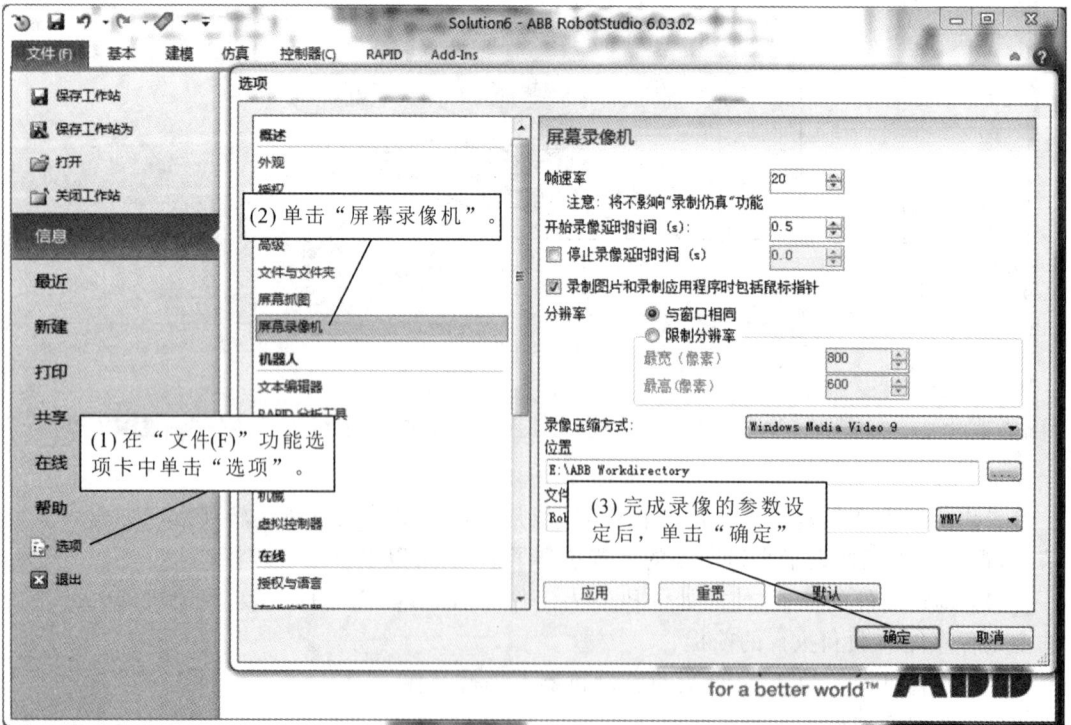

图 3-23

对工作站进行同步设置,将工作站的程序同步至 RAPID(虚拟示教器)。在弹出的对话框中勾选全部数据,进行同步,然后进行仿真设定与仿真。

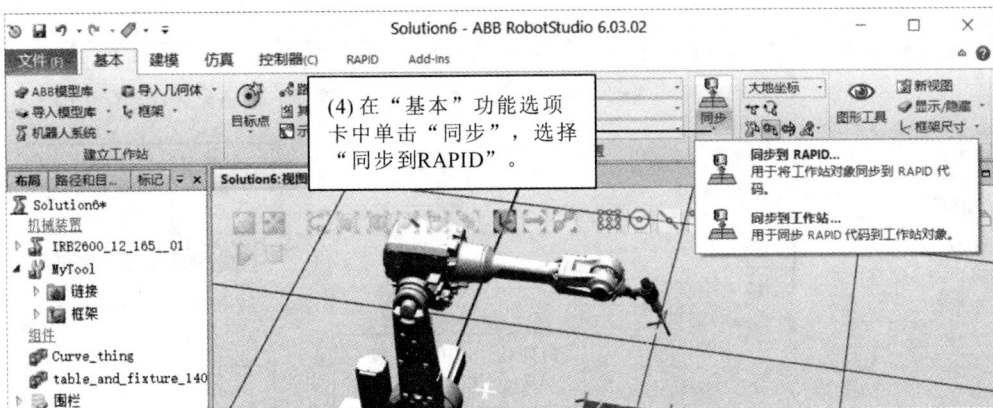

图 3-24

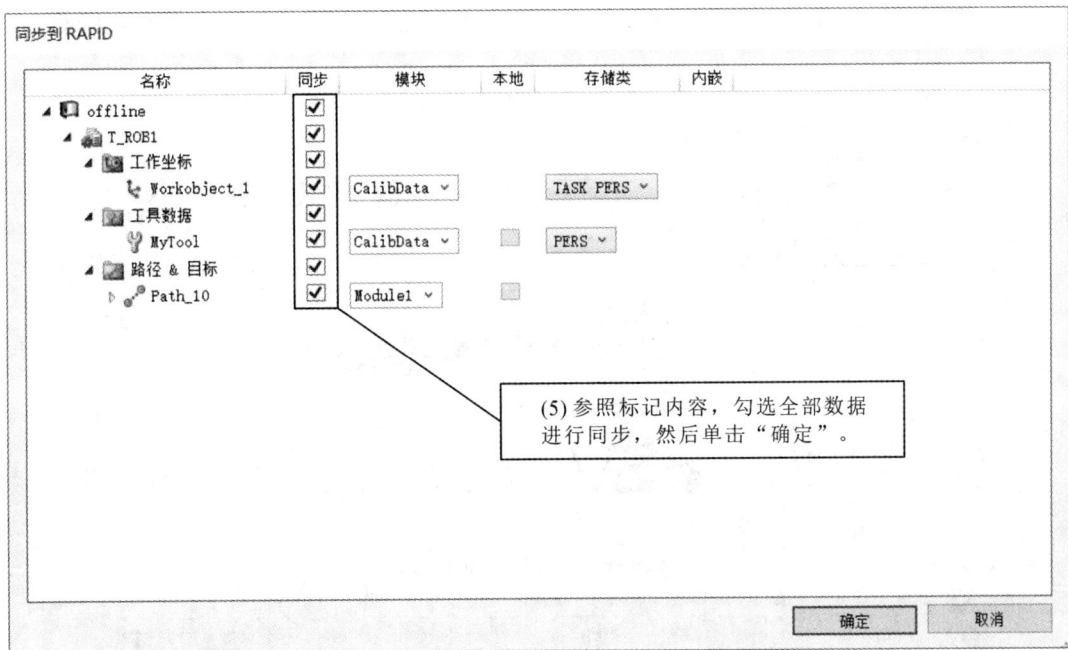

图 3-25

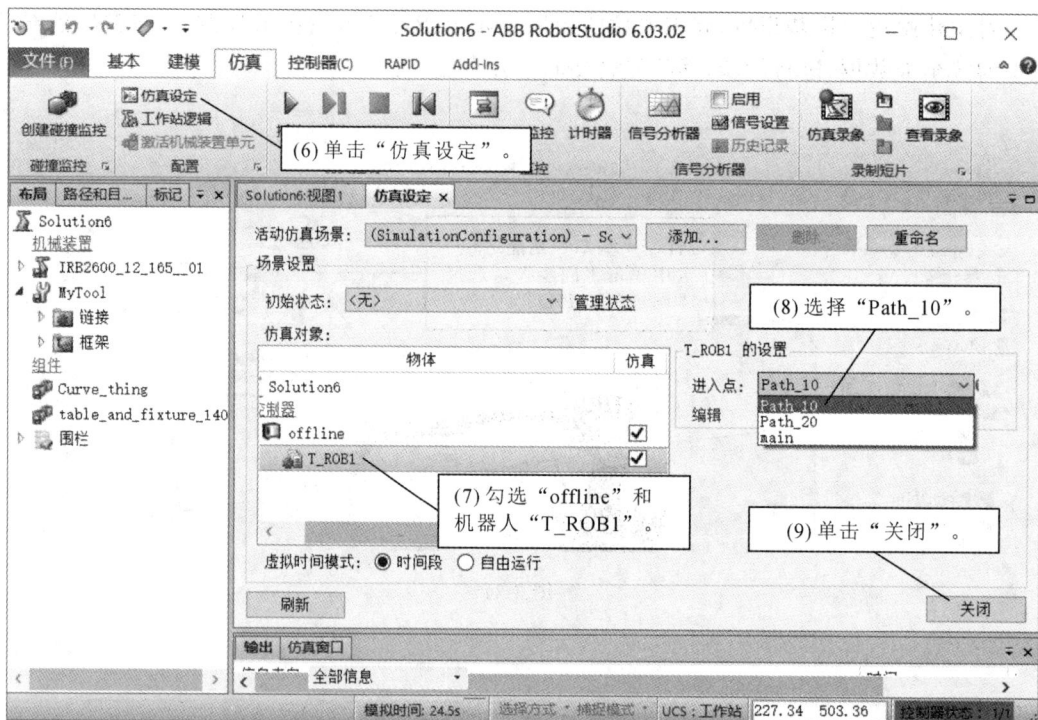

图 3-26

图 3-27

图 3-28

工作站内机器人按照编制的程序开始运动仿真。仿真结束后，可以打开所录制的视频，查看仿真效果。

至此就完成了工作站视频的录制与查看，并保存机器人工作站。

2. 生成视图文件

具体操作步骤如图 3-29 至图 3-31 所示。

图 3-29

工作站将沿路径执行运动指令，指令执行完后，将弹出"另存为"对话框，可保存视图文件。

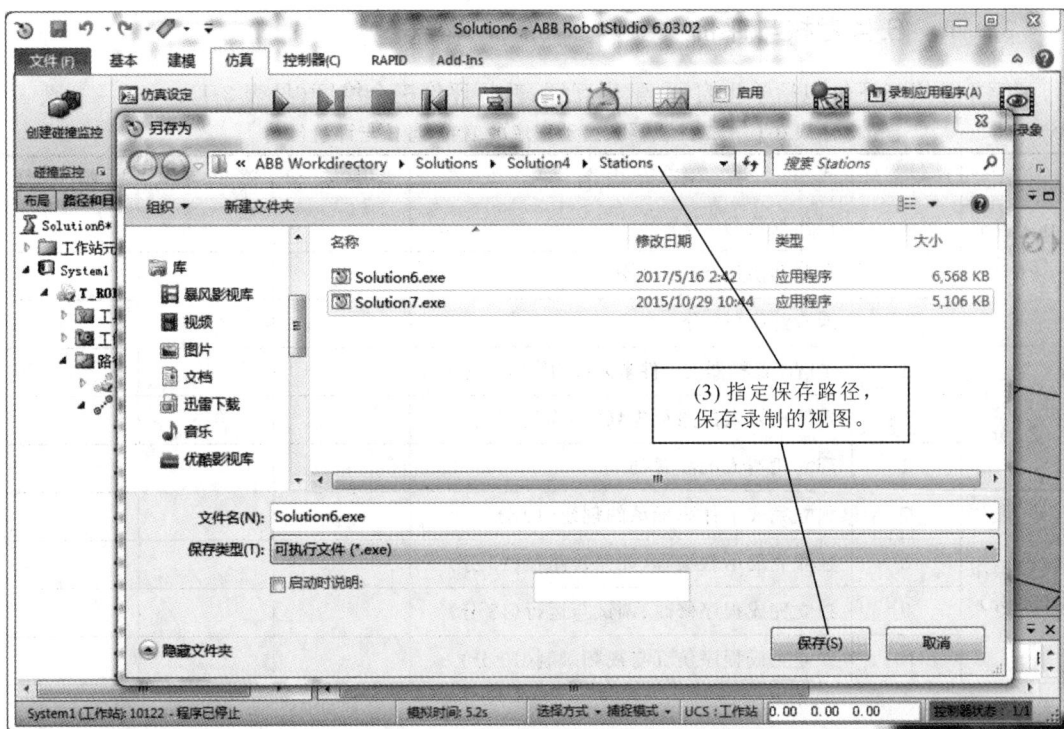

图 3-30

找到视图文件的位置，双击打开，点击"Play"即可查看所保存的视图。

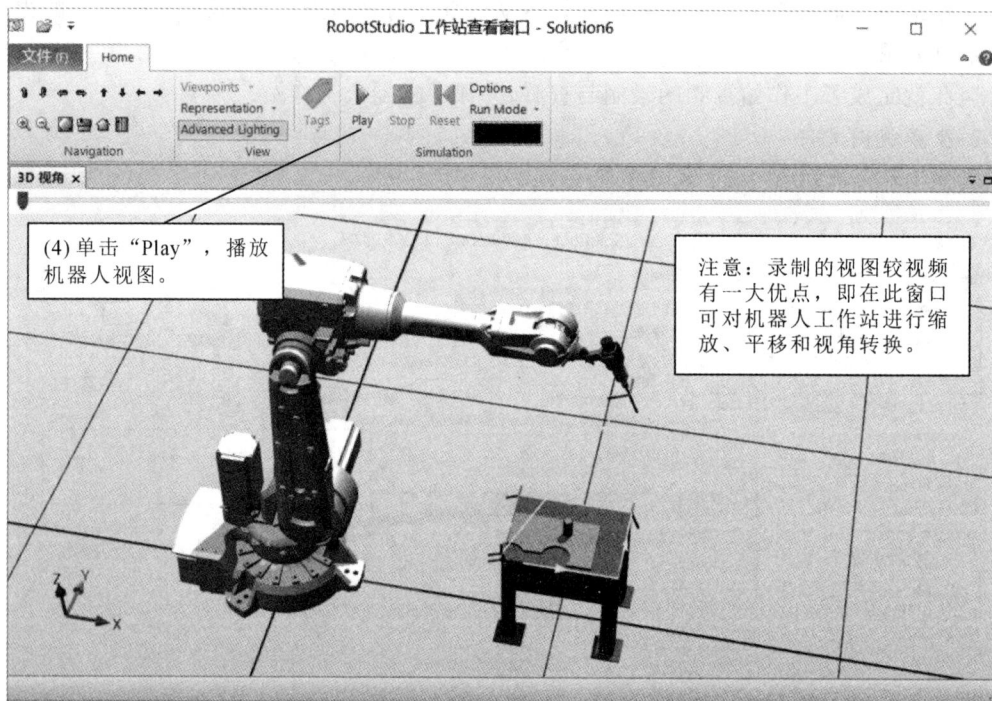

图 3-31

3.1.4　任务考核与评价

任务考核与评价包括学生自评、学生互评、教师评价三个维度(见表 3-1)。

表 3-1　"工业机器人运动程序的编制"考核与评价(一)

	序　号	评　价　内　容	学生自评	学生互评	教师评价
基本素养 (30 分)	1	操作规范(10 分)			
	2	参与和协作能力(10 分)			
	3	课堂纪律(10 分)			
知识目标 (20 分)	4	了解工业机器人工件坐标系的作用(5 分)			
	5	理解机器人的路径规划(10 分)			
	6	理解机器人的配置(5 分)			
技能操作 (50 分)	7	独立完成工件坐标系的创建(10 分)			
	8	独立完成示教编程,并完善路径(15 分)			
	9	独立完成程序修改、调试与运行(15 分)			
	10	独立完成程序仿真与视频录制(10 分)			

总评得分：

教师签名：　　　　　　学生 A 签名：　　　　　　学生 B 签名：

考核评价时间：

3.1.5　任务练习

（1）简述工业机器人工件坐标系的作用。

（2）如何完善机器人运动路径？

（3）修改机器人运动指令时，需要注意哪些参数？如何设置？

（4）简述"MoveL"指令与"MoveJ"指令在应用上的区别。

任务 3.2　采用自动路径创建工业机器人运动轨迹

3.2.1　任务描述

在工业机器人轨迹应用过程中，如切割、焊接、喷涂等，常需要对一些不规则的曲线进行编程，通常的做法是采用描点法获得目标点，从而生成机器人的运动轨迹。这种方法费时，且所得到的运动轨迹精度不高。图形化编程可实现根据 3D 模型的曲线特征自动生成机器人的运动轨迹，该方法省时省力，且所得到的运动轨迹精度高。本任务介绍根据 3D 模型的曲线特征，采用 RobotStudio 中的自动路径功能，沿不规则工件（见图 3-32）边界创建机器人运动轨迹的方法。

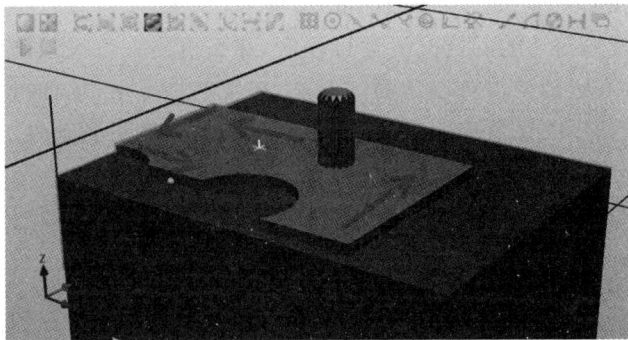

图 3-32

机器人需要沿不规则工件的边界运动，那么首先需要创建这样的边界线，以便在创建机器人运动轨迹过程中可以提取该边界，作为机器人的运动轨迹，然后就整个运动轨迹进行调试运行，因此本任务主要包括不规则曲线的创建、机器人运动轨迹的生成、机器人运动轨迹的调整三方面的内容。

3.2.2　任务知识点

3.2.2.1　轴配置参数

通过任务 1 的学习，我们对机器人的配置已有一定的理解，凡是通过指定或计算位置和方位创建的目标点，都会获得一个默认的配置值（0,0,0,0），该值可能对机器人到达目标点无效。

机器人的轴配置是通过四个整数来表示的，这些整数用来指定整转式有效轴所在的象限。象限的编号从 0 开始表示正旋转(逆时针),从 −1 开始表示负旋转(顺时针)。

以 ABB 公司的六轴工业机器人 IRB120 为例,其配置为(0,−1,2,1),其中各参数的含义如下:

第一个整数(0)指定第一个轴(轴 1)的位置:位于第一个正象限内(介于 0 到 90°的旋转);

第二个整数(−1)指定第四个轴(轴 4)的位置:位于第一个负象限内(介于 0 到 −90°的旋转);

第三个整数(2)指定第六个轴(轴 6)的位置:位于第三个正象限内(介于 180°到 270°的旋转);

第四个整数(1)指定一个虚拟轴(轴 x)的位置,该虚拟轴与手腕中心关联。

3.2.2.2 配置监控

执行机器人程序时,用户可以选择是否监控配置值。如果关闭配置监控功能,机器人将忽略目标点所存储的配置值,而采用最接近其当前配置的方式移动到目标点。如果打开配置监控功能,则机器人将严格按照指定的配置伸展到目标点。用户可以独立关闭或打开关节移动和线性移动的配置监控,分别由 ConfJ 和 ConfL 动作指令控制。

1. 关闭配置监控 ConfJ/off 和 ConfL/off

如果在不使用配置监控功能的情况下运行程序,每执行一个周期所得的配置可能会有差异:机器人在完成一个周期后返回起始位置时,可以选择与原始配置不同的配置。

对于使用线性移动指令的程序,可能会出现这种情况:机器人逐渐接近关节限位,但是最终无法伸展到目标点;而对于使用关节移动指令的程序,可能会导致完全无法预测的移动。

2. 打开配置监控 ConfJ/on 和 ConfL/on

如果在使用配置监控功能的情况下运行程序,那么机器人将被强制使用目标点中存储的配置,从而使循环和运动变得可以预测。但是,在某些情况下,比如机器人从未知位置移动到目标点时,如果使用配置监控功能,可能会限制机器人的可到达性。离线编程时,如果要使用配置监控功能,则必须为每个目标点指定一个配置值。

3.2.2.3 运动指令

关于运动指令的说明如图 3-33 所示。

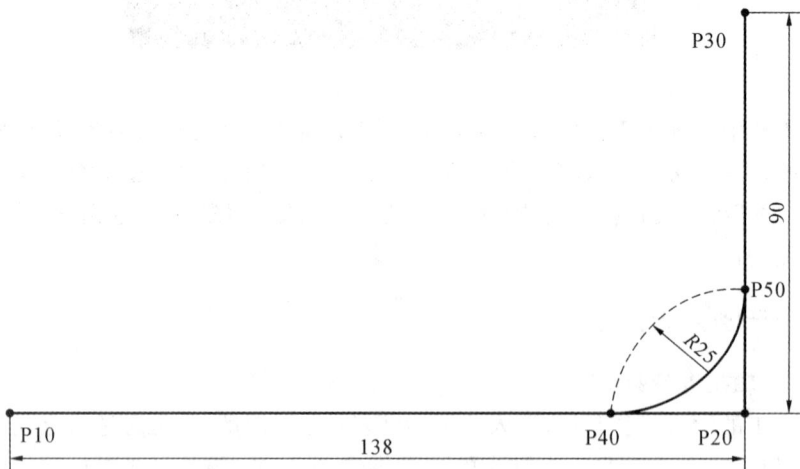

图 3-33

其指令如下。

MoveL，P10，v200，fine，tool1\Wobj：＝wobj1；

　　//机器人的 TCP 从当前位置向 P10 点以线性运动的方式前进，其速度为 200 mm/s，直接到达 P10 点，使用的工具数据为 tool1，工件数据为 wobj1

MoveL，P20，v200，z25，tool1\Wobj：＝wobj1；

　　//机器人的 TCP 从 P10 点向 P20 点以线性运动的方式前进，其速度为 200 mm/s，转弯区数据为 25 mm，使用的工具数据为 tool1，工件数据为 wobj1

MoveL，P30，v200，fine，tool1\Wobj：＝wobj1；

　　//机器人的 TCP 从 P20 点向 P30 点以线性运动的方式前进，其速度为 200 mm/s，直接达到 P30 点，使用的工具数据为 tool1，工件数据为 wobj1

其中："z25"是指在距离 P20 点 25 mm 的 P40 点处发生转弯，沿着曲线到达 P50 点，也就是说，执行第二条指令时，机器人所到达的实际位置为 P50 点，而不是 P20 点。P40 点、P50 点与 P20 点的关系满足 P40 点、P50 点是以 P20 点为圆心、25 mm 为半径的四分之一圆弧的两个端点。"fine"是指机器人 TCP 到达目标点所在位置，在到达目标点位置时速度降为零，机器人动作有所停顿后再向下一个点运动，对于一段路径而言，其最后一个点处一定要用"fine"。

3.2.3　任务实施

3.2.3.1　创建工件表面边界曲线

在任务 1 所创建的工作站的基础上，采用自动路径（AutoPath）创建工业机器人运动轨迹。创建工件表面边界曲线的操作如图 3-34、图 3-35 所示。

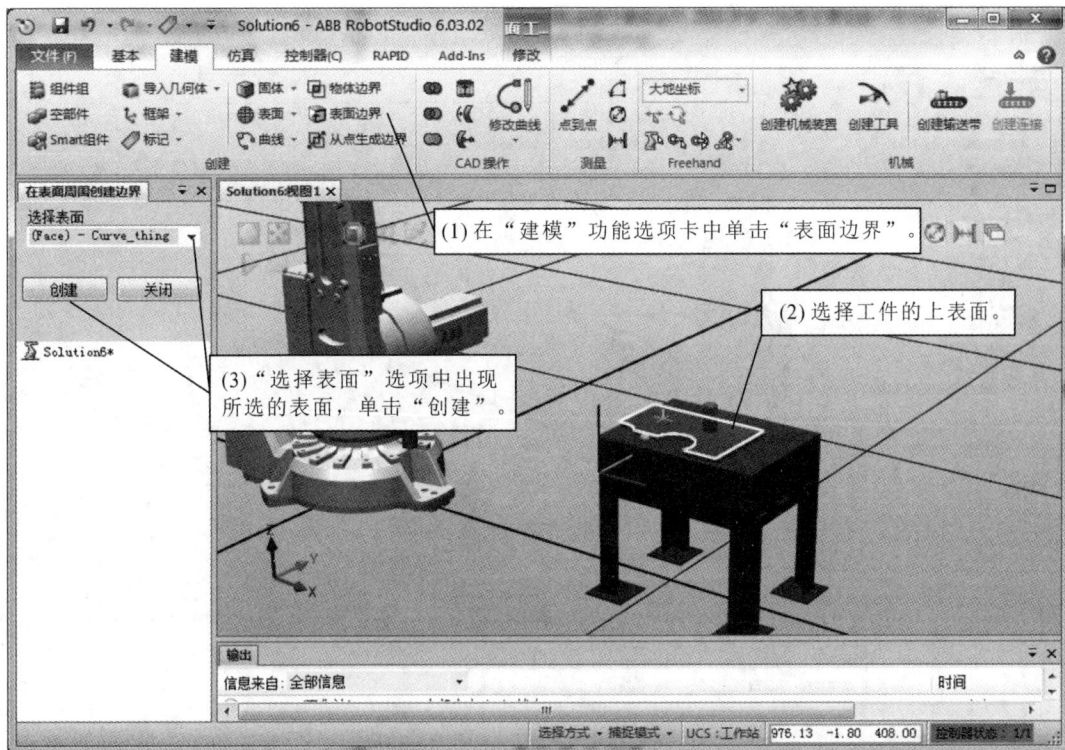

图 3-34

图 3-35

需要注意的是,如果捕捉工具中的"表面"没有激活,请一定要激活,这时在"选择表面"选项处的光标会丢失,切记一定要让光标回到"选择表面"下的选项框中,然后选取工件的表面,创建工件表面边界曲线。

3.2.3.2 创建工业机器人运动轨迹

采用自动路径创建机器人运动轨迹时,同样需要创建用户坐标系,这样可方便编程以及路径修改。用户坐标系的创建一般以加工工件的固定装置的特征点为基准。在本任务中,承接任务 1,选择"Workobject_1"为用户坐标系,因此,用户坐标系的创建任务不再重复。创建工业机器人运动轨迹的操作如图 3-36 至图 3-41 所示。

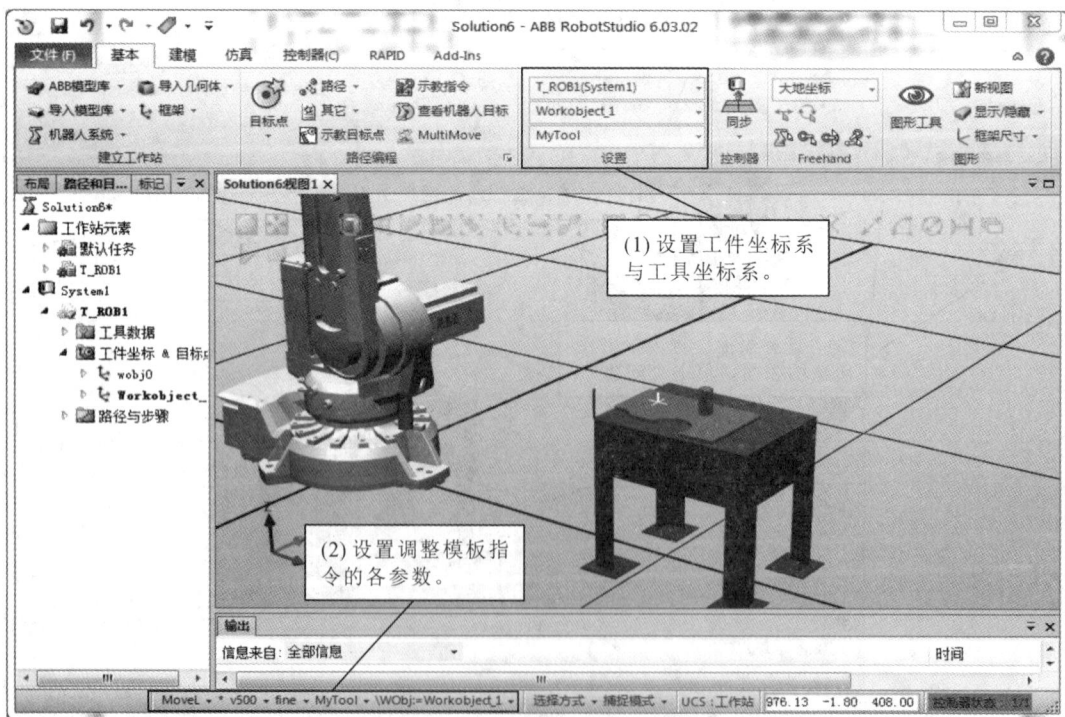

图 3-36

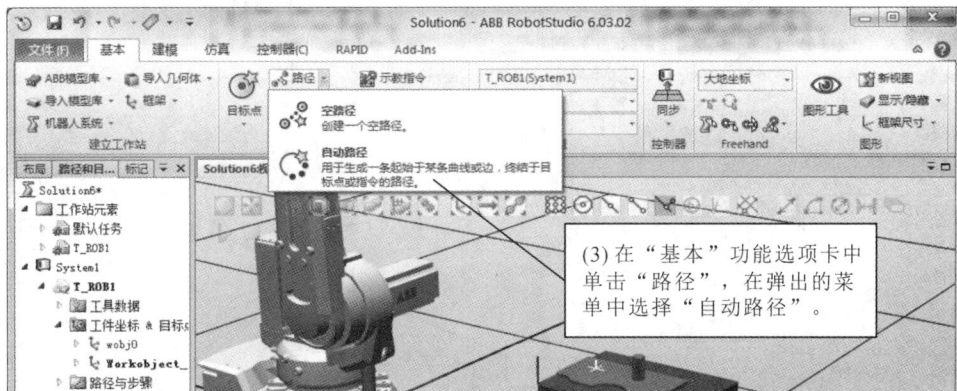

(3) 在 "基本" 功能选项卡中单击 "路径"，在弹出的菜单中选择 "自动路径"。

图 3-37

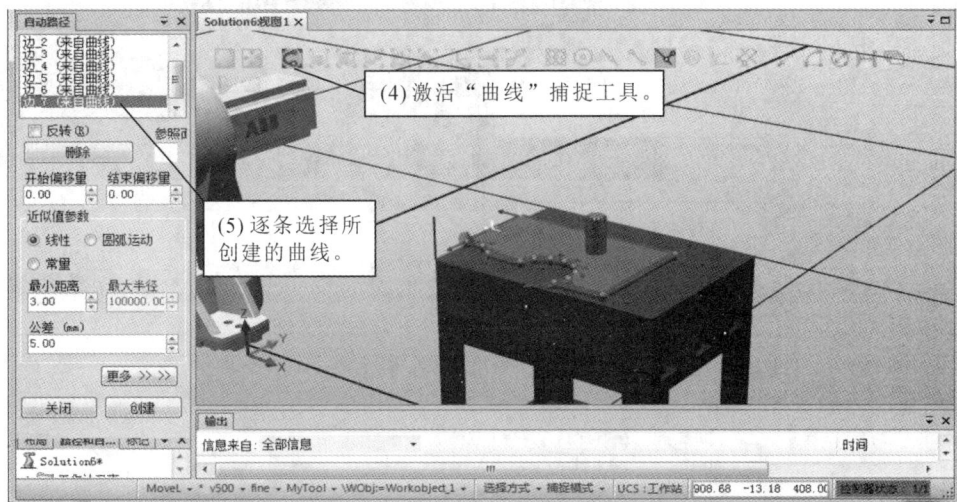

(4) 激活 "曲线" 捕捉工具。

(5) 逐条选择所创建的曲线。

图 3-38

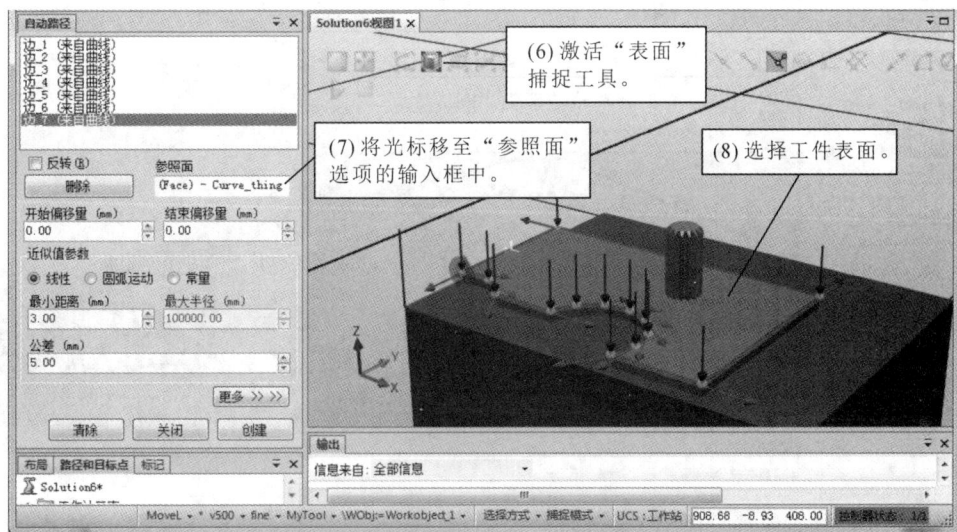

(6) 激活 "表面" 捕捉工具。

(7) 将光标移至 "参照面" 选项的输入框中。

(8) 选择工件表面。

图 3-39

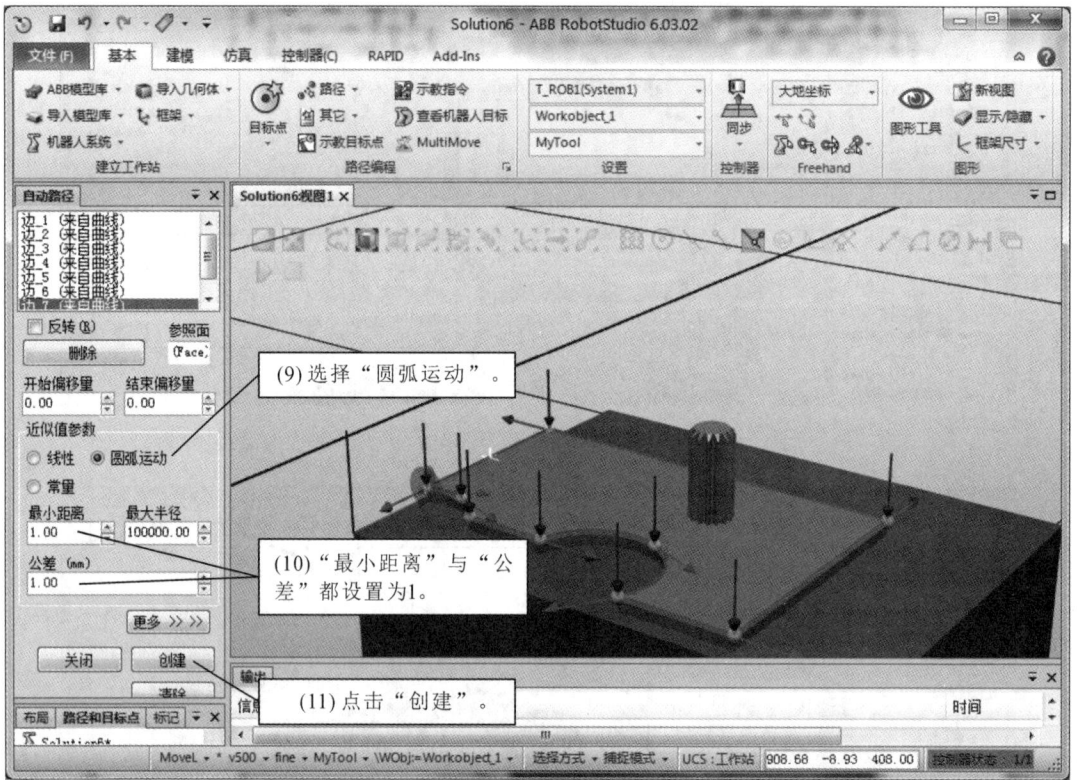

图 3-40

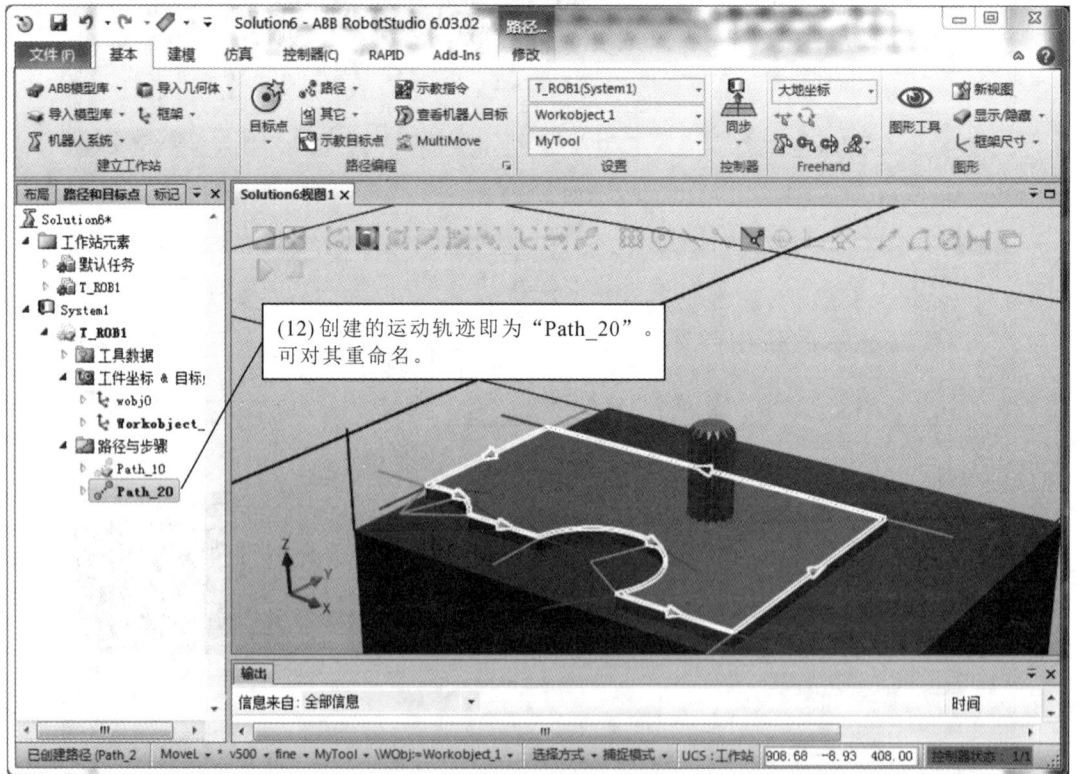

图 3-41

自动路径功能可以根据曲线或者沿着某个表面的边缘创建路径。要沿着一个表面创建路径,可使用选择级别"Surface"(表面);要沿着曲线创建路径,则使用选择级别"Curve"(曲线)。当使用选择级别"Surface"(表面)时,最靠近所选区的边缘将会被选取;当使用选择级别"Curve"(曲线)时,所选的边缘将会被加入列表。如果曲线没有任何分支,则选择一个边缘时按住"Shift"键会把整根曲线的边缘都加入列表。

"自动路径"窗口中的参数说明如下。

(1)反转:轨迹运行方向置反,默认为顺时针运行,反转后则为逆时针运行。

(2)参照面:生成的目标点 Z 轴方向与选定的表面处于垂直状态。

(3)开始偏移量与结束偏移量:设定最后一个目标点相对于第一个目标点的偏移量。

(4)线性:为每个目标生成线性指令,圆弧特征也作为分段线性特征来处理。

(5)圆弧运动:在圆弧特征处生成圆弧指令,在线性特征处生成线性指令。

(6)常量:使用常量距离生成点。

(7)最小距离:设置两生成点之间的最小距离,即距离小于该最小距离的点将被过滤掉。

(8)最大半径:在将圆周视为直线前确定圆的半径大小,即可将直线视为半径无限大的圆。

(9)公差:设置生成点所允许的几何描述的最大偏差。

创建轨迹时,需要根据不同的曲线特征来选择不同类型的近似值参数类型,通常情况下选择"圆弧运动",这样使得线性部分执行线性运动,圆弧部分执行圆弧运动,不规则曲线部分则执行分段式线性运动,以免产生大量的多余点或者路径精度不满足工艺要求的问题。而"线性"与"常量"执行的是固定模式,不会根据曲线特征来对曲线进行处理。

在后续任务中将对运动路径"Path_20"进行调整,并将其转化为机器人程序代码,完成机器人运动轨迹程序的编写。

3.2.3.3　机器人目标点调整

在前面的任务中,我们已经根据工件表面边界曲线自动生成了一条机器人运动轨迹,但机器人暂时还不能按照此轨迹运行,需要对部分目标点处的机器人姿态进行调整,以确保机器人能顺利到达各个目标点。调整操作如图 3-42 至图 3-48 所示。

此时工具沿路径的分布是杂乱无章的,因此需要对各目标点的机器人工具姿态进行调整。

当前自动生成的目标点工具坐标 Z 轴方向均为工件表面的法向,因此,不需要调整 Z 轴。如果工具坐标 Z 轴方向与目标点法向不重合,则需要将 Z 轴方向设定为该工件表面的法向,具体可以自行练习。

对于其他目标点的调整,应以目标点"Target_10"为参考点,利用 Shift+鼠标左键,选中剩余的所有目标点,然后进行统一调整。

这样就将剩余所有目标点的 X 轴方向对准了已调整好姿态的目标点"Target_10"的 X 轴方向。选中所有目标点,就可以查看所有已调整好的目标点的工具姿态。

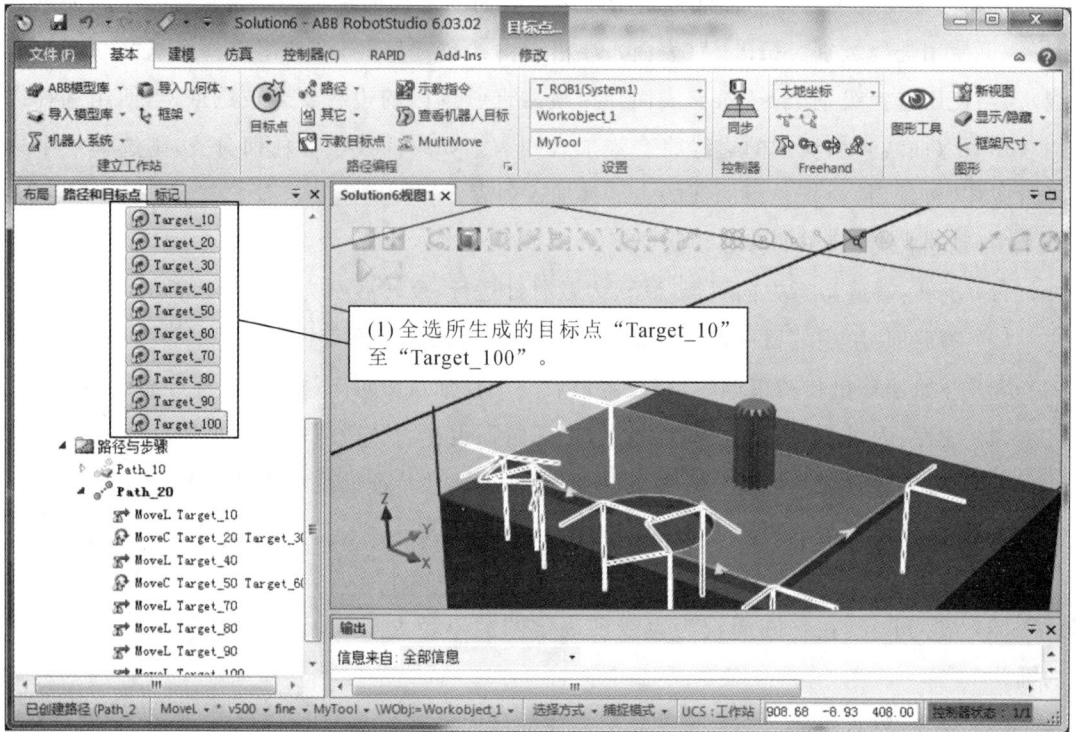

图 3-42

图 3-43

图 3-44

图 3-45

图 3-46

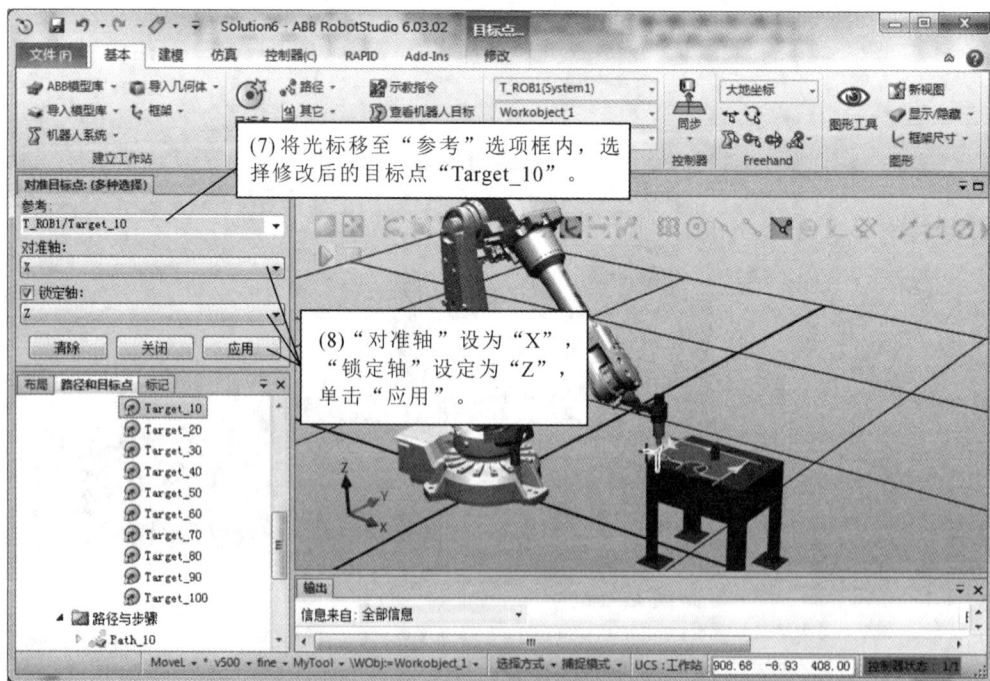

图 3-47

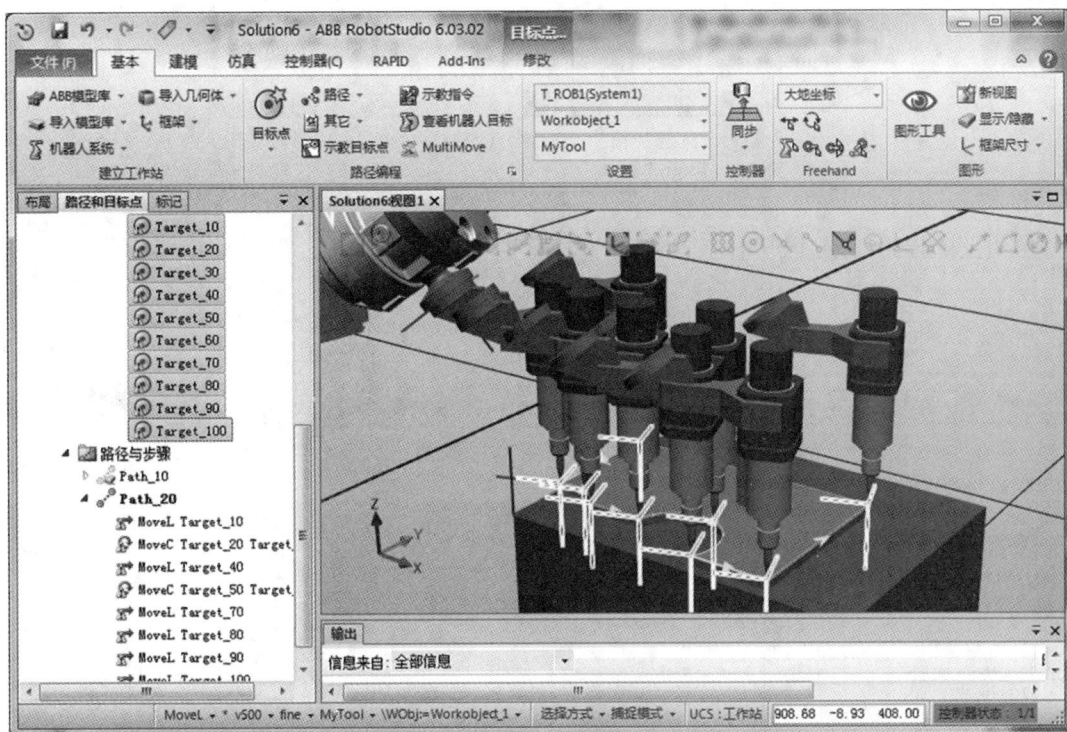

图 3-48

3.2.3.4　机器人轴配置参数

机器人到达同一个目标点,可能存在多种关节组合的情况,即多种轴配置参数。因此需要为目标点调整轴配置参数,其操作如图 3-49 至图 3-52 所示。

(1) 选中目标点"Target_10",单击鼠标右键,选择"参数配置"。

图 3-49

选择轴配置参数时,可以查看每个配置参数所对应的关节值,一般而言转过的角度的绝对值越小越好;同样也可以查看配置参数 Cfg1$(-1,0,-1,0)$ 与 Cfg2$(-1,-2,1,1)$,其绝对值之和越小越好。系统按照配置参数的优劣来排列,因此,本任务中选择配置参数 Cfg1 $(-1,0,-1,0)$。同样,可以为其他目标点选择配置参数,确保程序路径的顺利执行。

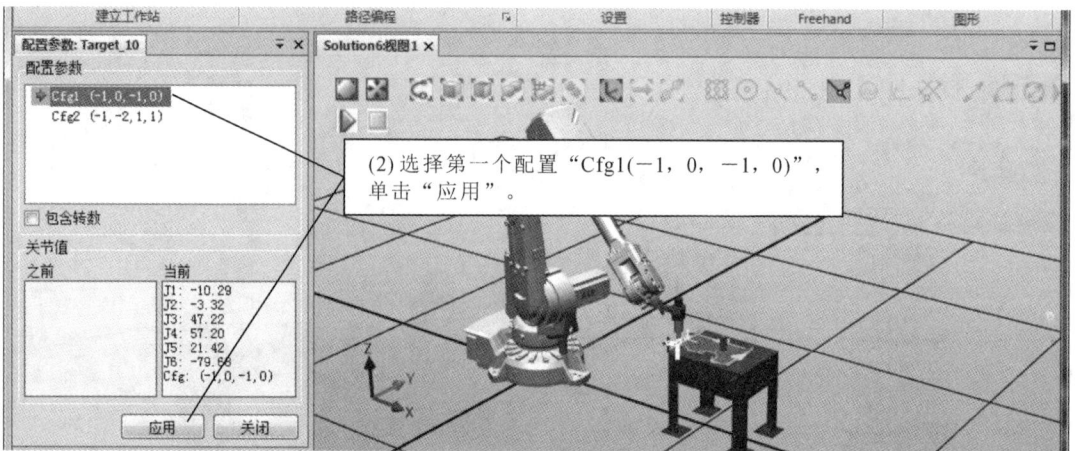

图 3-50

图 3-51

图 3-52

机器人轴配置参数操作完成之后,接下来完善程序,其方法可以参照任务 1 的内容,设置 pHome 点、接近点与规避点,并修改程序指令。其结果如图 3-53 所示。

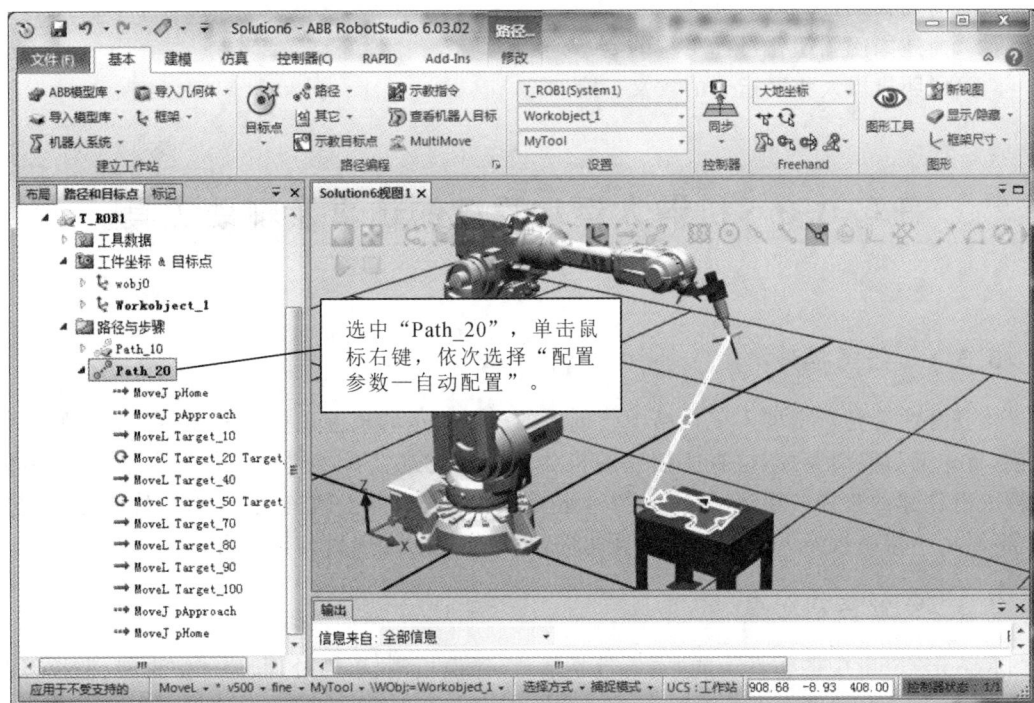

图 3-53

至此,采用自动路径创建工业机器人运动轨迹就完成了。

3.2.4　任务考核与评价

任务考核与评价包括学生、学生互评、教师评价三个维度(见表 3-2)。

表 3-2　"工业机器人运动程序的编制"考核与评价(二)

	序　号	评 价 内 容	学 生 自 评	学 生 互 评	教 师 评 价
基本素养 (30分)	1	操作规范(10分)			
	2	参与和协作能力(10分)			
	3	课堂纪律(10分)			
知识目标 (30分)	4	了解配置参数的含义(10分)			
	5	理解机器人配置监控功能(10分)			
	6	理解机器人的运动指令(10分)			
技能操作 (40分)	7	独立完成自动路径编程,并完善路径(20分)			
	8	独立完成程序调试、运行(15分)			
	9	独立完成轴配置(5分)			

总评得分:

教师签名:　　　　　学生 A 签名:　　　　　学生 B 签名:

考核评价时间:

3.2.5　任务练习

（1）简述轴配置参数的含义。

（2）简述如何调整各目标工具的姿态。

（3）说明机器人程序指令的含义。

任务3.3　机器人运动程序的仿真及辅助工具

3.3.1　任务描述

本任务主要是对机器人工作站中已创建的机器人运动轨迹进行仿真运行。在仿真运行之前，首先通过碰撞监控，检查所创建的机器人运动轨迹是否与周边设备发生干涉；然后使机器人沿创建的路径按照运动指令运行，运行后可以对机器人轨迹进行分析，确认是否满足要求；最后可录制机器人运动程序仿真的视频，可作为后续项目分析的资料。

3.3.2　任务知识点

RobotStudio中的仿真功能，主要包括播放、碰撞检测、事件处理、I/O仿真器、监控以及过程时间测量，各功能如表3-3所示。

表3-3　RobotStudio中的仿真功能

仿真功能	描述
播放仿真	开始仿真。在进行仿真前，需要首先选择仿真路径；仿真时，机器人程序将在虚拟控制器上运行
碰撞检测	碰撞检测显示并记录了工作站内指定对象的碰撞和接近丢失。这一功能一般在仿真机器人程序期间使用，也可以在构建工作站时使用
事件处理	通过事件可将动作与触发器连接。例如，在发生碰撞或设置信号时把一个对象连接至另一个对象
I/O仿真器	在仿真过程中，I/O信号通常由机器人程序或事件来设置。通过I/O仿真器，可以手动设置信号，从而对具体条件进行快速测试
仿真监控	通过仿真监控功能，可添加沿TCP的运动跟踪或设置基于速度/动作的警报，从而增强仿真
过程时间测量	使用计时器，可以测量仿真过程的完成时间

3.3.3　任务实施

3.3.3.1　机器人运动轨迹的碰撞监控

仿真的一个重要目的就是验证轨迹的可行性，即机器人在沿着路径运动的过程中是否与周边设备发生碰撞。此外，在具体应用中还可以查看机器人工具尖端与工件表面所保持的距离是否在合理范围之内，以保证应用的工艺要求。

RobotStudio 软件提供了专门用于碰撞检测的功能,即碰撞监控。其具体操作如图 3-54 至图 3-60 所示。

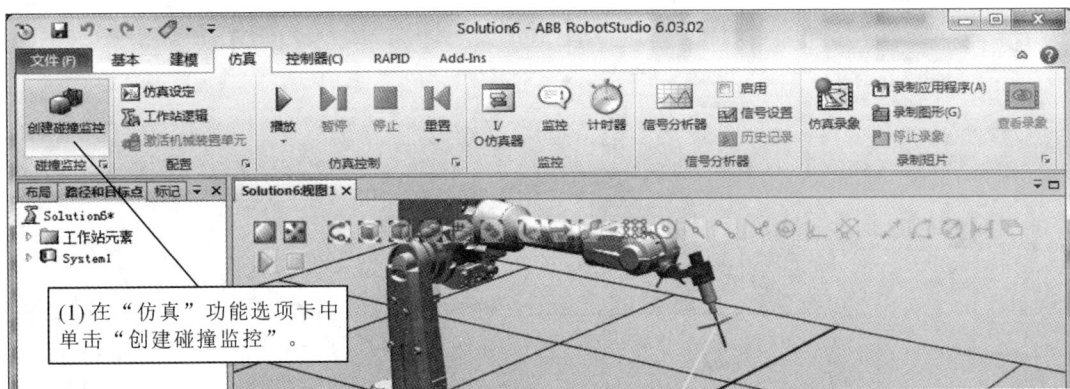

图 3-54

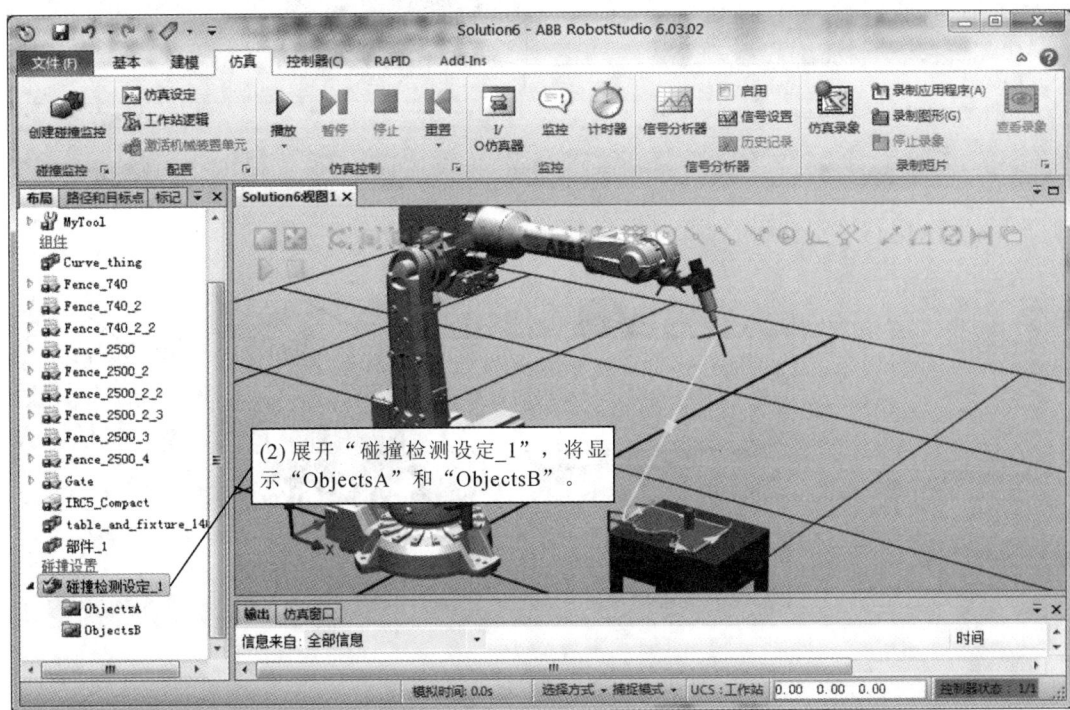

图 3-55

碰撞检测设定包含了"ObjectsA"和"ObjectsB"两组对象,将要检测的对象分别放置到这两组对象中,可以检测两组对象之间的碰撞情况。通常在工作站内为每个机器人创建一个碰撞集。对于每个碰撞集,机器人及其工具位于一组,而不想与之发生碰撞的所有对象位于另一组。如果机器人拥有多个工具或握住其他对象,可以将其添加到机器人的组中,也可以为其创建特定碰撞集。每一个碰撞集可单独启用和停用。

在本任务中,主要检测工具与工件之间是否发生碰撞,因此将工具与工件分别拖至两组对象"ObjectsA"和"ObjectsB"中。如果二者发生碰撞,则碰撞结果将显示在图形视图中,检测结果显示在输出窗口中。接下来进行碰撞监控设定操作。

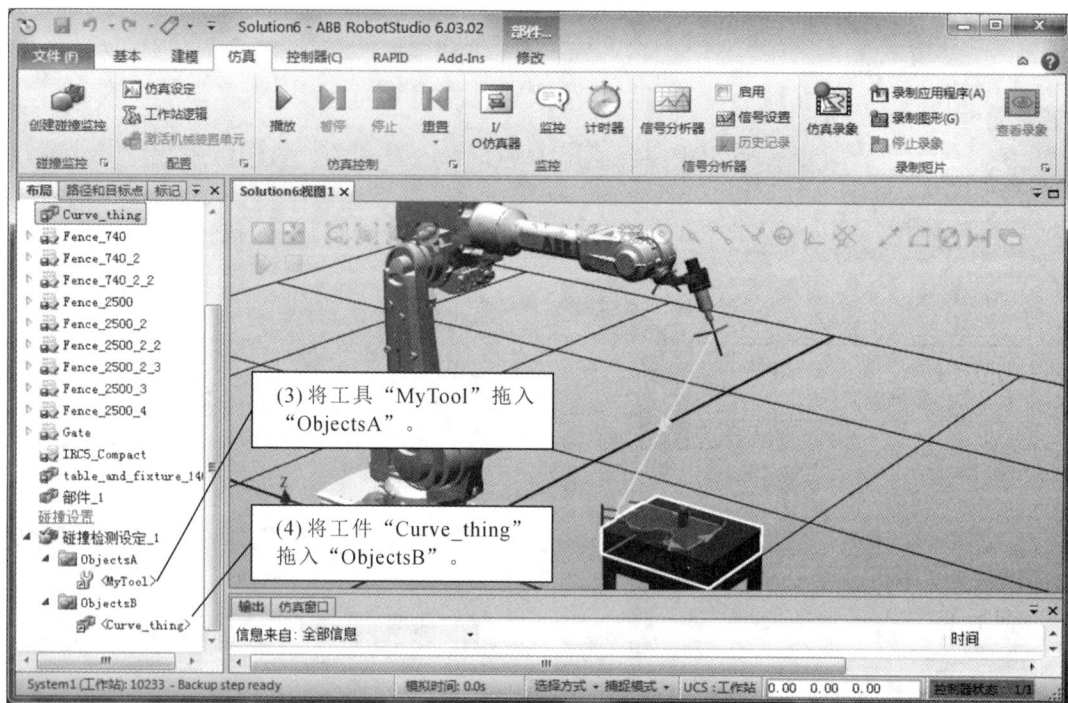

(3) 将工具"MyTool"拖入
"ObjectsA"。

(4) 将工件"Curve_thing"
拖入"ObjectsB"。

图 3-56

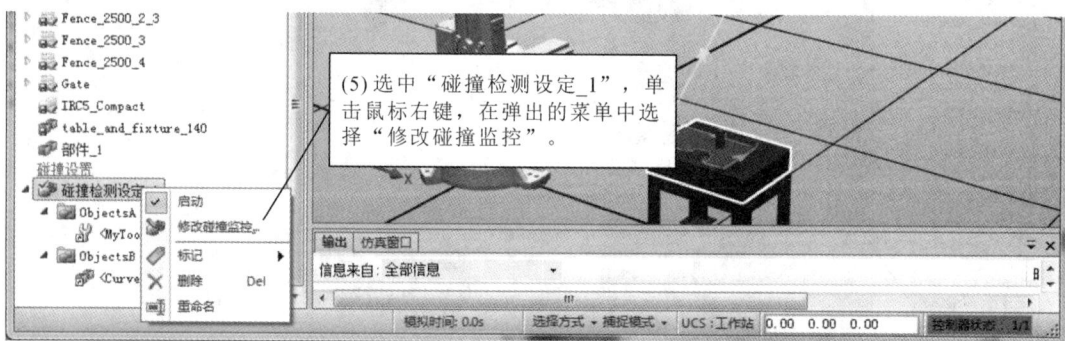

(5) 选中"碰撞检测设定_1",单
击鼠标右键,在弹出的菜单中选
择"修改碰撞监控"。

图 3-57

(6) 进行碰撞监控设定。

图 3-58

碰撞监控设定的相关参数说明如下。

（1）接近丢失：除了碰撞之外，如果 ObejctsA 与 ObjectsB 中的对象之间的距离在指定范围内，则碰撞检测也能观察接近丢失。

（2）碰撞颜色与接近丢失颜色：程序运行时发生碰撞或者处于设定的"接近丢失"范围内时所突出显示的颜色。

为了具体说明这一情况，将"接近丢失"设置为"5 mm"，其他不变，手动拖动工具，使之与工件发生碰撞，观察结果。

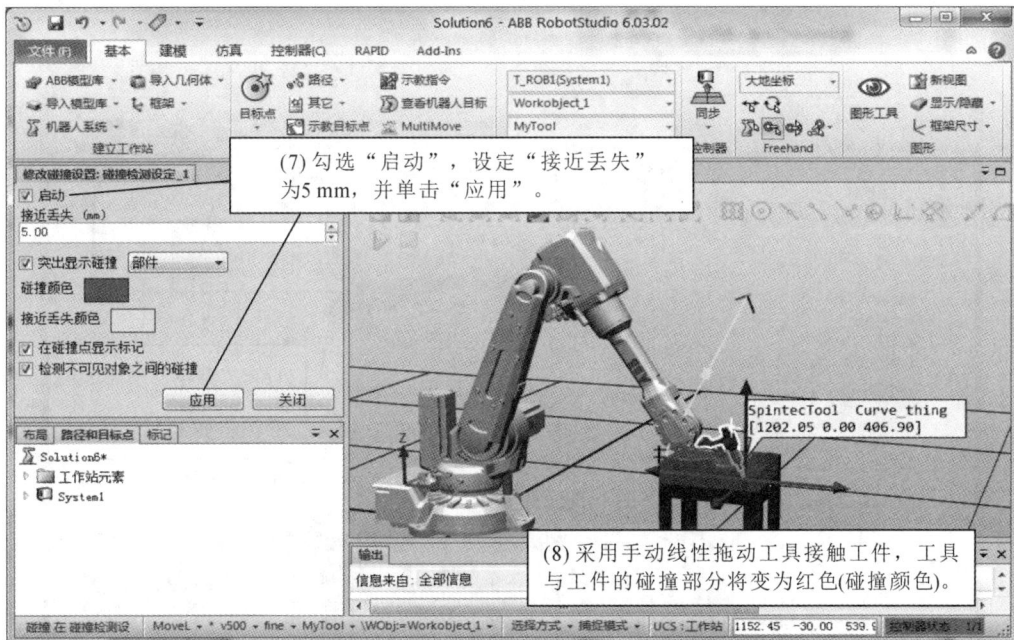

图 3-59

图 3-60

最后进行机器人运动轨迹的仿真,并观察其监控对象工具与工件的颜色变化,判断是发生碰撞还是处于"接近丢失"范围之内。其情况将在进行机器人运动轨迹仿真设定后的仿真环节中说明。

3.3.3.2　仿真运行机器人运动轨迹

在 RobotStudio 中,为了保证虚拟示教器中的数据与机器人工作站数据一致,需要将工作站数据与虚拟示教器数据进行同步。当将工作站数据同步到虚拟示教器时,执行"同步到RAPID";反之当将虚拟示教器数据同步到工作站时,执行"同步到工作站"。其操作如图 3-61 至图 3-65 所示。

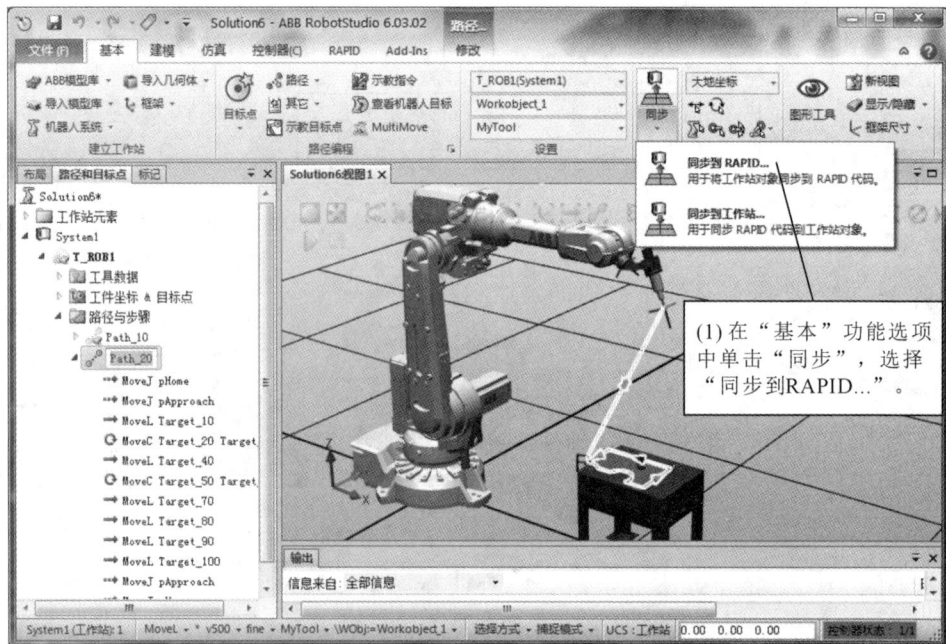

图 3-61

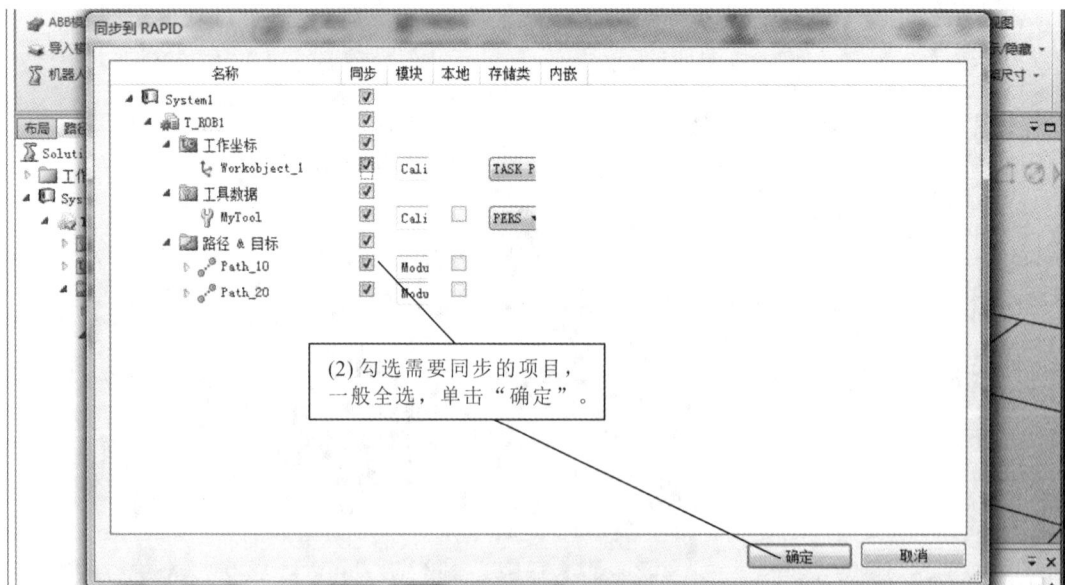

图 3-62

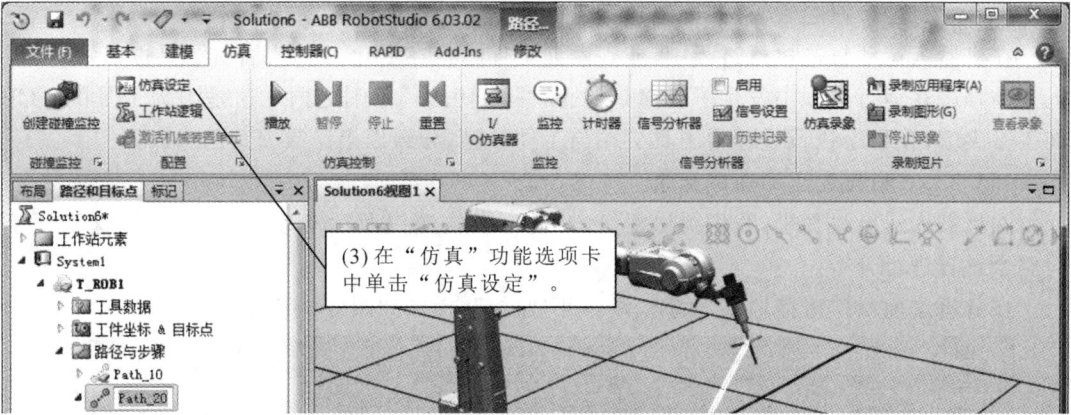

图 3-63

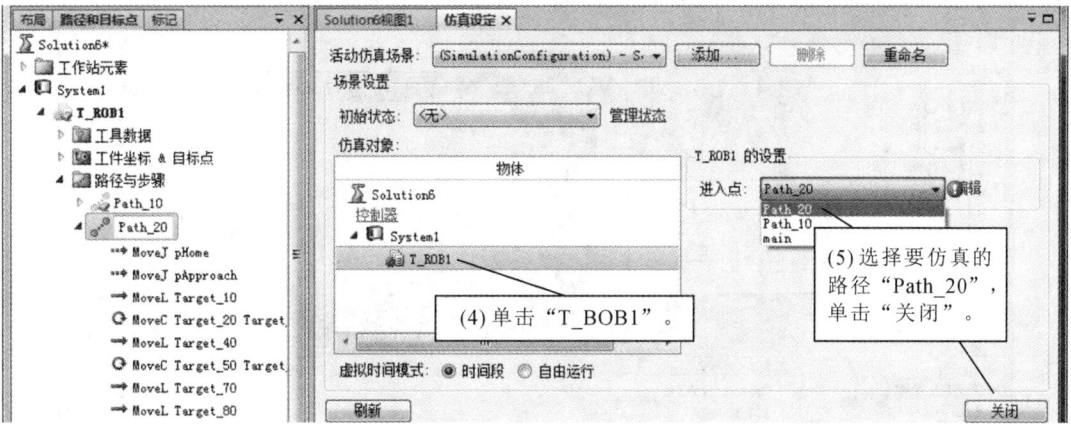

图 3-64

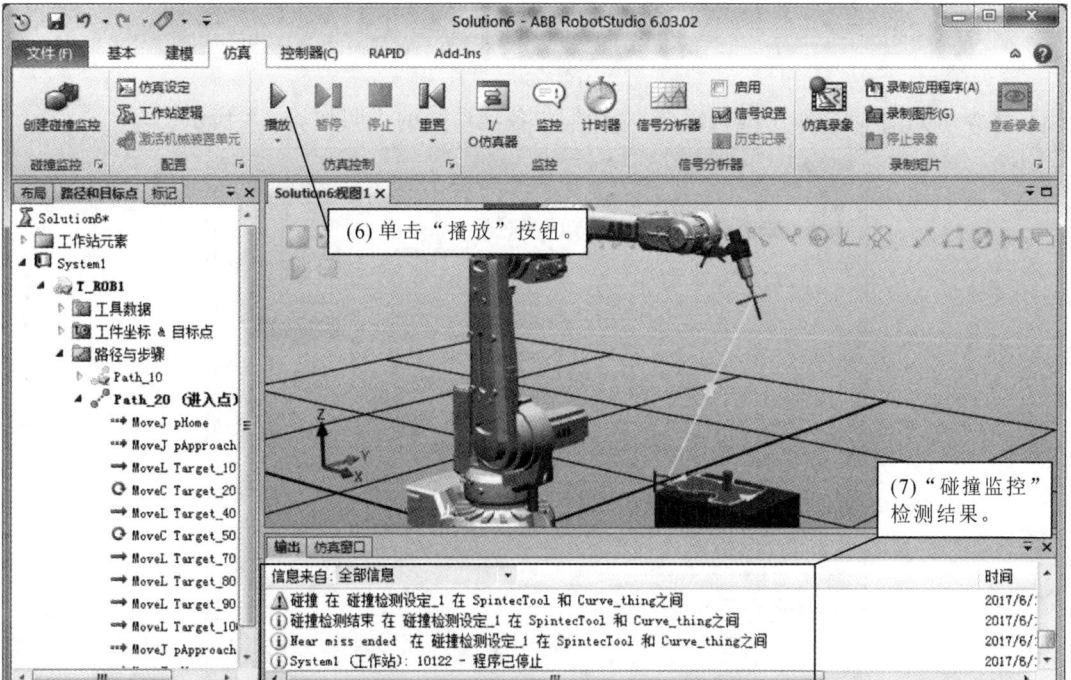

图 3-65

单击"播放"按钮之后,机器人将执行已创建的 Path_20 的运动指令。

在机器人运动轨迹执行过程中,能观察到工件颜色在变化,同样,输出结果也显示,机器人运动程序在运行过程中发生了碰撞,也处于"接近丢失"范围之内。这是因为工具的 TCP 在工具尖端,在程序执行过程中工具尖端与工件接触,导致以上结果。

3.3.3.3 机器人运动轨迹记录

在机器人运行过程中,我们可以对 TCP 的运动轨迹以及运动速度进行监控,这样便于对整个过程进行分析。

在分析之前,将"碰撞监控"关闭,并打开"监控",操作如图 3-66 所示。

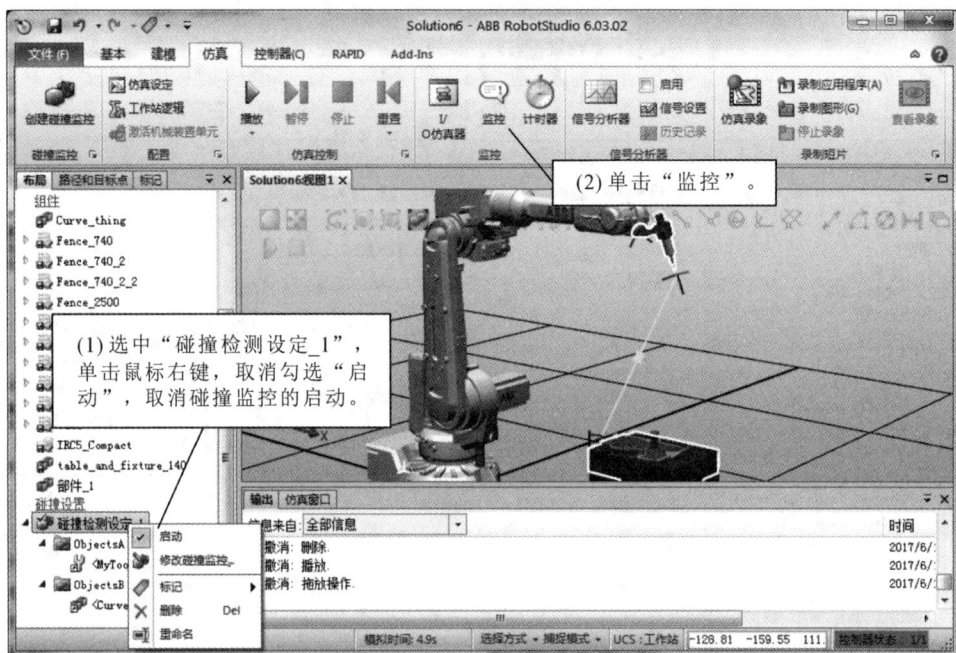

图 3-66

将弹出如图 3-67 所示的对话框,对话框中各项参数的说明如表 3-4 所示。

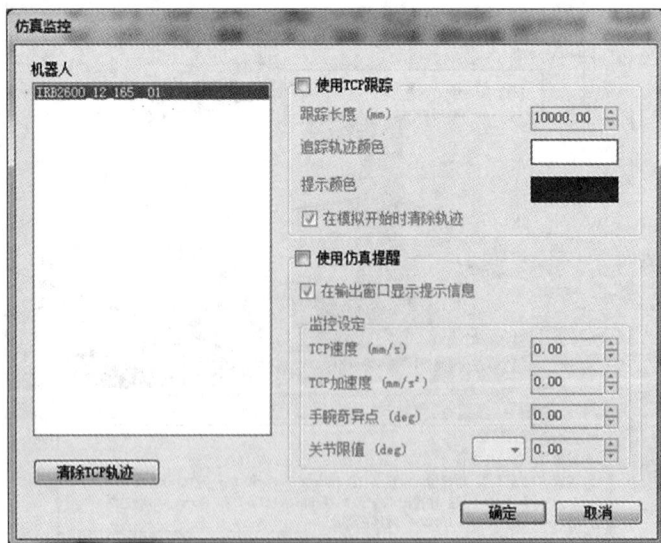

图 3-67

表 3-4　"仿真监控"对话框中各项参数及其说明

参　数		说　明
TCP 跟踪选项卡	使用 TCP 跟踪	勾选此复选框可对选定机器人的 TCP 路径进行跟踪
	跟踪长度	指定最大轨迹长度，以 mm 为单位
	追踪轨迹颜色	当未启用任何警告时显示跟踪的颜色。要更改提示颜色，请单击右侧色彩框
	提示颜色	当警告选项卡上所定义的任何警告超过临界值时，显示跟踪的颜色。要更改提示颜色，请单击彩色框
	在模拟开始时清除轨迹	勾选此复选框可在仿真开始时清除当前轨迹
	清除 TCP 轨迹	单击此按钮可从图形窗口中删除当前轨迹
仿真提醒选项卡	使用仿真提醒	勾选此复选框可对选定机器人启动仿真提醒
	在输出窗口显示提示信息	勾选此复选框可在监控设定值超过临界值时查看警告消息。如果未启用 TCP 跟踪，则只显示警报
	TCP 速度	指定 TCP 速度警报的临界值
	TCP 加速度	指定 TCP 加速度警报的临界值
	手腕奇异点	指定在发出警报之前手腕关节与零点旋转的接近程度
	关节限值	指定在发出警报之前每个关节与其限制值的接近程度

在本任务中：将"追踪轨迹颜色"设置为黄色；为了保证记录长度，可将"跟踪长度"设定得大一些，为 10000 mm；为了监控机器人在运动过程中的速度，将 TCP "速度"设定为 1100 mm/s；将"提示颜色"设为红色。其操作如图 3-68 所示。

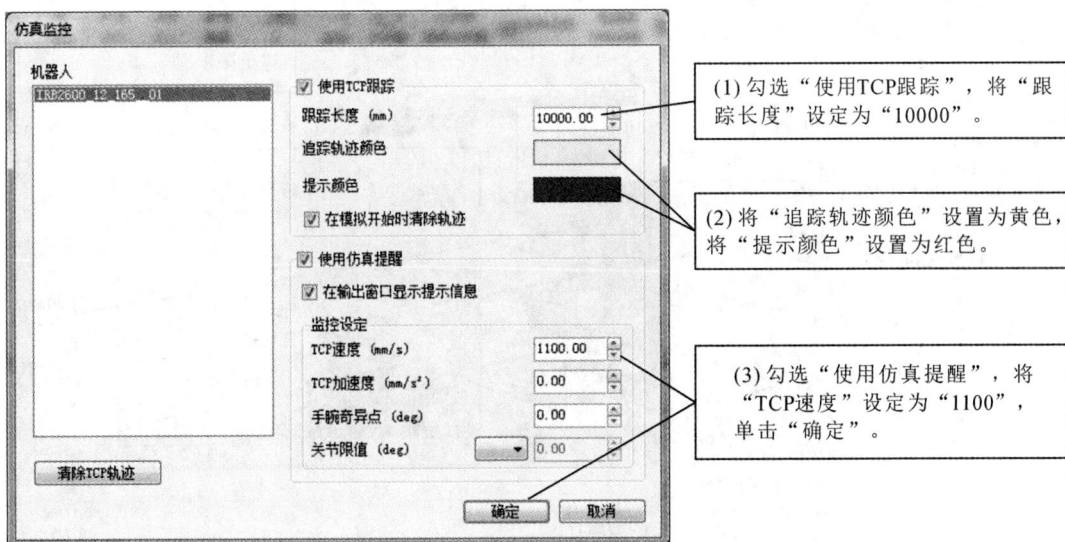

图 3-68

为了便于观察记录的 TCP 轨迹，可以将工作站中生成的路径和目标点隐藏，具体操作如图 3-69 所示。

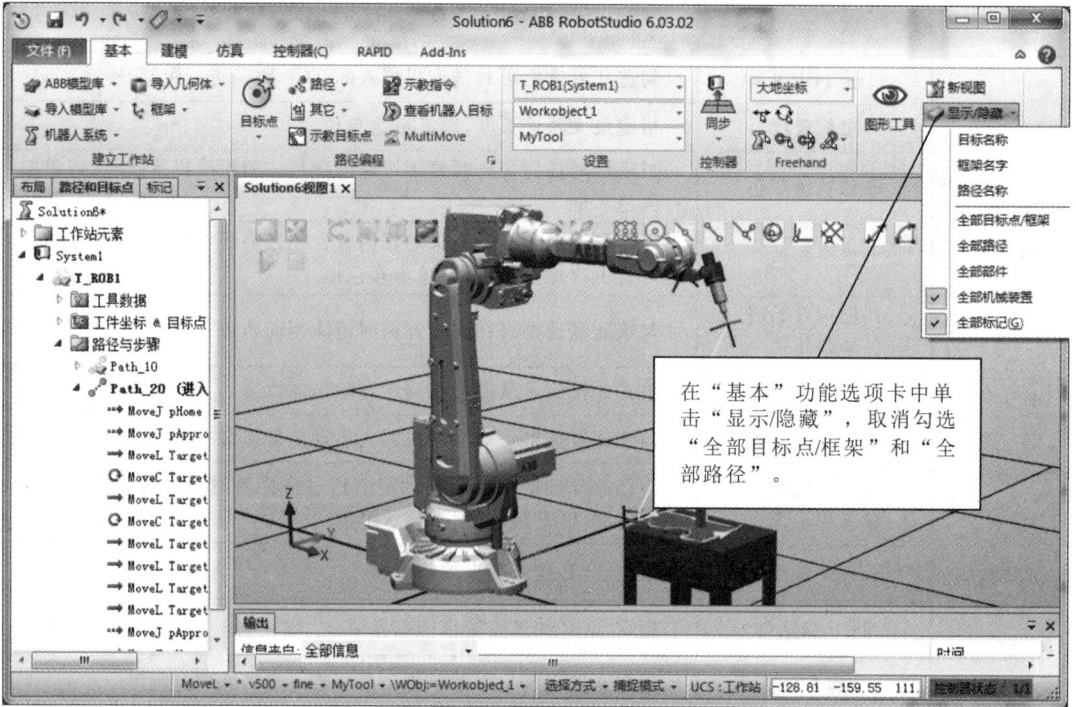

图 3-69

设置完成后,仿真运行机器人运动轨迹,具体操作如图 3-70 所示。

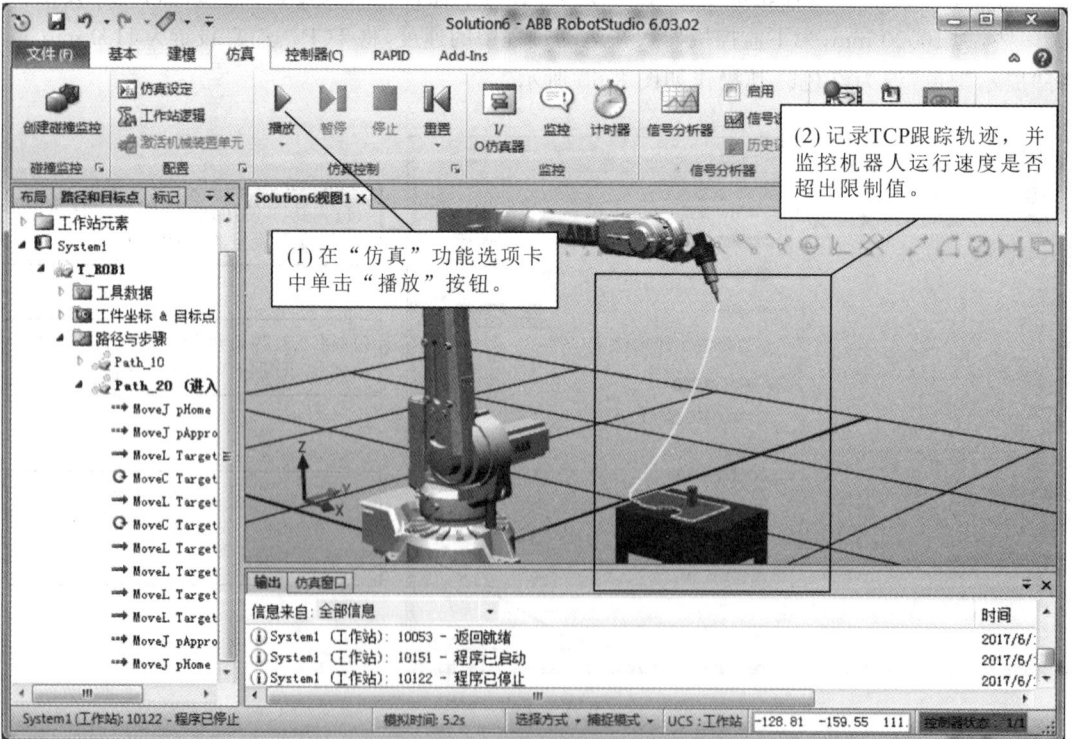

图 3-70

从运行的结果可以看出 TCP 的运动轨迹,以及其速度(最大为 1000 mm/s)没有超出极限值(1100 mm/s),而出现的跟踪轨迹也可以通过"仿真监控"对话框中的"清除 TCP 轨迹"进行消除。

碰撞检测能检查机器人或其他运动物体是否会与工作站内的其他设备产生碰撞。在复杂的工作站内,可以使用多组碰撞集对不同组的物体进行碰撞检测。碰撞检测在创建后会根据设定自动进行,不需要手动启动检测过程。

如果要用 ObjectsA 中的对象,例如工具和机器人,检测多个对象之间的碰撞,请将其全部拖至 ObjectsA。如果要用 ObjectsB 中的对象,例如工件和固定装置,检测多个对象之间的碰撞,请将其全部拖至 ObjectsB。这样,选择某个碰撞集或其下的某个组后,图形窗口和浏览器中将会突出显示对应的对象。使用此功能,可以快速查看哪些对象已被添加到碰撞集或其下的某个组中。

一般来讲,为了便于碰撞检测,我们建议遵循以下规则:

(1) 使用尽可能小的碰撞集,拆分大型部件,并只在碰撞集中收集相关部件;

(2) 导入几何体时,启用粗糙详情等级;

(3) 限制"接近丢失"的使用;

(4) 如果结果令人满意,可以启用最后的碰撞检测。

3.3.4　任务考核与评价

任务考核与评价包括学生自评、学生互评、教师评价三个维度(见表 3-5)。

表 3-5　"工业机器人运动程序的编制"考核与评价(三)

	序　号	评　价　内　容	学 生 自 评	学 生 互 评	教 师 评 价
基本素养 (30 分)	1	操作规范(10 分)			
	2	参与和协作能力(10 分)			
	3	课堂纪律(10 分)			
知识目标 (30 分)	4	了解机器人运动轨迹碰撞监控(10 分)			
	5	了解机器人运动轨迹仿真(10 分)			
	6	理解机器人的运动轨迹记录(10 分)			
技能操作 (40 分)	7	独立完成机器人运动轨迹碰撞监控(10 分)			
	8	独立完成机器人运动轨迹仿真(15 分)			
	9	独立完成机器人的运动轨迹记录(15 分)			
总评得分:					
教师签名:　　　　　学生 A 签名:　　　　　学生 B 签名:					
考核评价时间:					

3.3.5　任务练习

(1) 简述机器人碰撞监控的设置过程。

(2) 简述运动轨迹与路径的含义。

（3）简述轨迹记录中各设置的含义。

模 块 总 结

本模块介绍了RobotStudio中工业机器人运动程序的编制。通过本模块的思维导图，同学们可以梳理本模块任务布局以及每个任务需要重点掌握的知识及技术要点，有针对性地进行练习。

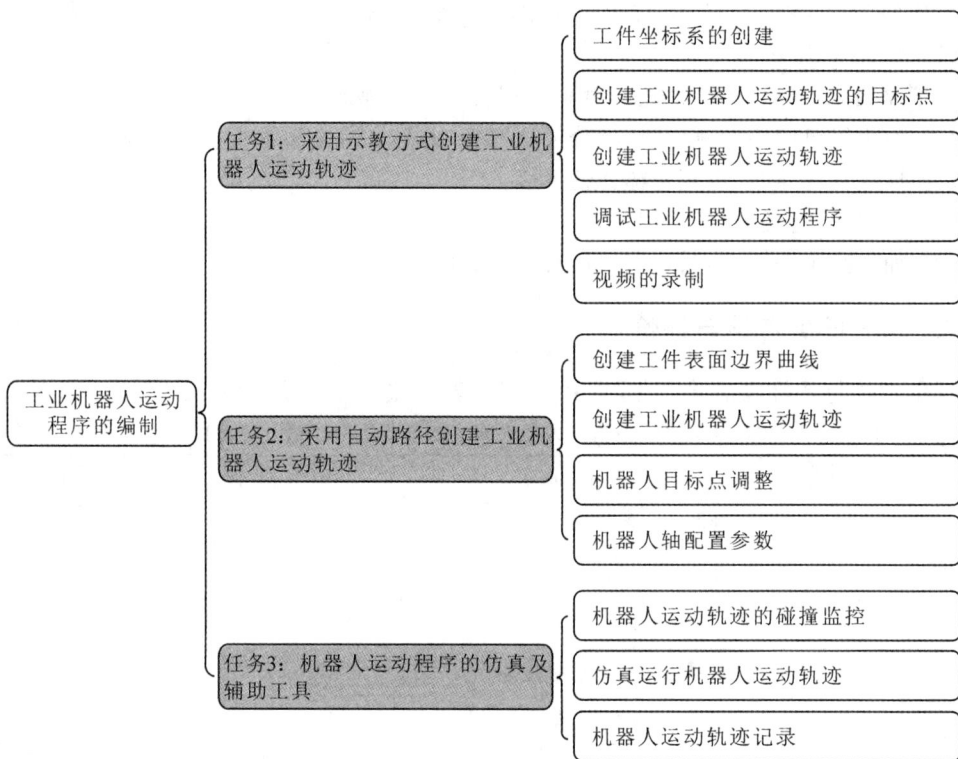

```
                          ┌── 工件坐标系的创建
                          │
                          ├── 创建工业机器人运动轨迹的目标点
       任务1：采用示教方式   │
       创建工业机器人运动轨迹 ├── 创建工业机器人运动轨迹
                          │
                          ├── 调试工业机器人运动程序
                          │
                          └── 视频的录制

                          ┌── 创建工件表面边界曲线
                          │
工业机器人运动  任务2：采用自动路径 ├── 创建工业机器人运动轨迹
程序的编制    创建工业机器人运动轨迹 │
                          ├── 机器人目标点调整
                          │
                          └── 机器人轴配置参数

                          ┌── 机器人运动轨迹的碰撞监控
       任务3：机器人运动程序  │
       的仿真及辅助工具     ├── 仿真运行机器人运动轨迹
                          │
                          └── 机器人运动轨迹记录
```

机器人小讲堂
——工业机器人的产业链

1. 上游——核心零部件情况

（1）减速器：市场集中度极高，高端市场为国外品牌所垄断，故厂商议价能力强。减速器成本占机器人总成本的25%~30%。整体供货周期长，国内一般为4~6个月。

（2）伺服电机：高端市场依赖进口，中低端市场可自主覆盖。国内厂商中，伺服电机成本占机器人总成本的25%~30%。

（3）控制器：本体厂商纷纷自主研发，但大部分还是需要购买第三方产品。控制器成本占机器人总成本的20%~25%。

2. 中游——机器人本体制造情况

（1）保有量：2022年中国工业机器人保有量约为135.7万台，主要为多关节机器人和

SCARA(一种特殊类型的工业机器人)机器人,其占比分别为 60% 和 40% 左右。

(2) 竞争格局:市场格局较为集中,整体而言国外品牌占比高,约为七成。

(3) 国内厂商主要措施:通过零部件自研来控制成本结构;发展协作机器人,增加产品应用场景;拓展家具等新行业;积极布局出海等。

3. 下游——系统集成商情况

(1) 市场格局较为分散(企业数量多、规模小),其中国内系统集成商占比为 90% 以上。

(2) 机器视觉、3D 相机等新兴的集成生态伙伴助力工业机器人"眼/脑"发展,解锁更多、更精应用场景。

(3) 传统系统集成商向综合解决方案厂商迈进,即向上拓展本体能力,向下拓展机器视觉、柔性夹爪等周边技术。

4. 工业机器人未来发展趋势

(1) 从发展方向上看:未来工业机器人的发展以提升应用广度和深度为方向,其中运动控制技术、控制系统技术促进产品性能提升,AI 相关技术促进智能化提升,未来工业机器人向着智能化、精细化、柔性化、平台化等方向发展。

(2) 从行业发展潜力看:汽车制造、电子和半导体制造仍然是工业机器人主要应用行业;锂电/光伏制造是新增市场的主要行业。除此之外,航空航天、家电制造等行业应用潜力也比较大。

模块 4　机器人 Smart 组件的应用

模块介绍

本模块将主要介绍 ABB 机器人 RobotStudio 中的 Smart 组件动画仿真设计。Smart 组件是一种使实体部件实现动态仿真效果的工具。比如通过 I/O 控制，Smart 组件可以实现传送带传送货物、滑台滑动、转台转动、喷枪涂装、夹具或吸盘动作等效果，使仿真系统直观展示实际系统的动作。本模块包含五个子任务：任务 1 是创建往复运动组件；任务 2 是创建喷枪的涂装效果；任务 3 是创建搬运组件；任务 4 是输送线动态仿真；任务 5 是 Smart 组件子组件概览。

模块 4 学习视频

学习目标

素质目标：

(1) 增强自学和搜索资料的能力；

(2) 增强发现和解决问题的能力；

(3) 增强沟通、团队协作能力；

(4) 培养精益求精、勇于创新的工匠精神；

(5) 具有良好的职业道德和职业素质。

知识目标：

(1) 了解 Smart 组件的含义与作用；

(2) 掌握 Smart 组件的创建方法；

(3) 掌握 Smart 组件属性与连结配置方法；

(4) 掌握 Smart 组件信号和连接配置方法；

(5) 掌握仿真动态效果的 Smart 组件设计方法；

(6) 了解 Smart 组件各子组件功能。

技能要求：

(1) 能进行 Smart 组件创建操作；

(2) 能熟练进行 Smart 组件属性与连结配置；

(3) 能熟练进行 Smart 组件信号和连接配置；

(4) 能应用 Smart 组件进行动态仿真效果设计。

任务 4.1　创建往复运动组件

4.1.1　任务描述

用 Smart 组件来创建一个具有往复运动属性的滑块机构，以此了解 Smart 组件的应用。

4.1.2　任务知识点

在本任务中，首先，我们需要通过建模创建一个滑块和一个轴，并将它们定义为往复运动的机械装置机构。同时，为该机械装置定义两个位置姿态点。然后，我们通过创建 Smart 组件来控制该机械装置的运动。由于该组件要实现的是滑块在两个位置姿态点之间的运动控制，因此我们给其配置两个位置移动子组件（PoseMover），并创建两个输入信号与之相连接来控制机械机构的定点运动。最后，通过导入并创建机器人系统来进行仿真，即为机器人配置两个信号输出端并与机械机构的两个输入信号相连接，从而实现机器人对往复运动机构的控制。主要涉及如下知识点：

（1）创建机械装置机构；

（2）创建 Smart 智能组件；

（3）移动子组件（PoseMover）的应用。

4.1.3　任务实施

4.1.3.1　创建工作站和部件

创建一个空工作站，并用建模功能创建往复运动的部件，包括滑块和轴（即滑杆）。其操作步骤如图 4-1、图 4-2 所示。

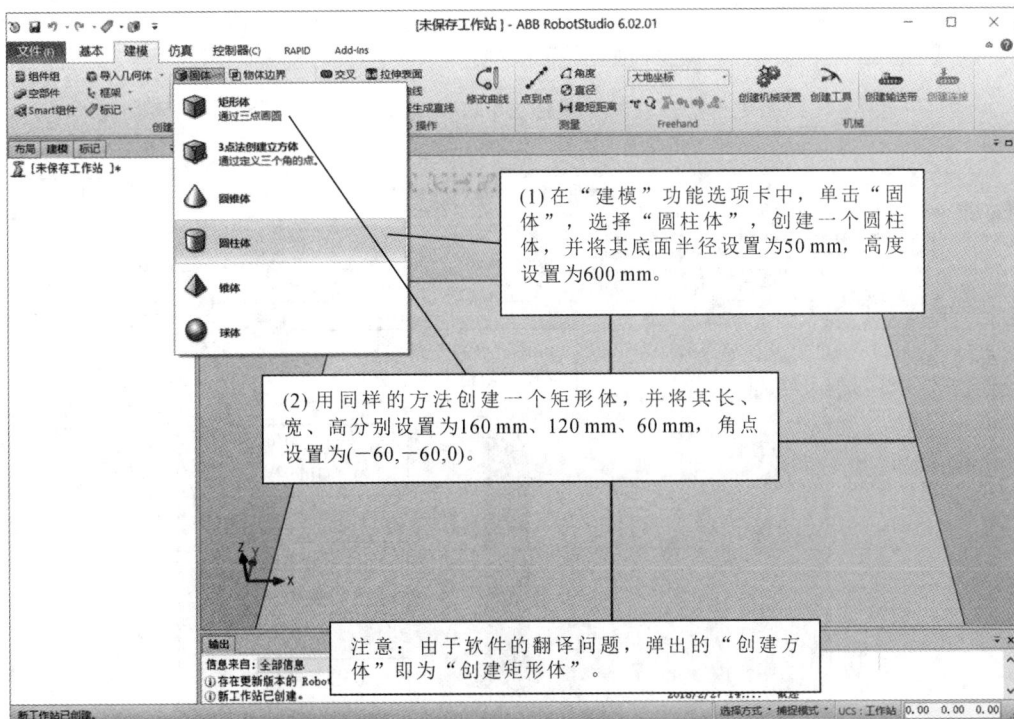

图 4-1

4.1.3.2　创建机械装置

接着我们把往复运动的部件创建成一个机械装置，并配置成往复运动机构。其操作如图 4-3 至图 4-10 所示。

双击"创建机械装置"工具框，使工具框弹出并将其尺寸拉大。因尺寸问题，有些工具按钮会被隐藏起来，拉伸后可以看到。单击"编译机械装置"进行编译，生成机械装置。

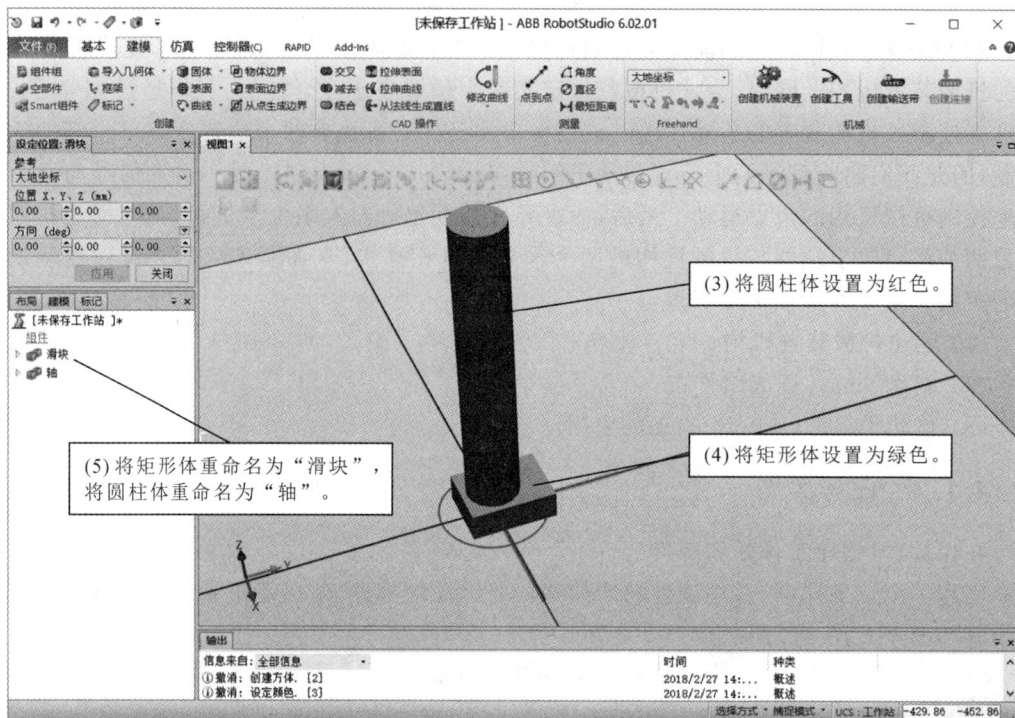

图 4-2

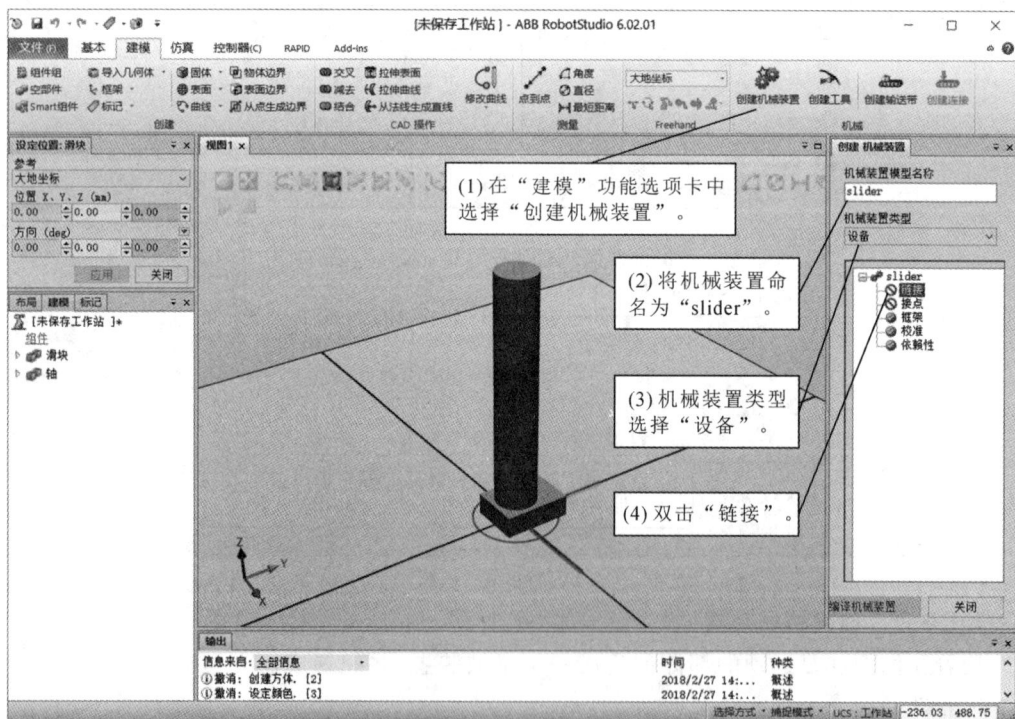

图 4-3

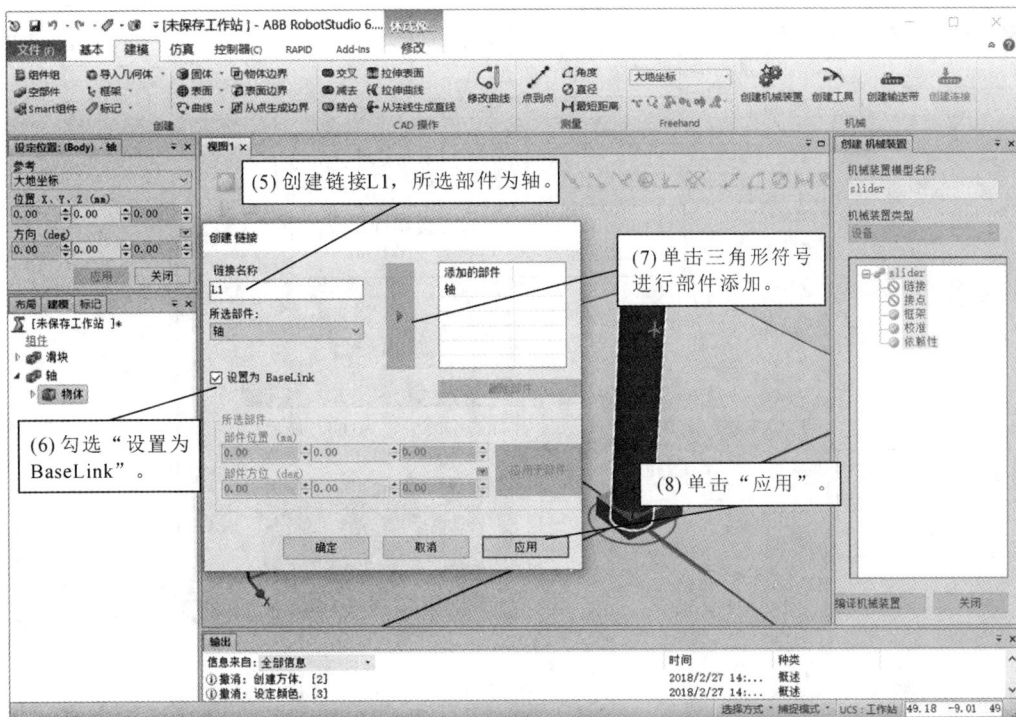

图 4-4

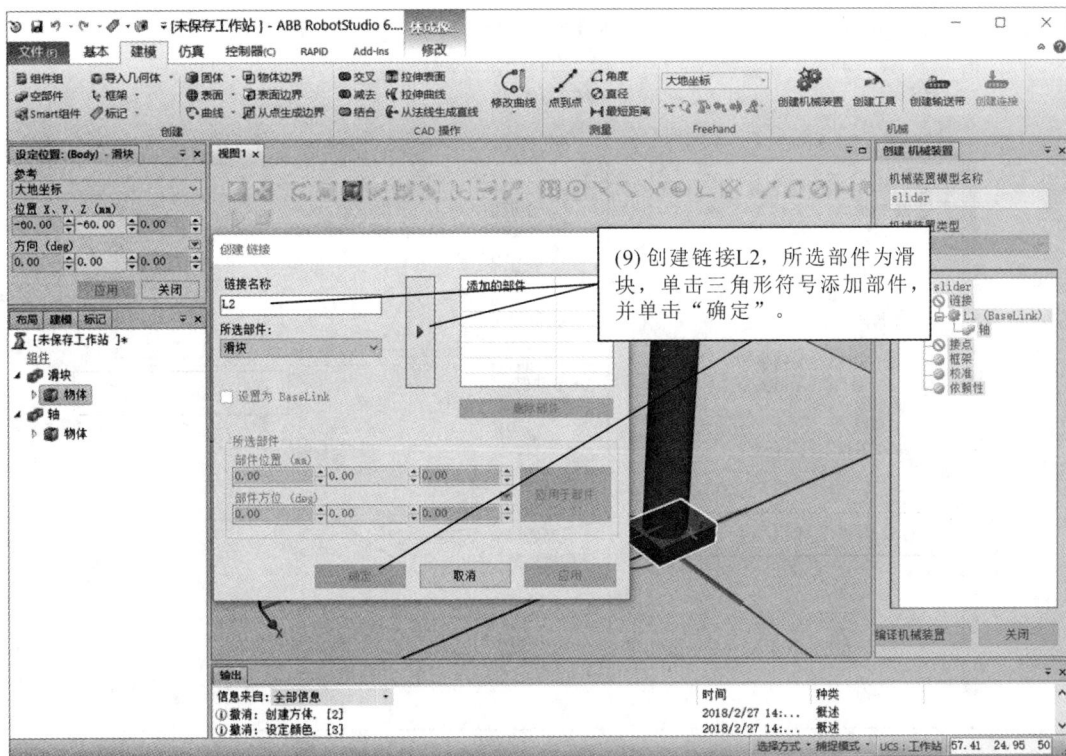

图 4-5

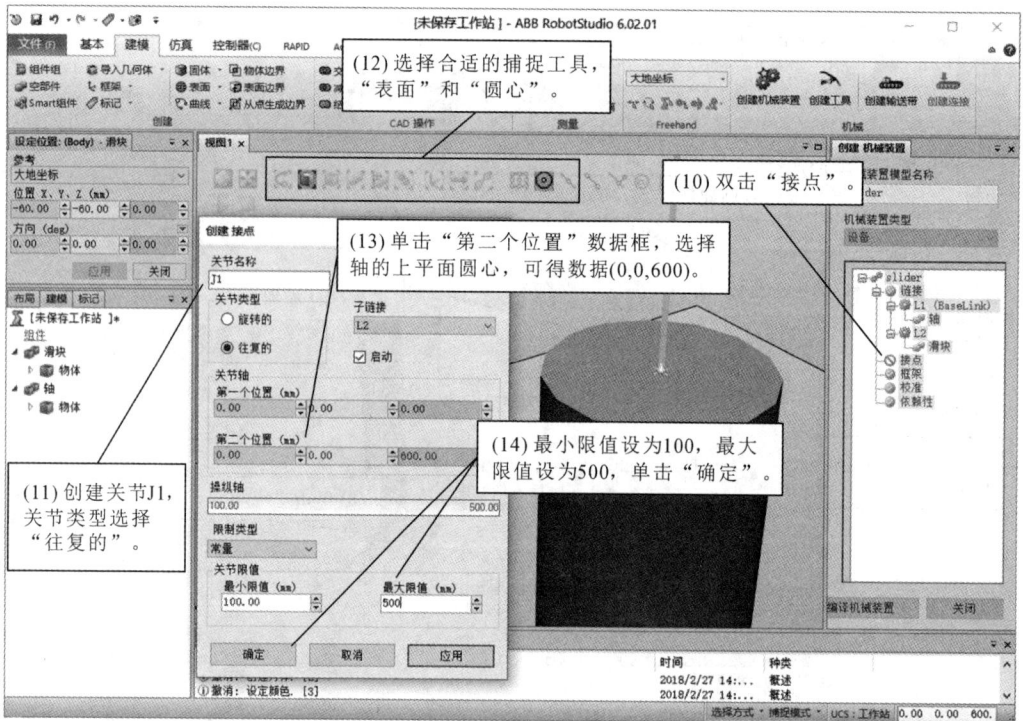

图 4-6

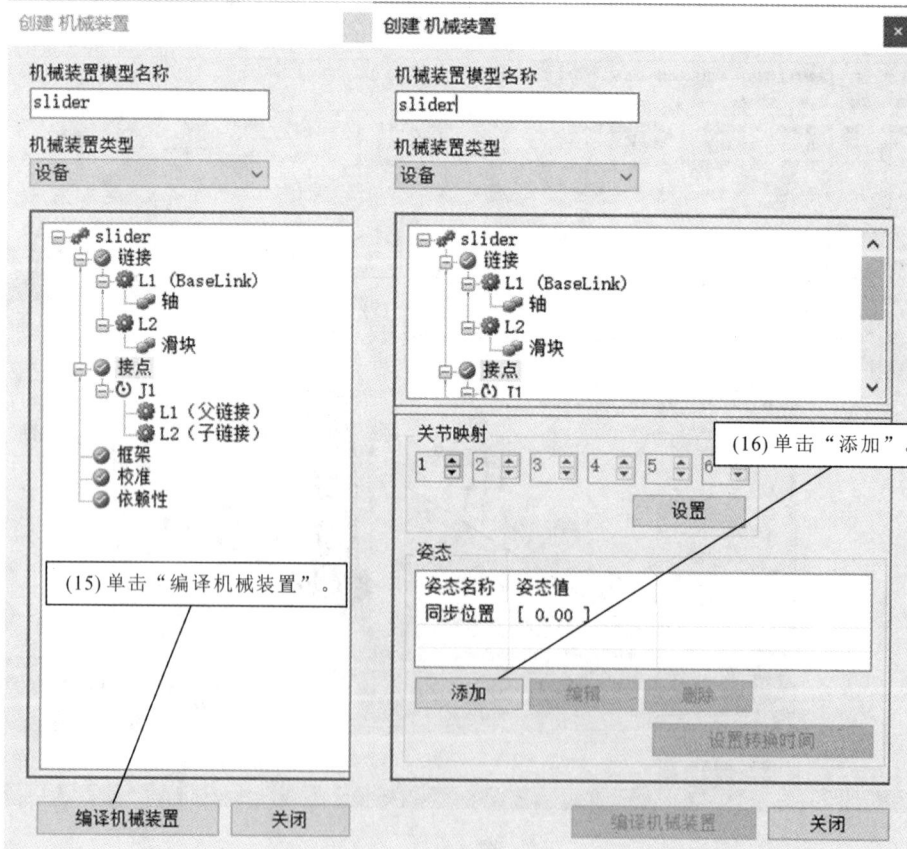

图 4-7

接下来我们来为此机械装置配置两个位置姿态点,单击"添加",创建位置 1(关节值为 100)和位置 2(关节值为 500)。单击"设置转换时间",设置转换时间,位置 1 到位置 2 为 3 s,位置 2 到位置 1 为 3 s。

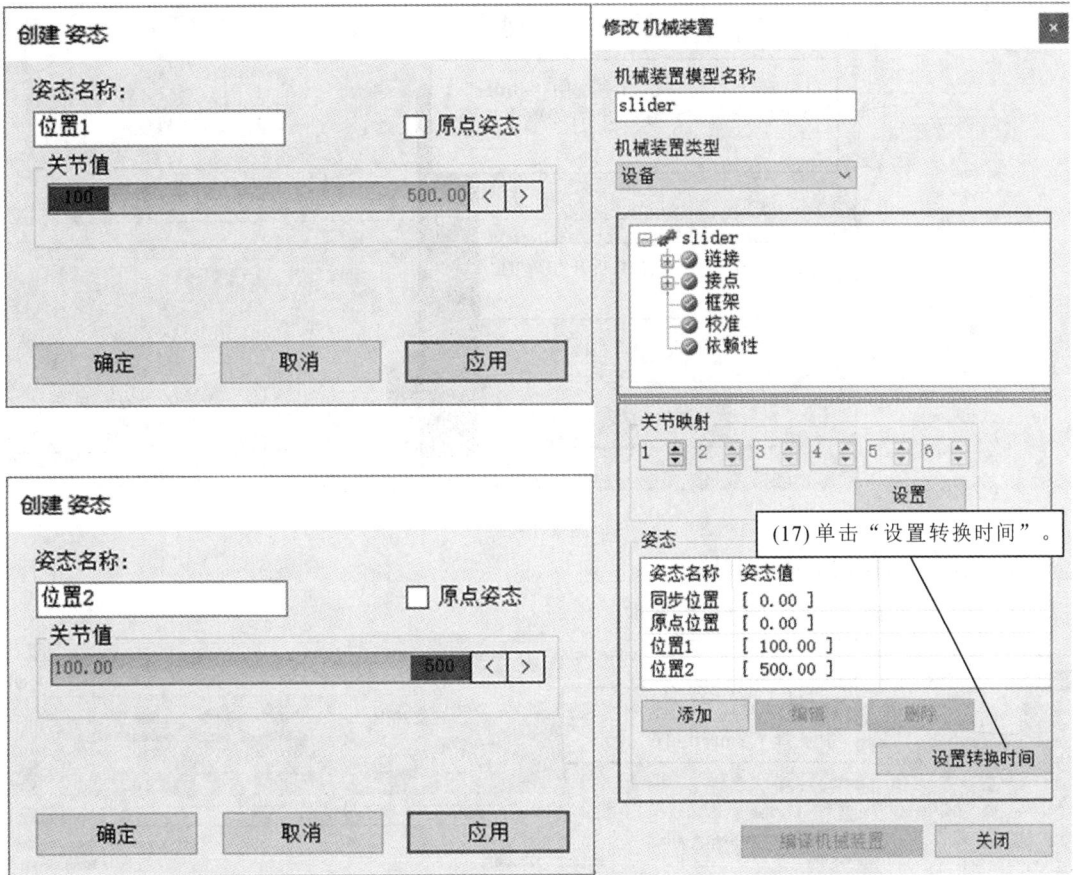

图 4-8

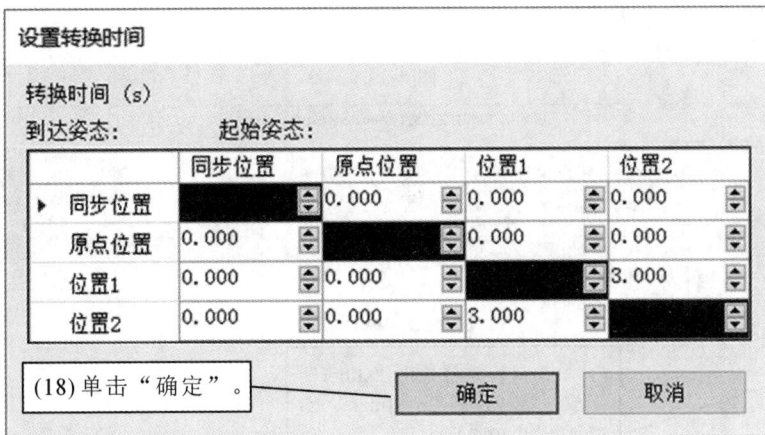

图 4-9

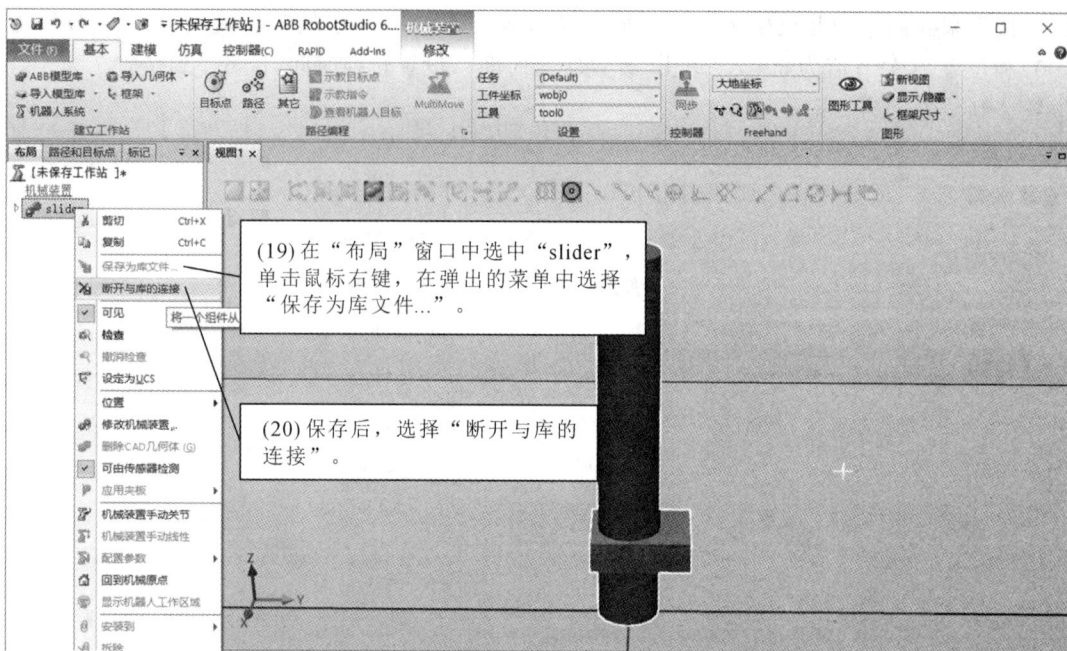

图 4-10

4.1.3.3 创建 Smart 组件

操作步骤如图 4-11 至图 4-15 所示。

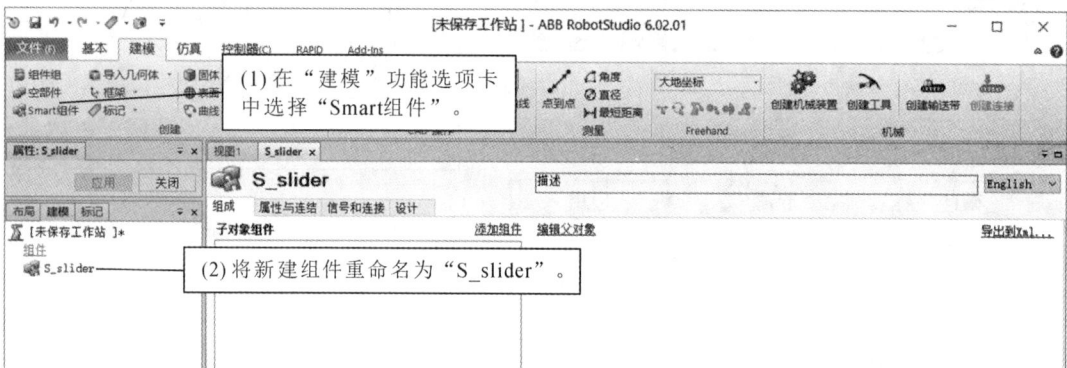

图 4-11

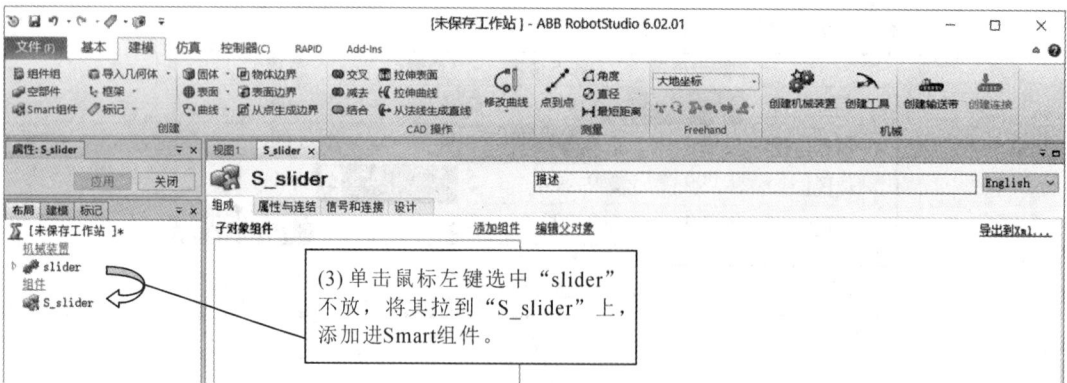

图 4-12

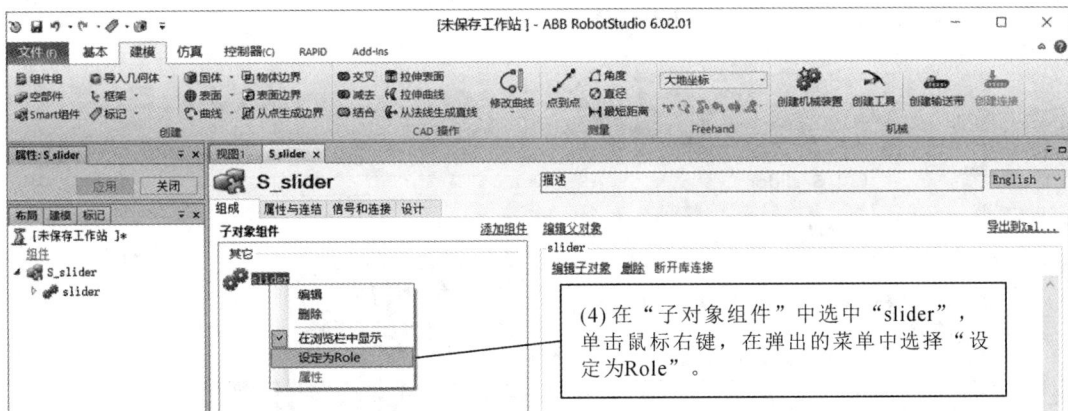

图 4-13

为 Smart 组件创建两个子组件 PoseMover 来控制滑块的滑动。PoseMover 的作用是使某个机械装置关节运动到一个已定义的位置姿态点。

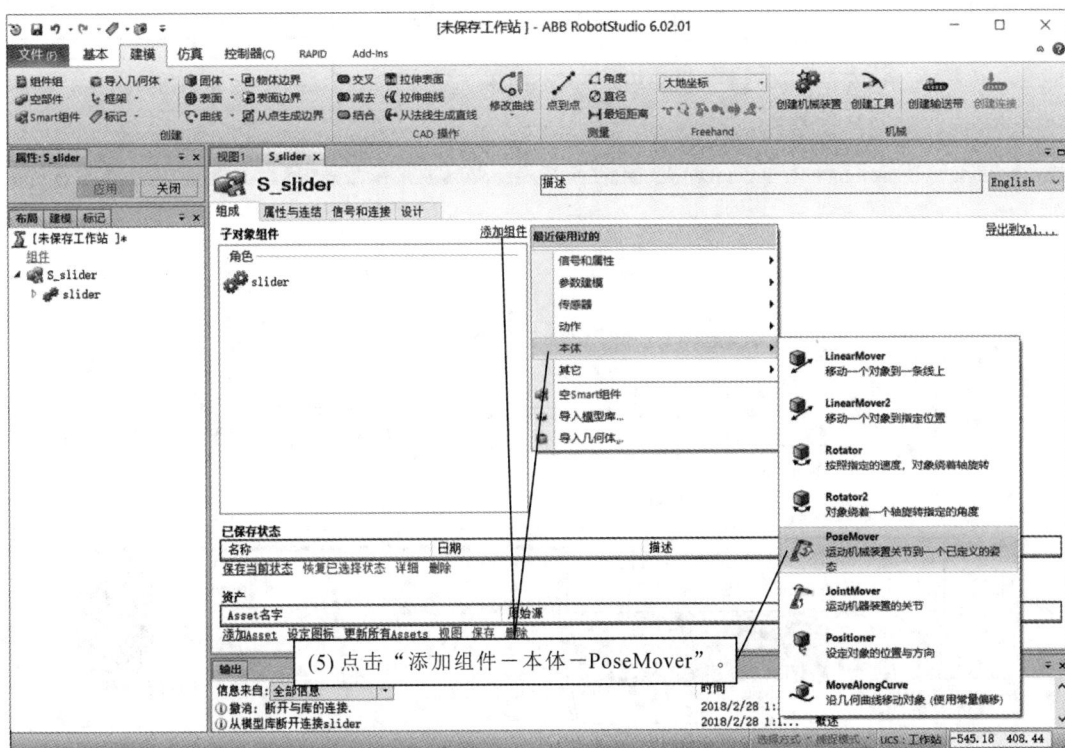

图 4-14

4.1.3.4　创建信号和连接

接下来,我们需要为各个子组件之间的连接和交互创建 I/O 信号,并建立 I/O 连接。这里我们创建两个 I/O 信号,DI01 和 DI02,如图 4-16 所示。

创建了信号后,再创建两个连接。让 DI01 与 PoseMover[位置 1]相连接,如图 4-17 所示。

用同样的方法创建 DI02 与 PoseMover_2[位置 2]的连接。

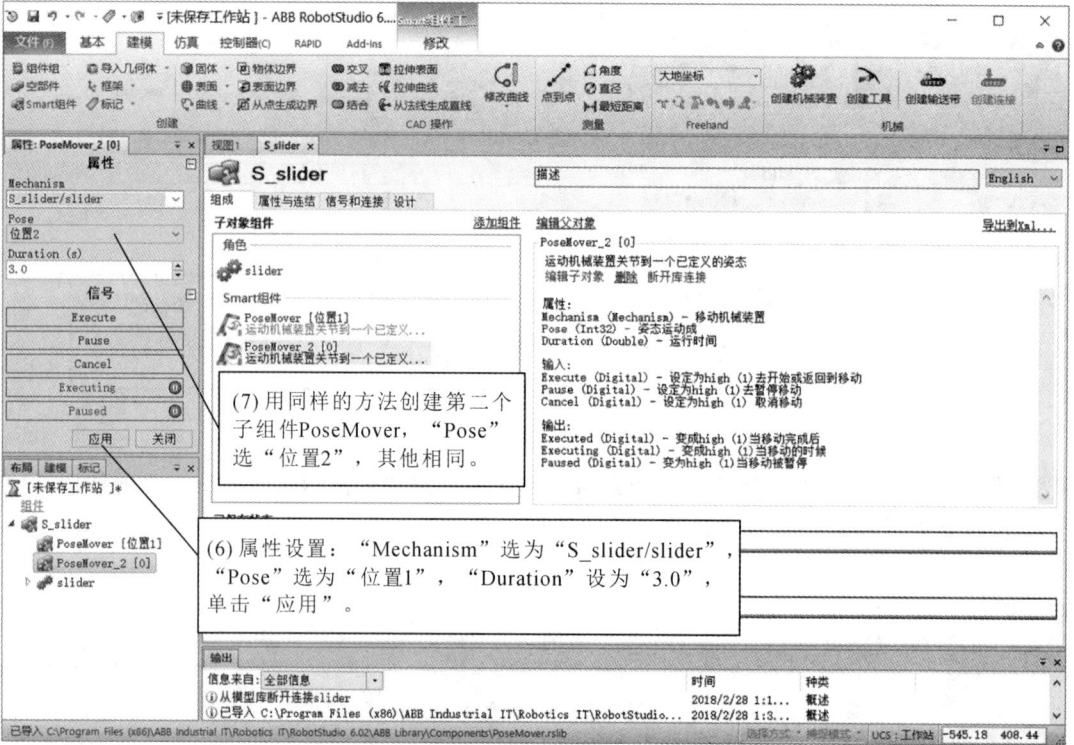

图 4-15

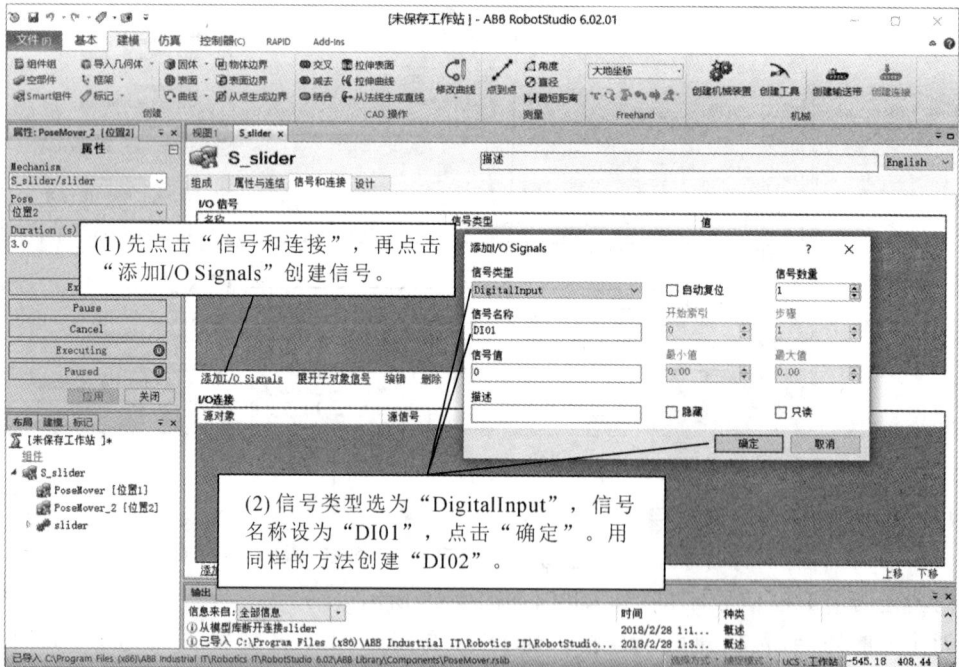

图 4-16

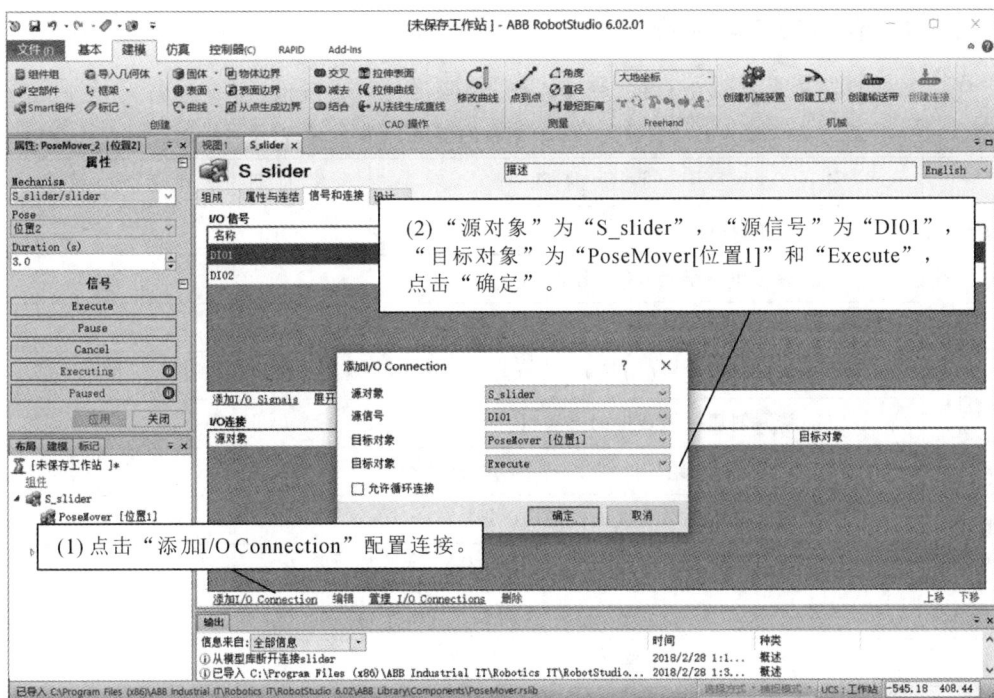

图 4-17

4.1.3.5　组件测试

下面我们对 Smart 组件的效果进行仿真测试，如图 4-18 所示。

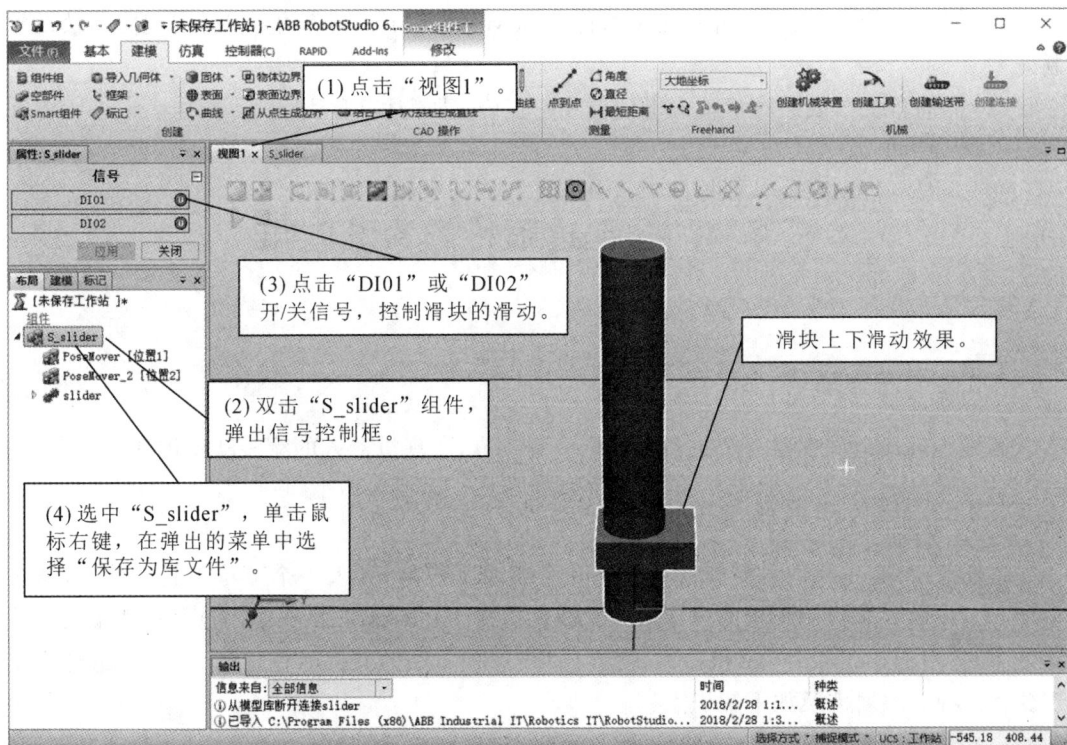

图 4-18

4.1.4　任务考核与评价

任务考核与评价包括学生自评、学生互评、教师评价三个维度(见表4-1)。

表4-1　"机器人 Smart 组件的应用"考核与评价(一)

	序　号	评价内容	学生自评	学生互评	教师评价
基本素养 (30分)	1	操作规范(10分)			
	2	参与和协作能力(10分)			
	3	课堂纪律(10分)			
知识目标 (30分)	4	掌握建模方法(10分)			
	5	掌握创建机械装置的方法(10分)			
	6	掌握 Smart 组件的创建与配置方法(10分)			
技能操作 (40分)	7	独立完成机械装置的创建(10分)			
	8	独立完成 Smart 组件的创建(30分)			

总评得分:

教师签名:　　　　　　学生 A 签名:　　　　　　学生 B 签名:

考核评价时间:

4.1.5　任务练习

(1) 导入一个夹具模型,并利用子组件 PoseMover 设计一个智能夹具,实现夹与放的控制效果。

(2) 若智能夹具安装到机器人上的位置不正确,请简述其原因。

任务4.2　创建喷枪的涂装效果

4.2.1　任务描述

利用 Smart 组件创建一个机器人喷枪涂装工具,实现机器人的涂装动作仿真。

4.2.2　任务知识点

本任务中,首先我们需要创建并配置一个喷漆工作站,导入一个喷枪工具。然后,通过创建 Smart 组件来控制喷枪的喷涂效果。我们应用 PaintApplicator(涂装)子组件来实现喷涂效果,应用 RapidVariable(机器人变量值捕获)和 ColorTable(颜色选择)两个子组件来实现颜色选择。主要涉及如下知识点:

(1) 创建三维模型部件与 Smart 组件;

(2) 控制子组件 PaintApplicator(涂装)、ColorTable(颜色选择)和 RapidVariable(机器

人变量值捕获)的应用；

（3）配置属性与连结、信号和连接。

4.2.3　任务实施

4.2.3.1　创建工作站

创建一个机器人工作站，并使用建模功能创建一个立方体（300 mm×300 mm×300 mm）作为涂装对象。导入一个喷枪并安装到机器人上，确认更新位置，为后面创建涂装效果做准备，如图 4-19 所示。

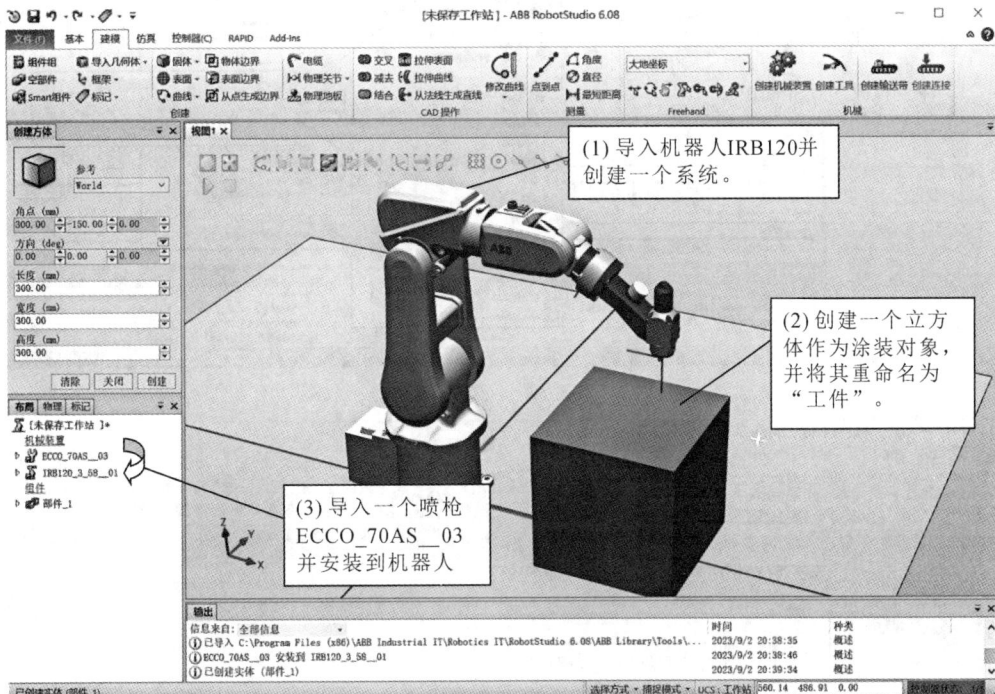

图 4-19

4.2.3.2　创建 Smart 组件

我们创建一个 Smart 组件来配置喷枪的仿真效果，通过创建 PaintApplicator 子组件模拟喷漆，如图 4-20、图 4-21 所示。

PaintApplicator 的各参数含义如下：

Part：要喷涂的工件。

Color：喷涂颜色，一般由 ColorTable 组件进行属性传递。

ShowPreviewCone：勾选后激活，将按设定的尺寸显示喷涂雾化模型。

Strength：油漆的流量，即单位时间内喷枪喷出的油漆体积。此参数决定漆面颜色浓淡程度。

Range：喷涂雾化模型的长度，即油漆从喷枪喷出后可达到的有效长度。

Width：喷涂雾化模型的最大宽度，即油漆从喷枪喷出后达到有效长度时的宽度值。

Height：喷涂雾化模型的最大高度，即油漆从喷枪喷出后达到有效长度时的高度值。

Enabled：Smart 组件启动与停止控制 I/O 信号。当信号置位时，Smart 组件启动；反之，Smart 组件停止。

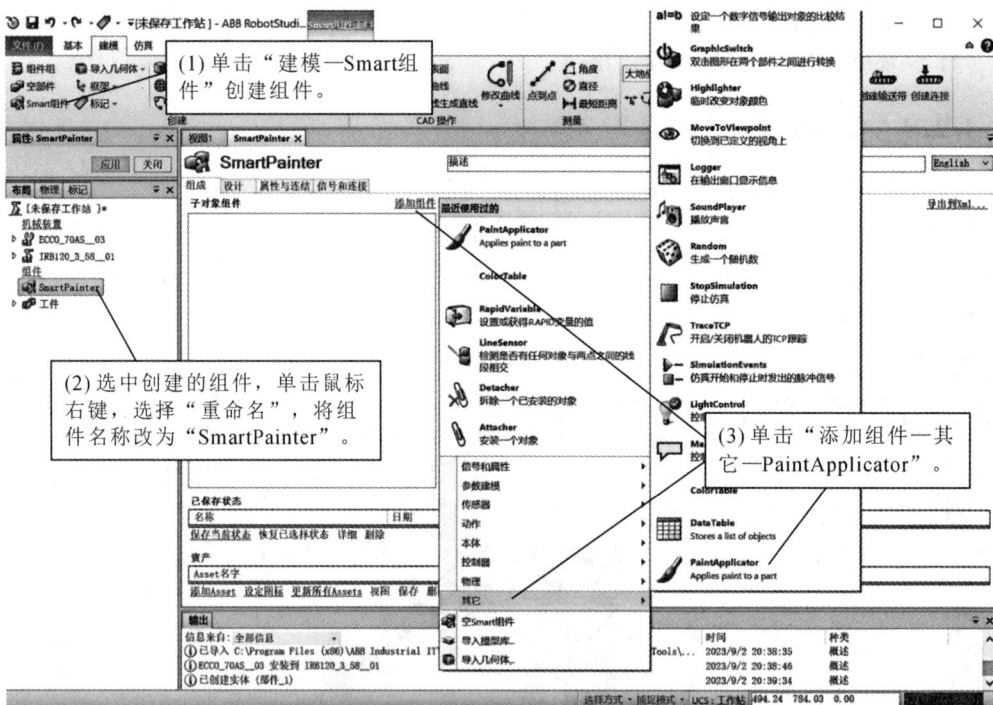

图 4-20

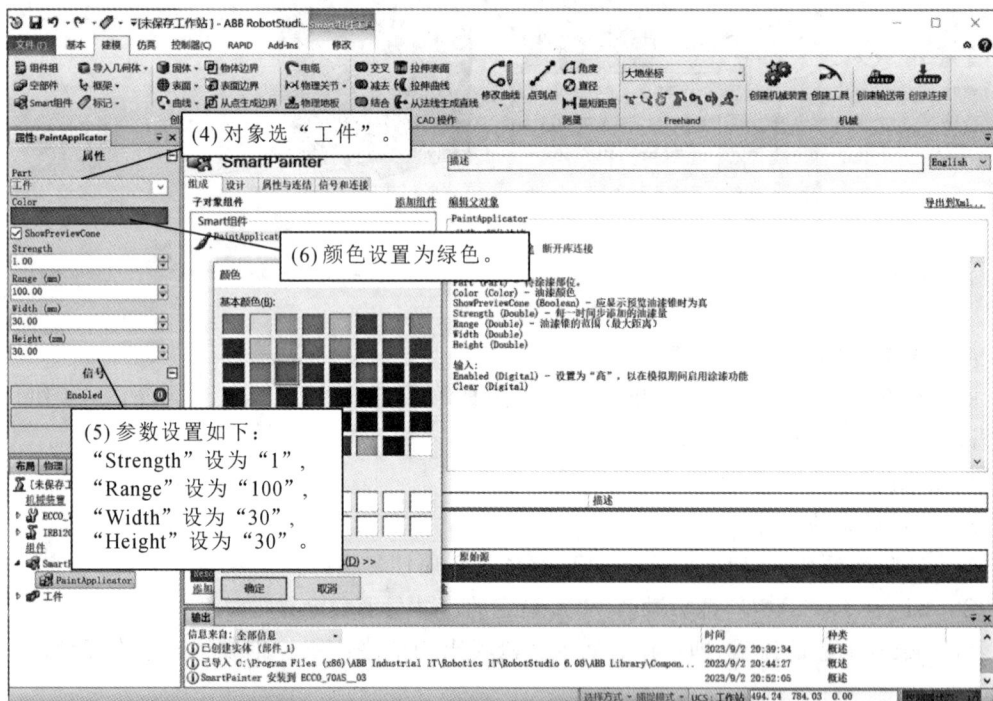

图 4-21

Clear:喷涂效果清除控制 I/O 信号。该信号接通后,工件上的喷涂效果立即被清除。

4.2.3.3　创建并配置组件信号

为 SmartPainter 组件创建 I/O 输入信号 PaintingStart,如图 4-22 所示。这个信号主要用于控制涂装的开始(置 1)和停止(置 0)。

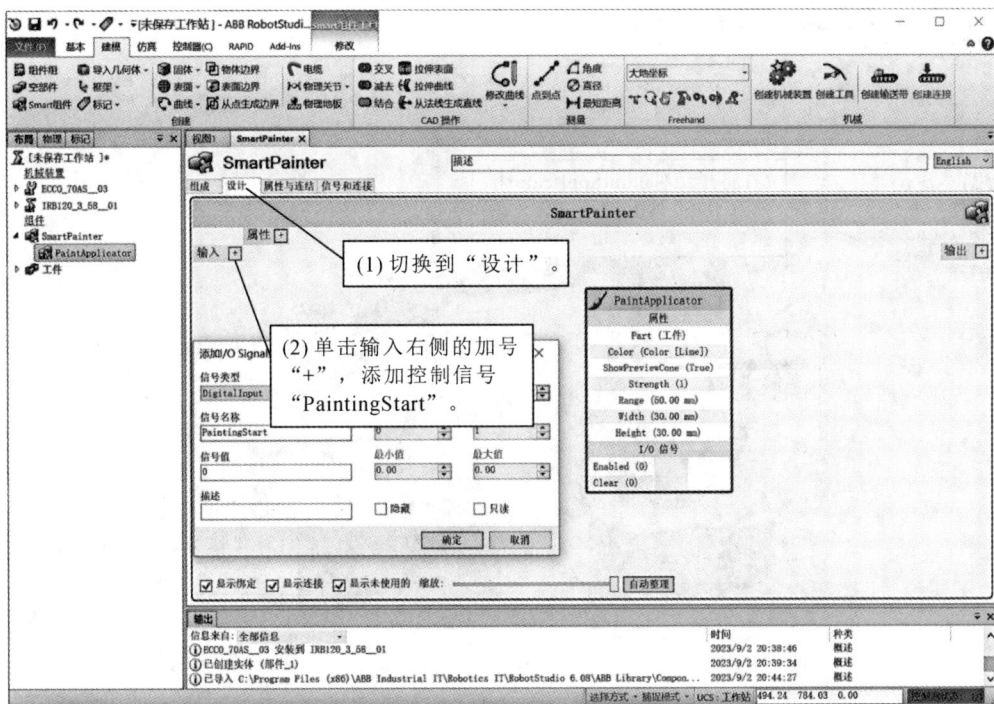

图 4-22

采用设计的方法为智能组件配置信号和连接,其效果与在"信号和连接"中进行信号添加和信号连接一样,如图 4-23 所示。同理,也可以进行属性与连结配置。

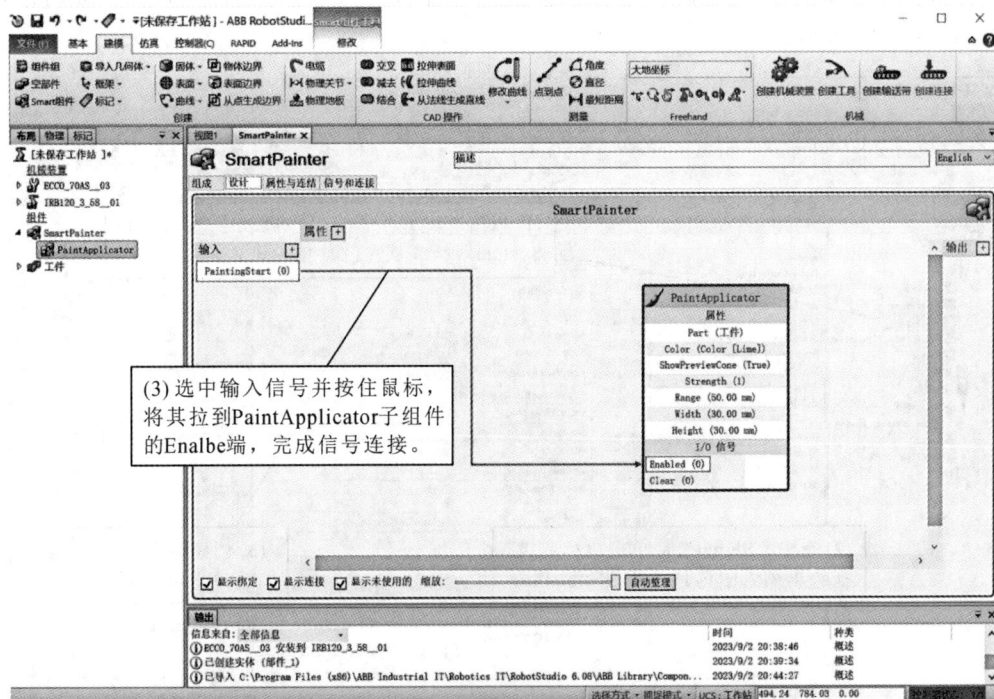

图 4-23

注意:要选择 PaintSpplicator 子组件安装到喷枪工具上,如图 4-24 所示,不能选 SmartPainter 组件,否则后面进行涂装仿真的时候颜色不会显示出来。

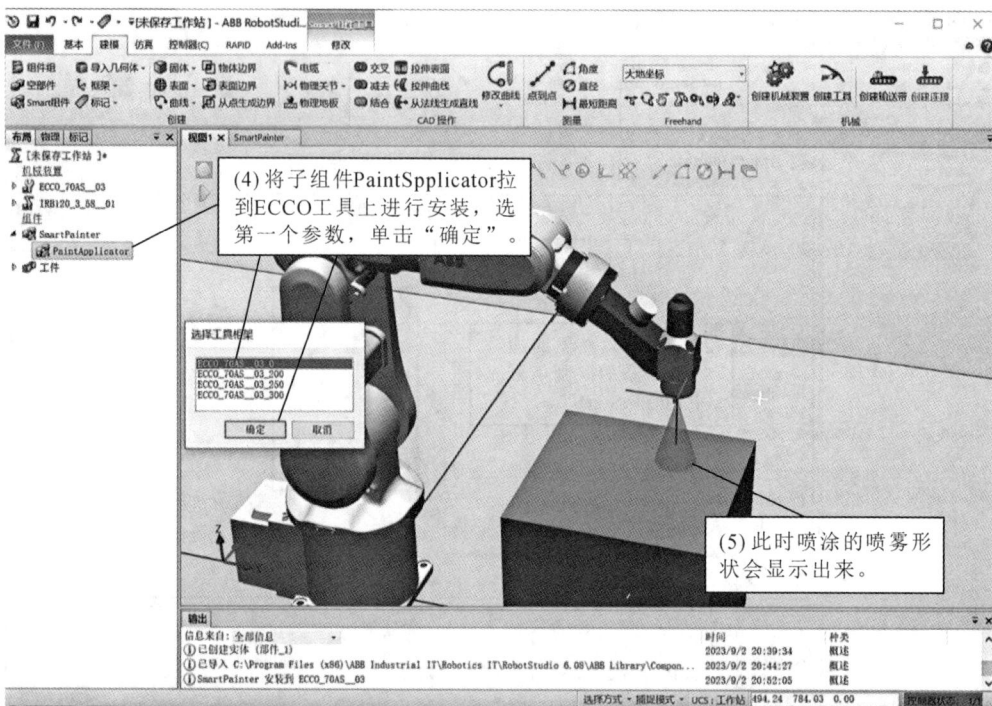

图 4-24

4.2.3.4　创建并配置机器人信号

为机器人创建一个 I/O 输出信号,并在工作站中建立连接,用于控制智能喷涂组件,如图 4-25、图 4-26 所示。

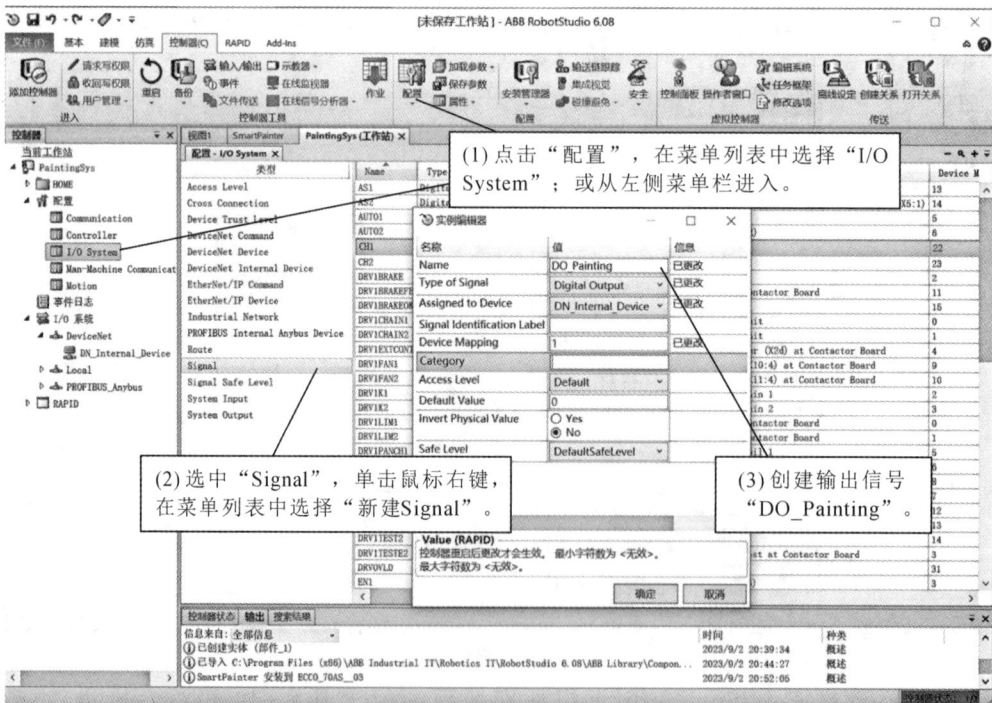

图 4-25

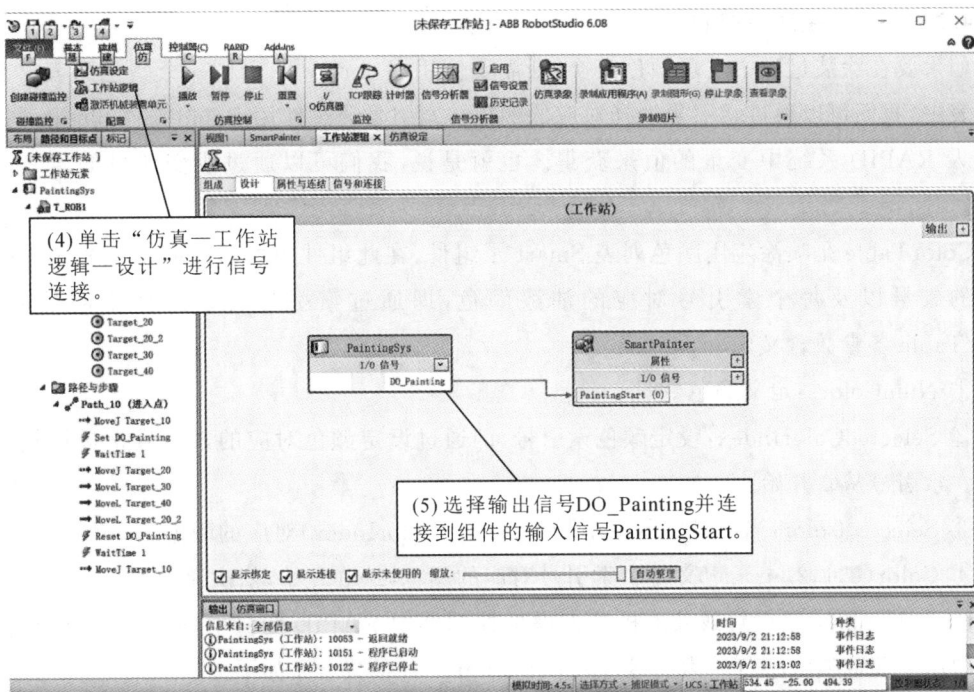

图 4-26

工作站逻辑的信号配置是工作站中各个设备之间的连接关系,而智能组件里面的信号配置只是组件内部各子组件之间和对外的连接关系配置

4.2.3.5　创建机器人程序和仿真

创建一个三角形路径,插入运动指令及涂装开始(Set DO_Painting)和结束控制(Reset DO_Painting)功能指令,同步到 RAPID,将"仿真设定"设置为 Path_10,运行仿真,如图 4-27 所示。

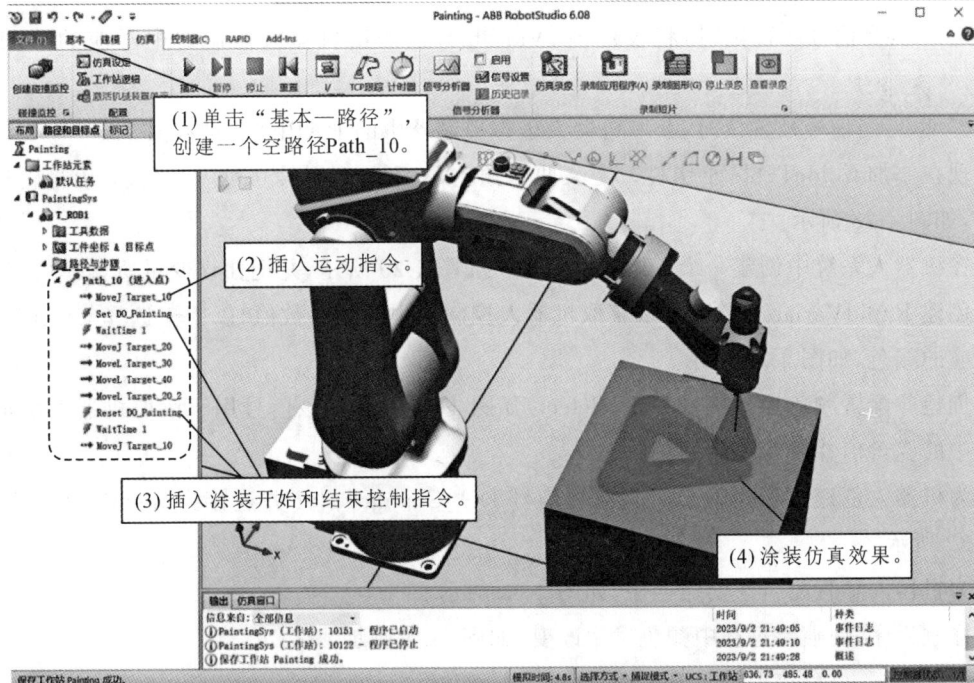

图 4-27

4.2.3.6 涂装颜色控制

如果要在涂装过程中实现颜色变换,则需要使用 ColorTable 来创一个颜色列表。在这个列表中,我们可以通过索引号选择对应的颜色。索引号通过使用 RapidVariable 组件提取机器人 RAPID 系统中变量的值来获得。也就是说,我们可以通过改变变量的值来改变颜色。

ColorTable 是喷涂应用颜色列表 Smart 子组件,在此组件中可以按照索引号定义喷涂颜色的数量以及每个索引号对应的油漆颜色,即通过索引号可以选择不同的颜色。ColorTable 各参数含义如下。

① NumColors:定义颜色数量。

② SelectedColorIndex:设定颜色索引号,即通过设定颜色对应的索引号来选择相应的颜色。索引号从 0 开始。

③ SelectedColor:当前设定的索引号(SelectedColorIndex)对应的颜色。

④ Color(0,1,2,…):定义每个索引号对应的颜色,从 0 开始,依次递增。

RapidVariable 是设置或获取机器人虚拟控制器中 RAPID 变量值的 Smart 组件,在本任务中用来获取喷涂颜色的索引号。RapidVariable 各参数含义如下。

① DataType:设定 RAPID 变量类型。

② Controller:选择 RAPID 变量所在的虚拟控制器。

③ Task:设置 RAPID 变量所在的机器人任务。

④ Module:设置 RAPID 变量所在的机器人程序模块。

⑤ Variable:设置要获取的 RAPID 变量名称。

⑥ Value:设置 RAPID 变量值。

⑦ Set:当信号被置位时,将设定值(Variable)发送给机器人控制器中对应的 RAPID 变量。

⑧ Get:当信号被置位时,获取机器人虚拟控制器中的 RAPID 变量数据。

现在添加 ColorTable 子组件。定义两个颜色,分别是索引号 0 对应红色,索引号 1 对应绿色,如图 4-28 所示。

在机器人系统中创建一个 num 全局变量,如图 4-29 所示,并记住该变量所属模块。

创建 RapidVariable 子组件来获取机器人控制器中变量的数值,以用于选择 ColorTable 中对应的颜色,如图 4-30 所示。

创建并配置颜色控制信号 ColorSelect,如图 4-31 所示。该信号用于读取机器人虚拟控制器中的变量值并改变喷涂颜色。

为机器人创建一个颜色选择的控制信号 DO_ChangeColor 并连接到智能喷涂组件,如图 4-32 所示。

为机器人和智能组件创建连接,如图 4-33 所示。

修改程序,使喷涂过程中颜色发生改变,如图 4-34 所示。

运行仿真,可以获得图 4-35 所示效果。

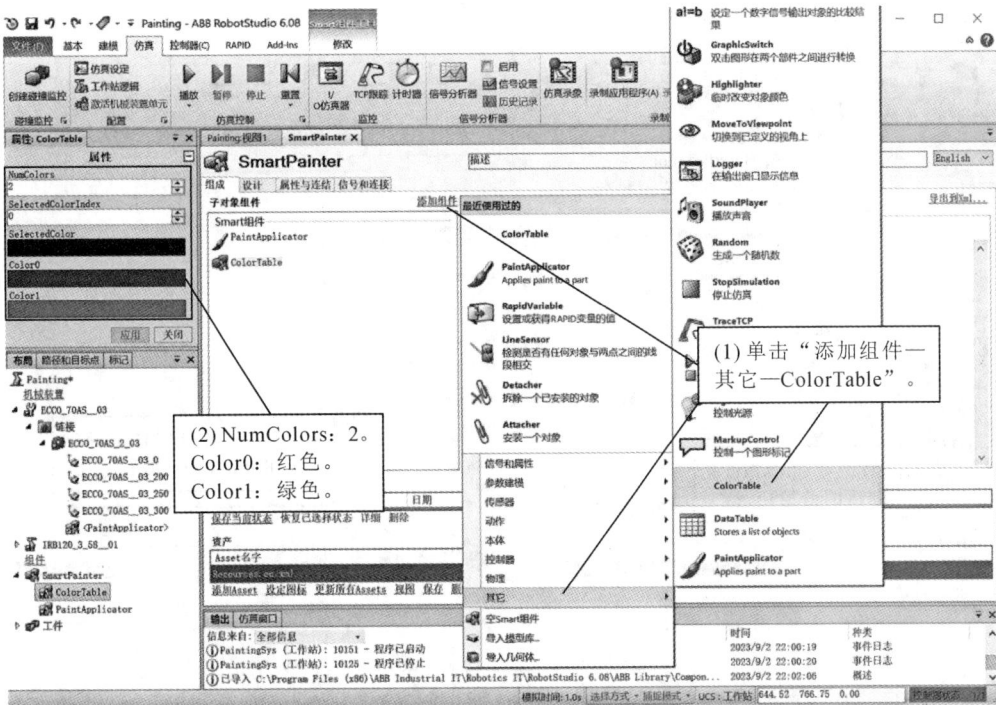

图 4-28

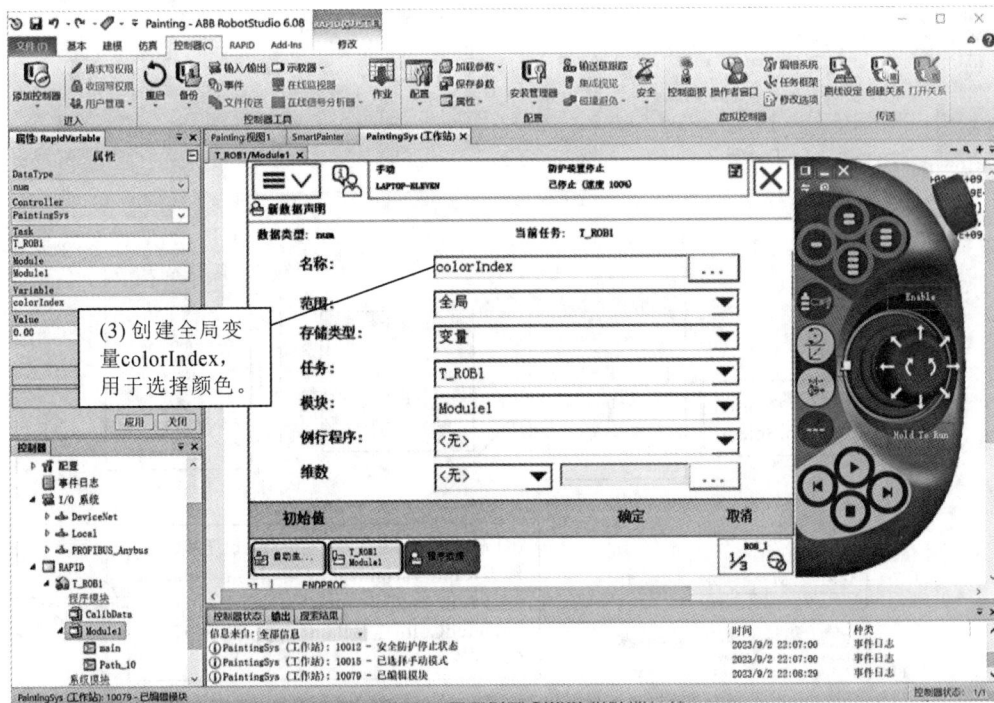

图 4-29

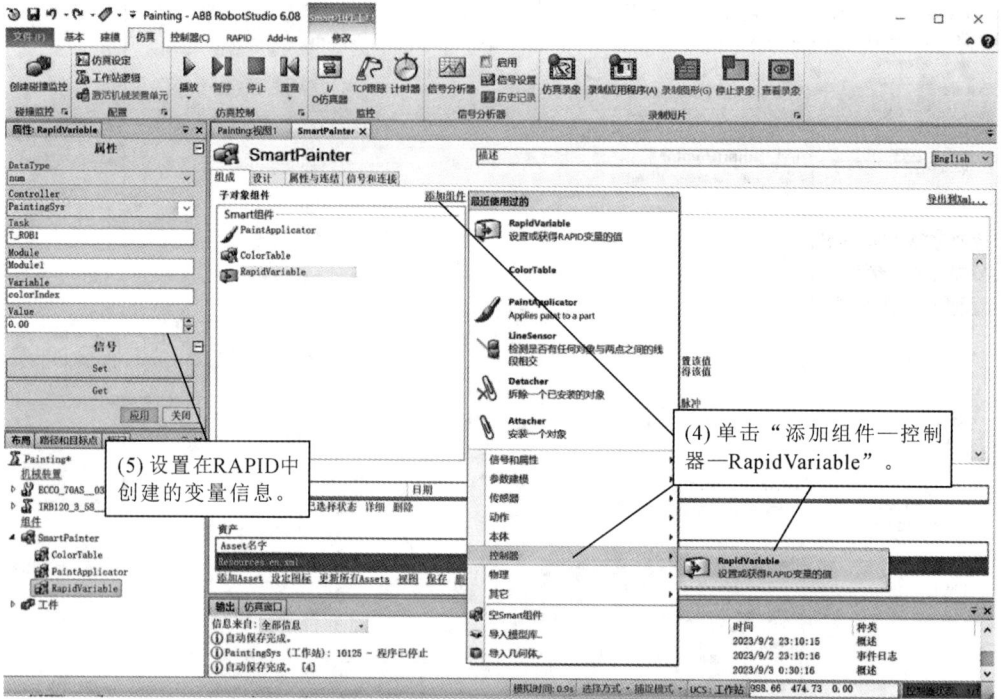

图 4-30

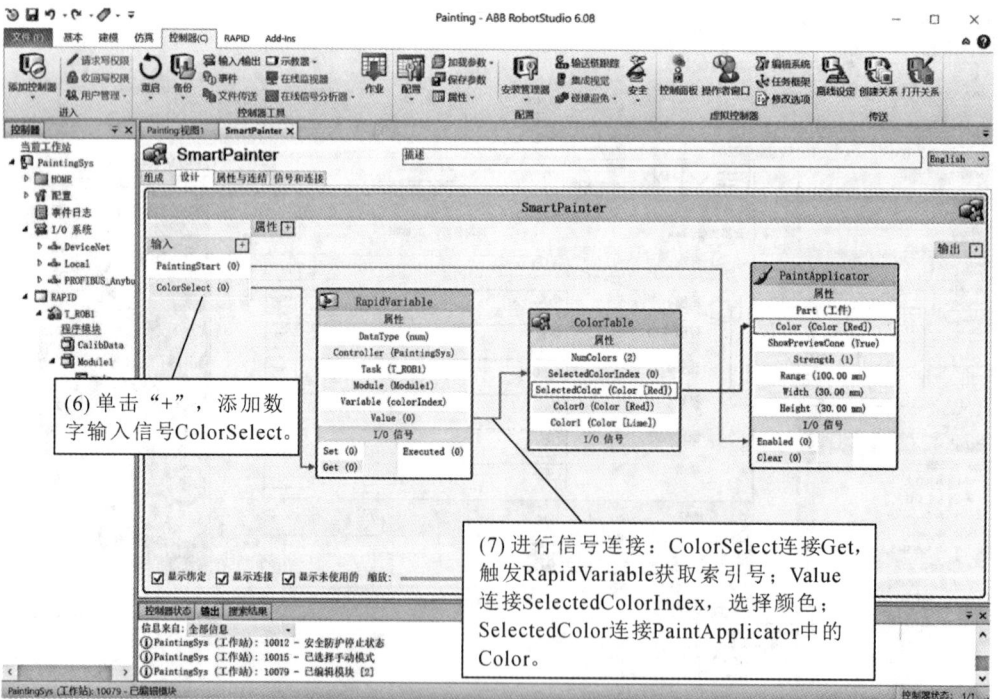

图 4-31

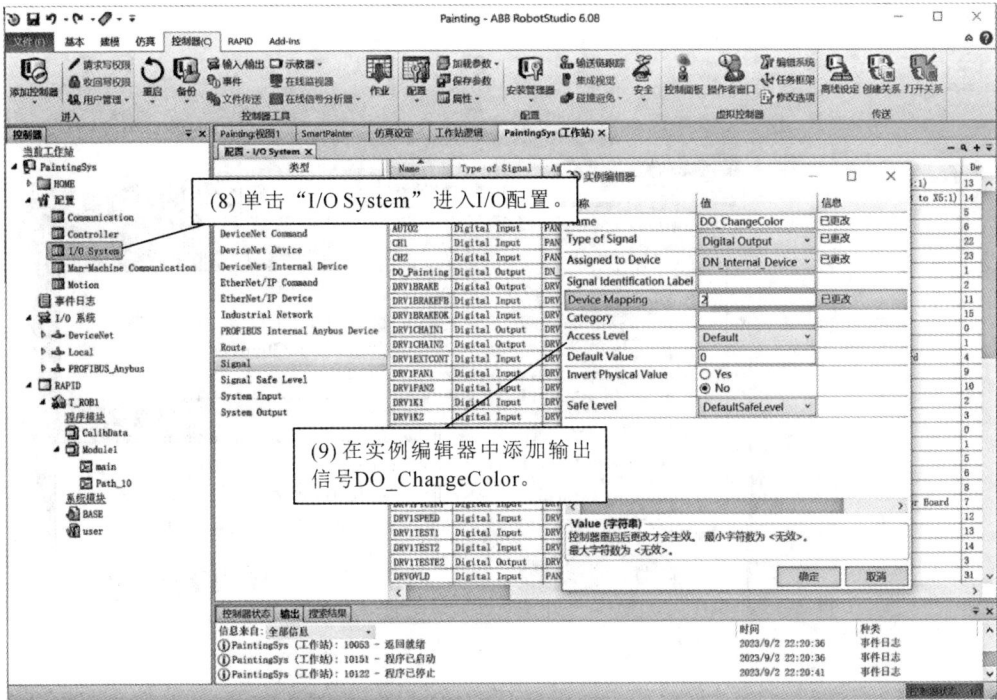

图 4-32

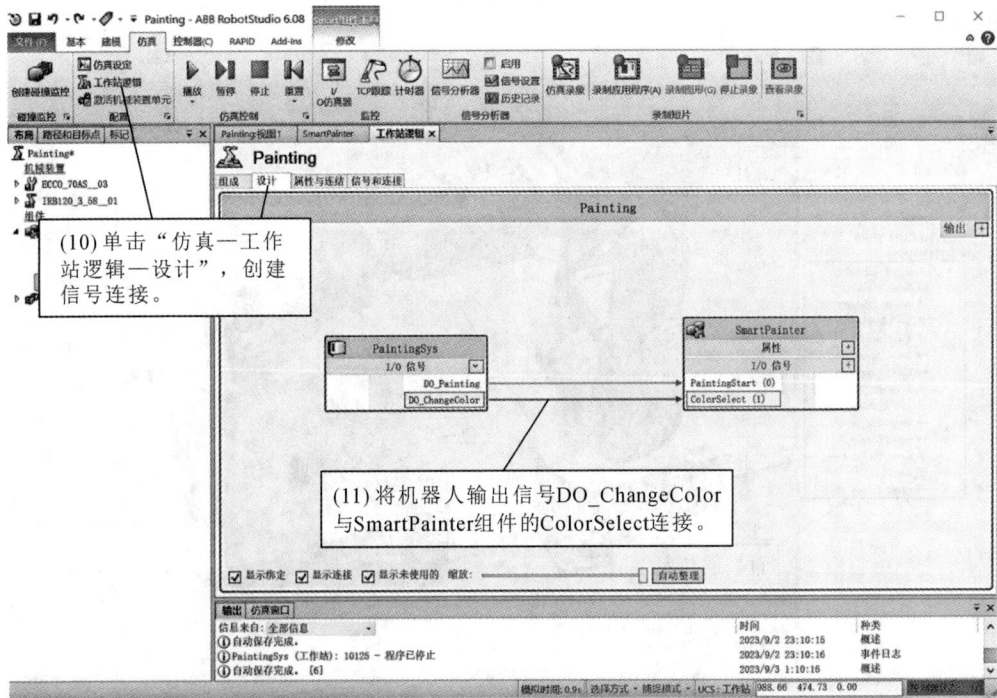

图 4-33

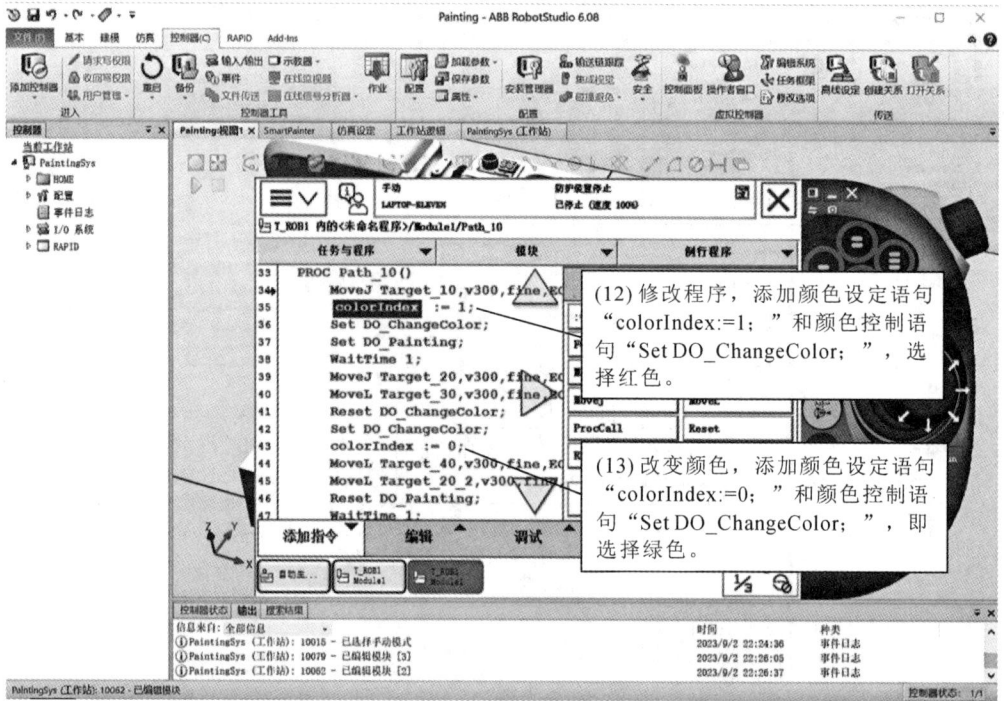

图 4-34

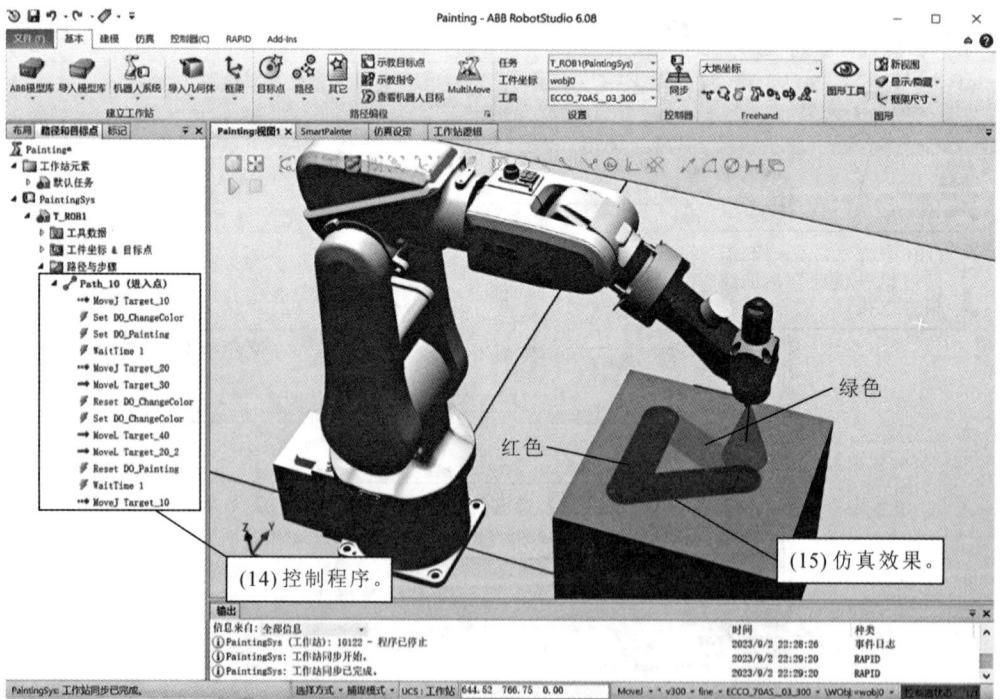

图 4-35

4.2.4 任务考核与评价

任务考核与评价包括学生自评、学生互评、教师评价三个维度(见表 4-2)。

表 4-2 "机器人 Smart 组件的应用"考核与评价(二)

	序 号	评价内容	学生自评	学生互评	教师评价
基本素养 (30 分)	1	操作规范(10 分)			
	2	参与和协作能力(10 分)			
	3	课堂纪律(10 分)			
知识目标 (30 分)	4	掌握建模方法(10 分)			
	5	掌握 Smart 组件的创建方法(10 分)			
	6	掌握 Smart 组件属性与连结、信号和连接的多种配置方法(10 分)			
技能操作 (40 分)	7	独立完成涂装组件的创建(20 分)			
	8	独立完成涂装组件进阶任务(改变颜色)(20 分)			

总评得分:

教师签名: 学生 A 签名: 学生 B 签名:

考核评价时间:

4.2.5 任务练习

(1) 创建一个涂装智能组件,并利用涂装工具喷画一个文字。

(2) 简述 PaintApplicator 组件中 Strength、Range、Width、Height 四个参数的设置。

任务 4.3 创建搬运组件

4.3.1 任务描述

创建一个机器人 Smart 搬运组件,模拟对物体"拿"与"放"的动作过程,实现机器人对物体的拿、放和搬运控制的仿真。

4.3.2 任务知识点

首先,我们需要通过建模创建一个用于拿与放的吸盘工具,为该工具定义恰当的工具中心点。然后,通过创建 Smart 组件来控制该工具的拿与放动作,对于拿动作我们为其配置安装控制子组件(Attacher),对于放动作我们为其配置拆除控制子组件(Detacher),并创建两个输入信号与这两个子组件相连接,以控制工具的拿与放动作。拿与放的对象由 LineSensor(线传感器)检测并传递。最后,通过导入并创建机器人系统来进行仿真。主要涉及如下知识点:

(1) 创建部件与工具;

（2）创建 Smart 组件；

（3）移动子组件 Attacher、Detacher 和 LineSensor 的应用。

4.3.3　任务实施

4.3.3.1　创建工具与对象

首先，创建一个机器人空工作站，并用建模功能创建一个矩形体，把该矩形体作为吸盘工具。另外，再创建一个矩形体作为货物对象。导入机器人，并从布局创建一个机器人系统，为后续仿真做好准备。其操作步骤如图 4-36 至图 4-40 所示。

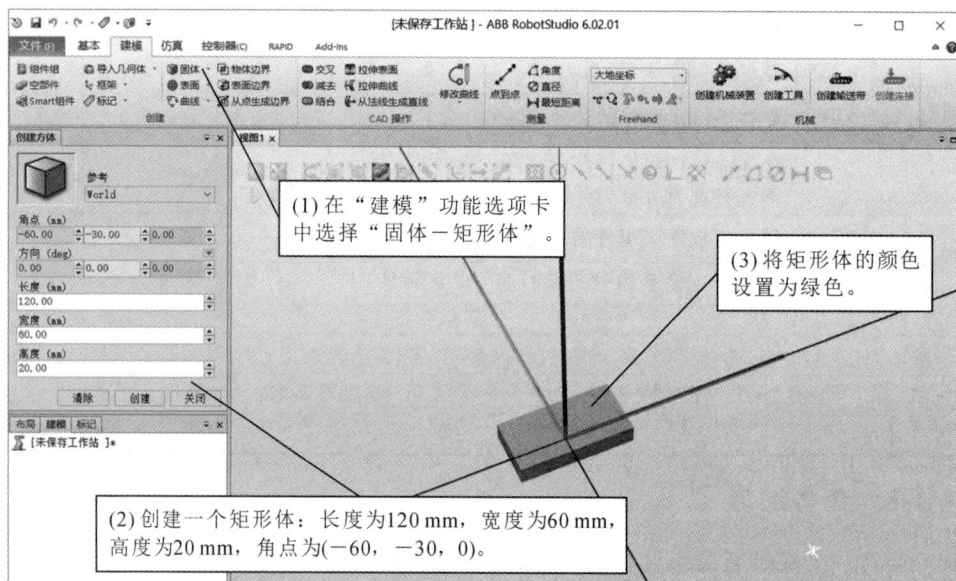

图 4-36

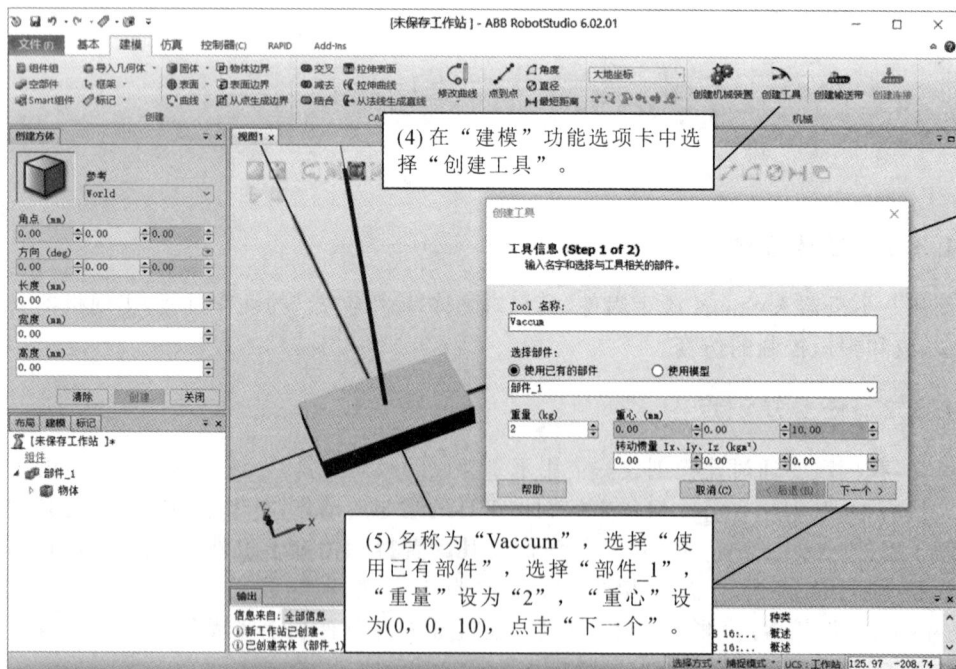

图 4-37

(6) 为机器人工具创建一个TCP：将位置设为(0，0，20)，点击"->"添加TCP，最后点击"完成"。也可在"基本"功能选项卡中单击"框架"来创建一个框架，再将框架作为工具的TCP。

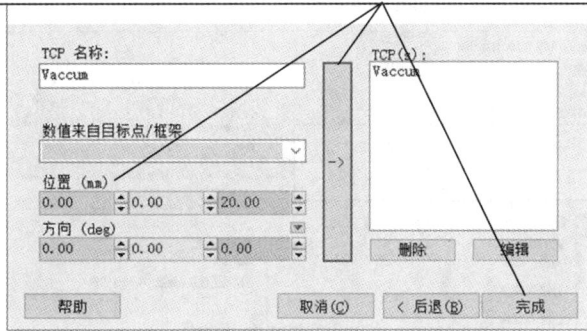

图 4-38

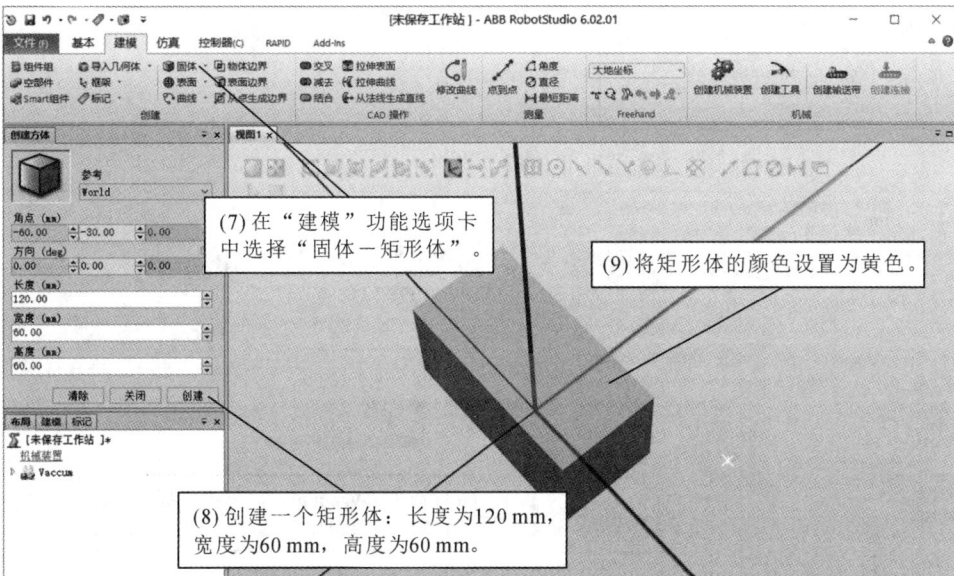

(7) 在"建模"功能选项卡中选择"固体-矩形体"。

(9) 将矩形体的颜色设置为黄色。

(8) 创建一个矩形体：长度为120 mm，宽度为60 mm，高度为60 mm。

图 4-39

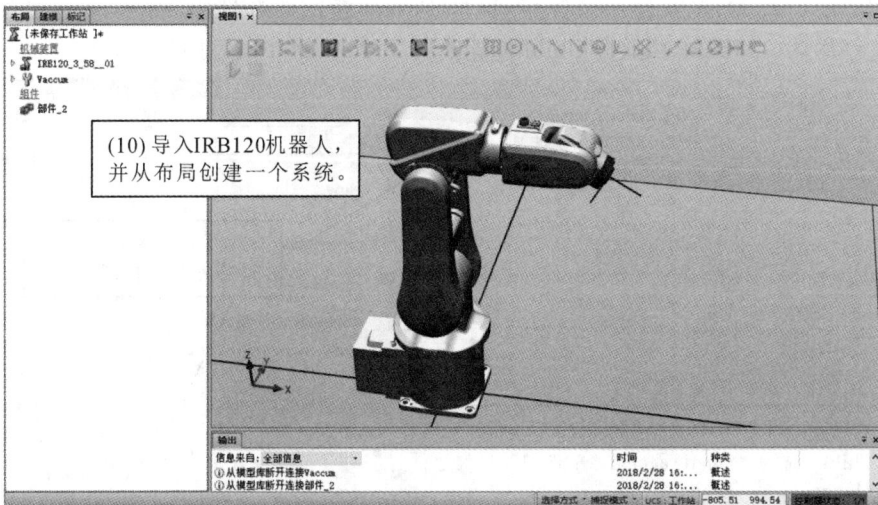

(10) 导入IRB120机器人，并从布局创建一个系统。

图 4-40

4.3.3.2 创建 Smart 组件

创建 Smart 组件来配置搬运物体的仿真效果,并创建 Attacher 和 Detacher 子组件模拟拿与放的动作。其操作如图 4-41 至图 4-44 所示。

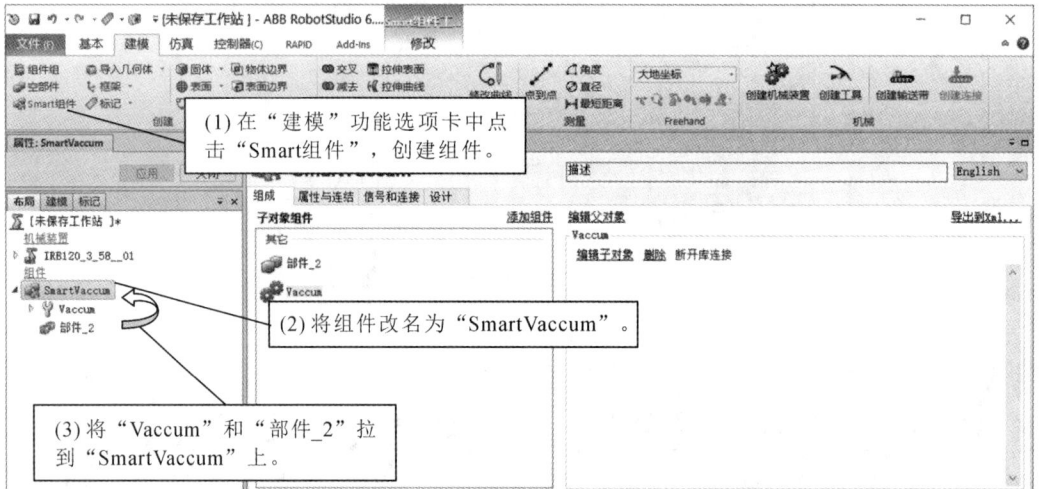

(1) 在"建模"功能选项卡中点击"Smart组件",创建组件。

(2) 将组件改名为"SmartVaccum"。

(3) 将"Vaccum"和"部件_2"拉到"SmartVaccum"上。

图 4-41

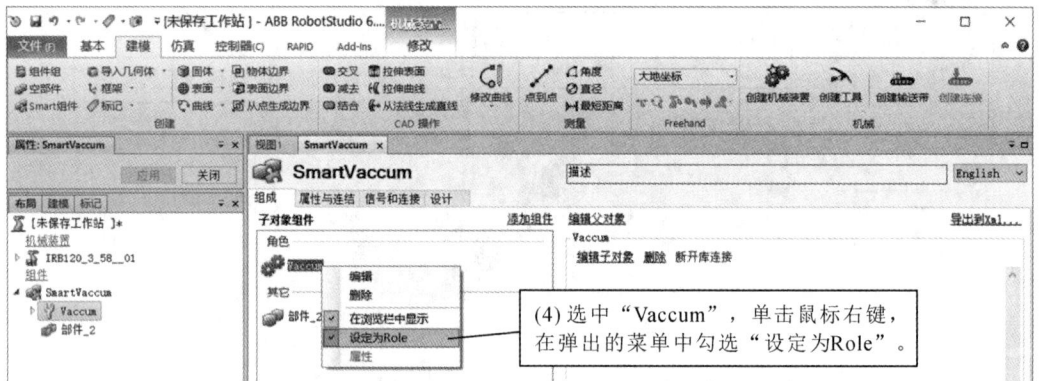

(4) 选中"Vaccum",单击鼠标右键,在弹出的菜单中勾选"设定为Role"。

图 4-42

添加 Attacher 组件,其作用是将 Child 和 Parent 指定的部件固连在一起。这里我们将工具和工件固连。Mount 表示将 Child 的原点与 Parent 的 TCP 对齐。

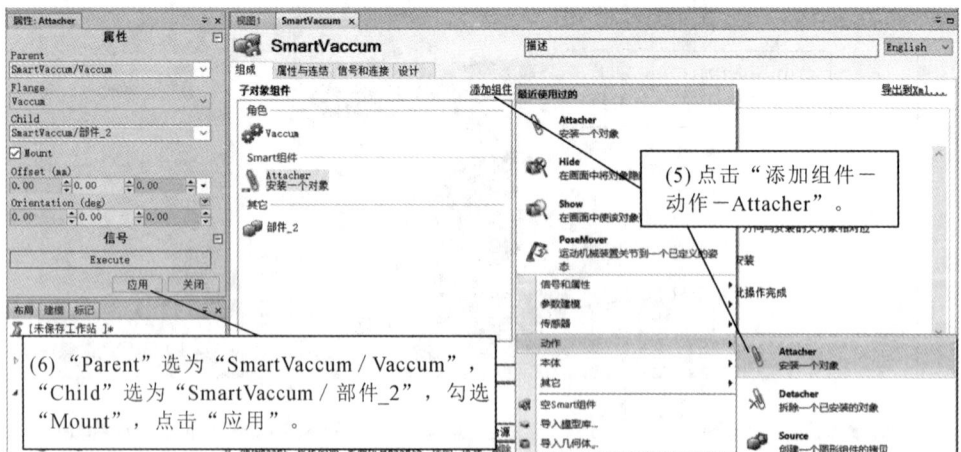

(5) 点击"添加组件—动作—Attacher"。

(6) "Parent"选为"SmartVaccum / Vaccum","Child"选为"SmartVaccum / 部件_2",勾选"Mount",点击"应用"。

图 4-43

添加 Detacher 组件,其作用是将 Child 与 Parent 指定的部件分开。

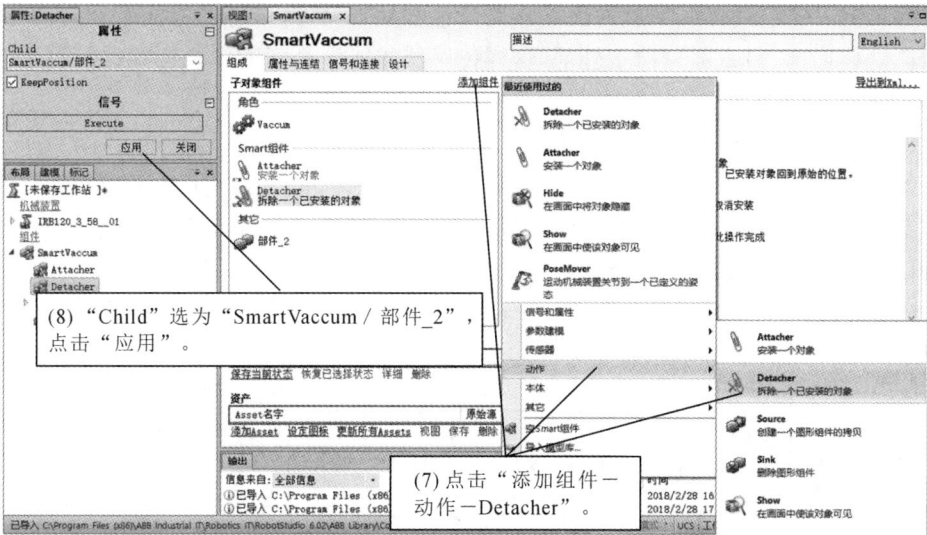

(8)"Child"选为"SmartVaccum／部件_2",点击"应用"。

(7)点击"添加组件—动作—Detacher"。

图 4-44

4.3.3.3　添加 LineSensor

添加 LineSensor 线性传感器组件,用于检测物件,如图 4-45、4-46 所示。

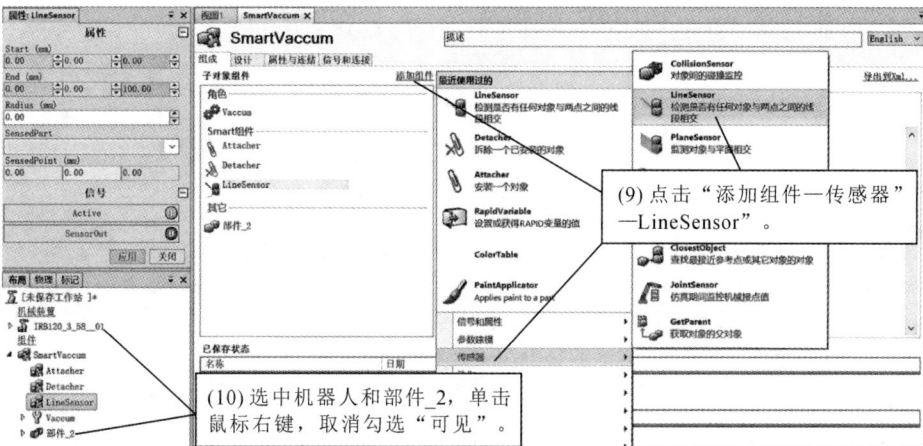

(9)点击 "添加组件—传感器"—LineSensor"。

(10)选中机器人和部件_2,单击鼠标右键,取消勾选"可见"。

图 4-45

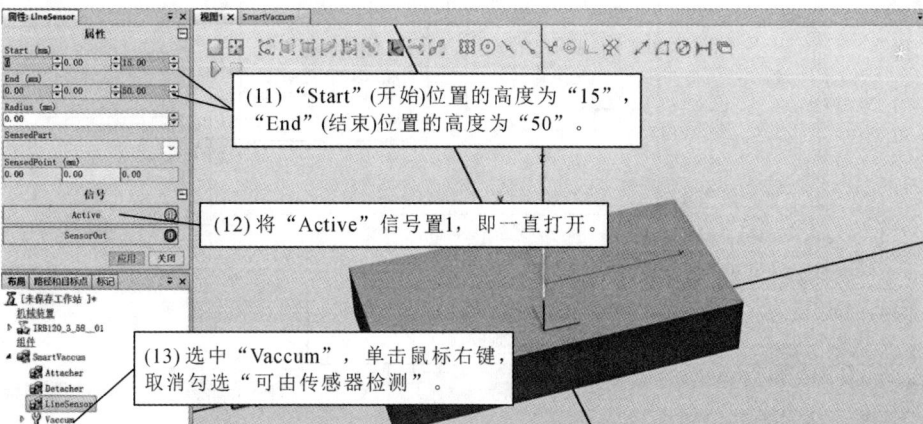

(11)"Start"(开始)位置的高度为"15","End"(结束)位置的高度为"50"。

(12)将"Active"信号置1,即一直打开。

(13)选中"Vaccum",单击鼠标右键,取消勾选"可由传感器检测"。

图 4-46

注意:因为传感器的一部分插在吸盘工具中,所以必须取消勾选"可由传感器检测"属性,否则传感器一直检测到工具,而无法检测其他物品。另外,传感器检测时,必须有一部分位于被测物体内部,另一部分位于外部,这样传感器才能检测到物体。传感器不可以全部位于被测工件内部。

4.3.3.4　创建信号和连接

为 SmartVaccum 组件创建两个 I/O 信号:DI_Attach(吸)和 DI_Detach(放)。这两个信号分别与 Attacher 和 Detacher 子组件连接,控制搬运物体的拿与放动作。其操作步骤如图 4-47、图 4-48 所示。

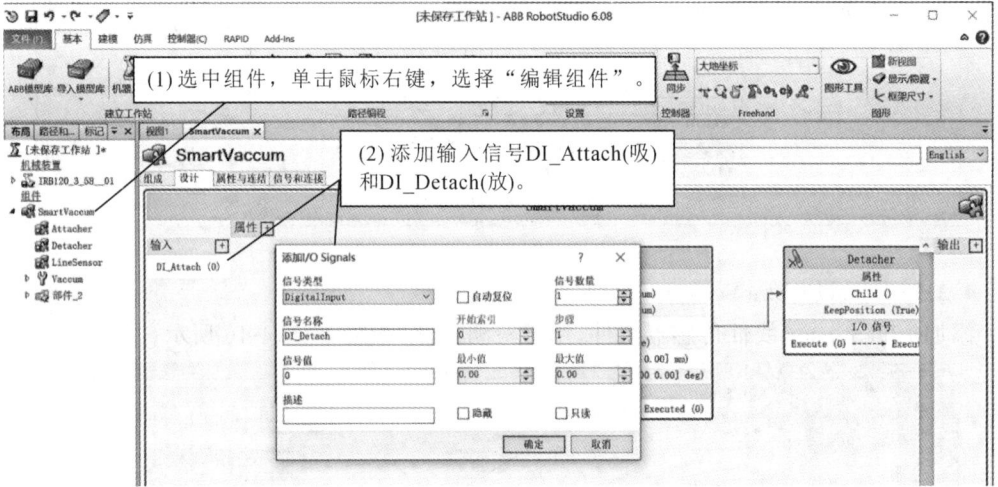

图 4-47

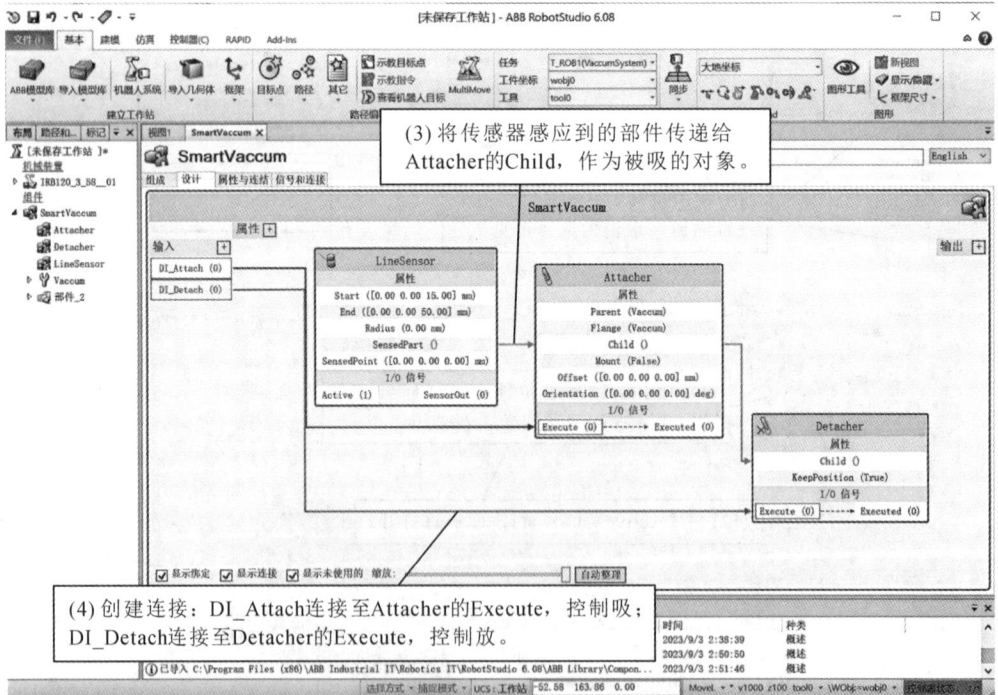

图 4-48

4.3.3.5　组件仿真测试

首先,创建一个初始状态并保存,以防在测试过程中部件移位后无法复原。每次位置被打乱后,点击"重置",选择已保存状态即可恢复。然后对搬运物体组件的效果进行仿真测试。其操作如图 4-49 至图 4-51 所示。

图 4-49

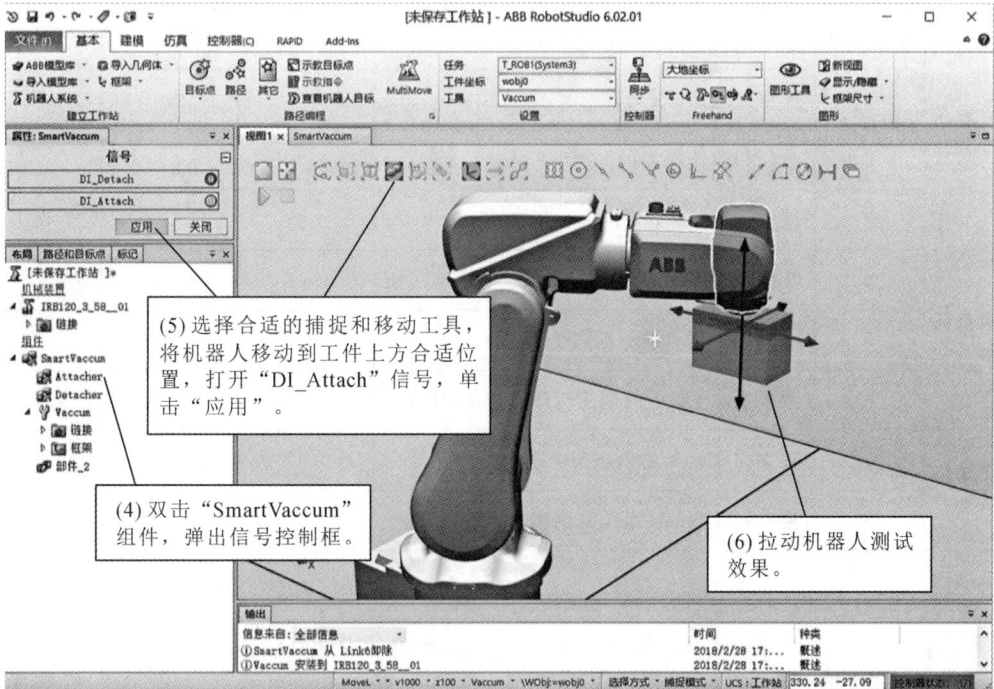

图 4-50

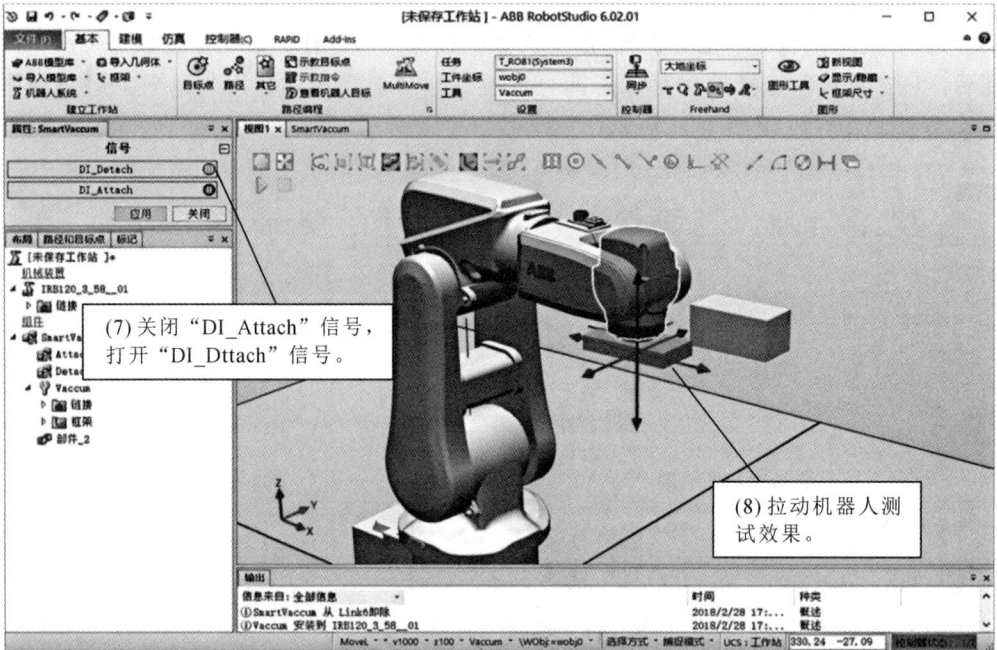

图 4-51

至此,已经完成搬运物体 Smart 组件的创建,可实现搬运物体的动态仿真。

4.3.4 任务考核与评价

任务考核与评价包括学生自评、学生互评、教师评价三个维度(见表 4-3)。

表 4-3 "机器人 Smart 组件的应用"考核与评价(三)

	序 号	评 价 内 容	学生自评	学 生 互 评	教 师 评 价
基本素养 (30 分)	1	操作规范(10 分)			
	2	参与和协作能力(10 分)			
	3	课堂纪律(10 分)			
知识目标 (30 分)	4	掌握建模方法(10 分)			
	5	掌握创建工具的方法(10 分)			
	6	掌握 Smart 组件的创建与配置方法(10 分)			
技能操作 (40 分)	7	独立完成工具的创建(10 分)			
	8	独立完成 Smart 组件的创建与配置(30 分)			

总评得分:

教师签名: 学生 A 签名: 学生 B 签名:

考核评价时间:

4.3.5　任务练习

（1）导入一个吸盘模型，创建一个智能组件，利用子组件 Attacher、Detachert 和 LineSensor 实现吸盘的吸和放效果，编程实现工件的自动搬运功能。

（2）简述只用一个输入信号实现吸盘的吸和放控制的方法。

任务 4.4　输送线动态仿真

4.4.1　任务描述

利用 Smart 组件来实现输送线货物自动生成和传输的动态效果，进行货物传输控制仿真。

4.4.2　任务知识点

在本任务中，我们需要导入一个传送带，并通过建模功能创建一个货物。然后，通过创建 Smart 组件来控制该货物的生成和传输动作。首先，把货物配置为源子组件（Source），可生成货物复制件；然后，创建一个队列子组件（Queue），可把生成的货物放入队列中，整个队列可以作为一个组来进行操作；接着，配置一个直线运动子组件（LinearMover）来控制货物的移动；货物到达传送带指定端时应该停止运动，所以我们需在这个地方配置传感器子组件，来检测到达的货物；同时，配置逻辑控制子组件（LogicGate）来实现当指定位置的货物被拿走时，触发源子组件生成货物的复制件；最后，为 Smart 组件配置相应的信号和连接，实现货物传输控制仿真。主要涉及如下知识点：

（1）三维模型部件的创建；

（2）Smart 组件的创建；

（3）源子组件（Source）、队列子组件（Queue）、直线运动子组件（LinearMover）和逻辑控制子组件（LogicGate）的应用。

4.4.3　任务实施

4.4.3.1　创建输送线工作站和部件

首先，我们创建一个空工作站，然后导入一个传送带设备，为了后面的控制方便，我们将传送带调整至合适的位置。然后，我们需要创建一个矩形体货物，作为输送线传送的对象。为了更好地看清货物，我们给货物设置鲜艳一些的颜色。其操作如图 4-52 至图 4-55 所示。

4.4.3.2　配置输送线产品源

接下来，我们需要创建一个 Smart 组件来控制输送线的传输效果。输送线上需要有不断产生的货物，那么，我们需要创建一个 Source 子组件来实现，如图 4-56 至图 4-58 所示。

Source 子组件主要用于生成对象的复制件，每触发执行一次，将会产生一个复制件。在本任务中，每触发一次，Source 子组件将会产生一个 box 的复制件，该复制件将会以"box＋数字"命名。

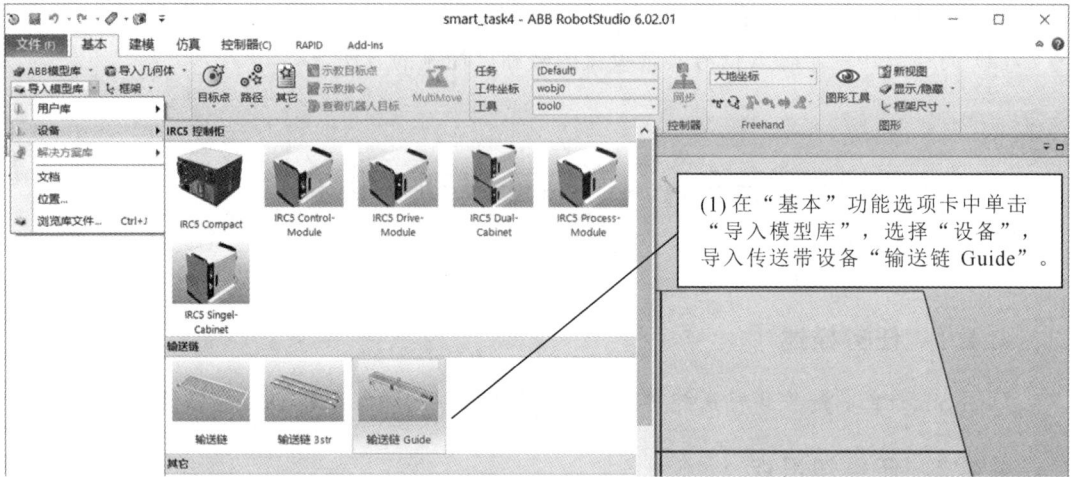

图 4-52

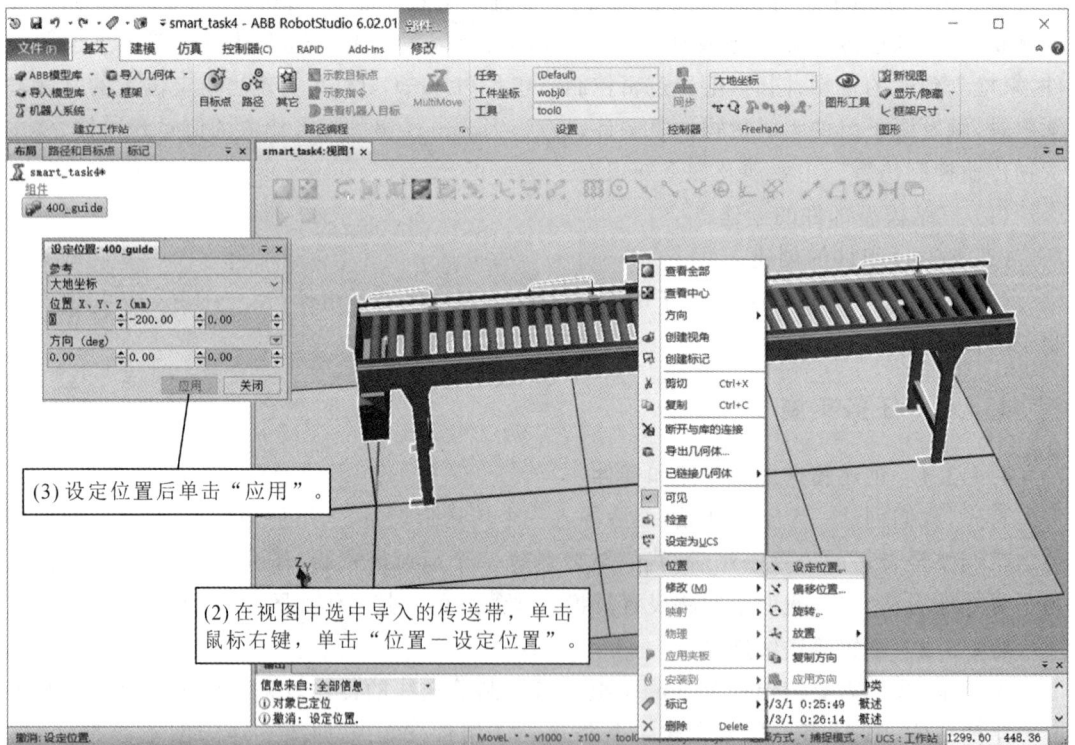

图 4-53

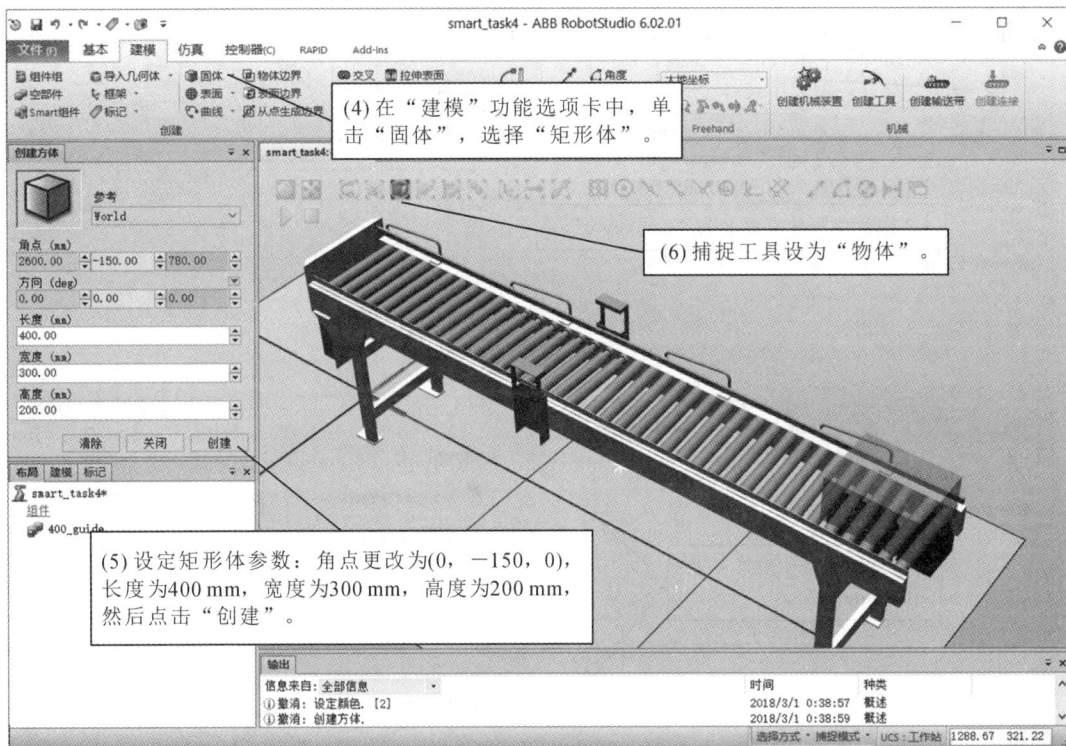

(4) 在"建模"功能选项卡中，单击"固体"，选择"矩形体"。

(6) 捕捉工具设为"物体"。

(5) 设定矩形体参数：角点更改为(0，−150，0)，长度为400 mm，宽度为300 mm，高度为200 mm，然后点击"创建"。

图 4-54

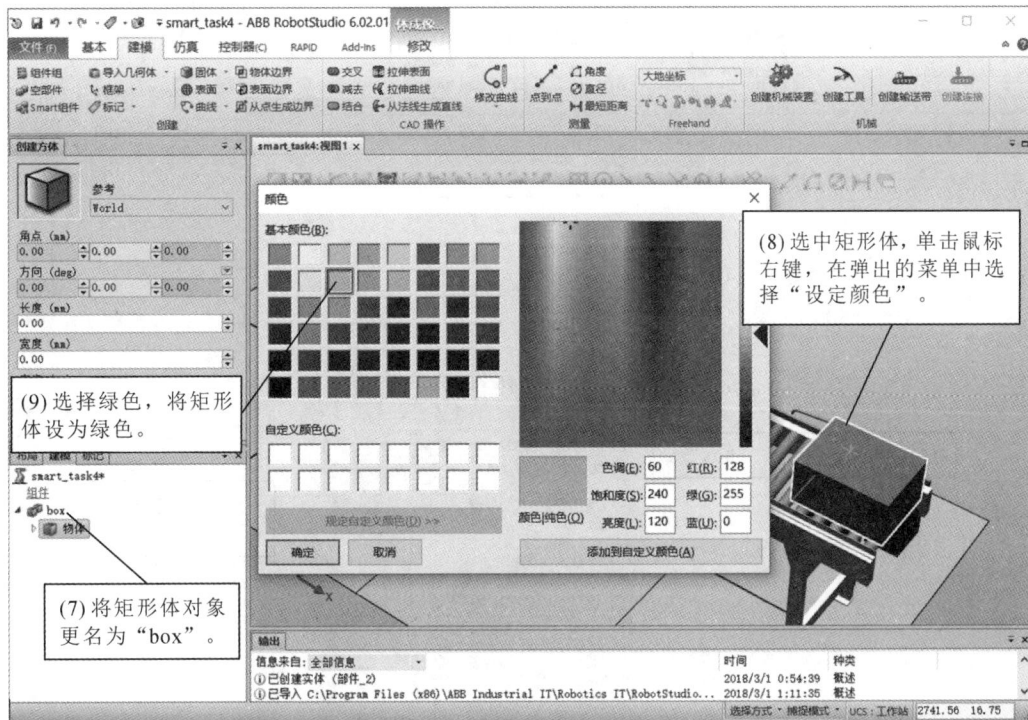

(8) 选中矩形体，单击鼠标右键，在弹出的菜单中选择"设定颜色"。

(9) 选择绿色，将矩形体设为绿色。

(7) 将矩形体对象更名为"box"。

图 4-55

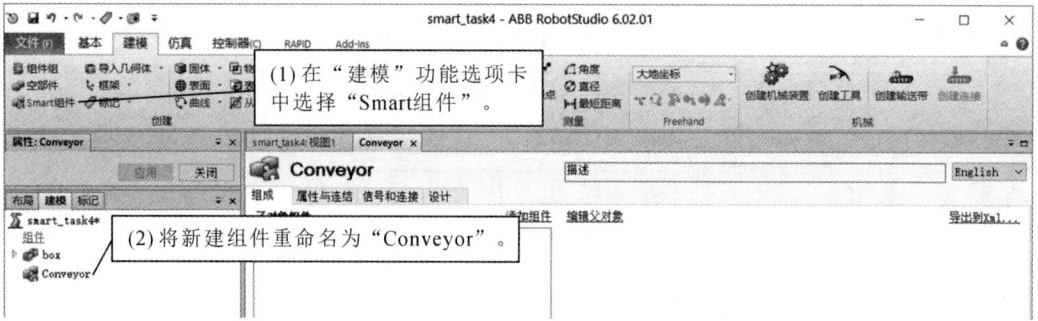

图 4-56

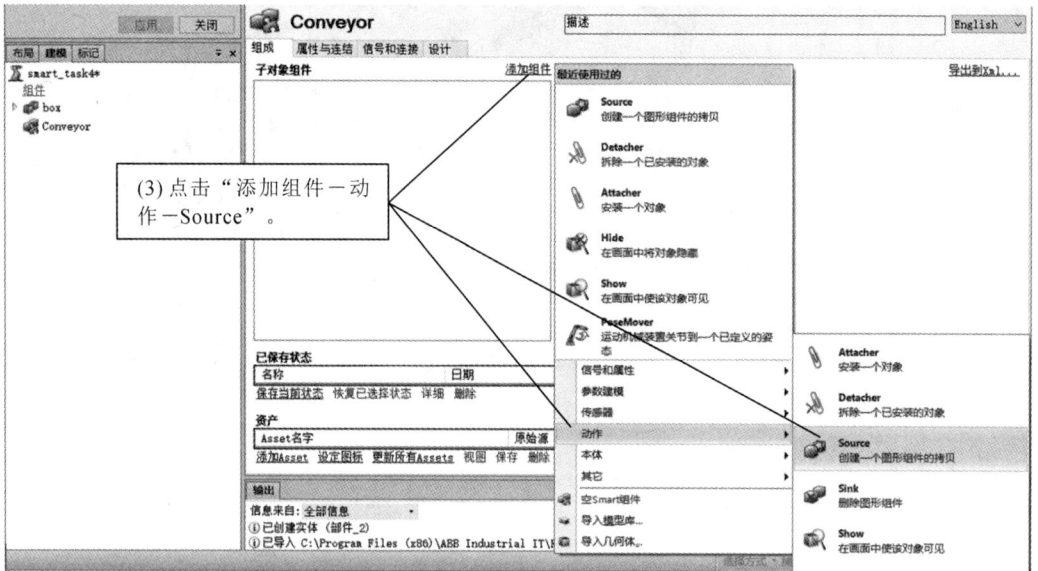

图 4-57

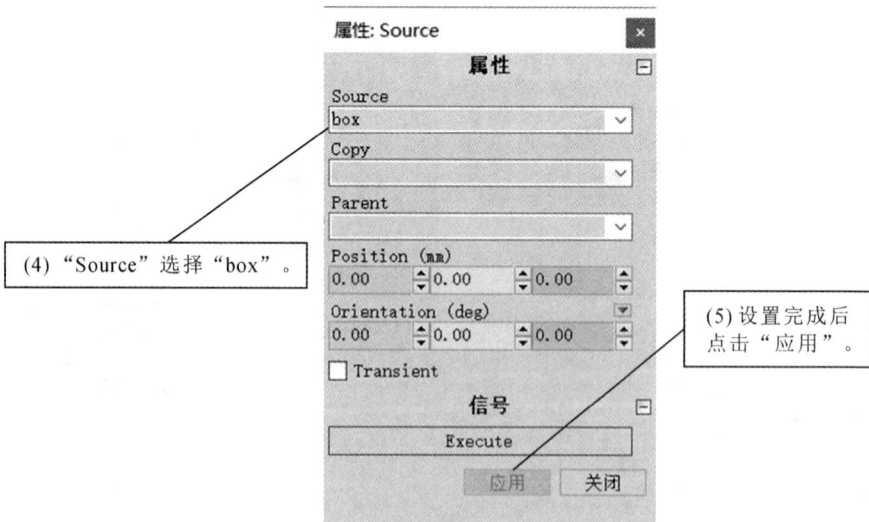

图 4-58

4.4.3.3　配置运动属性

有了货物后,我们要把货物放到一个队列里并使其沿着某一直线运动。此时我们就需要添加两个子组件,分别为 Queue 和 LinearMover,如图 4-59 至图 4-61 所示。

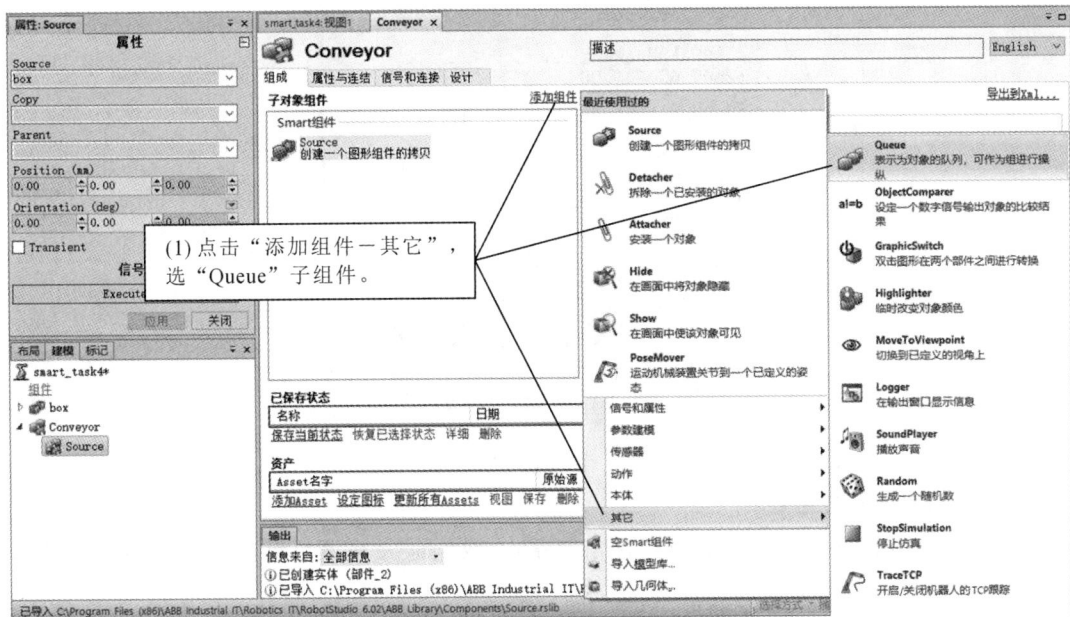

图 4-59

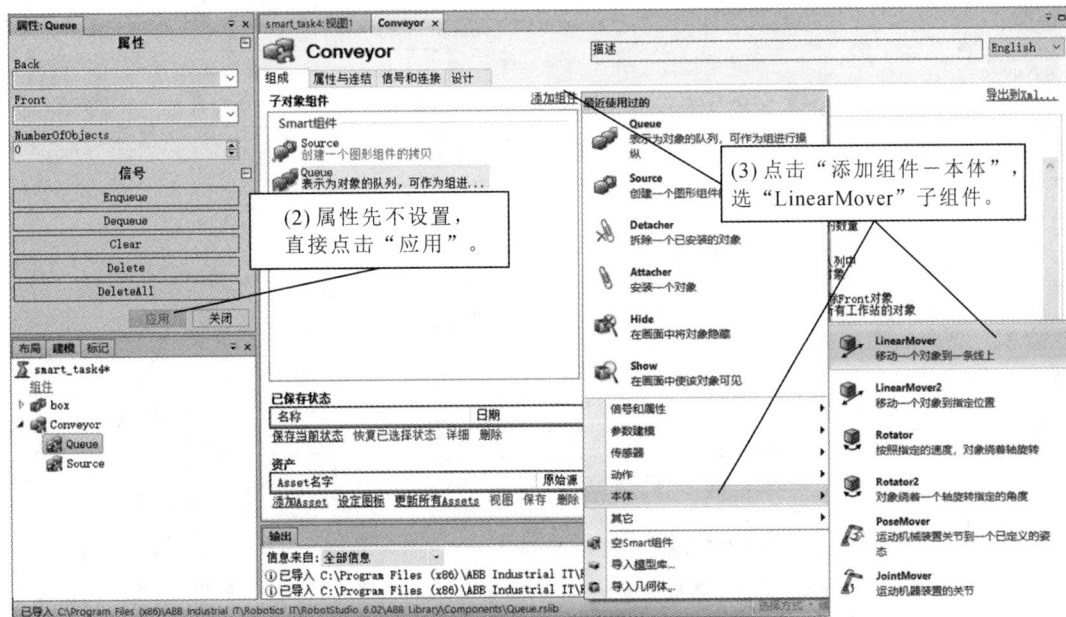

图 4-60

在弹出来的属性对话框中进行设置:对象"Object"设为"Conveyor/Queue",方向"Direction"设为(−2600,0,0),速度"Speed"设为"500",并将"Execute"设置为"1",点击"应用"。Execute 为 1 表示该运动一直执行,只要队列中有货物,就可以看到运动效果。

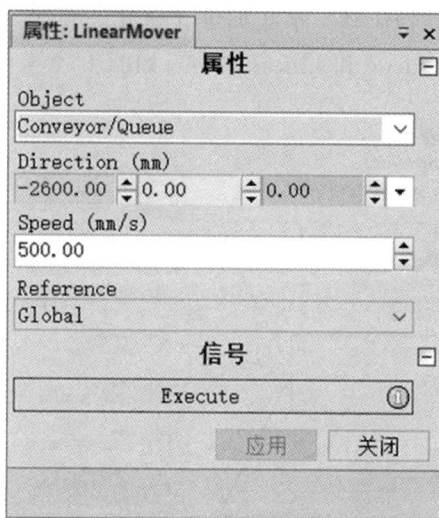

图 4-61

4.4.3.4 配置传感器

队列中的货物只有到达指定的位置才会停止,我们需要在该位置配置传感器子组件来检测货物的到达,如图 4-62 至图 4-66 所示。

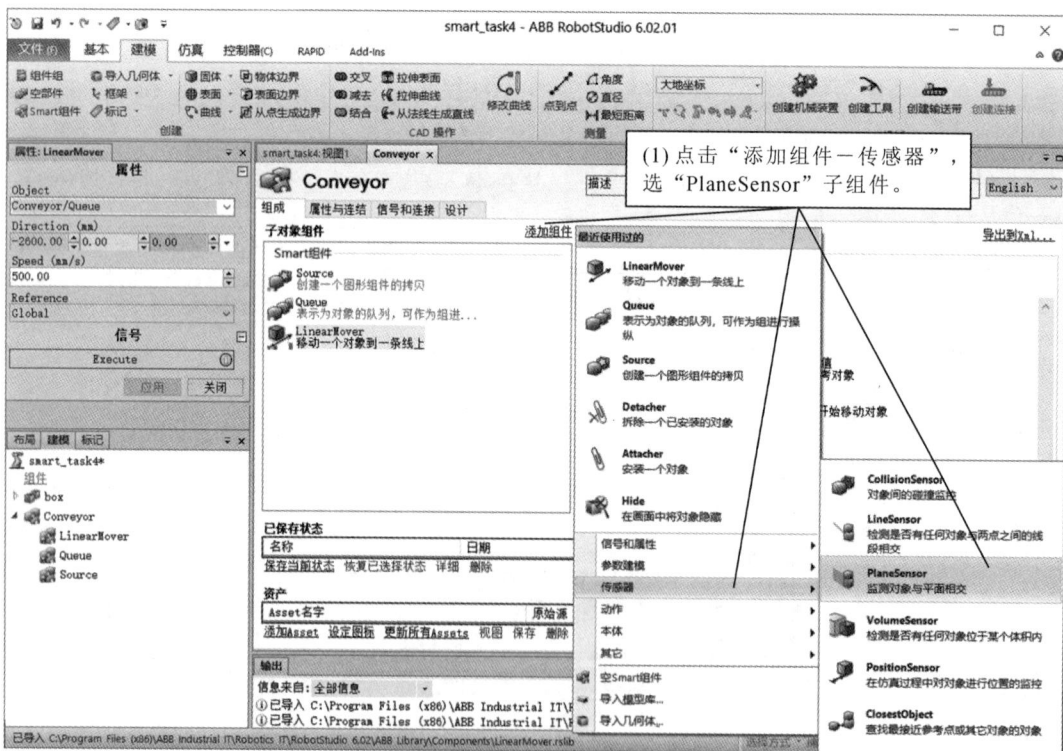

图 4-62

接下来,设置传感器的大小,通过三点法来实现,原点通过捕捉获得,其他两点通过长度设置。

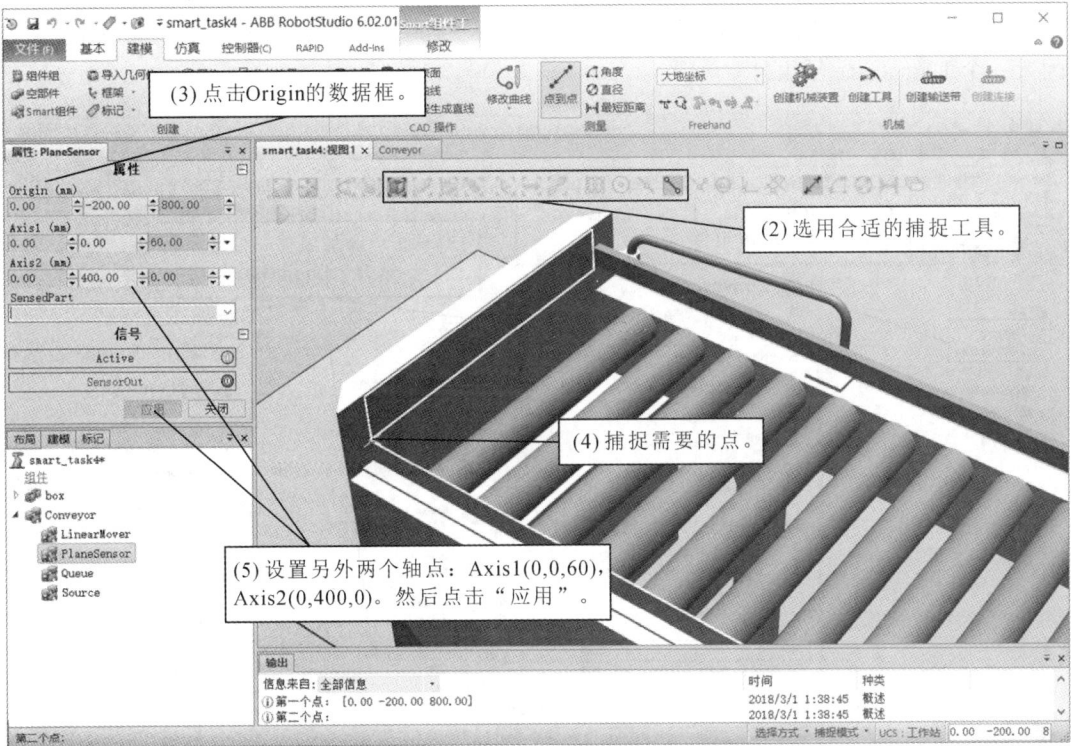

图 4-63

图 4-64

因为传送带本身与传感器有接触,所以我们需要关掉其"可由传感器检测"的属性,避免误报警。同时,为了方便控制,将传送带"400_guide"拉到"Conveyor"组件里。接下来,我们配置一个 LogicGate 子组件。

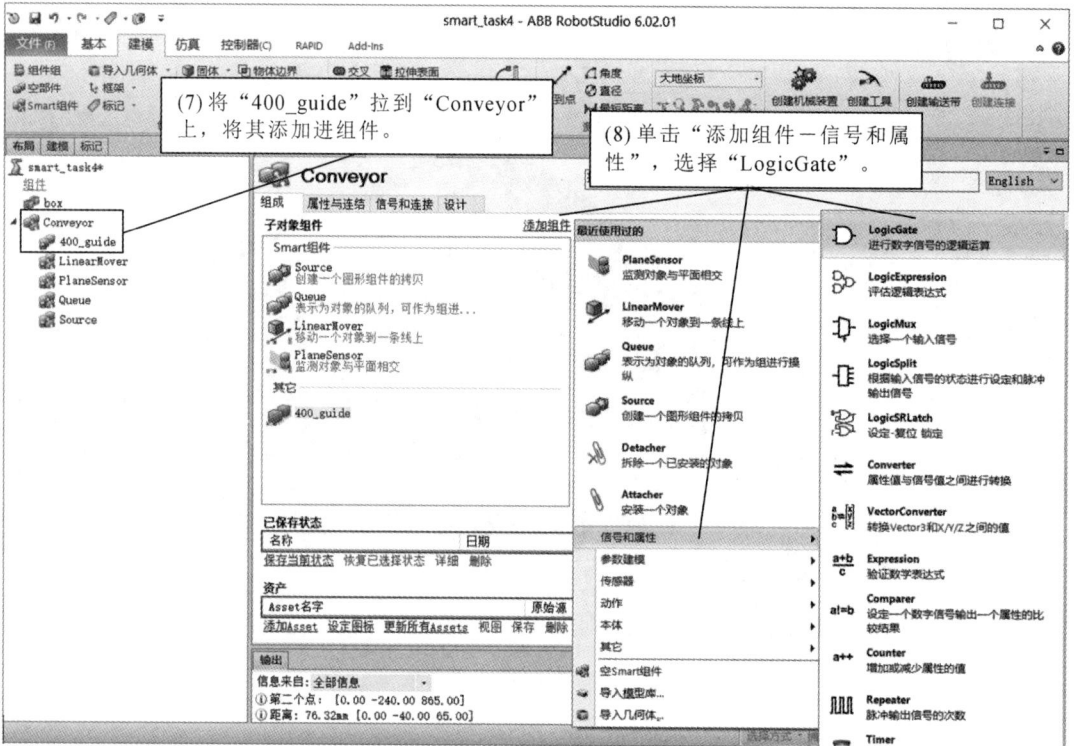

图 4-65

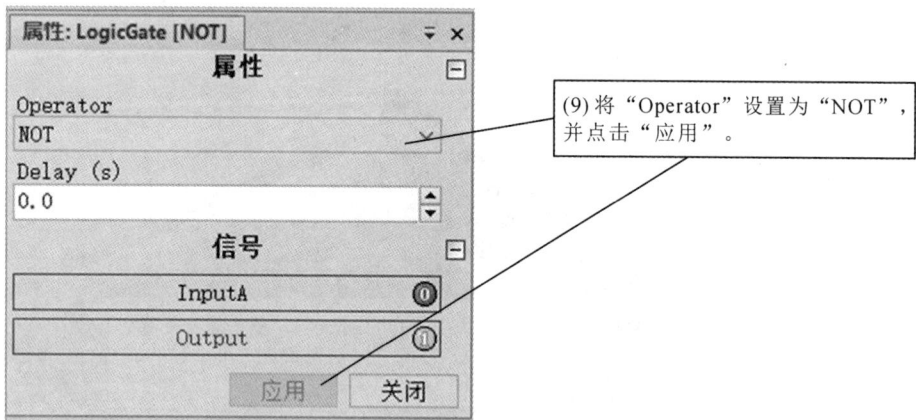

图 4-66

LogicGate 子组件主要实现的是当信号从 0 变成 1 时触发事件。我们所要实现的是当货物到达传感器处后,传感器输出为 1,此时 LogicGate 输出为 0。一旦货物被拿走,传感器输出由 1 变为 0,而 LogicGate 输出则由 0 变为 1。此时 LogicGate 的输出信号可以触发 Source 子组件产生一个新的复制件。

4.4.3.5　创建属性与连结

属性的连结指的是子组件之间某个属性的相互连结,即一个子组件的某项属性 A 和另一个子组件的某项属性 B 连结,A 改变时,B 也会发生改变。

在这里,我们将 Source 子组件所产生的复制件与队列 Queue 的 Back 属性连结。Back 是即将加入队列的物体,而 Queue 是一直运动的,也就是说 Back 加入队列后,也会跟着运动,而由于 Source 子组件所产生的复制件与 Back 是连结的,所以复制件也会跟着运动。其操作如图 4-67 所示。

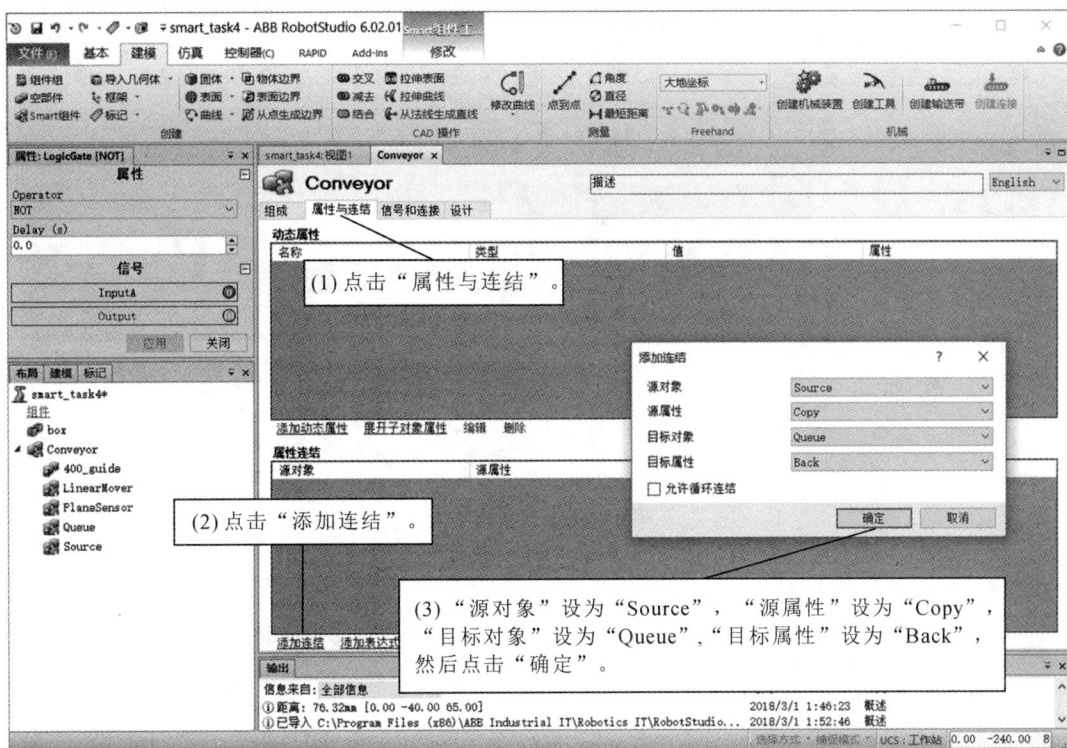

图 4-67

4.4.3.6　创建信号和连接

接下来,我们需要为各个子组件之间的连接和交互创建 I/O 信号,并建立 I/O 连接。其操作步骤如图 4-68 至图 4-76 所示。

首先,我们为整个输送线 Smart 组件创建一个数字输入信号 DI_Start 和一个数字输出信号 DO_Box_Ready,来控制输送线的启动和货物到达指定位置后准备就绪的输出信号。

用同样的方法创建 DigitalOutput 信号"DO_Box_Ready"。

再为组件添加 6 对 I/O 连接以实现货物的自动生成与传输。

创建 DI_Start 启动信号去触发 Source 子组件,使其自动生成一个复制件。

创建第二对 I/O 连接。Source 子组件生成复制件后触发队列 Queue 的 Enqueue(加入队列)动作,把生成的复制件加入到队列 Queue 中。

创建第三对 I/O 连接。当复制件到达指定位置触碰到传感器时,传感器有输出信号并触发队列 Queue 的 Dequeue(退出队列)动作,复制件退出队列停止运动。

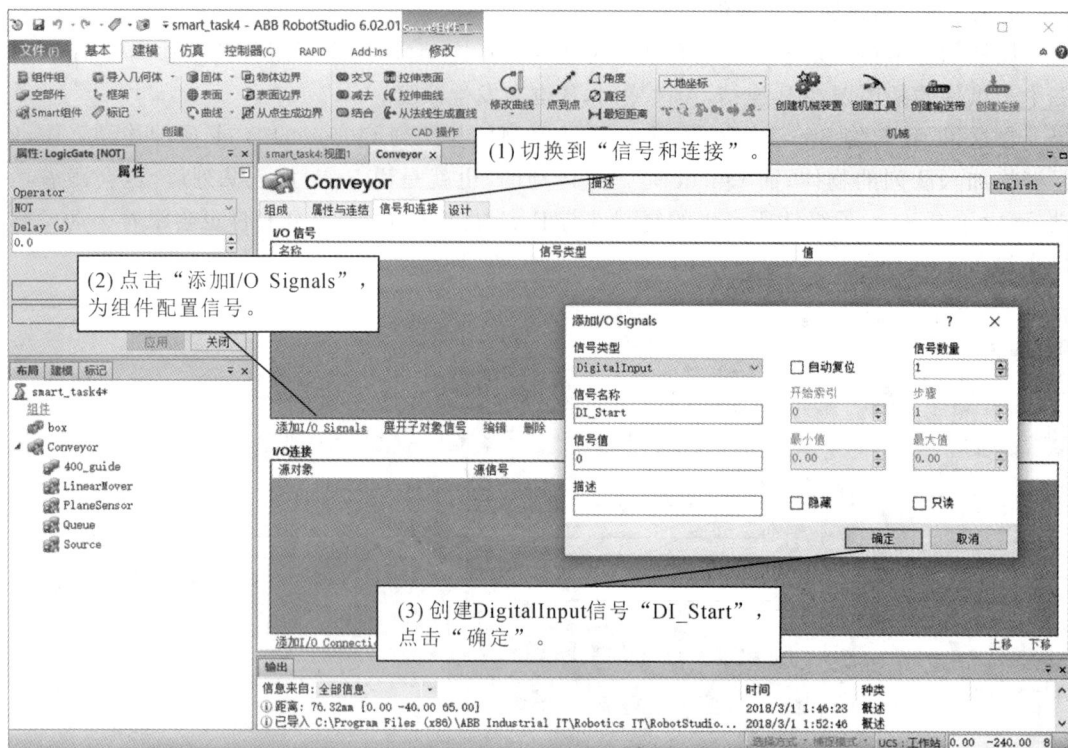

图 4-68

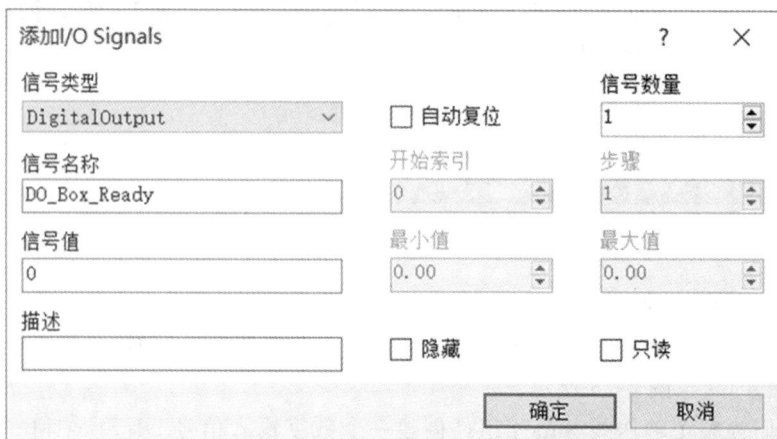

图 4-69

　　创建第四对 I/O 连接。传感器有输出信号时,会置位 LogicGate 子组件的输入 InputA,此时 LogicGate 的输出为 0。

　　创建第五对 I/O 连接。LogicGate 子组件的输出可以触发 Source 子组件,使其自动生成一个复制件。一旦复制件离开传感器,传感器输出变为 0,此时 LogicGate 的输出为 1,触发 Source 子组件。

　　创建第六对 I/O 连接。传感器有输出信号时,会置位 DO_Box_Ready 输出信号,该信号可以告诉其他设备货物准备就绪,已在指定位置。

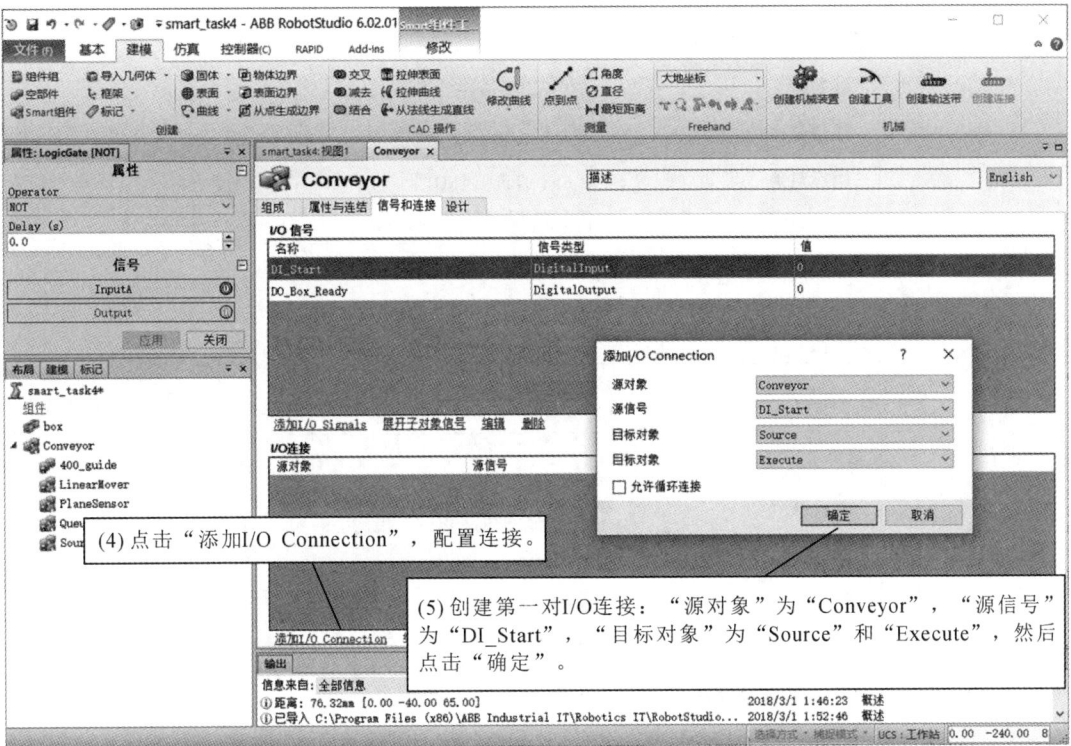

图 4-70

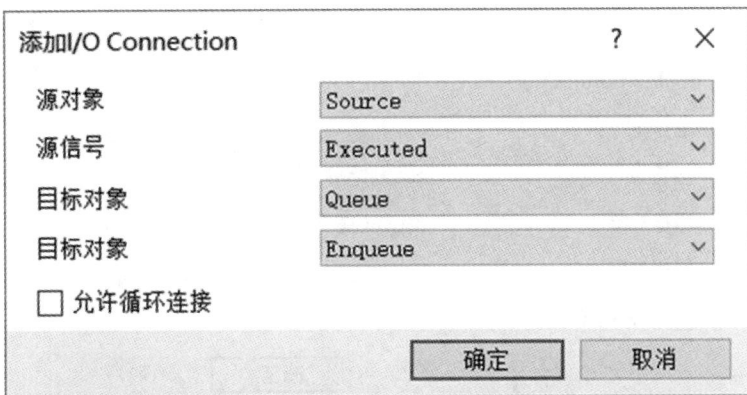

图 4-71

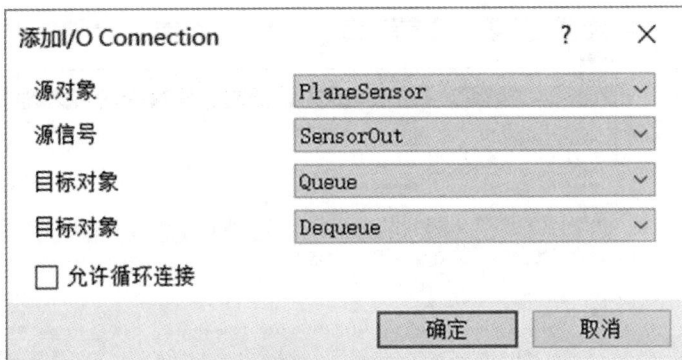

图 4-72

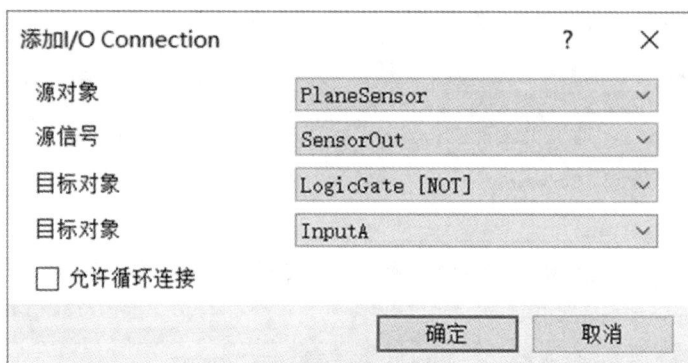

图 4-73

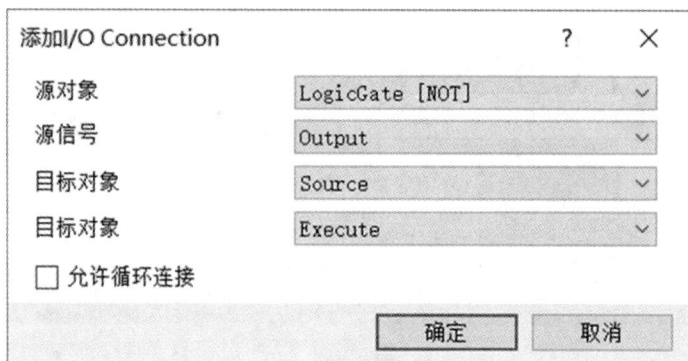

图 4-74

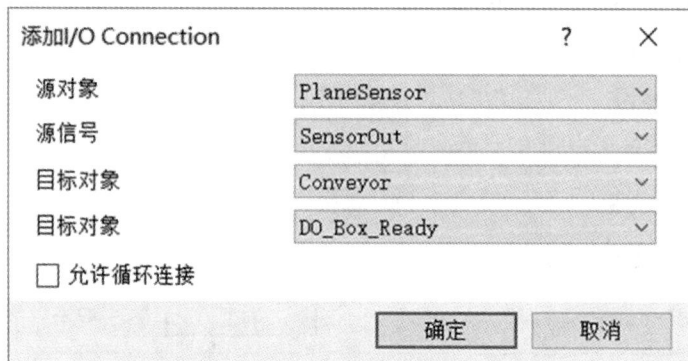

图 4-75

(6) 6对I/O连接。

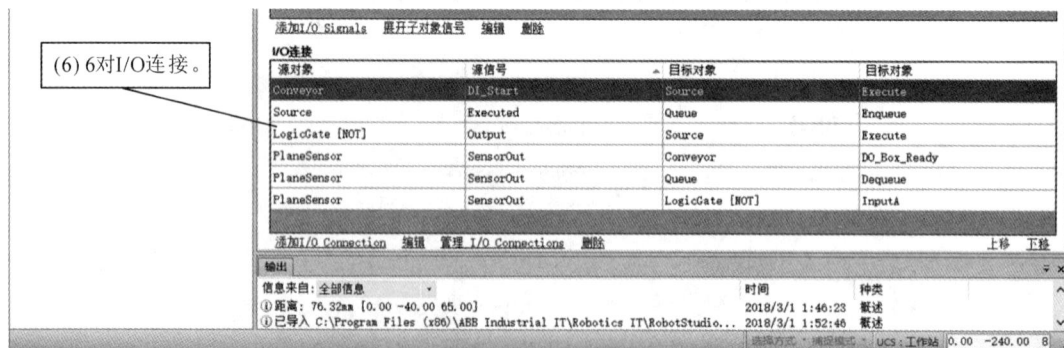

图 4-76

整个输送线的动作思路是：

（1）用启动信号 DI_Start 触发 Source 产生一个复制件；

（2）复制件加入队列 Queue 并随着队列运动；

（3）当复制件与传感器接触时，触发队列 Queue，复制件退出队列并停止运动，传感器输出 1，LogicGate 输出 0，同时，输出信号 DO_Box_Ready 置 1；

（4）当复制件被拿走，不与传感器接触时，传感器输出 0，LogicGate 输出 1，触发 Source 再产生一个复制件，并加入队列 Queue；

（5）进行一个新循环。

4.4.3.7　仿真

接下来，我们对输送线 Smart 组件的效果进行仿真测试，如图 4-77 至图 4-80 所示。

图 4-77

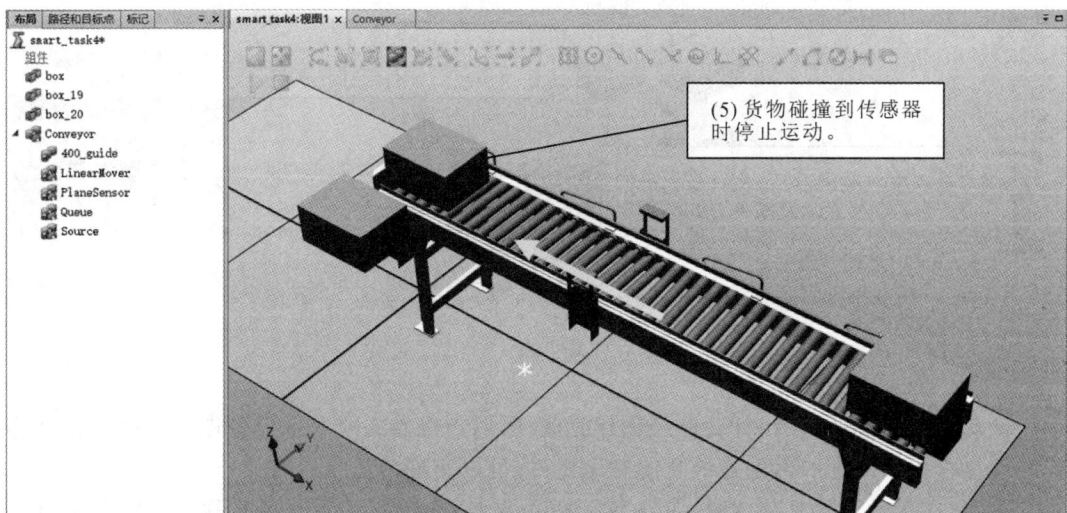

图 4-78

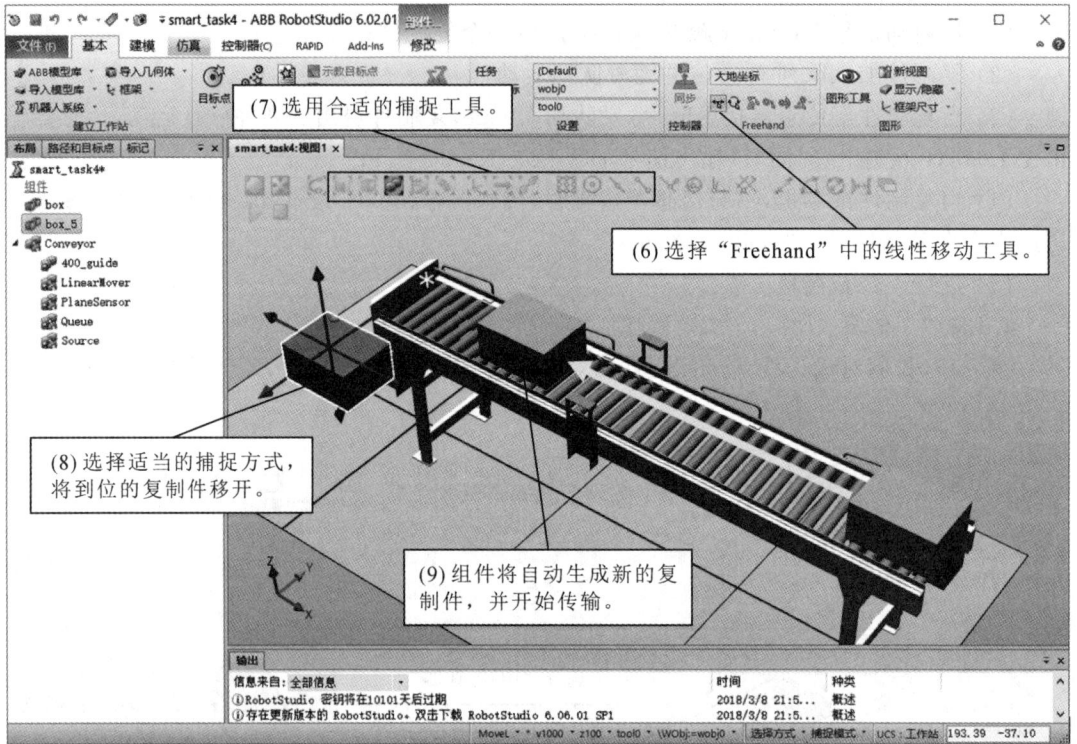

(7) 选用合适的捕捉工具。

(6) 选择"Freehand"中的线性移动工具。

(8) 选择适当的捕捉方式，将到位的复制件移开。

(9) 组件将自动生成新的复制件，并开始传输。

图 4-79

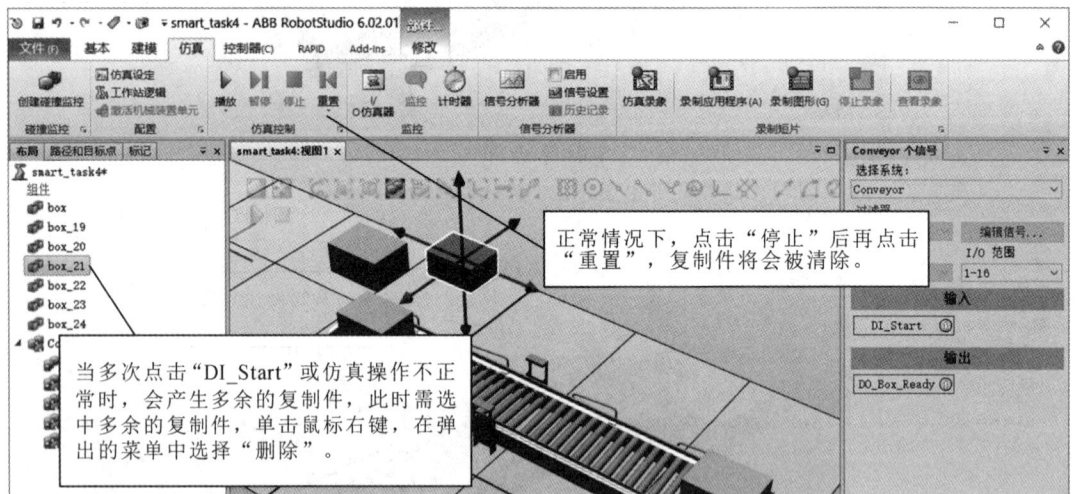

正常情况下，点击"停止"后再点击"重置"，复制件将会被清除。

当多次点击"DI_Start"或仿真操作不正常时，会产生多余的复制件，此时需选中多余的复制件，单击鼠标右键，在弹出的菜单中选择"删除"。

图 4-80

至此,输送线 Smart 组件就已经创建完成,可以与机器人或其他设备进行 I/O 通信和协同作业操作了。结合前面创建的智能搬运组件,可以实现传送带码垛操作。

注意:在手动删除复制件时,应注意复制件的名称通常是"源对象名称＋数字",不可将源对象(如此例中的"box")删除,否则系统将无法再进行仿真。

4.4.4　任务考核与评价

任务考核与评价包括学生自评、学生互评、教师评价三个维度(见表 4-4)。

表 4-4　"机器人 Smart 组件的应用"考核与评价(四)

	序　号	评 价 内 容	学 生 自 评	学 生 互 评	教 师 评 价
基本素养 (30分)	1	操作规范(10分)			
	2	参与和协作能力(10分)			
	3	课堂纪律(10分)			
知识目标 (30分)	4	掌握建模方法(10分)			
	5	掌握 Smart 组件的创建方法(10分)			
	6	掌握子组件 Source、Queue 和 LogicGate 的应用方法(10分)			
技能操作 (40分)	7	独立完成工件的创建(10分)			
	8	独立完成 Smart 组件的创建(30分)			

总评得分：

教师签名：　　　　　学生 A 签名：　　　　　　　　学生 B 签名：

考核评价时间：

4.4.5　任务练习

(1) 请使用智能搬运工具对由传送带传送过来的工件进行码垛。
(2) 在码垛过程中,如果出现智能搬运工具不能拿起工件的情况,请分析可能的原因。
(3) 简述 Smart 组件可否控制机器人本体。
(4) 探索如何应用子组件 Rotator 实现转台的旋转效果。

任务 4.5　Smart 组件子组件概览

4.5.1　任务描述

利用建模或模型导入功能创建一个机器人夹具,如图 4-81 所示。使用一个控制信号实现夹具的夹与放动作。控制信号为 1 时,夹具执行夹动作;控制信号为 0 时,夹具执行放动作。

4.5.2　任务知识点

一个 Smart 组件可以由多个子组件组成,每个子组件具有特定的功能属性。这些子组件可以组成功能更复杂的用户自定义 Smart 组件。

图 4-81

下面列出 RobotStudio 中的六大类基本 Smart 组件,每一类基本 Smart 组件包含了多个子组件,并进行详细描述。

4.5.2.1 信号和属性(Signal and Properties)

1. LogicGate

输出信号 Output 由输入信号 InputA 和 InputB 的 Operator 设置指定逻辑运算获得,可使用的逻辑运算符有 AND、OR、XOR、NOT、NOP,输出信号的延迟时间在 Delay 中设置。

2. LogicExpression

评估逻辑表达式。String 是要评估的表达式。Operator 可用的逻辑运算符有 AND、OR、NOT、XOR。Output 为评估结果。

3. LogicMux

依照 Output = (Input A * NOT Selector) + (Input B * Selector)设定 Output。当 Selector 为 Low 时,选中第一个输入信号;当 Selector 为 High 时,选中第二个输入信号。

4. LogicSplit

LogicSplit 获得 Input,并将 OutputHigh 设为与 Input 相同,将 OutputLow 设为与 Input 相反。Input 设为 High 时,PulseHigh 发出脉冲;Input 设为 Low 时,PulseLow 发出脉冲。

5. LogicSRLatch

LogicSRLatch 用于置位/复位信号,并具有锁定功能。Set 设置输出信号。Reset 复位输出信号。Output 指定输出信号。InvOutput 指定反转输出信号。

6. Converter

在属性值和信号值之间转换。AnalogProperty 转换为 AnalogOutput。DigitalProperty 转换为 DigitalOutput。GroupProperty 转换为 GroupOutput。BooleanProperty 由 DigitalInput 转换为 DigitalOutput。DigitalInput 转换为 DigitalProperty。AnalogInput 转换为 AnalogProperty。GroupInput 转换为 GroupProperty。

7. VectorConverter

在 Vector3 和 X、Y、Z 值之间转换。"X"指定 Vector 的 X 值,"Y"指定 Vector 的 Y 值,"Z"指定 Vector 的 Z 值,Vector 指定向量值。

8. Expression

表达式包括数字字符(包括 Pi),圆括号,数学运算符+、-、*、/、^(幂)和数学函数 sin、cos、sqrt、atan、abs。任何其他字符串均被视作变量,作为添加的附加信息。结果将显示在 Result 框中。Expression 指定要计算的表达式,Result 显示计算结果,NNN 指定自动生成的变量。

9. Comparer

Comparer 使用 Operator 将第一个值和第二个值进行比较,当满足条件时将 Output 设为 1。ValueA 指定第一个值,ValueB 指定第二个值。Operator 指定比较运算符,包括==、!=、>、>=、<、<=。当比较结果为 True 时,Output 表示为 True,否则表示为 False。

10. Counter

设置输入信号 Increase 时,Count 增加;设置输入信号 Decrease 时,Count 减少;设置输入信号 Reset 时,Count 被重置。Count 指定当前值。当 Increase 信号设为 True 时,将 Count 中加 1。当 Decrease 信号设为 True 时,将在 Count 中减 1。当 Reset 设为 High 时,将 Count 复位为 0。

11. Repeater

脉冲 Output 信号的 Count 次数。Count 为脉冲输出信号的次数。Execute 设置为 High(1)，以计算脉冲输出信号的次数。Output 为输出脉冲。

12. Timer

指定间隔脉冲 Output 信号。

如果未选中 Repeat，在 Interval 中指定的间隔后将触发一个脉冲；若选中，在 Interval 指定的间隔后重复触发脉冲。StartTime 指定触发第一个脉冲前的时间。Interval 指定每个脉冲间的仿真时间。Repeat 指定信号是重复还是仅执行一次。CurrentTime 指定当前仿真时间。Active 信号设为 True 时启用 Timer，设为 False 时停用 Timer。Output 指在指定时间间隔后发出脉冲。

13. StopWatch

StopWatch 计量仿真的时间(TotalTime)。触发 LapTime 输入信号将开始新的循环。

LapTime 显示当前单圈循环的时间。只有 Active 设为 1 时才开始计时。当设置 Reset 输入信号时，时间将被重置。TotalTime 指定累计时间。AutoReset 如果设为 True，当仿真开始时 TotalTime 和 LapTime 将被设为 0。Active 设为 True 时启用 StopWatch，设为 False 时停用 StopWatch。当 Reset 信号为 High 时，将重置 TotalTme 和 LapTime。Lap 指开始新的循环。

4.5.2.2　参数建模(Parametric Primitives)

1. ParametricBox

ParametricBox：生成一个指定长度、宽度和高度尺寸的方框(也称盒形固体)。SizeX 沿 X 轴方向指定该盒形固体的长度。SizeY 沿 Y 轴方向指定该盒形固体的宽度。SizeZ 沿 Z 轴方向指定该盒形固体的高度。GeneratedPart 指定生成的部件。KeepGeometry 设置为 False 时将删除生成部件中的几何信息，这样可以使其他组件如 Source 等执行更快。设置 Update 信号为 1 时更新生成的部件。

2. ParametricCircle

ParametricCircle：根据给定的半径生成一个圆。Radius 指定圆的半径。GeneratedPart 指定生成的部件。GeneratedWire 指定生成的线框。KeepGeometry 设置为 False 时将删除生成部件中的几何信息，这样可以使其他组件如 Source 等执行更快。设置 Update 信号为 1 时更新生成的部件。

3. ParametricCylinder

ParametricCylinder：根据给定的半径和高度生成一个圆柱体。Radius 指定圆柱的半径。Height 指定圆柱的高度。GeneratedPart 指定生成的部件。KeepGeometry 设置为 False 时将删除生成部件中的几何信息，这样可以使其他组件如 Source 等执行更快。设置 Update 信号为 1 时更新生成的部件。

4. ParametricLine

ParametricLine：根据给定端点和长度生成线段。如果端点或长度发生变化，生成的线段将随之更新。EndPoint 指定线段的端点。Length 指定线段的长度。GeneratedPart 指定生成的部件。GeneratedWire 指定生成的线框。KeepGeometry 设置为 False 时将删除生成部件中的几何信息，这样可以使其他组件如 Source 等执行更快。设置 Update 信号为 1 时更新生成的部件。

5. LinearExtrusion

LinearExtrusion：沿着指定要拉伸的方向拉伸面或线。SourceFace 指定要拉伸的面。

SourceWire 指定要拉伸的线。Projection 指定要拉伸的方向。GeneratedPart 指定生成的部件。KeepGeometry 设置为 False 时将删除生成部件中的几何信息,这样可以使其他组件如 Source 等执行更快。

6. CircularRepeater

CircularRepeater:根据给定的角度沿组件的中心创建指定对象的一定数量的复制件。Source 指定要复制的对象。Count 指定要创建的复制件的数量。Radius 指定圆的半径。DeltaAngle 指定复制件间的角度。

7. LinearRepeater

LinearRepeater:根据指定的间隔和方向创建指定对象的一定数量的复制件。Source 指定要复制的对象。Offset 指定复制件间的距离。Count 指定要创建的复制件的数量。

8. MatrixRepeater

MatrixRepeater:在三维环境中以指定的间隔创建指定对象的指定数量的复制件。Source 指定要复制的对象。CountX 指定在 X 轴方向上复制件的数量。CountY 指定在 Y 轴方向上复制件的数量。CountZ 指定在 Z 轴方向上复制件的数量。OffsetX 指定在 X 轴方向上复制件间的偏移。OffsetY 指定在 Y 轴方向上复制件间的偏移。OffsetZ 指定在 Z 轴方向上复制件间的偏移。

4.5.2.3 传感器(Sensors)

1. CollisionSensor

CollisionSensor:检测第一个对象和第二个对象间的碰撞和接近丢失。如果其中一个对象没有指定,将检测另外一个对象在整个工作站中的碰撞。当 Active 信号为 High、发生碰撞或接近丢失并且组件处于活动状态时,设置 SensorOut 信号并在属性编辑器的第一个碰撞部件和第二个碰撞部件中报告发生碰撞或接近丢失的部件。详细说明如表 4-5 所示。

表 4-5　CollisionSensor 信号和属性描述

项 目		描 述
属性	Object1	检测碰撞的第一个对象
	Object2	检测碰撞的第二个对象
	NearMiss	指定接近丢失的距离
	Part1	第一个对象发生碰撞的部件
	Part2	第二个对象发生碰撞的部件
	CollisionType	◆ None ◆ Nearmiss ◆ Collision
信号	Active	指定 CollisionSensor 是否激活
	SensorOut	当发生碰撞或接近丢失时为 True

2. LineSensor

LineSensor:根据 Start、End 和 Radius 定义一条线段。当 Active 信号为 High 时,传感器将检测与该线段相交的对象。相交的对象显示在 SensedPart 属性中,距离 LineSensor 起点最近的相交点显示在 SensedPoint 属性中。出现相交时,将设置 SensorOut 输出信号。详细说明如表 4-6 所示。

表 4-6　LineSensor 信号和属性描述

项　目		描　述
属性	Start	指定起始点
	End	指定结束点
	Radius	指定半径
	SensedPart	指定与 LineSensor 相交的部件。如果有多个部件相交,则列出距其起始点最近的部件
	SensedPoint	指定相交对象上的点,距离起始点最近
信号	活动	指定 LineSensor 是否激活
	SensorOut	当传感器与某一对象相交时为 True

3. PlaneSensor

PlaneSensor:通过 Origin、Axis1 和 Axis2 定义一个平面。设置 Active 输入信号时,传感器会检测与该平面相交的对象。相交的对象将显示在 SensedPart 属性中。出现相交时,将设置 SensorOut 输出信号。详细说明如表 4-7 所示。

表 4-7　PlaneSensor 信号和属性描述

项　目		描　述
属性	Origin	指定平面的原点
	Axis1	指定平面的第一个轴
	Axis2	指定平面的第二个轴
	SensedPart	指定与 PlaneSensor 相交的部件。如果多个部件相交,则在布局浏览器中第一个显示的部件将被选中
信号	Active	指定 PlaneSensor 是否被激活
	SensorOut	当传感器与某一对象相交时为 True

4. VolumeSensor

VolumeSensor:检测完全或部分位于箱体内的对象。箱体用角点、长、高、宽和方位角定义。详细说明如表 4-8 所示。

表 4-8　VolumeSensor 信号和属性描述

项　目		描　述
属性	CornerPoint	指定箱体的本地原点
	Orientation	指定对象相对于参考坐标系和对象的方向(欧拉 ZYX)
	Length	指定箱体的长度
	Width	指定箱体的宽度
	Height	指定箱体的高度
	Percentage	做出反应的体积百分数。若设为 0,则对所有对象做出反应
	PartialHit	允许仅当对象的一部分位于 VolumeSensor 内时,才侦测对象
	SensedPart	最近进入或离开箱体的对象
	SensedParts	在箱体中检测到的对象
	VolumeSensed	侦测的总体积

项 目		描 述
信号	Active	若设为 High(1),将激活传感器
	ObjectDetectedOut	当在箱体内检测到对象时,将变为 High(1)。在检测到对象后,将立即被重置
	ObjectDeletedOut	当检测到对象离开箱体时,将变为 High(1)。在对象离开箱体后,将立即被重置
	SensorOut	当箱体被充满时,将变为 High(1)

5. PositionSensor

PositionSensor:监视对象的位置和方向。对象的位置和方向仅在仿真期间被更新。详细说明如表 4-9 所示。

表 4-9 PositionSensor 信号和属性描述

属 性	描 述
Object	指定要进行映射的对象
Reference	指定参考坐标系(局部坐标系或世界坐标系)
ReferenceObject	指定参考对象
Position	指定对象相对于参考坐标系和参考对象的位置
Orientation	指定对象相对于参考坐标系和参考对象的方向(欧拉 ZYX)

6. ClosestObject

ClosestObject:定义参考对象或参考点。设置 Execute 输入信号时,组件会找到 ClosestObject、ClosestPart 和相对于参考对象或参考点的 Distance(如未定义参考对象)。如果定义了 RootObject,则会将搜索的范围限制为该对象和其同源的对象。完成搜索并更新了相关属性时,将设置 Executed 输出信号。详细说明如表 4-10 所示。

表 4-10 ClosestObject 信号和属性描述

项 目		描 述
属性	ReferenceObject	指定对象,查找距该对象最近的对象
	ReferencePoint	指定点,查找距该点最近的对象
	RootObject	指定对象,查找其子对象。该属性为空表示在整个工作站内查找
	ClosestObject	指定距参考对象或参考点最近的对象
	ClosestPart	指定距参考对象或参考点最近的部件
	Distance	指定参考对象和最近的对象之间的距离
信号	Execute	该信号设为 True 时开始查找最近的部件
	Executed	当完成时发出脉冲

4.5.2.4 动作

1. Attacher

设置 Execute 输入信号时,Attacher 将子对象安装到父对象上。如果父对象为机械装置,还必须指定要安装的法兰。如果选中 Mount,还会使用指定的 Offset 和 Orientation 将子对象装配到父对象上。完成时,将设置 Executed 输出信号。详细说明如表 4-11 所示。

表 4-11　Attacher 信号和属性描述

项　目		描　述
属性	Parent	指定子对象要安装在哪个对象(父对象)上
	Flange	指定要安装在机械装置的哪个法兰(编号)上
	Child	指定要安装的对象
	Mount	如果为 True,子对象装配在父对象上
	Offset	当使用 Mount 时,指定相对于父对象的位置
	Orientation	当使用 Mount 时,指定相对于父对象的方向
信号	Execute	设为 True 时进行安装
	Executed	当完成时发出脉冲

2. Detacher

设置 Execute 输入信号时,Detacher 会将子对象从其所安装的父对象上拆除。如果选中了 KeepPosition,位置将保持不变;否则相对于其父对象放置子对象的位置。完成时,将设置 Executed 输出信号。详细说明如表 4-12 所示。

表 4-12　Detacher 信号和属性描述

项　目		描　述
属性	Child	指定要拆除的对象
	KeepPosition	如果为 False,被安装的对象将返回其原始的位置
信号	Execute	该信号设为 True 时拆除安装的物体
	Executed	当完成时发出脉冲

3. Source

源组件的 Source 属性指定在收到 Execute 输入信号时应复制的对象。所复制对象的父对象由 Parent 属性定义,而 Copy 属性则指定所复制对象的参考。输出信号 Executed 表示复制已完成。详细说明如表 4-13 所示。

表 4-13　Source 信号和属性描述

项　目		描　述
属性	Source	指定要复制的对象
	Copy	指定所复制对象的参考
	Parent	指定要复制的父对象。如果未指定,则将复制与源对象相同的父对象
	Position	指定复制件相对于其父对象的位置
	Orientation	指定复制件相对于其父对象的方向
	Transient	如果在仿真时创建了复制件,将其标记为瞬时的。这样的复制件不会被添加至撤销队列中且在仿真停止时自动被删除。这样可以避免在仿真过程中过分消耗内存
信号	Execute	该信号设为 True 时创建对象的复制件
	Executed	当完成时发出脉冲

4. Sink

Sink 会删除 Object 属性参考的对象。收到 Execute 输入信号时开始删除,删除完成时设置 Executed 输出信号。详细说明如表 4-14 所示。

表 4-14　Sink 信号和属性描述

项　目		描　述
属性	Object	指定要删除的对象
信号	Execute	该信号设为 True 时删除对象
	Executed	当完成时发出脉冲

5. Show

设置 Execute 输入信号时,将显示 Object 中参考的对象。完成时,将设置 Executed 输出信号。详细说明如表 4-15 所示。

表 4-15　Show 信号和属性描述

项　目		描　述
属性	Object	指定要显示的对象
信号	Execute	该信号设为 True 时显示对象
	Executed	当完成时发出脉冲

6. Hide

设置 Execute 输入信号时,将隐藏 Object 中参考的对象。完成时,将设置 Executed 输出信号。详细说明如表 4-16 所示。

表 4-16　Hide 信号和属性描述

项　目		描　述
属性	Object	指定要隐藏的对象
信号	Execute	该信号设为 True 时隐藏对象
	Executed	当完成时发出脉冲

4.5.2.5　本体(Manipulator)

1. LinearMover

LinearMover 会按指定的移动速度,沿指定的方向,移动指定的对象。设置 Execute 输入信号时开始移动,重设 Execute 时停止。详细说明如表 4-17 所示。

表 4-17　LinearMover 信号和属性描述

项　目		描　述
属性	Object	指定要移动的对象
	Direction	指定要移动对象的方向
	Speed	指定移动速度
	Reference	指定参考坐标系。可以是世界坐标系、本地坐标系或物体坐标系
	ReferenceObject	如果将 Reference 设置为 Object,则指定参考对象
信号	Execute	该信号设为 True 时开始移动对象,设为 False 时停止

2. Rotator

Rotator 会按指定的旋转速度旋转指定的对象。旋转轴通过 CenterPoint 和 Axis 进行定义。设置 Execute 输入信号时开始运动,重设 Execute 时停止。详细说明如表 4-18 所示。

表 4-18　Rotator 信号和属性描述

项　目		描　述
属性	Object	指定要旋转的对象
	CenterPoint	指定旋转围绕的点
	Axis	指定旋转轴
	Speed	指定旋转速度
	Reference	指定参考坐标系。可以是世界坐标系、本地坐标系或物体坐标系
	ReferenceObject	如果将 Reference 设置为 Object，则指定相对于 CenterPoint 和 Axis 的参考对象
信号	Execute	该信号设为 True 时开始移动对象，设为 False 时停止

3. Positioner

Positioner 具有对象、位置和方向属性。设置 Execute 输入信号时，开始将对象放置于指定位置。完成时设置 Executed 输出信号。详细说明如表 4-19 所示。

表 4-19　Positioner 信号和属性描述

项　目		描　述
属性	Object	指定要放置的对象
	Position	指定对象要放置到的新位置
	Orientation	指定对象的新方向
	Reference	指定参考坐标系。可以是世界坐标系、本地坐标系或物体坐标系
	ReferenceObject	如果将 Reference 设置为 Object，则指定相对于 Position 和 Orientation 的参考对象
信号	Execute	该信号设为 True 时开始放置对象，设为 False 时停止
	Executed	当操作完成时设为 1

4. PoseMover

设置 Execute 输入信号时，机械装置的关节移向指定姿态。达到指定姿态时，设置 Executed 输出信号。详细说明如表 4-20 所示。

表 4-20　PoseMover 信号和属性描述

项　目		描　述
属性	Mechanism	指定要进行移动的机械装置
	Pose	指定要移动到的姿态的编号
	Duration	指定机械装置移动到指定姿态的时间
信号	Execute	设为 True 时，开始或重新开始移动机械装置
	Pause	暂停动作
	Cancel	取消动作
	Executed	当机械装置达到指定姿态时发出脉冲
	Executing	在运动过程中为 High
	Paused	在暂停时为 High

5. JointMover

当设置 Execute 输入信号时，机械装置的关节向指定的位姿移动。当达到位姿时，将设置 Executed 输出信号。使用 GetCurrent 信号可以重新找回机械装置当前的关节值。详细说明如表 4-21 所示。

表 4-21　JointMover 信号和属性描述

项　目		描　述
属性	Mechanism	指定要进行移动的机械装置
	Relative	指定 J1~Jx 是否是起始位置的相对值(而非绝对值)
	Duration	指定机械装置移动到指定位姿的时间
	J1~Jx	关节值
信号	GetCurrent	重新找回当前关节值
	Execute	设为 True 时,开始或重新开始移动机械装置
	Pause	暂停动作
	Cancel	取消运动
	Executed	当机械装置达到指定位姿时发出脉冲
	Executing	在运动过程中为 High
	Paused	在暂停时为 High

4.5.2.6　其他(Others)

1. GetParent

GetParent:返回输入对象的父对象。找到父对象时,将触发 Executed 信号。Child 指定一个子对象。Parent 指定子对象的父级。如果父级存在,则 Output 为 High(1)。

注意:GetParent 的子对象列表并不显示工作站中的每一部分或每一对象。但如果在列表中未找到所需部分或对象,则可以在浏览器或图形窗口中单击所需部分或对象以进行添加。

2. GraphicSwitch

通过点击图形中的可见部件或重置输入信号,在两个部件之间转换。PartHigh 在信号为 High 时显示。PartLow 在信号为 Low 时显示。Input 为输入信号。Output 为输出信号。

3. HighLighter

临时将所选对象显示为定义了 RGB 值的高亮颜色。高亮颜色混合了对象的原始颜色,通过 Opacity 进行定义。当信号 Active 被重设后,对象恢复原始颜色。Object 指定要高亮显示的对象。Color 指定高亮颜色的 RGB 值。Opacity 指定对象原始颜色和高亮颜色混合的程度。Active 为 True 时对象将高亮显示,为 False 时对象恢复为原始颜色。

4. Logger

打印输出窗口的信息。Format 为字符串,支持变量如{id:type},类型可以为 d(double)、i(int)、s(string)、o(object)。Message 为信息。Severity 为信息级别:0(Information)、1(Warning)、2(Error)。Execute 设为 High(1)时打印信息。

5. MoveToViewPoint

设置 Execute 输入信号时,在指定时间内移动到选中的视角。当操作完成时,设置 Executed 输出信号。Viewpoint 指定要移动到的视角。Time 指定完成操作的时间。Execute 设为 High(1)时开始操作。当操作完成时,Executed 信号转为 High(0)。

6. ObjectComparer

比较 ObjectA 与 ObjectB 是否相同。ObjectA 指定要进行比较的组件 A。ObjectB 指定要进行比较的组件 B。如果 ObjectA 与 ObjectB 相同,则 Output 为 High。

7. Queue

表示 FIFO(first in first out,先进先出)队列。当设置 Enqueue 输入信号时,指定对象将被添加到队列。当设置 Dequeue 输入信号时,队列的第一个对象将从队列中移除。如果队列中有多个对象,下一个对象将显示在前端。当设置 Clear 输入信号时,队列中所有对象将被删除。

如果 Transformer 组件以 Queue 组件作为对象,该组件将转换 Queue 组件中的内容而非 Queue 组件本身。Back 指定 Enqueue 的对象。Front 指定队列的第一个对象。Queue 包含队列元素的唯一 ID 编号。NumberOfObjects 指定队列中的对象数目。Enqueue 将在 Back 中的对象添加至队列末尾。Dequeue 将队列前端的对象移除。Clear 将队列中所有对象移除。Delete 将在队列前端的对象移除并将该对象从工作站移除。DeleteAll 清空队列并将所有对象从工作站中移除。

8. SoundPlayer

设置 Execute 输入信号时播放指定的声音文件,必须为".wav"文件。SoundAsset 指定要播放的声音文件,必须为".wav"文件。Execute 信号设为 High 时播放声音。

9. StopSimulation

设置 Execute 输入信号时停止仿真。Execute 信号设为 High 时停止仿真。

10. Random

设置 Execute 输入信号时,生成最大值与最小值之间的任意值。Min 指定最小值。Max 指定最大值。Value 用于在最大值和最小值之间任意指定一个值。Execute 信号设为 High 时生成新的任意值。当操作完成时 Executed 设为 High。

4.5.3　任务实施

第一步:运用任务 1 中所学的知识,将夹具创建成为一个拥有平行移动能力的机械装置机构,使夹具可以实现夹放动作,图 4-82 所示。

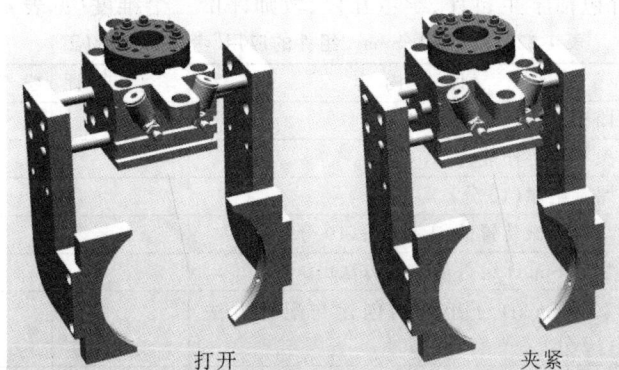

打开　　　　夹紧

图 4-82

第二步:创建一个 Smart 智能工具,从 Smart 组件中找出适用的功能组件。在本任务中,可以选择 PoseMover 作为夹具动作驱动组件,同时需要用到 ToolSensor 来检测被夹取的对象,此外,可利用 Attacher 和 Detacher 来实现工件的夹放。由于任务要求使用一个控制信号来实现控制,所以还需要用到 LogicGate[NOT]组件来协助。

第三步:创建输入信号 diGripper、输出信号 GripperOpen 并进行连接,同时配置属性与连结。输入信号用于控制夹放动作,输出信号用于检测夹具是否打开到位,如下图 4-83 所示。

第四步:调试程序并测试夹具功能,完成智能夹具的创建。

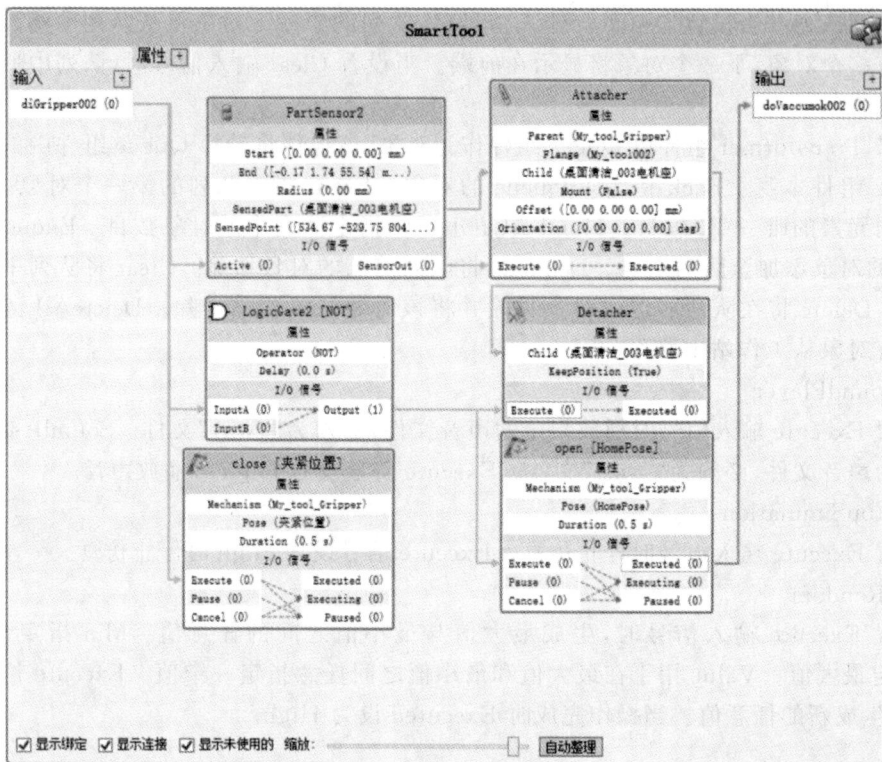

图 4-83

4.5.4　任务考核评价

任务考核与评价包括学生自评、学生互评、教师评价三个维度(见表 4-22)。

表 4-22　"机器人 Smart 组件的应用"考核与评价(五)

	序　号	评价内容	学生自评	学生互评	教师评价
基本素养 (30分)	1	操作规范(10分)			
	2	参与和协作能力(10分)			
	3	课堂纪律(10分)			
知识目标 (30分)	1	掌握机械装置的创建方法(10分)			
	2	掌握 Smart 组件的应用方法(10分)			
	3	掌握 Smart 子组件的创建与配置方法 (10分)			
技能操作 (40分)	1	独立完成机械装置创建(10分)			
	2	独立完成 Smart 组件的创建(30分)			

总评得分：

教师签名：　　　　　　学生 A 签名：　　　　　　学生 B 签名：

考核评价时间：

4.5.5　任务练习

(1) 思考并回答：Smart 组件可否控制机器人本体？

(2) 探索如何应用子组件 Rotator 实现转台的旋转效果。

模 块 总 结

本模块介绍了 ABB 机器人 RobotStudio 中 Smart 组件的动画仿真设计,通过本模块的思维导图,同学们可以梳理本模块任务布局以及每个任务需要重点掌握的知识和技术要点,有针对性地进行练习,加强 Smart 组件的应用。

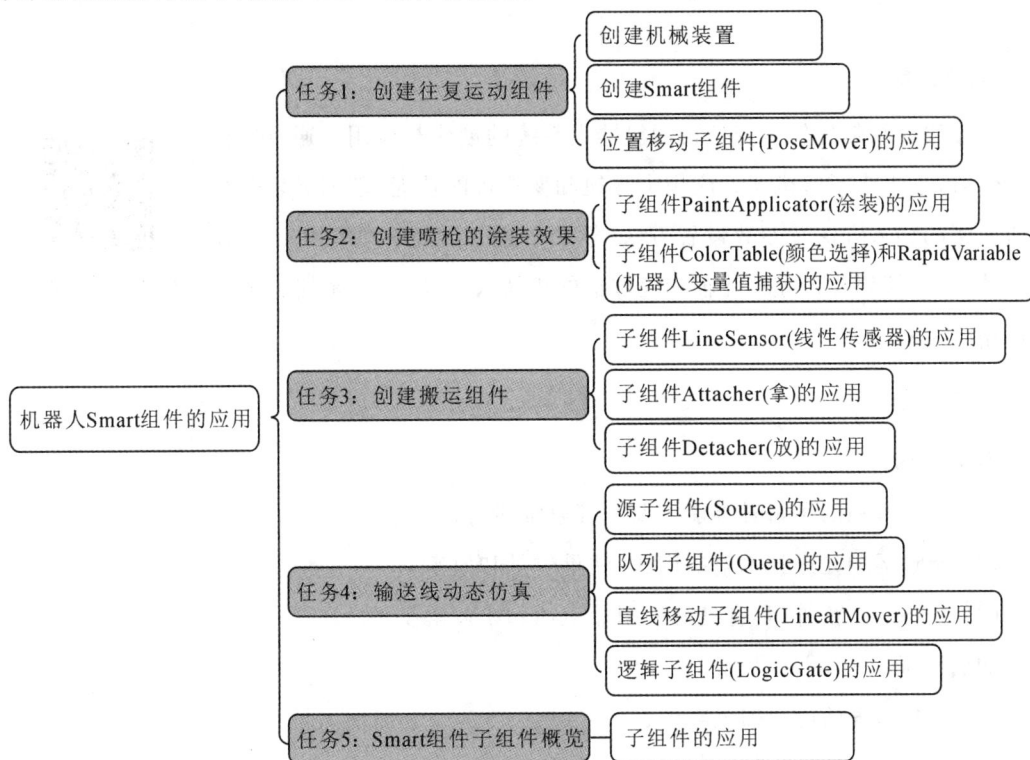

```
                              ┌── 创建机械装置
            任务1:创建往复运动组件 ├── 创建Smart组件
                              └── 位置移动子组件(PoseMover)的应用

                              ┌── 子组件PaintApplicator(涂装)的应用
            任务2:创建喷枪的涂装效果 ┤
                              └── 子组件ColorTable(颜色选择)和RapidVariable
                                  (机器人变量值捕获)的应用

                              ┌── 子组件LineSensor(线性传感器)的应用
机器人Smart组件的应用  任务3:创建搬运组件 ├── 子组件Attacher(拿)的应用
                              └── 子组件Detacher(放)的应用

                              ┌── 源子组件(Source)的应用
                              ├── 队列子组件(Queue)的应用
            任务4:输送线动态仿真 ┤
                              ├── 直线移动子组件(LinearMover)的应用
                              └── 逻辑子组件(LogicGate)的应用

            任务5:Smart组件子组件概览 ── 子组件的应用
```

机器人小讲堂
——中国制造业的数字化转型发展

中共二十大报告提出,要加快发展数字经济,促进数字经济和实体经济深度融合。数字孪生是未来数字化企业发展的关键技术。在工业生产方面,当前工业生产已经发展到高度自动化与信息化阶段,在生产过程中产生了大量数据。但由于数据具有多源异构、异地分散等特征,易形成信息孤岛,在工业生产中没有发挥出应有价值。数字孪生技术为工业产生的物理对象创建了虚拟空间,并将物理设备的各种属性映射到虚拟空间中。工业人员通过在虚拟空间中进行模拟、分析、生产预测,能够仿真复杂的制造工艺,实现产品设计、制造和智能服务等环节的闭环优化。

随着数字化发展的趋势,目前许多制造业企业面临转型瓶颈,主要原因包括缺乏转型合作共创思维、转型投资方向、转型整合方法以及转型人才等四个方面。传统制造业过去主要依赖操作机器设备的人员,但在向智能制造与数字化转型迈进的过程中,企业需要更多具备信息技术专业背景的人才来应对变革。众多调查显示,缺乏数字化转型人才与团队是目前许多制造业企业数字化转型面临的主要障碍。未来数字化转型人才是企业招聘的主要目标。加快数字化转型人才培养,将是企业数字化转型成功的关键因素之一。

模块5　带导轨和变位机的机器人系统的创建与应用

模块介绍

本模块介绍带导轨和变位机的机器人系统的创建与应用。通过本模块的学习,学生将了解机器人应用中导轨和变位机的功能,掌握导轨和变位机模型的导入方法及参数设置方法,学会创建带导轨和变位机的机器人系统,并能够创建带导轨外轴和变位机的机器人运动轨迹,最终完成系统的仿真运行。

模块5学习视频

学习目标

素质目标:

(1)具有较强的逻辑思维能力及系统思维能力;

(2)能够运用先进技术解决问题,注重质量和效率;

(3)具备工匠精神,具有良好的职业道德和职业素质。

知识目标:

(1)创建带导轨的机器人系统;

(2)设置带导轨的机器人系统的参数;

(3)创建带导轨的机器人系统的运动轨迹并仿真运行;

(4)创建带变位机的机器人系统;

(5)设置带变位机的机器人系统的参数;

(6)创建带变位机的机器人系统的运动轨迹并仿真运行。

技能要求:

(1)能熟练创建带导轨的机器人系统;

(2)掌握带导轨的机器人系统的参数设置方法及参数要求;

(3)能够创建带导轨的机器人系统的运动轨迹并仿真运行;

(4)能熟练创建带变位机的机器人系统;

(5)掌握带变位机的机器人系统的参数设置方法及参数要求;

(6)能够创建带导轨和变位机的机器人系统的运动轨迹并仿真运行。

任务 5.1　创建带导轨的机器人系统

5.1.1　任务描述

在工业生产中,为了扩大工业机器人的工作范围,有时需要采用七轴工业机器人,即带导轨(有时也称为外轴或附加轴)的工业机器人。使用 RobotStudio 仿真软件进行带导轨的机器人系统的运行调试时,需要导入相应的机器人模型以及导轨模型,完成参数设置,并创建足够的目标点以生成运动轨迹,使机器人与导轨同步运动。下面我们学习如何在 RobotStudio 软件中创建带导轨的机器人系统,创建轨迹并仿真运行。

5.1.2　任务知识点

5.1.2.1　自动创建带导轨的系统

在 RobotStudio 软件中自动创建带导轨的系统的步骤如下:

(1) 将所需的机器人和导轨的库文件导入 RobotStudio 工作站。

(2) 从布局创建系统,导入机器人模型及导轨模型。若已选择机器人和导轨,请将机器人安装到导轨上。

注意:

(1) 要创建 IRBT4004、IRBT6004 或 IRBT7004 等型号的机器人系统,请确保已安装 TrackMotion 媒体库,并已授权 RobotStudio。

(2) 从布局创建系统功能仅支持 RTT 和 IRBTx003 型号的导轨与变位机组合。

(3) 只能为 T_ROB1 和 T_ROB2 配置动态(IRBTx004 和 IRBT2005)导轨。这受限于导轨运动系统的 RobotWare 加载项。

(4) MU 不支持从布局创建系统功能中的 MultiMove,故动态导轨不能与 MU 结合。

5.1.2.2　手动设置 RTT 或 IRBTx003 型导轨运动系统

在 RobotStudio 软件中手动设置 RTT 或 IRBTx003 型导轨运动系统的步骤如下:

(1) 创建并启动一个新系统。

① 选择所需的机器人(IRB6600)。

在 System Builder(系统生成器)的 NewController System(新建控制器系统)向导中,导览至 Modify Options(修改选项)页面并向下滚动至 Drive Module 1(驱动模块 1)—Drive Module Application(驱动模块应用程序)组,并展开 ABB Standard Manipulator(ABB 标准操纵器)选项,选择 Manipulator Type(操作器型号)(IRB6600)。

② 选择附加轴配置。

在 System Builder 的 New Controller System 向导中,导览至 System Builder 的 Modify Options 页面,向下滚动至 Drive Module 1—Additional Axes Configuratin(额外的轴配置)组,然后展开 Add Axes IRB/Drive Module 6600(添加轴 IRB/驱动模块 6600)选项,选择 M770-4 Drive w in pos Y2 (Y2 位置中的 770-4 驱动 w)选项。

选项 770-4 Drive w in pos Y2、驱动模块和位置会因所选的附加轴配置而异。须确保在任意位置都至少选择了一个驱动。

单击 Finish(结束)。关闭 Modify Options 页面。

(2) 将系统添加至工作站。

(3) 将机器人(IRB6600)相应的导轨配置文件和所需的导轨模型导入工作站,为当前系统添加导轨。

注意:在选择库组中,选择一个现有导轨或导入一个不同导轨。如果未选择正确的附加轴配置,系统可能会发生故障。

(4) 指定该 Baseframe 是否被其他机械装置移动。

① 在"控制器(C)"功能选项卡的"虚拟控制器"中,单击编辑系统,打开系统配置对话框。

② 从层级树视图中选择 ROB_1 节点。

③ 在 Baseframe moved by(基座驱动方式)列表中,选择 Track(导轨)选项。

④ 单击 OK(确定)。当提示是否需要重启控制器时,单击是。关闭系统配置窗口。

5.1.2.3　手动设置 IRBTx004 型导轨运动系统

在 RobotStudio 软件中手动设置 IRBTx004 型导轨运动系统的步骤如下:

(1) 创建并启动一个新系统。

① 添加 IRBTx004 插件。

找到并选择位于媒体池轨道 5. XX. YYY 中的密钥文件(. kxt),其中,5. XX 表示所使用的 RobotWare 版本号。

② 选择所需的机器人(IRB6600)。

在 System Builder 的 Modify Options 页面中,向下滚动至 Drive Module 1—Drive Module Application 组,并展开 ABB Standard Manipulator 选项。选择 Manipulator Type (IRB6600)。

③ 选择 Additional Axes Configuratin。

在 System Builder 的 Modify Options 页面中,向下滚动至 Drive Module 1—Additional Axes 组,然后展开 Add Axes IRB/Drive Module 6600 选项,选择 M770-4 Drive w in pos Y2 选项。

选项 770-4 Drive w in pos Y2、驱动模块和位置会因所选的附加轴配置而异。须确保在任意位置都至少选择了一个驱动。

④ 选择所需的导轨(IRBT6004)。

在 System Builder 的 Modify Options 页面中,向下滚动至 Track,然后展开 Drive Module for Track Motion(导轨的驱动模块)组。选择 Drive Module 1—Track Motion Type (导轨类型)—IRBT 6004—IRB Orientation on Track(导轨的 IRB 方向)—Standard Carriage in Line(线上的标准托架)—Select Track Motion Length(选择导轨长度)—1. 7 m (或任何其他变量)。

单击 Finish(结束)。关闭 Modify Options 页面。

(2) 将系统添加至工作站,添加系统。

(3) 按照以下操作步骤,将所需的导轨模型添加至工作站,为当前系统添加导轨。

① 在 Select Library(选择库文件)组内,单击 Other0(其他)以导入不同的导轨库文件。

② 单击 OK(确定)。当提示是否需要重启系统时,单击是。关闭系统配置窗口。

5.1.3　任务实施

5.1.3.1　创建带导轨的机器人系统

创建带导轨的机器人系统的过程如图 5-1 至图 5-13 所示。

创建一个空工作站,并导入机器人模型以及导轨模型。

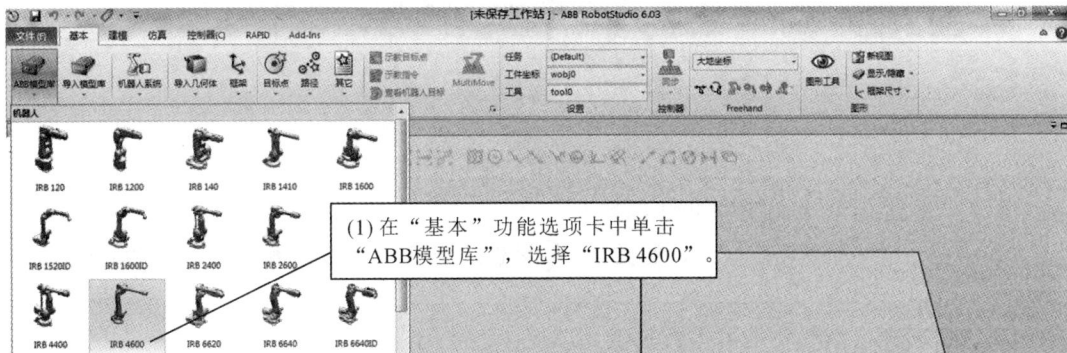

图 5-1

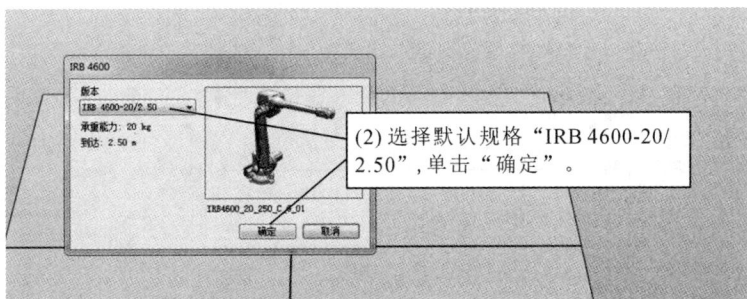

图 5-2

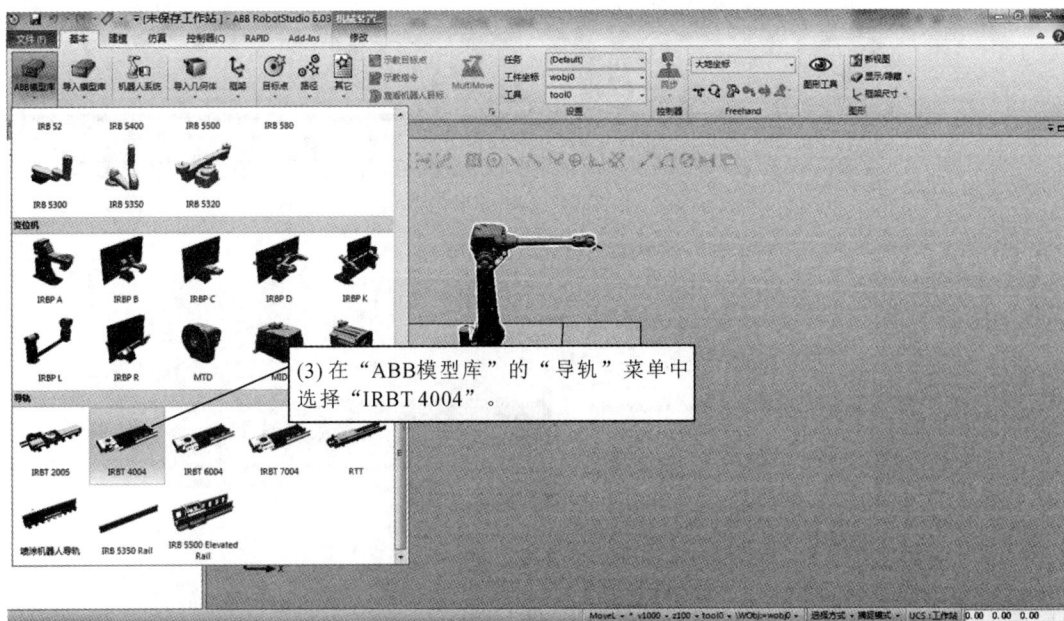

图 5-3

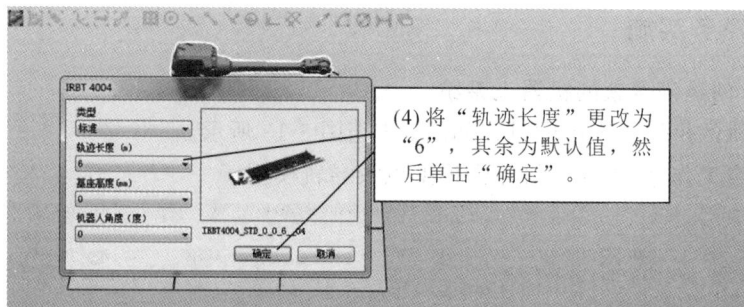

图 5-4

图 5-4 中,导轨各项参数说明如下。

(1) 类型:指导轨"IRBT 4004"的类型,有标准、已映射、双精度(第一)、双精度(第二)共4 种。

(2) 轨迹长度:指导轨的可运行长度。

(3) 基座高度:指导轨上面再加装机器人底座的高度。

(4) 机器人角度:指加装的机器人底座方向,有 0°和 90°可选择。

在"布局"窗口将机器人安装在导轨上面。

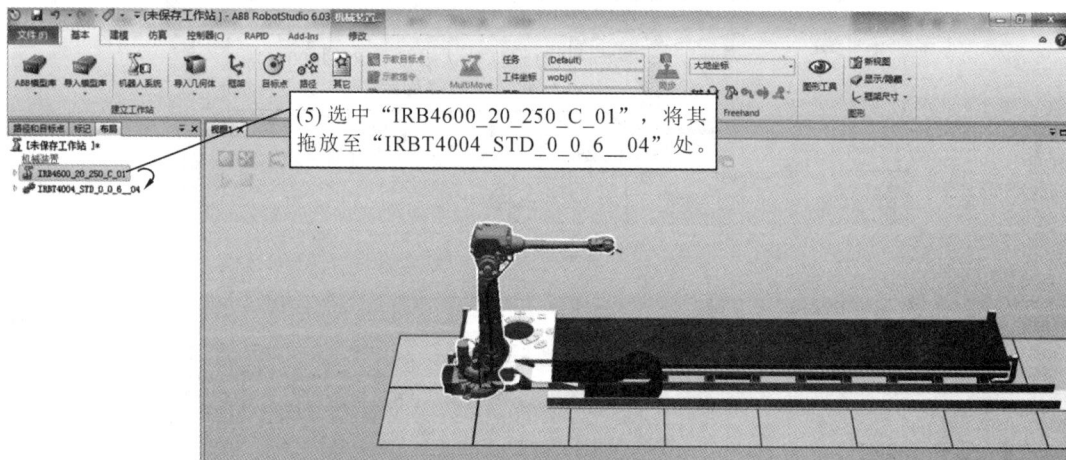

图 5-5

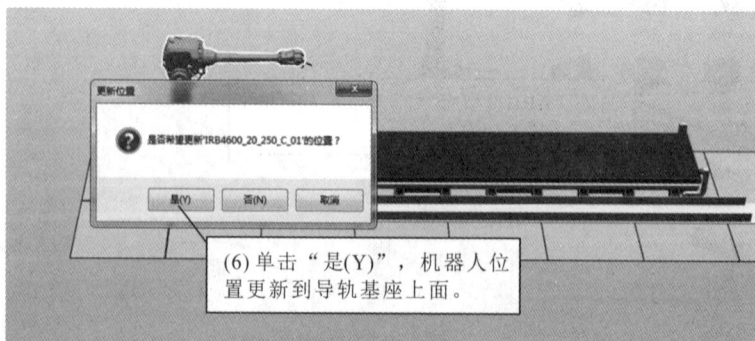

图 5-6

(7) 单击"是(Y)"，机器人与导轨进行同步运动，即机器人基坐标系随着导轨同步运行。

图 5-7

安装完成后，创建机器人系统。在创建带导轨的机器人系统时，建议使用从布局创建系统，这样在创建过程中，会自动添加相应的控制选项以及驱动选项，无须自己配置。

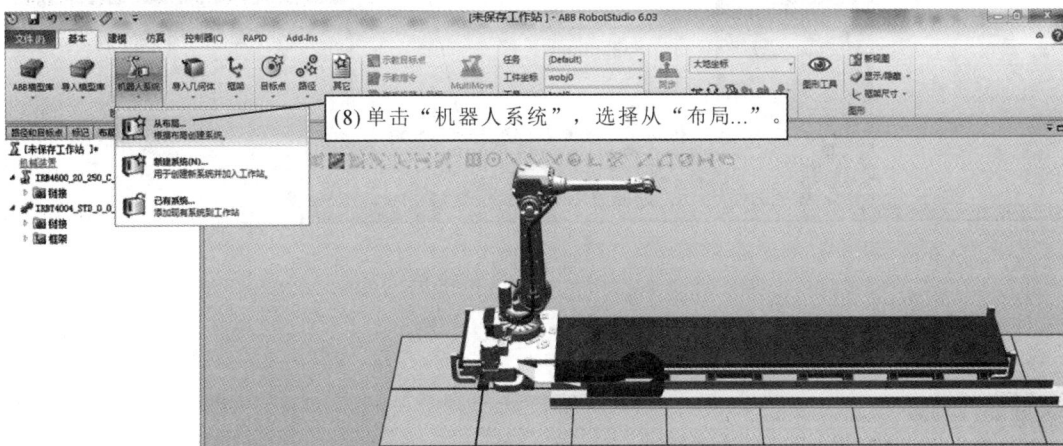

(8) 单击"机器人系统"，选择从"布局…"。

图 5-8

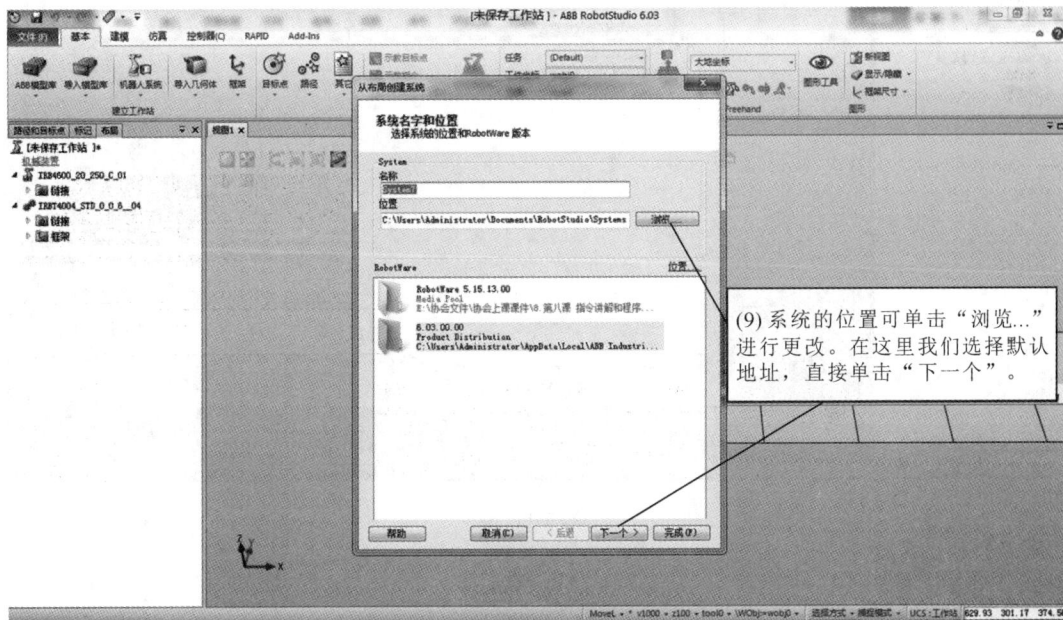

(9) 系统的位置可单击"浏览…"进行更改。在这里我们选择默认地址，直接单击"下一个"。

图 5-9

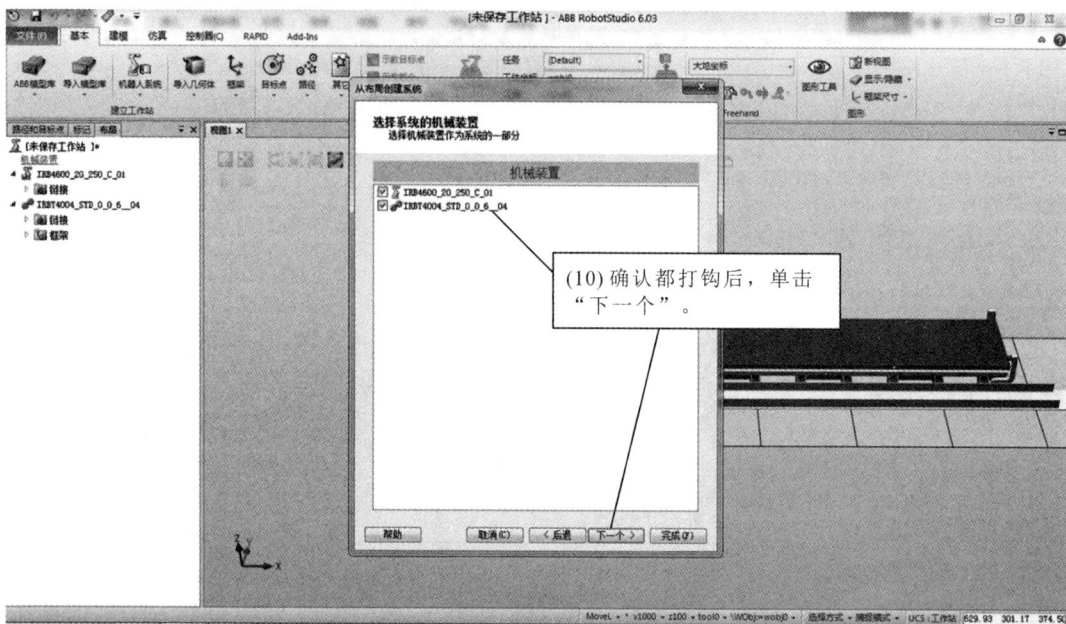

图 5-10

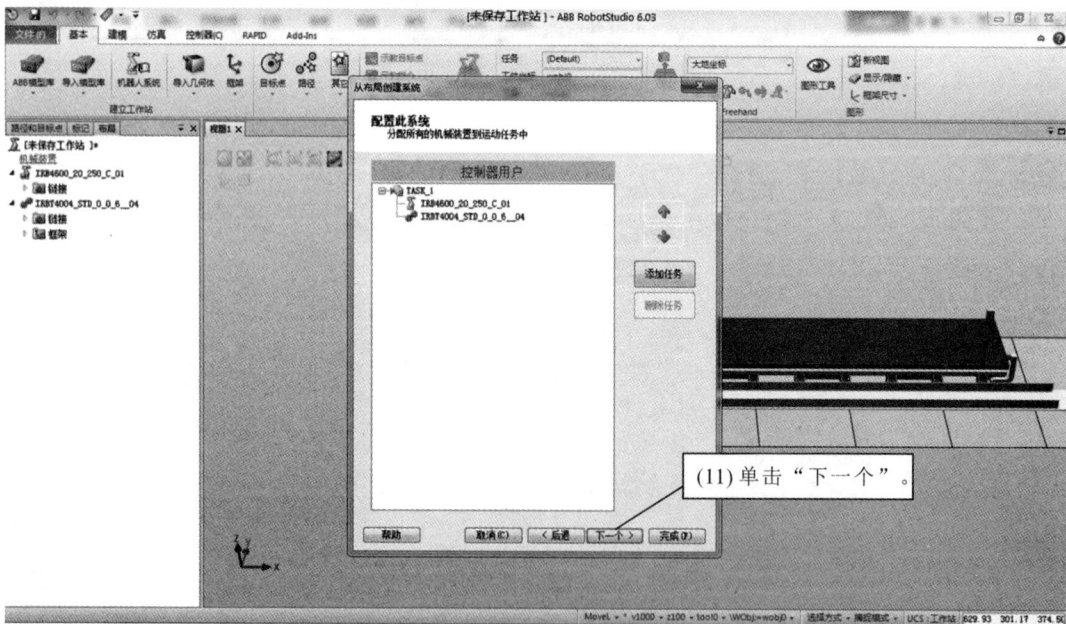

图 5-11

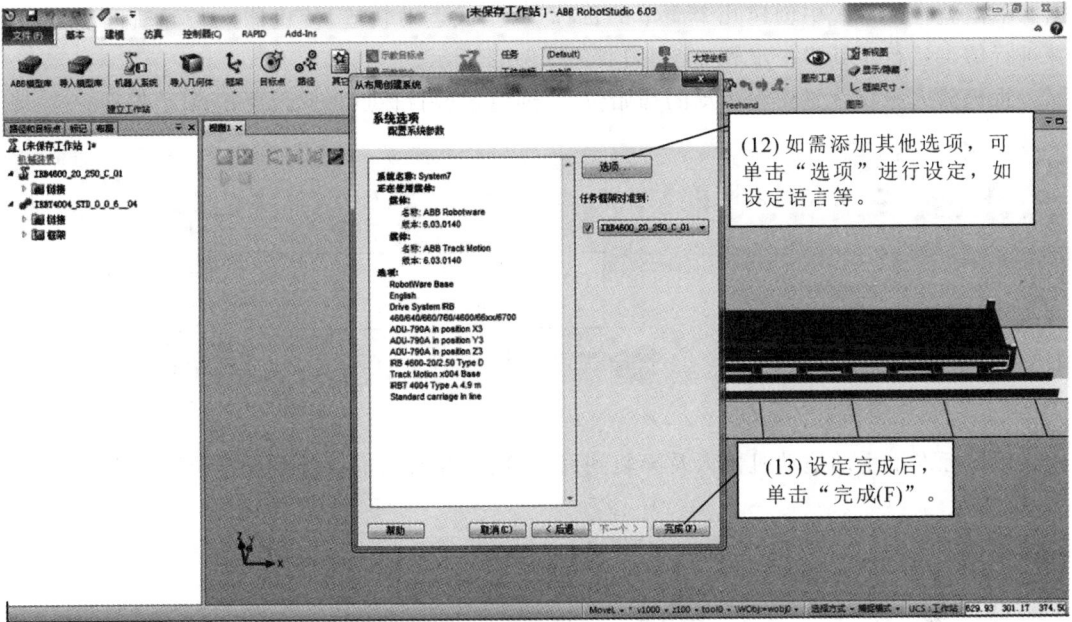

图 5-12

(12) 如需添加其他选项，可单击"选项"进行设定，如设定语言等。

(13) 设定完成后，单击"完成(F)"。

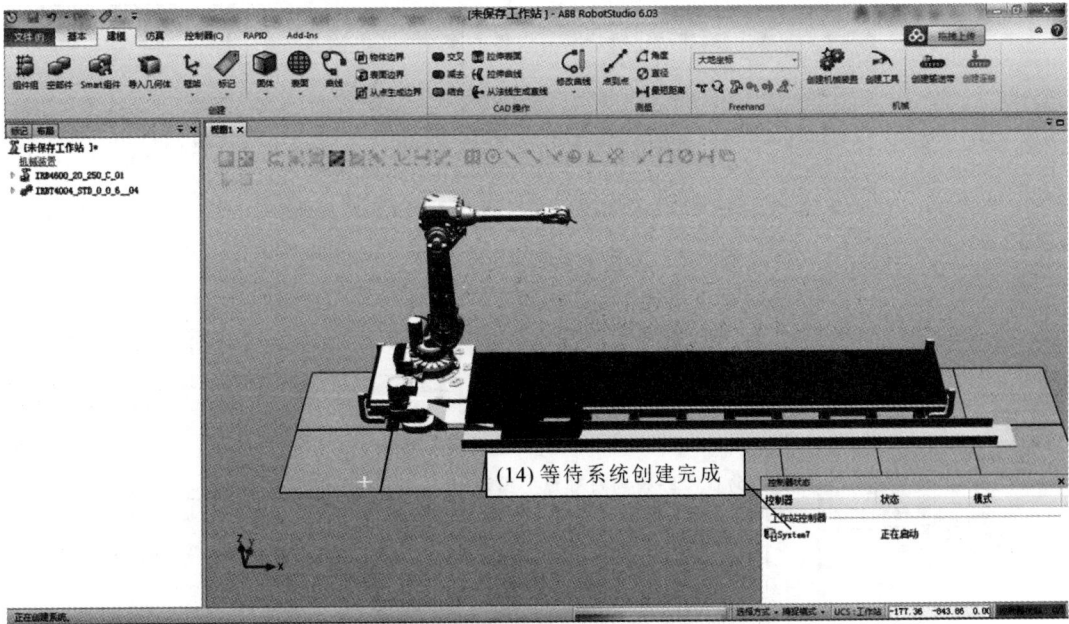

图 5-13

(14) 等待系统创建完成

5.1.3.2　创建运动轨迹并仿真运行

导轨作为机器人的外轴,在示教目标点时,可以保存机器人的位置数据和导轨的位置数据。下面就在此系统中创建几个简单的目标点,生成运动轨迹,使机器人与导轨同步运动,并进行仿真运行。其操作步骤如图 5-14 至图 5-22 所示。

将机器人原点位置作为运动的初始位置,通过示教目标点将此位置记录下来。

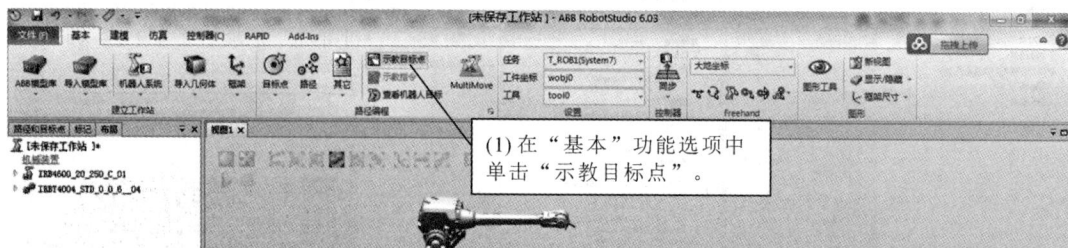

图 5-14

用鼠标左键手动拖动机器人及导轨到另一位置,并通过示教目标点记录该位置。

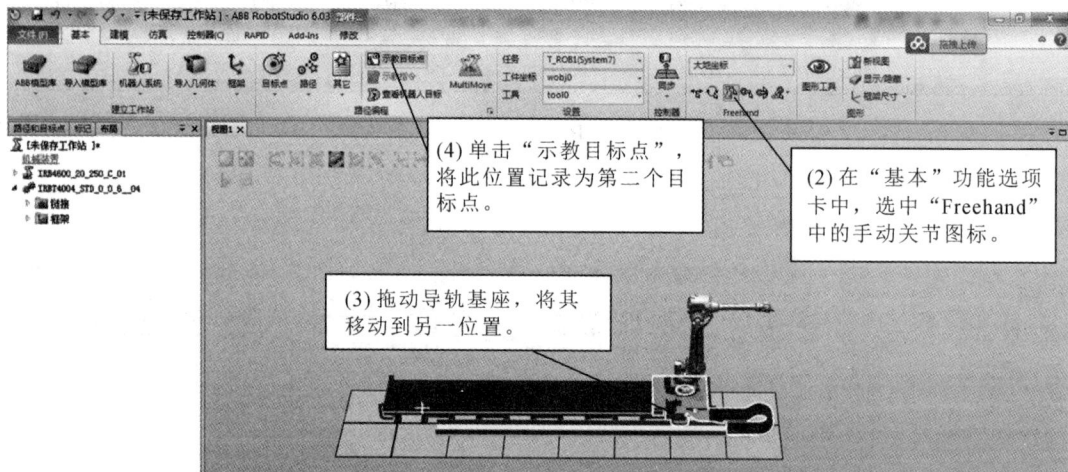

图 5-15

接下来在这两个目标点间生成运动轨迹。

图 5-16

为生成的路径"Path_10"配置参数。

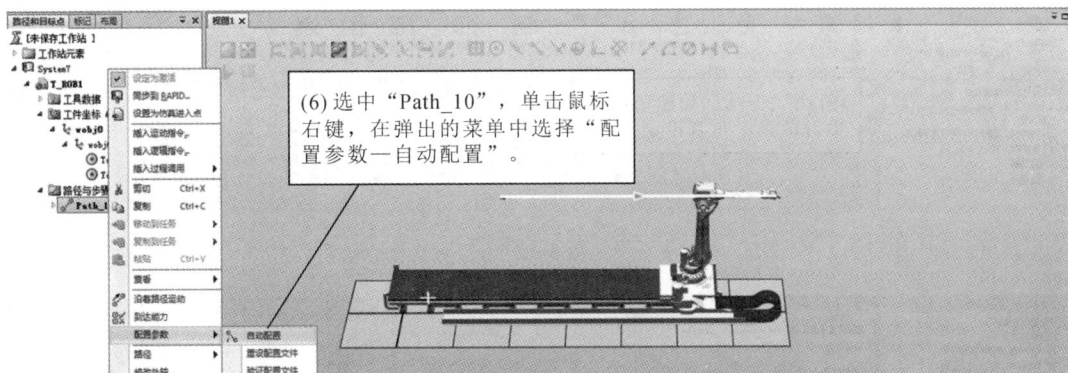

(6) 选中"Path_10",单击鼠标右键,在弹出的菜单中选择"配置参数—自动配置"。

图 5-17

将此轨迹同步到 RAPID。

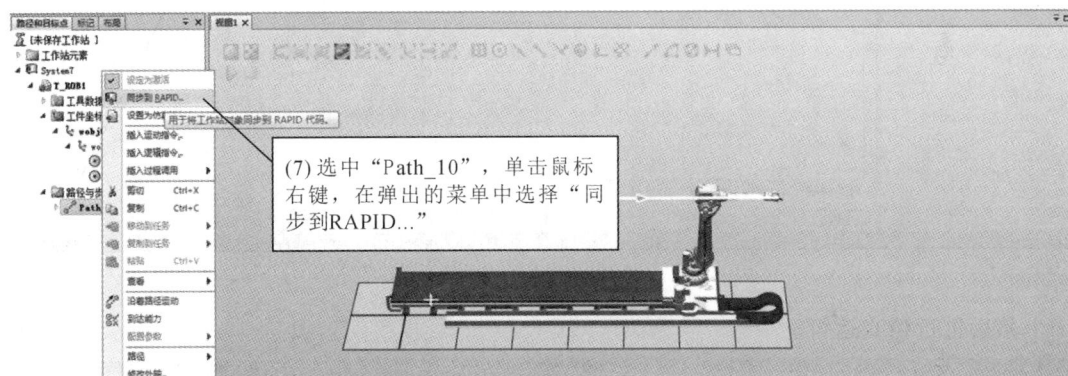

(7) 选中"Path_10",单击鼠标右键,在弹出的菜单中选择"同步到RAPID..."

图 5-18

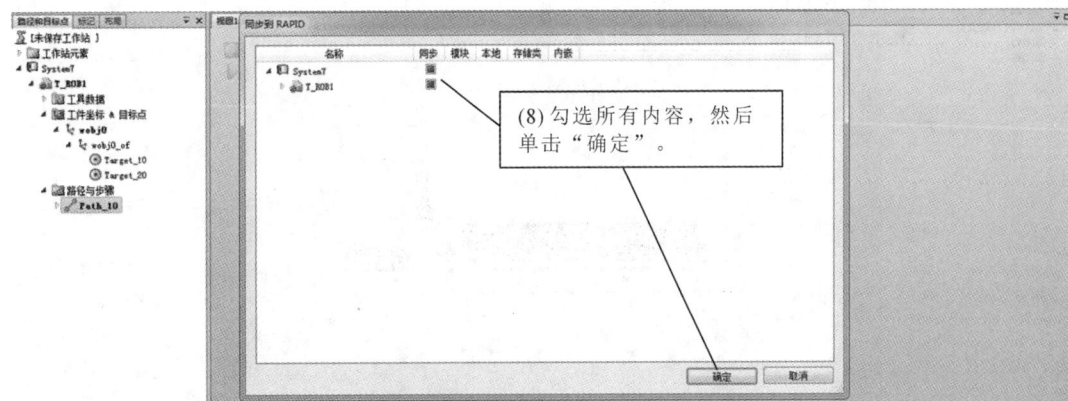

(8) 勾选所有内容,然后单击"确定"。

图 5-19

接下来进行仿真设置。

图 5-20

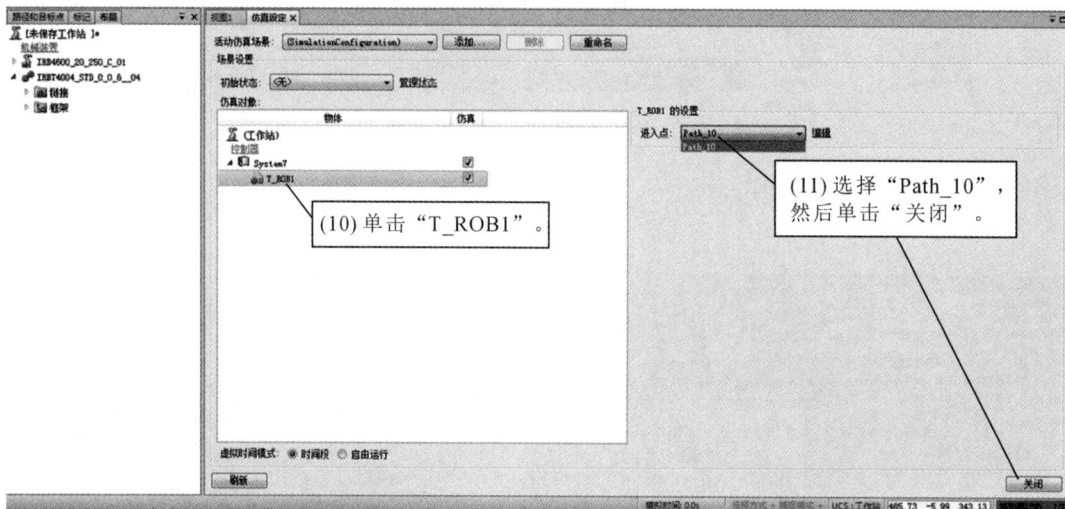

图 5-21

然后进行仿真运行。

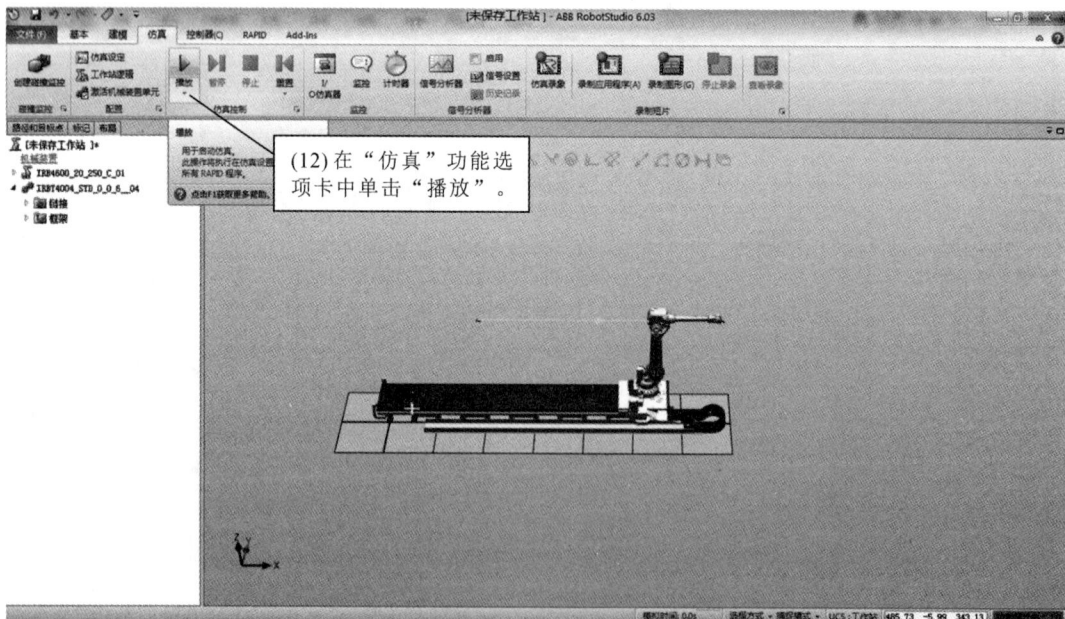

图 5-22

可以观察到机器人与导轨实现了同步运行。

5.1.4　任务考核与评价

任务考核与评价包括学生自评、学生互评、教师评价三个维度(见表 5-1)。

表 5-1　"带导轨和变位机的机器人系统的创建与应用"考核与评价(一)

	序　号	评 价 内 容	学生自评	学生互评	教师评价
基本素养 (30分)	1	操作规范(10分)			
	2	参与和协作能力(10分)			
	3	课堂纪律(10分)			
知识目标 (30分)	4	了解导轨的作用及带导轨的机器人系统的编程方法(10分)			
	5	理解带导轨的机器人系统的参数含义(10分)			
	6	了解带导轨的机器人系统的创建步骤及操作事项(10分)			
技能操作 (40分)	7	独立完成从布局创建带导轨的机器人系统(20分)			
	8	独立完成创建带导轨机器人运动轨迹并仿真运行(20分)			

总评得分:

教师签名:　　　　　　学生 A 签名:　　　　　　学生 B 签名:

考核评价时间:

5.1.5　任务练习

(1) 简述导轨的作用及带导轨的机器人系统的编程方法。

(2) 使用 RobotStudio 软件创建机器人导轨和吸盘 Smart 组件,实现物料的搬运。

操作提示:根据所学知识创建如图 5-23 所示模型。

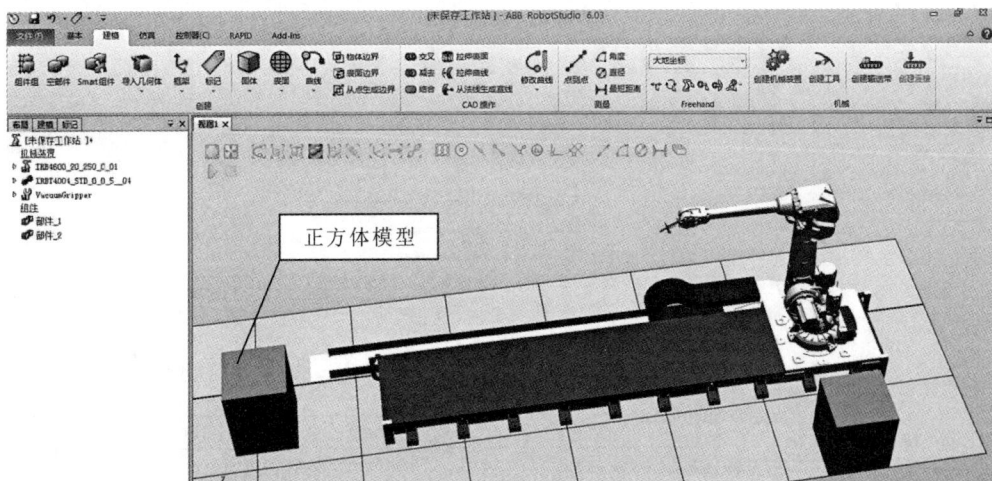

图 5-23

在图 5-23 所示正方体模型上创建一个 3D 模型,并将其颜色更改为绿色(以便区分),如图 5-24 所示。

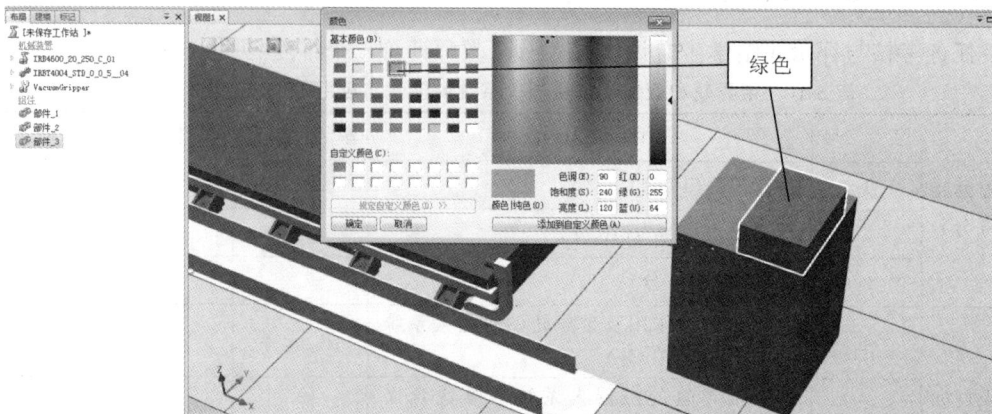

图 5-24

根据所学知识,创建一个吸盘,并创建吸盘 Smart 组件,如图 5-25 所示。

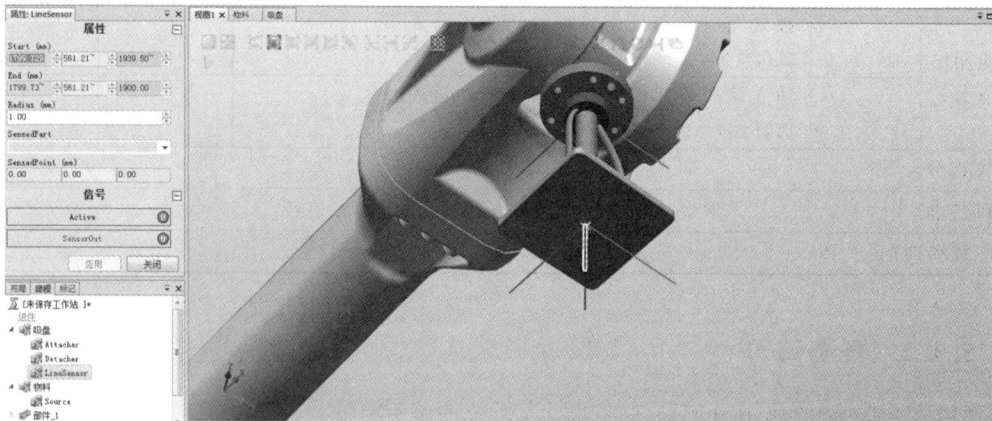

图 5-25

单击 Smart 组件,添加组件,设置"属性与连结"与"信号和连接",如图 5-26 和图 5-27 所示。

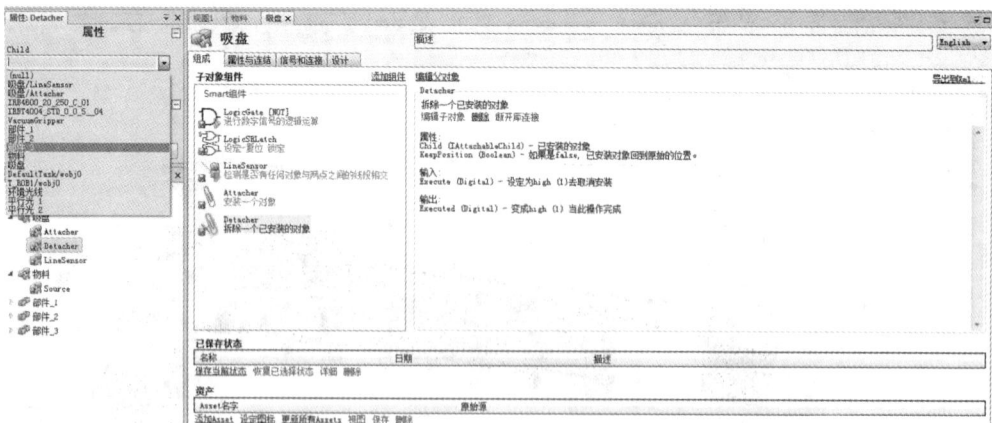

图 5-26

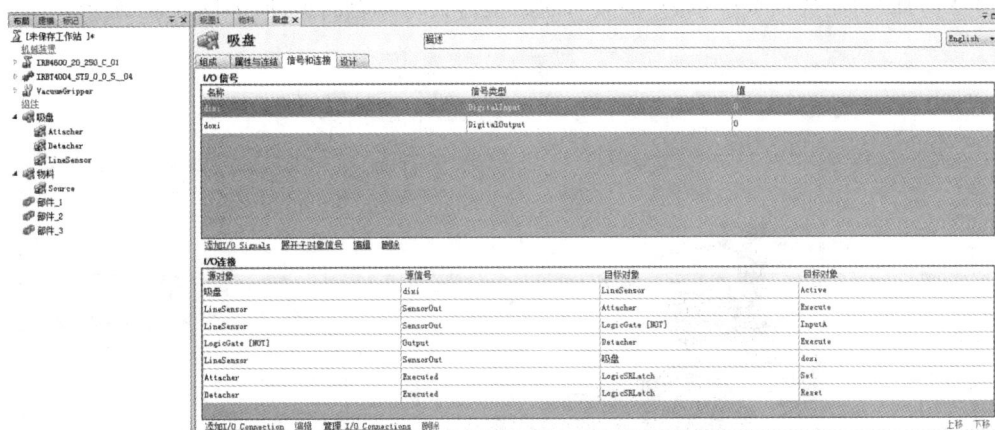

图 5-27

手动激活吸盘,拉动机器人末端提起物料,物料搬运点如图 5-28 所示。拖动机器人和导轨运动,物料放置点如图 5-29 所示。

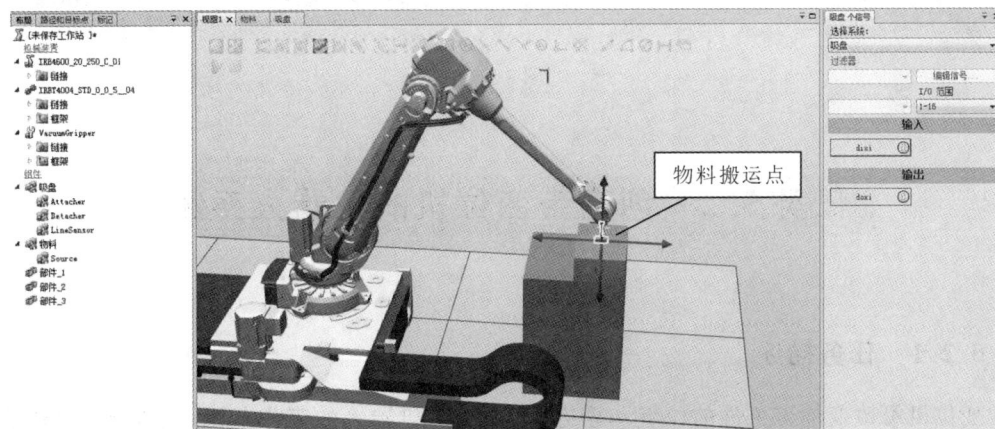

图 5-28

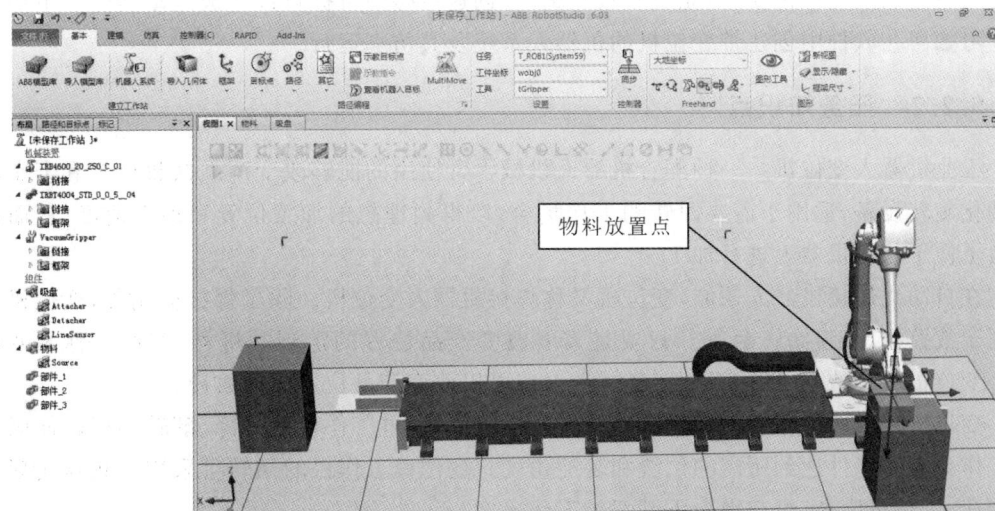

图 5-29

在"仿真"功能选项卡中单击"播放",观察机器人与导轨的运动,如图 5-30 所示。

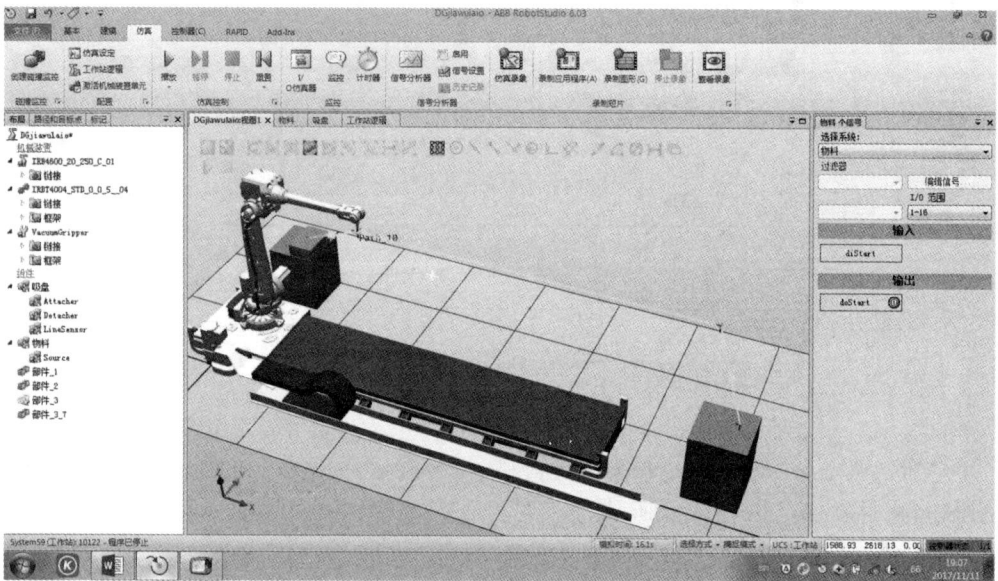

图 5-30

任务 5.2　创建带变位机的机器人系统

5.2.1　任务描述

变位机可改变加工工件的位置和姿态,从而扩大机器人的工作范围,在焊接、切割等领域有着广泛的应用。使用 RobotStudio 仿真软件创建带变位机的机器人系统时,需要导入机器人模型以及变位机模型,完成参数配置,并创建足够的目标点以生成运动轨迹。下面我们学习如何在软件中创建带变位机的机器人系统及其仿真运行。

5.2.2　任务知识点

工业机器人变位机是一种配合机器人机械手臂使用的能够改变产品摆放位置和姿态的自动化旋转设备,适用于需要回转的工作场合,以得到理想的加工位置和加工速度,从而使产品更便于工业机器人进行加工。

在自动化焊接机器人领域,变位机又称焊接机器人变位机。除了焊接应用外,变位机还可用于数控机床、喷涂转台等。只要是需要改变产品位置的定制类机器,都可以称为变位机。变位机的轴数有单轴、双轴、三轴等,对应可以改变产品位置面的数量。

变位机一般由工作台回转机构和翻转机构组成,通过工作台的升降、翻转和回转使固定在工作台上的工件达到所需的位置和装配角度。变位机工作台的回转可采用变频器实现无级调速,调速精度高,可获得令人满意的工作速度。

变位机通常是专用辅助设备,可与工业机器人、焊接机控制系统等配套使用,组成自动化机器人应用生产中心,实现联动操作。

5.2.3　任务实施

本任务以带变位机的机器人系统对工件表面进行加工为例进行教学。

5.2.3.1　创建带变位机的机器人系统

创建带变位机的机器人系统的操作步骤如图 5-31 至图 5-49 所示。

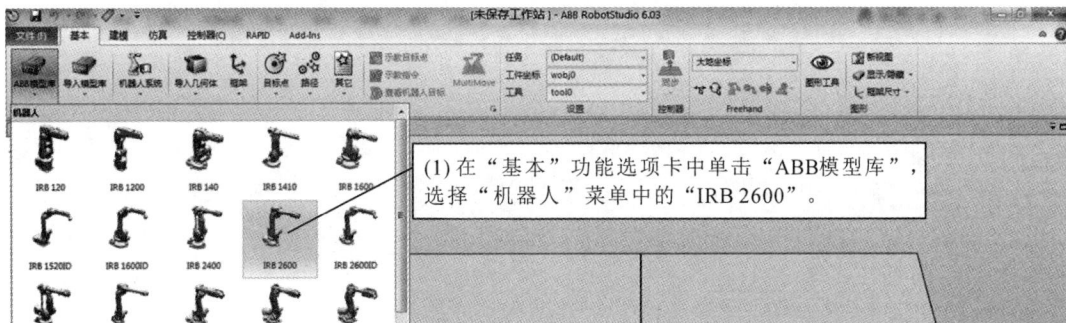

(1)在"基本"功能选项卡中单击"ABB模型库",选择"机器人"菜单中的"IRB 2600"。

图 5-31

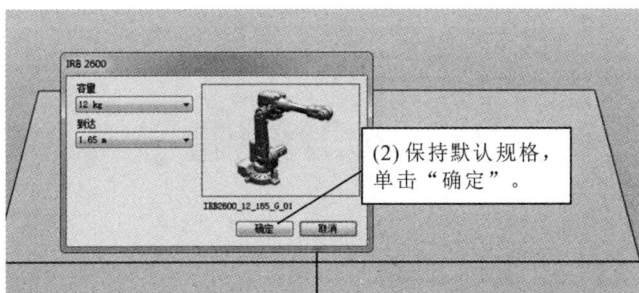

(2)保持默认规格,单击"确定"。

图 5-32

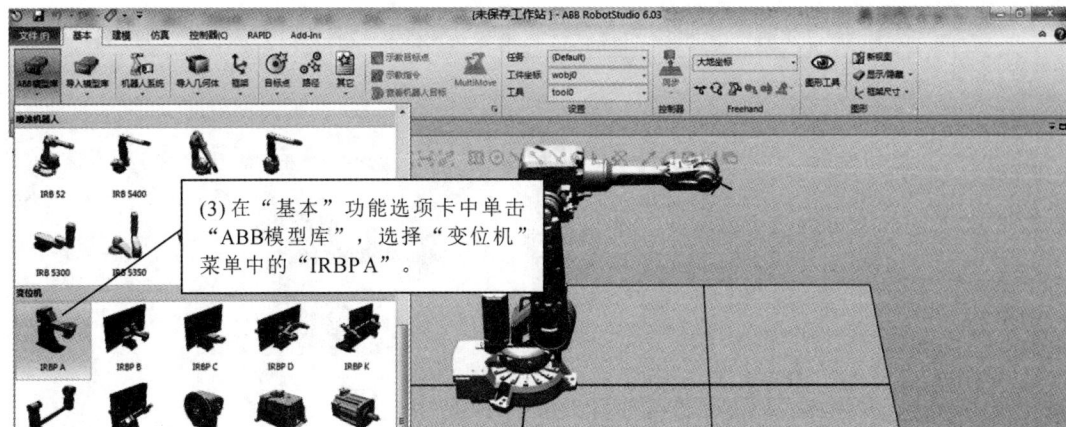

(3)在"基本"功能选项卡中单击"ABB模型库",选择"变位机"菜单中的"IRBPA"。

图 5-33

217

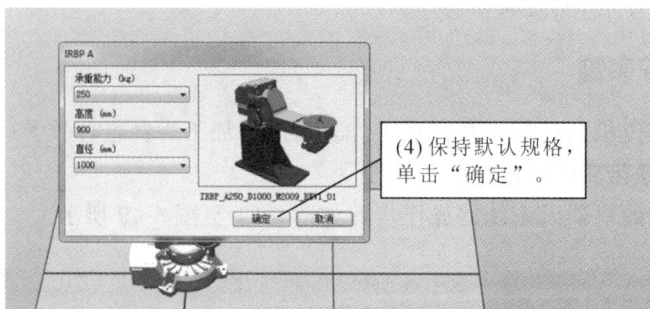

图 5-34

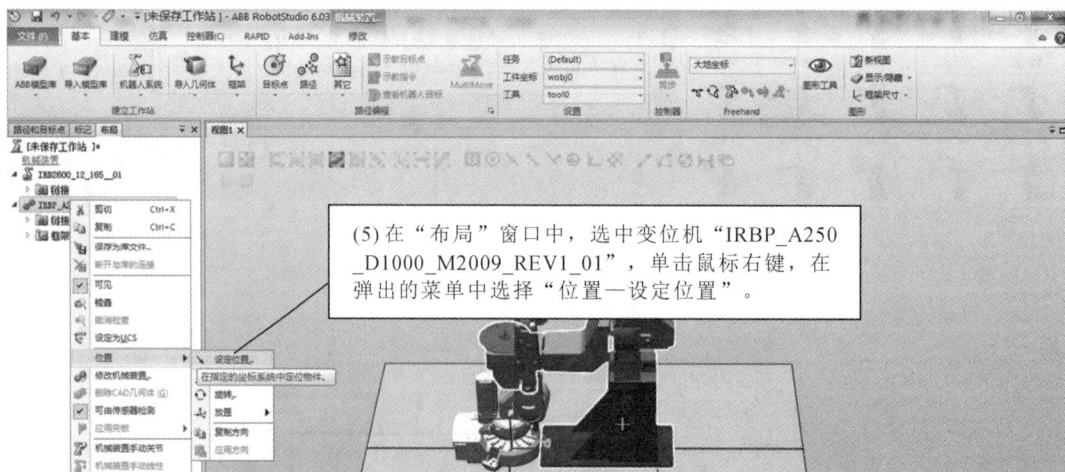

(5) 在"布局"窗口中,选中变位机"IRBP_A250
_D1000_M2009_REV1_01",单击鼠标右键,在
弹出的菜单中选择"位置—设定位置"。

图 5-35

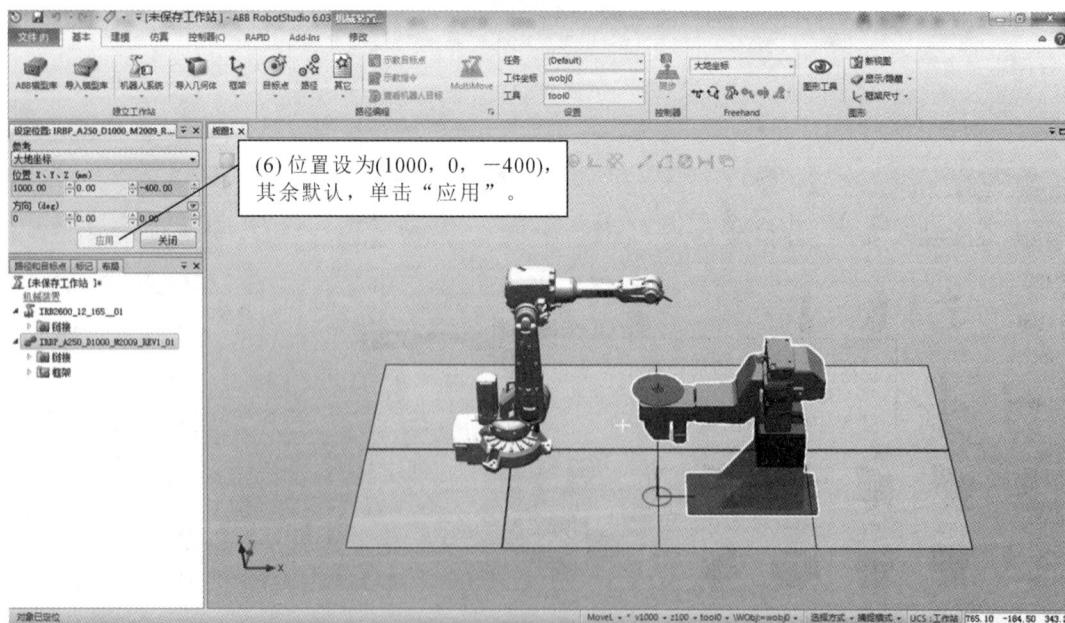

(6) 位置设为(1000,0,-400),
其余默认,单击"应用"。

图 5-36

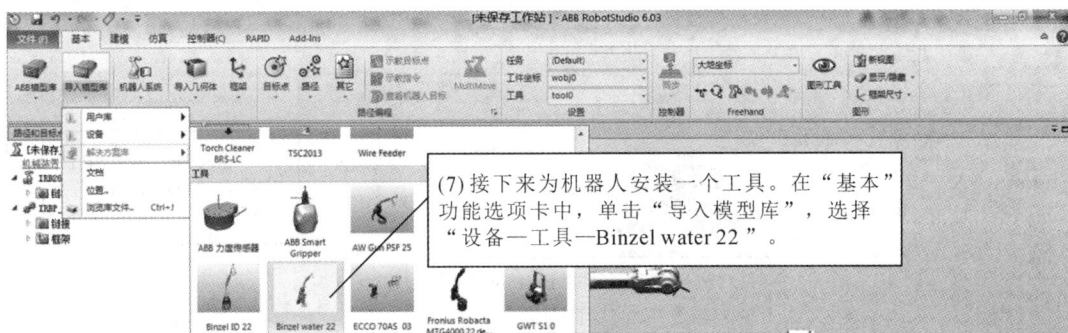

图 5-37

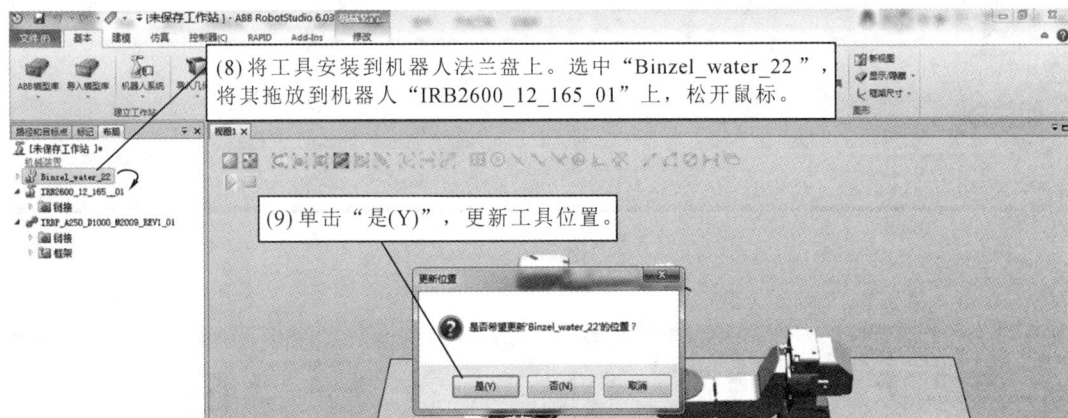

图 5-38

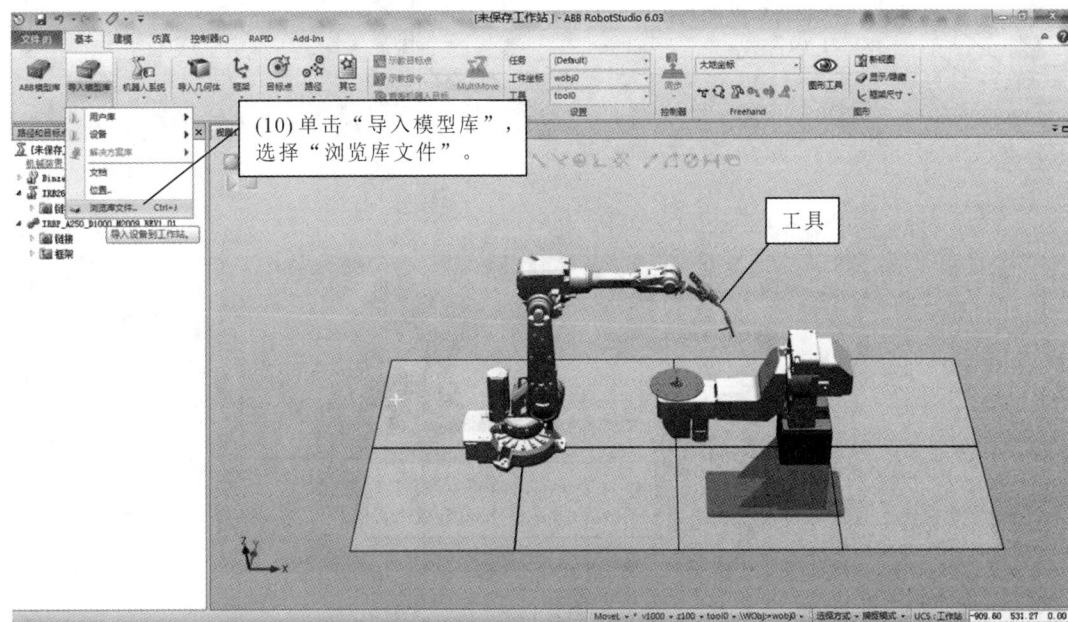

图 5-39

219

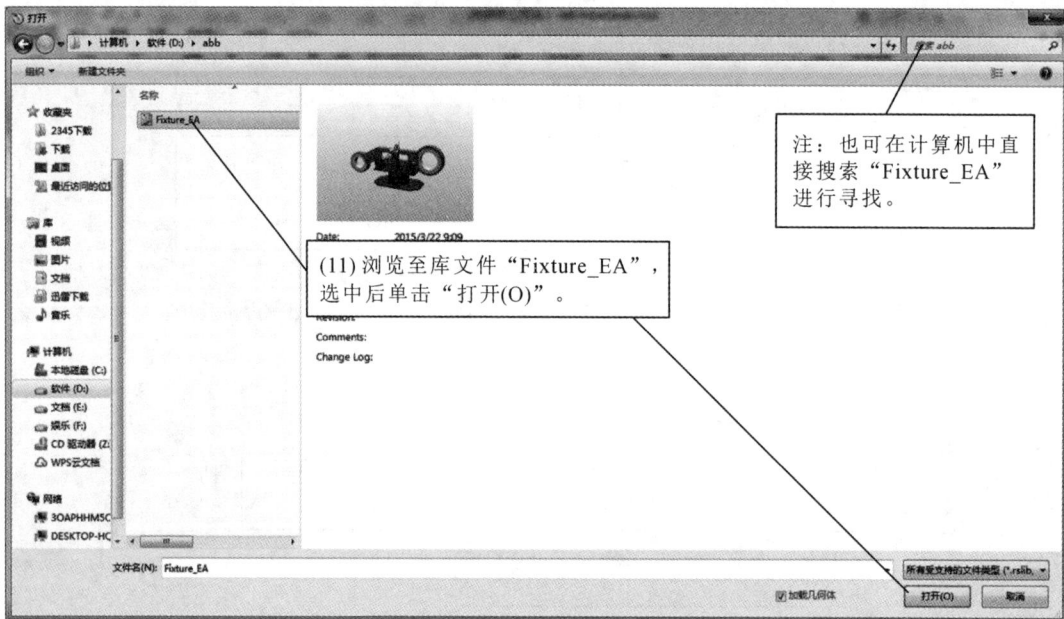

注：也可在计算机中直接搜索"Fixture_EA"进行寻找。

(11) 浏览至库文件"Fixture_EA"，选中后单击"打开(O)"。

图 5-40

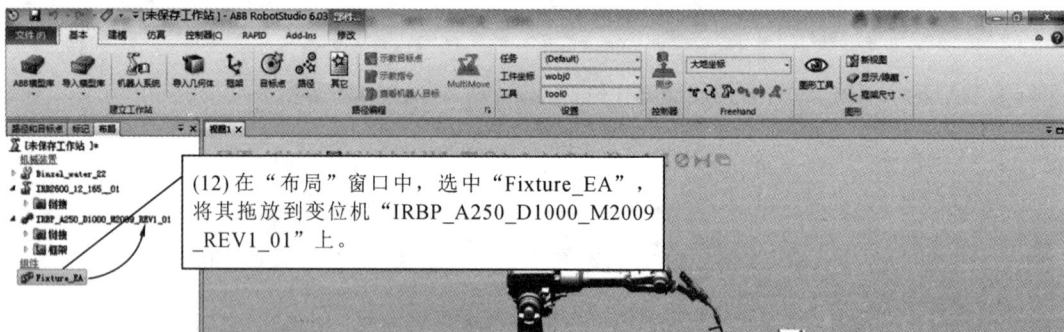

(12) 在"布局"窗口中，选中"Fixture_EA"，将其拖放到变位机"IRBP_A250_D1000_M2009_REV1_01"上。

图 5-41

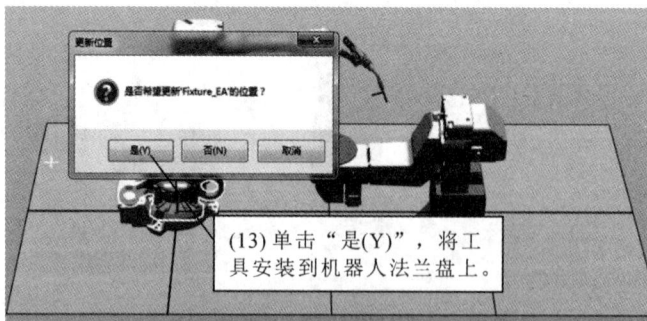

(13) 单击"是(Y)"，将工具安装到机器人法兰盘上。

图 5-42

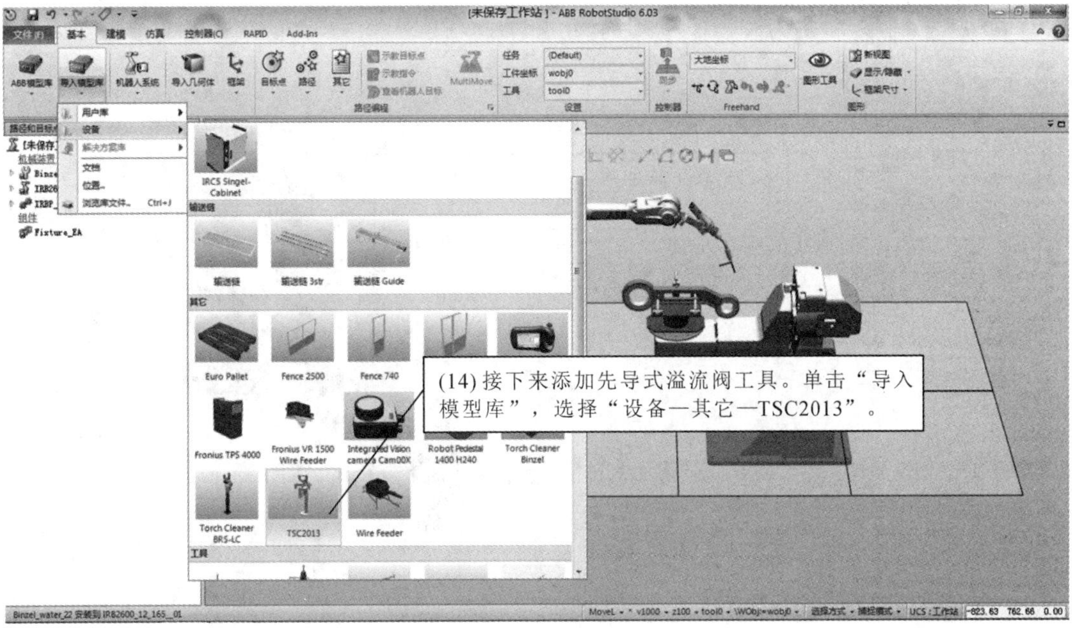

(14) 接下来添加先导式溢流阀工具。单击"导入模型库"，选择"设备—其它—TSC2013"。

图 5-43

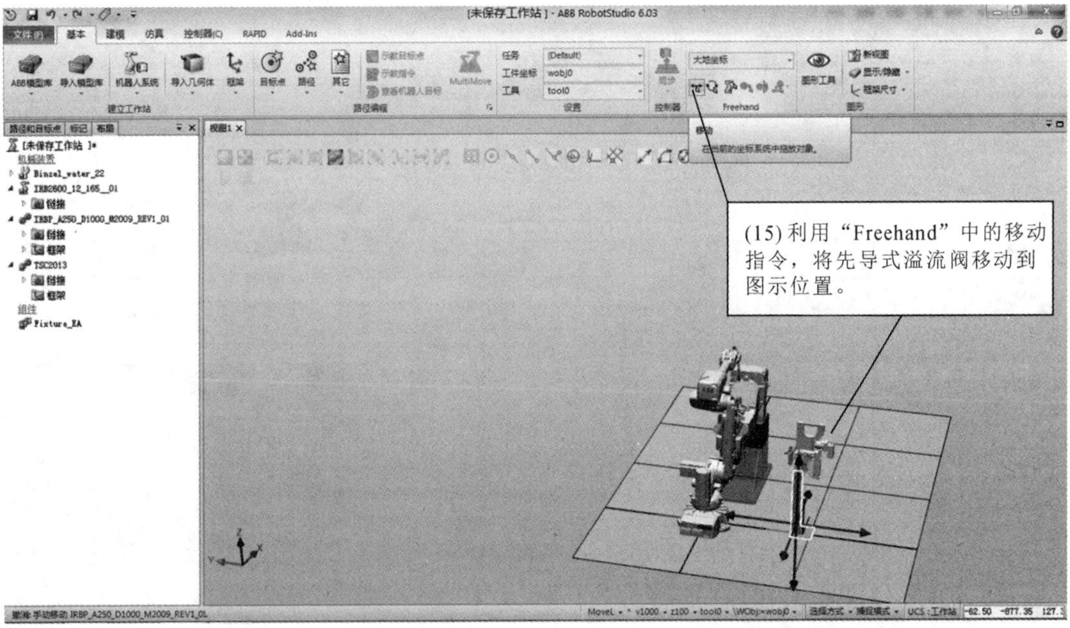

(15) 利用"Freehand"中的移动指令，将先导式溢流阀移动到图示位置。

图 5-44

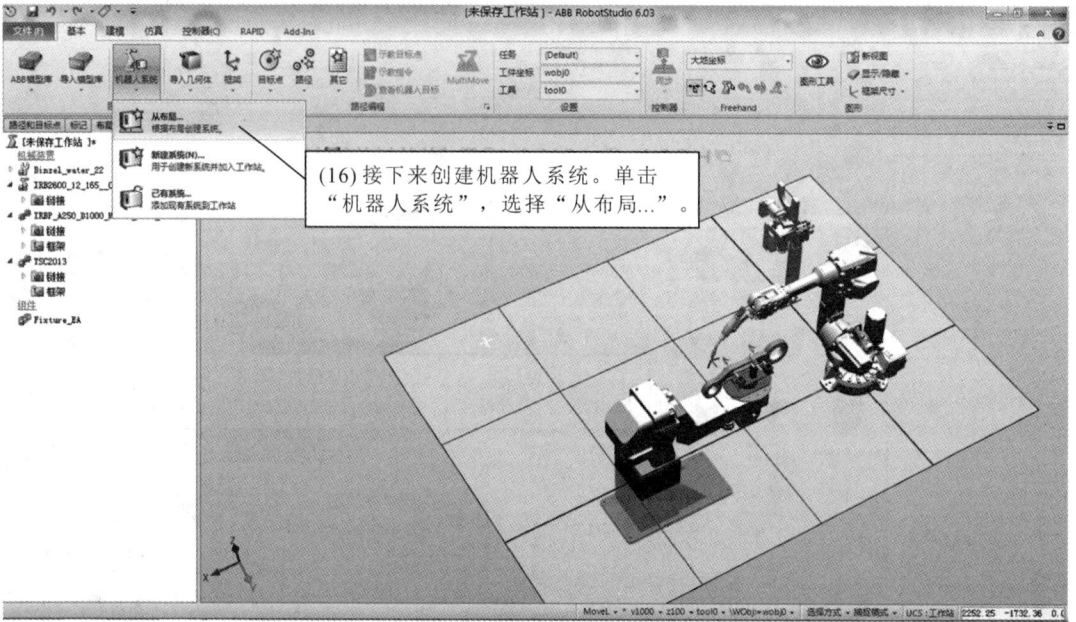

图 5-45

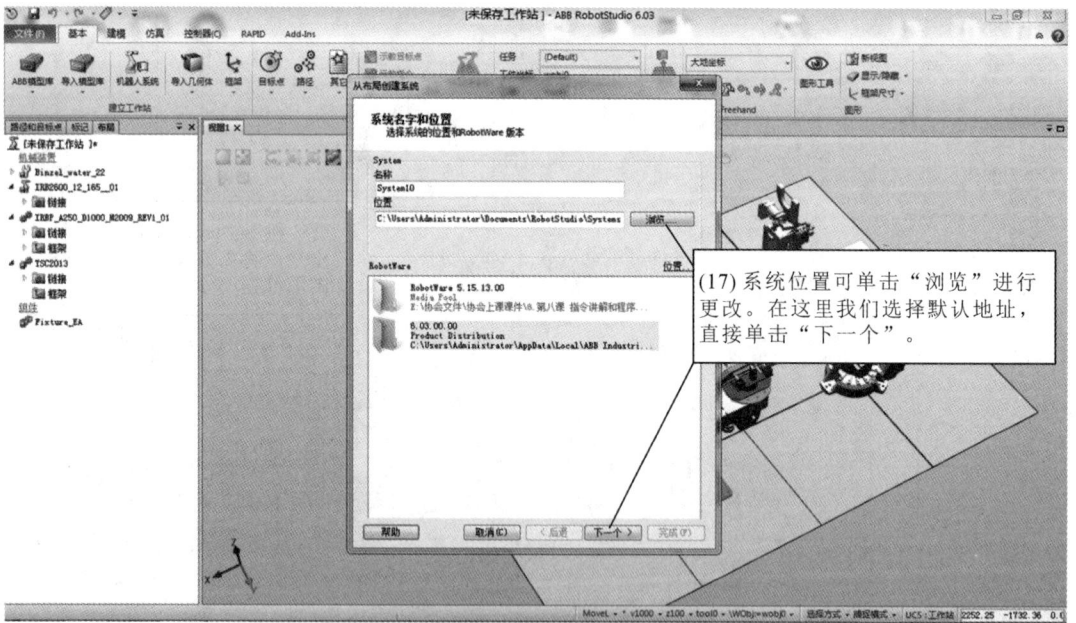

图 5-46

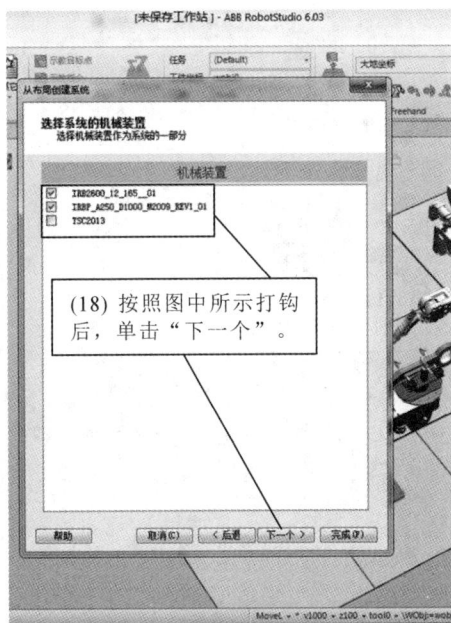

图 5-47

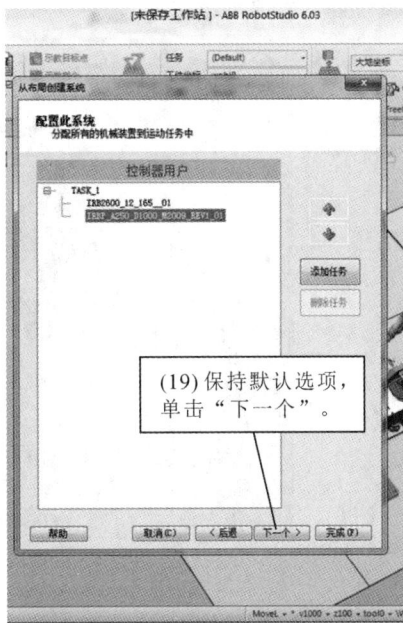

图 5-48

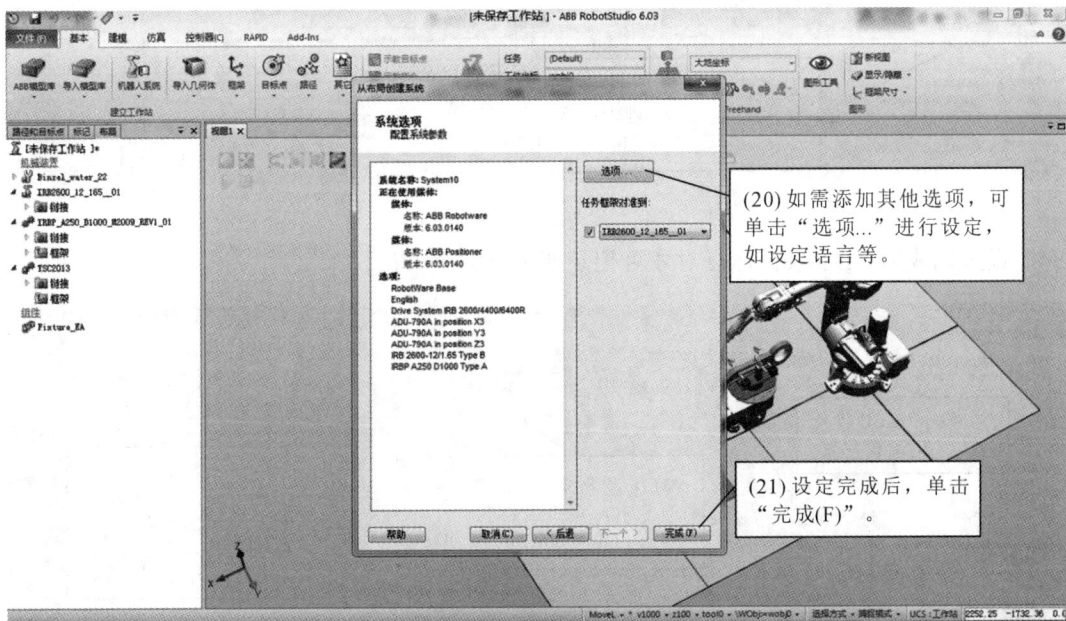

图 5-49

5.2.3.2 创建运动轨迹并仿真运行

使用示教目标点的方法,对工件的大圆孔部位进行轨迹处理,创建运动轨迹并仿真运行。其操作步骤如图 5-50 至图 5-70 所示。

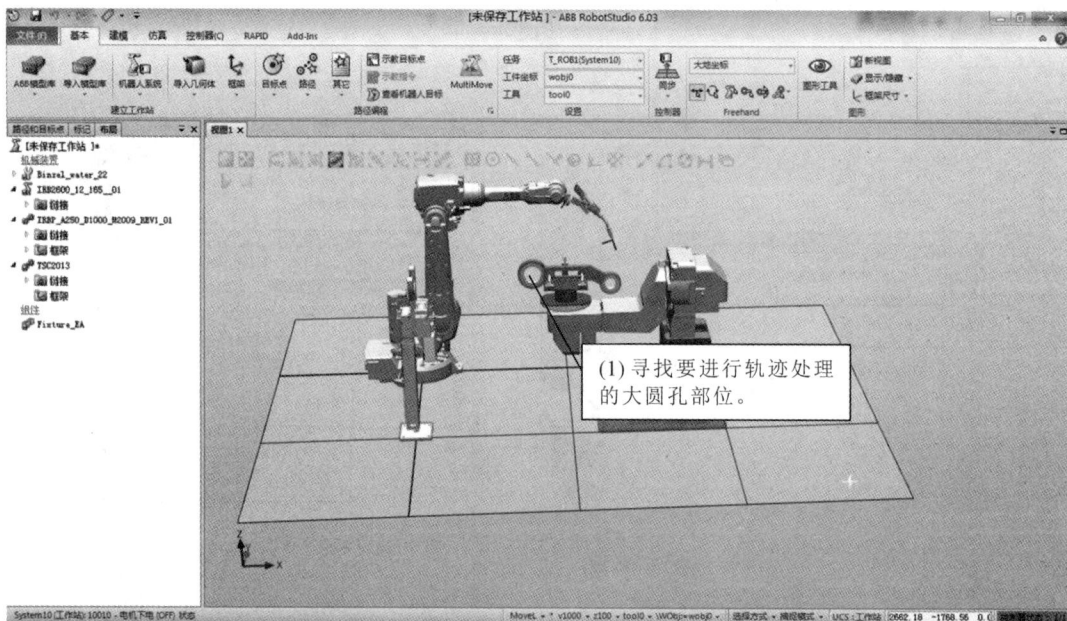

图 5-50

在带变位机的机器人系统中示教目标点时,需要保证变位机处于激活状态,这样才可以将变位机的数据记录下来。

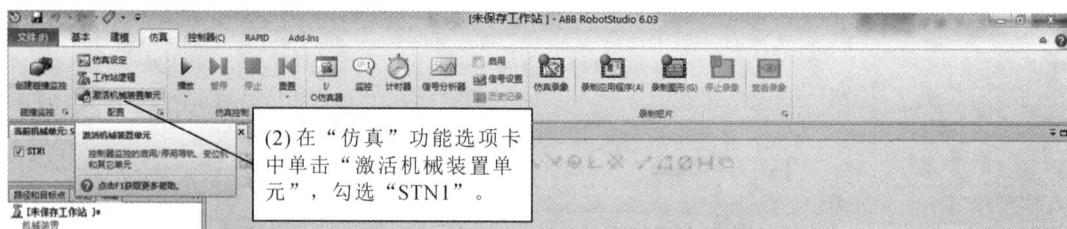

图 5-51

设置完成后,在示教目标点时才可记录变位机关节数据。

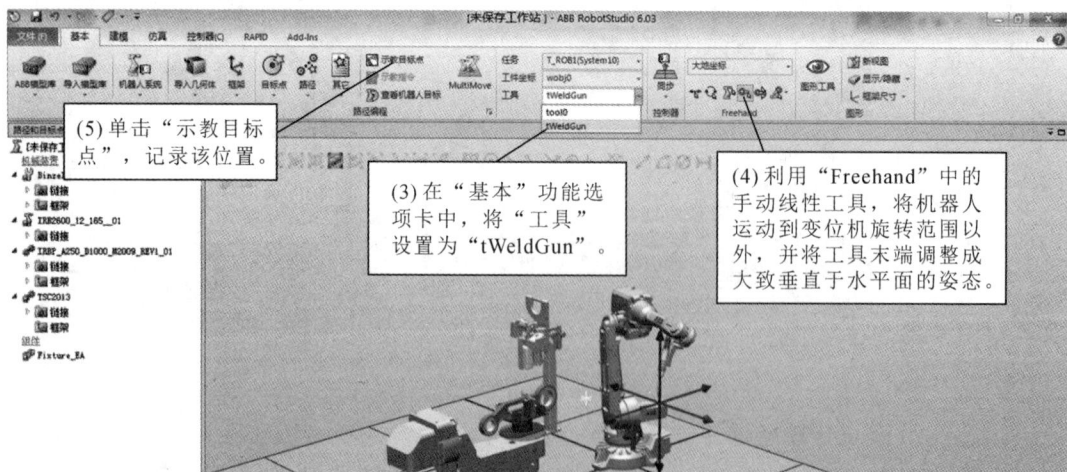

图 5-52

接下来将变位机关节 1 旋转 90°。

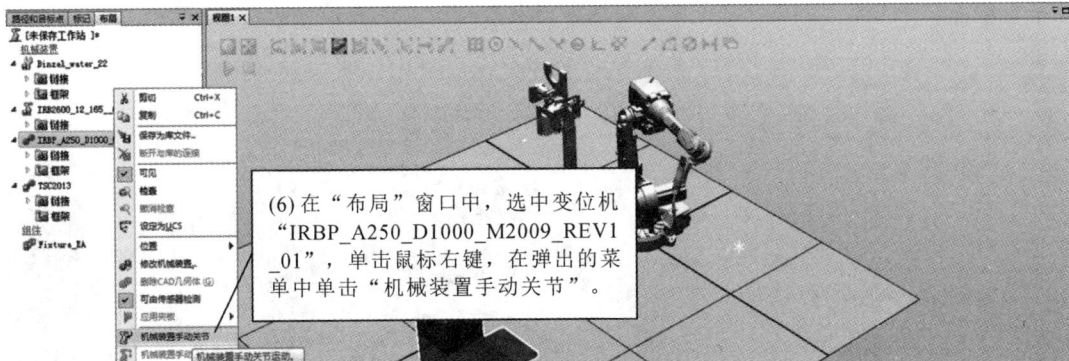

(6) 在"布局"窗口中，选中变位机"IRBP_A250_D1000_M2009_REV1_01"，单击鼠标右键，在弹出的菜单中单击"机械装置手动关节"。

图 5-53

(7) 单击第一个关节条，从键盘输入"90.00"，按下回车键，则变位机关节1运动至正90°位置。

图 5-54

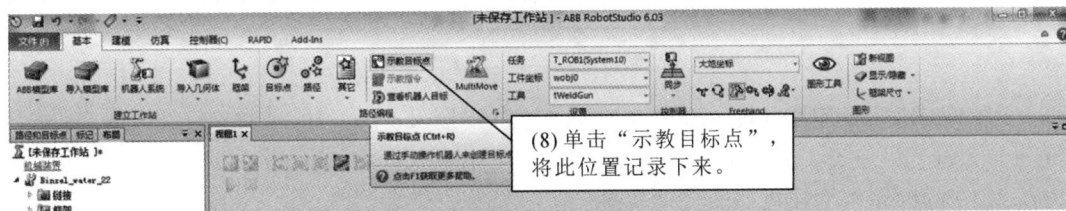

(8) 单击"示教目标点"，将此位置记录下来。

图 5-55

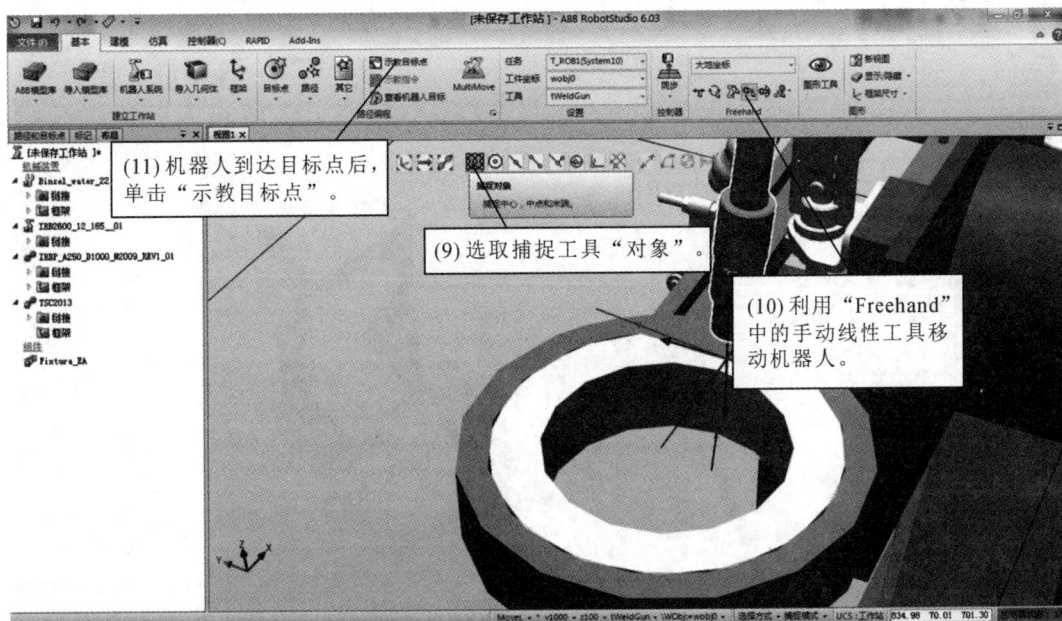

(11) 机器人到达目标点后，单击"示教目标点"。

(9) 选取捕捉工具"对象"。

(10) 利用"Freehand"中的手动线性工具移动机器人。

图 5-56

利用"Freehand"中的手动线性工具,并配合捕捉对象,逆时针依次示教图示工件表面的5个目标点。

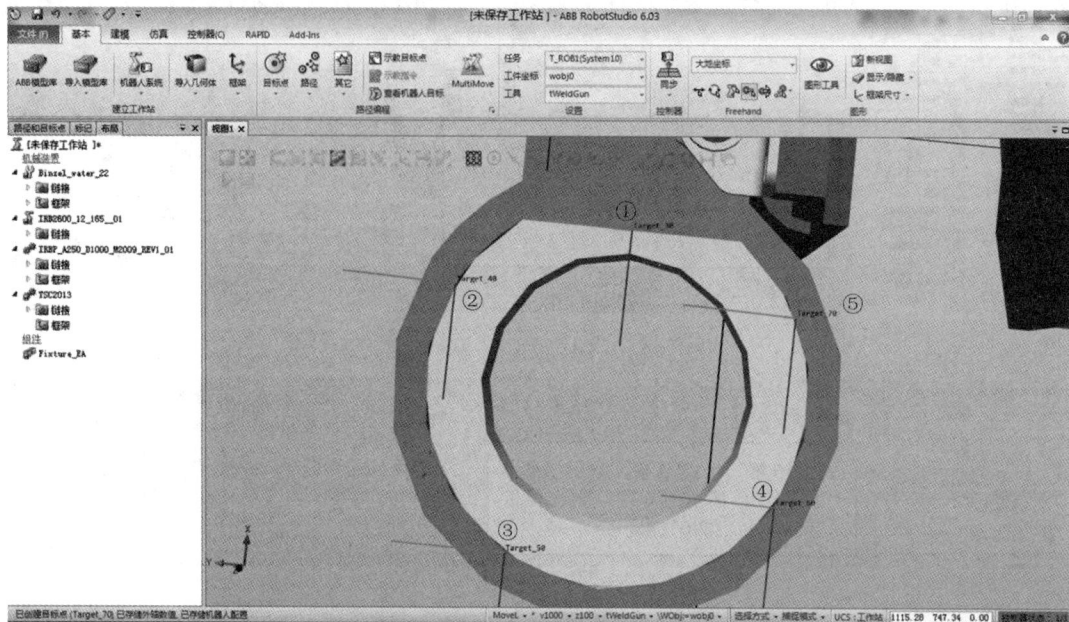

图 5-57

示教完成后,则前后一共示教了 7 个目标点,按照 Target_10 → Target_20 → Target_30 → Target_40 → Target_50 → Target_60 → Target_70 → Target_30 → Target_20 → Target_10 的顺序来生成机器人运动轨迹。

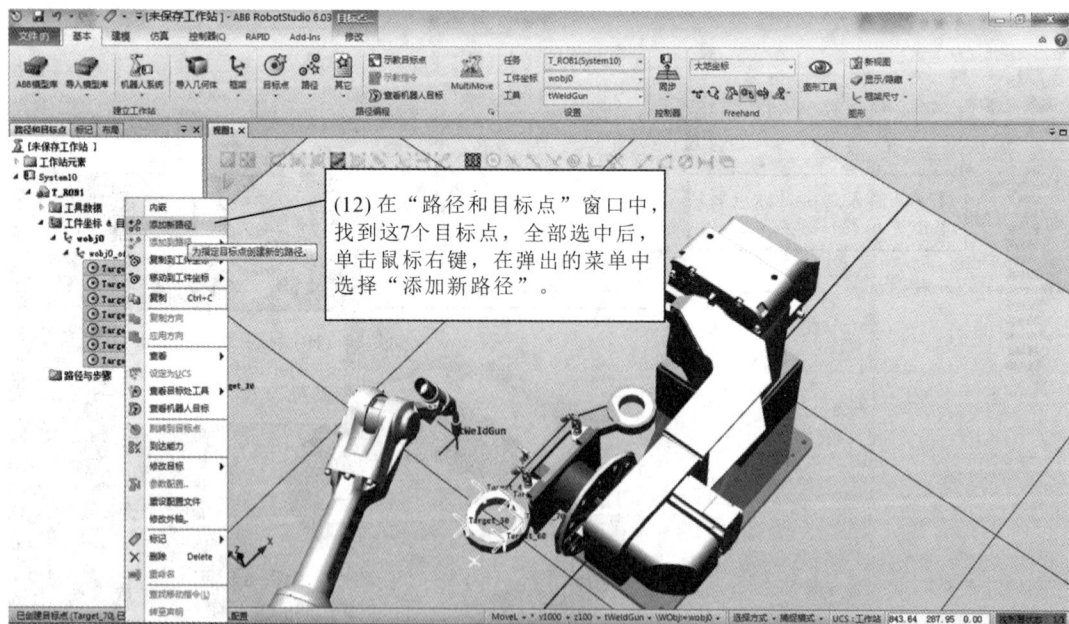

(12) 在"路径和目标点"窗口中,找到这7个目标点,全部选中后,单击鼠标右键,在弹出的菜单中选择"添加新路径"。

图 5-58

接下来完善机器人运动路径，在"MoveL Target_70"指令之后，依次添加"MoveL Target_30""MoveL Target_20""MoveL Target_10"指令。

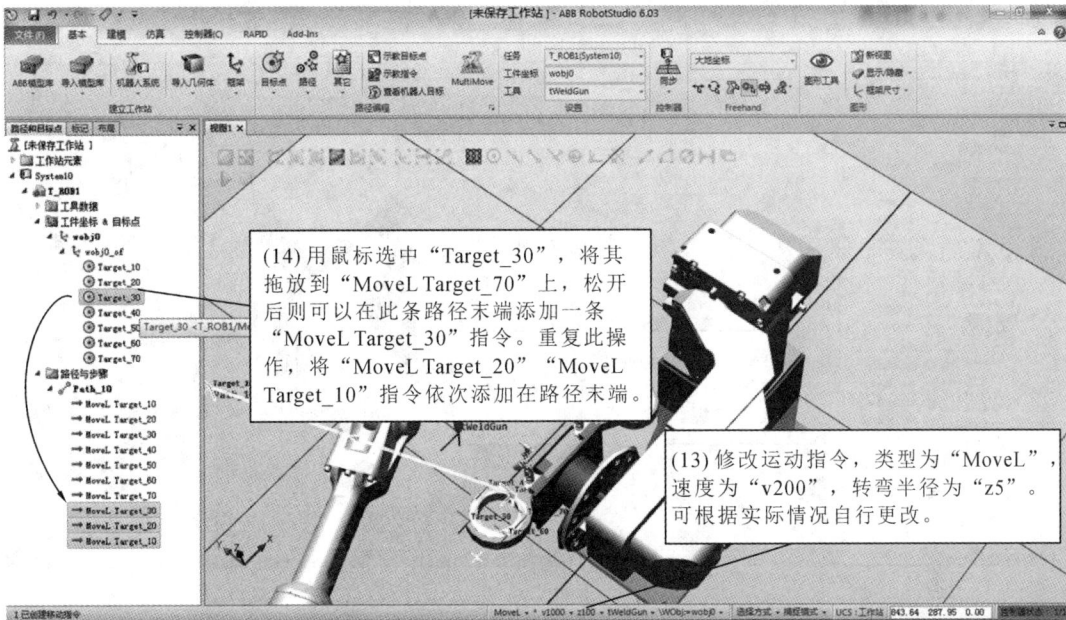

图 5-59

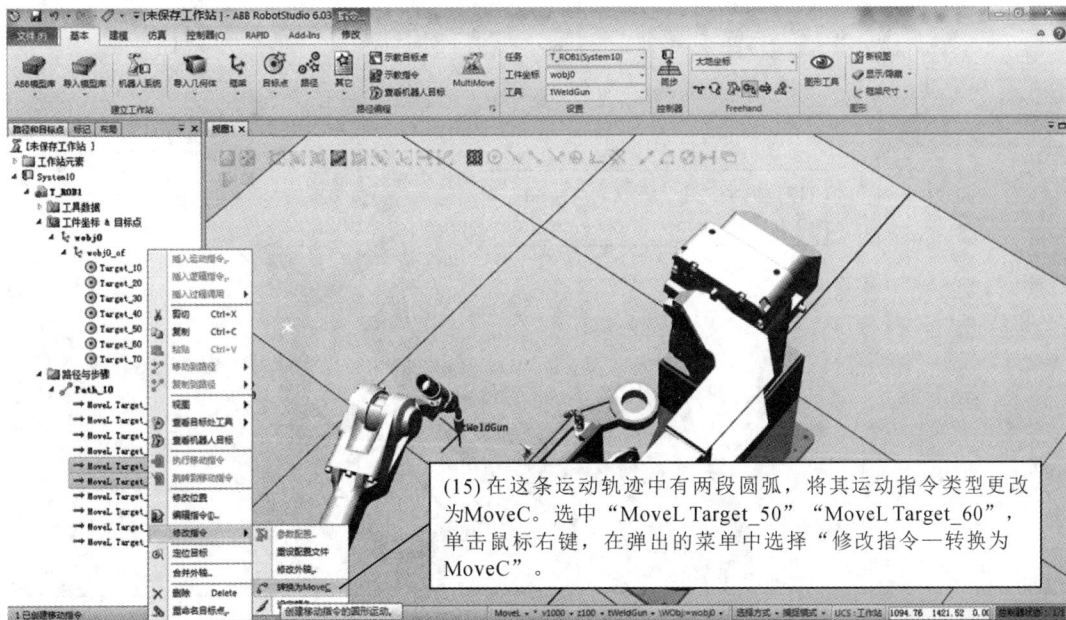

图 5-60

重复上述步骤，将之后的"MoveL Target_70""MoveL Target_30"的指令类型也转换成MoveC。然后将运动轨迹前后接近和离开运动指令（开头的 MoveL Target_10、MoveL Target_20 和最后的 MoveL Target_10)的类型修改为 MoveJ。

接下来还需要添加外轴控制指令 ActUnit 和 DeactUnit，控制变位机的激活与失效。

227

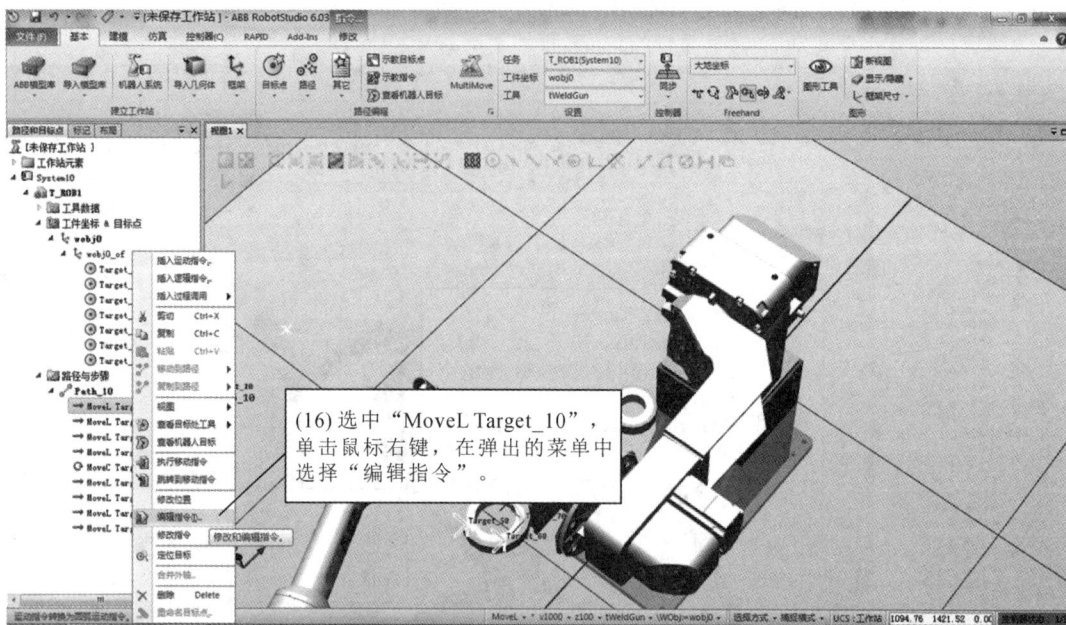

图 5-61

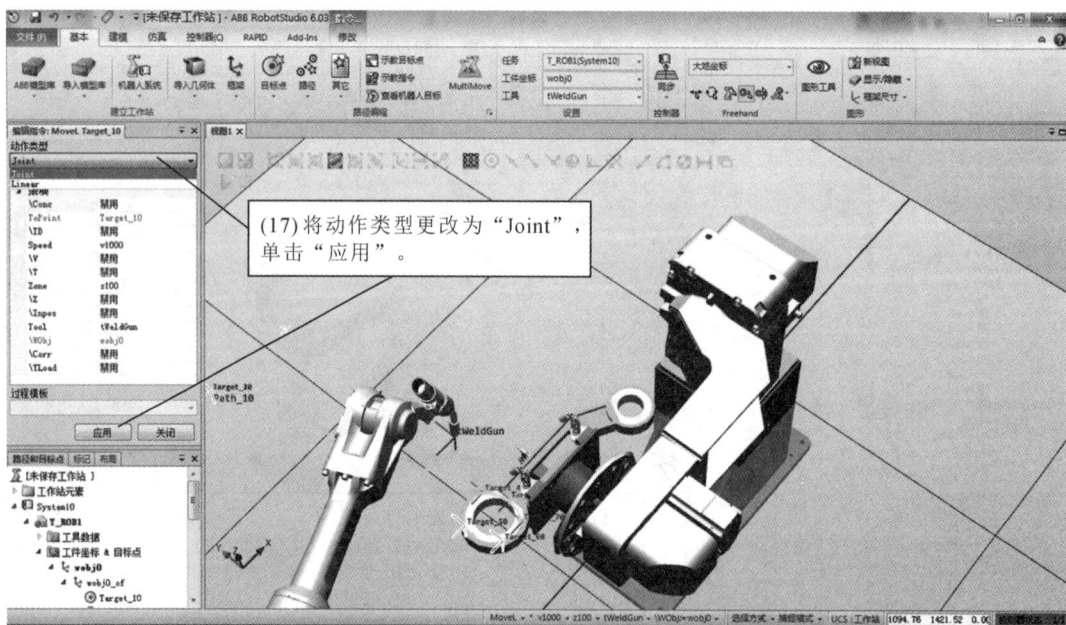

图 5-62

完成上述步骤,则在"Path_10"的第一行加入了 ActUnit STN1 指令。

仿照上述步骤,在"Path_10"的最后一行单击鼠标右键,在弹出的菜单中选择"插入逻辑指令",添加 DeactUnit STN1 指令。

设置完成后的最终运动轨迹如图 5-65 所示。

(18) 选中 "Path_10"，单击鼠标右键，在弹出的菜单中选择 "插入逻辑指令"。

图 5-63

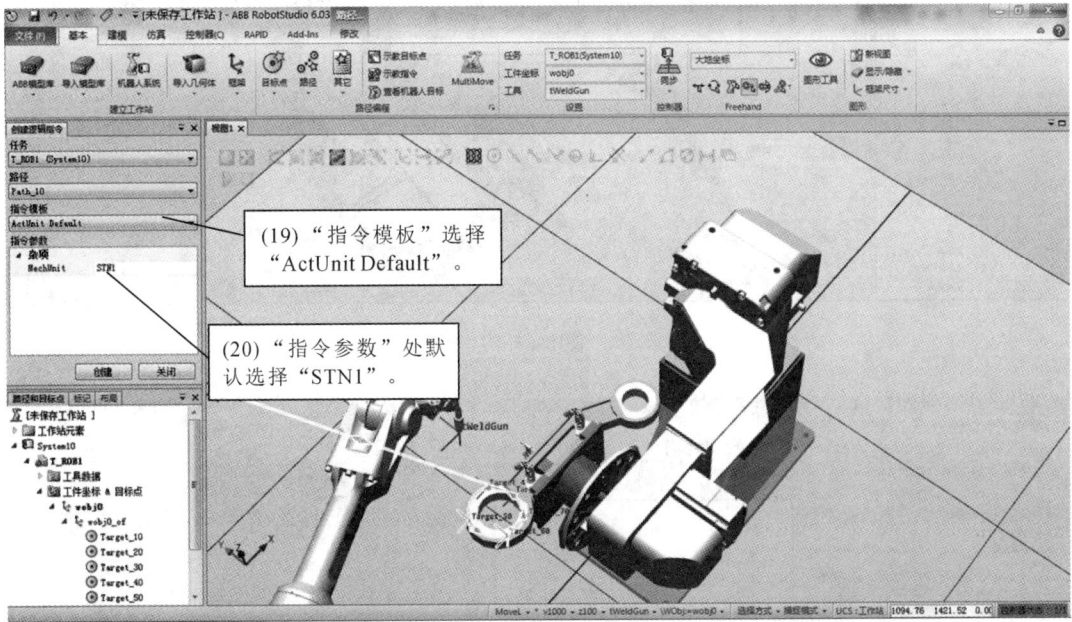

(19) "指令模板" 选择 "ActUnit Default"。

(20) "指令参数" 处默认选择 "STN1"。

图 5-64

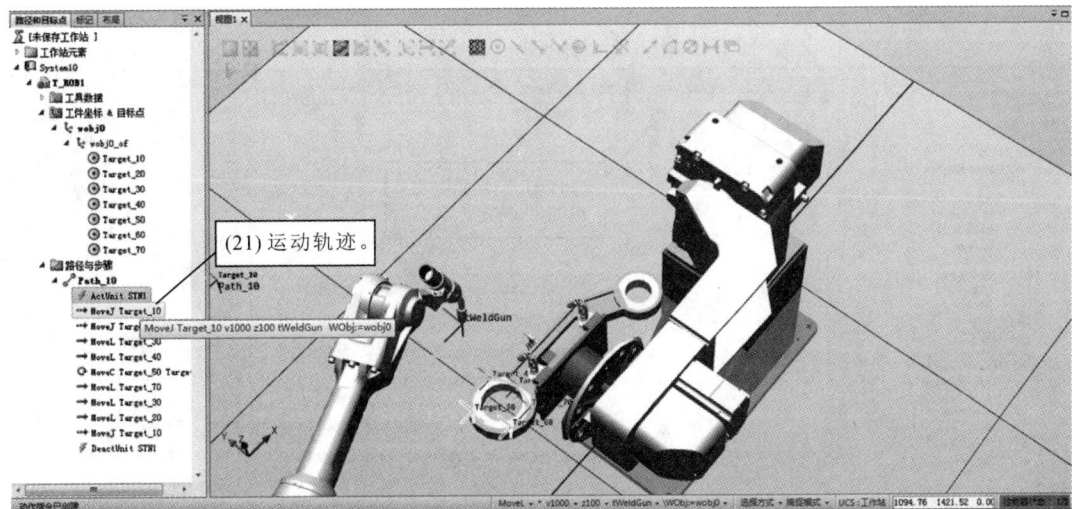

(21) 运动轨迹。

图 5-65

接下来为路径"Path_10"自动配置轴参数。

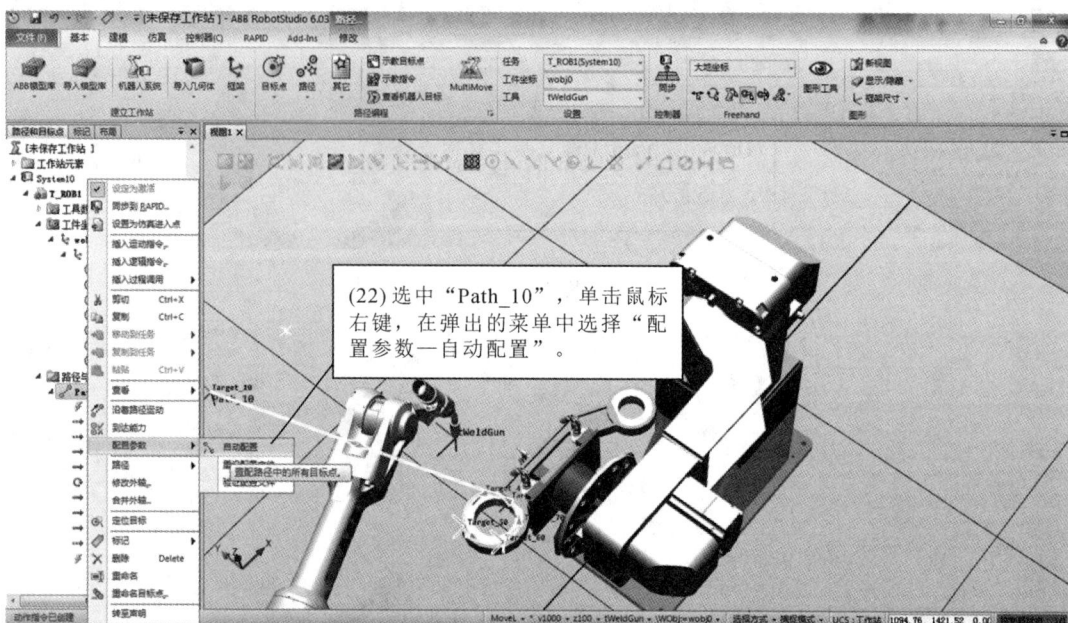

图 5-66

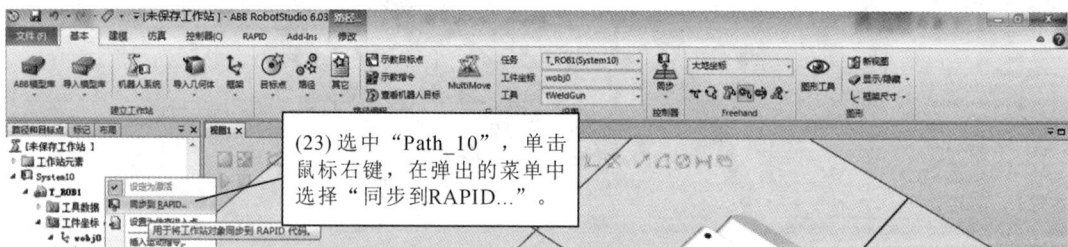

图 5-67

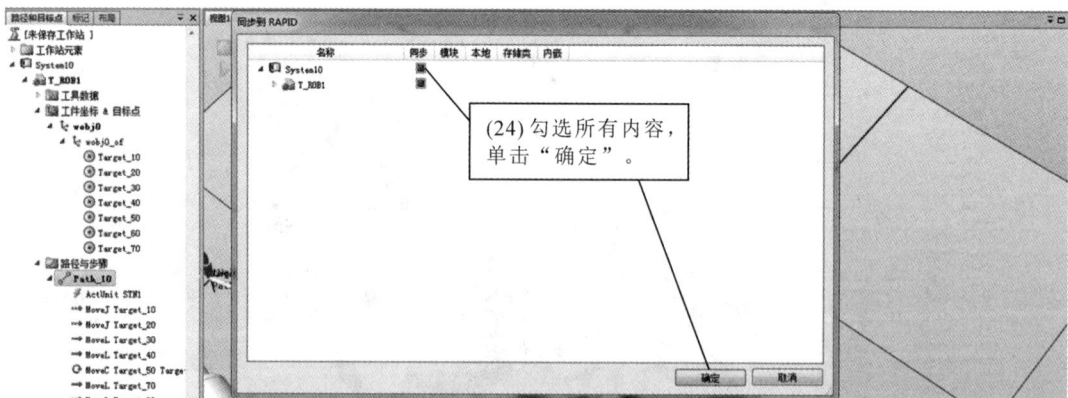

图 5-68

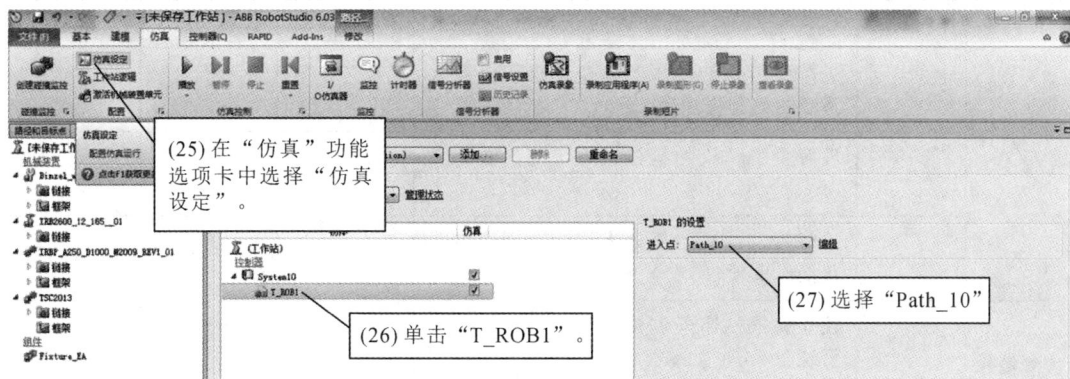

图 5-69

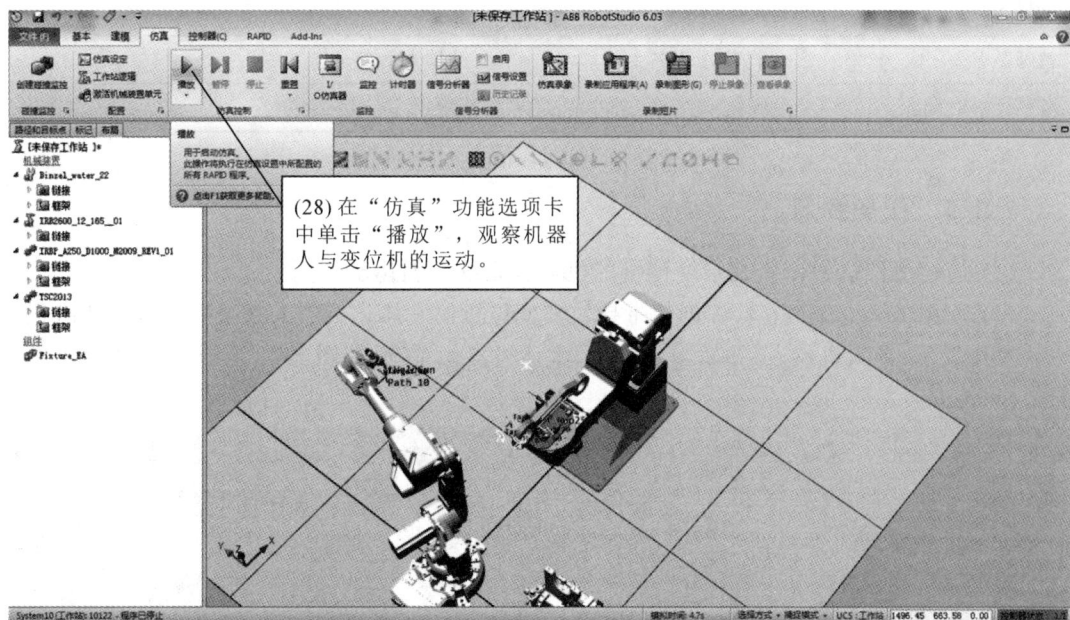

图 5-70

5.2.4　任务考核与评价

任务考核与评价包括学生自评、学生互评、教师评价三个维度(见表 5-2)。

表 5-2　"带导轨和变位机的机器人系统的创建与应用"考核与评价(二)

	序　号	评 价 内 容	学 生 自 评	学 生 互 评	教 师 评 价
基本素养 (30 分)	1	操作规范(10 分)			
	2	参与和协作能力(10 分)			
	3	课堂纪律(10 分)			

	序　号	评　价　内　容	学生自评	学生互评	教师评价
知识目标 （30分）	3	了解变位机的作用及带变位机的机器人系统的编程方法（10分）			
	4	理解带变位机的机器人系统的参数含义（10分）			
	5	了解带变位机的机器人系统的创建步骤及操作事项（10分）			
技能操作 （40分）	6	独立完成从布局创建带变位机的机器人系统（20分）			
	7	独立完成创建带变位机机器人运动轨迹并仿真运行（20分）			

总评得分：

教师签名：　　　　　　　学生 A 签名：　　　　　　　　学生 B 签名：

考核评价时间：

5.2.5　任务练习

（1）简述变位机的作用及带变位机的机器人系统的创建步骤。

（2）使用 RobotStudio 软件创建带导轨和变位机的一体化机器人系统并进行离线编程。

操作提示：导入机器人、导轨与变位机，激活机器人系统，如图 5-71 至图 5-74 所示。

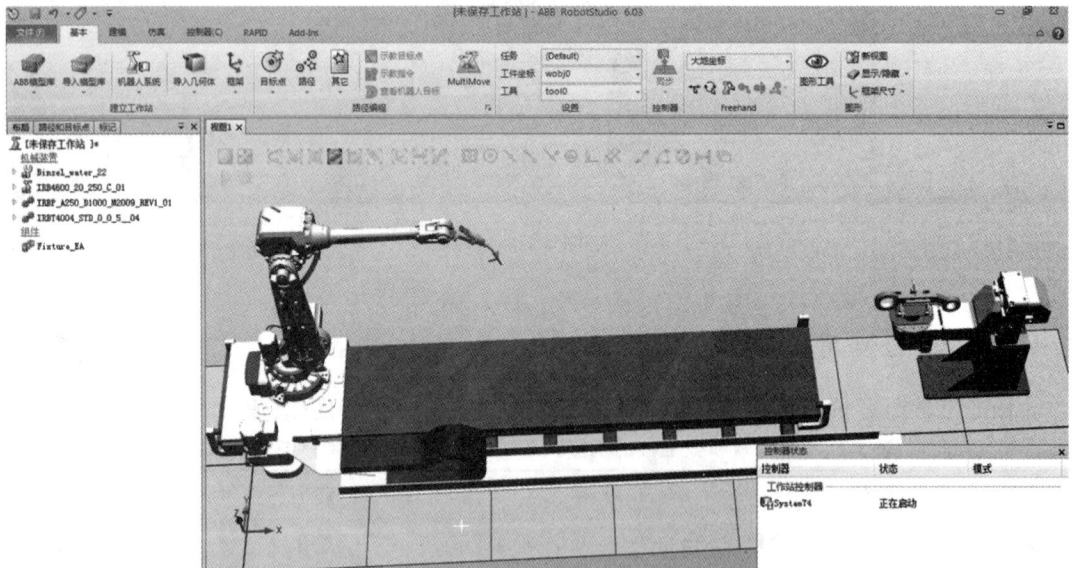

图 5-71

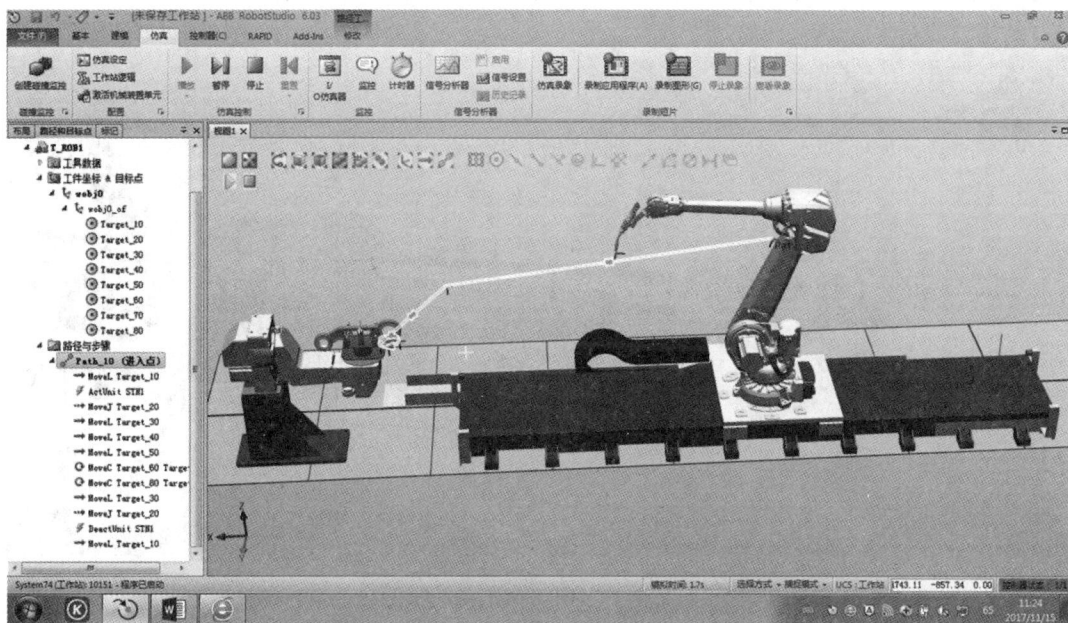

图 5-72

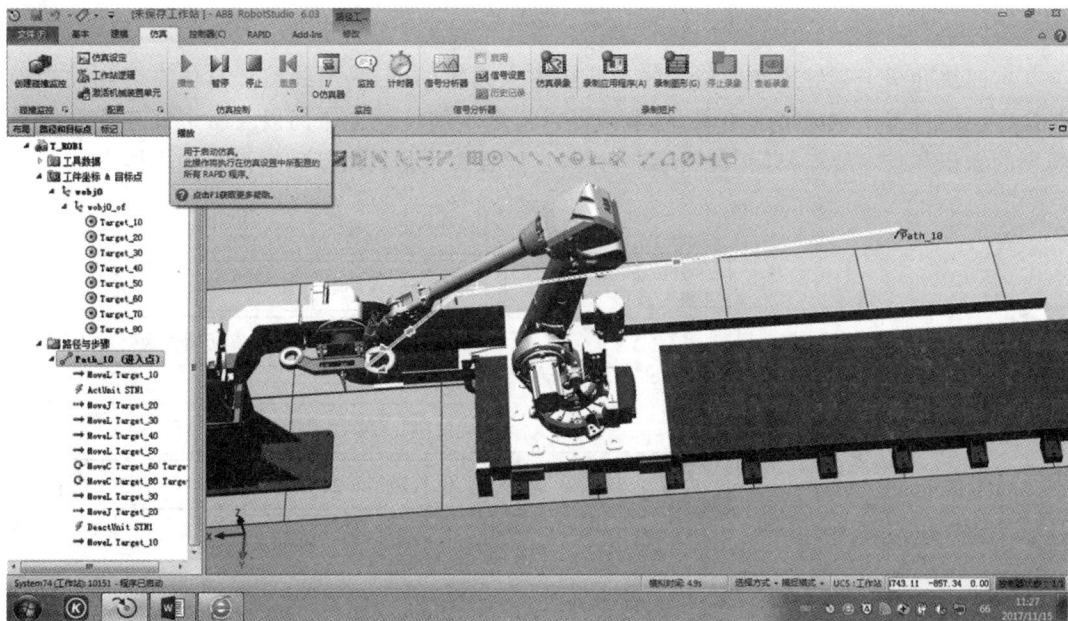

图 5-73

图 5-74

模 块 总 结

本模块介绍了带导轨和变位机的工业机器人系统的创建、离线编程与仿真等相关知识与操作。通过本模块的思维导图,同学们可以梳理本模块任务布局以及每个任务需要重点掌握的知识和技术要点,有针对性地进行练习,加强离线仿真的基础知识与操作能力。

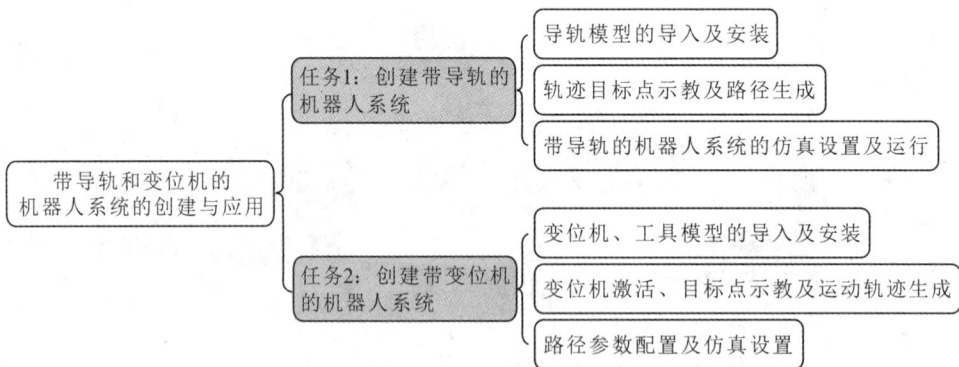

```
带导轨和变位机的          任务1:创建带导轨的    ─ 导轨模型的导入及安装
机器人系统的创建与应用        机器人系统        ─ 轨迹目标点示教及路径生成
                                      ─ 带导轨的机器人系统的仿真设置及运行

                        任务2:创建带变位机    ─ 变位机、工具模型的导入及安装
                        的机器人系统        ─ 变位机激活、目标点示教及运动轨迹生成
                                      ─ 路径参数配置及仿真设置
```

机器人小讲堂
——中国工业机器人四十年

1959 年美国 Unimation 公司推出了世界上第一台工业机器人。1967 年日本从美国引进工业机器人技术,开启自主研发和产业化之路。1973 年德国库卡研发出世界上第一台采用机电六轴驱动的工业机器人。但此时在我国工业机器人尚属新领域。

在研制国内第一台工业机器人的过程中,时任中国科学院沈阳自动化所所长的蒋新松主持制定了《中国科学院沈阳自动化研究所 1981—1990 十年科研发展规划》。但是国产工业机器人的起步期并不顺利。十年间,国内工业机器人没有实现厚积薄发的突破,仍然处于产业化摸索和科研阶段。

中国工业机器人曾面临落后国外 20 年的差距,这反而成为无数企业的追赶动力。在模仿和组装的过程中,国产工业机器人技术水平不断向国际一流水平靠拢。随着技术突破,国内企业一次次地在关键零部件领域打破海外垄断。根据 MIR 数据,从 2017 年到 2021 年,中国工业机器人国产化率由 24.2% 提升至 32.8%,并且还在不断提升。尤其是埃斯顿、汇川技术、绿的谐波等头部企业释放的"头雁"效应,推动了国产工业机器人的持续稳定创新。

2021 年,工信部等 15 部门联合印发《"十四五"机器人产业发展规划》,明确提出到 2025 年,我国成为全球机器人技术创新策源地、高端制造集聚地和集成应用新高地,机器人产业营业收入年均增长超过 20%,制造业机器人密度实现翻番。

中国工业机器人的精彩篇章正在书写,未来工业机器人的世界格局有望被重塑。

(本内容来自 http://www.163.com/dy/article/I3D6G6TF0539MO9S.html)

模块 6　RobotStudio 离线仿真在典型工作站构建中的应用

模块介绍

本模块介绍了工业机器人离线编程与仿真软件 RobotStudio 在典型工作站构建中的应用。通过本模块的学习,学生能系统地了解和掌握工业机器人码垛工作站和激光切割工作站的离线仿真技术,以及离线仿真软件在典型工作站构建中的应用流程与方法。

模块 6 学习视频

学习目标

素质目标:

(1) 具有基本的工程科学运用及系统思维能力;

(2) 能够熟练运用相关工具、技术与理论解决工程问题;

(3) 具备团队合作精神,注重质量和效率;

(4) 具有良好的职业道德和职业素质。

知识目标:

(1) 掌握输送线码垛工作站的构建流程和方法。

(2) 掌握激光切割工作站的构建流程和方法。

技能要求:

(1) 熟悉 RobotStudio 离线仿真在典型工作站构建中的操作。

(2) 熟悉 RobotStudio 离线仿真在典型工作站构建中的故障解决方法。

任务 6.1　构建输送线码垛工作站

6.1.1　任务描述

目前,输送线(也称流水线)码垛工作站已被广泛应用于化工、家电、食品、军工等各行业的产品码垛和拆垛。其系统包括工业机器人、产品输送汇流系统、托盘存储系统、托盘移载系统和辅助设备等,利用机器人程序的自动调用和摆放位置的自动计算,实现不同尺寸产品的自动堆放或拆解,还可以通过不同抓手的设计和快速转换,完成袋装、箱装、桶装等不同产品包装的自动切换作业。

6.1.2　任务知识点

(1) 精确按 LAYOUT 说明布局工作站。

（2）创建输送线动作。

（3）创建夹具动作。

（4）I/O 仿真设定调试。

（5）编写输送线码垛工作站程序。

（6）仿真动画设计。

6.1.3　任务实施

6.1.3.1　工作站布局

打开任务包后如图 6-1 所示，该输送线码垛工作站采用双边码垛，所使用的工业机器人为 IRB 460，产品源为箱子，末端操作器（手部工具）为吸盘。

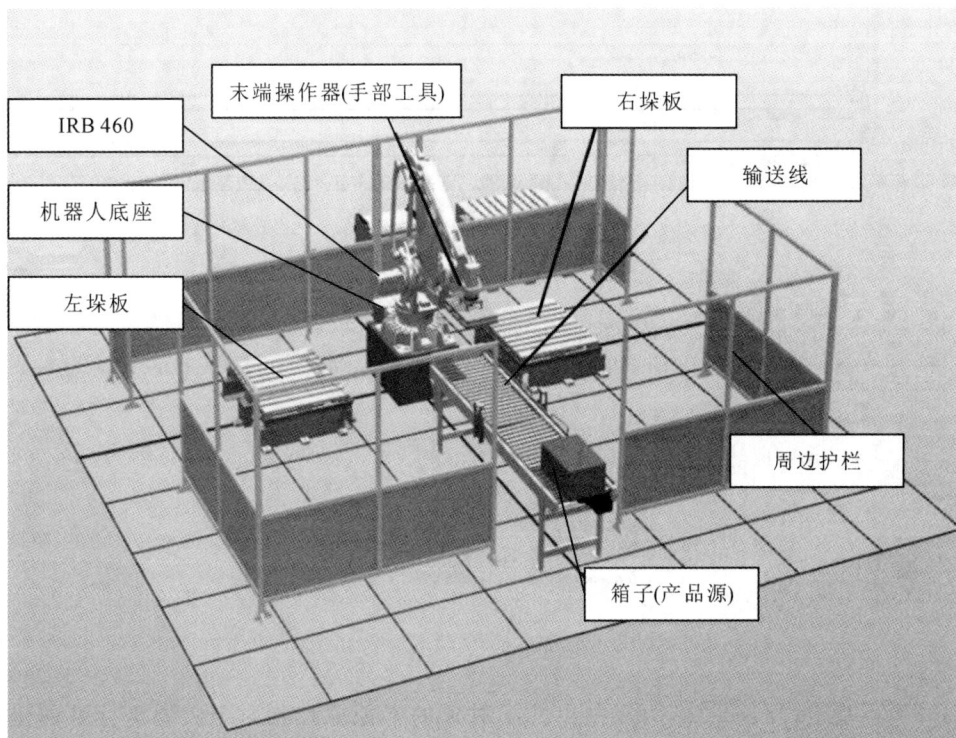

图 6-1

6.1.3.2　创建码垛工作站的 Smart 组件

码垛工作站的 Smart 组件设计包括：① 工作站输送线动作效果设计，要求实现输送线的动态效果。输送线前段自动生成产品，产品随输送线运动，到达末端后停止，产品被移走后再次生成新产品，依次循环。② 工作站末端操作器（手部工具）的动作效果设计，要求能够使用机器人外部输入/输出信号控制末端操作器实现抓放产品的效果。

1．工作站输送线动作效果设计

首先我们来设定工作站输送线的产品源。选择"建模"功能选项卡，创建名称为"输送线动作"的 Smart 组件，如图 6-2 所示。

在子对象组件中添加组件"Source"，生成产品，如图 6-3 所示。

接下来对组件"Source"进行属性设置，如图 6-4 所示。"Source"选择"产品"；"Copy"和

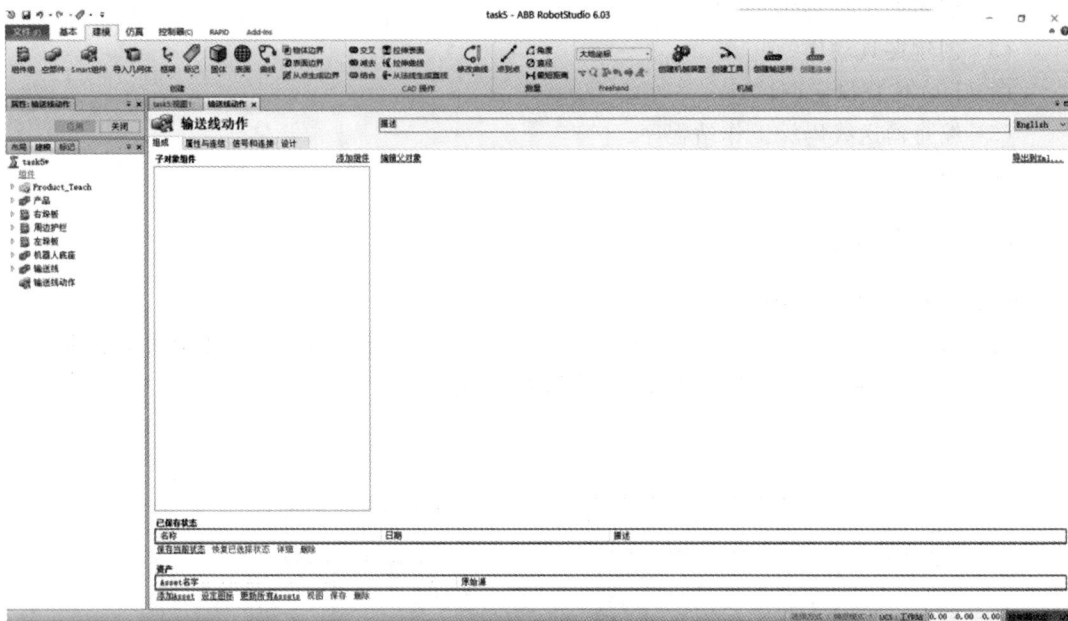

图 6-2

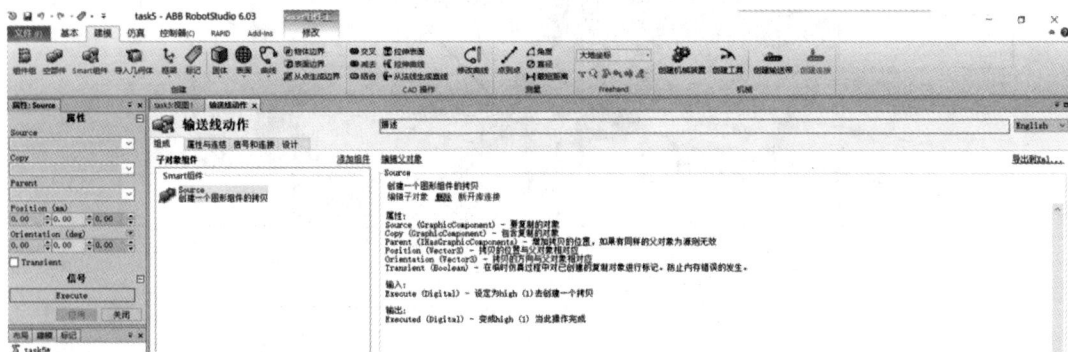

图 6-3

"Parent"暂不指定;"Position"为复制出的子对象的本地原点相对于大地坐标系的坐标位置,此处设置为(0,0,0);"Orientation"为方向,此处保持默认值。设置完成后单击"应用"。

设定工作站输送线的动作,如图 6-5 所示,添加组件"Queue",将生成的产品当作队列处理,此处"Queue"暂时不需要设置属性。

如图 6-6 所示,添加子组件"LinearMover",设定运动属性。其属性包含指定运动对象"Object"、运动方向"Direction"、运动速度"Speed"、参考坐标系"Reference"等。此处将之前添加的 Queue 设为运动对象,运动方向为大地坐标系的 X 轴负方向"−1000",运动速度为300 mm/s,并将"Execute"设置为1,则该运动处于一直执行的状态。

在输送线末端挡板处设置面传感器,当产品到位时,会自动输出一个信号,用于逻辑控制。如图 6-7 所示,添加组件"PlaneSensor",生成面传感器。

"PlaneSensor"属性设置如图 6-8 所示。选择输送线末端挡板的一个角点作为面传感器的原点,通过测量选择合适的宽度和高度。"Active"设置为"1",使面传感器保持为激活状态。设置完成后单击"应用"。

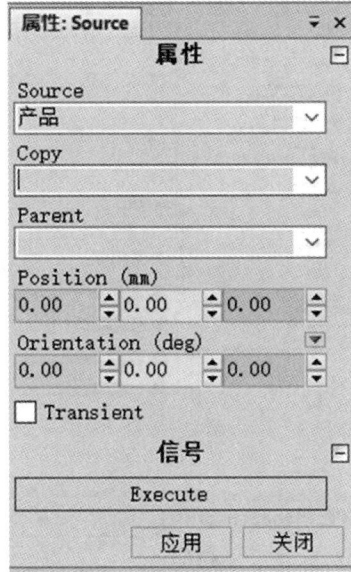

图 6-4

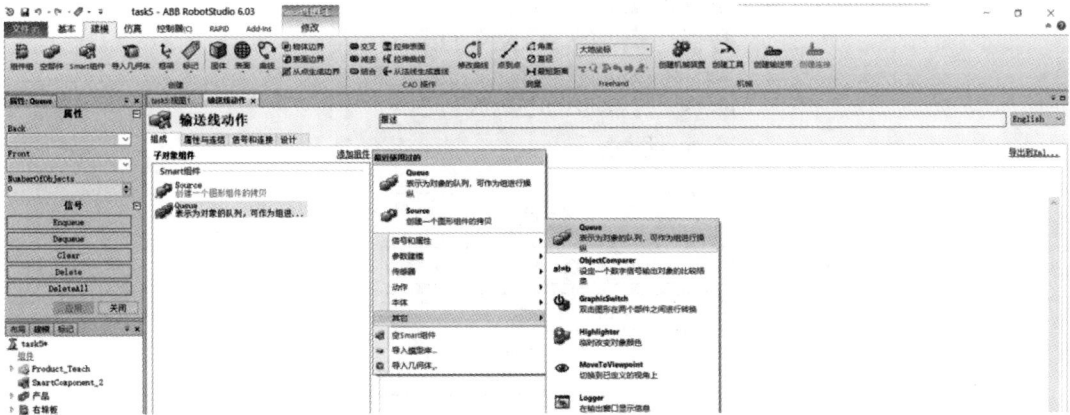

图 6-5

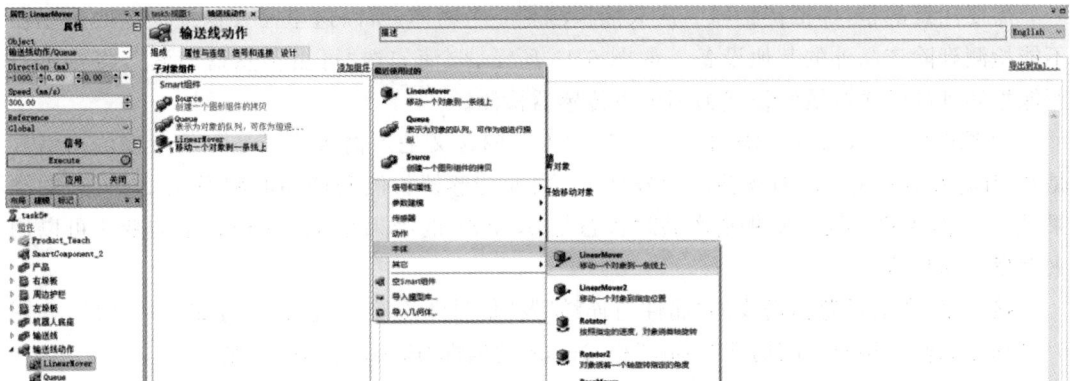

图 6-6

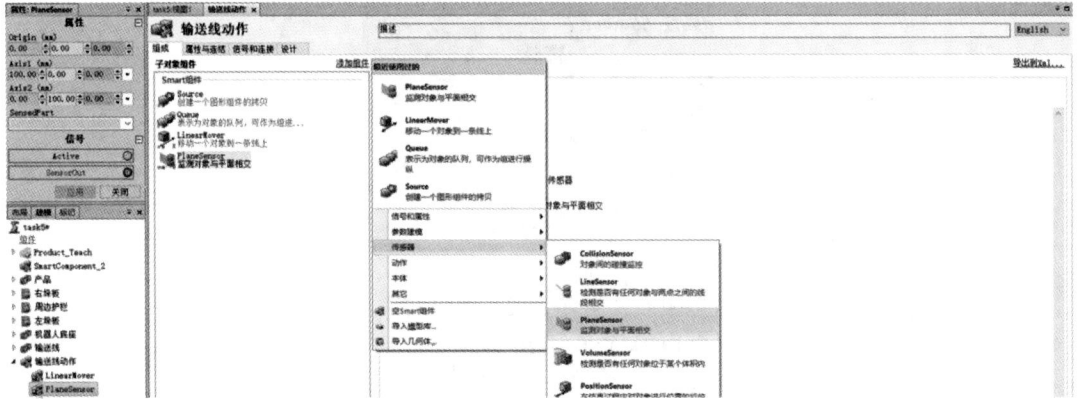

图 6-7

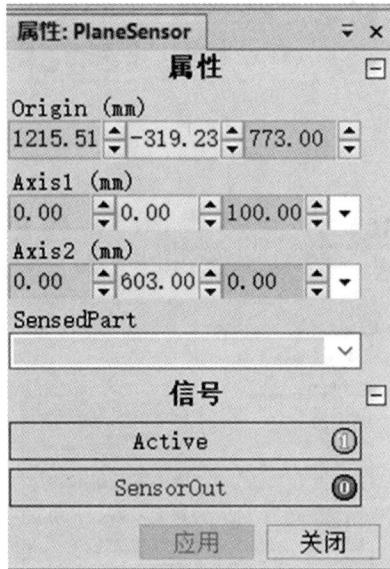

图 6-8

设置完成后如图 6-9 所示。

需要注意的是，虚拟传感器一次只能检测到一个物体，所以这里需要保证创建的传感器不能检测到除产品外的其他设备。如图 6-10 所示，取消勾选"可由传感器检测"，将传感器所能检测到的输送线属性设置为不可由传感器检测。

如图 6-11 所示，添加逻辑信号 NOT。NOT 的含义是当输入信号是 1 的时候输出信号是 0，当输入信号是 0 的时候输出信号是 1。当面传感器检测到产品时状态是 1，NOT 的结果是 0；当面传感器没有检测到产品时状态是 0，NOT 的结果是 1。这种状态的变化可以用来触发产品生成。

接下来，我们设置输送线的"属性与连结"及"信号和连接"。首先设置属性与连结，如图 6-12 所示，建立 Source 的属性"Copy"和 Queue 的属性"Back"之间的连结。

如图 6-13 所示，建立 Queue 的属性"Front"和 LineMover 的属性"Object"之间的连结。

如图 6-14 所示，添加输送线动作的输入信号"distart"，勾选"自动复位"，单击"确定"。

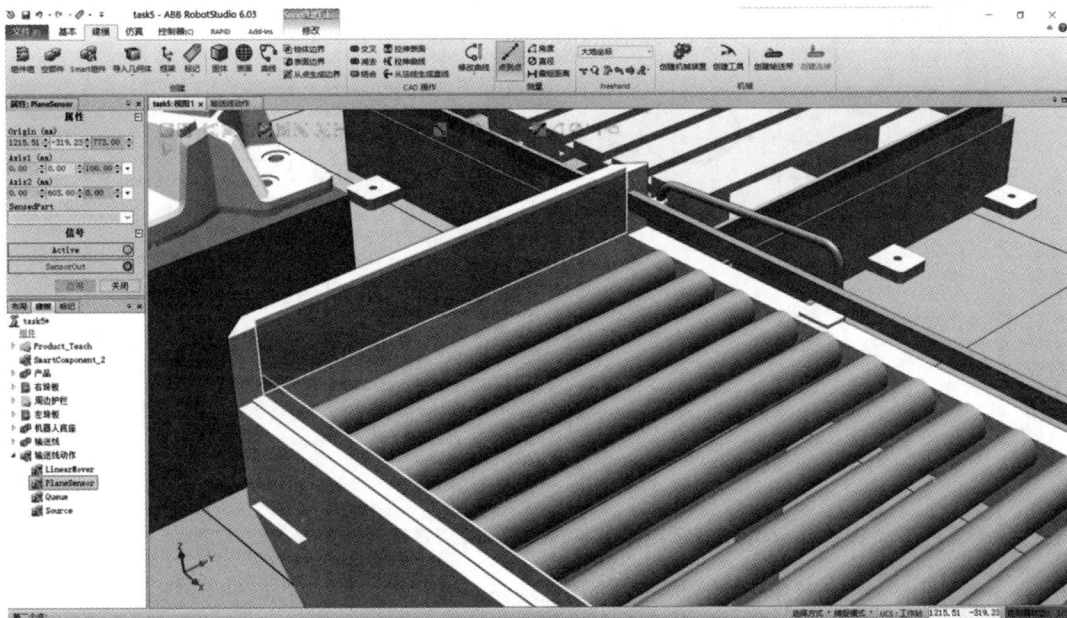

图 6-9

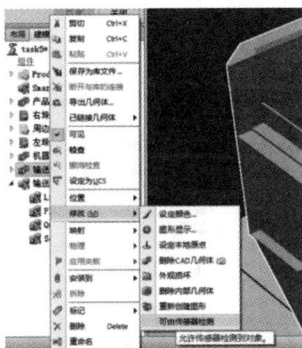

图 6-10

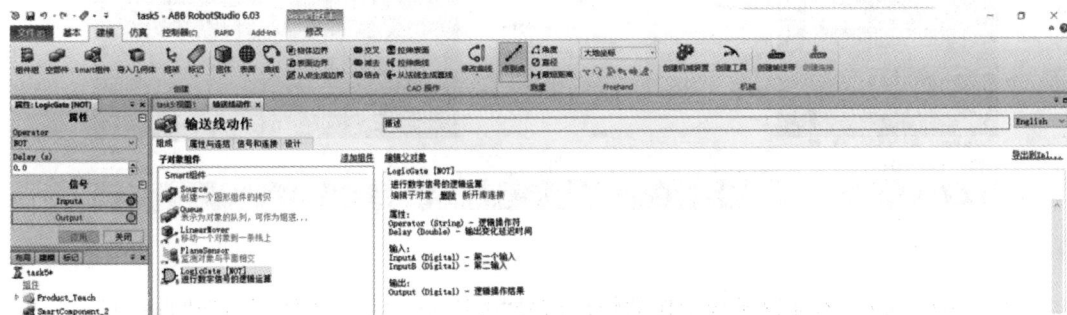

图 6-11

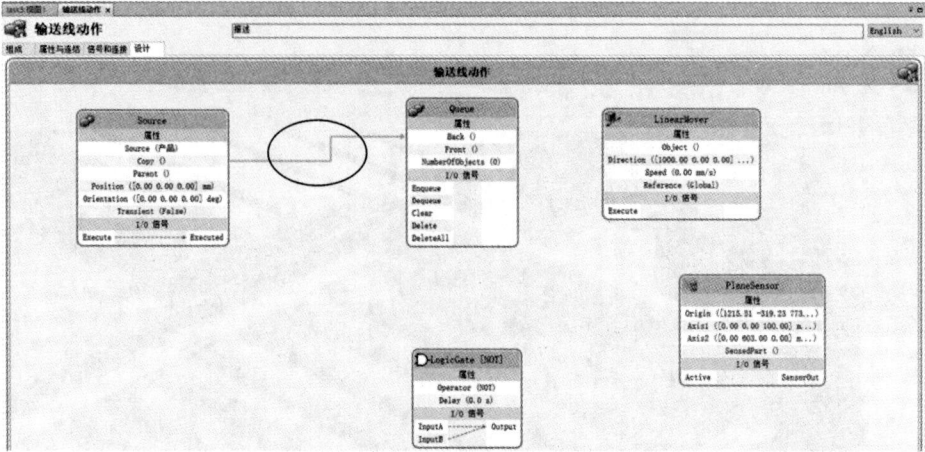

图 6-12

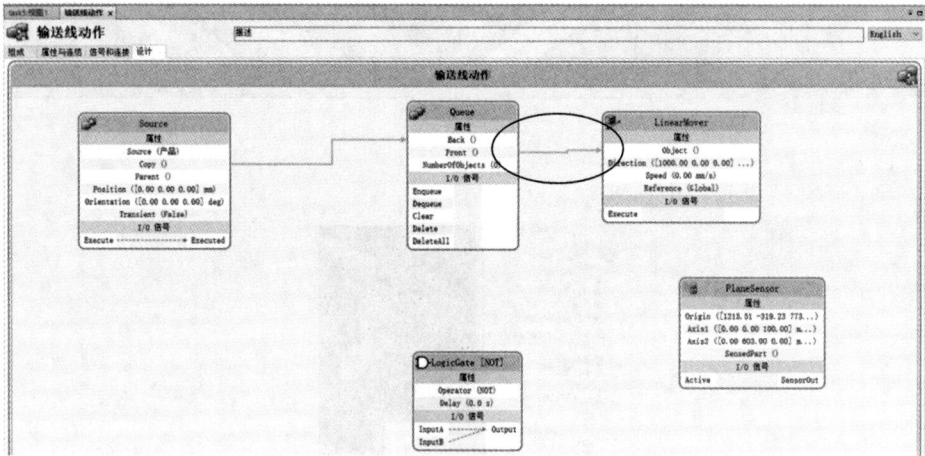

图 6-13

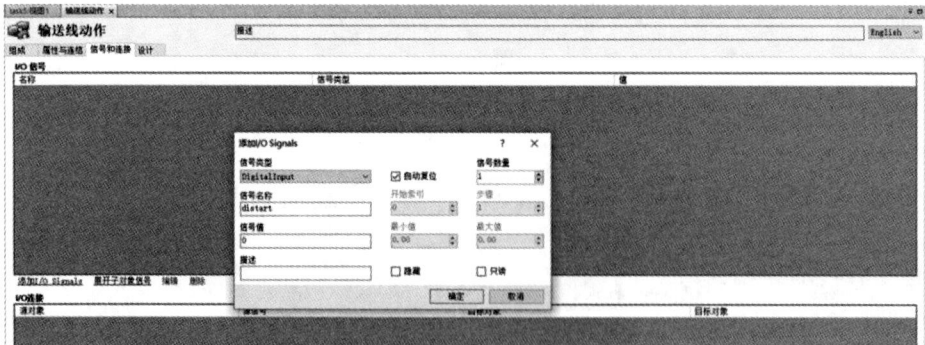

图 6-14

如图 6-15 所示,添加输送线动作的输出信号"doBoxInPos",此处不勾选"自动复位",单击"确定"。

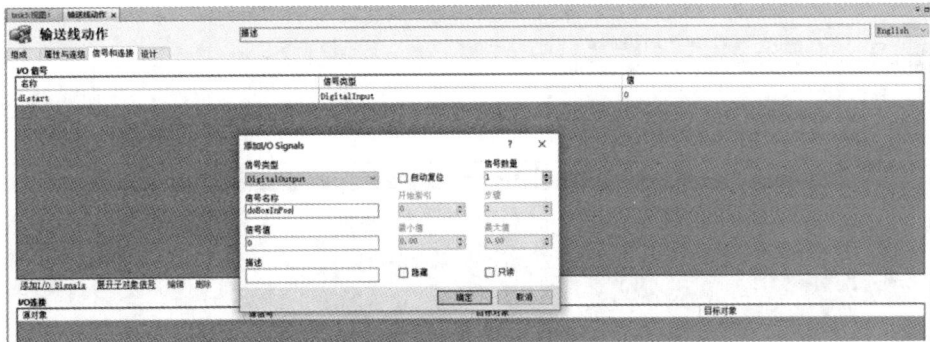

图 6-15

接下来进行信号连接，如图 6-16 和图 6-17 所示，我们可使用"信号和连接"或"设计"两种方法进行信号连接。

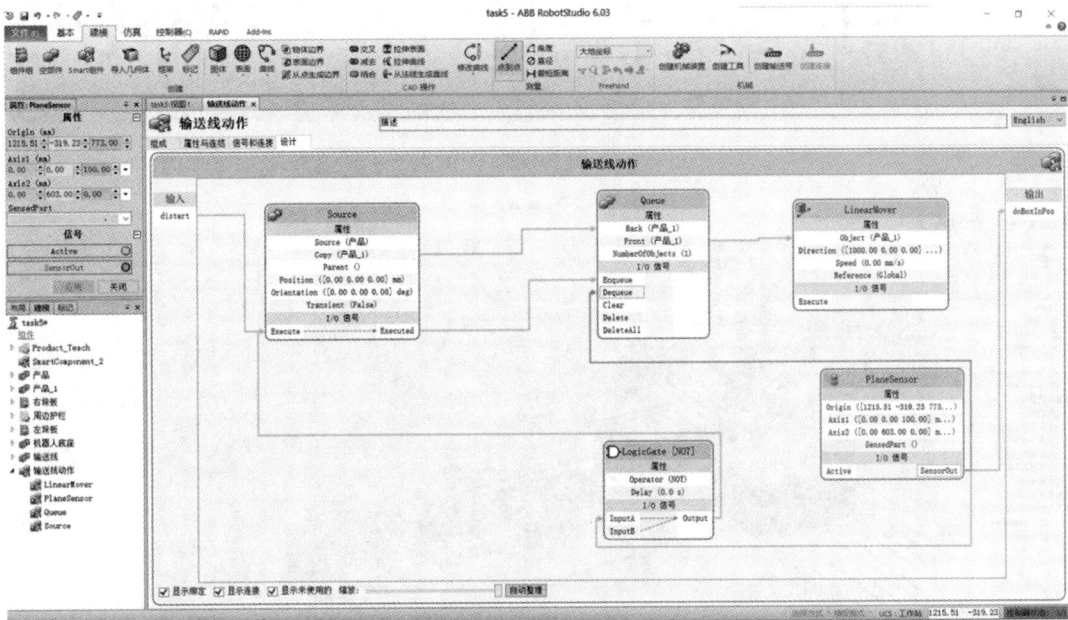

图 6-16

设计思路如下：

（1）利用创建的启动信号 distart 触发一次 Source，使其产生一个复制件；

（2）复制件产生之后自动加入设定好的队列 Queue 中，随着队列 Queue 一起沿着输送线运动；

（3）当复制件运动到输送线的末端，与设置好的面传感器 PlaneSensor 接触后，该复制件退出队列 Queue，并将产品到位信号 doBoxInPos 设置为 1；

（4）通过非门的中间连接，最终实现当复制件与面传感器不接触后，自动触发 Source 再产生一个复制件。

至此就完成了工作站输送线动作效果设计，接下来验证设定的动画效果。在"仿真"功能选项卡中单击"I/O 仿真器"，选择"输送线动作"，单击"播放"，随后单击"distart"，如图 6-18 所示。此时，我们可以观察到产品运动到输送线末端，与面传感器接触后停止运动。

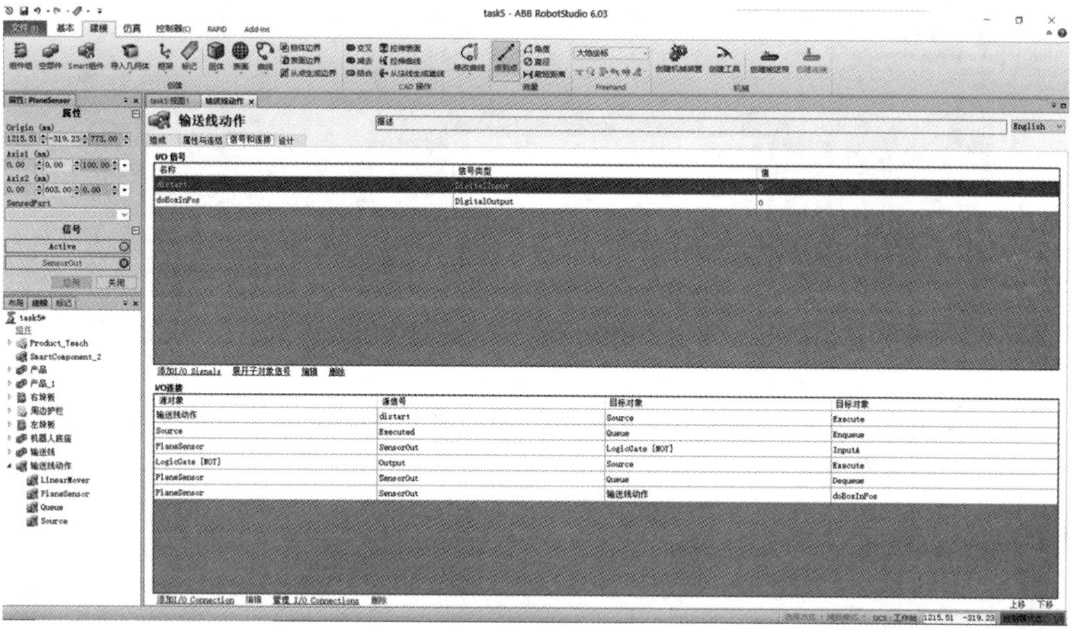

图 6-17

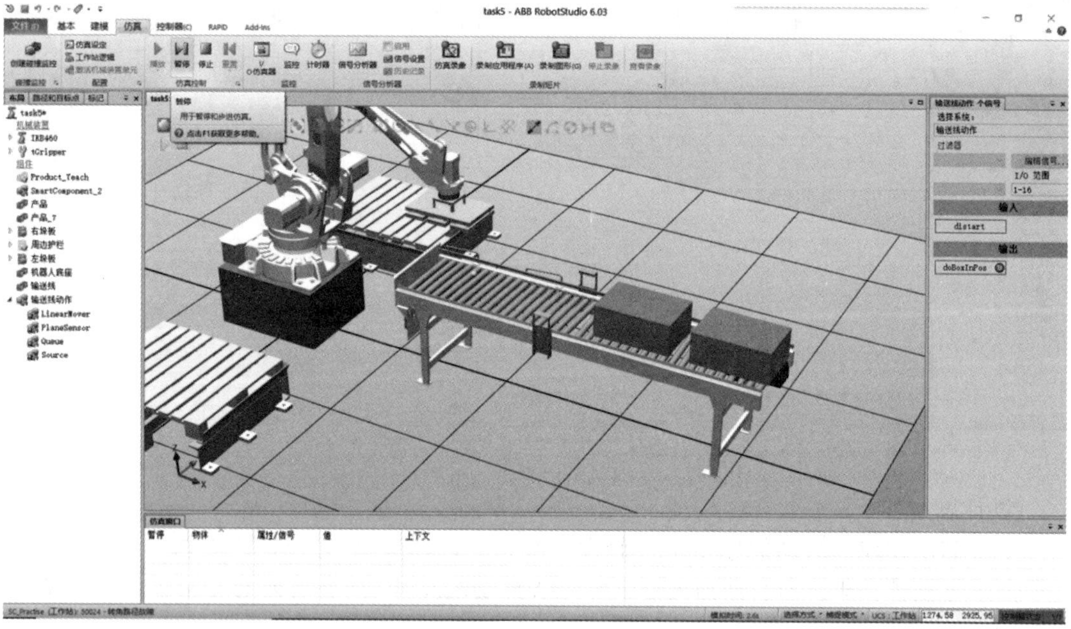

图 6-18

如图 6-19 所示,利用"Freehand"中的移动工具将复制件移开,则 Source 继续产生一个复制件,新的复制件沿输送线继续运动到面传感器处后停止。

为了避免在后续仿真过程中不断产生大量复制件,我们可修改 Source 属性。如图 6-20 所示,勾选"Transient"可设置产生临时复制件,当仿真停止后,所产生的临时复制件会自动消失。

2. 工作站末端操作器动作效果设计

在 RobotStudio 中创建码垛工作站,末端操作器的动态效果是最为重要的部分。在这个例子中,末端操作器即手部工具,我们使用一个海绵真空吸盘来实现产品的拾取和放置。

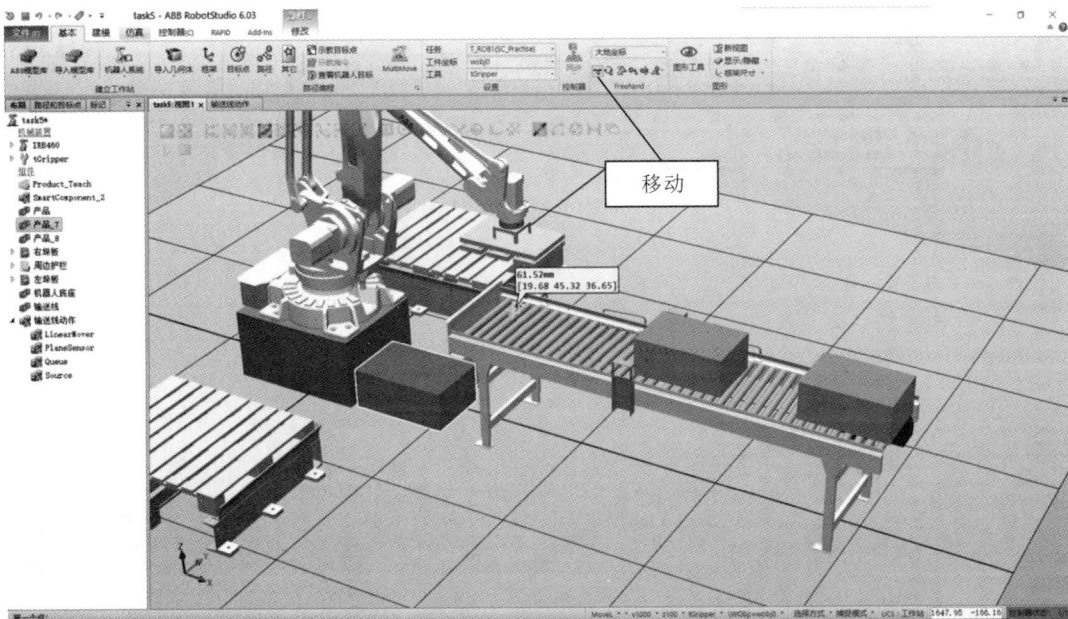

图 6-19

图 6-20

基于此我们创建一个具有 Smart 组件特性的末端操作器,实现的动作效果包括:在输送线末端拾取产品、在放置位置释放产品、自动置位/复位真空信号。

首先,如图 6-21 所示,设定末端操作器的属性。在"建模"功能选项卡中单击"Smart 组件",并将创建的 Smart 组件命名为"末端操作器动作"。

接下来,如图 6-22 所示,需要将末端操作器 tGripper 从机器人上拆除,方便对独立后的tGripper 进行处理。

此时在跳出的"更新位置"对话框中选择"否(N)",如图 6-23 所示,使 tGripper 仍处于当前位置。

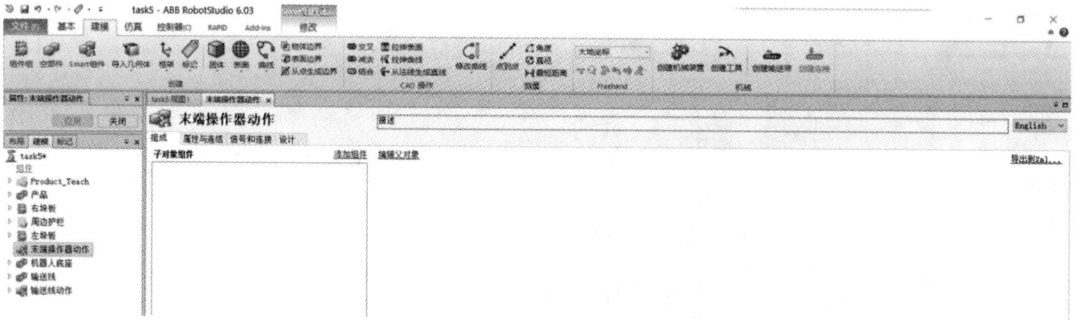

图 6-21

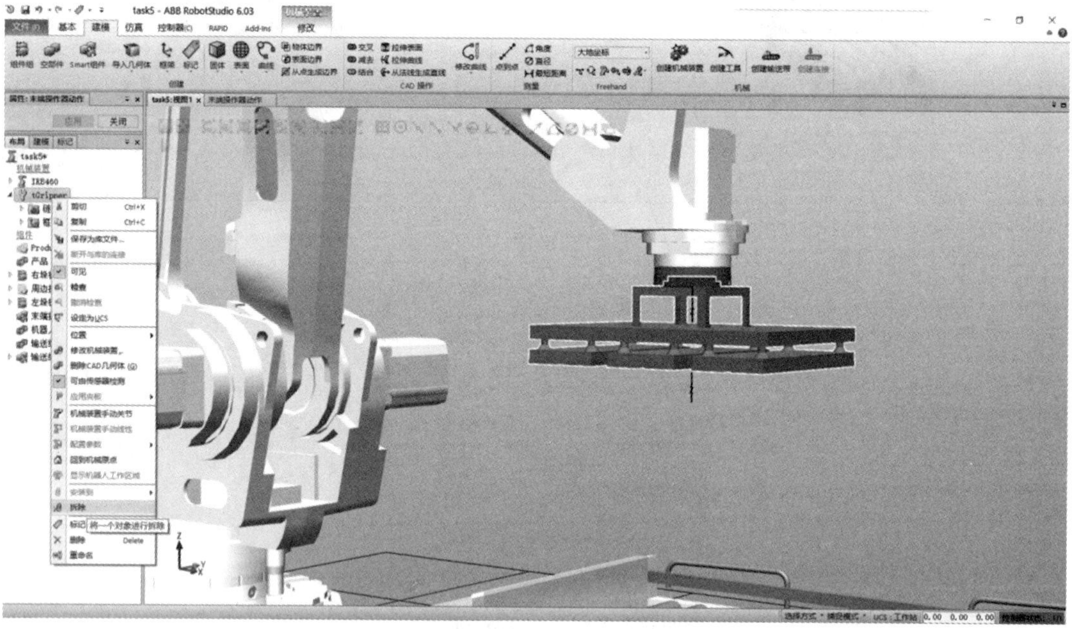

图 6-22

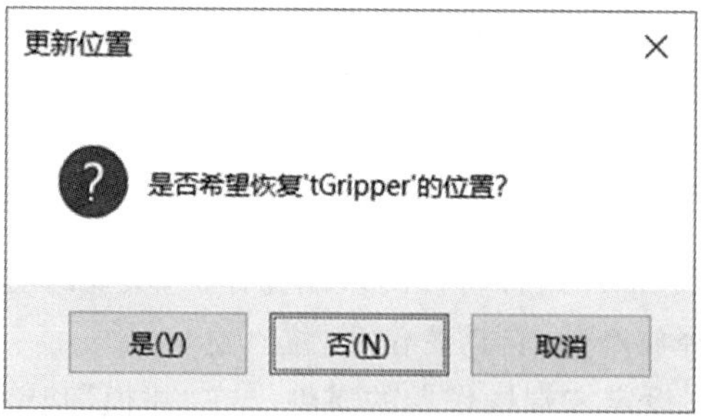

图 6-23

如图 6-24 所示,在左侧"布局"窗口中,将从机器人本体上拆除的 tGripper 拖动到末端操作器的 Smart 组件中,并将其设定为 Role。

接下来,设定末端操作器的传感器,如图 6-25 所示,在末端操作器组件中添加"LineSensor"。

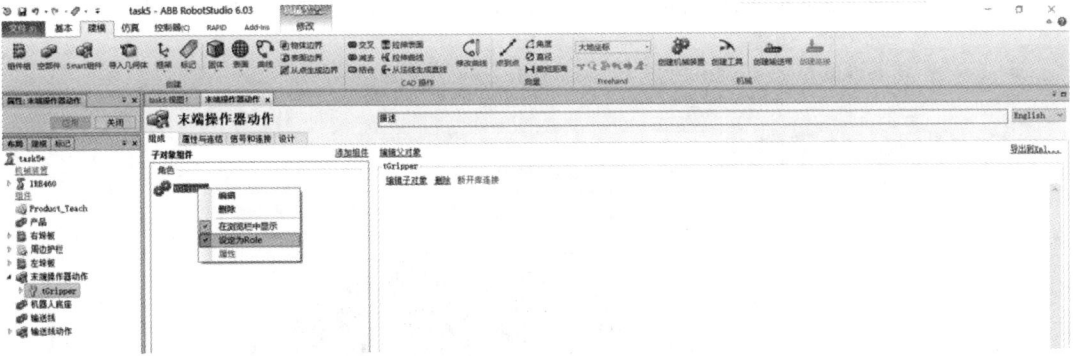

图 6-24

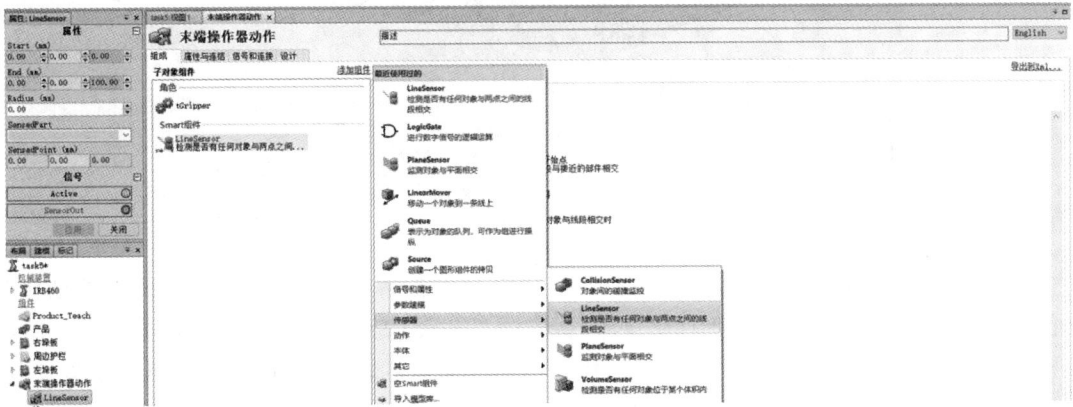

图 6-25

如图 6-26 所示,选择合适的位置创建传感器,设置其长为 100 mm,半径为 3 mm。

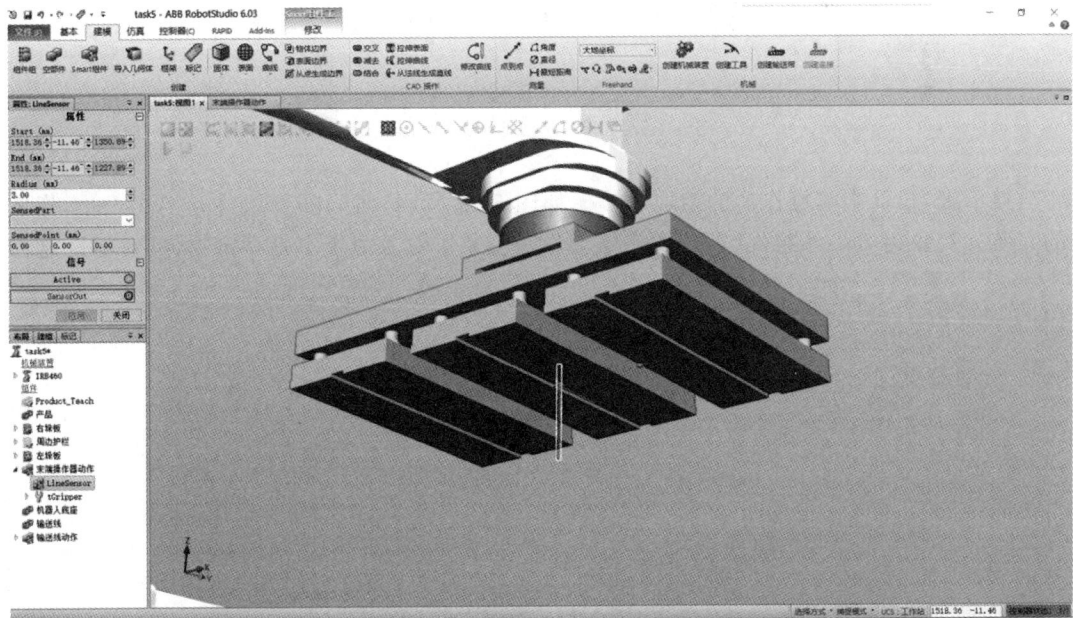

图 6-26

设置末端操作器不被传感器检测，以免传感器与工具发生干涉，如图 6-27 所示。

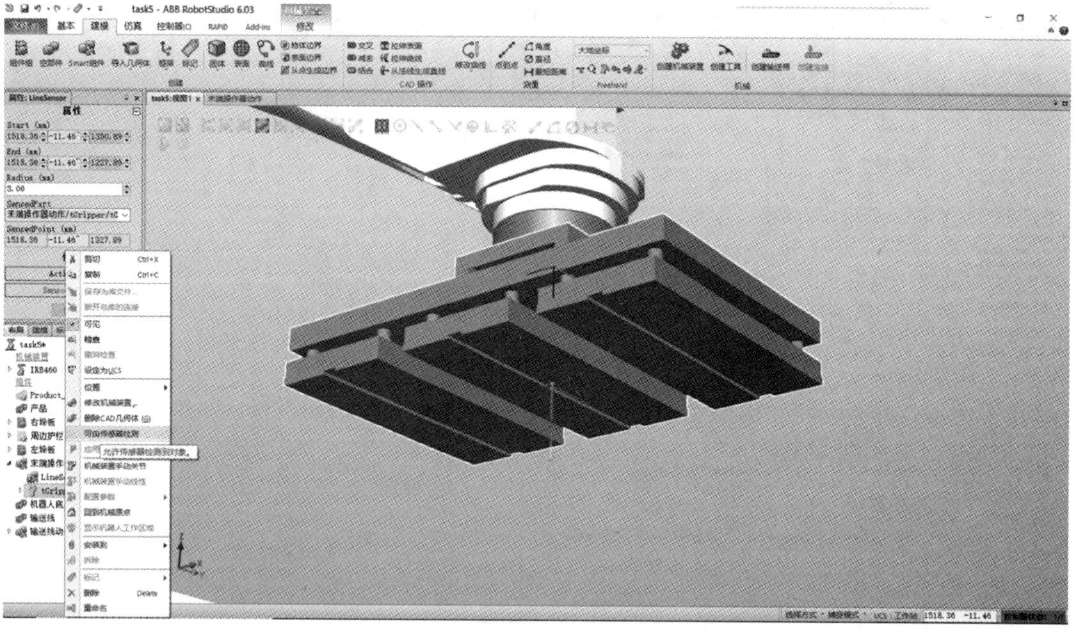

图 6-27

在设定好传感器之后，在"布局"窗口中，用鼠标左键将 Smart 组件"末端操作器动作"拖动安装至机器人末端，不更新对象位置，并选择"是（Y）"替换原有的工具数据，如图 6-28 所示。这样操作的目的是使 Smart 组件作为机器人的工具，同时通过"Role"属性获得工具坐标系的属性。

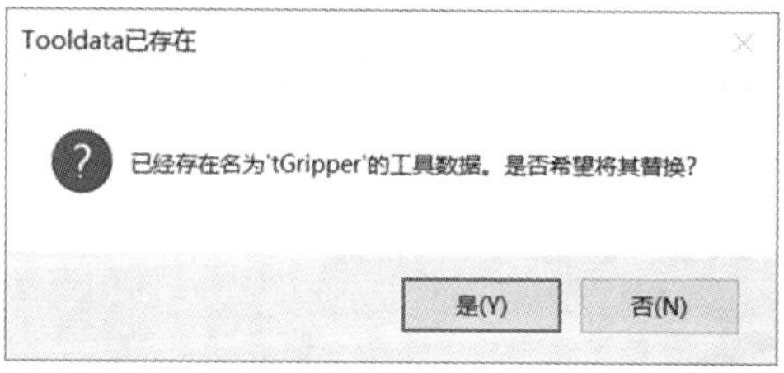

图 6-28

接下来，设计末端操作器的拾取动作。如图 6-29 所示，使用的子组件是 Attacher，指定的安装父对象为 Smart 组件"末端操作器动作"，安装子对象由于不是特定物体，暂不设定。

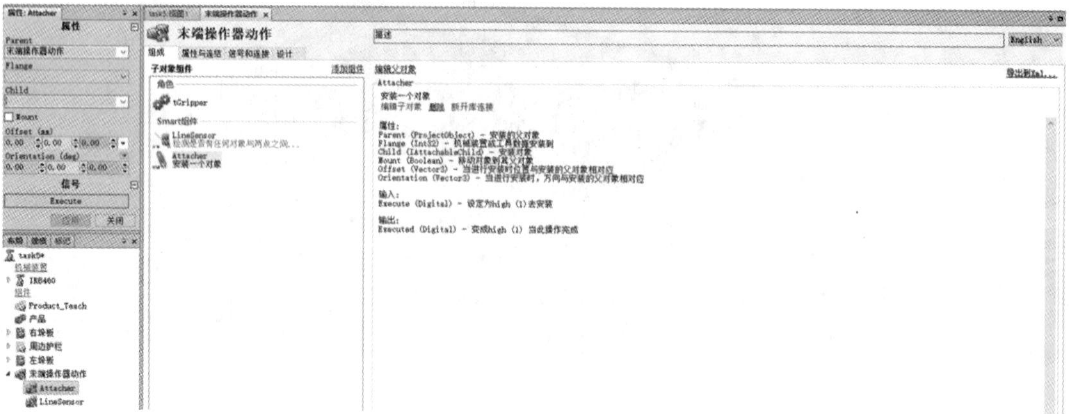

图 6-29

接下来,设计末端操作器的放置动作。如图 6-30 所示,使用的子组件是 Detacher,要拆除的子对象由于不是特定物体,也暂不设定。

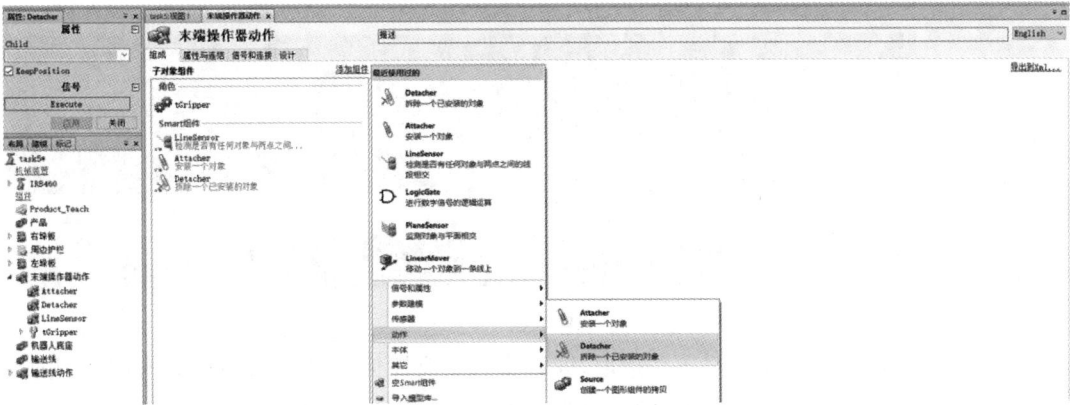

图 6-30

最后,我们设置输送线的"属性与连结"及"信号和连接"。

属性与连结设置如图 6-31 所示。

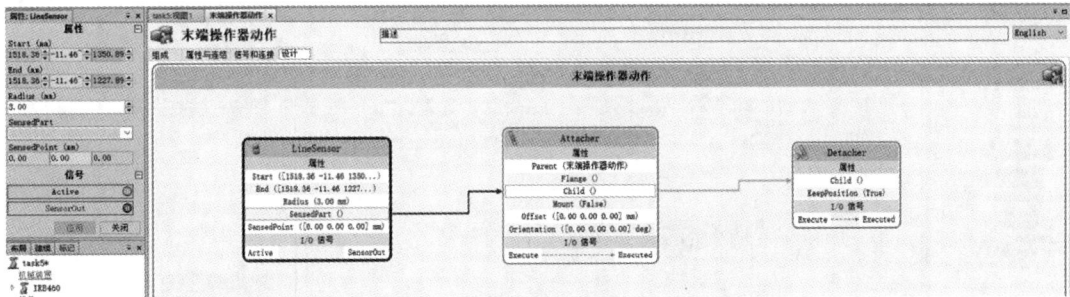

图 6-31

如图 6-32 所示,添加信号和连接逻辑过程中需要的逻辑信号:"NOT"和复位/锁定。

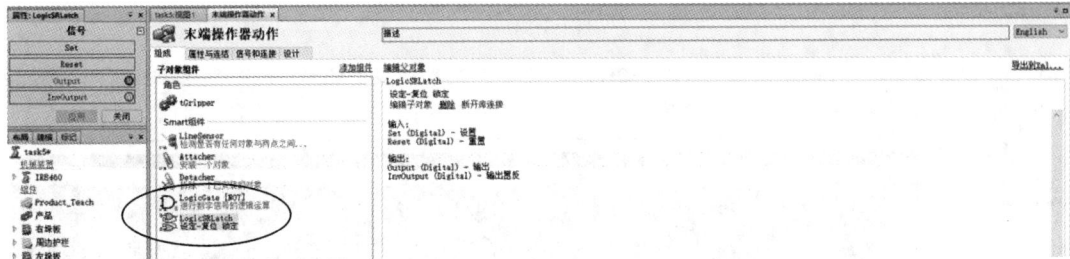

图 6-32

如图 6-33 所示,添加数字输入信号 diGripper,当其状态值为 1 时末端操作器真空开启,当其状态值为 0 时末端操作器真空关闭。添加数字输出信号 doVacuumok,拾取动作执行时 doVacuumok 的状态值为 1,放置动作执行时 doVacuumok 的状态值为 0。

接下来进行信号连接,如图 6-34、图 6-35 所示,我们可使用"信号和连接"或"设计"两种方法进行信号连接。设计思路如下。

机器人末端操作器运动到拾取位置,真空开启后,传感器开始检测;如果检测到产品与

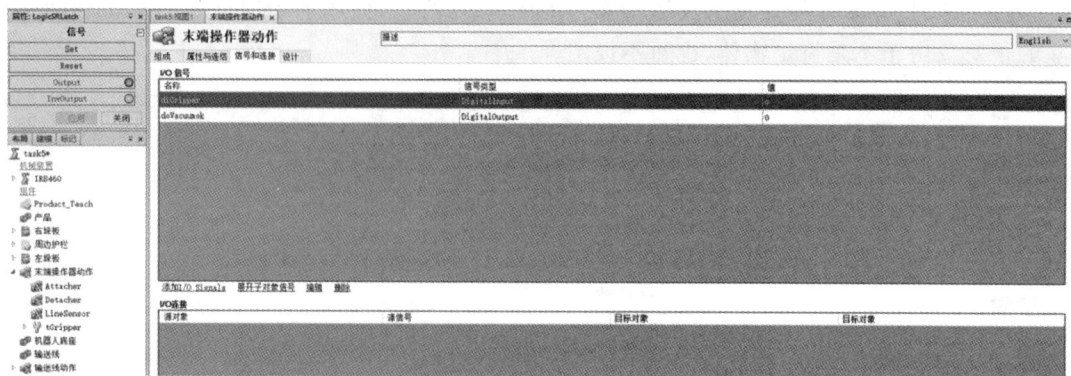

图 6-33

其发生接触,则执行拾取动作将产品拾取,同时将真空反馈信号置为1;当机器人运动到放置位置时,执行放置动作将产品放置,同时将真空反馈信号置为0。

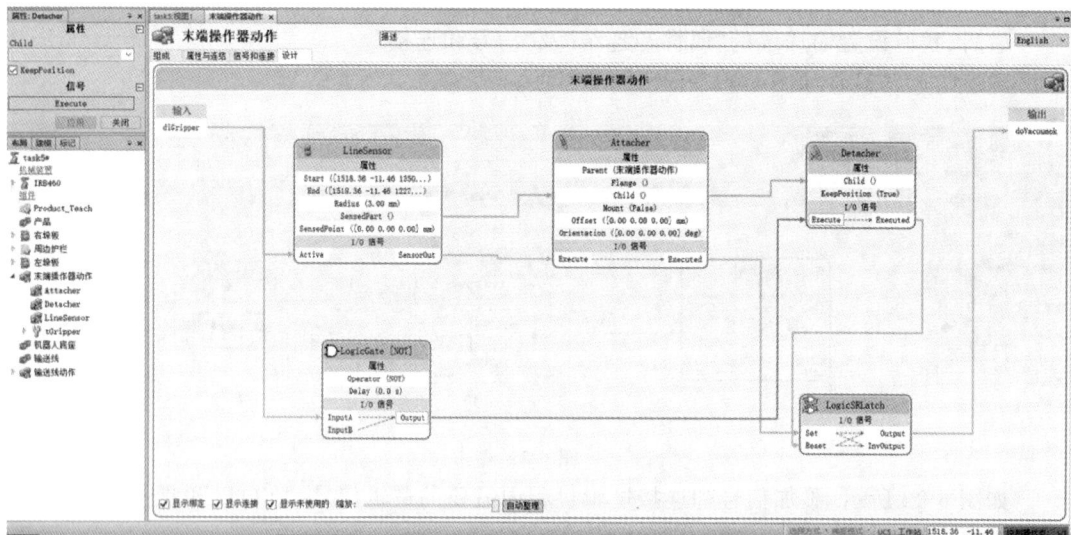

图 6-34

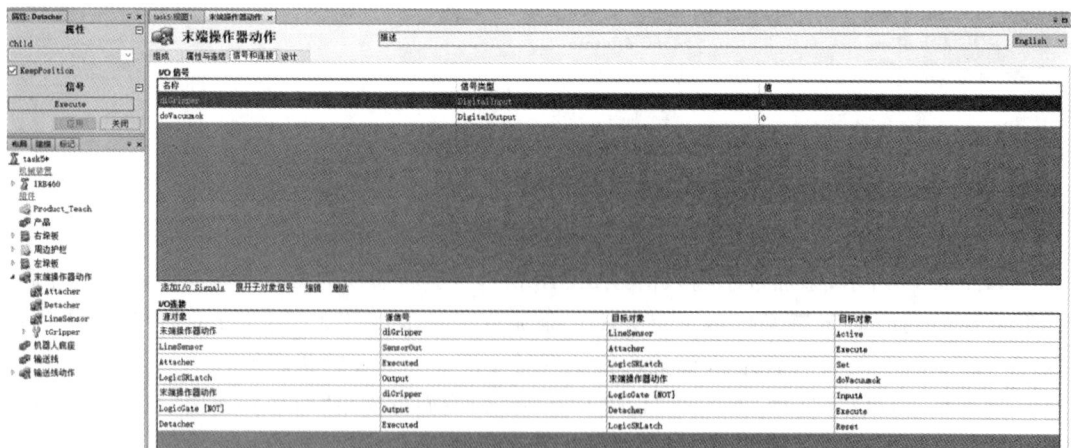

图 6-35

接下来，我们对末端操作器动态效果进行模拟运行。如图 6-36 和图 6-37 所示，我们使用"Product_Teach"来进行模拟运行，在"布局"窗口中使"Product_Teach"可见，并将其设置为"可由传感器检测"，使用"Freehand"中的手动线性工具，同时将"I/O 仿真器"中的"DiGripper"置为 1 或置为 0 来拾取或放置产品。此时请大家注意观察"doVacuumok"的信号状态。

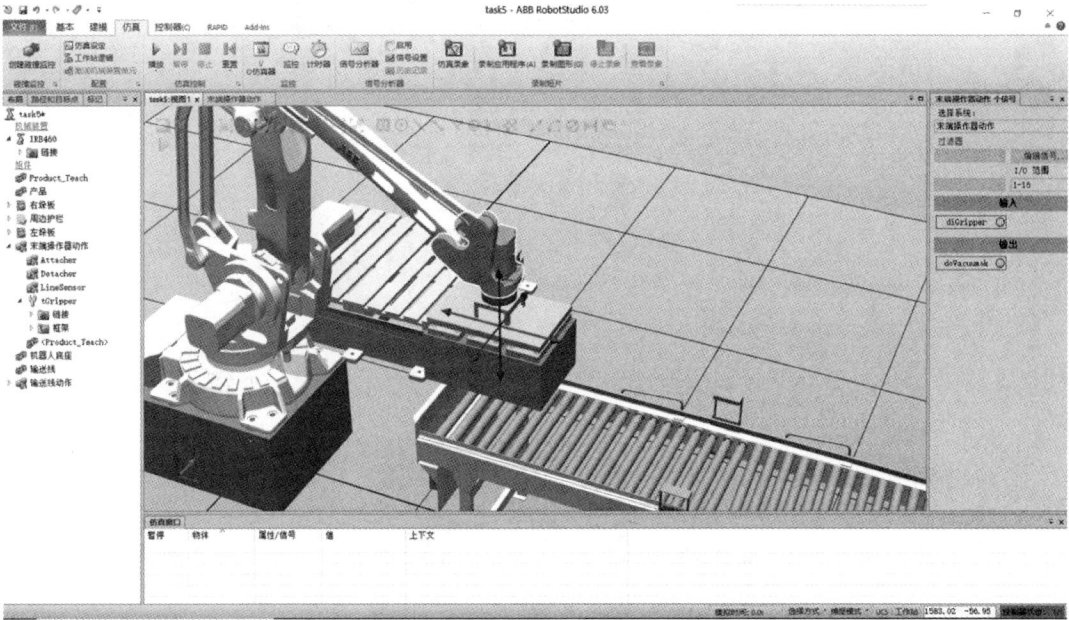

图 6-36

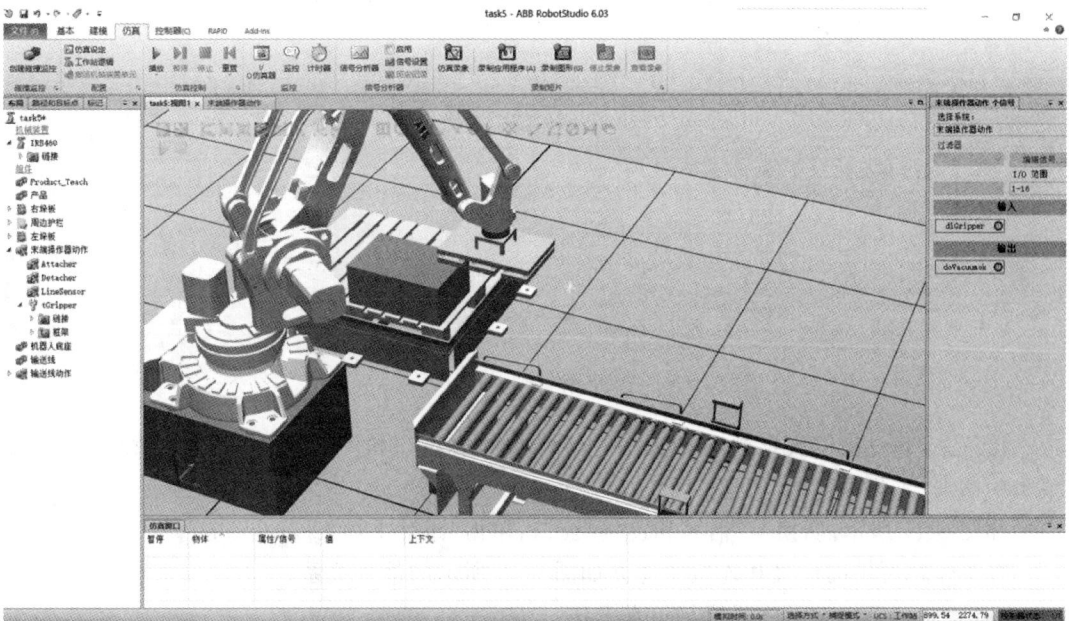

图 6-37

6.1.3.3　设定机器人 I/O 信号

如图 6-38 所示,选择"控制器(C)"功能选项卡中的"配置编辑器",设定机器人控制 I/O 信号,新建 d652 板。

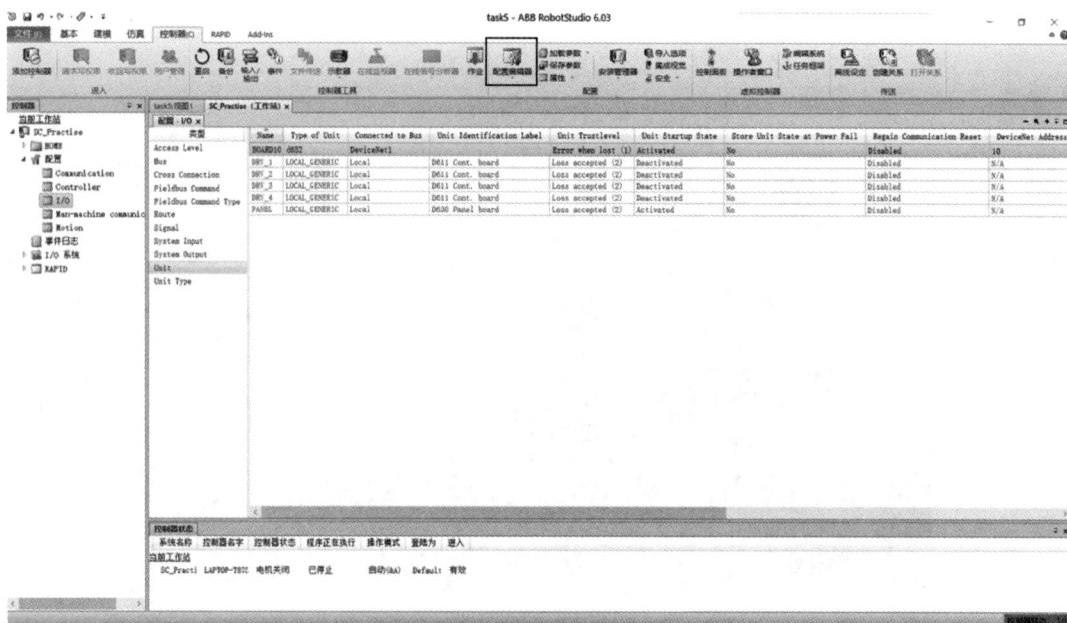

图 6-38

如图 6-39 所示,创建"diBoxInPos"信号检测流水线上有料,创建"diVacuumOK"信号检测末端操作器拾取到产品,创建"doGripper"信号打开真空吸附动作。

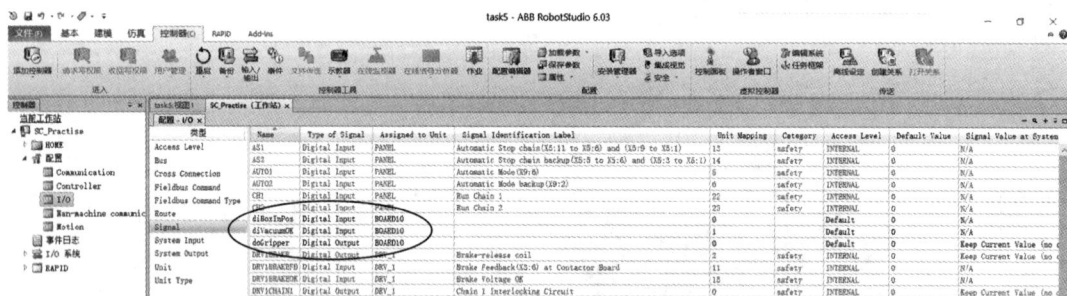

图 6-39

接下来,建立机器人控制器和 Smart 组件间的连接。如图 6-40 所示,在"仿真"功能选项卡中单击"工作站逻辑"。

如图 6-41 所示,切换至"信号和连接"窗口,单击"添加 I/O Connection"。

在工作站逻辑的信号和连接中建立如图 6-42 所示的信号关系。

6.1.3.4　工作站程序解析与仿真调试

本任务中仿真的大致流程为:机器人在输送线末端等待,等产品到位后将其拾取,放置在右垛板上。垛型为常见的"3+2"型,即底层竖着放 2 个产品,横着放 2 个产品,第二层位

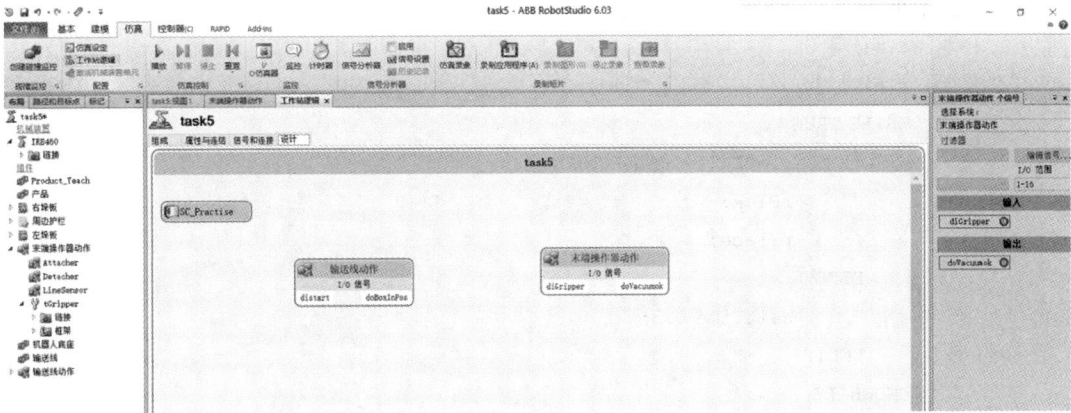

图 6-40

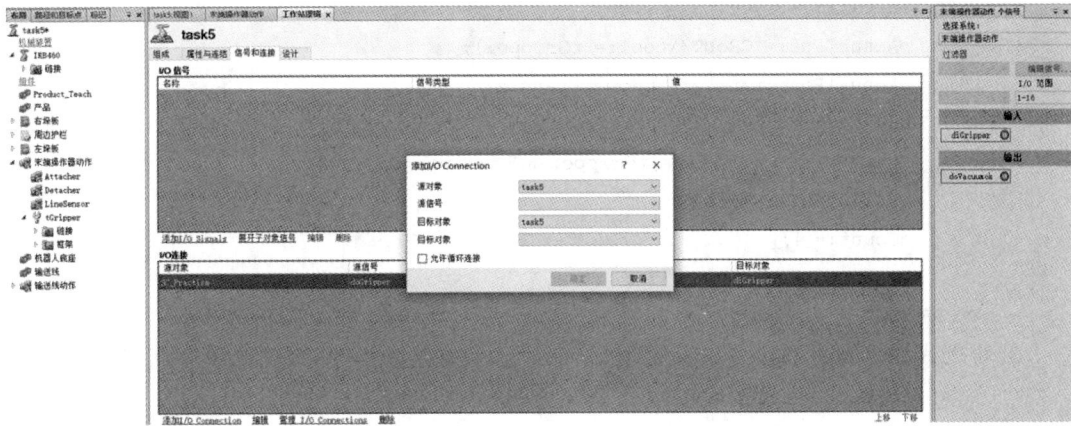

图 6-41

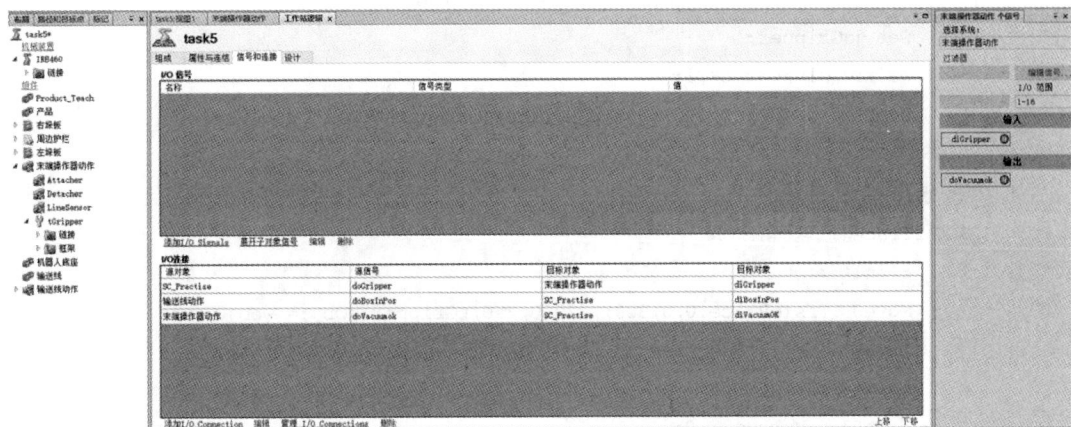

图 6-42

置交错。本任务中机器人只进行右侧码垛,共计码垛 10 个产品,然后机器人回到等待位置继续等待,仿真结束。

　　工作站程序解析如下。

1.主程序框架

```
PROC Main()
        rInitAll;
        WHILE TRUE DO
            IF bPalletFull= FALSE THEN
                    rPick;
                    rPlace;
            ELSE
                    WaitTime 0.3;
            ENDIF
        ENDWHILE
    ENDPROC
```

2.初始化例行程序

```
PROC rInitAll()
        pActualPos:= CRobT(\tool:= tGripper);
        pActualPos.trans.z:= pHome.trans.z;
        MoveL pActualPos,v500,fine,tGripper\WObj:= wobj0;
        MoveJ pHome,v500,fine,tGripper\WObj:= wobj0;
        bPalletFull:= FALSE;
        nCount:= 1;
        Reset doGripper;
    ENDPROC
```

3.输送线拾取例行程序

```
PROC rPick()
        MoveJ Offs(pPick,0,0,300),v2000,z50,tGripper\WObj:= wobj0;
        WaitDI diBoxInPos,1;
        MoveL pPick,v500,fine,tGripper\WObj:= wobj0;
        Set doGripper;
        WaitDI diVacuumOK,1;
        MoveL Offs(pPick,0,0,300),v500,z50,tGripper\WObj:= wobj0;
    ENDPROC
```

4.垛板码垛程序例行程序

```
PROC rPlace()
        rPosition;
        MoveJ Offs(pPlace,0,0,300),v2000,z50,tGripper\WObj:= wobj0;
        MoveL pPlace,v500,fine,tGripper\WObj:= wobj0;
        Reset doGripper;
        WaitDI diVacuumOK,0;
        MoveL Offs(pPlace,0,0,300),v500,z50,tGripper\WObj:= wobj0;
        rPlaceRD;
    ENDPROC
```

5.码垛产品数量限制例行程序

```
PROC rPlaceRD()
```

```
        Incr nCount;
        IF nCount> = 11 THEN
            nCount:= 1;
            bPalletFull:= TRUE;
            MoveJ pHome,v1000,fine,tGripper\WObj:= wobj0;
        ENDIF
    ENDPROC
```

6.码垛产品位置设定例行程序

```
    PROC rPosition()
        TEST nCount
        CASE 1:
            pPlace:= RelTool(pPlaceBase,0,0,0\Rz:= 0);
        CASE 2:
            pPlace:= RelTool(pPlaceBase,- 600,0,0\Rz:= 0);
        CASE 3:
            pPlace:= RelTool(pPlaceBase,100,- 500,0\Rz:= 90);
        CASE 4:
            pPlace:= RelTool(pPlaceBase,- 300,- 500,0\Rz:= 90);
        CASE 5:
            pPlace:= RelTool(pPlaceBase,- 700,- 500,0\Rz:= 90);
        CASE 6:
            pPlace:= RelTool(pPlaceBase,100,- 100,- 250\Rz:= 90);
        CASE 7:
            pPlace:= RelTool(pPlaceBase,- 300,- 100,- 250\Rz:= 90);
        CASE 8:
            pPlace:= RelTool(pPlaceBase,- 700,- 100,- 250\Rz:= 90);
        CASE 9:
            pPlace:= RelTool(pPlaceBase,0,- 600,- 250\Rz:= 0);
        CASE 10:
            pPlace:= RelTool(pPlaceBase,- 600,- 600,- 250\Rz:= 0);
        DEFAULT:
            Stop;
        ENDTEST
    ENDPROC
```

7.机器人工作点示教例行程序

```
    PROC rModify()
        MoveL pHome,v1000,fine,tGripper\WObj:= wobj0;
        MoveL pPick,v1000,fine,tGripper\WObj:= wobj0;
        MoveL pPlaceBase,v1000,fine,tGripper\WObj:= wobj0;
    ENDPROC
```

最后,我们选择"I/O 仿真器",选择"输送线动作"并单击"distart",选择"播放",启动工作站,如图 6-43 所示。

当产品码垛完成时,如图 6-44 所示,机器人在工作点等待,仿真验证完成。

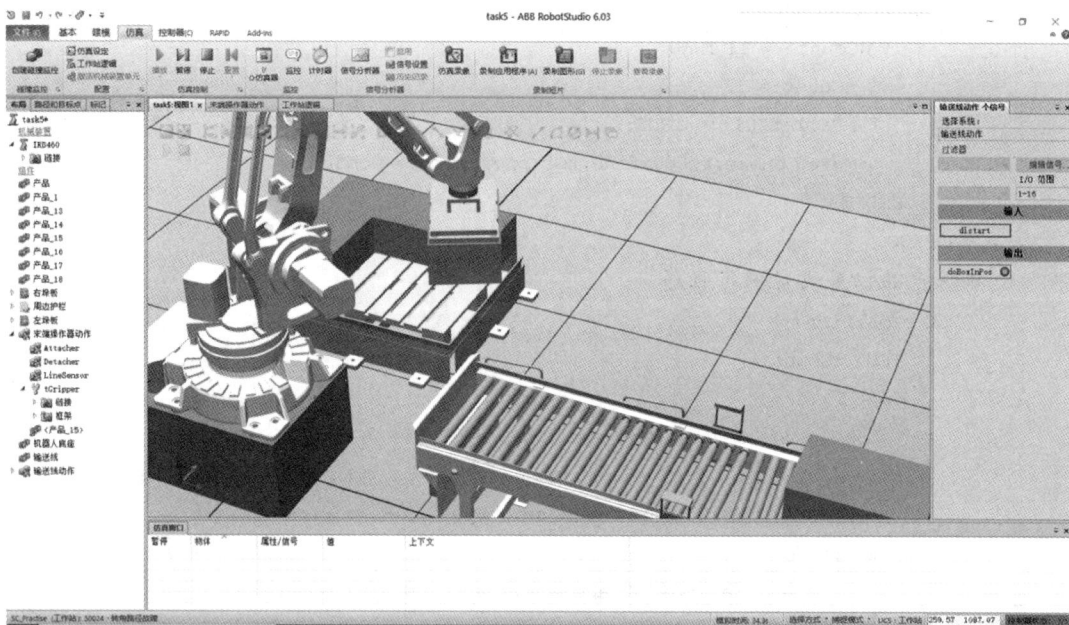

图 6-43

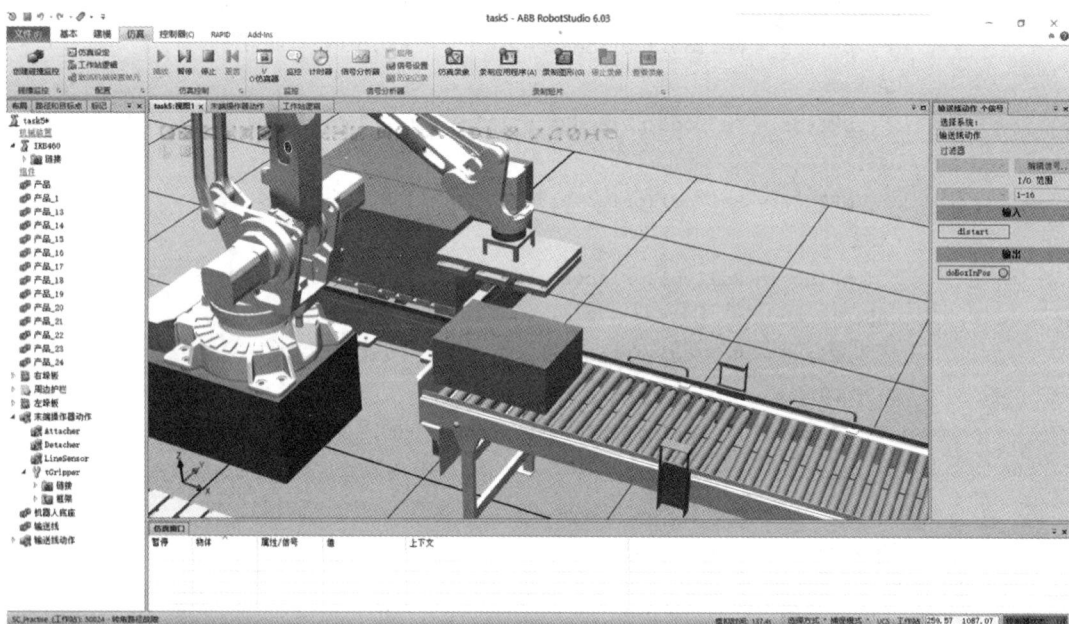

图 6-44

至此,已经完成了码垛工作站的动画效果制作,大家可以在此基础上进行扩展练习,例如修改程序以完成更多层数的码垛,或者完成左右两边交替码垛,或者用自己制作的夹具、输送线、产品等其他素材完成预期的动画效果。

6.1.4 任务考核与评价

任务考核与评价包括学生自评、学生互评、教师评价三个维度(见表6-1)。

表 6-1　"RobotStudio 离线仿真在典型工作站构建中的应用"考核与评价(一)

	序　号	评 价 内 容	学 生 自 评	学 生 互 评	教 师 评 价
基本素养 (30 分)	1	操作规范(10 分)			
	2	参与和协作能力(10 分)			
	3	课堂纪律(10 分)			
知识目标 (30 分)	4	按 LAYOUT 说明布局工作站(5 分)			
	5	创建输送线动作(5 分)			
	6	创建夹具动作(5 分)			
	7	I/O 仿真设定调试(5 分)			
	8	编写流水线码垛工作站程序(5 分)			
	9	仿真动画设计(5 分)			
技能操作 (40 分)	10	独立完成码垛工作站 LAYOUT 布局(10 分)			
	11	独立完成码垛工作站 Smart 组件设计(10 分)			
	12	独立完成码垛工作站 I/O 信号设定(10 分)			
	13	独立完成码垛工作站程序设计与仿真(10 分)			

总评得分：

教师签名：　　　　　学生 A 签名：　　　　　　　学生 B 签名：

考核评价时间：

6.1.5　任务练习

(1) 简述工业机器人码垛工作站中的布局要求。

(2) 简述机器人输入/输出信号、工作站信号、Smart 组件信号的区别和联系。

(3) 在 RobotStudio 软件中完成工业机器人码垛工作站输送线动作 Smart 组件设计。

(4) 在 RobotStudio 软件中完成工业机器人码垛工作站末端操作器 Smart 组件设计。

(5) 简述工业机器人码垛工作站中需要设定的 I/O 信号。

(6) 利用所学知识完成上述工业机器人码垛工作站左边栈板的码垛设计。

任务 6.2　构建激光切割工作站

6.2.1　任务描述

在激光焊接行业,为了更合理地利用工业机器人运动范围,通常选择将工业机器人倒置安装;同时,大的工件需要配置移动平台,来辅助扩展切割行程范围。在工业机器人轨迹应用过程中,如切割、涂胶、焊接等,常需处理一些不规则的曲线,通常的做法是采用描点法,即根据工艺精度要求去示教相应数量的目标点,从而生成机器人的轨迹。此种方法费时、费力且不容易保证轨迹精度。而图形化编程,即根据三维模型的曲线特征自动生成机器人的运行轨迹,省时、省力且容易保证轨迹精度。

本任务主要讲解如何根据三维模型曲线特征,利用 RobotStudio 自动路径功能自动生成机器人激光切割的运行轨迹。由于使用到的 LAYOUT 部件是由第三方软件设计的,因此在练习前必需准备好其完整的".sat"格式文件。

6.2.2　任务知识点

(1) 精确按 LAYOUT 说明布局工作站。
(2) 设计移动平台机械装置。
(3) 设计离线轨迹。
(4) 创建激光切割工作站 Smart 组件。
(5) I/O 仿真设定调试。
(6) 工作站编程与仿真调试。

6.2.3　任务实施

6.2.3.1　工作站布局

打开任务包后如图 6-45 所示,所使用的工业机器人是 IRB 4600,倒置安装,待切割产品为汽车门冲压件,末端操作器为激光切割末端操作器。

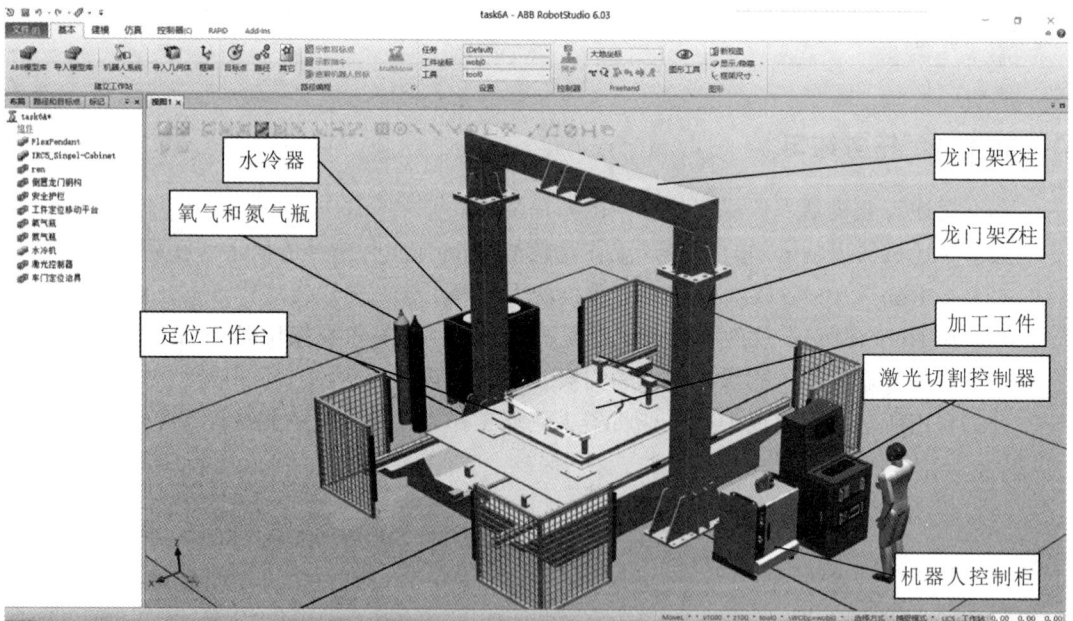

图 6-45

激光切割是用聚焦镜将激光束聚焦在材料表面使材料熔化,同时用与激光束同轴的压缩气体吹走被熔化的材料,并使激光束与材料沿一定轨迹做相对运动,从而形成一定形状的切缝的切割技术。激光切割技术广泛应用于金属和非金属材料的加工,可大大缩短加工时间,降低加工成本,提高工件质量。

本任务中,汽车门冲压件的切割位置如图 6-46 所示。

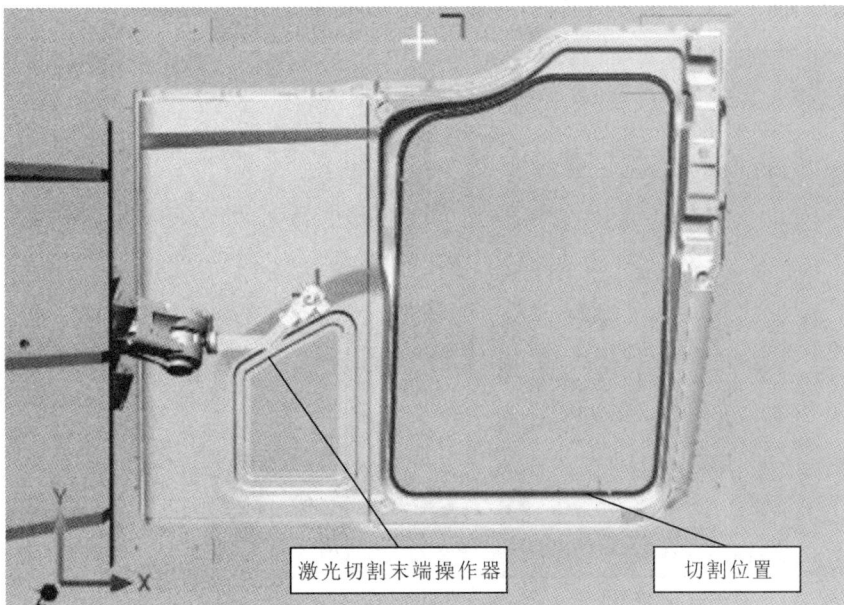

激光切割末端操作器　　　切割位置

图 6-46

在本任务中,我们需要综合应用设计工具,实现移动平台动态配合焊接作业。当工作站启动后,移动平台开始动作,到达指定位置后停止,焊接机器人准备完成后开始焊接,焊接过程中平台保持停止状态,焊接完成后机器人回到工作准备位置等待,依次循环。

首先,我们需要将机器人安装到倒置龙门钢构上。

如图 6-47 所示,导入 IRB 4600 机器人模型。

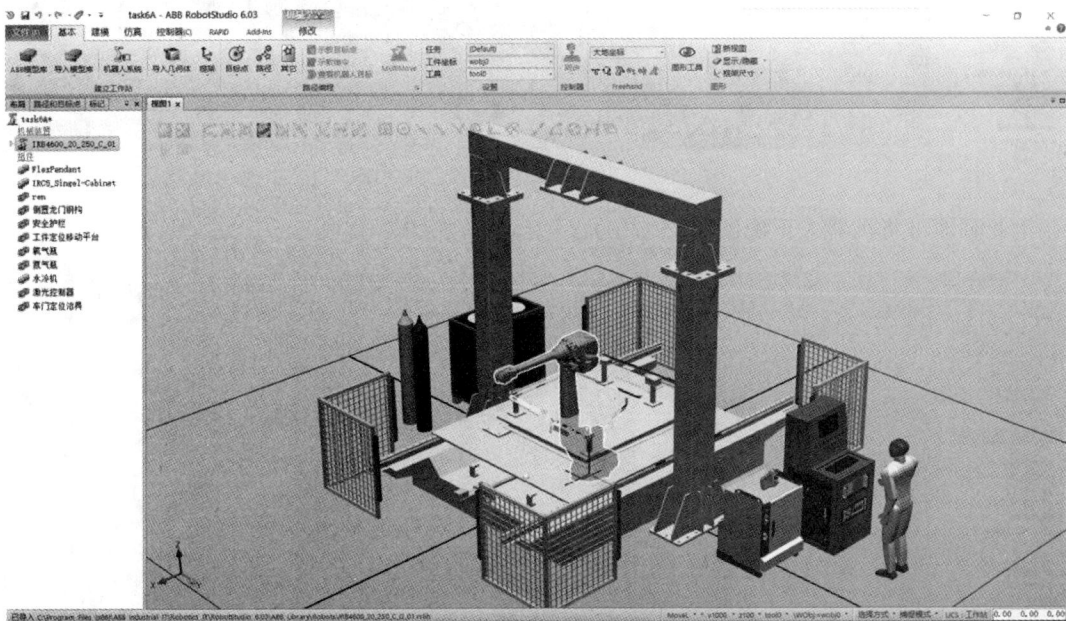

图 6-47

将机器人安装到倒置龙门钢构上,结果如图 6-48 所示。通过上面的操作发现机器人的安装位置和方向与预期的不同,这是由于倒置龙门钢构的本地原点的方向和位置没有设置为 Z 轴正方向向下、X 轴正方向向左,导致错误。拆除机器人。

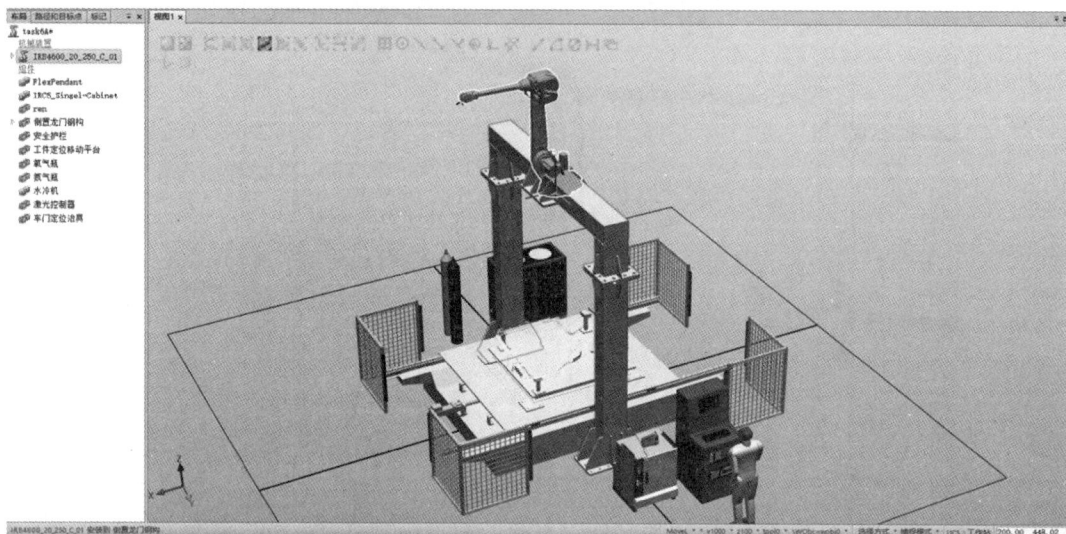

图 6-48

设置龙门钢构的本地原点的方向,如图 6-49 所示。

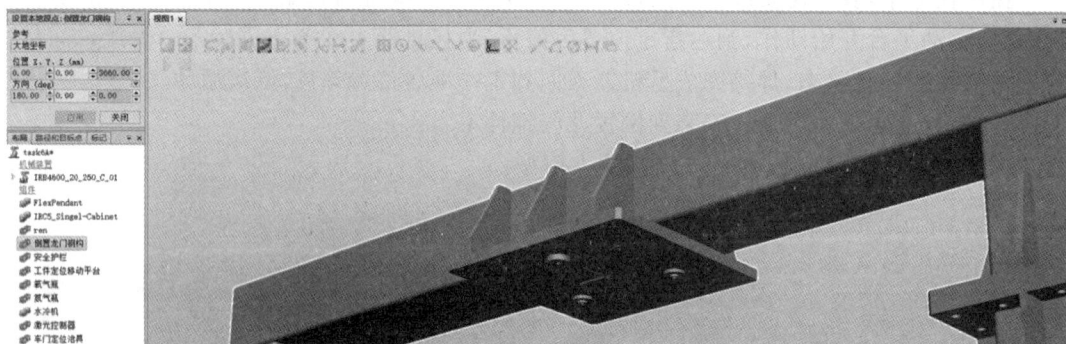

图 6-49

此时即可将机器人正确倒置安装在龙门钢构上,如图 6-50 所示。

图 6-50

随后，如图 6-51 所示，导入激光切割器，并将其安装到机器人上。

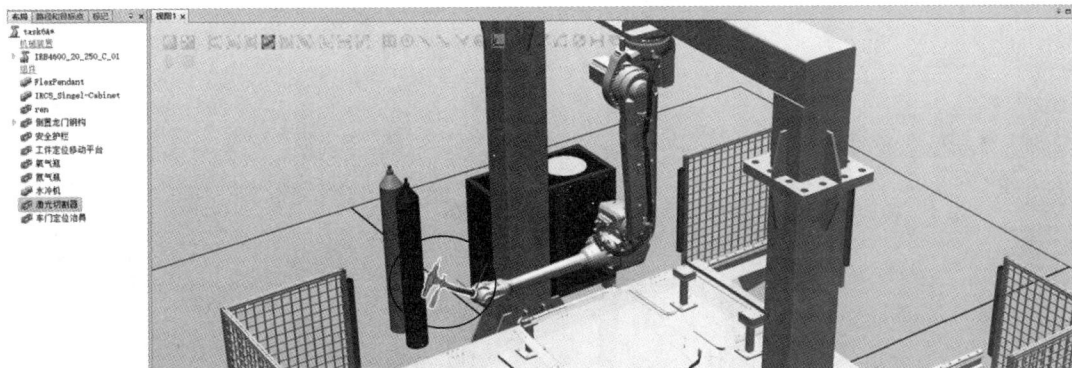

图 6-51

最后，如图 6-52 所示，从布局创建系统。

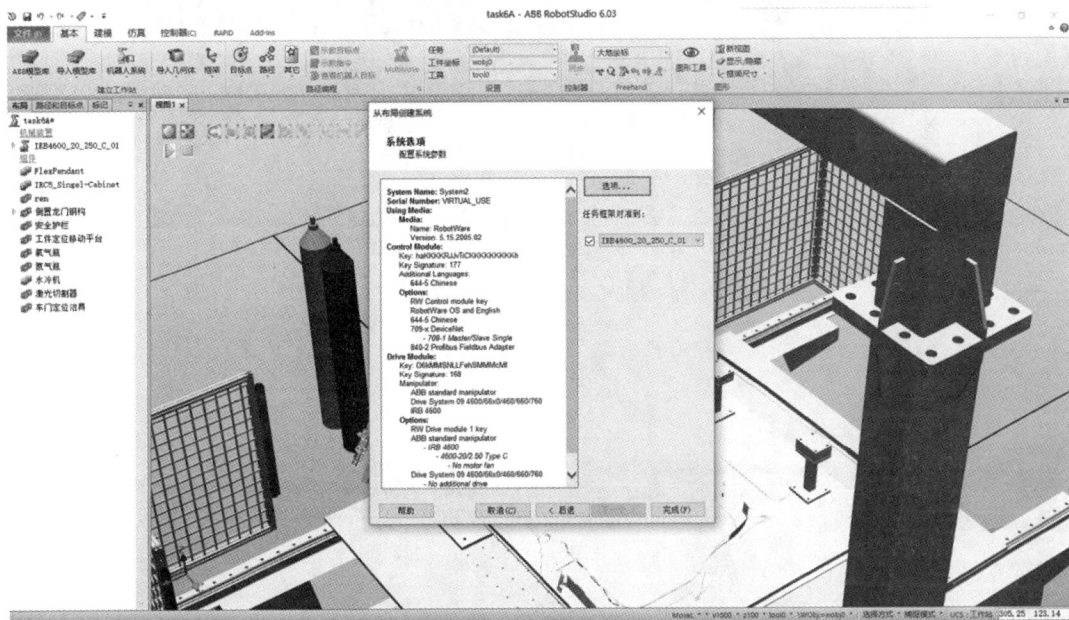

图 6-52

6.2.3.2　移动平台机械装置设计

如图 6-53 所示，创建机械装置（设备），并将其命名为移动平台。同时，创建两个空部件：工作定位平台 L1 和工作定位平台 L2。

如图 6-54 所示，在移动平台中，选中在相对运动中静止的部件，将其剪切并粘贴到工作定位平台 L2 中，将其他剩余部件剪切并粘贴到工作定位平台 L1 中。

如图 6-55 和图 6-56 所示，设置链接和接点，编译机械装置。

6.2.3.3　离线轨迹设计

首先，如图 6-57 所示，我们利用三点法创建工件坐标系，该坐标系的创建便于后续对路径进行整体修改。

接下来，如图 6-58 所示，调整激光切割末端操作器相对于工件的工作姿态，使其与工件垂直。

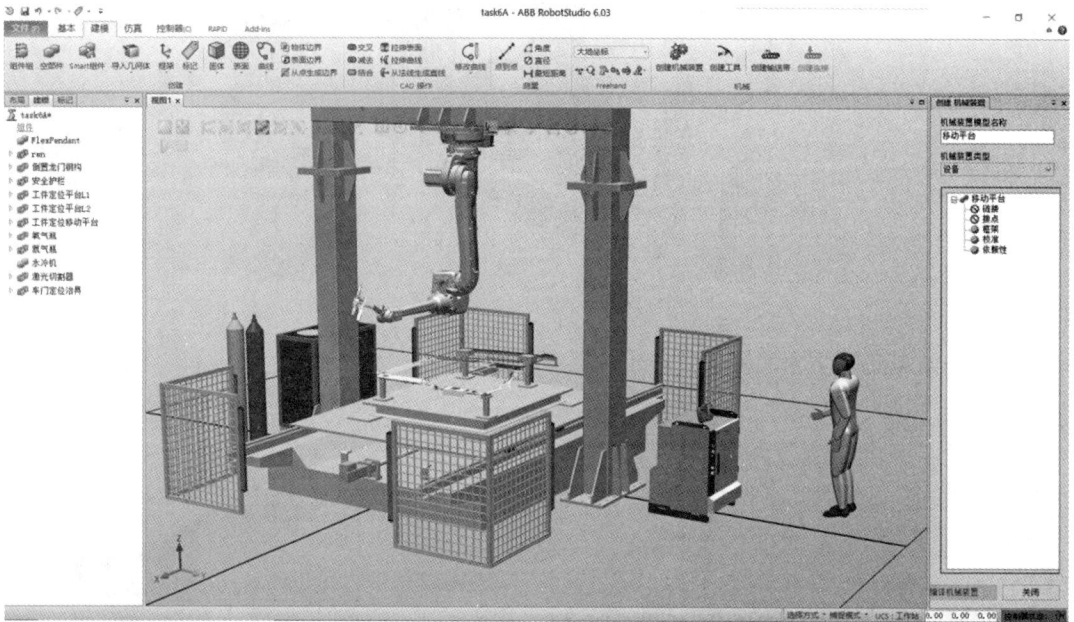

图 6-53

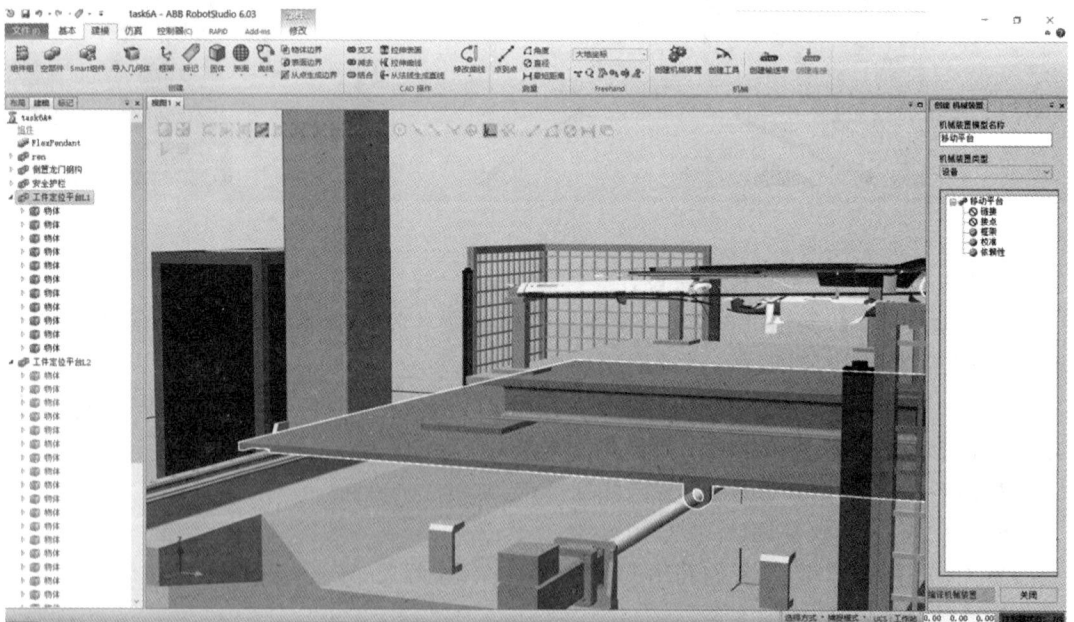

图 6-54

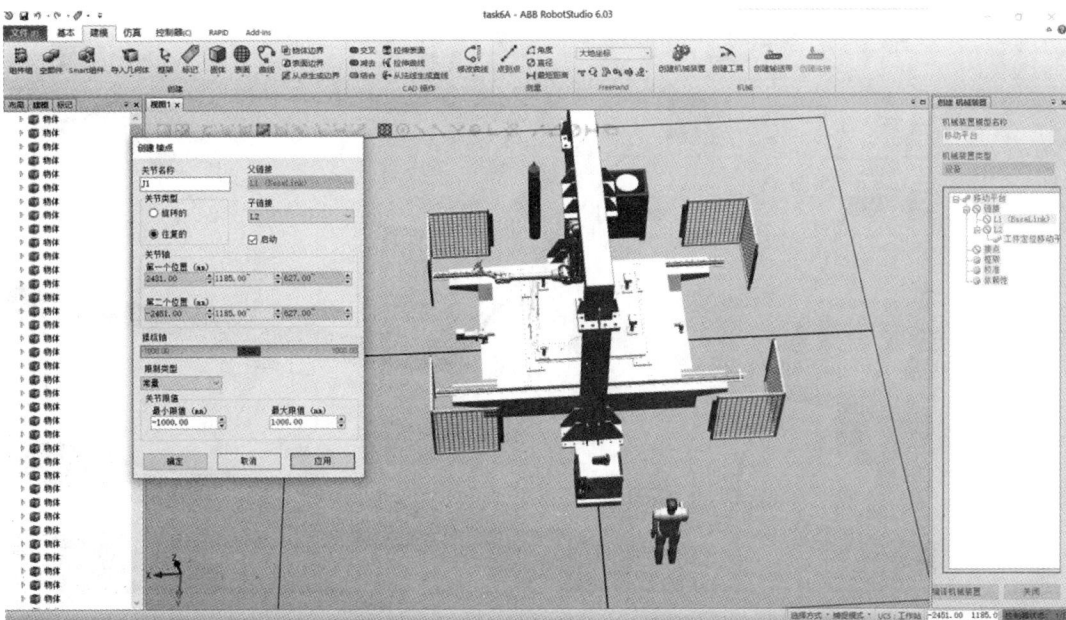

图 6-55

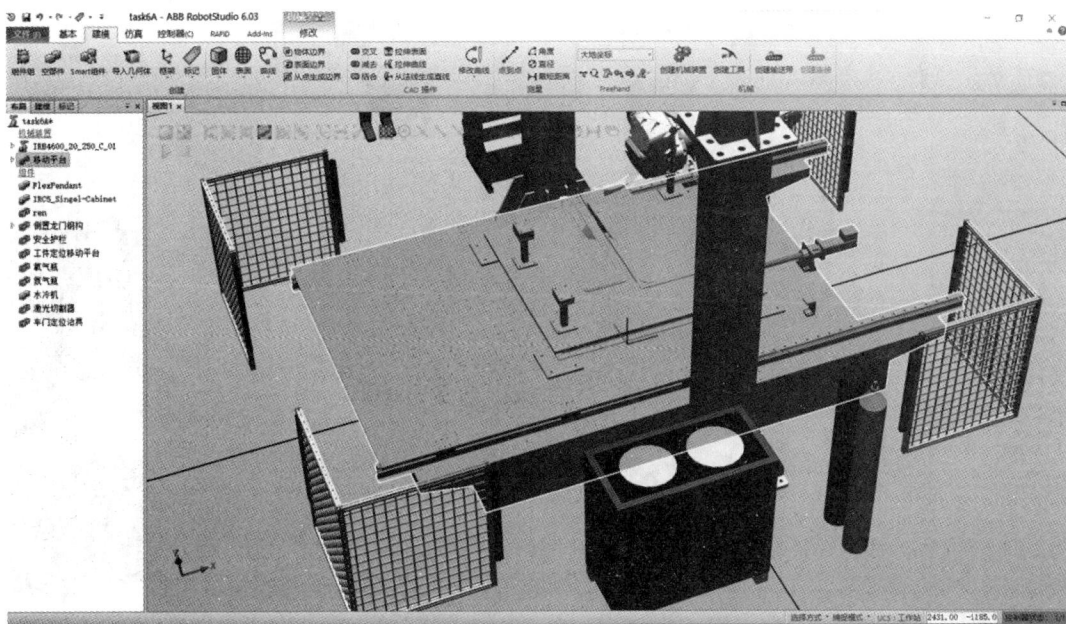

图 6-56

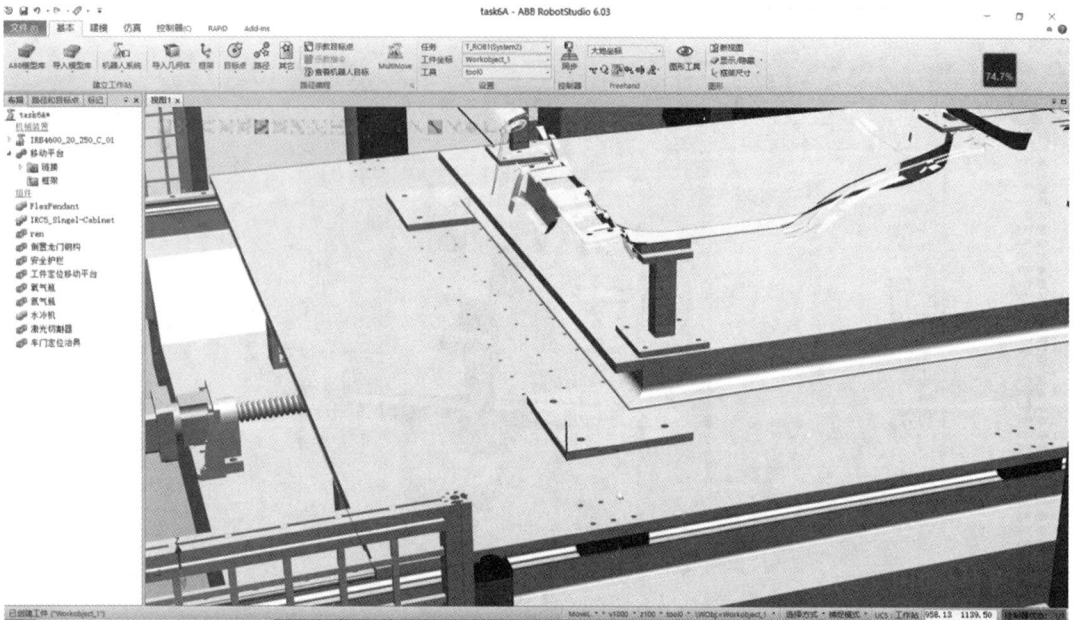

图 6-57

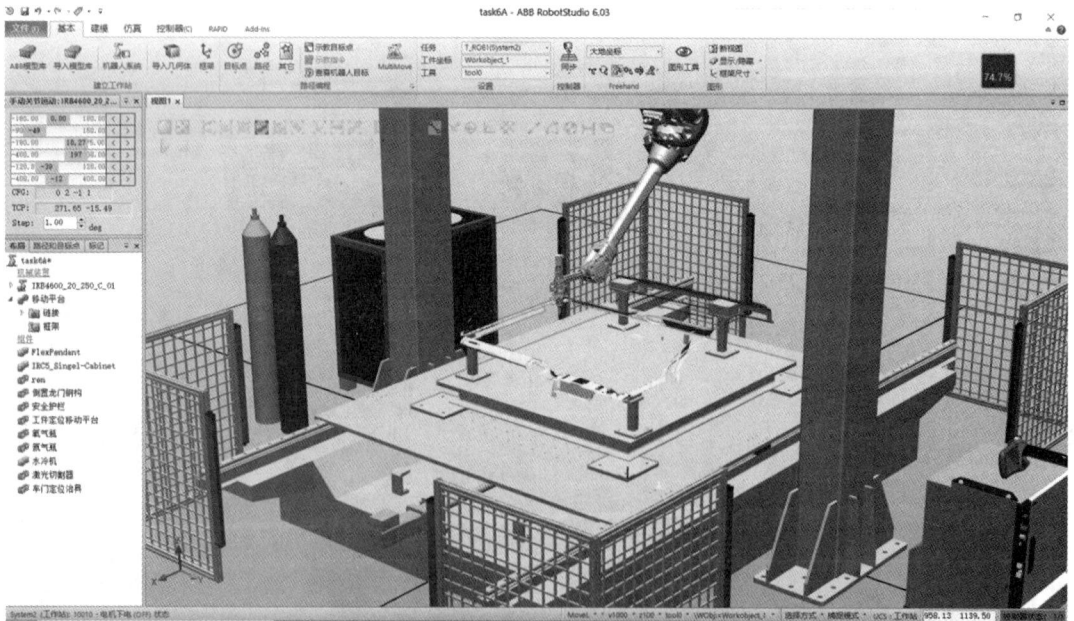

图 6-58

　　用"Freehand"中的手动线性工具,在要求的切割位置手动测试可达性,如图 6-59(a)所示,此位置可达,而图 6-59(b)所示位置机器人无法到达。

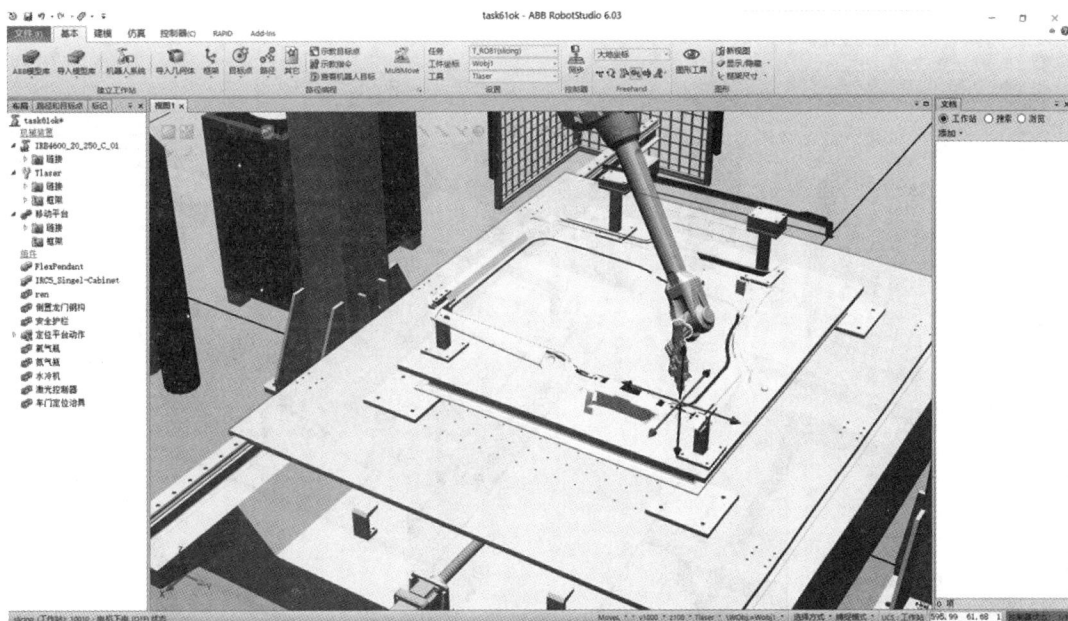

(a)

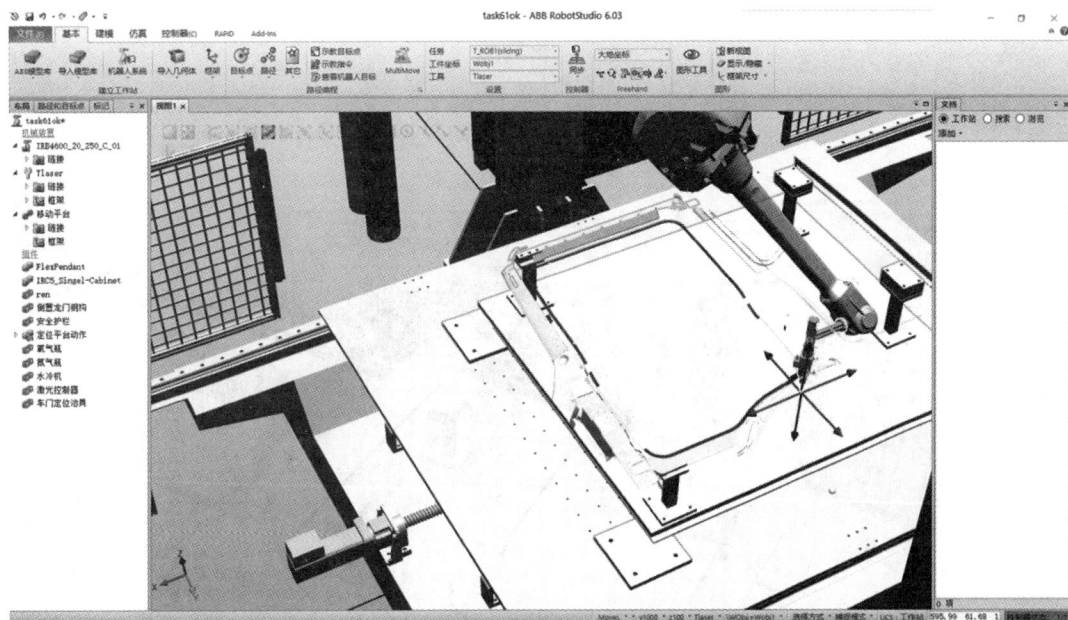

(b)

图 6-59

　　此时,我们选择将车门定位治具安装到移动平台,如图 6-60 所示。

　　如图 6-61 所示,修改移动平台(定位滑台)的位置,用机械装置手动关节调整位置到"—900",再测试可达性,此时,车门需要切割的位置均可达。

　　接下来我们进行离线轨迹调试。如图 6-62 所示,首先示教工作等待点"Target_10"。

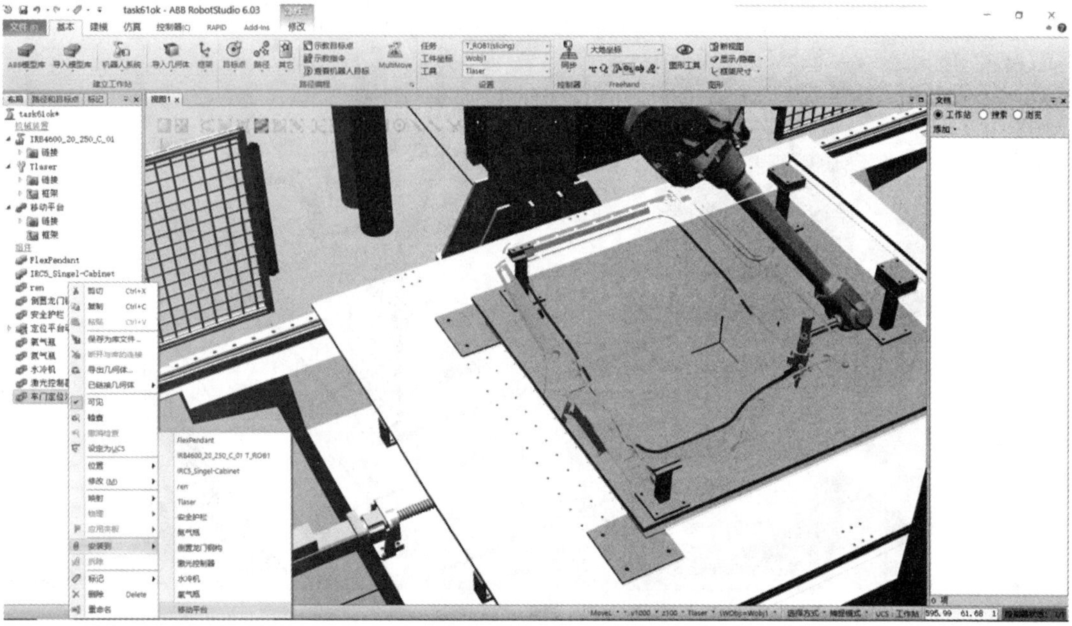
task61ok - ABB RobotStudio 6.03
文件
基本
建模
仿真
控制器(C)
RAPID
Add-Ins
修改
task61ok*
IRB4600_20_250_C_01
Tlaser
移动平台
FlexPendant
IRC5_Singel-Cabinet
ren
剪切
复制
粘贴
保存为库文件...
导出几何体...
可见
检查
设定为UCS
位置
修改
安装到
标记
删除
Delete
重命名
倒置龙门钢构
安全护栏
氧气瓶
氮气瓶
水冷机
激光控制器
移动平台

图 6-60

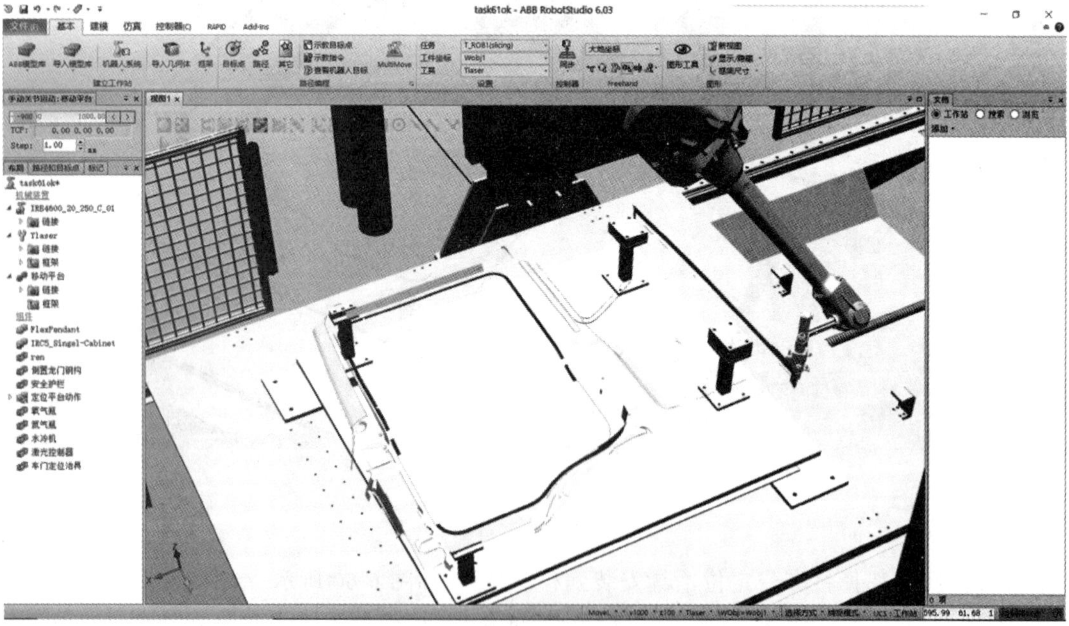
task61ok - ABB RobotStudio 6.03
文件
基本
建模
仿真
控制器(C)
RAPID
Add-Ins
手动关节运动：移动平台
TCP:
Step:
task61ok*
IRB4600_20_250_C_01
Tlaser
移动平台
FlexPendant
IRC5_Singel-Cabinet
ren
倒置龙门钢构
安全护栏
定位平台动作
氧气瓶
氮气瓶
水冷机
激光控制器
车门定位治具

图 6-61

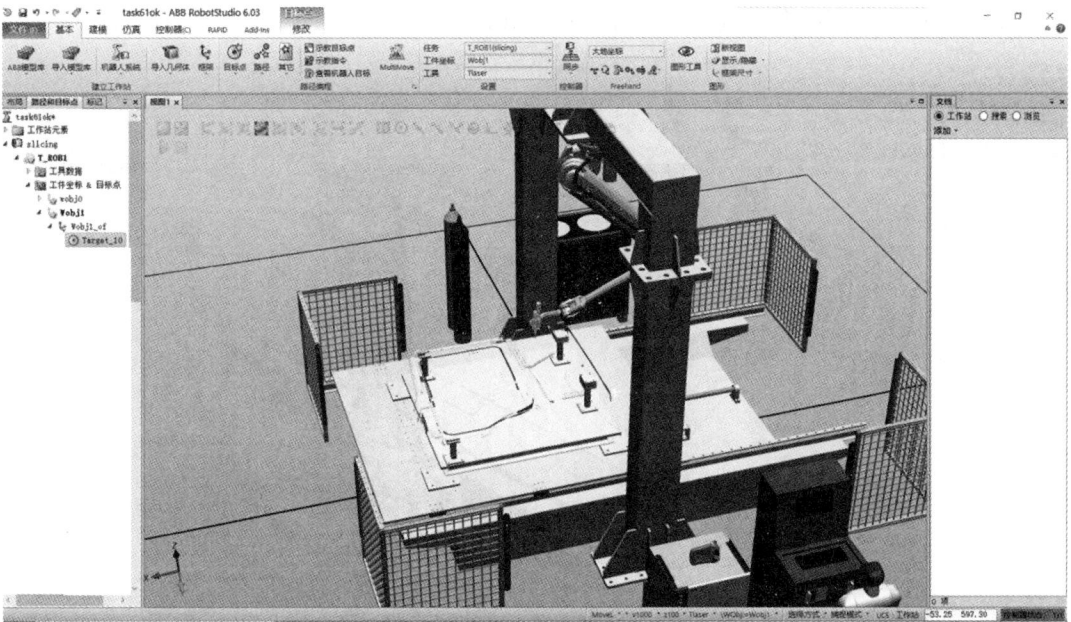

图 6-62

如图 6-63 所示,选中要切割的边缘。

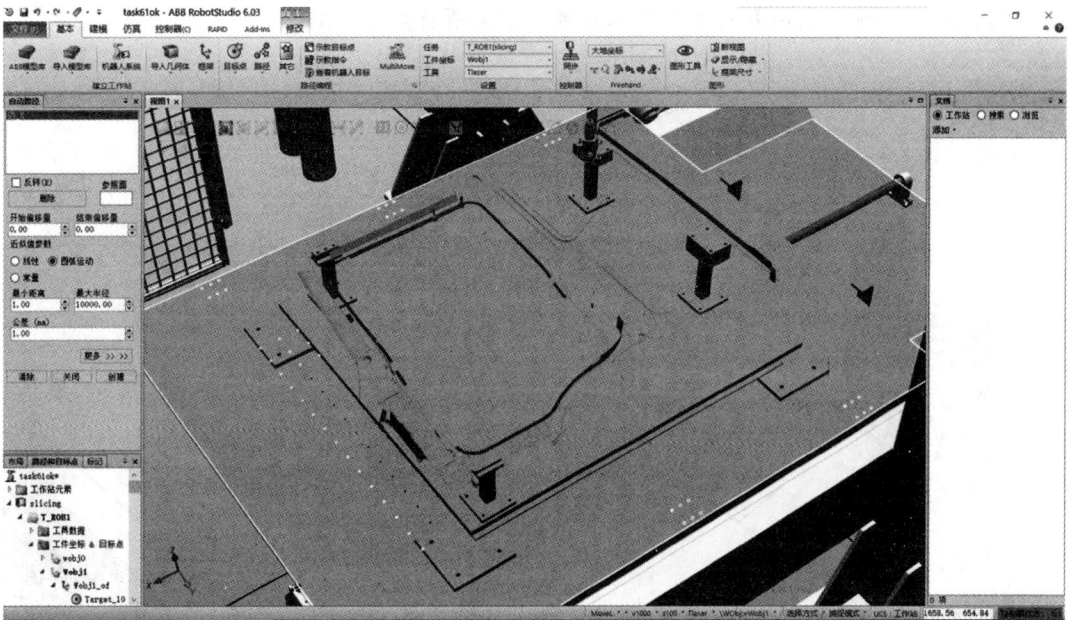

图 6-63

如图 6-64 所示,捕捉切割位置的边缘,自动生成轨迹(生成的轨迹可以是一条,也可以是多条,本例中有 Path_10、Path_20、Path_30)。新建空轨迹"path_cutting",将"Path_10""Path_20""Path_30"所有轨迹复制到"path_cutting"中。

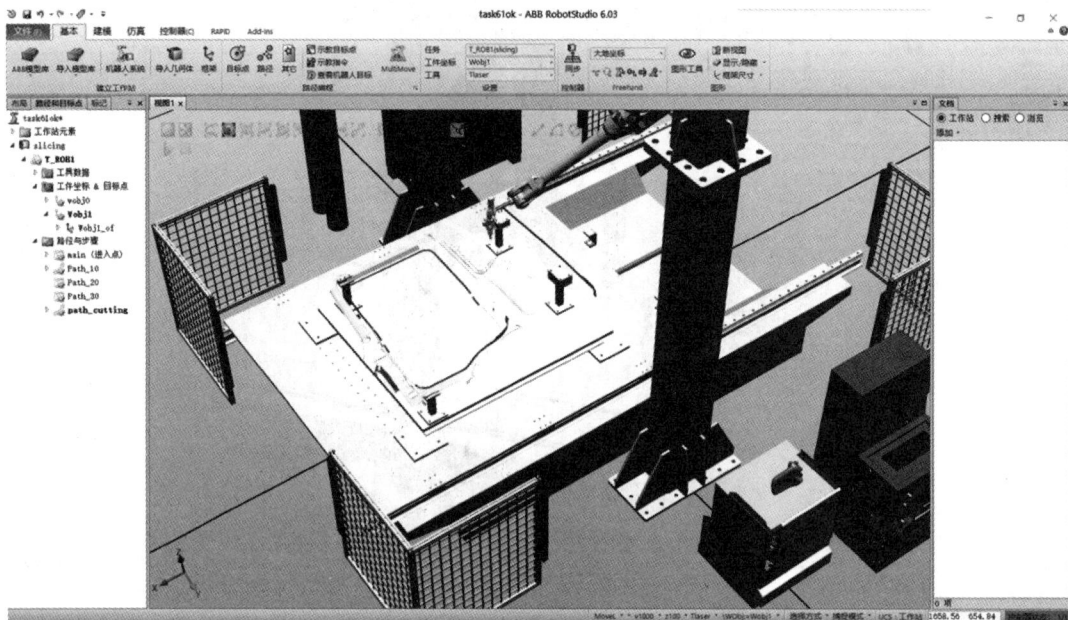

图 6-64

如图 6-65 所示,进行到达能力测试,发现很多不可到达的位置,所以要修改目标点的姿态(用对准目标方向、应用方向等方法),直到调试至所有点都可到达。

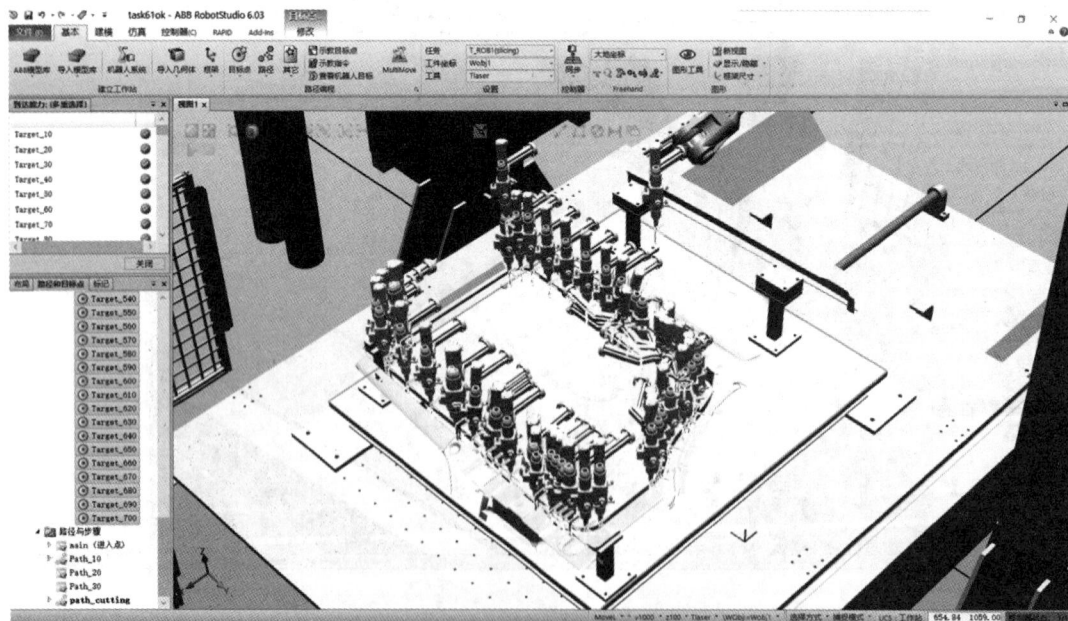

图 6-65

如图 6-66 所示,自动配置参数,完成切割轨迹调试。

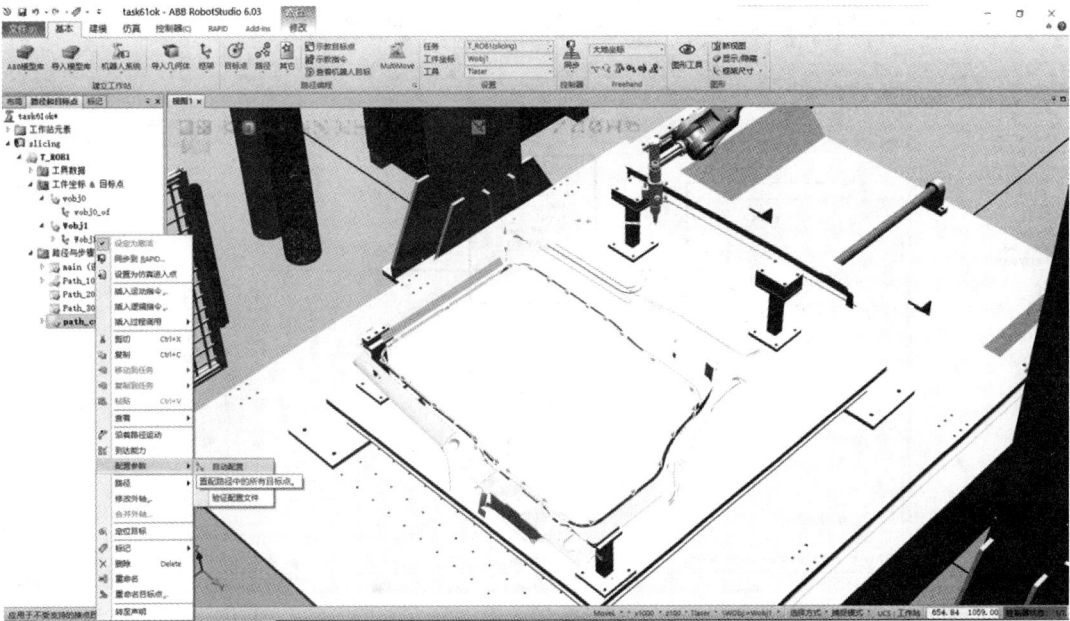

图 6-66

6.2.3.4　创建激光切割工作站的 Smart 组件

如图 6-67 所示,创建定位平台动作 Smart 组件,添加两个 JointMover 组件,并移动位置,一个为"−900",一个为"1000"。

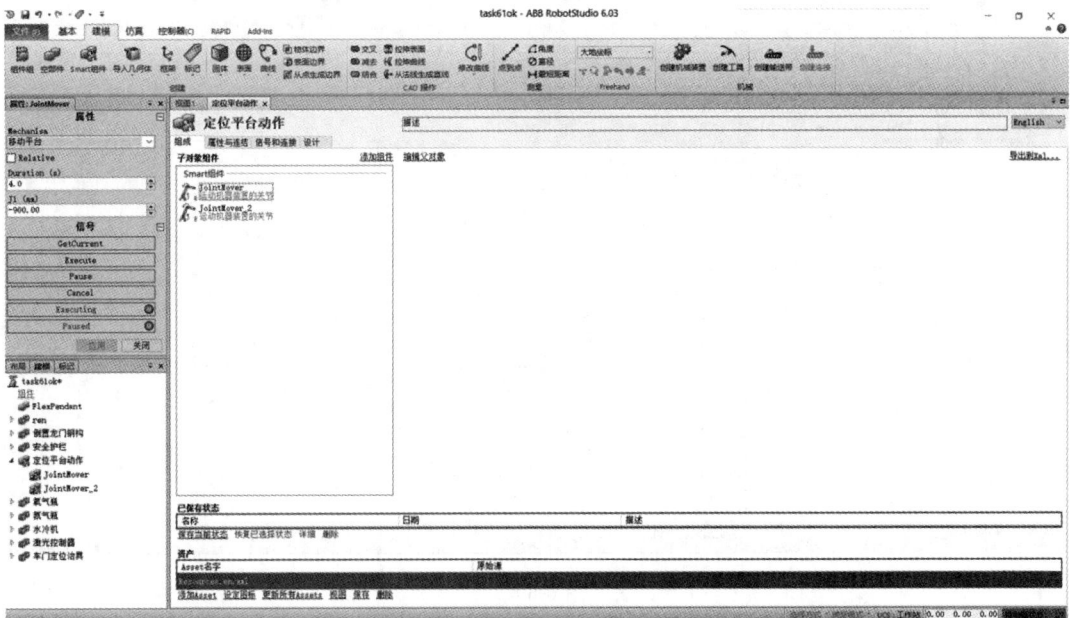

图 6-67

如图 6-68 所示,添加信号和连接。

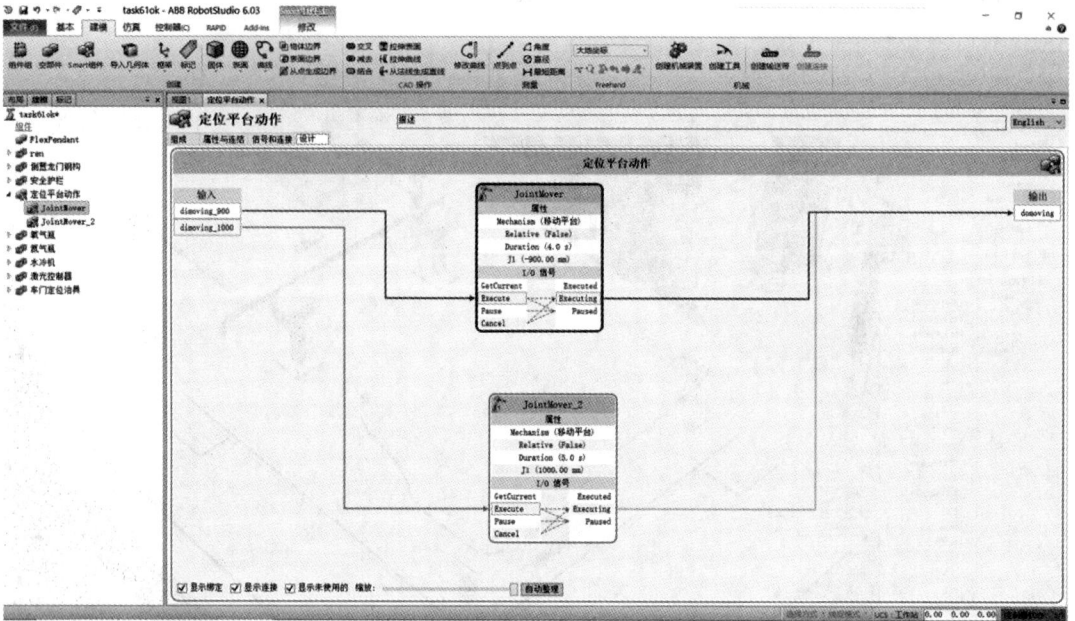

图 6-68

如图 6-69 所示，在单元"Unit"中添加 I/O 板 d652 并设定机器人的 I/O 信号(上述信号的设计只为完成仿真效果)。

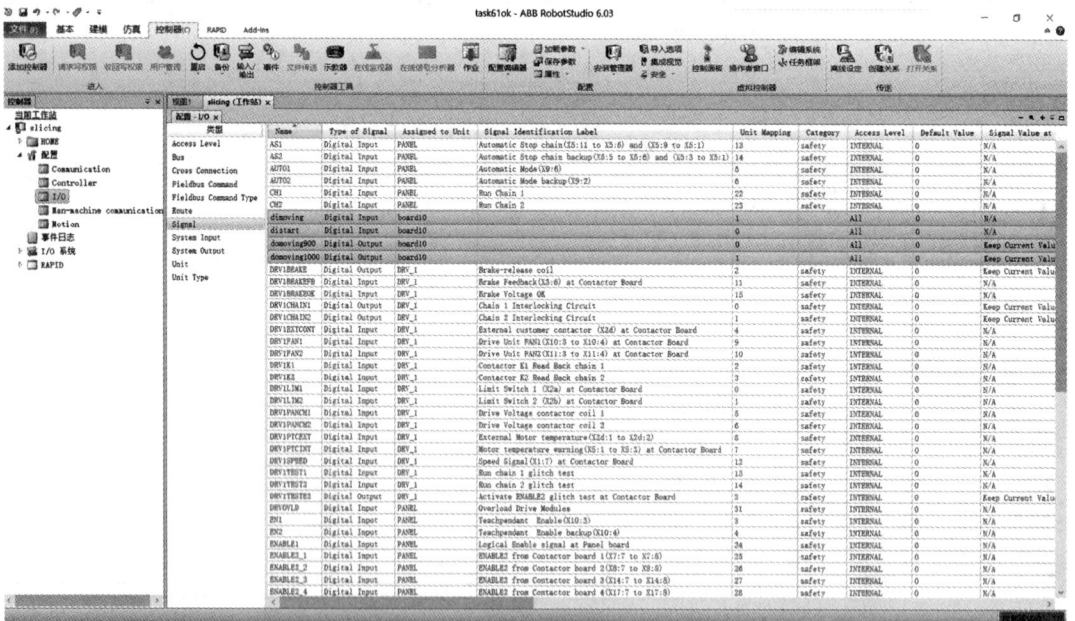

图 6-69

如图 6-70 所示，我们在工作站逻辑中建立输入信号"dirun"，为实现仿真效果，建立相应的动作信号连接。

最后，我们将工作站内容同步到 RAPID，如图 6-71 所示。

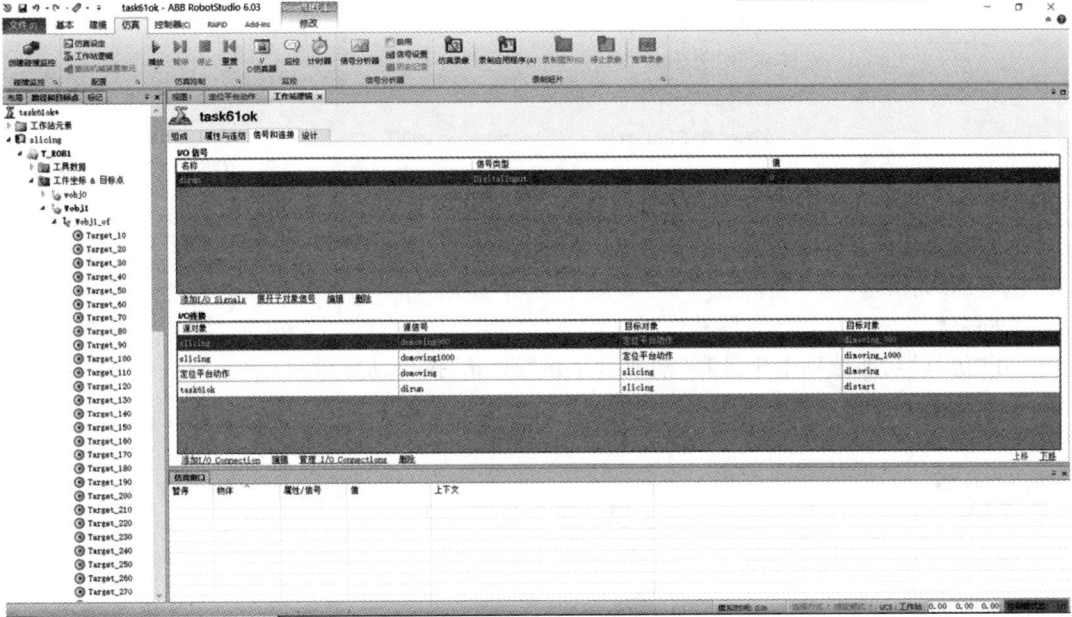

图 6-70

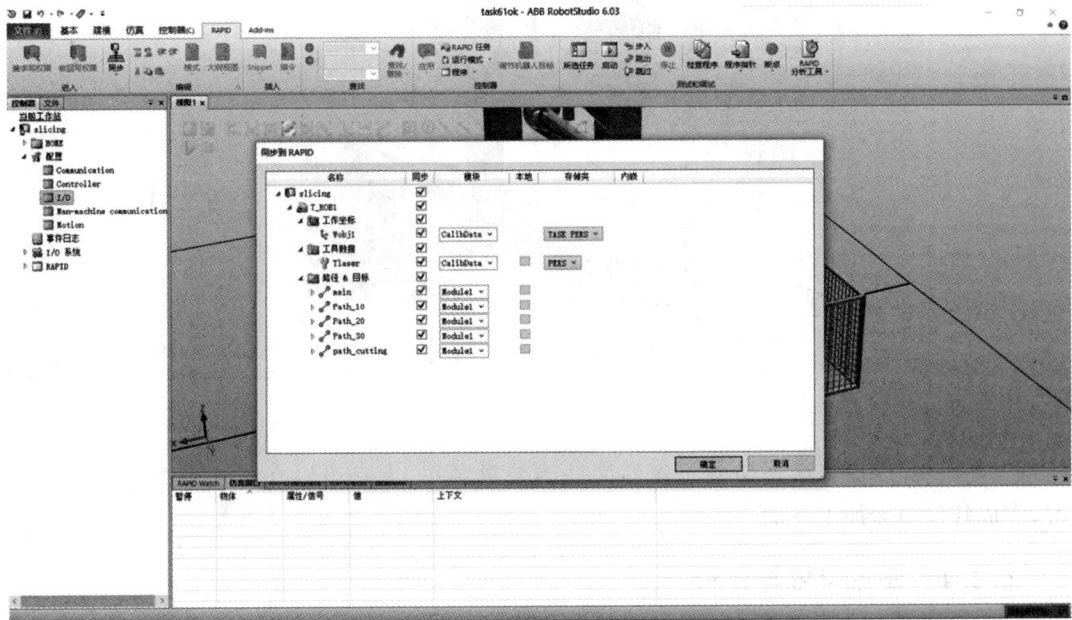

图 6-71

6.2.3.5　工作站程序解析与仿真调试

为实现仿真效果,我们编写如下主程序:

```
PROC main()
        PulseDO\PLength:= 1, domoving1000;
            WaitDI dimoving, 0;
        WHILE TRUE DO
```

```
              IF distart =  1 AND dimoving =  0 THEN
                    PulseDO\PLength:= 1, domoving900;
                    WaitDI dimoving,0;
                    path_cutting;
                    PulseDO\PLength:= 1, domoving1000;
                    WaitDI dimoving,0;
        ENDIF
        WaitTime 2;
    ENDWHILE
ENDPROC
```

在"仿真"功能选项卡中选择"播放",单击"dirun"执行动作效果(启动后关闭 dirun),如图 6-72 所示。

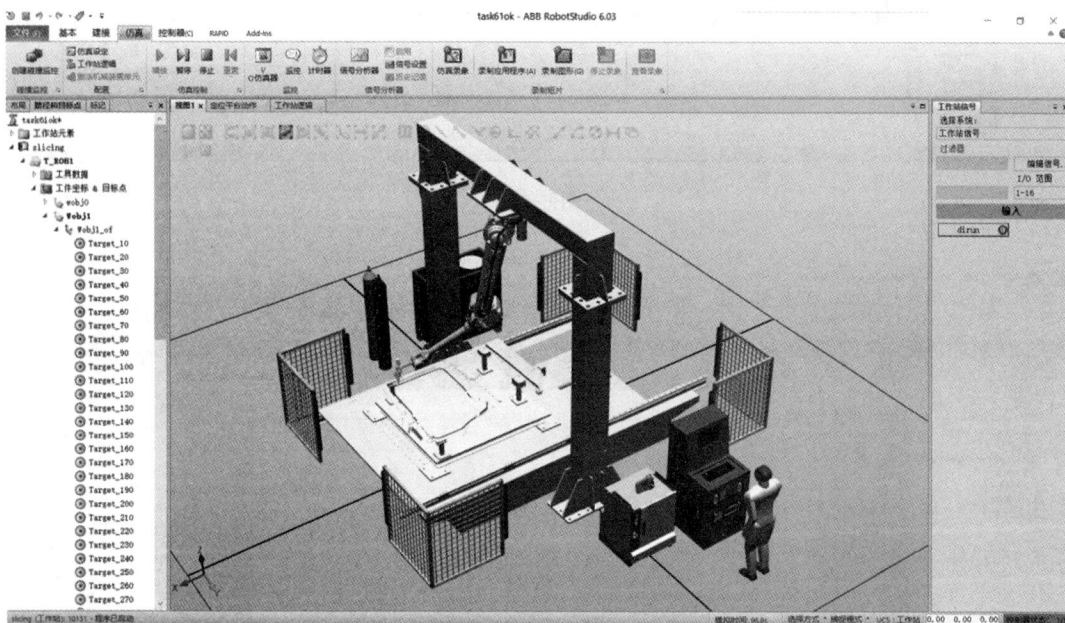

图 6-72

至此,已经完成了激光切割工作站的动画效果制作,大家可以在此基础上进行扩展练习,完成其他曲面加工案例。

6.2.4　任务考核与评价

任务考核与评价包括学生自评、学生互评、教师评价三个维度(见表 6-2)。

表 6-2　"RobotStudio 离线仿真在典型工作站构建中的应用"考核与评价(二)

	序　号	评 价 内 容	学生自评	学生互评	教师评价
基本素养 (30 分)	1	操作规范(10 分)			
	2	参与和协作能力(10 分)			
	3	课堂纪律(10 分)			

	序　号	评价内容	学生自评	学生互评	教师评价
知识目标 (30 分)	4	按 LAYOUT 说明布局工作站(5 分)			
	5	设计移动平台机械装置(5 分)			
	6	设计离线轨迹(5 分)			
	7	创建激光切割工作站 Smart 组件(5 分)			
	8	I/O 仿真设定调试(5 分)			
	9	工作站编程与仿真调试(5 分)			
技能操作 (40 分)	10	独立完成激光切割工作站 LAYOUT 布局(10 分)			
	11	独立完成激光切割工作站 Smart 组件设计(10 分)			
	12	独立完成激光切割工作站 I/O 信号设定(10 分)			
	13	独立完成激光切割工作站程序设计与仿真(10 分)			

总评得分：

教师签名：　　　　　　学生 A 签名：　　　　　　学生 B 签名：

考核评价时间：

6.2.5　任务练习

(1) 简述工业机器人激光切割工作站中的布局要求。

(2) 简述定位平台机械装置的创建过程。

(3) 在 RobotStudio 软件中完成工业机器人激光切割工作站 Smart 组件的设计。

(4) 简述工业机器人激光切割工作站中需要设定的 I/O 信号。

(5) 倒装机器人任务框架移动后，如何与虚拟示教器的基坐标系同步？

模　块　总　结

本模块介绍了工业机器人离线编程与仿真软件 RobotStudio 在典型工作站构建中的应用。通过本模块的思维导图，同学们可以梳理本模块任务布局以及每个任务需要重点掌握的知识和技术要点，有针对性地进行练习。

```
                                            工作站LAYOUT布局

                              任务1: 构建输送线   创建码垛工作站Smart组件
                              码垛工作站
                                            设定机器人I/O信号

                                            工作站程序解析与仿真调试
RobotStudio离线仿真
在典型工作站构建中的应用
                                            工作站LAYOUT布局

                                            移动平台机械装置设计

                              任务2: 构建激光   离线轨迹设计
                              切割工作站
                                            创建激光切割工作站Smart组件

                                            工作站程序解析与仿真调试
```

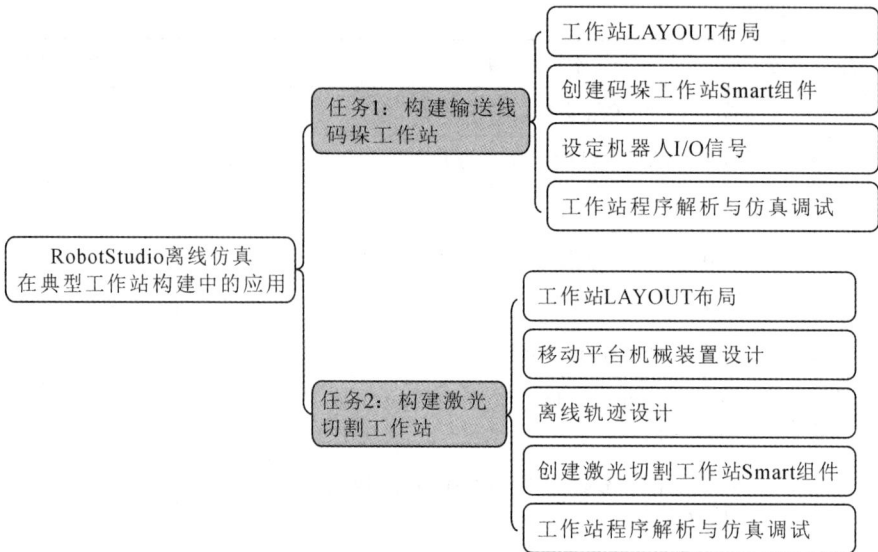

机器人小讲堂
——工业机器人销售情况

根据国际机器人联合会(IFR)2023年在德国法兰克福发布的《2023年世界机器人》报告,2022年全球工业机器人销量达到553052台(比2021年增长5%),创下历史新高,这是连续第二年工业机器人销量突破50万台,如图6-73所示。2017—2022年全球工业机器人销量年均复合增长率约为7%。就工业机器人种类来看,2022年搬运机器人销量最大,约为26.6万台,比上年增长10%;焊接机器人排名第二,销量为8.7万台,同比下降7%;接下来依次是装配机器人(6.1万台)、洁净机器人(3.5万台)、分拣机器人(2.8万台)、处理机器人(0.6万台)。

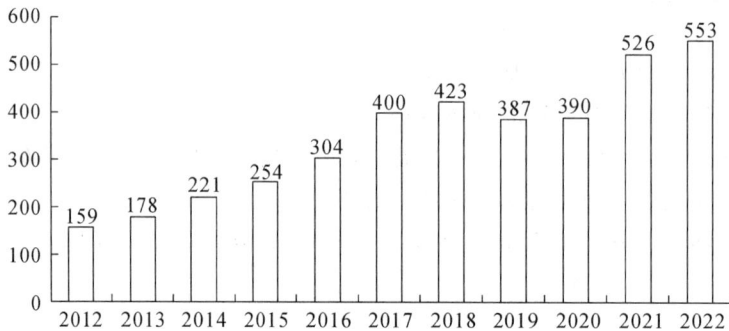

图6-73 2012—2022年全球工业机器人年销量情况(单位:千台)

中国机器人行业正在以前所未有的速度迅猛发展,正成为全球机器人行业的领跑者。工业机器人产业链由核心零部件制造商、本体制造商、系统集成商、工业机器人应用和下游服务商构成,其中本体制造商是机器人产业链的核心环节。目前,国内众多机器人相关企业为系统集成商。从国内机器人市场发展现状来看,两类企业将在未来行业大发展的背景中脱颖而出:一类是拥有深厚技术研发底蕴和丰富项目经验的机器人相关企业,另一类是在特定行业积累了一定的项目经验并计划在其行业内推广工业机器人的企业。

从中国工业机器人的细分领域来看,焊接机器人销售额占比最高,约为25%;喷涂机器人占比约为20%;搬运及码垛机器人占比分别为15%及14%。从岗位需求的角度分析,工业机器人安装调试岗位和服务维修岗位预计将会有更多的需求。

模块 7 ScreenMaker 示教器用户自定义界面

模块介绍

本模块介绍了 RobotStudio 软件中用于创建用户自定义界面的工具 ScreenMaker。通过本模块的学习，学生能够学会搭建 ScreenMaker 的开发环境、关联程序和数据、理解用户自定义界面中控件的含义等，从而能够依据工作任务设计合理的图形用户自定义界面。

模块 7 学习视频

学习目标

素质目标：

（1）具有基本的工程创新设计能力；

（2）能够熟练运用相关工具、技术与理论解决工程问题；

（3）具有良好的职业道德和职业素质。

知识目标：

（1）搭建 ScreenMaker 设计环境；

（2）创建用户自定义界面；

（3）控件的使用；

（4）加载机器人工具；

（5）关联 RAPID 程序；

（6）关联数据；

（7）调试与修改用户自定义界面。

技能要求：

（1）能搭建 ScreenMaker 设计环境；

（2）能创建用户自定义界面；

（3）熟练使用 ScreenMaker 提供的各类控件；

（4）能够关联程序和数据；

（5）能够调试和修改示教器用户自定义界面。

任务 7.1 搭建 ScreenMaker 设计环境

7.1.1 任务描述

依据不同的功能设计满足工作任务需求的操作界面，对于工作效率的提升具有重要的意义。RobotStudio 软件提供了设计用户自定义界面的工具 ScreenMaker。通过使用该工具,用户可以进行一些创新性工作,为特定工作任务自定义界面。本任务我们将学习如何搭建 ScreenMaker 的设计环境。

7.1.2　任务知识点

7.1.2.1　什么是 ScreenMaker

ScreenMaker 是用来创建用户自定义界面的 RobotStudio 工具。使用该工具,无须学习 VisualStudio 开发环境和.NET 编程即可创建自定义示教器图形用户界面。

使用自定义的图形用户界面(GUI)在实际项目中能简化机器人系统操作,设计合理的图形用户界面能在正确的时间以正确的格式将正确的信息显示给用户。

GUI 将机器人系统的内在工作转化为图形化的前端界面,从而简化工业机器人的操作。如在示教器的 GUI 应用中,图形化界面由多个屏幕组成,占用示教器触屏的用户窗口区域。每个屏幕又由一定数量的较小的图形组件构成,并按照设计的布局摆放,常用的组件有按钮、菜单、图像和文本框。典型的 GUI 界面如图 7-1 所示。

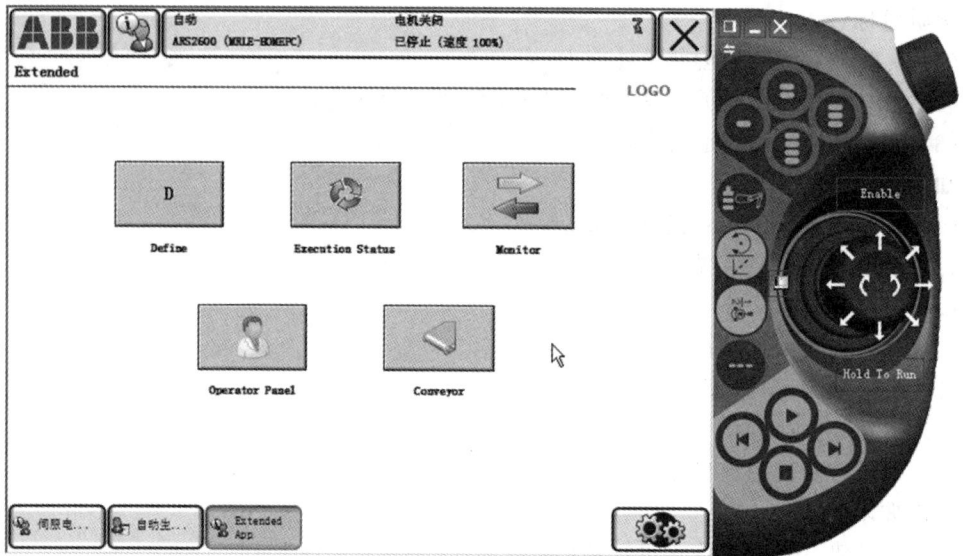

图 7-1

7.1.2.2　ABB 示教器

ABB 示教器配置 Windows CE 系统,相对于 PC 工业机,其内存和 CPU 处理能力都有限,因此要加载的定制 GUI 应用程序需要存储在控制器硬盘上指定的文件夹内。在加载后,该程序将显示在 ABB 示教器菜单下。单击菜单上的选项将启动 GUI 应用程序,也可以将其设置为自动启动。ABB 示教器如图 7-2 所示。

由于机器人控制器通过执行 RAPID 程序控制机器人及其外围设备,因此 GUI 应用程序需要与 RAPID 程序通信,以便对 RAPID 变量进行读写并设置 I/O 信号。

RAPID 有两个不同层级对工作单元进行控制:在 ABB 示教器上运行的事件驱动 GUI 应用程序和在控制器上运行的连续 RAPID 程序。二者在不同的 CPU 上,使用不同的操作系统,因此相互间的通信和协同工作十分重要,需要精心设计。

图 7-2

7.1.3　任务实施

7.1.3.1　创建伺服电机装配机器人工作站系统

在使用 ScreenMaker 设计 GUI 之前,需要在机器人系统构建过程中进行适当配置。本任务以伺服电机装配机器人工作站自定义界面设计为例,介绍 ScreenMaker 设计环境搭建的必要选项。

以下操作在 ABB RobotStudio 5.15.02 版本中完成。

(1) 新建一个空工作站。选择"文件(F)—新建—空工作站",如图 7-3 所示。

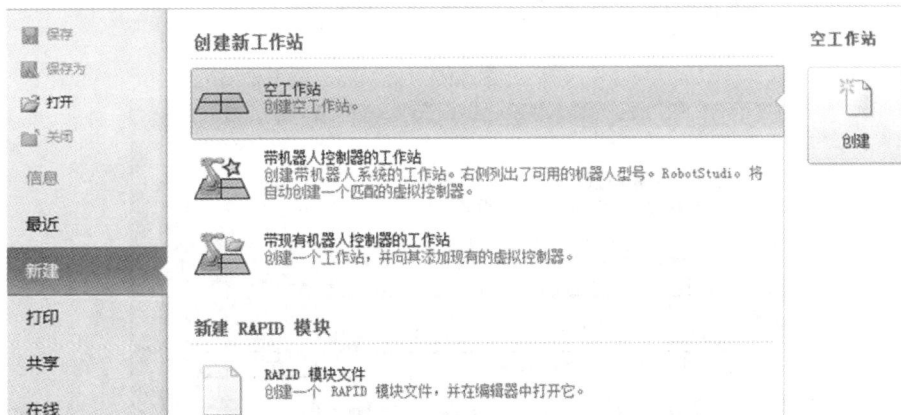

图 7-3

(2) 添加机器人。在"基本"功能选项卡中,点击"ABB 模型库",选择机器人 IRB 2600,如图 7-4 所示,并将其参数配置为承重能力 12 kg、到达距离 1.65 m。

(3) 添加机器人系统。

① 在"基本"功能选项卡中,点击"机器人系统",选择"从布局...",如图 7-5 所示。

② 设置系统名称和位置,选择 RobotWare 版本,如图 7-6 所示,点击"下一个"。

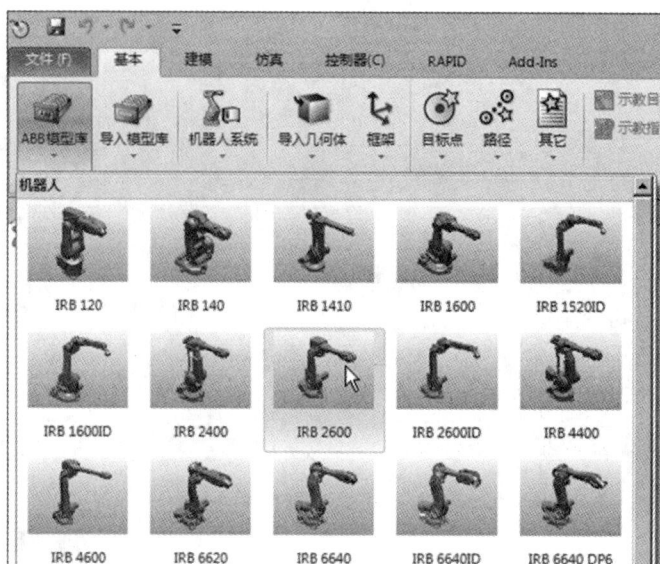

图 7-4

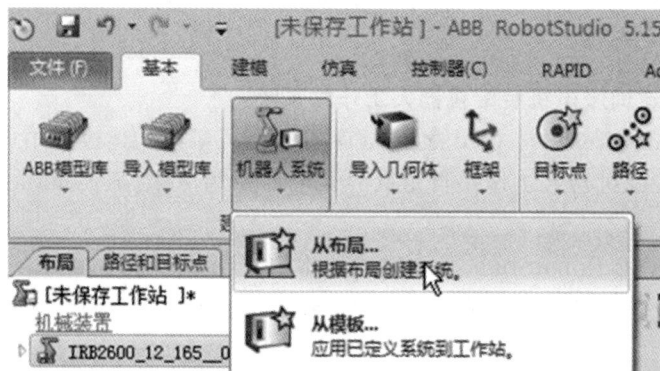

图 7-5

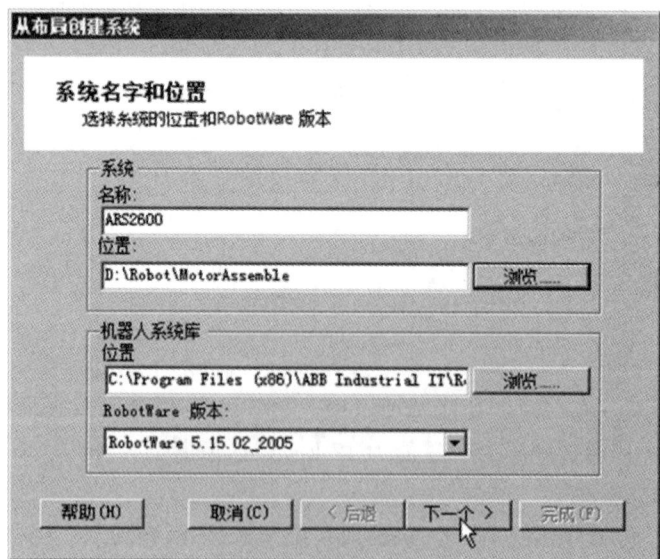

图 7-6

③ 勾选机械装置"IRB2600_12_165__01",如图 7-7 所示,点击"下一个"。

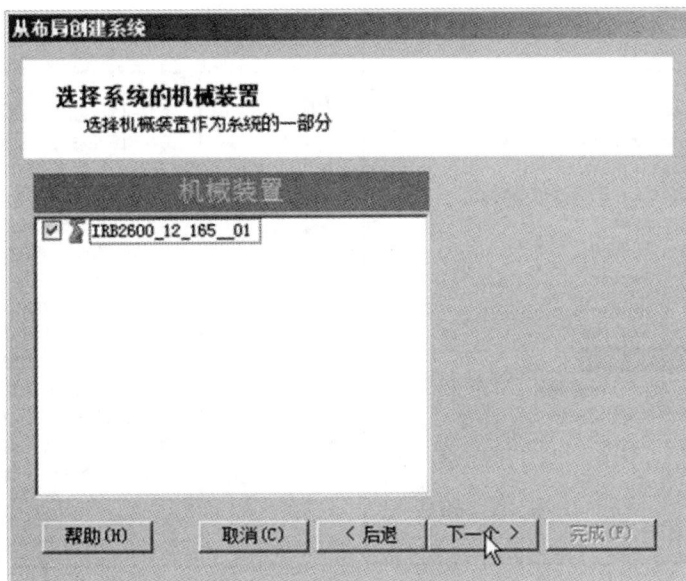

图 7-7

(4) 如图 7-8 所示,点击"选项…",进行必要的系统参数配置。

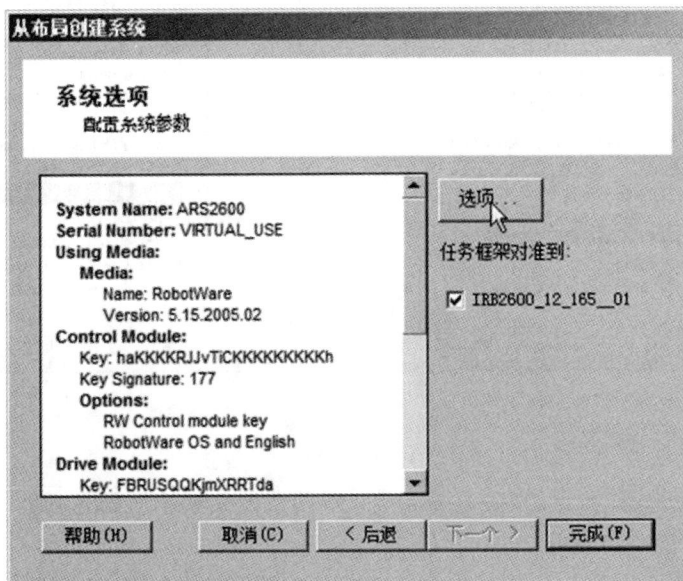

图 7-8

(5) 如图 7-9(a)(b)(c)(d)所示,勾选以下 5 项内容:

① 644-5 Chinese(此项可以使示教器支持中文界面,默认为英文界面);

② 709-x DeviceNet(709-1 Master/Slave Single);

③ 840-2 Profibus Fieldbus Adapter;

④ 616-1 PC Interface;

⑤ 617-1 FlexPendant Interface。

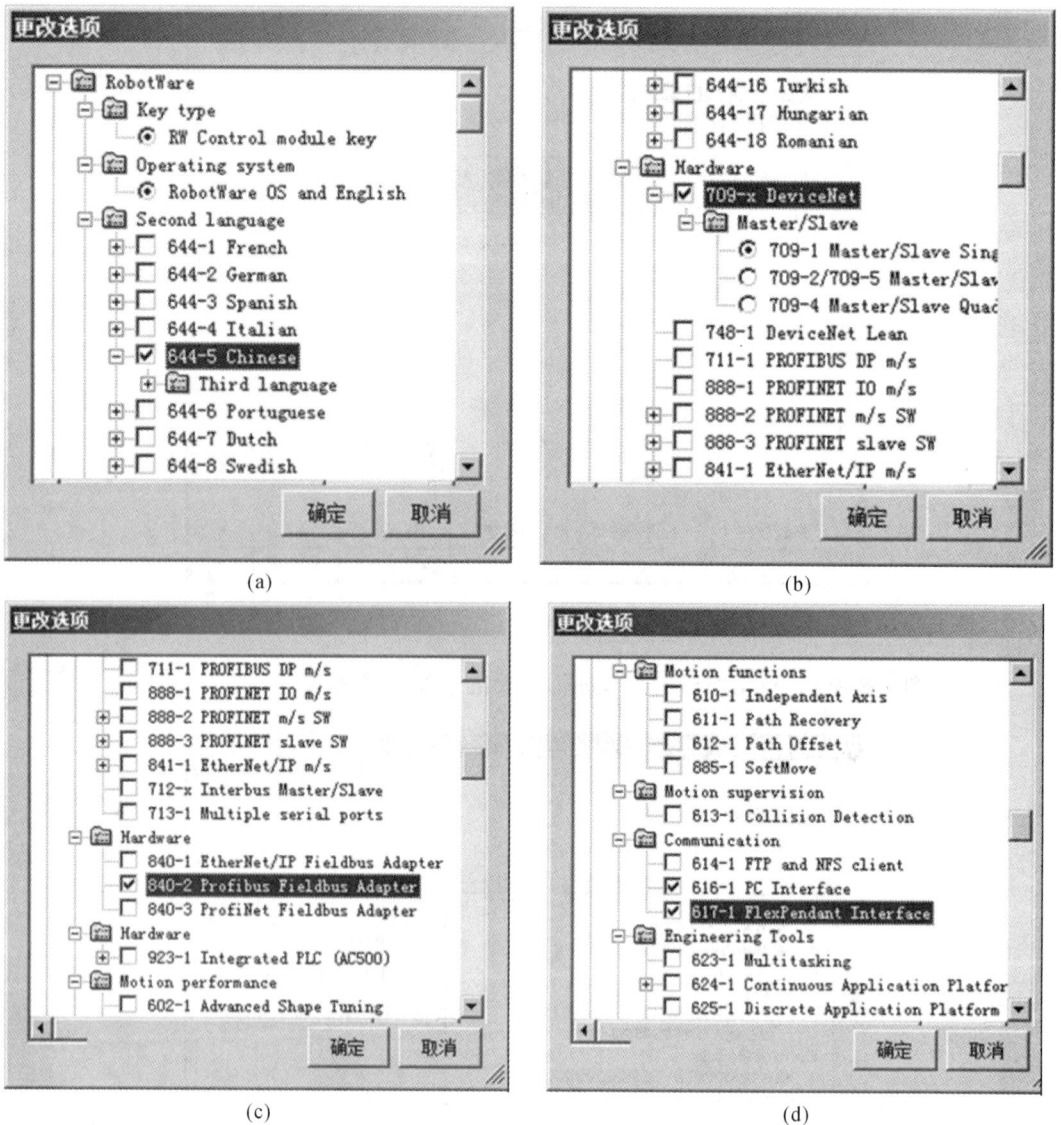

(a)

(b)

(c)

(d)

图 7-9

（6）完成以上选择后,点击"确定—完成",等待机器人系统加载完成。

7.1.3.2　配置 I/O 信号

用户自定义界面需要与机器人的 RAPID 程序、程序数据以及 I/O 信号进行关联。为了调试方便,一般方法是在 RobotStudio 中创建一个与现场工况相同的工作站,调试完成后,再输送到真实的机器人控制器中。

本任务中,已构建好一个用于伺服电机装配的机器人工作站,如图 7-10 所示。

与示教器用户自定义界面相关联的数据需要提前在工作站中准备完成,以下介绍主要的操作过程。

（1）添加 ABB 标准 I/O 板 DSQC652。

如图 7-11 所示:① 在"控制器(C)"功能选项卡中选择"配置编辑器";② 双击"配置";

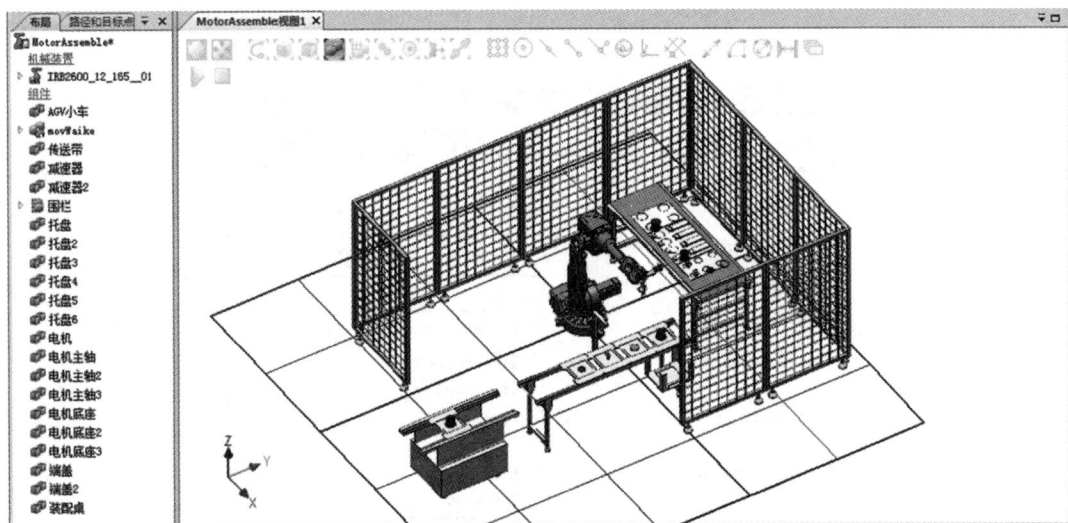

图 7-10

③ 双击"I/O";④ 在"类型"列表中,双击"Unit";⑤ 调出图示界面后,在空白处单击鼠标右键,调出快捷菜单。

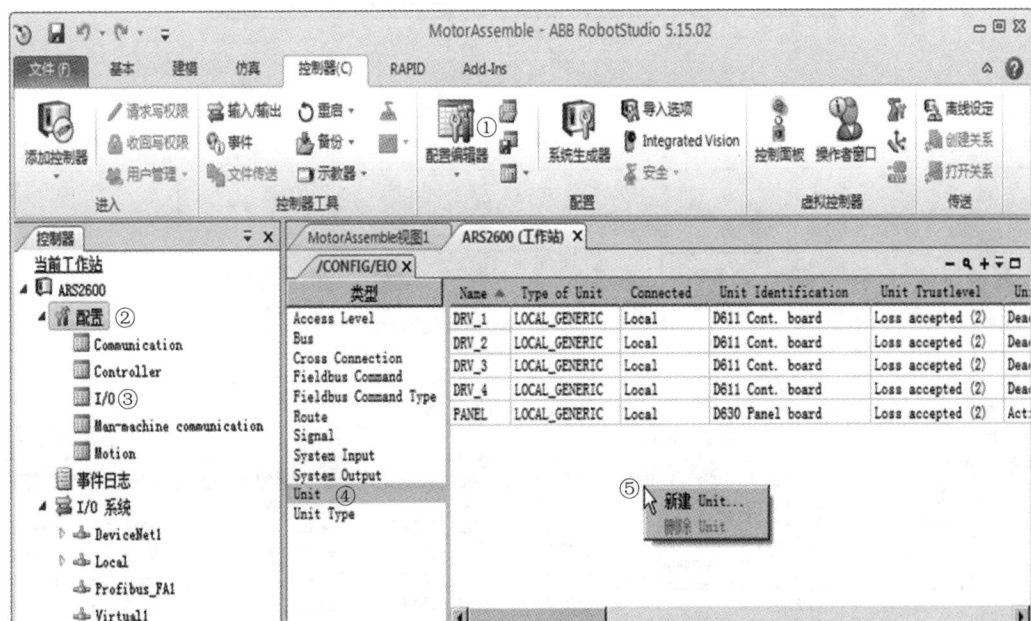

图 7-11

单击"新建 Unit...",设置参数,如图 7-12 所示。DSQC652 板主要提供 16 个数字输入信号和 16 个数字输出信号的处理。

如图 7-13 所示,点击"重启",使更改生效。

(2) 添加 I/O 信号。

如图 7-14 所示:① 选择"控制器(C)"功能选项卡;② 双击"配置";③ 双击"I/O";④ 在"类型"列表中,选中"Signal",单击鼠标右键,调出快捷菜单。

单击"新建 Signal...",设置参数,如图 7-15 所示。

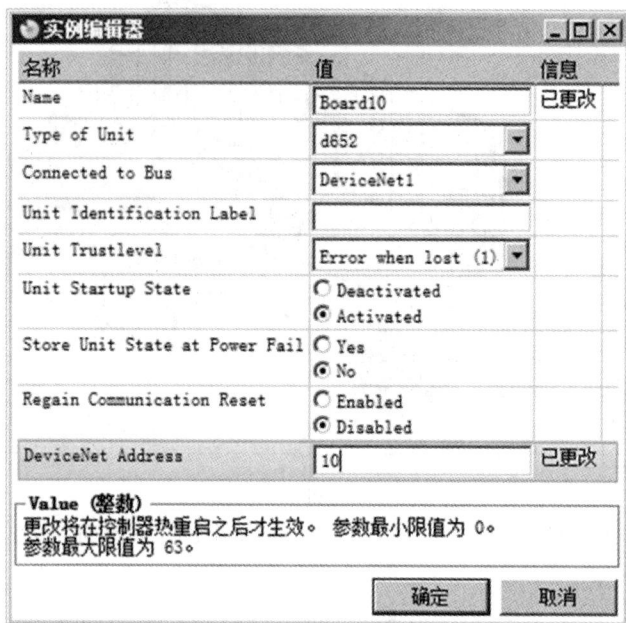

图 7-12

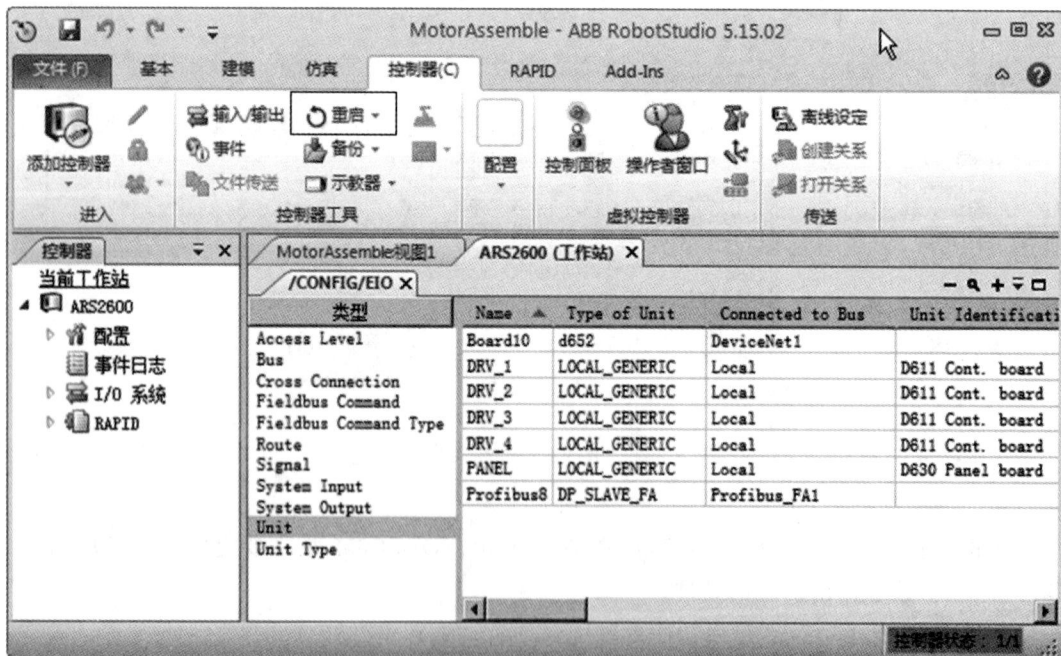

图 7-13

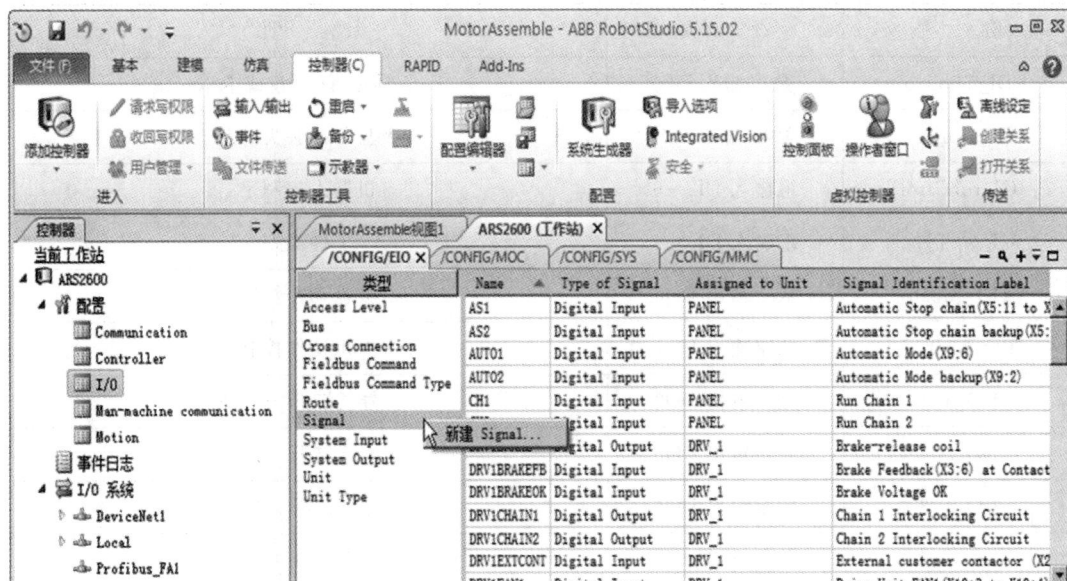

图 7-14

图 7-15

按此方法依次完成表 7-1 中 I/O 信号的设置。

表 7-1　I/O 信号

信　　号	设　　置	说　　明
DI_ToolNo	数字输入 DI0	工具选择:吸盘或卡爪
DI_wpLose	数字输入 DI1	吸盘物品丢失检测
GI_robCtrol	组输入 DI2~5	机器人控制字
GI_wpType	组输入 DI6~9	工件类型
DO_Xipan	数字输出 DO0	吸盘动作控制
DO_Kazhua	数字输出 DO1	卡爪动作控制
DO_air1	数字输出 DO2	1 号气缸开关控制
DO_air2	数字输出 DO3	2 号气缸开关控制
DO_air3	数字输出 DO4	3 号气缸开关控制
DO_air4	数字输出 DO5	4 号气缸开关控制
DO_asmDone	数字输出 DO6	装配完成
GO_robStatus	组输出 DO7~10	机器人状态字
GO_dskOffset	组输出 DO11~14	装配台平移量

7.1.3.3　定义 RAPID 程序及程序数据

添加 RAPID 程序,定义程序数据,具体如表 7-2 和表 7-3 所示。

表 7-2　RAPID 程序

模　　块	说　　明
motorAsm	存放关联的程序数据
Main	主程序,用于测试用户自定义界面
rInitAll	工作站初始化处理程序
rPick1	电机底座抓取程序
rPut1	电机底座装配程序
rPick2	电机主轴抓取程序
rPut2	电机主轴装配程序
rPick3	减速器抓取程序
rPut3	减速器装配程序
rPick4	端盖抓取程序
rPut4	端盖装配程序
rPutMotor	装配好的电机入库存放搬运程序

表 7-3　程序数据

程 序 数 据	存 储 数 据	数 据 类 型	说　　明
nRbtStat	PERS	num	机器人当前工作状态
nWPno	PERS	num	装配零件类型
nTool	PERS	num	抓取工具
nSet	PERS	num	完成的装配套数

7.1.4　任务考核与评价

任务考核与评价包括学生自评、学生互评、教师评价三个维度(见表 7-4)。

表 7-4　"ScreenMaker 示教器用户自定义界面"考核与评价(一)

	序　号	评 价 内 容	学 生 自 评	学 生 互 评	教 师 评 价
基本素养 (30 分)	1	操作规范(10 分)			
	2	参与和协作能力(10 分)			
	3	课堂纪律(10 分)			
知识目标 (30 分)	4	了解 ScreenMaker 的主要作用(10 分)			
	5	了解使用 ScreenMaker 创建用户自定义界面的步骤(10 分)			
	6	了解从布局创建机器人系统的步骤及操作事项(10 分)			
技能操作 (40 分)	7	独立完成从布局创建机器人系统(20 分)			
	8	独立完成 I/O 信号配置(10 分)			
	9	独立完成程序定义和程序数据定义(10 分)			

总评得分：

教师签名：　　　　　　学生 A 签名：　　　　　　　学生 B 签名：

考核评价时间：

7.1.5　任务练习

(1) 简述 ScreenMaker 的作用。

(2) 以工业机器人 IRB 2400 为例,完成从布局创建系统、I/O 信号配置,以及程序和数据定义。

任务 7.2 创建用于伺服电机装配的机器人工作站用户自定义界面

7.2.1 任务描述

在本任务中,我们将学习使用 ScreenMaker 创建一个新项目,并在 ScreenMaker 设计环境下创建一个 TabControl 分页控件。

7.2.2 任务知识点

ScreenMaker 是用来编辑或设计屏幕的工具。通过该工具,用户可以使用提供的控件和设计区域,设计出类似于 Windows 窗体的屏幕画面。编辑屏幕的步骤如下:

(1) 在"Toolbox"中选择一个控件,将其拖拽到设计区域;

(2) 选中控件,根据需要调整其大小和位置;

(3) 利用属性窗口对控件进行属性设置;

(4) 双击控件或者选中控件后单击鼠标右键,选择"Event Manager"对控件进行事件编辑。

总之,使用 ScreenMaker 设计用户界面是进行自定义界面开发的第一步。

7.2.3 任务实施

7.2.3.1 使用 ScreenMaker 创建一个新项目

(1) 在"控制器(C)"功能选项卡中单击"示教器",选择"ScreenMaker",如图 7-16 所示。

图 7-16

(2) 在"ScreenMaker"功能选项卡中单击"项目—新建",如图 7-17 所示。

(3) 选择"Simple Project",设置该项目名称与位置,单击"确定",如图 7-18 所示。

(4) 设置 GUI 标题,如图 7-19 所示。单击选择"Properties"(属性)窗口,将"Text"属性值设置为"伺服电机装配工作站"。

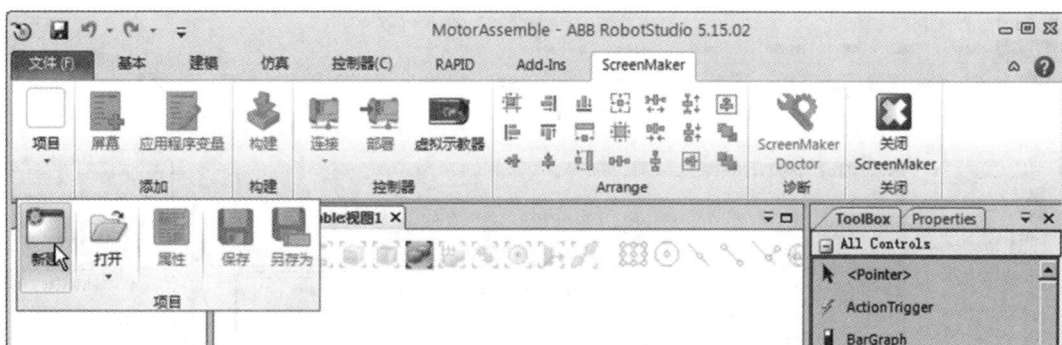

图 7-17

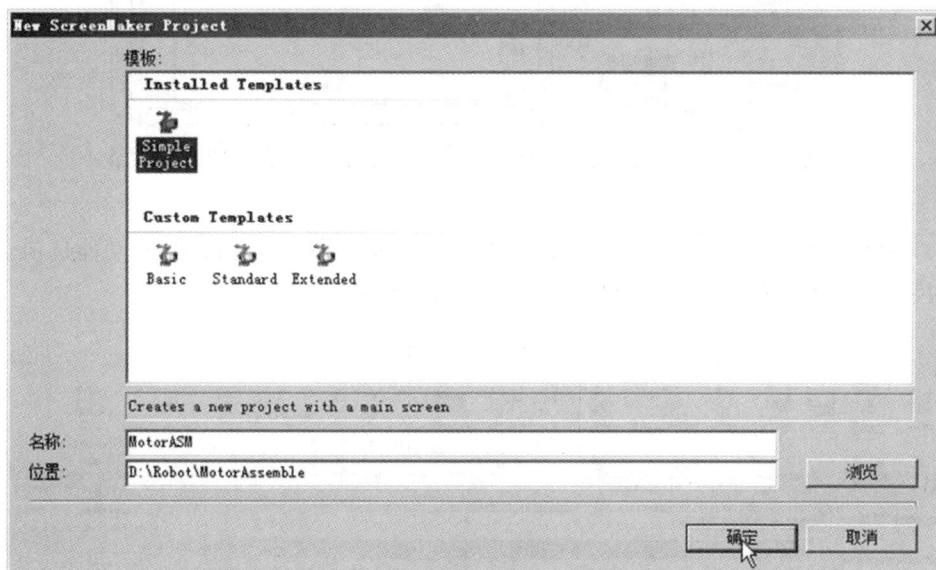

图 7-18

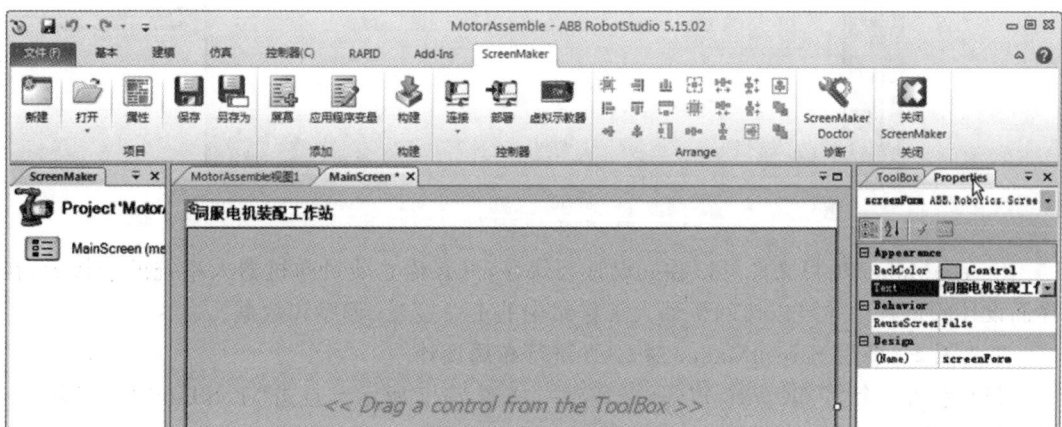

图 7-19

（5）设置应用程序属性，如图 7-20 所示。在"ScreenMaker"功能选项卡中单击"属性"，在弹出的对话框中将"应用程序标题"设置为"伺服电机装配"，"Startup"（启动）设置为"自动"。当示教器启动时，该项目的 GUI 会自动启动。其他项保持默认设置。

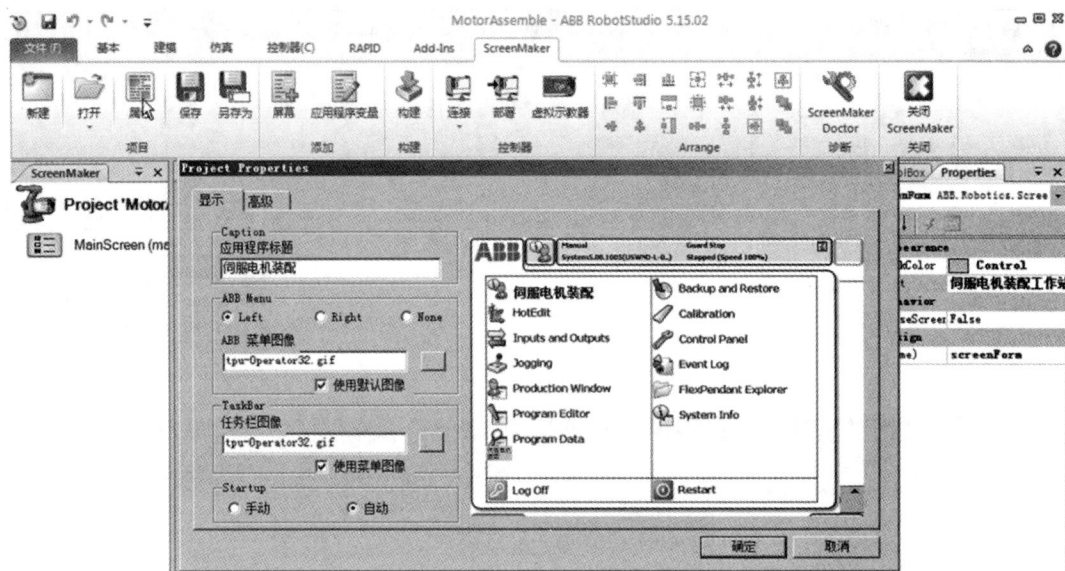

图 7-20

（6）将该项目连接到机器人控制器，如图 7-21 所示。在"ScreenMaker"功能选项卡中单击"连接"，在弹出的对话框中选择"ARS2600"系统，单击"Connect"。

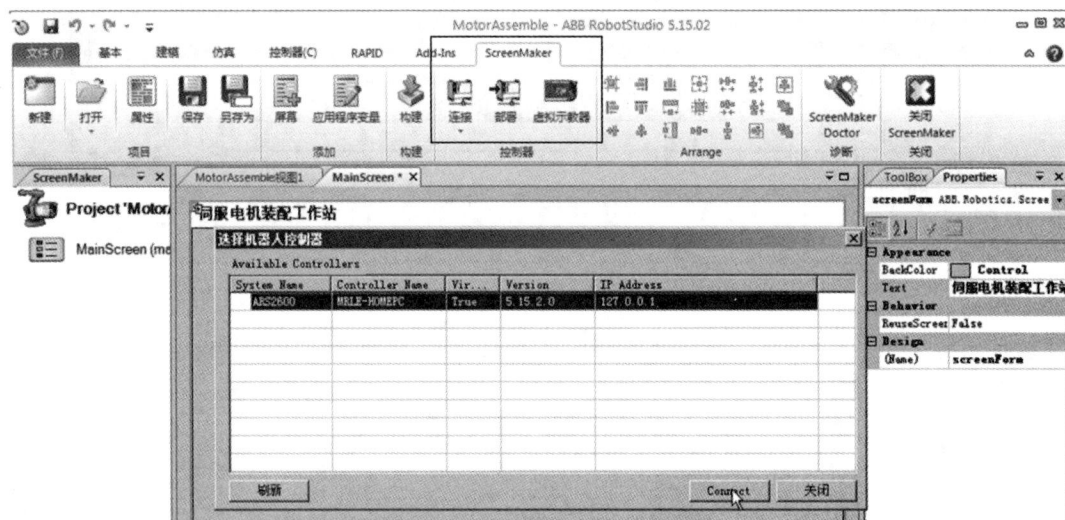

图 7-21

ScreenMaker 项目文件可以独立设计与保存，只有建立项目与机器人系统的连接后，在界面设计的过程中才可以访问机器人工作站中的 I/O 变量、程序和数据。

7.2.3.2　使用 ScreenMaker 对 GUI 进行布局设计

（1）添加一个"TabControl"（分页）控件，如图 7-22 所示。点击"Toolbox"（工具箱）窗口，双击或者用鼠标拖放"TabControl"控件。

（2）调整"TabControl"控件的大小与位置，如图 7-23 所示。

（3）增加一个分页，如图 7-24 所示。

点击"TabControl"控件右上角的三角形控制按钮，弹出快捷菜单，点击选择"Add new TabPage"。

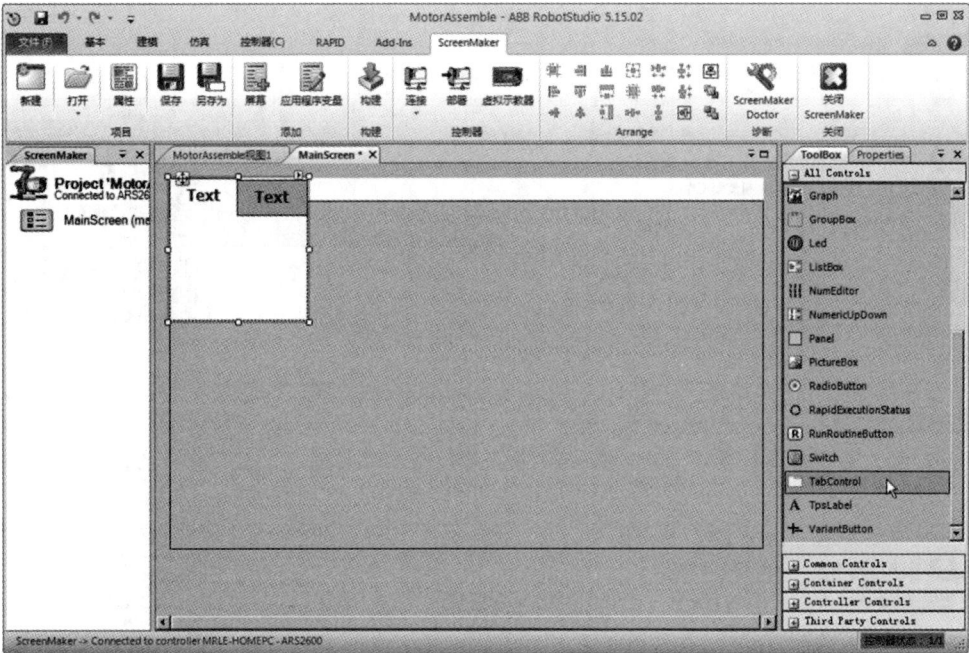

图 7-22

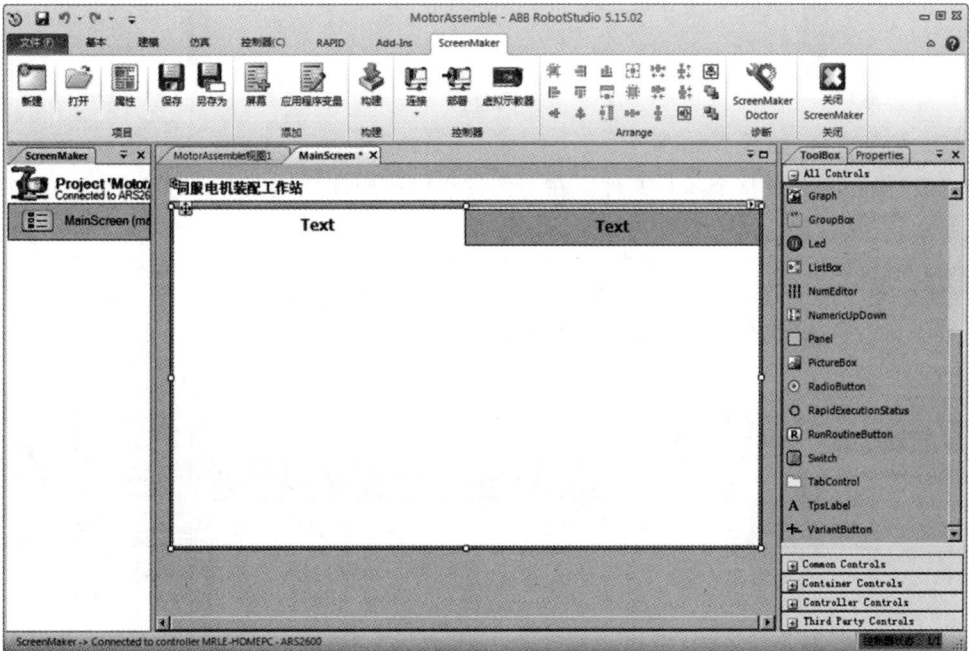

图 7-23

"Add new TabPage"用于增加分页，"Remove TabPage"用于删除当前分页。

（4）设置分页标题，如图 7-25 所示。

双击分页标题区域①，切换到相应的分页；单击分页布局区域②；点击"Properties"（属性）窗口，设置"Text"属性值。应用该方法，将 3 个分页标题分别设置为"运行状态""外控控制"和"工作站信息"。

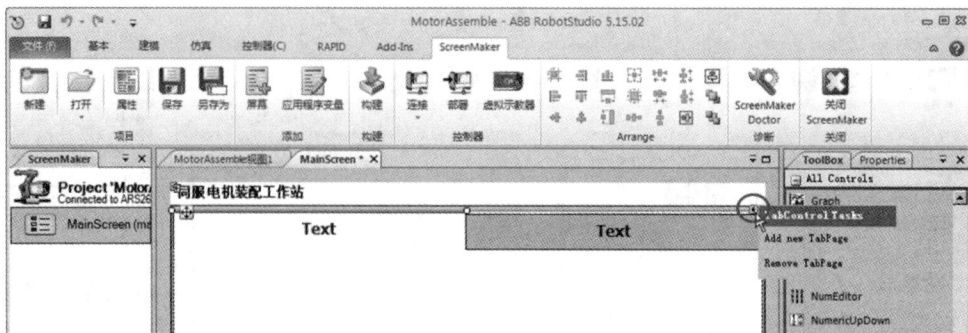

图 7-24

图 7-25

（5）保存项目，如图 7-26 所示。

点击"保存"，保存整个项目文件。在工作过程中应周期性地保存修改内容，防止误断电等引起意外损失。

图 7-26

7.2.4　任务考核与评价

任务考核与评价包括学生自评、学生互评、教师评价三个维度(见表 7-5)。

表 7-5　"ScreenMaker 示教器用户自定义界面"考核与评价(二)

	序　号	评价内容	学生自评	学生互评	教师评价
基本素养 (30 分)	1	操作规范(10 分)			
	2	参与和协作能力(10 分)			
	3	课堂纪律(10 分)			
知识目标 (30 分)	4	了解 ScreenMaker 的主要作用(10 分)			
	5	了解控件的使用步骤(10 分)			
	6	了解用户自定义界面的设计步骤及操作事项(10 分)			
技能操作 (40 分)	7	独立完成使用 ScreenMaker 创建一个新项目(20 分)			
	8	独立完成 TabContrl 控件的添加(10 分)			
	9	独立完成 TabControl 控件页面添加及属性设置(10 分)			

总评得分：

教师签名：　　　　　学生 A 签名：　　　　　学生 B 签名：

考核评价时间：

7.2.5　任务练习

(1) 简述 TabControl 控件的作用。

(2) 以 TabControl 控件为例,说明控件添加和属性设置的步骤。

任务 7.3　设置用于伺服电机装配的机器人工作站运行状态界面

7.3.1　任务描述

Toolbox 提供了创建自定义用户界面可能需要使用的各类功能控件,用户可以根据功能需求将这些控件添加到 ScreenMaker 中。在本任务中,我们将学习使用 Toolbox 中的控件进行功能设计。

7.3.2　任务知识点

当我们随意打开一个应用程序(App)或网页时,经常会看到输入框、按钮、单选框、复选框等控件。控件是程序设计中最小的可复用、可编程的组件,就像化学元素周期表中的每个元素一样,每个元素都是不可分割的,但是它们可以组成多种不同的物质。控件是用于显示内容或支持交互的 UI(用户界面)元素,是用户界面构建的基本单元。

在 GUI 设计过程中,需要用到 ToolBox 中的控件进行功能的组织与安排。

表 7-6 列出了可以拖放至设计区域的 GUI 控件。

表 7-6　可以拖放至设计区域的 GUI 控件

控　　件	描　　述
ActionTrigger	在信号或 RAPID 数据发生改变时允许运行一系列动作
BarGraph	使用柱形图模拟相应的值
Button	按钮控件,提供一种简单的触发事件的方法,通常用来执行命令。该控件可以使用图片或文字作为标签
CheckBox	允许在多个选项中做多重选择。该控件显示为空白方框(未选中状态)或标记符号(选中状态)
ComboBox	允许在列表中选择项目的控件,将下拉列表和文本框组合在一起。可以选择直接输入值或在列表中选择已存在的选项
CommandBar	为屏幕窗口提供菜单系统
ConditionalTrigger	可在定义动作触发器时定义条件。数据绑定的值发生任何变化都将触发动作
ControllerModeStatus	显示控制器模式(自动或手动)
DataEditor	可以用来编辑数据的文本框控件
Graph	表示使用线或条的绘图数据控件
GroupBox	在一组控件外显示的框架。框架内包括一组图形组件,通常在框架上方会显示标题
LED	显示两个状态值,如数字信号
ListBox	显示项目列表的控件。通常是静态多行文本框,允许用户在列表中选择一个或多个选项
NumEditor	用来编辑数字的文本框控件。单击该控件将弹出一个数字软键盘
NumericUpDown	数值设置控件(用箭头控制数值大小)
Panel	用来分组的控件集合
PictureBox	表示可显示图片的图片框
RadioButton	仅允许选择一个预先设定的选项

控　件	描　述
RapidExecutionStatus	显示控制器 RAPID 域的执行状态
RunRoutineButton	Windows 按钮控件。单击该按钮将调用一个 RAPID 例行程序
Switch	显示并允许改变两个状态值,如数字输出信号
TabControl	控制一组选项卡页面
TpsLabel	显示文本最常使用的窗口小部件,标记通常为静态,即没有任何交互性。标记通常可确定附近的文本框或其他图形组件
VariantButton	用于更改 RAPID 变量或应用程序变量的值

7.3.3　任务实施

本任务中,生产状况信息显示:机器人当前状态与程序数据 nRbtStat 相关联,抓取工具与程序数据 nTool 相关联,当前装配零部件与程序数据 nWPno 相关联。程序数据的值及其含义如表 7-7 所示。

表 7-7　程序数据的值及其含义

程 序 数 据	值	含　义
nRbtStat	0	机器人位于 HOME 点就绪
	1	机器人正执行装配动作
	2	机器人正在存放装配体
nTool	0	气缸抓手
	1	真空吸盘
nWPno	0	伺服电机
	1	电机底座
	2	电机主轴
	3	减速器
	4	端盖

在编程的时候,当程序数据的值发生变化时,需要在 GUI 中做出响应。文字提示需要用到 TpsLabel 控件,具体实现过程参考以下操作步骤。

7.3.3.1　添加文字提示信息

(1) 添加第一个 TpsLabel 控件"TpsLabel1",如图 7-27 所示。在"ToolBox"窗口中双击"TpsLabel"控件,调整"TpsLabel1"的位置,合理布局。

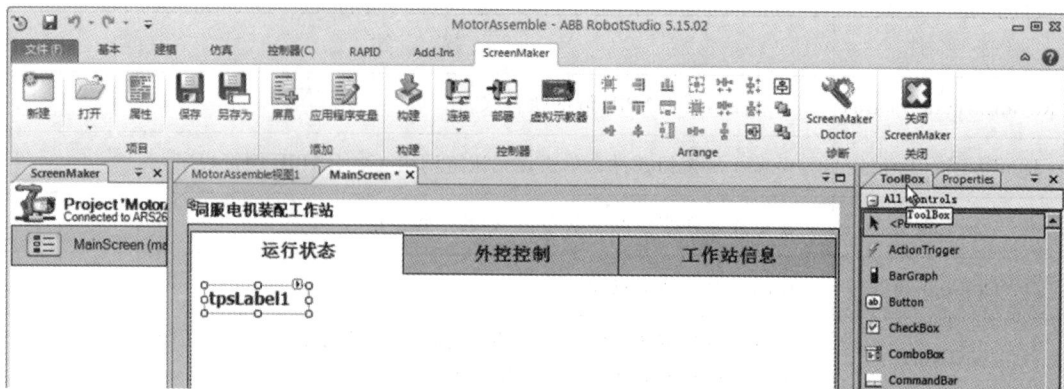

图 7-27

（2）设置"TpsLabel1"的属性，如图 7-28 所示。选择"Properties"窗口，设置"Text"属性值为"机器人当前状态"、"TextAlignment"属性值为"TopCenter"、"Size"属性值为"145，30"。也可以用鼠标调整控件至合适大小。

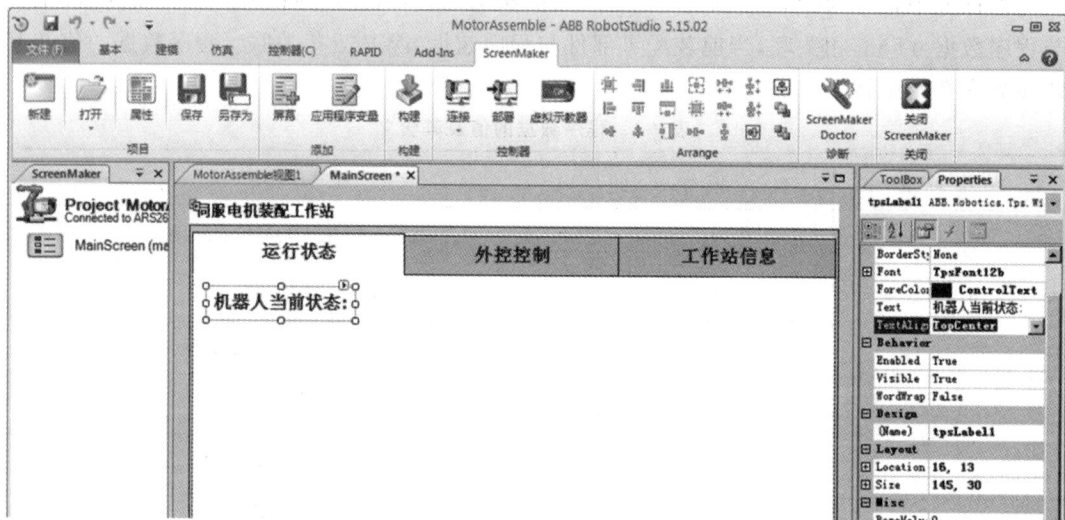

图 7-28

（3）添加第二个 TpsLabel 控件"TpsLabel2"，并设置多状态值，如图 7-29 和图 7-30 所示。在"ToolBox"窗口中双击"TpsLabel"控件，再选择"Properties"窗口，设置"BackColor"属性值为"PaleTurquois"、"BorderStyle"属性值为"FixedSingle"、"Size"属性值为"200，30"；然后单击属性"AllowMultipleStates"，在弹出的对话框中勾选"Allow Multi-States"和"Text"；单击属性"SelectedStateIndex"右侧的三角形按钮，在弹出的菜单中选择"绑定至控制器对象"。

操作技巧：两个控件的高度设置为相同值时，可以在调整位置时使用栅格线进行对齐摆放。

（4）将"TpsLabel2"的显示信息与程序数据 nRbtStat 关联起来，如图 7-31 所示。在弹出的话框中将"对象类型"设置为"Rapid 数据"，"模块"选择"motorAsm"，"num data"选择"nRbtStat"。

图 7-29

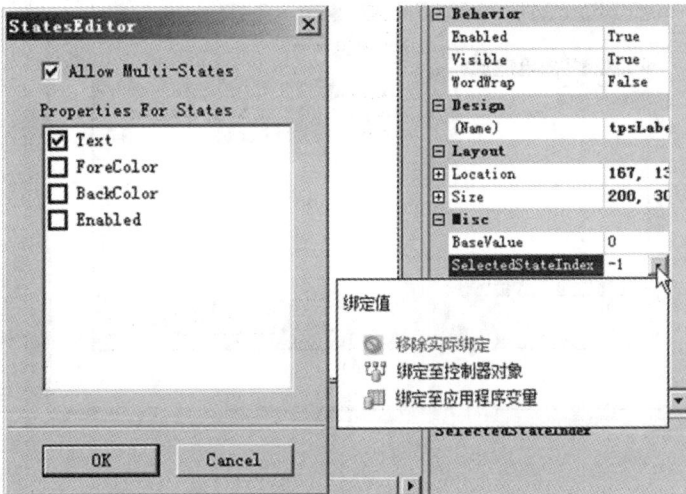

图 7-30

（5）设置"TpsLabel2"多状态索引对应的文字提示信息，如图 7-32 所示。单击属性"States"右侧的按钮，在弹出的对话框中点击"Add"3 次，添加 3 个状态值。依次将 0、1、2 的"Text"属性值设置为"机器人位于 HOME 点就绪""机器人正执行装配动作"和"机器人正在存放装配体"。

（6）添加第三个 TpsLabel 控件"TpsLabel3"，参考"TpsLabel1"的添加与设置方法，并将其"Text"属性值设置为"已完成装配数量"。

图 7-31

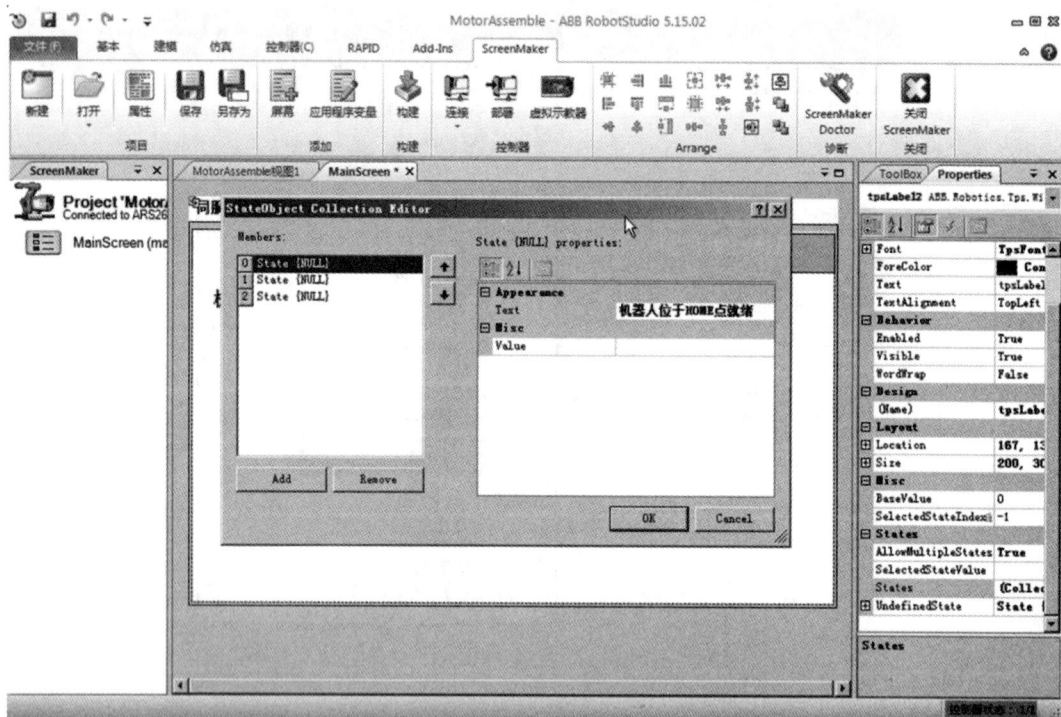

图 7-32

（7）添加第四个 TpsLable 控件"TpsLabel4"，并将其与程序数据 nSet 相关联，如图 7-33和图 7-34 所示。添加 TpsLabel 控件，并将其"BorderStyle"属性值设为"FixedSingle"、"Size"属性值设为"100，30"；单击"TpsLabel4"右上角的三角形按钮，在弹出的菜单中选择"Bind Text to a Controller Object"；在弹出的对话框中将"对象类型"设置为"Rapid 数据"，"模块"选择"motorAsm"，"num data"选择"nSet"。

（8）添加第五个控件"TpsLabel5"和第六个控件"TpsLabel6"，并将其"Text"属性值分

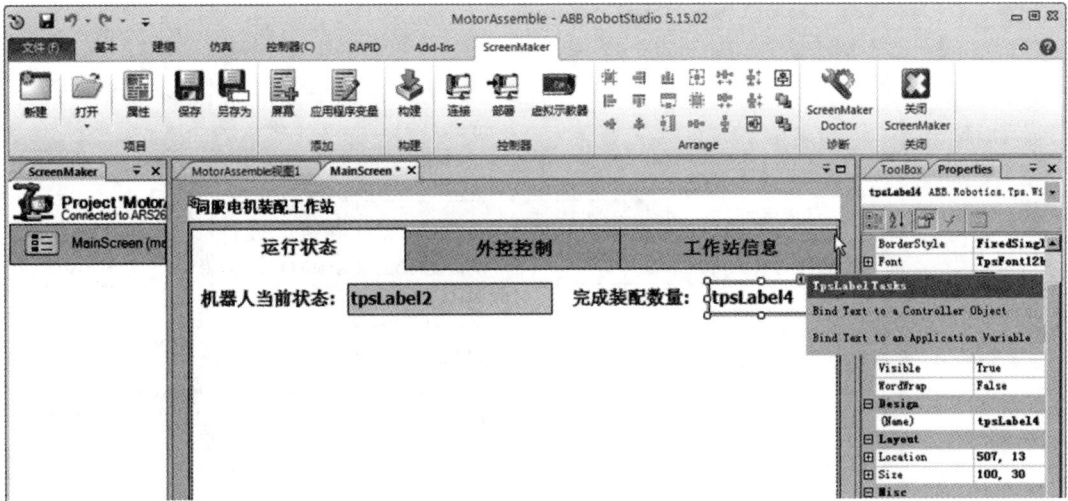

图 7-33

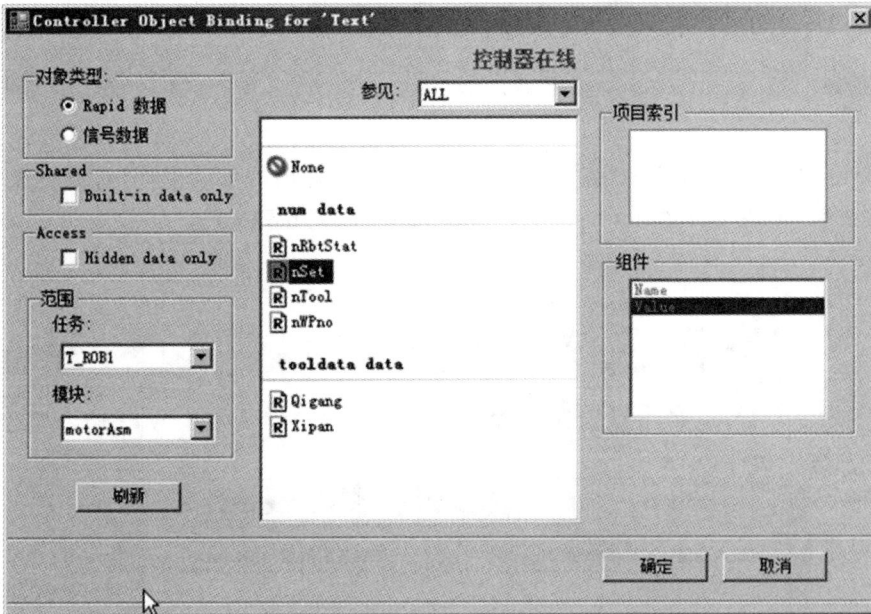

图 7-34

别设置为"当前装配零件"和"抓取工具",并调整其位置,合理布局。

7.3.3.2 添加图形提示信息

在 GUI 中,可以使用 PictureBox 控件,添加图形、图像,直观地显示状态信息。设置抓取工具与正在装配零件的图形提示信息的操作步骤如下。

(1)添加 PictureBox 控件"PictureBox1",如图 7-35 所示。

在"ToolBox"窗口中双击"PictureBox"控件,调整其大小和位置;在"Properties"窗口中单击"AllowMultipleStates",在弹出的对话框中勾选"Allow Multi-States"和"Image";设置"SizeMode"属性值为"StretchImage"。

(2)将"PictureBox1"关联到程序 nWPno,如图 7-36 和图 7-37 所示。设置

图 7-35

"SelectedStateIndex"属性值为"绑定至控制器对象";在弹出的对话中将"对象类型"设置为"Rapid 数据","模块"选择"motorAsm","num data"选择"nWPno"。

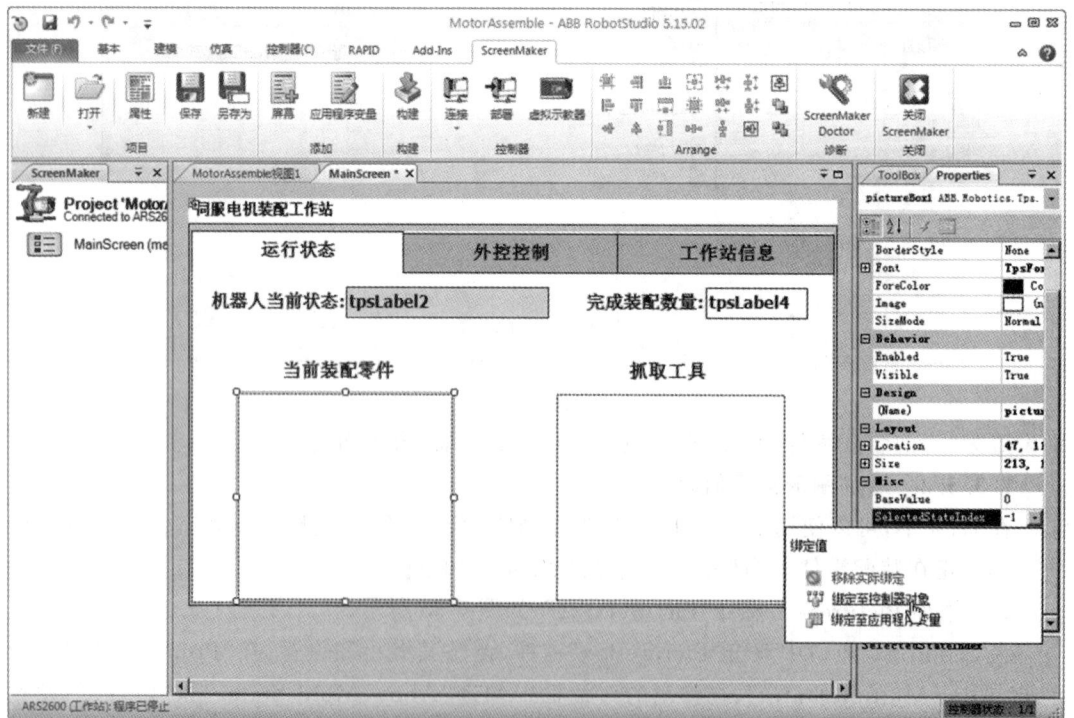

图 7-36

图 7-37

（3）将图片与程序数据 nWPno 关联起来，如图 7-38 和图 7-39 所示。选中"PictureBox1"，点击"States"属性，打开对话框，点击"Add"，添加 4 个选项，并选中"0"的 Image 选项，然后选择与 nWPno＝0 相对应的"伺服电机"图片；再依次选择与 nWPno＝1～4 对应的图片，即"电机底座""电机主轴""减速器"和"端盖"。

图 7-38

（4）添加 PictureBox 控件"PictureBox2"。

（5）将"PictureBox2"关联到程序 nTool，如图 7-40 所示。

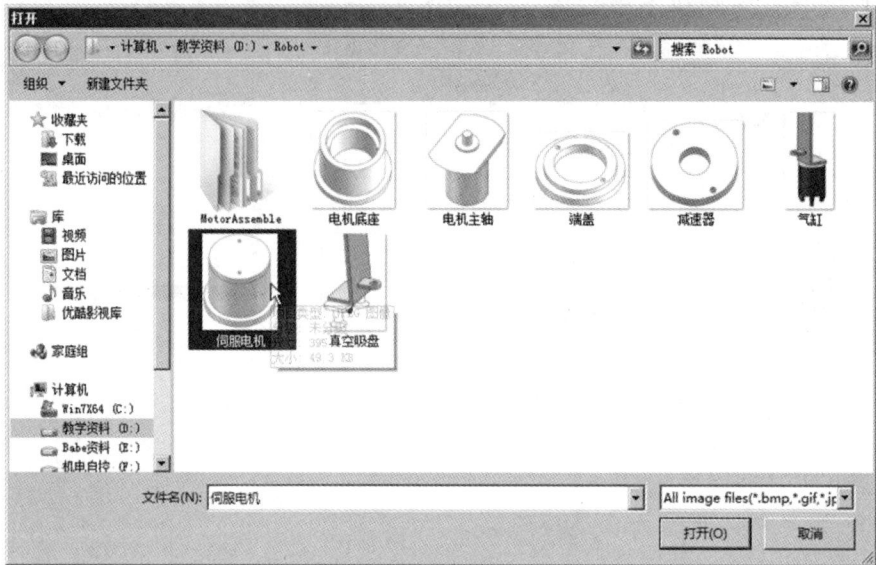

图 7-39

图 7-40

（6）设置对应图片：nTool＝0 对应"气缸"，nTool＝1 对应"真空吸盘"。设置"SelectedStateIndex"属性值为"绑定至控制器对象"。提示：设置方法参考第（3）步。

7.3.3.3　调试运行状态界面

通过调试确认设计的运行状态界面是否能正常运行，具体操作过程如下。

（1）构建项目并将其部署到控制器中，如图 7-41 所示。在"ScreenMaker"功能选项卡中单击"构建—部署"。

图 7-41

（2）将 RAPID 程序及数据同步到控制器中，如图 7-42 所示。在"基本"功能选项卡中单击"同步"，勾选图示选项后，单击"确定"。

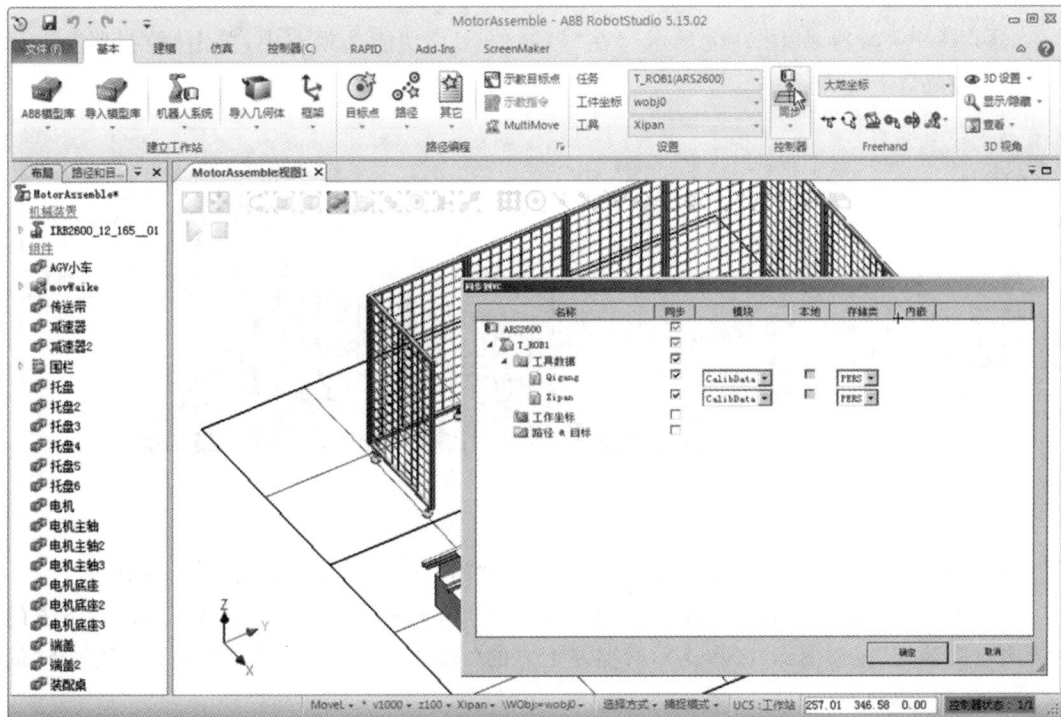

图 7-42

（3）重启控制器，如图 7-43 所示。在"控制器（C）"功能选项卡中单击"重启"，单击"是（Y）"确认后，等待控制器重新启动完成。其完成标志是软件界面右下方的控制状态"控制器状态:1/1"依次由红色变成黄色，最后变成绿色。

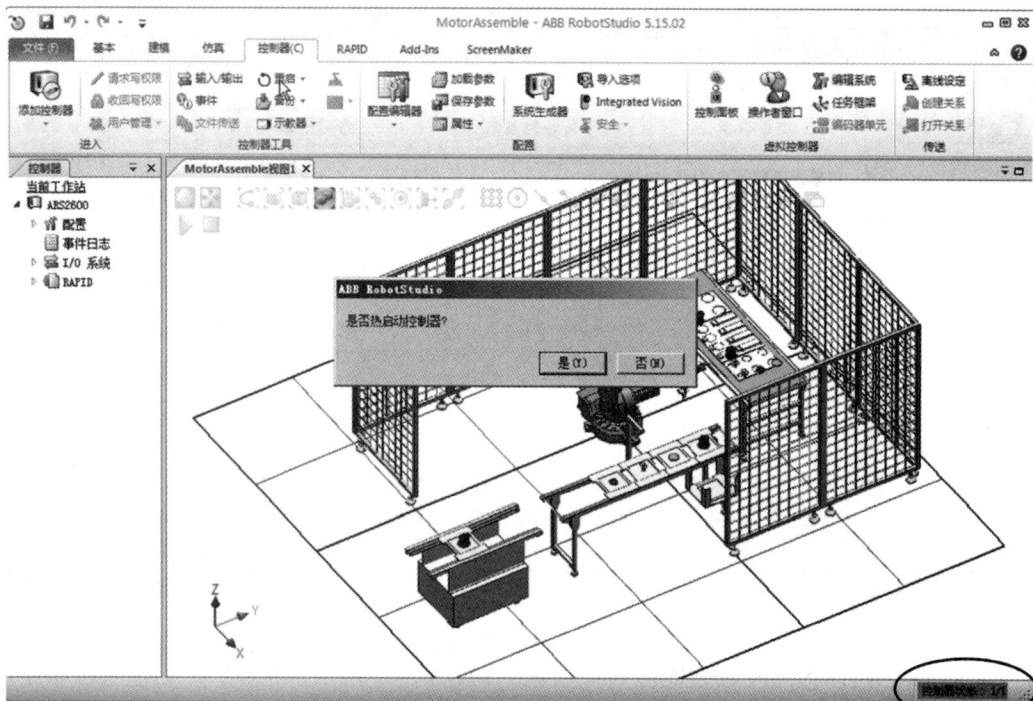

图 7-43

（4）打开示教器，如图 7-44 所示。在"控制器（C）"功能选项卡中，单击"控制器"，选择"虚拟示教器"。

图 7-44

（5）系统上电并切换到自动模式。

（6）控制程序指针回到主程序起始位置，点击"PP 移至 Main"，如图 7-45 所示。

（7）打开"伺服电机装配"GUI，如图 7-46 所示，有两种方法实现:①单击示教器下方的"伺服电机装配"按钮图标；②单击示教器左上方的"ABB"图标，打开系统界面，然后选择"伺服电机装配"选项。

（8）点击启动按钮，运行系统程序，查看 GUI 的变化，如图 7-47 所示。

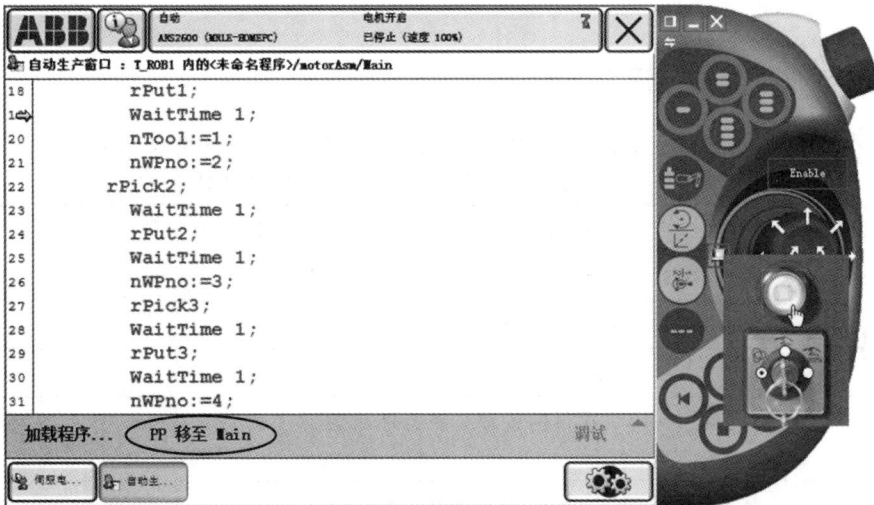

图 7-45

图 7-46

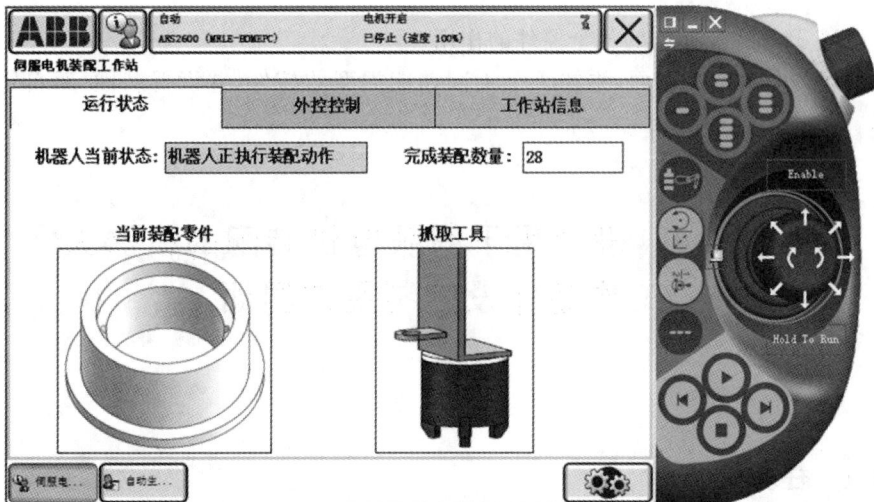

图 7-47

7.3.4　任务考核与评价

任务考核与评价包括学生自评、学生互评、教师评价三个维度(见表 7-8)。

表 7-8　"ScreenMaker 示教器用户自定义界面"考核与评价(三)

	序　号	评 价 内 容	学生自评	学生互评	教师评价
基本素养 (30分)	1	操作规范(10分)			
	2	参与和协作能力(10分)			
	3	课堂纪律(10分)			
知识目标 (30分)	4	了解 ToolBox 提供的各种类型控件的主要作用(10分)			
	5	了解使用 TpsLabel 控件添加文字提示信息的步骤(10分)			
	6	了解使用 PictureBox 控件添加图形提示信息的步骤(10分)			
技能操作 (40分)	7	独立完成 6 个 TpsLabel 控件的添加及属性设置(20分)			
	8	独立完成 5 个 PictureBox 控件的添加及属性设置(10分)			
	9	独立完成界面的调试(10分)			

总评得分：

教师签名：　　　　学生 A 签名：　　　　学生 B 签名：

考核评价时间：

7.3.5　任务练习

(1) 简述 ToolBox 提供的各个控件的作用。

(2) 创建一个自定义页面，添加 4 个不同功能类型的控件，并设置属性，对自定义界面进行调试。

任务 7.4　设计用于伺服电机装配的机器人工作站外设控制用户界面

7.4.1　任务描述

在上一任务基础上，本任务继续完善界面设计。我们将通过添加例行程序按钮、Switch

开关控件等使自定义界面能够与外设(外部设备)进行交互,从而完成伺服电机装配机器人工作站外设控制用户界面设计。

7.4.2　任务知识点

雅各布·尼尔森于 1994 年提出了十大可用性原则。这些原则不仅适用于程序界面设计,同时也适用于机器人用户自定义界面设计。根据尼尔森十大可用性原则,机器人用户界面设计原则如下。

(1) 系统状态的可见性。

设计应始终在合理的时间内通过适当的反馈使用户了解发生的情况。当用户知道当前系统状态时,他们将了解其先前交互的结果并确定下一步操作。可预测的互动有助于用户建立对产品的信任度。

(2) 系统与现实世界之间的匹配。

设计应使用用户的语言,使用用户熟悉的词汇、短语和概念,而不要使用内部术语。遵循现实世界的惯例,使信息以自然和逻辑的顺序出现。当设计的控件遵循现实世界的约定并与所需的结果相匹配时,用户可以更轻松地学习和记忆界面的操作方式。

(3) 用户控制和自由。

用户经常错误地执行操作。因此,用户需要一个明显标记的"紧急出口",以便无须执行扩展过程即可退出不需要的操作。

(4) 一致性和标准。

用户不必为不同的界面元素或操作方式感到困惑。设计应遵循平台和行业标准。

(5) 错误预防。

好的错误提示消息很重要,但是更好的设计是首先要仔细地防止问题发生。设计时应当消除容易出错的条件,或者在用户执行操作前进行检查,并向用户提供确认选项。

(6) 识别而不是回忆。

通过使元素、操作和选项可见,尽可能减轻用户的记忆负担。用户不必记住从界面的一部分到另一部分的信息。设计中所需的信息(例如字段标签或菜单项)应始终可见或在用户需要时易于检索。

(7) 使用的灵活性和效率。

快捷方式可以加快交互速度。设计应当允许用户自定义频繁操作的快捷功能。

(8) 美学和简约设计。

界面不应包含无关或很少需要的信息。界面中每个额外的信息单元都会与相关的信息单元竞争,从而降低其相对可见性。

(9) 帮助用户识别,诊断错误并从错误中恢复。

错误提示消息应以简单的语言(没有错误代码)准确指出问题所在,并提供建设性的解决方案。

(10) 帮助和文档。

理想情况下,系统不需要任何其他说明。但是,在某些情况下,有必要提供文档以帮助用户了解如何完成其任务。

7.4.3 任务实施

7.4.3.1 使用 ScreenMaker 设置工作站执行初始化的功能

（1）添加运行例行程序按钮"runRoutineButton1"，如图 7-48 所示。双击"外设控制"分页标题，双击"ToolBox"窗口中的"RunRoutineButton"控件，调整"RunRoutineButton1"的大小与位置。

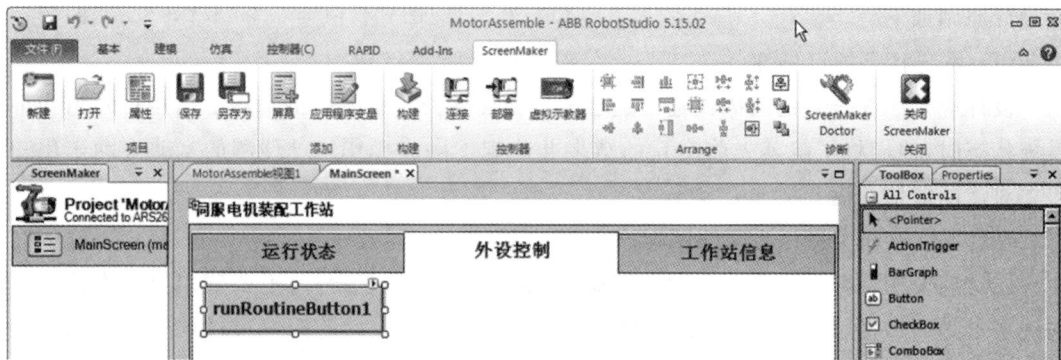

图 7-48

（2）将"RunRoutineButton1"关联到初始化程序 rInitAll，如图 7-49 所示。设置"Text"属性值为"工作站初始化"，在"Properties"窗口中单击"RountineToCall"调出对话框，"模块"选择"motorAsm"，例行程序选择"rInitAll"，然后单击"确定"。

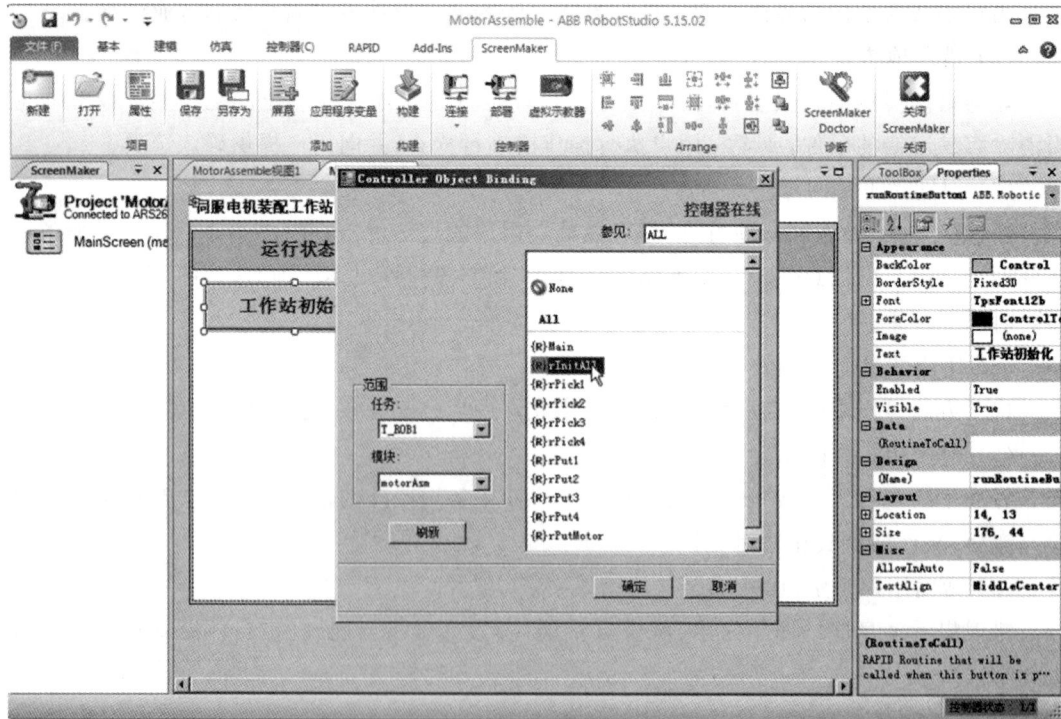

图 7-49

7.4.3.2 使用 ScreenMaker 设置装配夹持气缸动作控制的功能

（1）添加 Switch（开关）控件，如图 7-50 所示。双击"ToolBox"窗口中的"Switch"控件，调整"Switch1"的大小与位置，设置"Switch1"的"Text"属性值为"气缸 1 打开/关闭"。

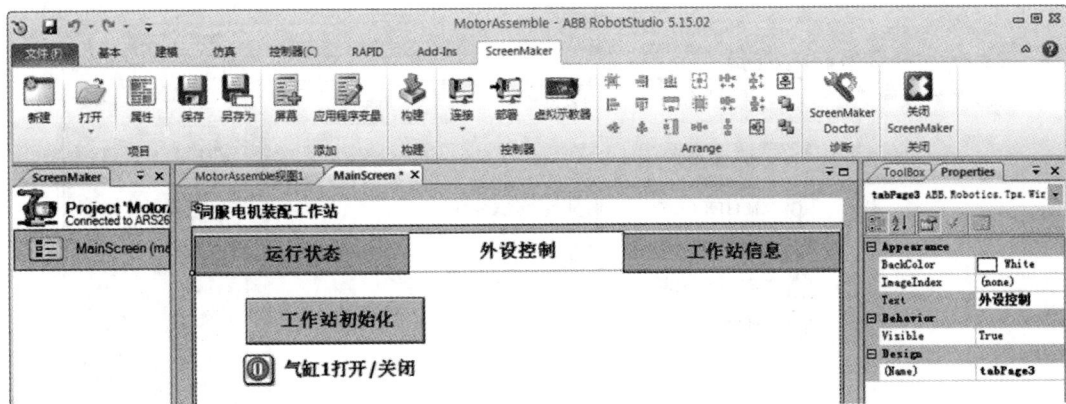

图 7-50

（2）将"Switch1"关联到 I/O 信号 DO_air1，如图 7-51 所示。在"Properties"窗口中单击"value"右边的三角形按钮，选择"绑定至控制器对象"，弹出图示对话框，"对象类型"选择"信号数据"，"Digital data"选择"Do_air1"。

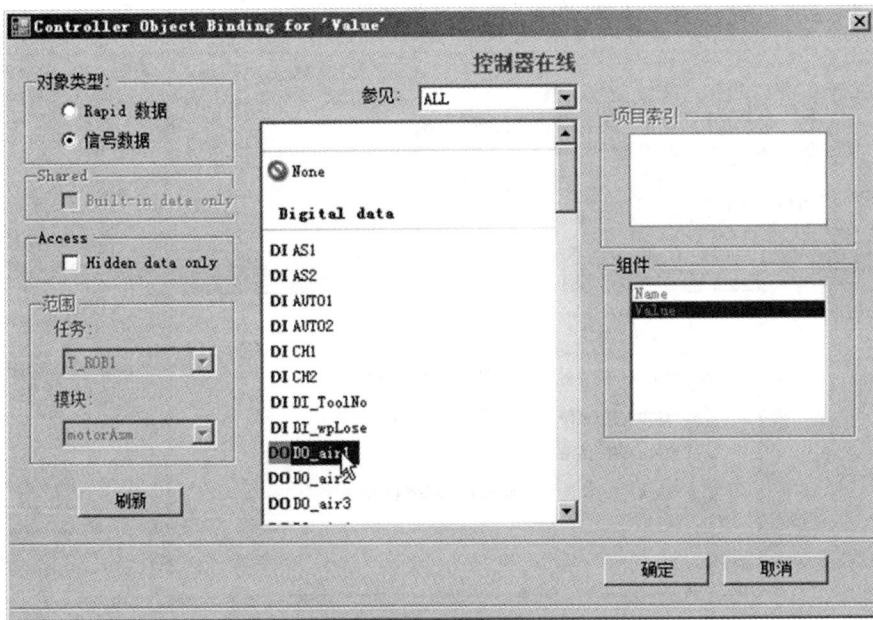

图 7-51

（3）添加其他 Switch 控件，如图 7-52 所示。按照第（1）（2）步的方法，再添加 5 个 Switch 控件，将其分别关联到 I/O 信号的 DO_air2（气缸 2 打开/关闭）、DO_air3（气缸 3 打开/关闭）、DO_air4（气缸 4 打开/关闭）、DO_Xipan（真空吸盘控制）、DO_Kazhua（卡爪控制）。

7.4.3.3 使用 ScreenMaker 设置装配工作台移动距离的功能

（1）添加 TpsLabel 控件，如图 7-53 所示。在"ToolBox"窗口中双击"TpsLabel"控件，

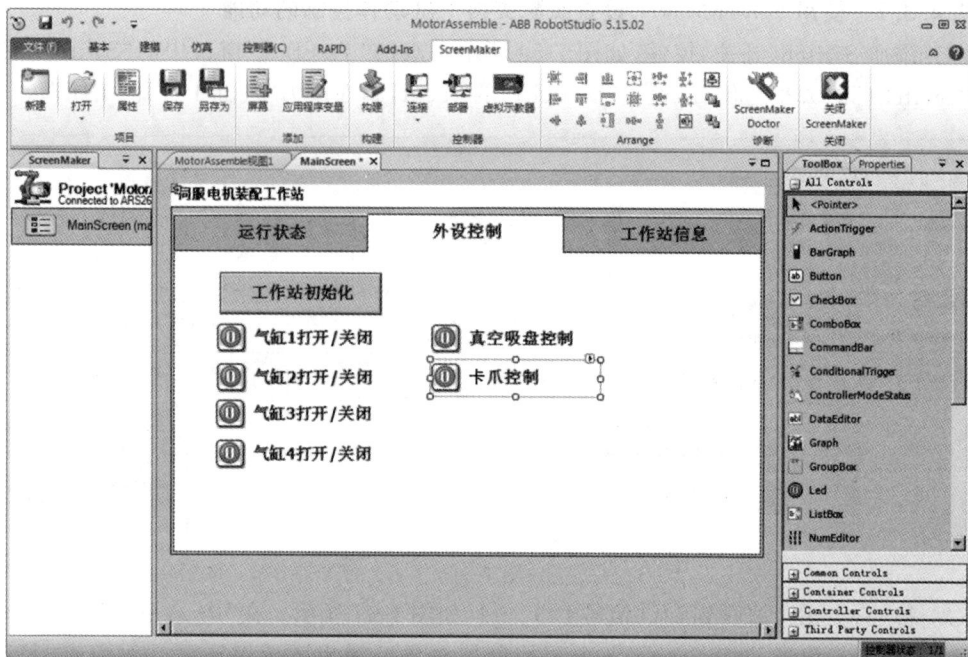

图 7-52

将"TpsLabel1"的"Text"属性值设置为"装配台平移距离(mm)"。

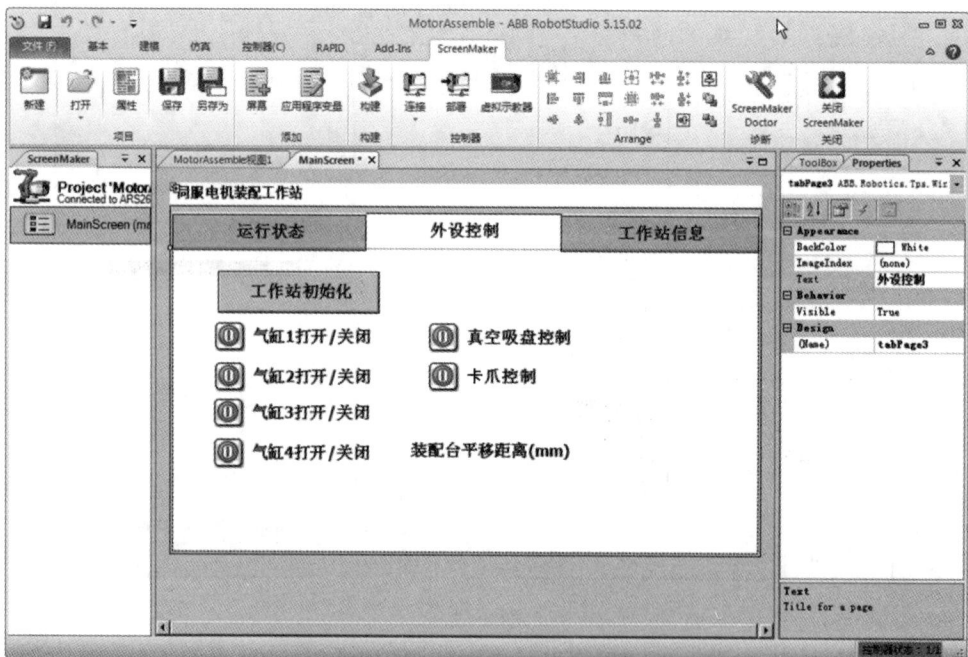

图 7-53

（2）添加 NumEditor 控件，如图 7-54 所示。在"ToolBox"窗口中双击"NumEditor"控件，设置"NumEditor1"的"Size"属性值为"100,30"、"Minimum"属性值为"0"、"Maximum"属性值为"500"。

（3）将"NumEditor1"关联到 I/O 信号 GO_dskOffset，如图 7-55 所示。在"Properties"

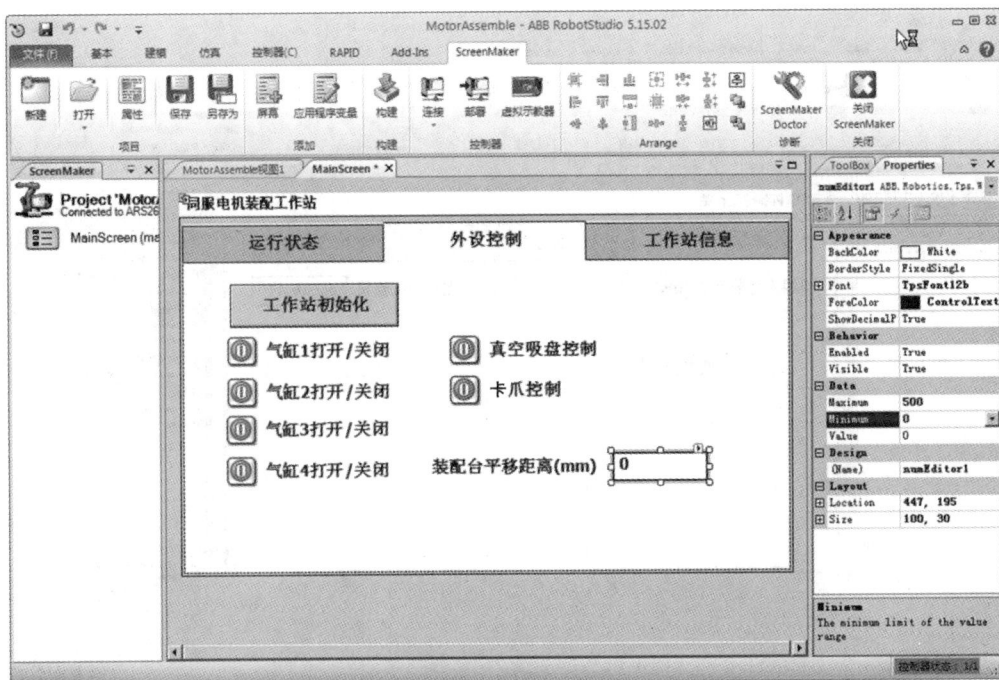

图 7-54

窗口中单击"value"右边的三角形按钮,选择"绑定至控制器对象",弹出图示对话框,"对象类型"选择"信号数据","Digital data"选择"GO_dskOffset"。

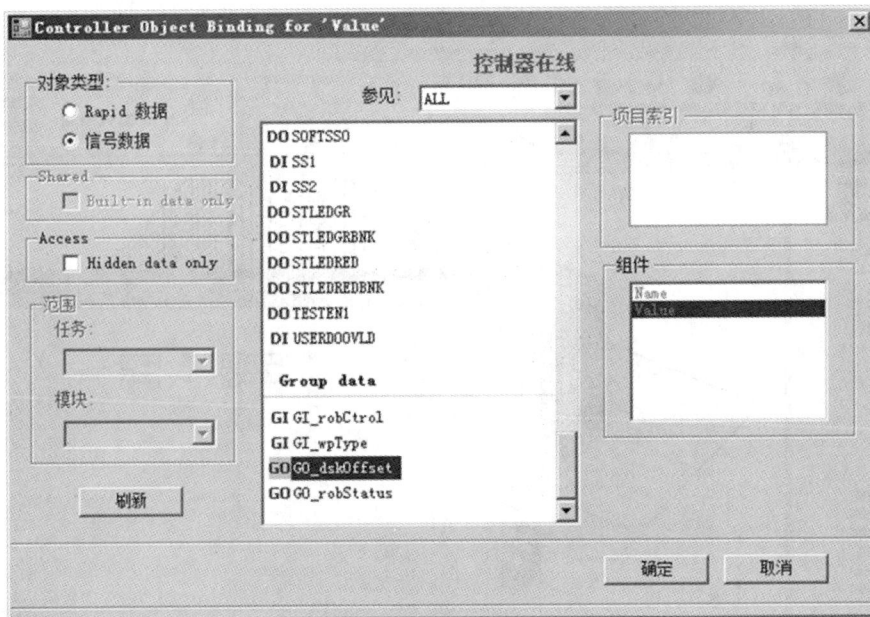

图 7-55

7.4.3.4　调试外设控制自定义用户界面

(1) 构建项目并将其部署到控制器中,如图 7-56 所示。在"ScreenMaker"功能选项卡中单击"构建—部署"。

图 7-56

（2）将 RAPID 程序及数据同步到控制器中，如图 7-57 所示。在"基本"功能选项卡中单击"同步"，勾选图示选项后，单击"确定"。

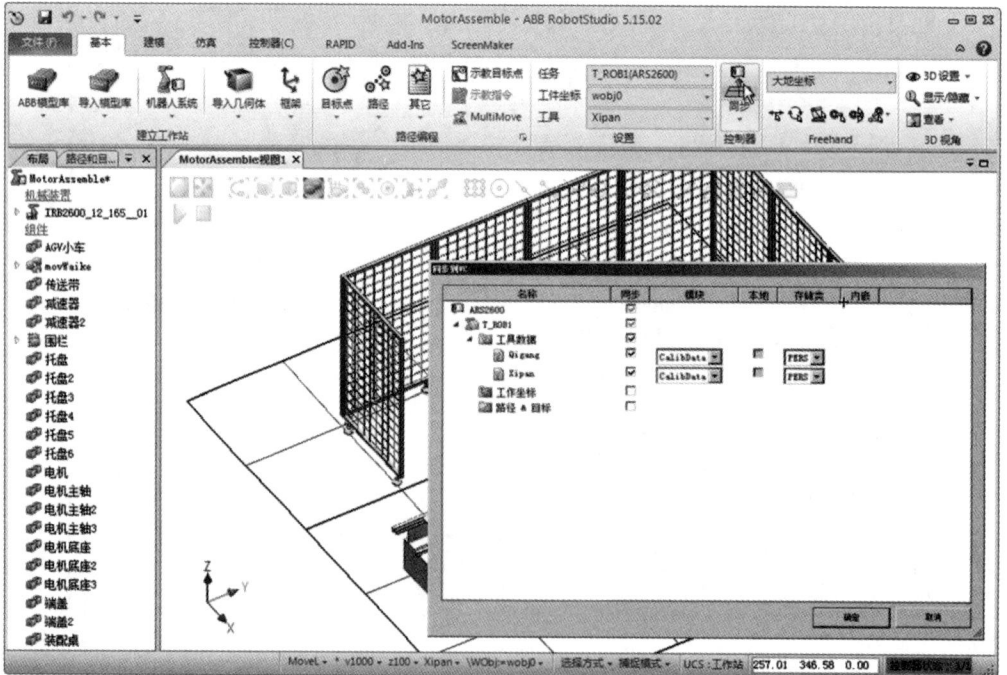

图 7-57

（3）重启控制器，如图 7-58 所示。在"控制器（C）"功能选项卡中单击"重启"，单击"是（Y）"确认后，等待控制器重新启动完成。其完成标志是软件界面右下方的控制状态"控制器状态:1/1"依次由红色变成黄色,最后变成绿色。

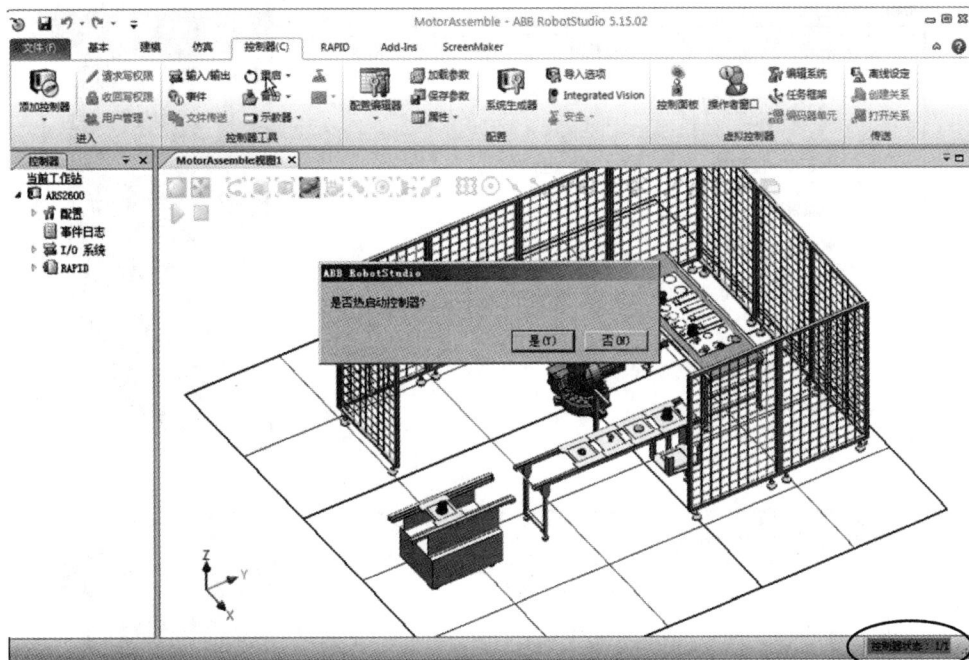

图 7-58

(4) 打开示教器,如图 7-59 所示。在"控制器(C)"功能选项卡中,单击"控制器",选择"虚拟示教器"。

图 7-59

(5) 系统上电并切换到手动模式。

(6) 控制程序指针回到主程序起始位置,单击"PP 移至 Main"。

(7) 压下"Enable"按钮,如图 7-60 所示。

(8) 打开"伺服电机装配"GUI,如图 7-61 所示,有两种方法实现:①单击示教器下方的"伺服电机装配"按钮图标;②单击示教器左上方的"ABB"图标,打开系统界面,然后选取"伺服电机装配"选项。

(9) 切换到外设控制页面,点击各个按钮,查看 GUI 的变化,如图 7-62 所示。

7.4.4　任务考核与评价

任务考核与评价包括学生自评、学生互评、教师评价三个维度(见表 7-9)。

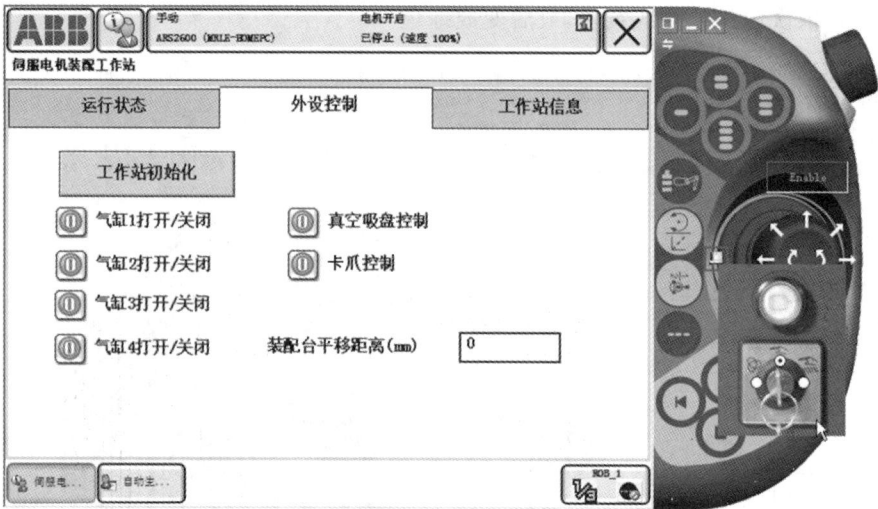

图 7-60

图 7-61

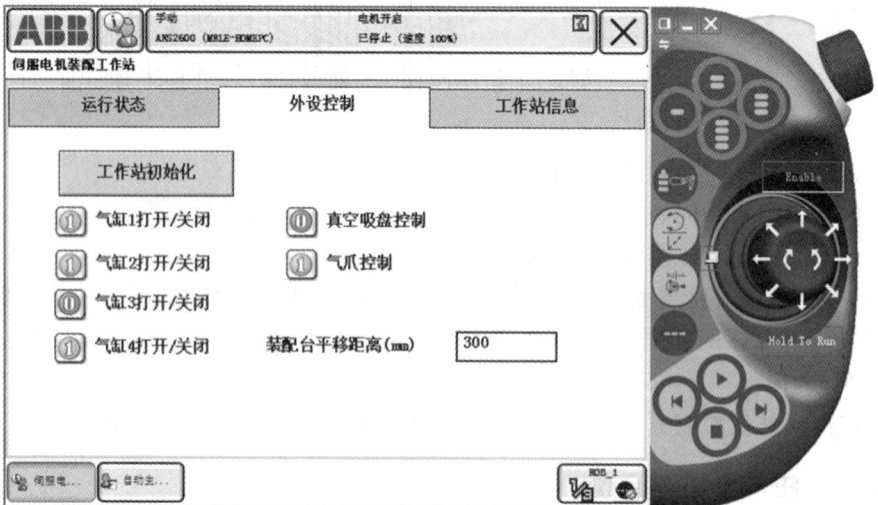

图 7-62

表 7-9　"ScreenMaker 示教器用户自定义界面"考核与评价(四)

	序　号	评 价 内 容	学 生 自 评	学 生 互 评	教 师 评 价
基本素养 (30分)	1	操作规范(10分)			
	2	参与和协作能力(10分)			
	3	课堂纪律(10分)			
知识目标 (30分)	4	了解 runRountineButton 控件的主要作用及属性设置方法(10分)			
	5	了解 Switch 控件的主要作用及属性设置方法(10分)			
	6	了解 NumEditor 控件的主要作用及属性设置方法(10分)			
技能操作 (40分)	7	独立完成 2 个 runRountineButton 控件的添加及属性设置(10分)			
	8	独立完成 6 个 Switch 控件的添加及属性设置(10分)			
	9	独立完成 NumEditor 控件的添加及属性设置(10分)			
	10	独立完成界面的调试(10分)			

总评得分:

教师签名:　　　　　　学生 A 签名:　　　　　　　学生 B 签名:

考核评价时间:

7.4.5　任务练习

(1) 简述 Switch 控件的作用及其属性设置步骤。
(2) 补充完善工作站信息用户界面的设计,并调试运行。

模 块 总 结

　　本模块介绍了工业机器人离线编程与仿真软件 RobotStudio 提供的 ScreenMaker 工具的功能及用户自定义界面设计方法。通过本模块的思维导图,同学们可以梳理本模块任务布局以及每个任务需要重点掌握的知识和技术要点,有针对性地进行练习,通过练习提升自己的创新设计能力。

```
                                    ┌─ 了解ScreenMaker的功能及作用 ─┐
              任务1: 搭建ScreenMaker设计环境 ┤                        │
                                    └─ 熟练创建机器人工作站系统 ─────┘

                                    ┌─ 熟练使用ScreenMaker创建一个新项目 ┐
              任务2: 创建用于伺服电机装配的  ┤                            │
                    机器人工作站用户自定义界面 └─ 熟练使用TabControl控件 ──────┘

ScreenMaker示教器用户
  自定义界面                          ┌─ 熟练使用TpsLabel控件 ─────────┐
              任务3: 设置用于伺服电机装配的  ┤                            │
                    机器人工作站运行状态界面  └─ 熟练使用PictureBox控件 ───────┘

                                    ┌─ 熟练使用runRountineButton控件 ─┐
                                    │                                │
              任务4: 设计用于伺服电机装配的  ┤  熟练使用Switch控件            │
                    机器人工作站外设控制用户界面 │                                │
                                    │  熟练使用NumEditor控件          │
                                    │                                │
                                    └─ 能够调试用户自定义界面 ─────────┘
```

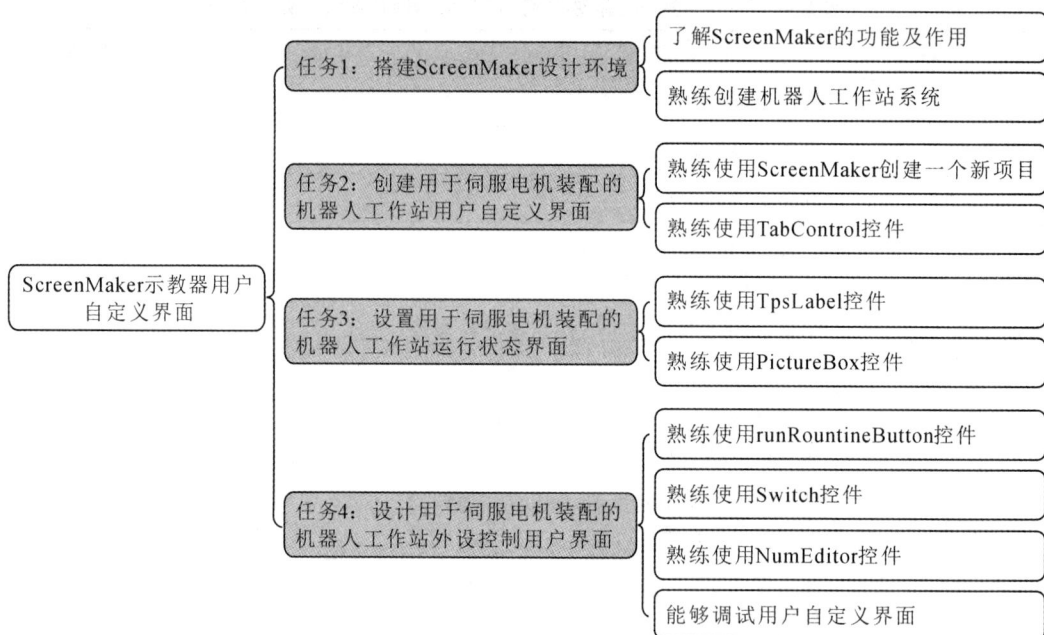

机器人小讲堂

——智能工厂设计框架

随着"工业4.0"智能时代的到来以及《中国制造2025》规划的实施,工业机器人作为重要的构成要素,在生产制造领域大量涌现,并且在工业生产中扮演着越来越重要的角色。从最初应对企业"用工荒"、替代人力进行生产,到如今成为自动化装备的标准配置,工业机器人已广泛应用于生产的各个环节,并成为工厂规模化生产过程中一道独特的风景线。

在机器人集成计算机数控(CNN)系统(如"一拖 N"系统、"二二相连"系统)及自动化设备的基础上,根据各加工单元和工作站的物料需求方式、需求量及需求节拍等,建立系统化集成的物料供给系统,开发物流调度逻辑,设置各物流对接站点。

利用 AGV(自动导引车)机器人代替物流人员,将车间内孤立的生产设备、加工单元、工作站、自动装拆、检测等环节有机连接起来,以减少中间环节、缩短产品物流周期,使加工、装配、检测、物流及物料取放等生产过程无缝融合,实现物料在各站之间准确、连续、及时的自动传递和对接。

在机器人集成 CNC 系统、自动化设备以及 AGV 自动物流系统的基础上,构建 CNC 车间的 SCADA(监控控制与数据采集)系统,实现数据采集、数据分析、远程监控、实时显示及异常处理等功能,打造智能生产系统。

通过 SCADA 系统,实时采集并分析 CNC 机床的加工数据、设备状态信息、AGV 实时运行状况、产能及生产效率、设备故障及原因分析、产品检测数据等,并将生产数据和信息(如刀具寿命、产能、检测数据等)实时传递到生产数据监控中心,使 CNC 刀具实时自动换刀或自动补偿,以确保产品的生产品质和生产运行的连续性。同时,SCADA 系统还能不断优化生产工艺,降低损耗,提高效率。

"机器人集成 CNC 系统+自动化设备+AGV 自动物流系统+SCADA 系统"是当前典型的生产性智能工厂的设计框架。

模块 8　RobotStudio 的在线功能

模块介绍

本模块介绍了 RobotStudio 的在线功能。通过本模块的学习，学生能对 RobotStudio 与工业机器人的实时交互和系统管理有深入的了解与认识，掌握在线连接、备份与恢复、RAPID 程序编辑、I/O 信号编辑、文件传送、监控、用户权限管理以及机器人系统的创建与安装等关键技能。

模块 8 学习视频

学习目标

素质目标：

（1）具备运用工程科学进行系统分析和解决问题的能力。

（2）熟练掌握 RobotStudio 及相关技术，有效解决机器人工程中的实际问题。

（3）在团队中展现合作精神，注重任务质量和执行效率。

（4）遵守职业道德规范，展现良好的职业素养和责任感。

知识目标：

（1）掌握 RobotStudio 与机器人的连接及权限获取方法。

（2）掌握使用 RobotStudio 进行备份与恢复的方法。

（3）掌握使用 RobotStudio 在线编辑 RAPID 程序的方法。

（4）掌握 RobotStudio 的 I/O 在线编辑方法。

（5）掌握 RobotStudio 在线文件传送方法。

技能要求：

（1）具备使用 RobotStudio 进行在线连接、备份与恢复、RAPID 程序编辑、I/O 信号编辑、文件传送、监控、用户权限管理的能力。

（2）具备使用 RobotStudio 进行机器人系统的创建与安装的能力。

任务 8.1　构建 RobotStudio 的连接与权限管理

8.1.1　任务描述

在工业自动化领域，确保机器人系统的安全访问和高效管理至关重要。本任务旨在通过 RobotStudio 软件与 ABB 机器人系统建立稳定的连接，并实施必要的权限管理，以保障系统的安全运行和数据的完整性。通过本任务，学生将能够掌握如何连接机器人、获取操作权限、设定用户权限，并为后续的编程和监控操作打下坚实的基础。

8.1.2　任务知识点

（1）配置 RobotStudio 与机器人控制器的网络连接。

（2）掌握 RobotStudio 中的用户权限管理机制。

（3）理解不同用户权限对机器人操作的影响。

（4）学习如何在 RobotStudio 中进行用户权限的创建和分配。

（5）熟悉 RobotStudio 中的安全协议和操作规范。

8.1.3 任务实施

8.1.3.1 使用 RobotStudio 与机器人进行连接并获取权限

1. 建立 RobotStudio 与机器人的连接

建立 RobotStudio 与机器人的连接，可使用 RobotStudio 的在线功能对机器人进行监控、设置、编程与管理。

连接方法：将网线的一端连接到计算机的网线端口（设置成自动获取 IP），另一端连接到机器人的专用网线端口（一般 IRC5 的控制柜分为标准型与紧凑型，请按照实际情况进行连接）。

操作步骤如图 8-1 和图 8-2 所示。

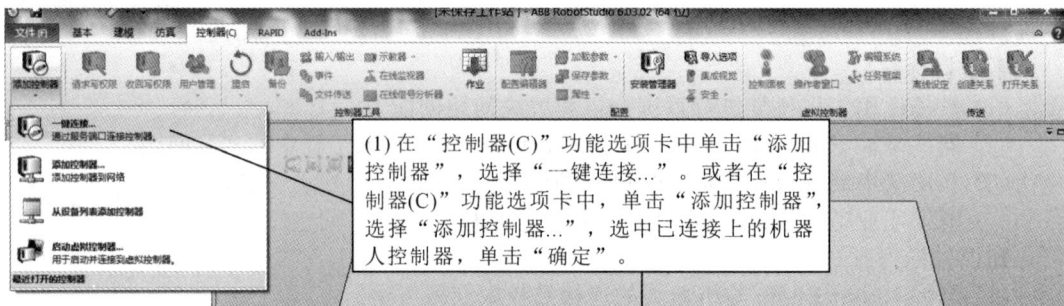

(1) 在"控制器(C)"功能选项卡中单击"添加控制器"，选择"一键连接..."。或者在"控制器(C)"功能选项卡中，单击"添加控制器"，选择"添加控制器..."，选中已连接上的机器人控制器，单击"确定"。

图 8-1

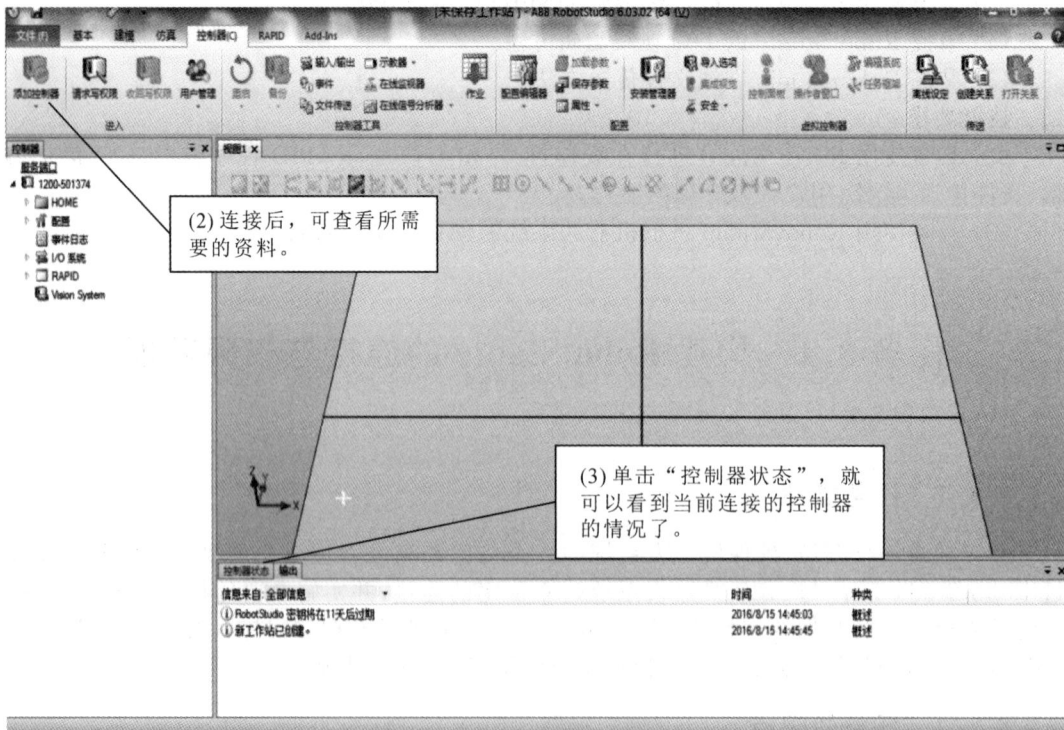

(2) 连接后，可查看所需要的资料。

(3) 单击"控制器状态"，就可以看到当前连接的控制器的情况了。

图 8-2

2. 获取 RobotStudio 在线控制权

为防止在 RobotStudio 中错误地修改数据，保证较高的安全性，在对机器人控制器数据进行写操作之前，首先要进行"请求写权限"的操作，以免造成不必要的损失。其操作过程如图 8-3 和图 8-4 所示。

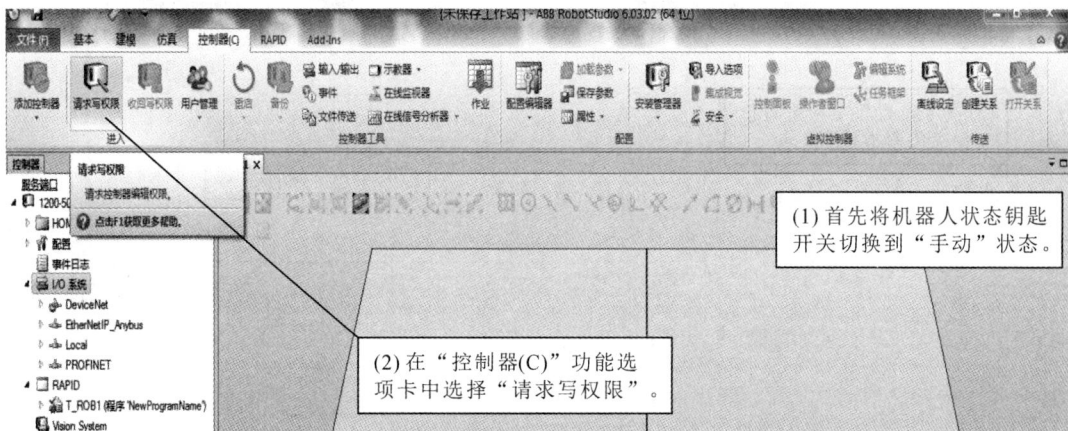

图 8-3

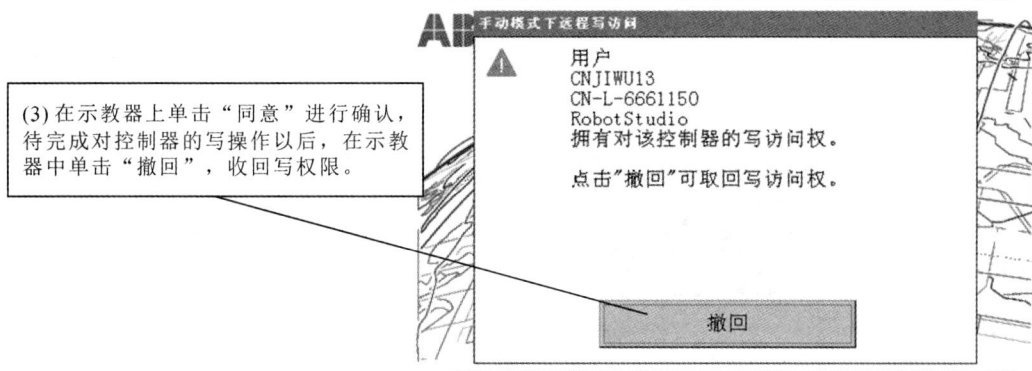

图 8-4

8.1.3.2　使用 RobotStudio 进行备份和恢复操作

1. 备份操作

为使机器人正常运行，应定期对其数据进行备份。机器人数据备份的对象是所有正在系统内存中运行的 RAPID 程序和系统参数。当机器人系统出现错乱或者重新安装新系统以后，可以利用备份快速地把机器人恢复到备份时的状态。备份操作步骤如图 8-5 至图 8-7 所示。

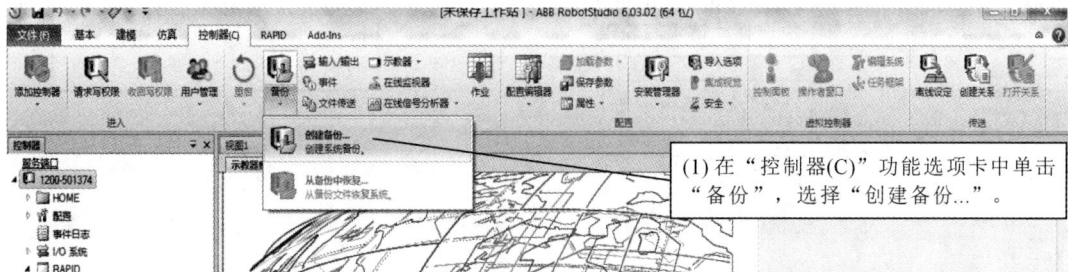

图 8-5

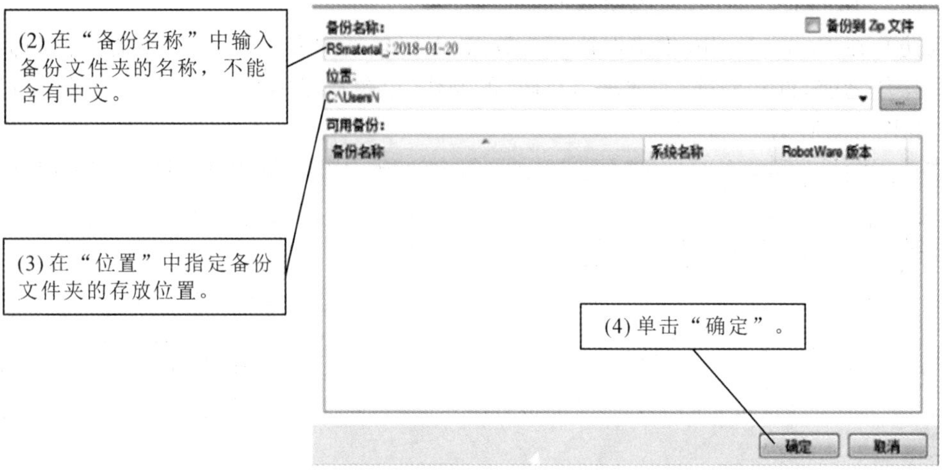
(2) 在“备份名称”中输入备份文件夹的名称，不能含有中文。
(3) 在“位置”中指定备份文件夹的存放位置。
(4) 单击“确定”。
备份名称：
位置：
可用备份：
确定
取消

图 8-6

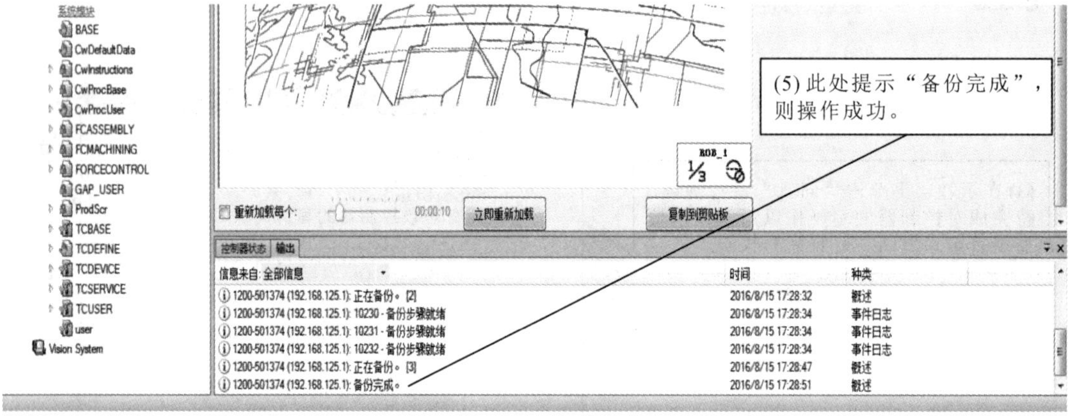
(5) 此处提示“备份完成”，则操作成功。

图 8-7

2. 恢复操作

恢复操作步骤如图 8-8 至图 8-10 所示。

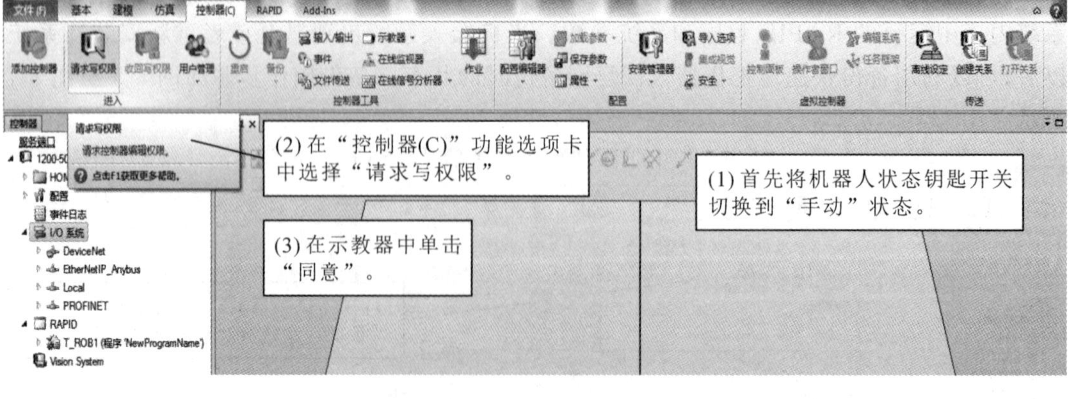
(2) 在“控制器(C)”功能选项卡中选择“请求写权限”。
(1) 首先将机器人状态钥匙开关切换到“手动”状态。
(3) 在示教器中单击“同意”。

图 8-8

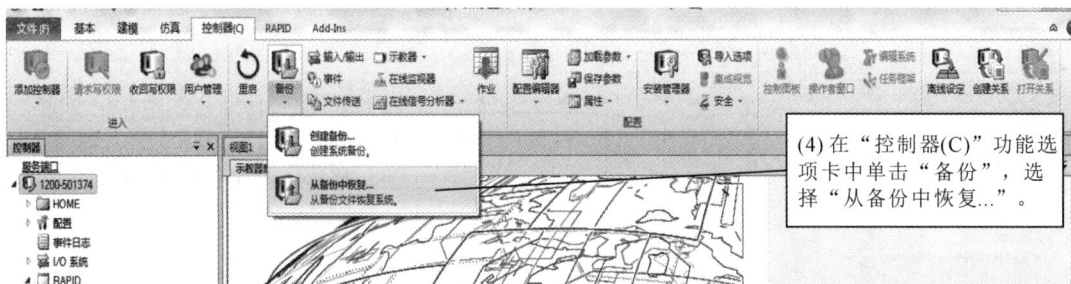

图 8-9

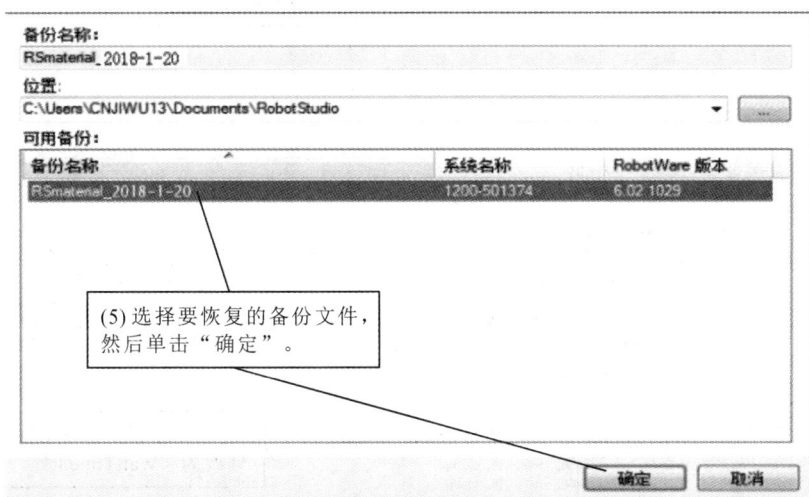

图 8-10

8.1.3.3　使用 RobotStudio 在线编辑 RAPID 程序

1.修改等待时间指令 WaitTime

将程序中的等待时间从 2 s 调整为 3 s,修改步骤如图 8-11 至图 8-14 所示。

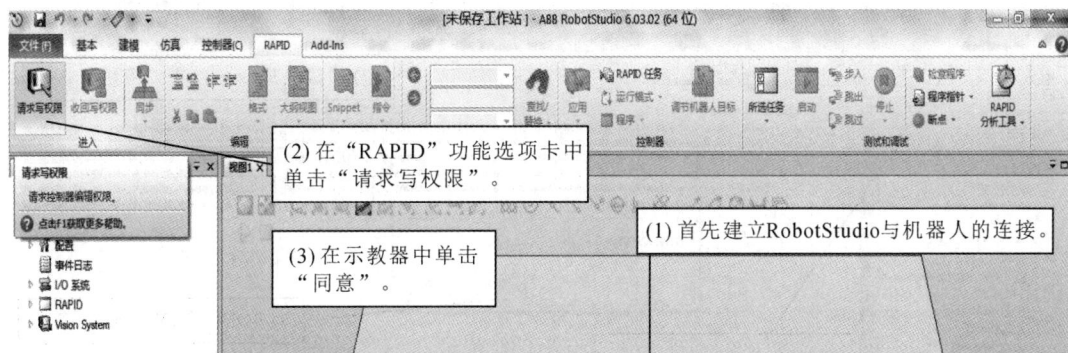

图 8-11

2.增加速度设定指令 VelSet

根据需求,将程序中机器人的最高速度限制设为 1000 mm/s,要在程序中移动指令的开始位置之前添加一条速度设定指令。其操作步骤如图 8-15 至图 8-20 所示。

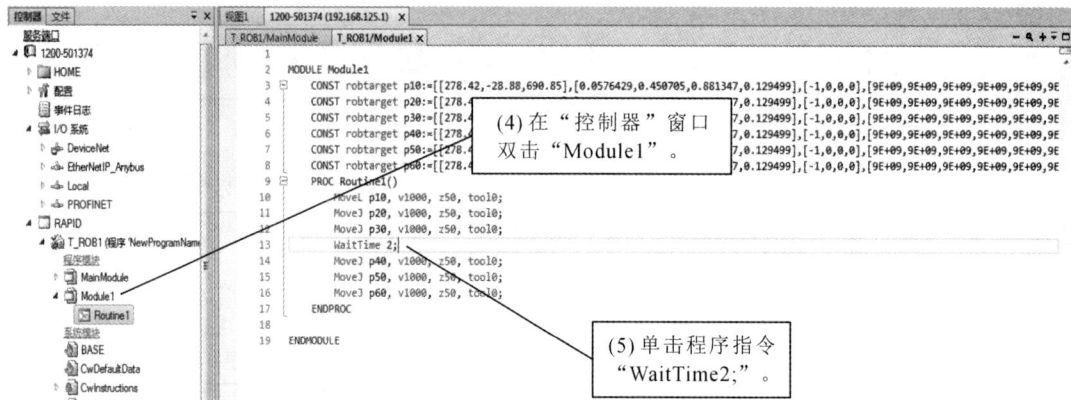

图 8-12

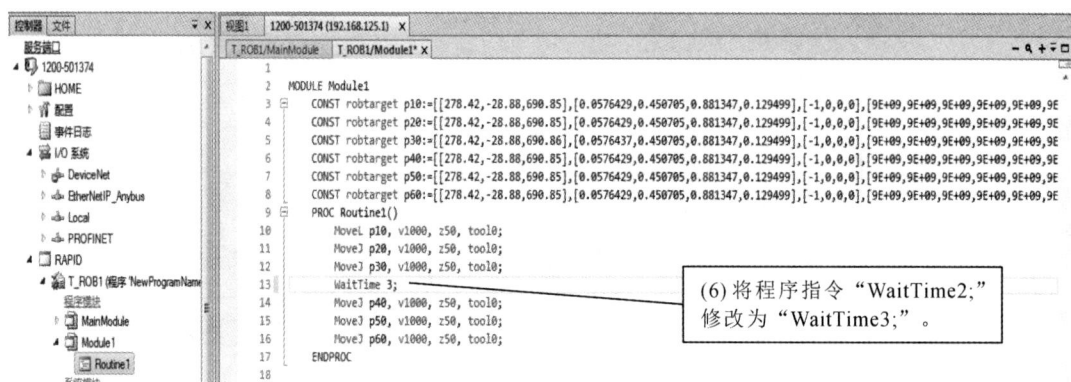

图 8-13

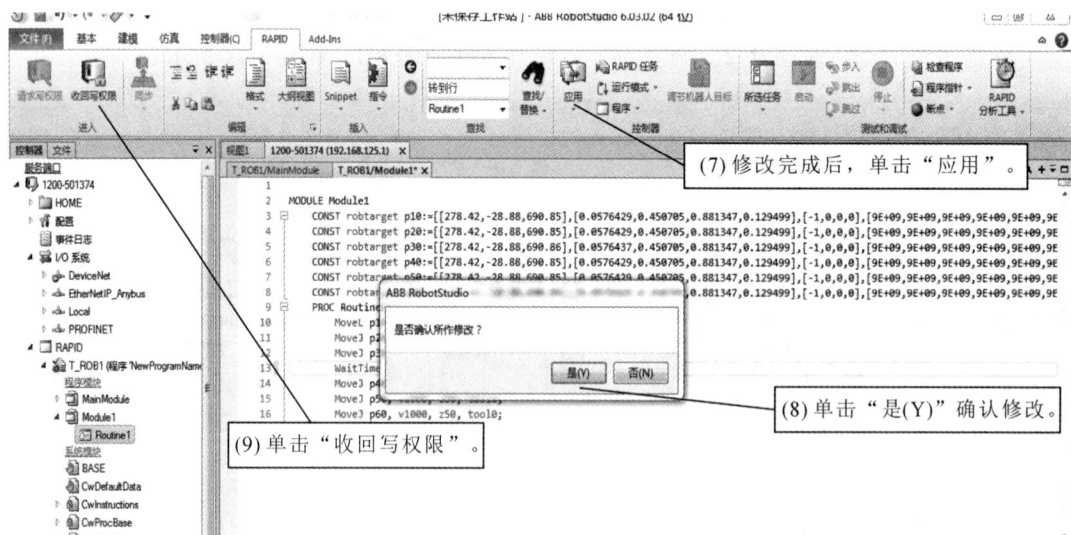

图 8-14

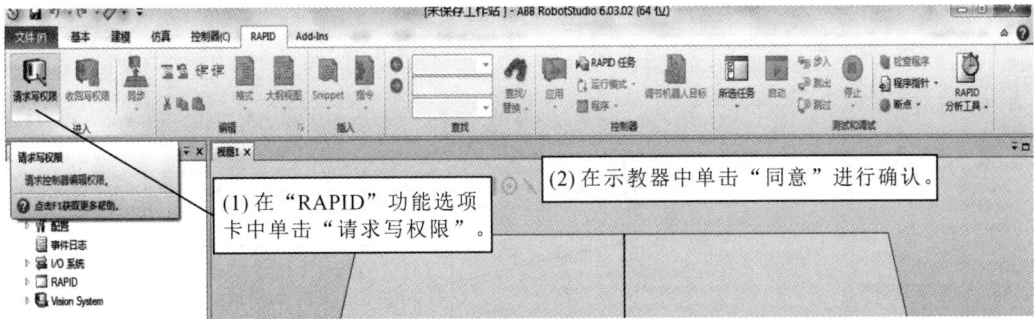

图 8-15

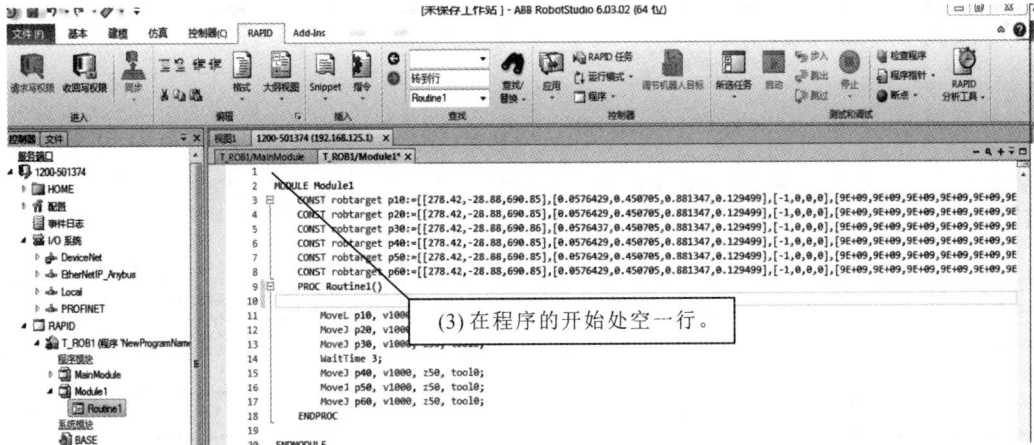

图 8-16

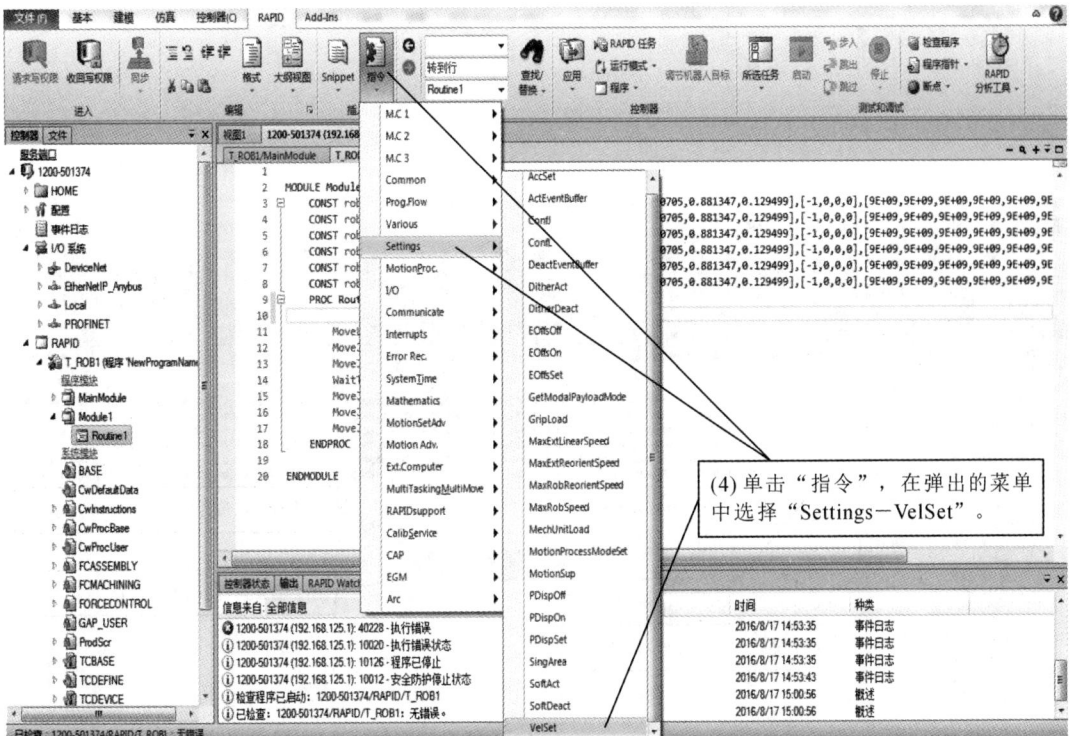

图 8-17

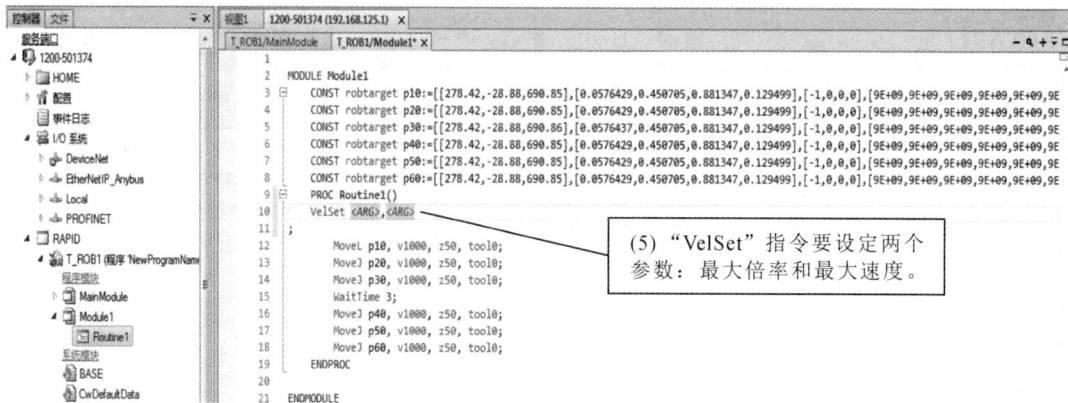

图 8-18

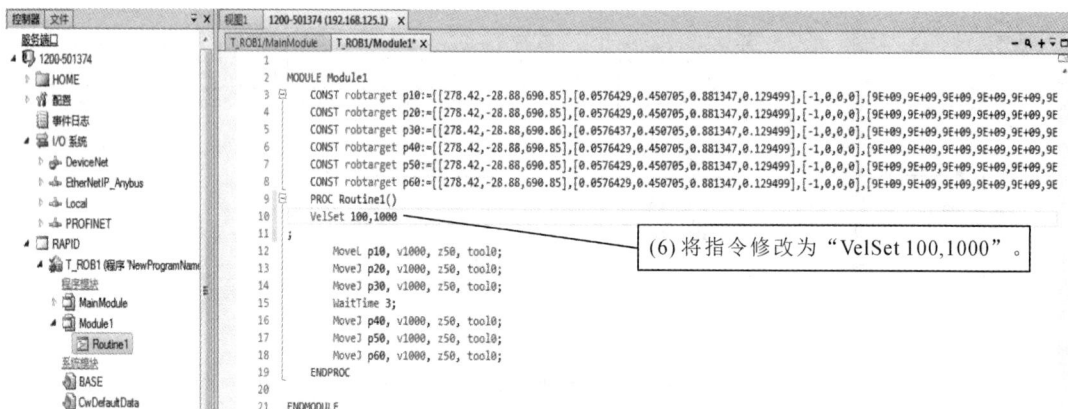

图 8-19

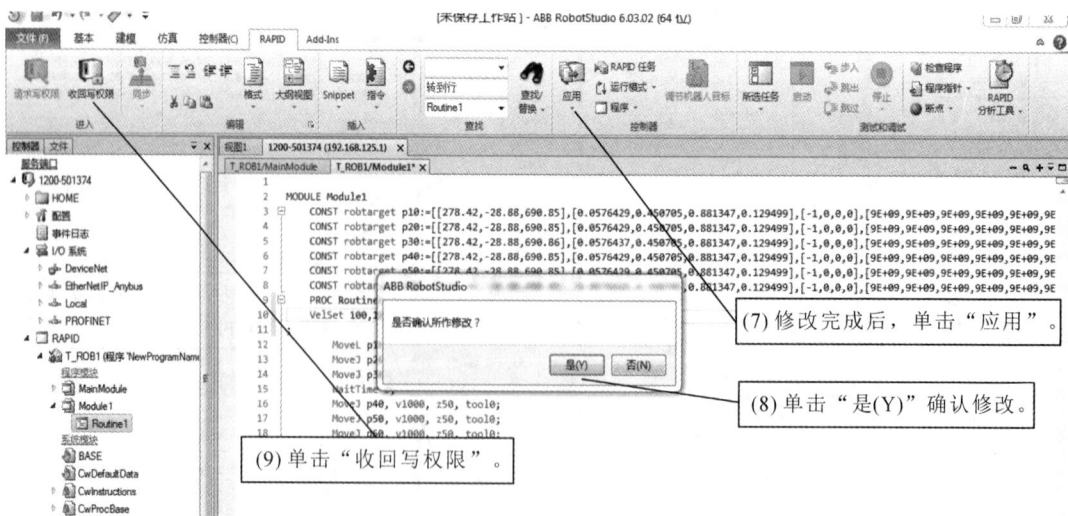

图 8-20

8.1.3.4　使用 RobotStudio 在线编辑 I/O 信号

机器人与外部设备的通信是通过 ABB 标准 I/O 板或现场总线的方式实现的,ABB 标准 I/O 板应用最广泛。本任务以创建一个 I/O 板及添加一个 I/O 信号为例进行讲解。

1.创建一个 I/O 板 DSQC651

其操作步骤如图 8-21 至图 8-25 所示。

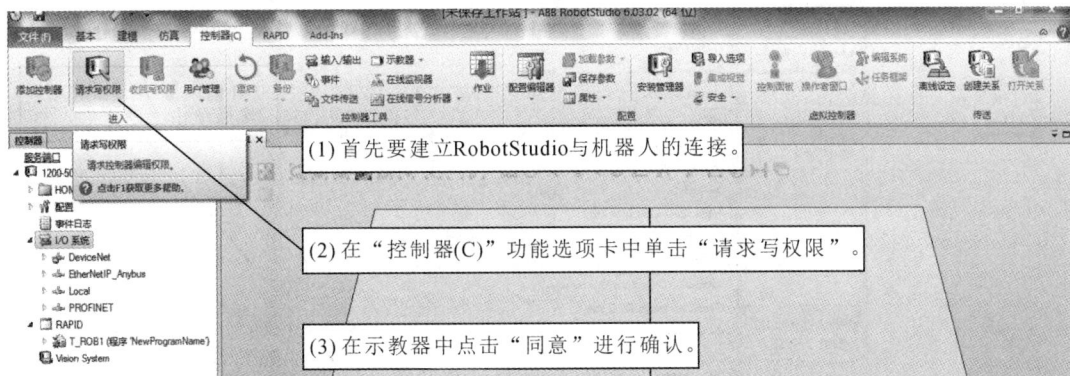

(1) 首先要建立 RobotStudio 与机器人的连接。

(2) 在"控制器(C)"功能选项卡中单击"请求写权限"。

(3) 在示教器中点击"同意"进行确认。

图 8-21

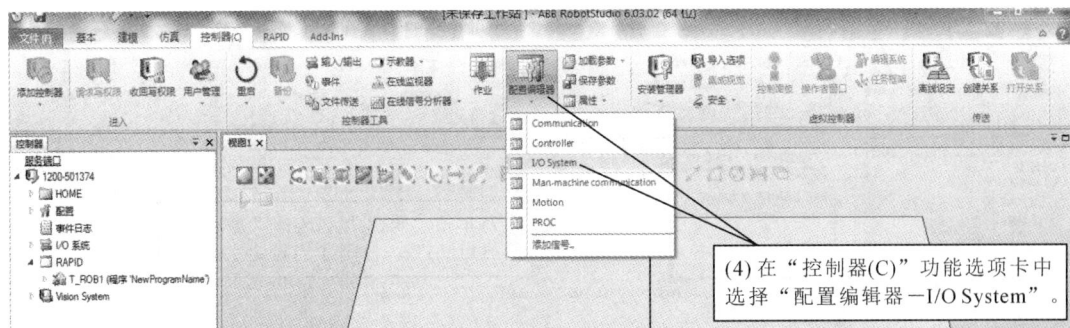

(4) 在"控制器(C)"功能选项卡中选择"配置编辑器－I/O System"。

图 8-22

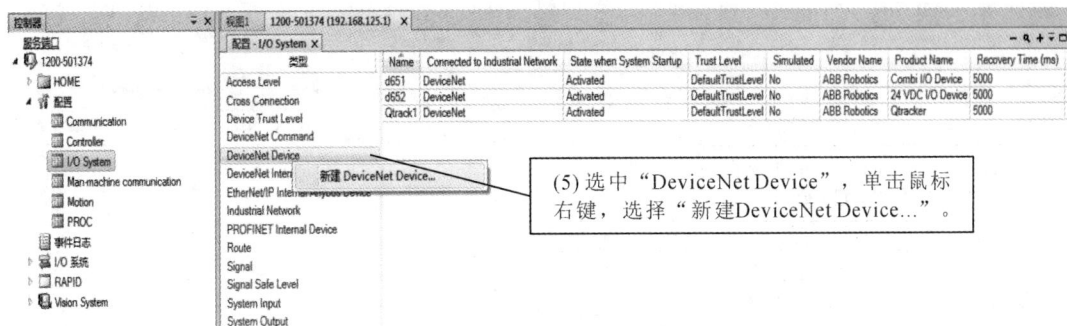

(5) 选中"DeviceNet Device",单击鼠标右键,选择"新建 DeviceNet Device..."。

图 8-23

2.添加一个 I/O 信号

以添加一个数字输入信号为例,具体操作步骤如图 8-26 至图 8-29 所示。

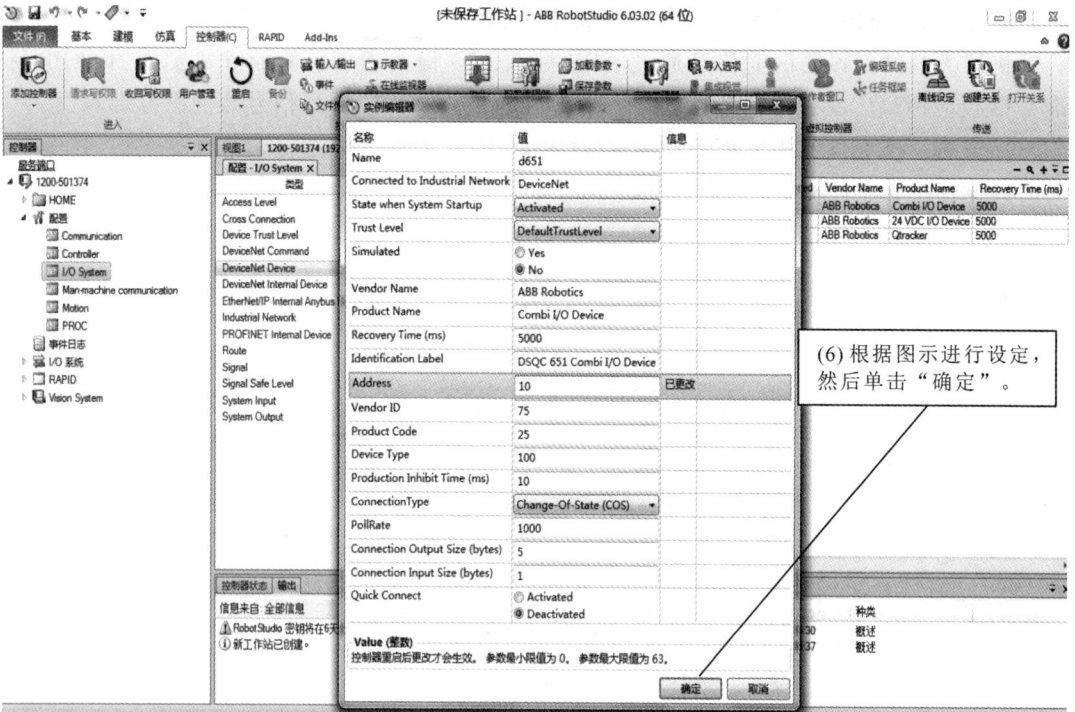

图 8-24

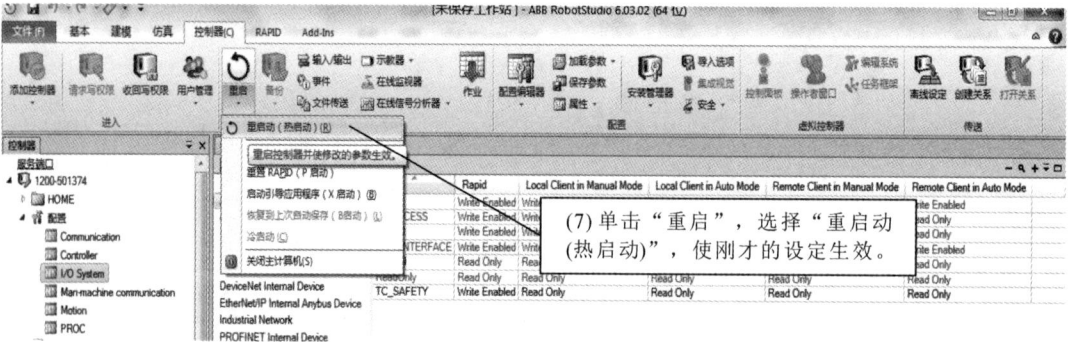

图 8-25

图 8-26

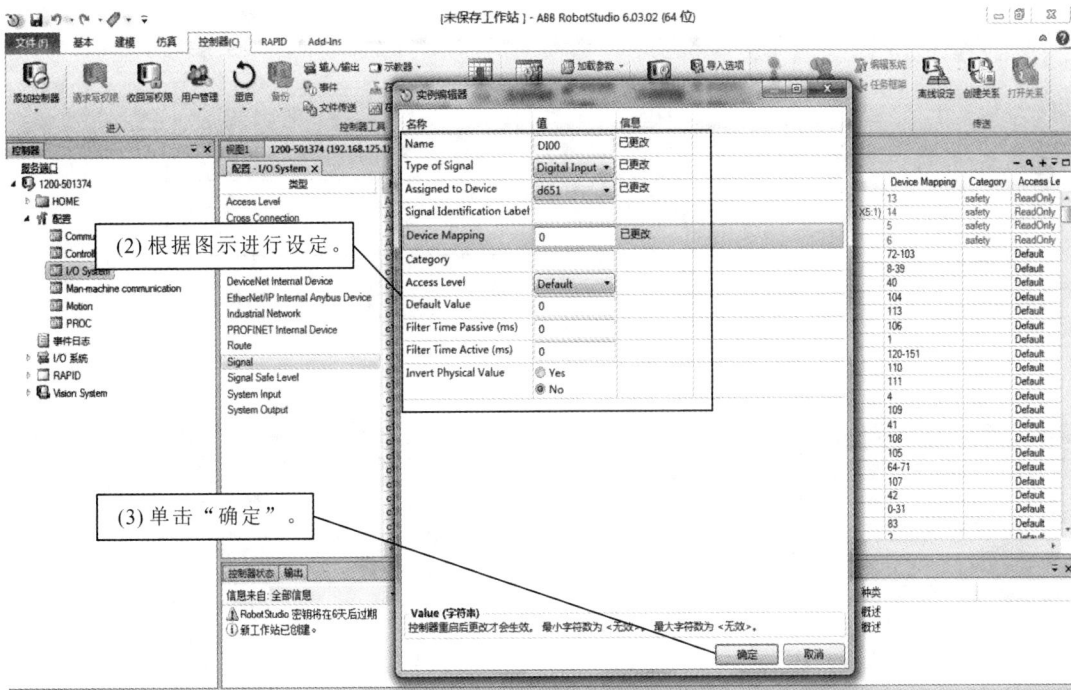

图 8-27

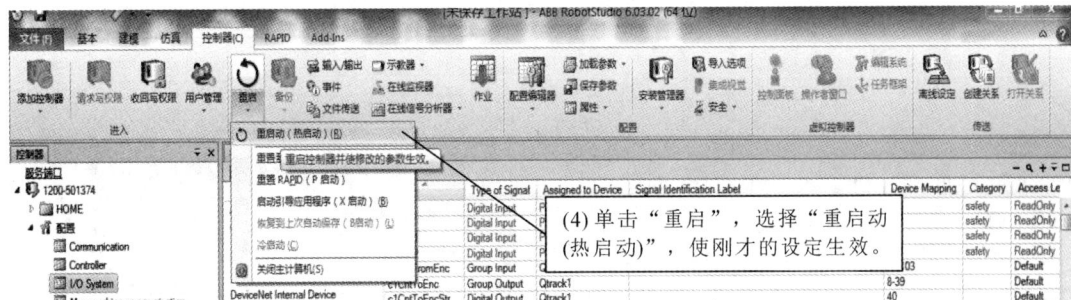

图 8-28

图 8-29

8.1.3.5　使用 RobotStudio 在线传送文件

建立好 RobotStudio 与机器人的连接并且获取写权限以后,可以通过 RobotStudio 进行快捷的文件传送操作,具体操作步骤如图 8-30 至图 8-32 所示。

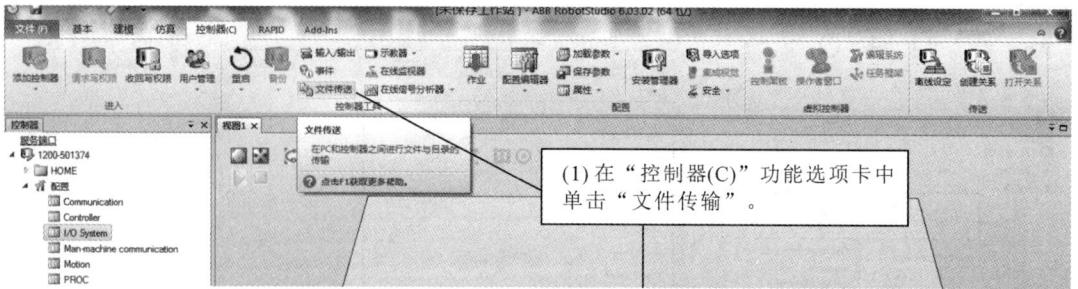

图 8-30

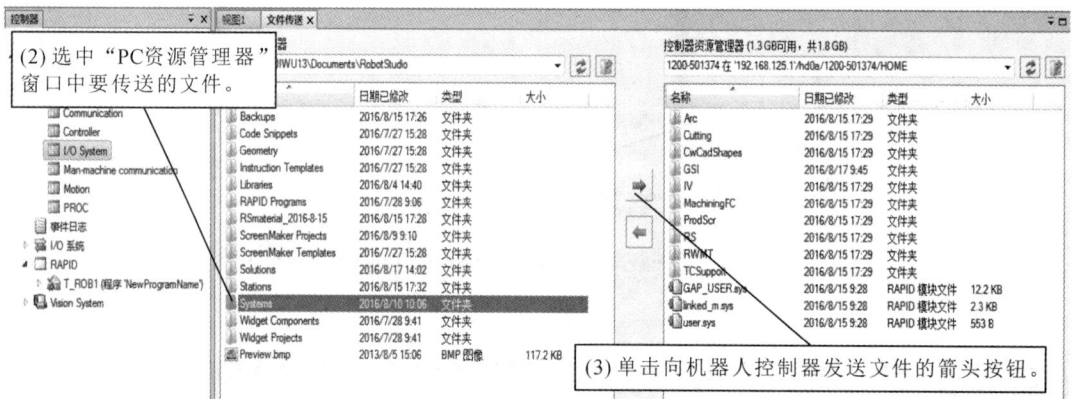

图 8-31

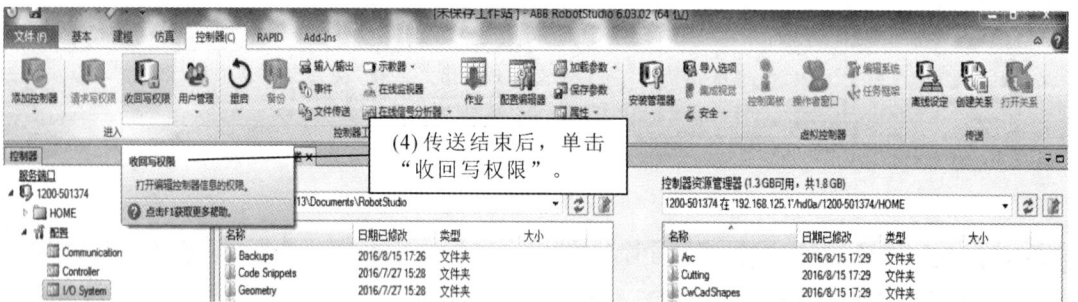

图 8-32

8.1.4　任务考核与评价

任务考核与评价包括学生自评、学生互评、教师评价三个维度（见表 8-1）。

表 8-1　"RobotStudio 的在线功能"考核与评价（一）

	序　号	评价内容	学生自评	学生互评	教师评价
基本素养 （30分）	1	操作规范（10分）			
	2	参与和协作能力（10分）			
	3	课堂纪律（10分）			

续表

	序　号	评 价 内 容	学生自评	学生互评	教师评价
知识目标 (30分)	4	配置 RobotStudio 与机器人控制器的网络连接(5分)			
	5	掌握 RobotStudio 中的用户权限管理机制(5分)			
	6	理解不同用户权限对机器人操作的影响(5分)			
	7	在 RobotStudio 中进行用户权限的创建和分配(5分)			
	8	熟悉 RobotStudio 中的安全协议和操作规范(5分)			
	9	使用 RobotStudio 进行备份和恢复操作(5分)			
技能操作 (40分)	10	独立完成 RobotStudio 与机器人控制器的连接(20分)			
	11	独立完成用户权限的创建和分配(10分)			
	12	独立完成权限管理的测试和验证(10分)			

总评得分：

教师签名：　　　　　学生 A 签名：　　　　　　学生 B 签名：

考核评价时间：

8.1.5　任务练习

(1)简述 RobotStudio 与机器人连接的基本步骤。

(2)描述在 RobotStudio 中如何配置网络设置以确保与机器人控制器的连接。

(3)简述在 RobotStudio 中进行用户权限的创建和分配的步骤。

(4)在"RAPID"功能选项卡中,将等待时间设置为 5 s,将机器人的最高速度限制改为 800 mm/s。

(5)简述在 RobotStudio 中进行权限管理测试和验证的重要性及方法。

(6)利用所学知识,在 RobotStudio 中完成一个新用户的创建,并为其分配适当的操作权限,确保其能够安全地控制机器人。

任务 8.2　RobotStudio 的监控与维护

8.2.1　任务描述

在工业机器人的日常运营中,实时监控和有效维护是确保生产效率和系统稳定性的关键。本任务旨在通过 RobotStudio 软件对 ABB 机器人系统进行全面监控和维护。通过本

任务,学生将学会实时监控机器人的运行状态,进行必要的系统维护,包括创建和安装新的机器人配置,确保机器人系统的高效和安全运行。

8.2.2　任务知识点

（1）在 RobotStudio 中监控机器人的运行状态和示教器的状态。
（2）RobotStudio 中的系统维护工具和功能。
（3）机器人系统的常见故障和维护需求。
（4）在 RobotStudio 中创建和安装新的机器人配置。
（5）RobotStudio 中的日志记录和故障诊断工具。

8.2.3　任务实施

8.2.3.1　使用 RobotStudio 在线监控机器人和示教器状态

1. 在线监控机器人状态

为方便操作,可在控制器中对机器人的状态进行实时监控。具体操作步骤如图 8-33 和图 8-34 所示。

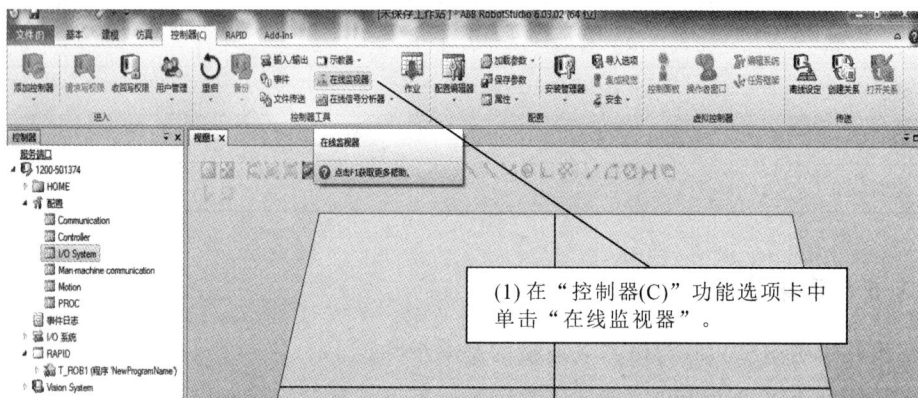

图 8-33

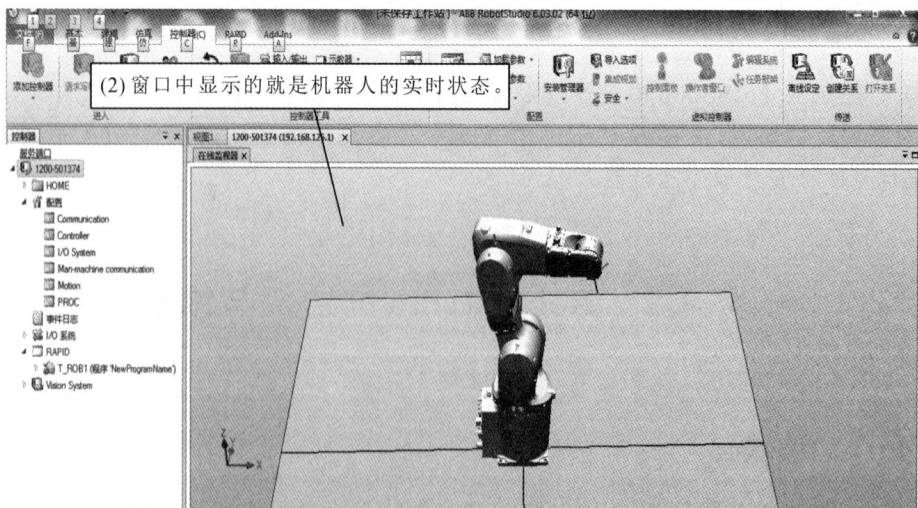

图 8-34

2. 在线监控示教器状态

从控制器中打开示教器，可在线监控示教器状态。具体操作步骤如图 8-35 所示。

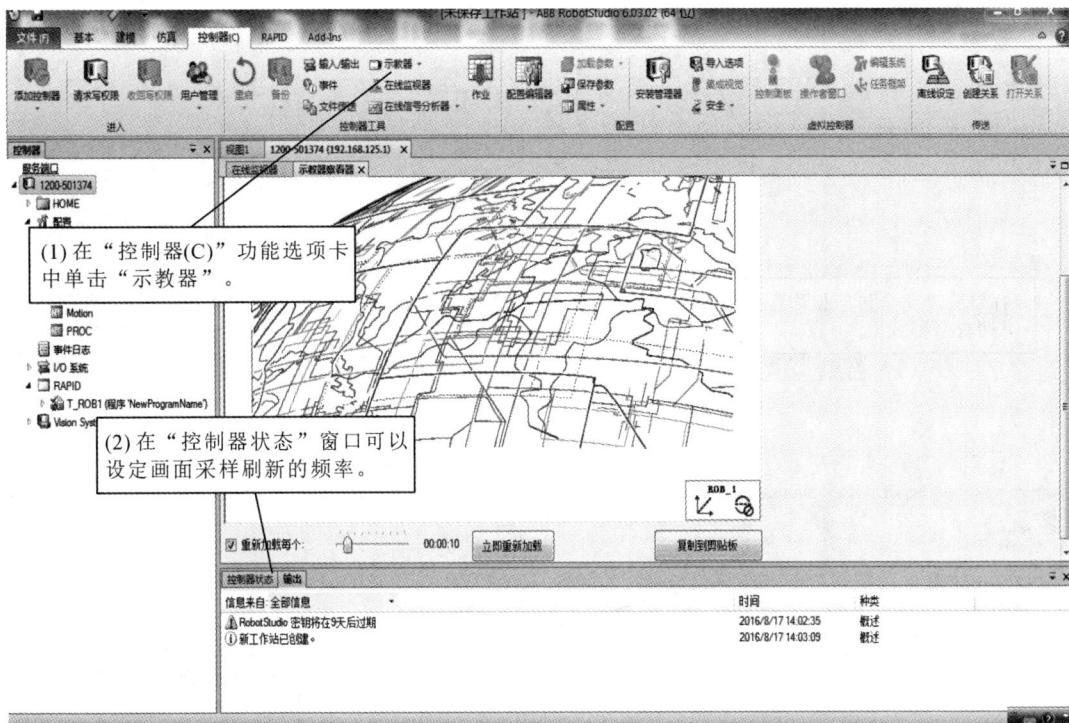

(1) 在"控制器(C)"功能选项卡中单击"示教器"。

(2) 在"控制器状态"窗口可以设定画面采样刷新的频率。

图 8-35

8.2.3.2　使用 RobotStudio 在线设置示教器用户操作管理权限

用户可根据需要，使用 RobotStudio 在线设置示教器的用户操作管理权限，例如添加管理员操作权限、设置所需要的用户操作权限、更改 Default User 的用户组等。

1. 为示教器添加一个管理员操作权限

具体操作步骤如图 8-36 至图 8-45 所示。

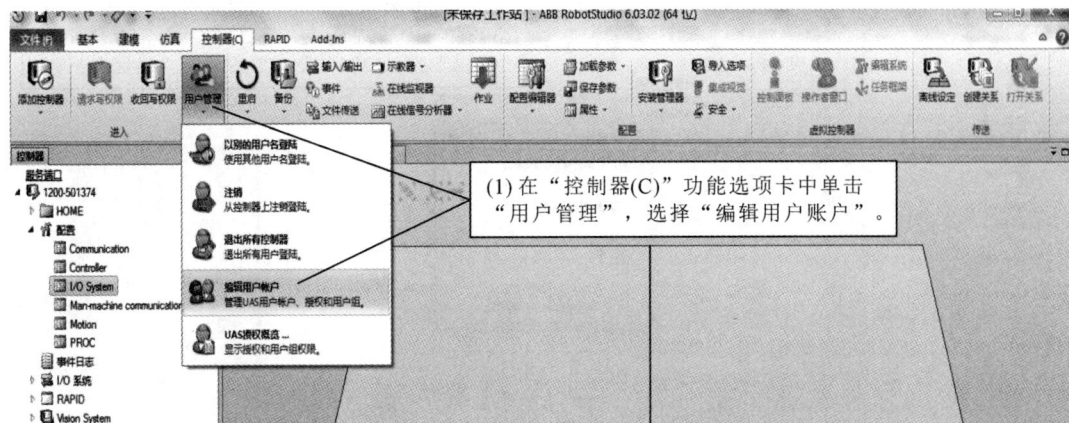

(1) 在"控制器(C)"功能选项卡中单击"用户管理"，选择"编辑用户账户"。

图 8-36

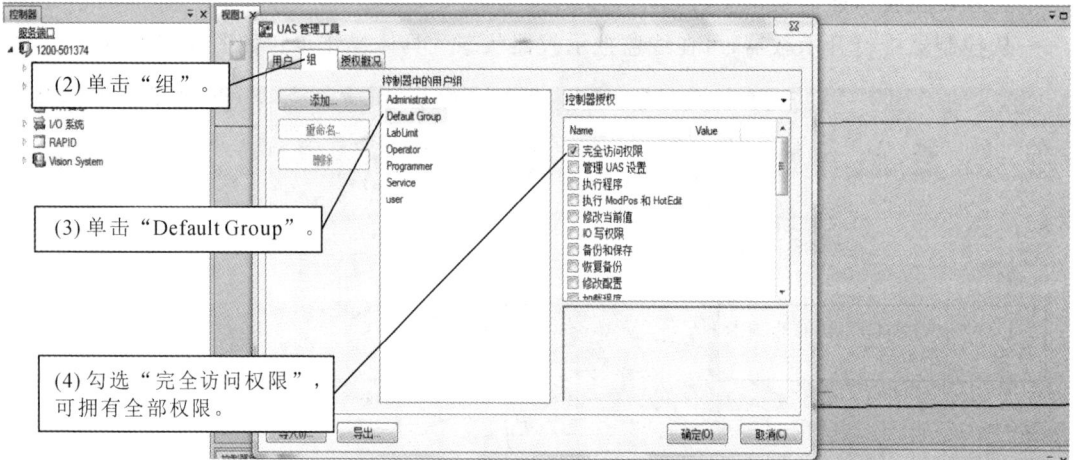

图 8-37

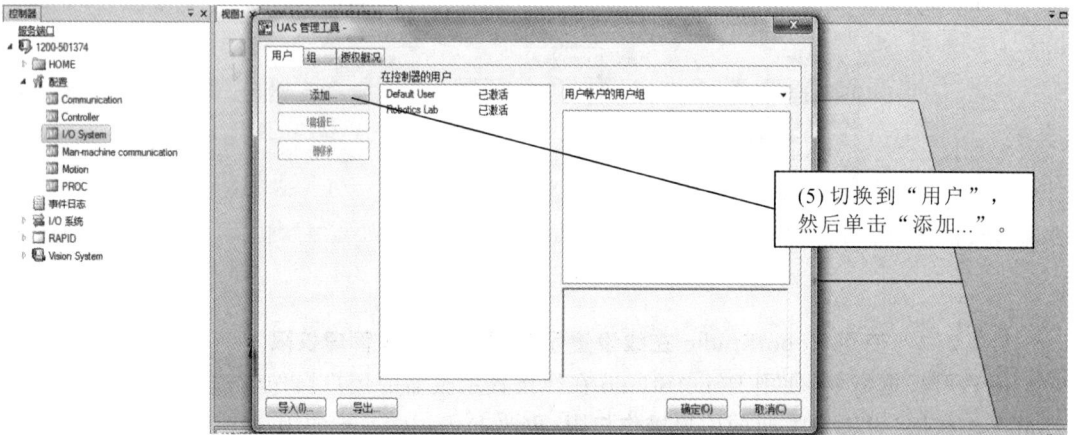

图 8-38

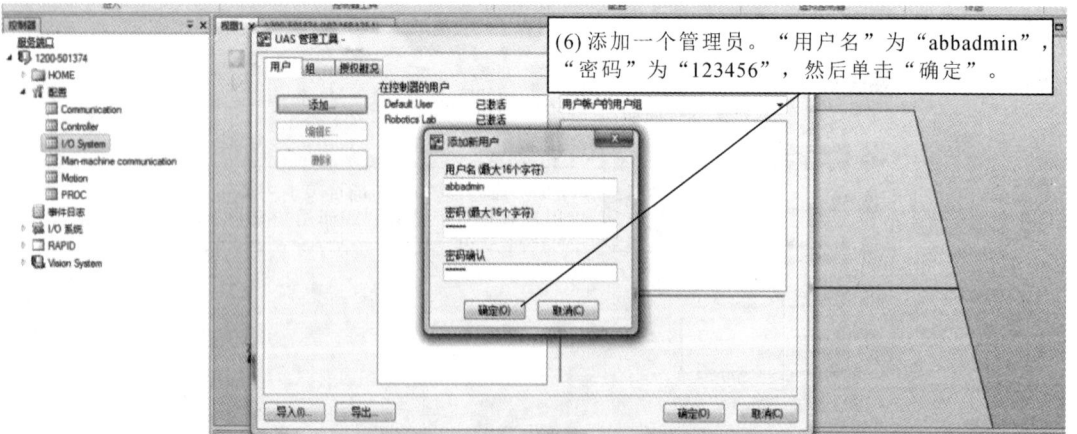

图 8-39

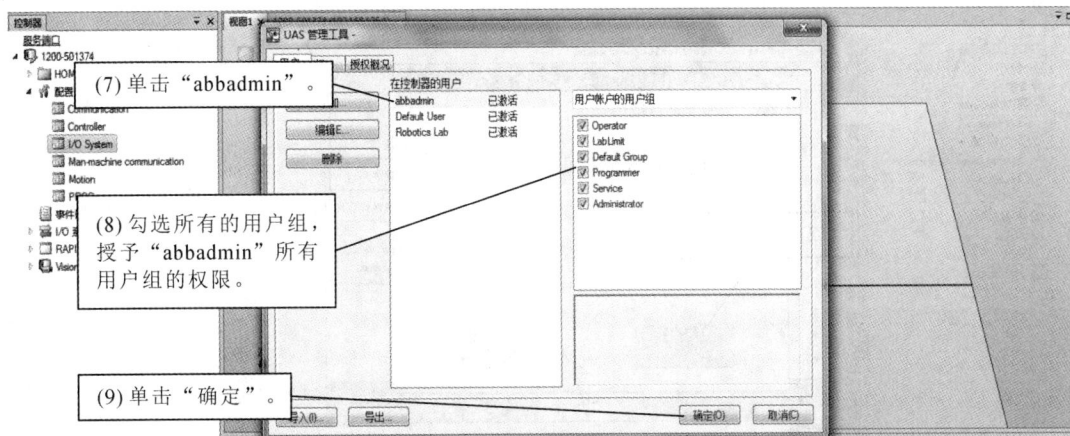

图 8-40

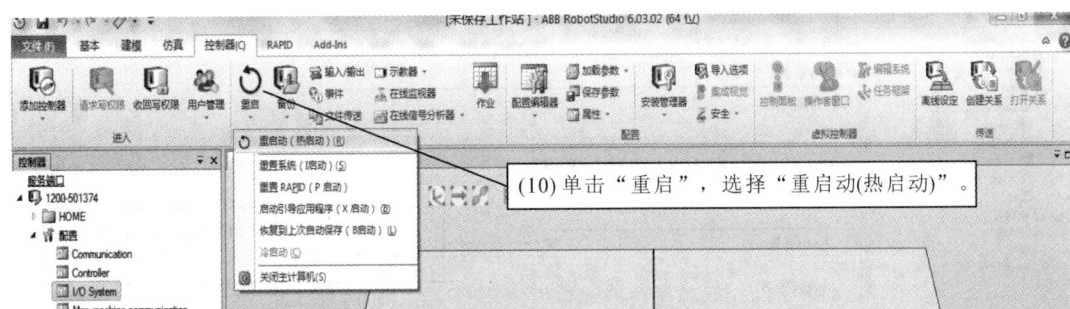

图 8-41

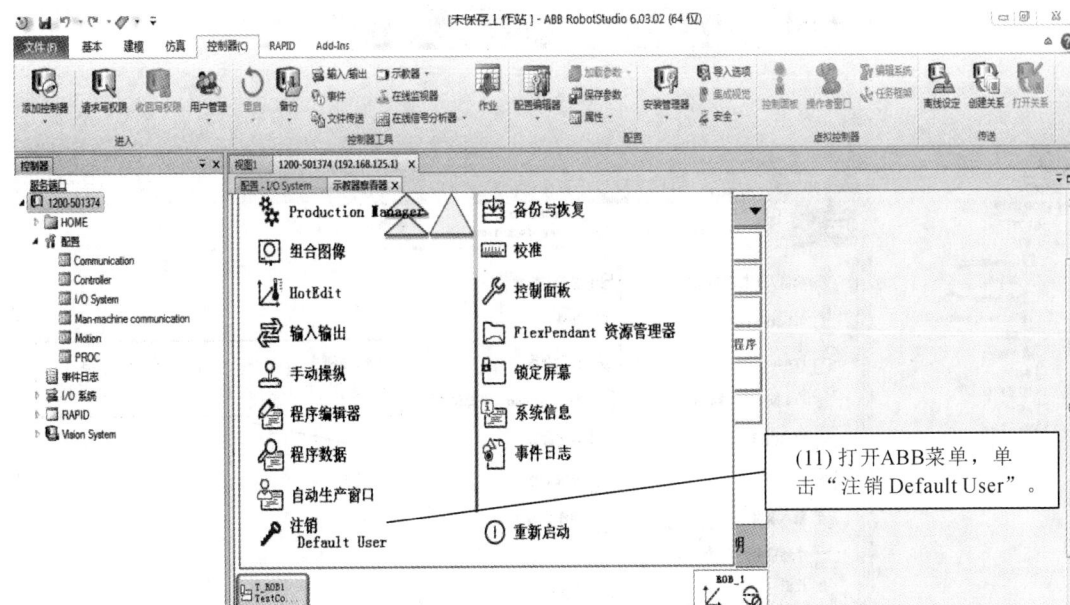

图 8-42

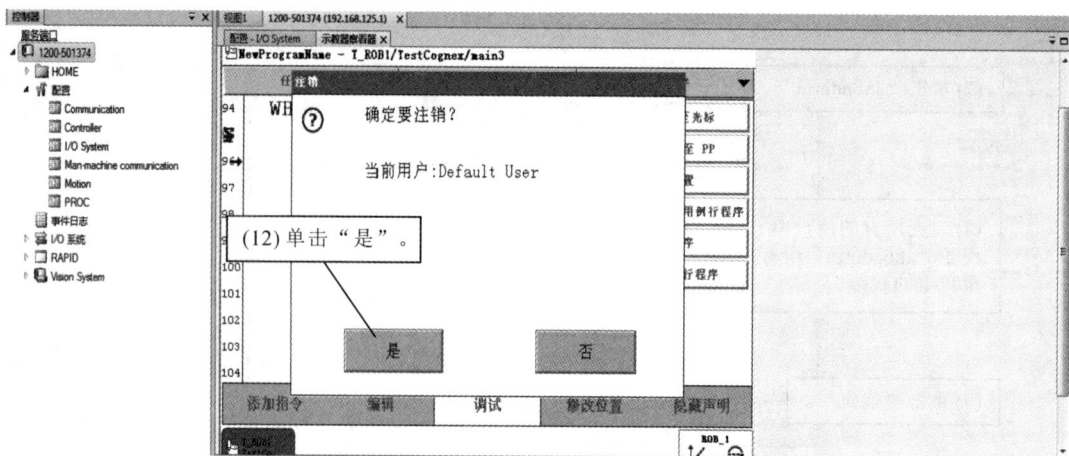

图 8-43

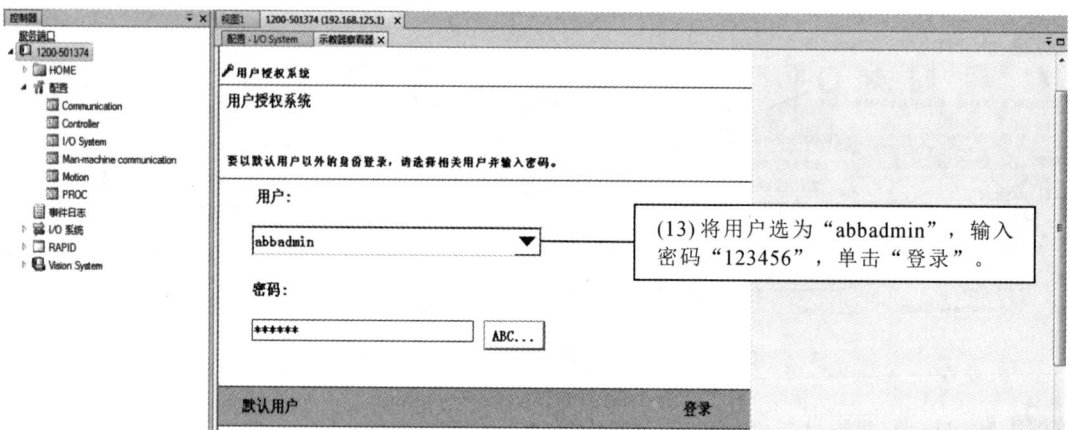

图 8-44

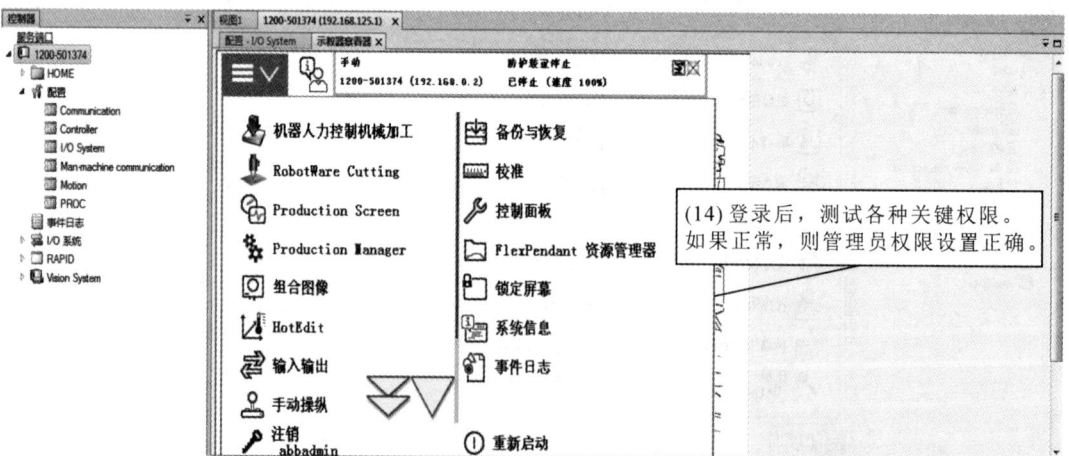

图 8-45

2. 设置所需要的用户操作权限

可以根据需要，设置用户组和用户，以满足管理的需要。具体操作步骤如下：

（1）创建新用户组；

（2）设置新用户组的权限；

（3）创建新的用户；

（4）将用户归类到对应的用户组；

（5）重启系统，测试权限是否正常。

3. 更改 Default User 的用户组

默认情况下，用户 Default User 拥有示教器的全部权限。机器人通电后，默认以用户 Default User 自动登录示教器的操作界面。所以有必要将 Default User 的权限取消掉。

在取消 Default User 的权限之前，要确认系统中已有一个具有全部管理员权限的用户，否则有可能造成示教器的权限锁死，无法进行任何操作。具体操作步骤如图 8-46 至图 8-49 所示。

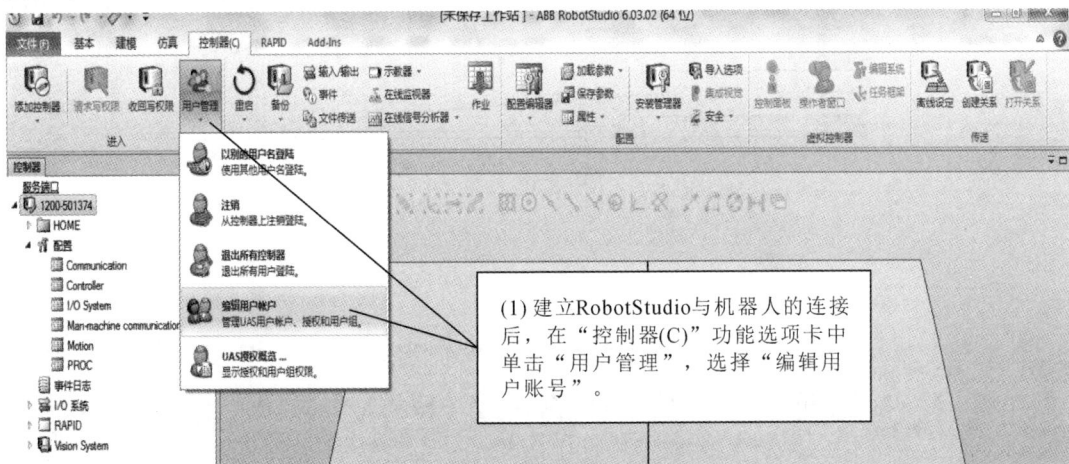

(1) 建立RobotStudio与机器人的连接后，在"控制器(C)"功能选项卡中单击"用户管理"，选择"编辑用户账号"。

图 8-46

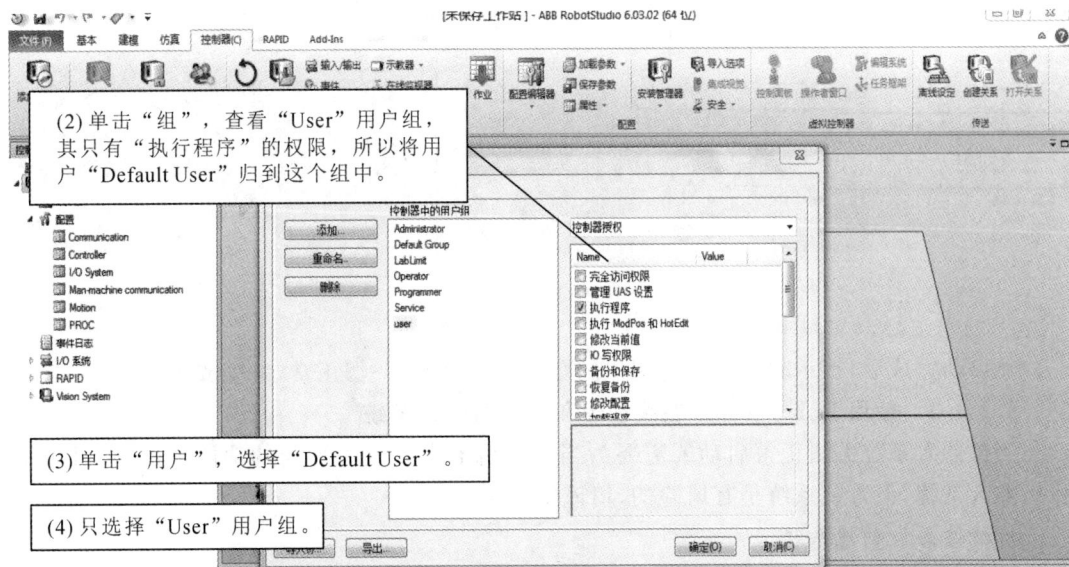

(2) 单击"组"，查看"User"用户组，其只有"执行程序"的权限，所以将用户"Default User"归到这个组中。

(3) 单击"用户"，选择"Default User"。

(4) 只选择"User"用户组。

图 8-47

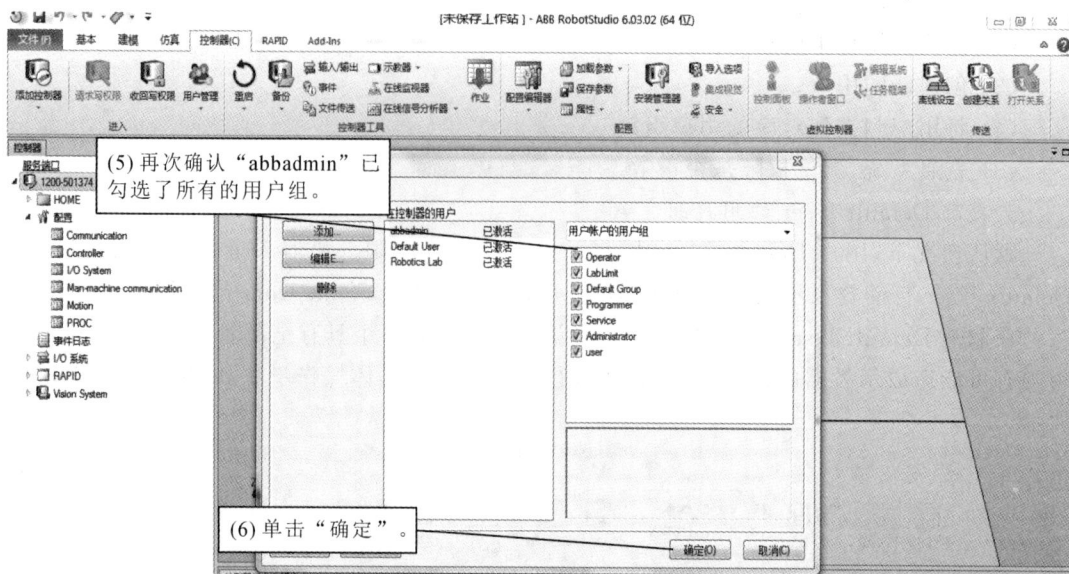

图 8-48

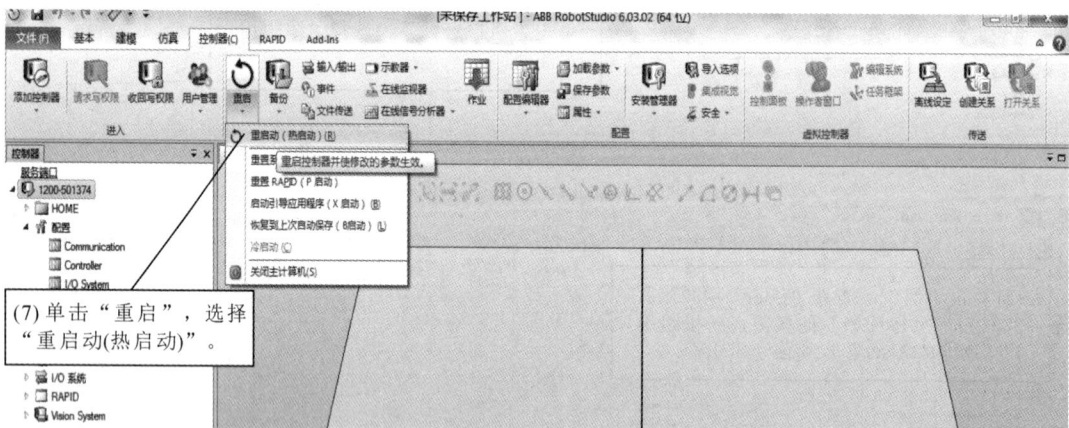

图 8-49

热启动完成后,在示教器上进行用户的登录测试,如果一切正常,就完成更改了。

8.2.3.3　使用 RobotStudio 在线创建和安装机器人系统

当机器人系统无法正常启动或需要为当前的机器人系统添加新的功能选项时,可以重装机器人系统,但重装系统是有风险的,请谨慎操作。

1.通过备份创建系统

通过备份可创建系统,具体操作步骤如图 8-50 至图 8-56 所示。

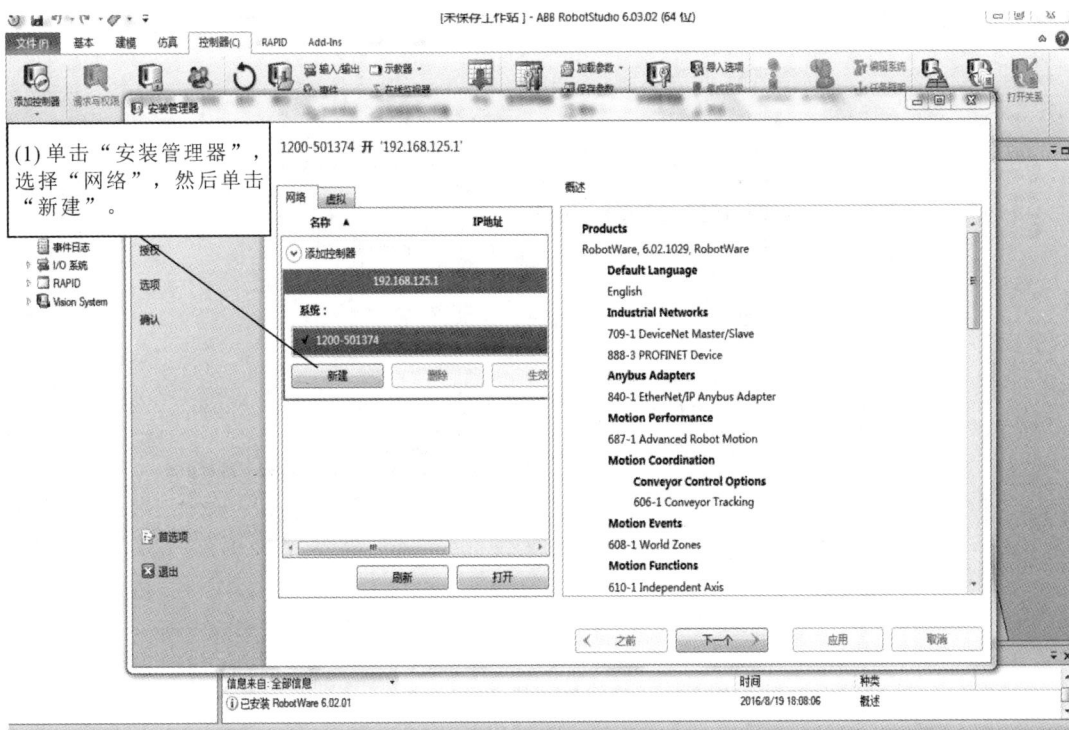

(1) 单击"安装管理器"，选择"网络"，然后单击"新建"。

图 8-50

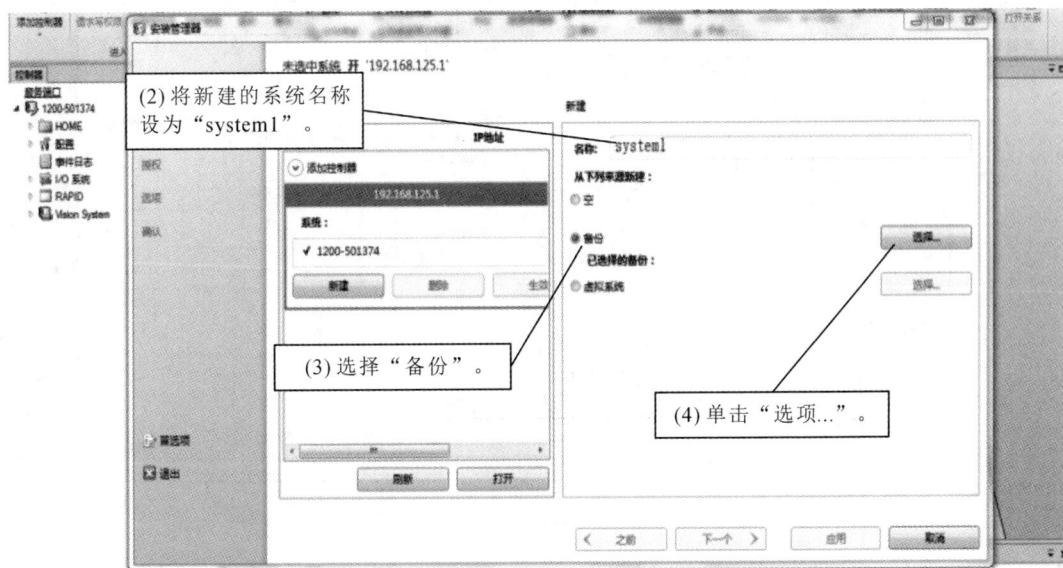

(2) 将新建的系统名称设为"system1"。

(3) 选择"备份"。

(4) 单击"选项..."。

图 8-51

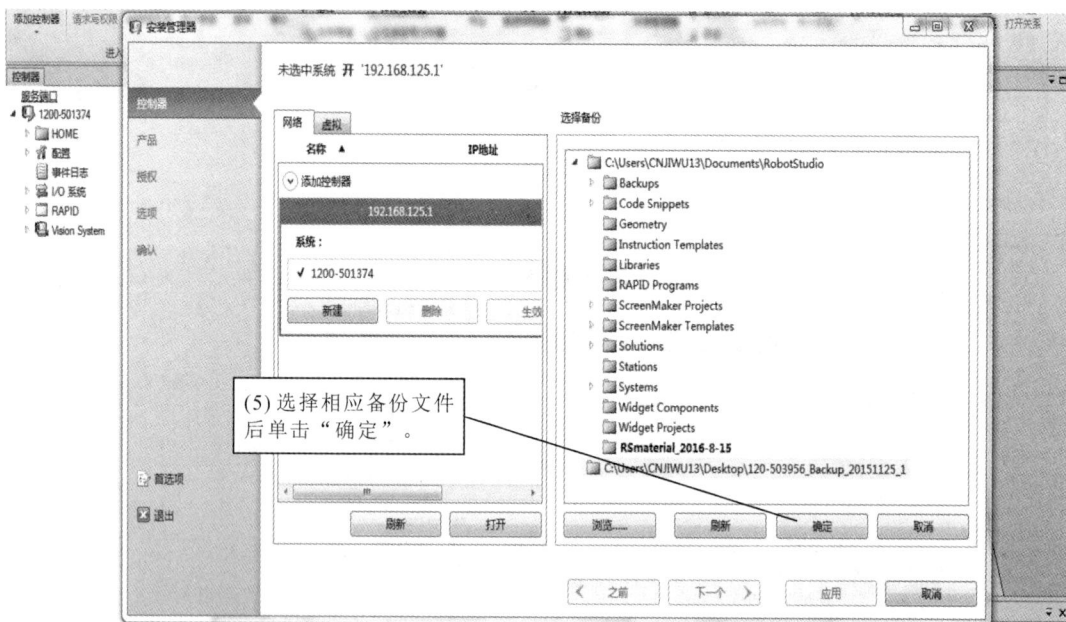

(5) 选择相应备份文件后单击"确定"。

图 8-52

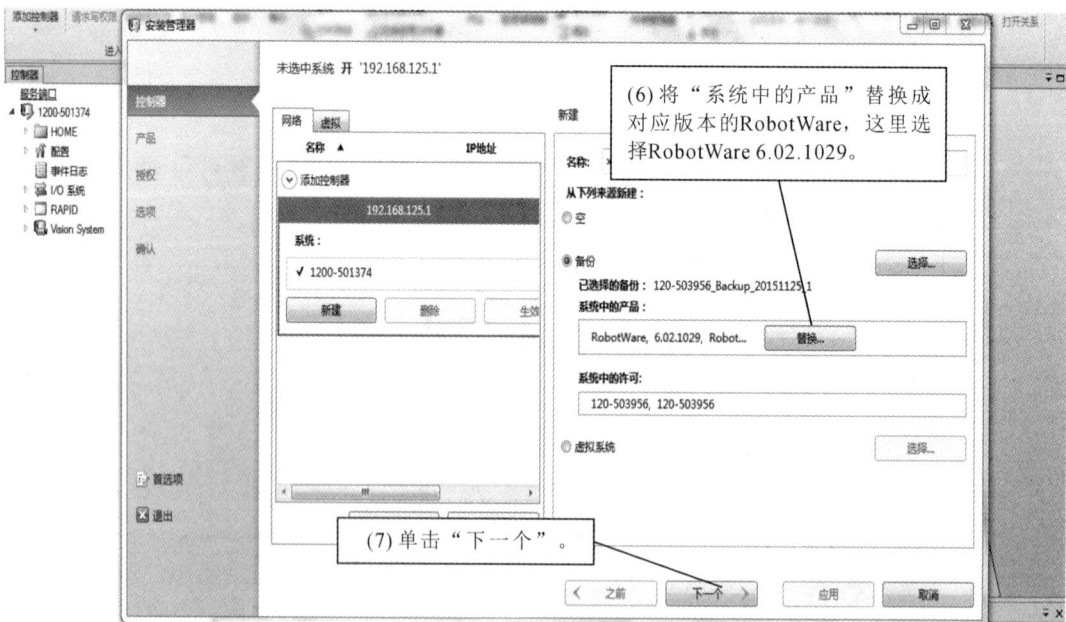

(6) 将"系统中的产品"替换成对应版本的RobotWare，这里选择RobotWare 6.02.1029。

(7) 单击"下一个"。

图 8-53

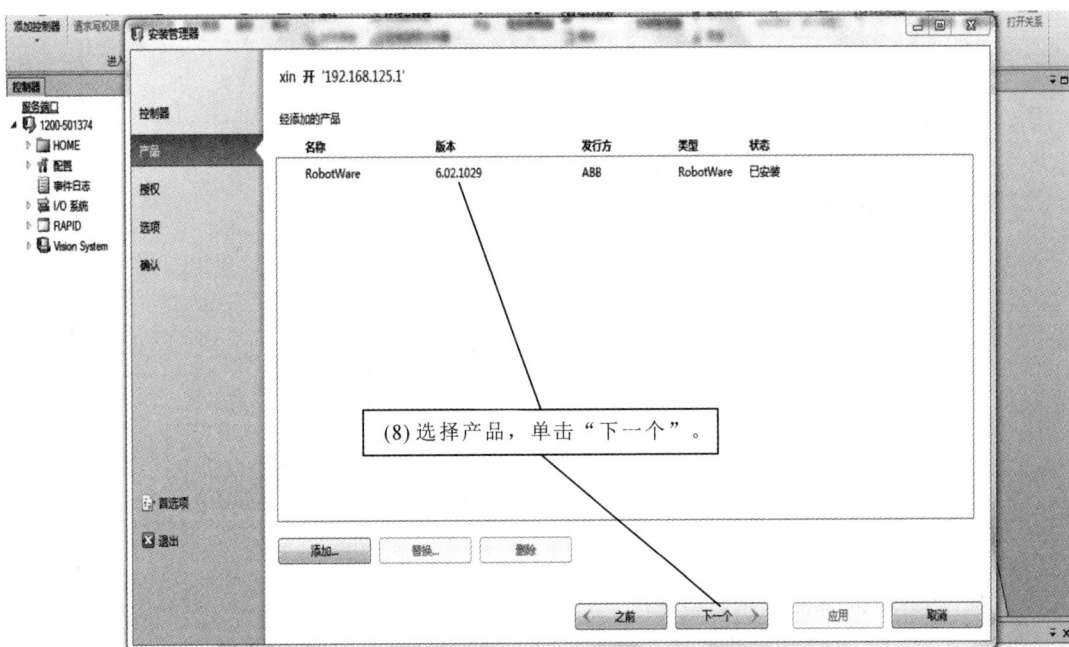

图 8-54

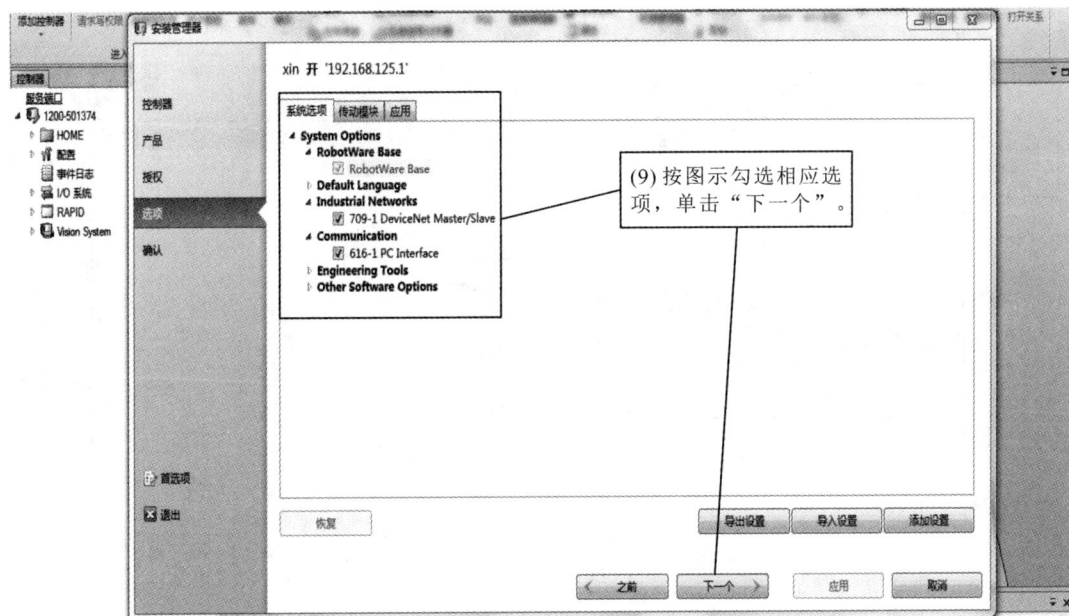

图 8-55

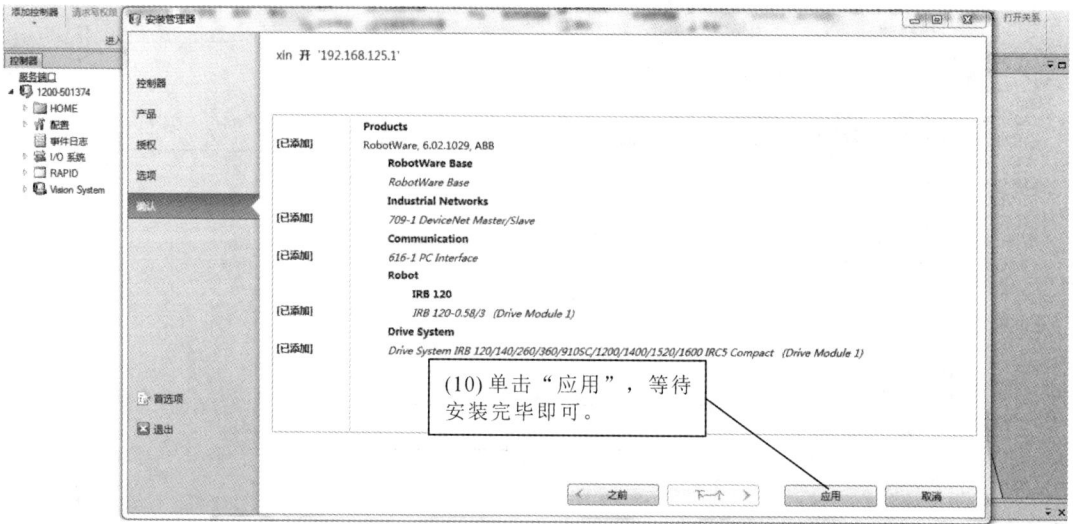

图 8-56

此时,从备份创建系统并安装完成。

2.通过控制器与许可文件创建系统

通过控制器与许可文件可创建系统,具体操作步骤如图 8-57 至图 8-66 所示。

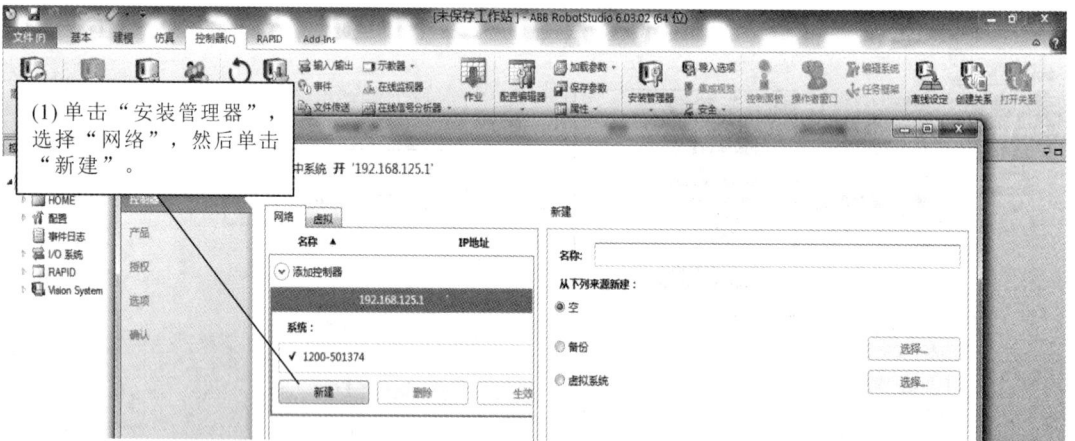

图 8-57

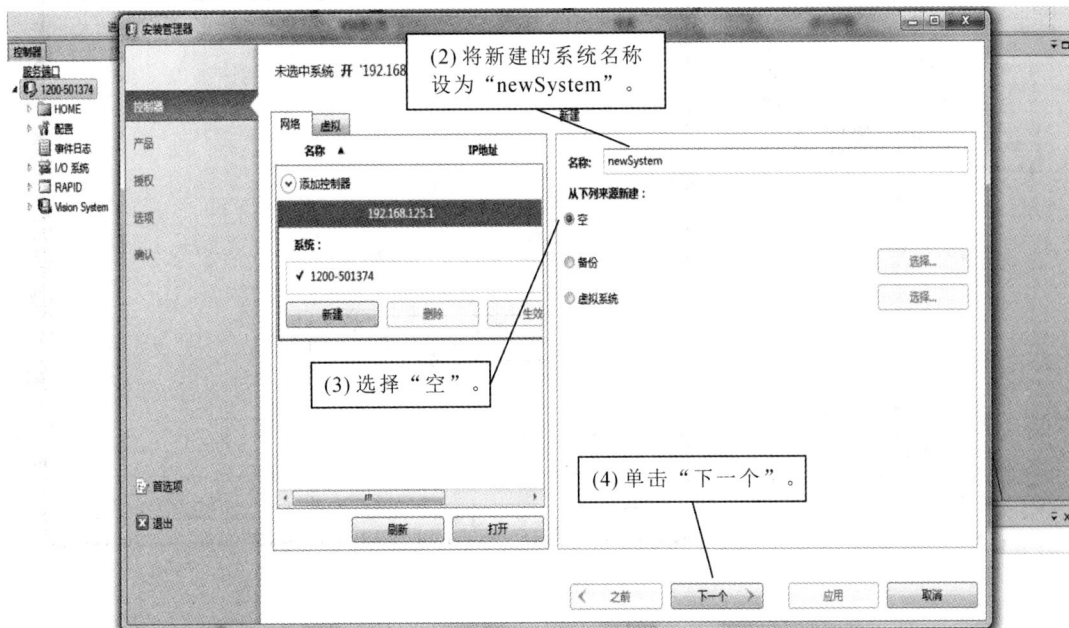

图 8-58

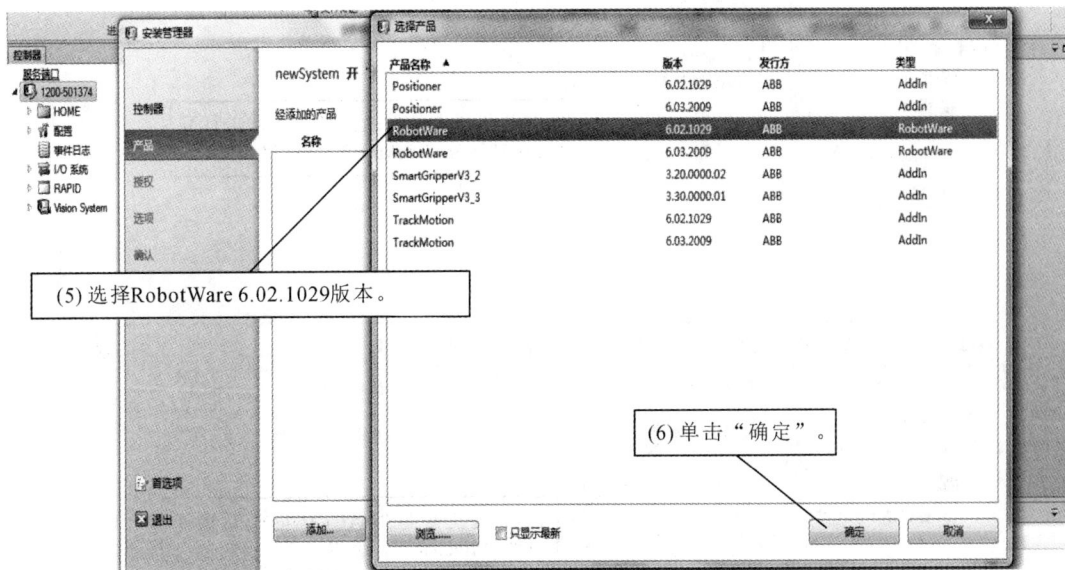

图 8-59

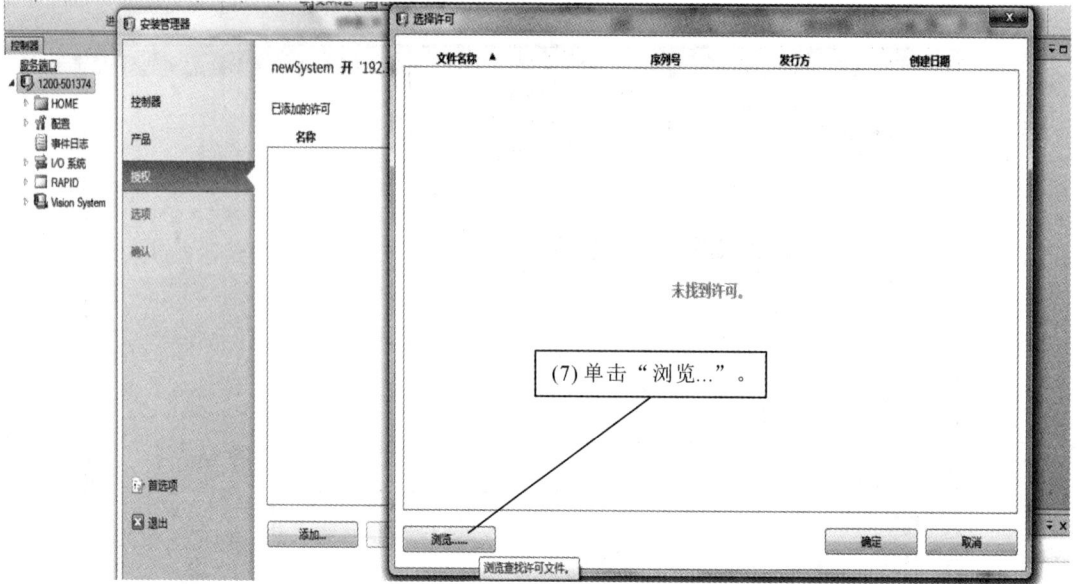

图 8-60

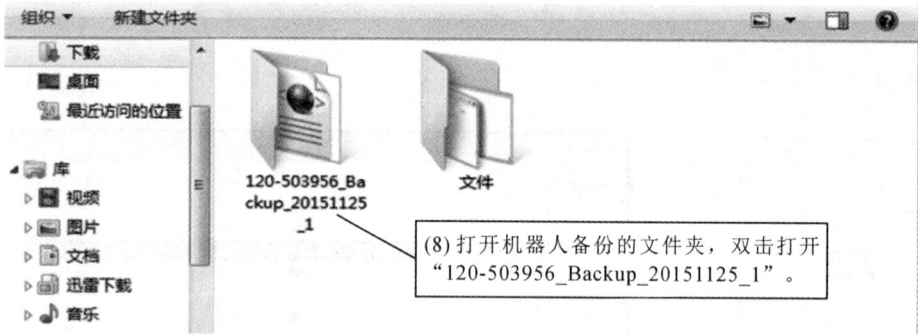

图 8-61

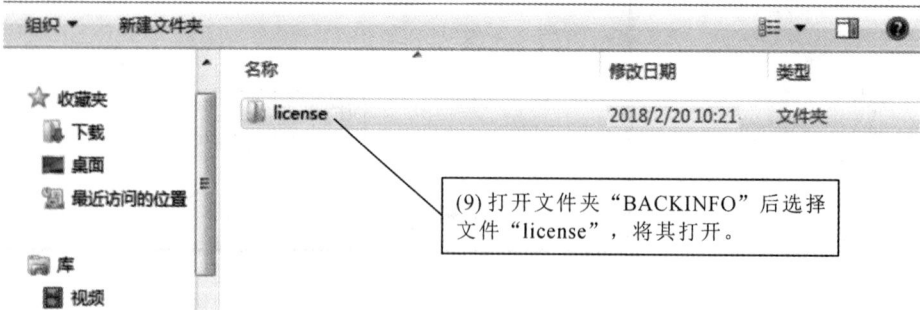

图 8-62

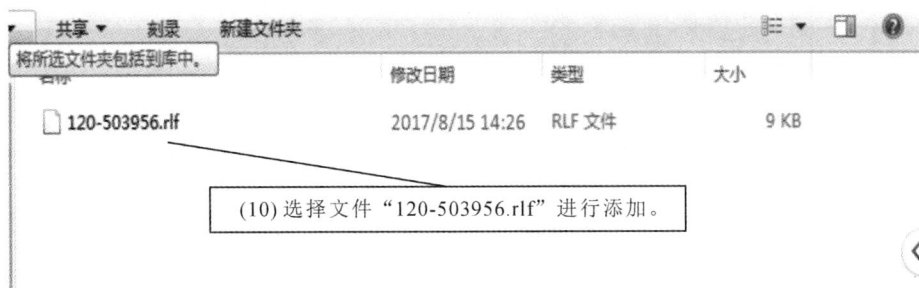

共享 ▼	刻录	新建文件夹			
将所选文件夹包括到库中。					
名称		修改日期	类型		大小
120-503956.rlf		2017/8/15 14:26	RLF 文件		9 KB

(10) 选择文件"120-503956.rlf"进行添加。

图 8-63

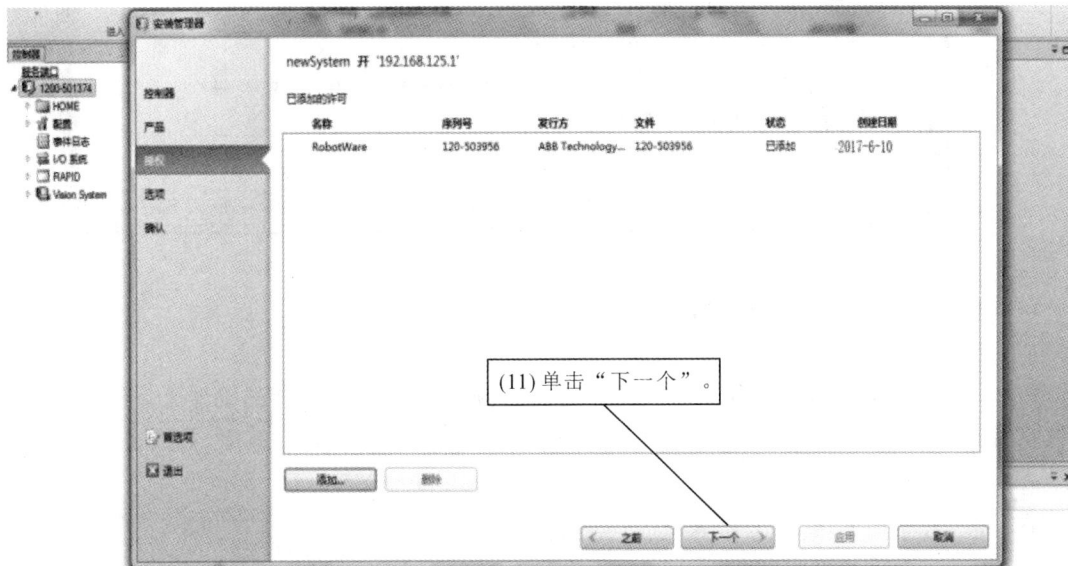

(11) 单击"下一个"。

图 8-64

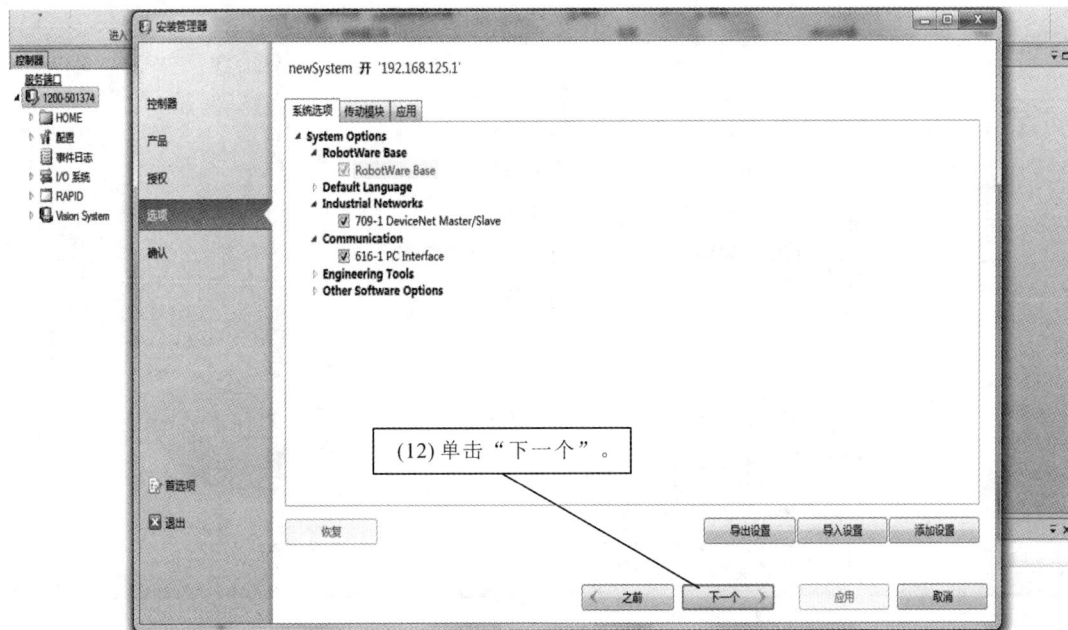

(12) 单击"下一个"。

图 8-65

341

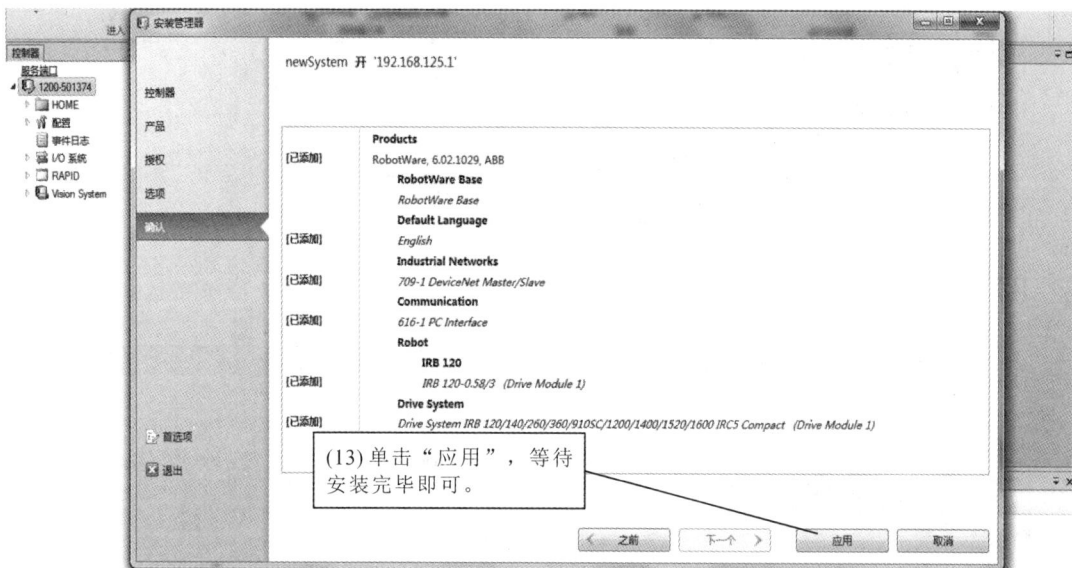

newSystem 开 '192.168.125.1'

控制器
产品
授权
选项
确认

Products
[已添加]　RobotWare, 6.02.1029, ABB
　　　　　RobotWare Base
　　　　　RobotWare Base
　　　　　Default Language
[已添加]　*English*
　　　　　Industrial Networks
[已添加]　*709-1 DeviceNet Master/Slave*
　　　　　Communication
[已添加]　*616-1 PC Interface*
　　　　　Robot
　　　　　　IRB 120
[已添加]　　*IRB 120-0.58/3　(Drive Module 1)*
　　　　　Drive System
[已添加]　*Drive System IRB 120/140/260/360/910SC/1200/1400/1520/1600 IRC5 Compact　(Drive Module 1)*

(13)单击"应用",等待安装完毕即可。

首选项
退出

之前　下一个　应用　取消

图 8-66

至此,新系统创建并安装完成。

3.机器人系统的管理

如果多次进行机器人系统的重装操作,机器人硬盘中会存留之前的机器人系统,导致硬盘空间不足。这时,有必要将不再使用的机器人系统从机器人硬盘中删除,如图 8-67 所示。

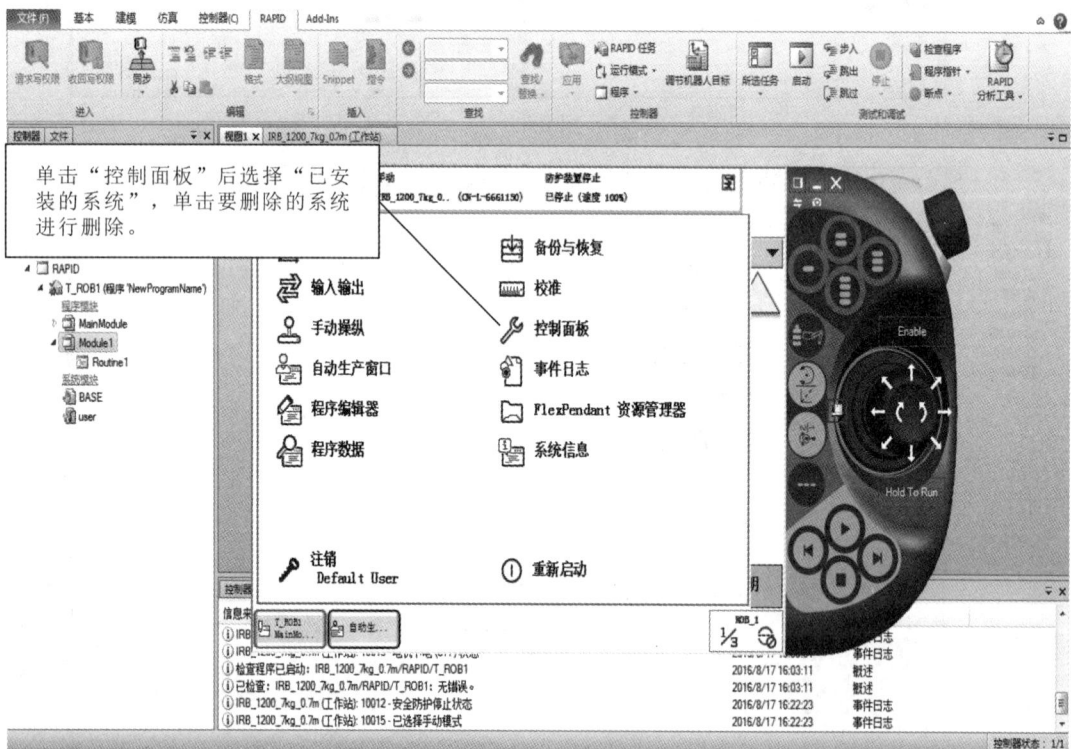

单击"控制面板"后选择"已安装的系统",单击要删除的系统进行删除。

图 8-67

8.2.4　任务考核与评价

任务考核与评价包括学生自评、学生互评、教师评价三个维度(见表 8-2)。

表 8-2　"RobotStudio 的在线功能"考核与评价(二)

	序　号	评 价 内 容	学 生 自 评	学 生 互 评	教 师 评 价
基本素养 (30 分)	1	操作规范(10 分)			
	2	参与和协作能力(10 分)			
	3	课堂纪律(10 分)			
知识目标 (30 分)	4	在 RobotStudio 中监控机器人的运行状态和示教器的状态(5 分)			
	5	掌握 RobotStudio 中的系统维护工具和功能(5 分)			
	6	理解机器人系统的常见故障和维护需求(5 分)			
	7	在 RobotStudio 中创建和安装新的机器人系统(5 分)			
	8	熟悉 RobotStudio 中的日志记录和故障诊断工具(5 分)			
	9	机器人系统的管理(5 分)			
技能操作 (40 分)	10	使用 RobotStudio 在线监控机器人和示教器状态(10 分)			
	11	使用 RobotStudio 在线设定示教器用户操作管理权限(10 分)			
	12	使用 RobotStudio 在线创建和安装机器人系统(10 分)			
	13	独立完成机器人运行状态的监控与维护操作(10 分)			

总评得分:

教师签名:　　　　　学生 A 签名:　　　　　学生 B 签名:

考核评价时间:

8.2.5　任务练习

(1) 描述如何在 RobotStudio 中实时监控机器人的运行状态。

(2) 解释示教器状态监控的重要性,并列出示教器可能显示的关键状态信息。

(3) 详细说明在 RobotStudio 中如何为示教器用户设定操作权限,包括创建新用户、分配权限级别和限制特定操作。

(4) 讨论不同权限级别对示教器操作的影响,并举例说明。

（5）描述在 RobotStudio 中创建新机器人系统的步骤，包括程序、I/O 信号设置和安全参数的配置。

（6）解释如何将创建的配置文件上传到机器人控制器并进行安装，确保系统能够按照新配置运行。

模 块 总 结

本模块介绍了工业机器人离线编程与仿真软件 RobotStudio 的在线功能及其应用。通过本模块的思维导图，同学们可以梳理本模块任务布局及每个任务需要重点掌握的知识和技术要点，有针对性地进行练习。

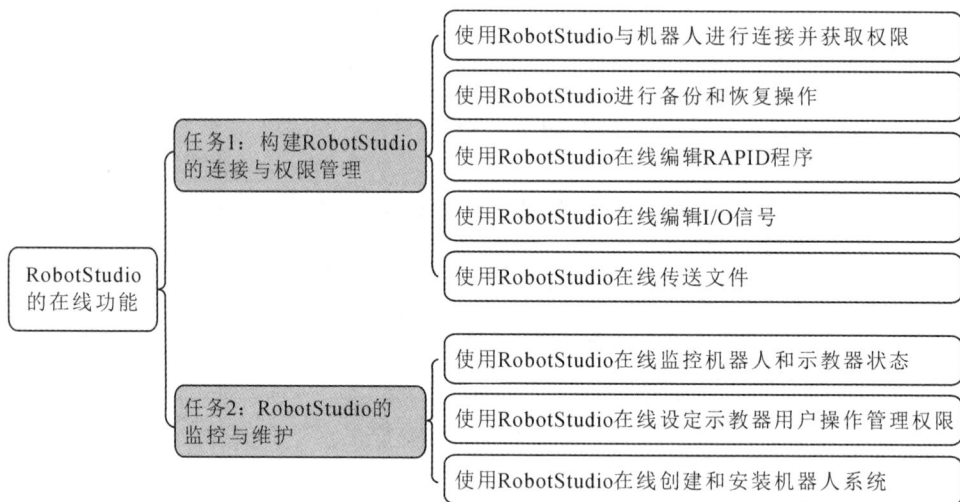

RobotStudio 的在线功能

任务1：构建RobotStudio 的连接与权限管理
- 使用RobotStudio与机器人进行连接并获取权限
- 使用RobotStudio进行备份和恢复操作
- 使用RobotStudio在线编辑RAPID程序
- 使用RobotStudio在线编辑I/O信号
- 使用RobotStudio在线传送文件

任务2：RobotStudio的监控与维护
- 使用RobotStudio在线监控机器人和示教器状态
- 使用RobotStudio在线设定示教器用户操作管理权限
- 使用RobotStudio在线创建和安装机器人系统

机器人小讲堂
——当前智能机器人的发展趋势

随着科技的飞速发展，智能机器人已经成为推动社会进步和经济发展的重要力量。通过探讨人工智能融合、人机协作、自主移动能力、个性化和定制化、情感交互、多模态交互、云端智能、伦理和法律规范、环境适应性以及可持续发展等方面的特性，我们将揭示智能机器人在不同行业中的应用潜力和市场前景。这些趋势不仅将影响技术创新的步伐，还将重塑我们的工作方式、生活方式乃至社会结构。

1.人工智能融合

智能机器人的核心在于人工智能（AI）技术与其他技术的融合。未来的机器人将更加依赖深度学习、机器学习、自然语言处理和计算机视觉等 AI 技术，以实现更高级的自主决策和复杂任务处理能力。

2.人机协作

随着技术的进步，机器人将更加注重与人类的协作。人机协作机器人（Cobots）将广泛应用于制造、医疗、服务等行业，通过与人类工作者协同作业，提高生产效率和安全性。

3. 自主移动能力

未来，自主移动机器人将变得更加普遍，它们能够在没有人类干预的情况下，通过传感器和导航系统在复杂环境中自主移动和避障。这种能力将使机器人在物流、仓储、家庭服务等领域发挥更大的作用。

4. 个性化和定制化

随着消费者需求的多样化，智能机器人将朝着个性化和定制化的方向发展。机器人将能够根据用户的特定需求和偏好进行设计和功能定制，提供更加个性化的服务。

5. 情感交互

未来的智能机器人将具备更强的情感交互能力，能够识别和理解人类的情绪，并通过适当的反馈和互动与人建立更深层次的关系。

6. 多模态交互

智能机器人将集成多种交互方式，包括语音、视觉、手势和触觉等，以提供更加自然和直观的用户体验。

7. 云端智能

通过云端计算和存储，智能机器人将能够实时访问大量的数据和资源，实现更高效的计算和学习，同时保持数据的同步和更新。

8. 伦理和法律规范

随着智能机器人的普及，相关的伦理和法律问题将受到更多关注。未来的发展趋势将包括制定和完善机器人伦理准则和法律法规，以确保机器人的安全和合规使用。

9. 环境适应性

智能机器人将具备更强的环境适应性，能够在不同的工作和生活环境中高效运作，包括在极端气候条件下和复杂地形中运作。

10. 可持续发展

智能机器人的设计和制造将更加注重环保和可持续发展，采用可再生能源和环保材料，减少对环境的不良影响。

智能机器人在未来的社会和经济发展中将扮演越来越重要的角色，推动各行各业的创新和变革。

参 考 文 献

［1］叶晖.工业机器人工程应用虚拟仿真教程［M］.北京:机械工业出版社,2014.